JN021345

3訂版 語りかける**中学数学**

まえがき

分数計算はできますか？

小数の割り算は・・・

文字を数字のようにあつかえますか？

頭の中の思考過程を式で表せますか？

覚えなくてはいけないことと、

理解しなければいけないこと

の区別がついていますか？

数学は独りで学習するにはつらい教科です。しかし、さまざまな理由から独りで勉強しなければならない方も多くいらっしゃると思います。そこで今回、そのような、数学の勉強に悩んでいるすべての方々に向けて、この『**語りかける中学数学**』を書かせていただきました。

独りで勉強していて **“なぜ自分の答えが、考え方が間違っているか”を知りたくなることはありませんか？** しかし、参考書などには、正解だけが書かれ、間違った解答などは当然のことながら示されてはいません。そこでこの本では、多くの方が勘違いされる問題に関しては、**誤答例を示す**ことで **「なぜ自分が間違えてしまったのか？」** について考え、**より理解を深めていただきたい**という方向で話を展開しています。

私は、**「数学の基本は中学数学にある」** と考えています。中学で初めて文字と出会い、文字を数字の感覚であつかう。ゆえに、**中学数学は抽象的思考構築の大変重要な段階**ととらえています。それゆえ、ひたすら式の羅列(られつ)をするのではなく、できる限り、さまざまな角度から言葉で解説するよう心がけました。

また、この本を読むことで**「数学は暗記ものではないのだ！」**と感じていただけると思います。当然、覚えてもらわなければいけないことはたくさんあります。だからこそ、覚えることと、理解しなければならないことをハッキリと示している点も、この本の大きな特徴の一つと言えるかもしれません。

ここで、この原稿を読まれた方々の代表的な言葉を引用させていただきます。

・この本の中には誰かがいて、中から話しかけてくるんですね！
・数学を正面から数字でわからせるのではなく、下のほうから細かく噛み砕いて言葉で納得させてくれる本。
・中学時代に出会っていれば数学嫌いにはならなかった・・・

今回、2021年度の指導要領改訂に合わせ、新たな**統計項目**を加筆させていただきました。この『語りかける中学数学』は長らく愛されている本ゆえ、なるべく当初のままの姿で今後も多くの方に読んでいただきたく、他の部分にはあまり手を加えることなく改訂することにしました。ぜひ、今後も多くの方に愛され続けることを願っております。

最後に、今は亡き恩師、初代教員養成カリキュラム開発研究センター長・東京学芸大学教授、高城忠先生より、生前にいただいたこの本に対する推薦のお言葉で結びたいと思います。

『読めばわかる！』

この本が、独りで悩まれている多くの方々のお役に立てることを祈っております。

髙橋 一雄

目　次

中学１年

中学１年　第1話　算数の復習

中学１年　第2話　式と計算

中学1年　第6話　平面図形

中学1年　第7話　空間図形

中学２年

中学2年　第1話　式の計算

中学2年　第2話　連立方程式

中学2年　第6話　合同と証明

中学2年　第7話　平行四辺形

中学2年　第8話　確　率

中学3年　第2話　因数分解

中学3年　第3話　平方根

中学3年　第4話　2次方程式

中学3年　第5話　2次関数

中学3年　第6話　相　似

中学3年　第7話　円の性質

中学3年　第8話　三平方の定理

中学3年　第9話　標本調査

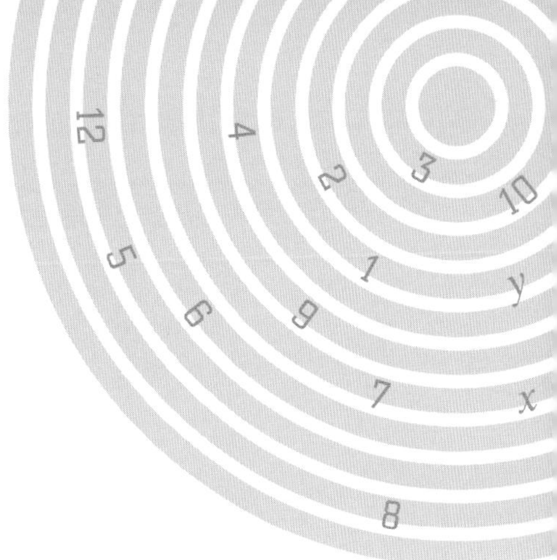

中学1年

第1話

算数の復習

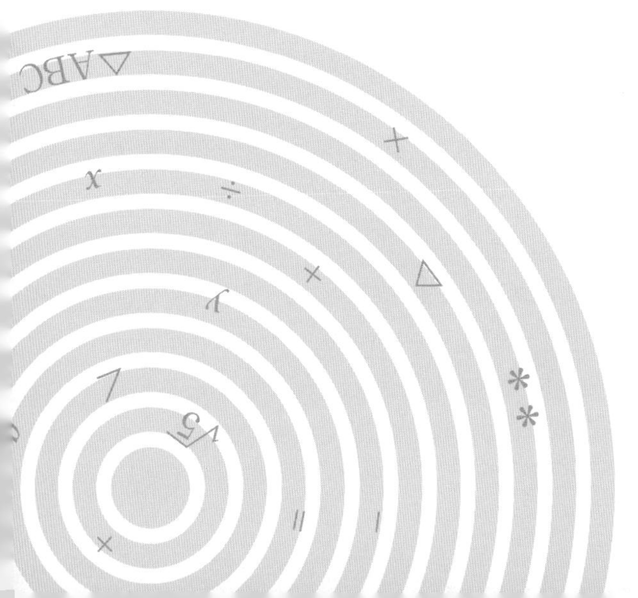

はじめに

みなさんの中には“算数ができないと、数学もできないのでは？”と不安に思っている方が、案外多くおられるのではないでしょうか？　算数での“仕事算”・“道のり問題”また“%（百分率）”などの文章問題ができずに悩んだ嫌な思い出があるのではないですか？笑　でも、大丈夫!!　こんな問題ができなくても数学の勉強にはまったく（？）影響なんかはありません!!　なにより一番大切なことは、

「四則計算がしっかりできるか？」
「分数の意味がわかっているか？」
「分数計算ができるか？」
「自然数・小数を分数に直せるか？」
「小数の計算ができるか？」

実はこの上記の基本的なことが理解できているかどうかだけなんです。

それゆえ、数学なんてまったくこわくなんてありません。でも、もっと大切なことがありました。日本語の理解度です。

算数の時間で、「今日は割り算を勉強します」と言われれば、問題文のはじめの数をつぎの数で割りさえすれば、だいたいの問題はできてしまうものでしたね。その場合、ほとんど問題の意味を理解していなかったのではないですか？　よって、そのような形でよい点を取ってきた人は、数学になったとたん、まったく歯が立たなくなるんです。長々と話していても仕方ないので、さっそくはじめましょう！

まずは、中学の数学に入る前に小学校の復習から軽く入っていきましょうか！ 算数と言えども案外忘れていることも多いはずですからね!?

算数の復習としては“分数計算”“小数のかけ算・割り算”そして、多くの人が大っ嫌いな“時間とキョリと速さ”の関係を話したいと。

でも、その前にヒトツ質問していいですか？　　ナニナニ・・・

計算には基本となる４つのものがありますよね。四則計算です！

・たし算　　・引き算　　・かけ算　　・割り算

この４つについて考えたこと、あります？

私の場合は小学５・６年生のはじめの授業では、一人一人に四則計算の使い方を「君の妹、弟、または、友人にわかるように、自分の言葉で説明してごらん！」と問いかけることから始めます。

この、「自分の言葉で・・・」が今後勉強する上で一番大切なことと私はこだわっているんです！

ということで、みなさんも一度考えてみませんか？

ここでは“かけ算”“割り算”について考えてみたいと思います。数学の定義だのという堅いことは無視！ 笑　誰もが聞いて、すっと入るような簡単な説明を考えてくださいね！

・質問１「かけ算はどんなときに使いますか？」

・質問２「割り算はどんなときに使いますか？」

ちなみに子供・大人関係なくよくある返答。

＊質問１に関して：「簡単に計算したいとき！」

なるほどぉ～・・・！ごもっともです！しかし、“簡単”の意味が曖昧ですよね！ かけ算自体が難しいと思う人もいるかも知れないしねぇ～　笑

いじわるだなぁ～!!

＊質問２に関して：「ものを分けるとき！」

ウンウン！ でも、どんなふうに分けたいのかなぁ～？

みなさんなら、どのようにお子さんや周りの方たちに説明されますか？

＊質問 1（私の考え） p252の「ひとりごと」参照

「同じ数を（たくさん）たし算しなければいけない場合！」

（例）飴が7個入っている袋が15袋あります。飴は全部で何個ありますか？

$7+7+7+7+7+7+7+7+7+7+7+7+7+7+7=?$

メンドウォ〜・・・・ 計算したくナァ〜イ !!!

でも、かけ算を使えば、$7\times15=105$個 とカンタン！

「なぁ〜んだぁ！」と思われた方もおられるかと・・・。でもね、今は、この当たり前なことを考え「自分の言葉」で表してほしいんです。

できるだけ具体例をあげ、自分の言葉で相手に考えを伝える。この「**自分の頭で考え、自分の言葉で！**」ということを面倒がる傾向が最近強く感じられます。“考える”という習慣は意識しないとなかなか身につきません。

＊質問 2（私の考え）

割り算にはつぎの2つの使い方があるかと・・・

①「あるものを“等分”にする」場合！

（例）24本の鉛筆を8人に分けたい。1人何本になりますか？

$24\div8=3$

1人　3本・・・（こたえ）

②「ある数（カタマリ）の中に、別のある数（カタマリ）が何個入っているか？を知りたい」場合！

（例）100の中に3の倍数は何個ありますか？

$100\div3=33\cdots1$

3の倍数は33個・・・（こたえ）

多くの小学生は「割り算」は“分ける”とばかり考えているようで、②のような問題を解くときに割り算の発想が浮かばないんですね。

このように、当たり前のことを考え、自分の言葉で表現するということが今後、数学を勉強する上で大切になってきます。では、始めましょう！

分数とは？

みなさんは「**分数とは？**」と聞かれたら、どのように答えますか？ 実は簡単なことで、分数とは、「**割り算**」なんですね！　　ヘェ～ソウナンダ～

例えば、

$$3 \div 5 = \frac{3}{5}$$

このように、割り算は分数を使って表せるんです。すると、たまぁ～に、「3 ÷ 5 ＝ 0.6 割り切れるよ！」と・・・

「ハイハイ！」それならば、「1 ÷ 3 ＝ 」はどうしますか・・・？

「エッ！（汗）」

$$1 \div 3 = 0.333333 \cdots\cdots$$

「ほら！割り切れないでしょ！」でも分数を使えば、

$$1 \div 3 = \frac{1}{3}$$

と簡単でしょ！ 「ネェ！」

＜ここで少しだけ余談＞

この「0.333333・・・・・」は、小数点以下、永遠に3が続きますよねぇ！ このように、周期性を持って小数点以下決まった数が並ぶような小数を **循環小数**（じゅんかんしょうすう）と言うんです。そして、ぜひ知っておいて欲しいことがあります。

「循環小数は必ず分数で表せるので有理数である！」

詳しいことは中3（p630）を読んでくださいね！ また、“有理数”も今後数学を勉強していく上で大切な言葉なので、「数の構成」（p92）でシッカリと確認しておいてください。

話をもとに戻しますが、「1 ÷ 3 ＝ 0.333333・・・・・」のように、割り切れない数でも、分数ならば表現できて大変便利でしょ！

ここまではいいでしょうか？

そこで、ふとつぎのようなことを思い出した方はいませんか？
小学６年で **“比”** について勉強した記憶は・・・　忘れた！

問 題

3：5 の比の値を求めてください。　なつかしいなぁ～！

＜ 解説・解答 ＞

これには、決まりがありました。$A:B$ の“比の値”の求め方は、

$$A \div B = \frac{A}{B}$$

と計算するんでしたね。よって、$3:5 = \frac{3}{5}$ ・・・・（こたえ）

アレェ～、ここでも割り算が出てきましたよ！ ここであることに気づきません？

はじめの四則計算の話で「割り算はどんなときに使いますか？」に対し、

① ある数を等分するときに使う！

② ある数（カタマリ）の中に、別のある数（カタマリ）が何個入っているか調べるときに使う！

と話しました。でも、この比のところでもう１つ使い方が出てきましたね？　ある意味②と少しだけダブる気もしますが、

③ ある数は、別のある数の何倍の大きさですか？

この場合も割り算を使うんですね！　３通りも使い方があるのかぁ～・・・

このように数学は、考えているといろんな部分とリンクして、「へぇ～!!」と一人で新しい発見をしたみたいな気分になり楽しくなってきませんか？
「私だけかなぁ～・・・」

では、ここからはこの“比”を利用して「分数」のお話を進めていきたいと思います。

つぎの計算を見てください！

・24 ÷ 12 ＝ 2

・12 ÷ 6 ＝ 2

・6 ÷ 3 ＝ 2

・2 ÷ 1 ＝ 2

この4つの割り算の答えはすべて“2”となり同じ値です。

そこで、“比”を字のごとく「くらべる」という意味にとってみます。すると、$A : B$（A対（たい）Bと読む）は「AはBの何倍の大きさですか？」と考えられませんか？ また、この“比”に関しては、

「比は簡単な整数比で表す！」

と決まっています。そこで、上の4つの式を“比”を使って表すと、

$$
\begin{aligned}
24:12 &= 12:6 \\
&= 6:3 \\
&= 2:1
\end{aligned}
$$

となり、結局は

$$24:12 = 2:1$$

となります。ホラ！ 24：12が簡単な2：1という整数比で表されました。ここでナニが言いたいのかというと、この「比は簡単な整数比で表す！」という部分が、実は分数で言う「約分」に当たると考えられないですか？ ここまではついてきているかな・・・？

私は授業で、小・中・高生問わずウルサイぐらいにしつこく聞きます！ 生徒に「**ハイ！ 分数といえば？**」と問いかけ、生徒に「**約分！**」と何度となく言わせます。

では、ここまでの話をまとめますと、

＊ 分数は「割り算」である！

＊ 分数は「約分」をしないといけない！

この２点を基本に「分数とは？」の意味は理解していただけましたか？そこで、つぎに大切になってくるのが、この「約分」なんですね！

約分とは？：「分母」「分子」を同じ数で割る！

一見何でもなさそうなこの約分が案外ムズカシイんです。というか、気づきにくいんですよ！　　そうかなぁ～・・・？「言ったなぁ！」

みなさんは、「**約分で割る数の見つけ方！**」をご存知ですか？

顔がニヤニヤしてしまう私ですが、つぎの分数計算を見てください。

$$\cdot\ \frac{91}{6}+\frac{10}{3}=\frac{91}{6}+\frac{20}{6}$$

$$=\frac{111}{6}\quad\cdots\cdot\ （こたえ？）$$

分数計算に関してはこの後詳しくお話しします。ここでは上の途中計算の部分ではなく、最後の“こたえ”の部分を見てどう思いますか？

これでおわりにし、“こたえ”としますか？　「帯分数に直していないのは別！」

この一見“こたえ”の分数が、実は約分できるんです！　　エッ?!

$$\frac{\cancel{111}}{\cancel{6}}=\frac{37}{2}\ （３で約分！）$$

このように、３で分母・分子が割り切れるんですね！

うっそ～！ 気づかないよぉ～

そこである数が“２”“３”“４”“５”で割れるかどうかの見分け方をまとめてから、分数の四則計算へと進みましょう。

約分の見分け方

①“２”の場合

◆ 数の下（しも）１ケタ（１の位の数）が偶数（２の倍数）であれば割れる。

例 12，306 など　　0，2，4，6，8

②“３”の場合［重要！］

◆ 各位の数の和（たし算）が３の倍数（３で割り切れる）であれば割れる。

例）126 ——→ 1 ＋ 2 ＋ 6 ＝ 9（３の倍数）

126 ÷ 3 ＝ 42　ホラ！　割り切れるよね。

よって、111 ÷ 3 ＝ 37 これも割り切れるでしょ！

③“４”の場合

◆ 数の下２ケタ（10 と１の位の数）が４で割れれば、その数は割れる。

例）1012：　12 ÷ 4 ＝ 3　下２ケタが割れるので 1012 も４で必ず割り切れる。　1012 ÷ 4 ＝ 253　割り切れますね。

他にも“2008”も下２ケタは 08 いわゆる８ですから、割り切れる。

④“５”の場合

◆ 数の下１ケタ（１の位）が“０または５”であれば、その数は割れる。

例）10，25 など

①～④までの知識は大切ですから、しっかり覚えて約分をしてください。

①たし算・引き算

突然ですが、つぎの分数計算に関して、

$$\frac{1}{3}+\frac{1}{2}=[\ \frac{1}{3}+\frac{1}{2}=\frac{1+1}{3+2}=\frac{2}{5}(\text{誤})]$$

「なぜこの分数のたし算はこのままでは計算できないんでしょうか？」

ここからは、みなさんの想像力に期待しちゃいますよ！笑

今、ホールケーキ（丸いケーキ）を1個と、この丸いケーキが6等分された三角の形をしたケーキが5個ある状態を想像してみてください。

ここで質問です。**「さぁ〜て、ケーキは全部で何個ありますか？」**

「ホールが1個、三角が5個だから全部で6個！」なんて考える人はいないですよね!?　では、「なんで6個と数えられないの？」ここが分数の計算で重要なとこなんです。

当然ですよ！「だって、大きさが違うケーキだから同じものとして数えられないでしょ？」ごもっとも！笑

実はここまでのことが理解できれば、もぉ〜分数はわかったも同然!!

分数のはじめで、「分数とは割り算である！」とお話ししたことを覚えていますか？

そこで、1個のホールケーキをここで6等分してみます。すると、三角のケーキと同じ大きさのケーキが6個できますね！　ということはですよ、1個のホールケーキ全体は、これを6等分したうちの6個を集めたもの！そこで、つぎのように約束をしましょう！

「分母はケーキを何等分するか？」を表し、

「分子は、そのうちの何個分か？」を表す！

すると、

ホールケーキ1個は、$\frac{6}{6}$個（6等分［分母］したうちの6個［分子]）

また、三角のケーキ５個は、$\frac{5}{6}$ 個（6 等分〔分母〕したうちの５個〔分子〕）と表せますね！

そこで、先ほどのケーキの個数計算に戻ると、

（ホールケーキ：1 個）＋（6 等分したうちの５個）

$$= 1 + \frac{5}{6}$$

$$= \frac{6}{6} + \frac{5}{6}$$

$$= \frac{11}{6}$$

となり、「**ホールケーキを 6 等分した大きさのケーキが 11 個**」あることを表しています。これで正しく計算できました。

そこで、このことから分母が同じであれば「数える物の大きさが同じだよ！」だから「分子どうしのたし算や引き算をしてもいいよ！」と言えるでしょ。よって、**分母どうしが同じ**とは、「**分子どうしの計算をしていいんだよ！**」という合図みたいなものなんだね！

これで、「なぜ分子どうしは計算するが、分母どうしの計算はしないのか !?」の理由もわかってもらえたと思います。

（ここで一言！）

「分母が同じは、計算してよいという合図なんかではない！」と指摘されることもあります。でも、分数のたし算・引き算をするとき、まずは分母を確認するよね？　同じならこのまま計算できるんだ！　と判断するでしょ !?　ということは、言い方が数学的に少し変でも、ここでは噛み砕いての話ゆえ問題はないのでは・・・。　うんうん!!

よって、今後、分数の「たし算・引き算」は分母が違えば、ケーキの大きさが違うから、切り方（等分）を同じにしなければいけないね？

実は、このケーキの等分のしかたを同じにすることが、いわゆる、分数計算で言う「**通分（つうぶん）**」にあたるんです！　　ナルホドォ～！

そこで、みなさんは今後、分数のたし算・引き算をするとき、分母の大きさが違う場合は、必ず、ご自分の大好きなホールケーキを頭の中に１個用意してくださいね！笑

「ちなみに私はアップルパイを思い浮かべます！」

「どうですか？」 分数のたし算・引き算で“どうして分母を同じにしなければいけないか”少しはわかっていただけたでしょうか？

ハ～イ！　たぶんねぇ・・・?!

分数のたし算・引き算をするときの順番！

① 分母をそろえる（通分）

（通分は分母と分子に同じ数をかける）

② 通分ができたら、分子どうしの計算をする

③ 最後に分母と分子の約分の確認

（分母と分子が 同じ数 で割り切れるときは、その数で割ること！）

公約数：２個以上の数を割れる数

では、形を変えた場合の分数計算を３問ほどやってみますね。

問 題　つぎの分数計算をしてみましょう！

(1) $\dfrac{7}{6} + \dfrac{4}{3} =$

(2) $2 - \dfrac{2}{5} =$

(3) $0.2 + \dfrac{1}{2} =$

＜解説・解答＞ 注意！　数学になったら答えを帯分数（p 63 参照）にはしないよ！

(1) $\dfrac{7}{6} + \dfrac{4}{3} = \dfrac{7}{6} + \dfrac{4 \times 2}{3 \times 2}$ ← 分母と分子に２(同じ数) をかけて通分

$= \dfrac{7}{6} + \dfrac{8}{6}$

← 通分をしたことで２つの分数の比べるものは同じ大きさと考えてよいので、分母を１つにし分子だけのたし算をする。

$= \dfrac{7+8}{6}$

$= \dfrac{\cancel{15}^{5}}{\cancel{6}_{2}}$

← 分母と分子を同じ数（ここでは３）で割ることを約分と言います。分数計算ではこの約分をしないとバツになりますから十分に注意すること !!

$= \dfrac{5}{2}$ ・・・（こたえ）

(2) $2 - \dfrac{2}{5} = \dfrac{2}{1} - \dfrac{2}{5}$

← ２のような数（整数）を分数に直すには、分母を１にし、分数に直したい数を分子に乗せるだけ。

$= \dfrac{2 \times 5}{1 \times 5} - \dfrac{2}{5}$ ← 通分

$= \dfrac{10}{5} - \dfrac{2}{5}$

$$= \frac{10-2}{5}$$

$$= \frac{8}{5} \quad \cdots\cdots（こたえ）$$

(3)　$0.2 + \frac{1}{2} = \frac{2}{10} + \frac{1}{2}$

$$= \frac{2}{10} + \frac{1 \times 5}{2 \times 5}$$

$$= \frac{2}{10} + \frac{5}{10}$$

$$= \frac{2+5}{10}$$

$$= \frac{7}{10} \quad \cdots\cdots（こたえ）$$

10に通分

小数を分数に直すには、何倍すれば小数点が消えるのかを考える。ここでは10倍すればよいので、10をかけて小数を消し、その数を10でまた割る。10で割るから分母が10。2が割られるから、分子に2をおき、分数の完成！！

最後に、もう1つ分数計算をやってみますが、これを見て何か気づくことがありますか？　もしあれば、どこでしょうか？「よ～く考えてください！」

$$\frac{2}{3} + \frac{1}{2} + \frac{1}{4} = \frac{4}{6} + \frac{3}{6} \quad \cdots\cdots ①$$

$$= \frac{7}{6} + \frac{1}{4} \quad \cdots\cdots ②$$

$$= \frac{14}{12} + \frac{3}{12}$$

$$= \frac{17}{12} \quad \cdots\cdots（こたえ）$$

むむ….？

「さぁ～、どうでしょう？ この分数計算を見て問題はないですか？」答えは間違いないですよ。でも、どこかおかしくありませんかぁ・・・？まず、①の左側と右側との関係。つぎに②の式で突然$\boxed{\frac{1}{4}}$が現れてきていますが、いったいどこから飛んできたのでしょう？ この計算をはじめて見たとき、生徒に「小学校でこんな計算をしてよい！ と言われた？」と聞くと「先生がこのようにやっているし、テストでも丸もらったよ！」と・・・。そのとき、私はきっと生徒が勘違いしていると思いました。ところが、このようにやる生徒が他にもたくさんいるんですよ。それもまったく違う小学校の生徒ですから、複数の小学校の何人かの先生はこの計算方法を教えているんですねぇ～！　　　　　　　　　　う～ん・・・！

では、「なぜいけないのか？ おわかりですかぁ？」

まず、等号についてお話しします。等号（＝）とは、式を計算していく途中で、常に左側と右側が同じことを表しているんです。だからこそ、はじめの式からだいぶ離れたところに答えが出ても、キョリには関係なく、それが答えになるんですね。今一度先ほどの分数計算を見てみましょう。

$$\boxed{\frac{2}{3}+\frac{1}{2}}+\frac{1}{4}=\boxed{\frac{4}{6}+\frac{3}{6}}+\boxed{}\quad\cdots\cdots①$$

通分

$$=\frac{7}{6}+\frac{1}{4}$$

$$=\frac{14}{12}+\frac{3}{12}$$

$$=\frac{17}{12}$$

何かが足りなくないですか？

①の式の左側と右側の関係について見てみましょう！ 右側で6に通分された分数がありますが、左側の $\frac{1}{4}$ はいったいどこに行ってしまったので

しょうね？ 等号（＝）は常に左側と右側が同じことを表しているんですが、①の式は違いますよ！ 3個の分数を一度に計算するのは大変だから2個ずつ計算しようと、はじめの2個をまず計算したいのはわかります。

でも、等号があるんですから、計算に参加していなくても、$\boxed{\frac{1}{4}}$ は右側に書いておかなければいけません。算数でも数学でも、答えが合ってさえいればよいわけではなく、考え方・方法がとても大切なんです！ 答えだけにこだわるのではなく、考え方を大切に今後数学の勉強をしていきましょう。では、先ほどの分数計算を正しくやってみますね！

正しい計算方法！

$$\frac{2}{3}+\frac{1}{2}+\frac{1}{4}=\frac{4}{6}+\frac{3}{6}+\boxed{\frac{1}{4}}$$

$$=\frac{7}{6}+\frac{1}{4}$$

$$=\frac{14}{12}+\frac{3}{12}$$

$$=\frac{17}{12}\quad\cdots\cdots\text{（こたえ）}$$

「どうですか？」はじめの式の右側に $\boxed{\frac{1}{4}}$ を使わなくても置いておけばすむことなんですね。めんどうがらず、計算はていねいにやってくださいね。

②かけ算（割り算）

小学校の教科書に「分数のかけ算は

$$\frac{b}{a}\times c=\frac{b\times c}{a}\quad\cdots\cdots(*)$$

となります」のように、"公式"として覚えさせているものがあります。

みなさんの中には、「どうして分母にもかけてあげないの？」と疑問に感じている人もいるでしょう！　　当然ですよ！！

分数のかけ算は、分母どうし、分子どうしをかけ算する約束があります。具体的に説明しましょう！

［例 題］ つぎの分数のかけ算をしてください！

$$\frac{3}{5} \times 4 =$$

この計算は、“分数”と“普通の数（整数）”のかけ算です。

かけ算の約束として、

$$\frac{(\text{分子})}{(\text{分母})} \times \frac{(\text{分子})}{(\text{分母})} = \frac{(\text{分子}) \times (\text{分子})}{(\text{分母}) \times (\text{分母})}$$

ですから、最初に4を分数に直さなくてはいけません。

「**整数を分数に直す方法を覚えていますか？**」

直したい数を（分子）に乗せ、（分母）を１にしてあげればよかったね。

よって、

$$4 = \frac{4}{1}$$

このようにすれば分数どうしのかけ算に直せます。では計算してみますよ。

$$\frac{3}{5} \times 4 = \frac{3}{5} \times \frac{4}{1}$$

$$= \frac{3 \times 4}{5 \times 1}$$

$$= \frac{12}{5}$$

分母に１をかけても
変化しないよね！

上記のように、普通の数（整数と言います）を分数にかけると、いつも相手の（分母）には“1”をかけることになります。だから、分数にかけられた整数は結果的に（分子）に対するかけ算と考えてかまわないんです。

したがって、(公式？)

$$\frac{3}{5} \times 4 = \frac{3 \times 4}{5} = \frac{12}{5}$$

このように(分数)と(整数)のかけ算は計算できるんだね！

つぎに“割り算”ですが、これは割る数の逆数のかけ算です。

$$\frac{A}{B} \div \frac{C}{D} = \frac{A}{B} \times \frac{D}{C}$$

このように割り算は“かけ算”として計算するんでした。逆数については p59 参照！

分数のかけ算・割り算の練習は第1話の一番最後でやりますね！

小数とは？

①小数点の移動

まず先に、理屈ではなく計算方法を覚えてしまいましょう。計算ができるようになると、自然と理屈がわかり、当然のようになりますからね！

小数とは何かというと、0より大きく1より小さい数のこと。

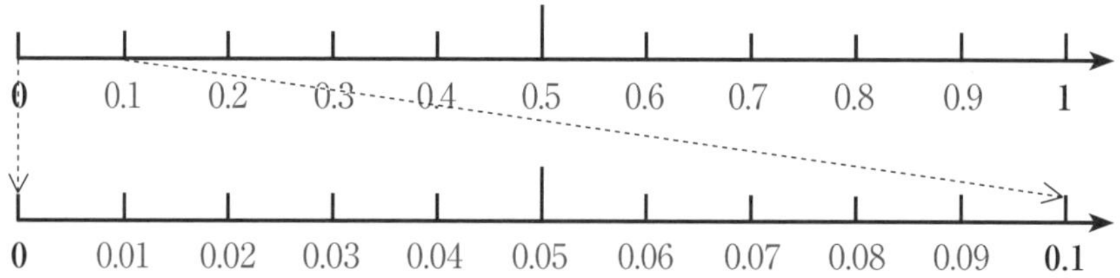

0.1 がこの数直線からどんな数かをわかってもらえると思います。これは「1を10等分したうちの1個」でしょ！ これは分数でも表せるんですよ。[分子は分けたい数]、[分母は分けたい数を何等分するかの数]。

分子と分母の役割を間違えないでね！ では、小数を分数に直すよ。

$$0.1 = \frac{1}{10}$$

と表せるんですね。では「0.2ならばどうなるか？」これは0.1が２個でしょ！　だから、２倍して

$$0.2 = \frac{1}{10} \times 2 = \frac{1}{10} \times \frac{2}{1} = \frac{2}{10}$$

計算の答えとしては約分しないとバツ！

小数と分数の関係が少し見えてきましたか？ もう少しやりましょう！

今度は0.01と分数の関係です。これは「0.1を10等分したうちの１個」ですね。分数で表すと、

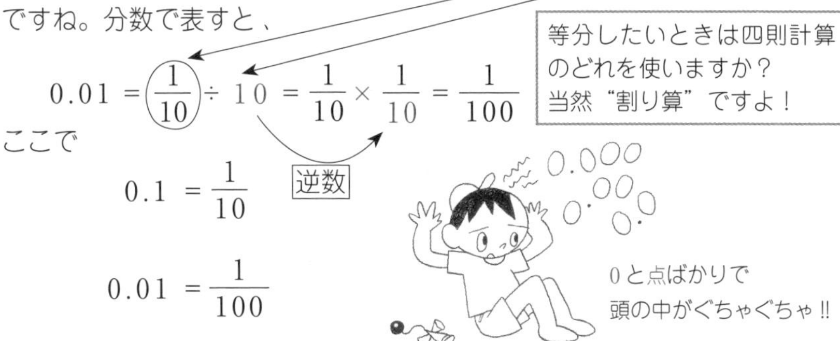

等分したいときは四則計算のどれを使いますか？
当然“割り算”ですよ！
逆数
0.000
0.00
0.0
0と点ばかりで
頭の中がぐちゃぐちゃ!!

$$0.01 = \frac{1}{10} \div 10 = \frac{1}{10} \times \frac{1}{10} = \frac{1}{100}$$

ここで

$$0.1 = \frac{1}{10}$$

$$0.01 = \frac{1}{100}$$

からある規則性をさがしてみましょう！ 分母にくる数は割る数ですよ。

［1］と［1.0］は数の意味がまったく違うんですが、ここでは気にせず、

$$1 = 1.0$$

と考えますね。すると、１のすぐ後ろ右下には小数点がいて、自分の出番がいつきてもいいようにじっ～と待っているんですよ！ そして、小数点の右側の数は**１より小さい**が、**０より大きい数** を表しているんです。

さぁ～て、小数点のことがわかったつもりになったところで、つぎの割り算の式から規則性を見つけ出すぞ！

$$1.0 \div 10 = 0.1\not{0}$$

数を10で割ると、隠れていた小数点が０の数（１個）だけ左に移動。

$$1.0 \div 100 = 0.01\not{0}$$

これは100だから０が２個なので小数点が２個左へ移動しています。

このように、10、100、1000などのような数で割り算すると、小数点が0の数だけ左へ（1個、2個、3個…）動くことを覚えてください。

当然、10、100の“かけ算”の場合は、この逆になるからね！ また、3 × 100 = 300のように、整数の場合は0が同じ数だけつくよ！

問 題　つぎの計算をしてみよう！

（1）3 ÷ 100 =

（2）12 × 10 =

（3）1.3 ÷ 10000 =

（4）0.123 × 100 =

今度は小数だ！　マイッタな〜！

＜解説・解答＞

（1）100には0が2個あるから小数点が2個左へずれる。

3 ÷ 100 = 0.03・・・・・（こたえ）

3 = 3.0と考え左へ2個ずれるから

3.0 ÷ 100 = 0.03 ~~0~~　（一番最後の0は書かない！）

（2）整数に対するかけ算だから0が1個つく！

12 × 10 = 120・・・・（こたえ）
（1個付いているでしょ！）

（3）小数点が4個左へ動きますよ！

1.3 ÷ 10000 = 0.00013・・・・（こたえ）
（4個ずれているでしょ！）

（4）

0.123 × 100 = 12.3・・・・（こたえ）

0.123 ⟶ ~~0~~ 12.3　（2個ずれているでしょ！ 今度は右ですね！）

②かけ算（積）・割り算（商）

これは小数点のない、かけ算・割り算ができれば、あとは小数点の規則性を覚えるだけでおしまい！

（ｉ）　かけ算（積）

確認です！ 普通のかけ算をやってみます。 では普通でないかけ算ってナニ？

かけ算はできるという前提で話を進めていきたいので、１問だけ、ていねいに表しておきますね。１問だけ！

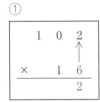

［例題］ 102 × 16 = 1632

①

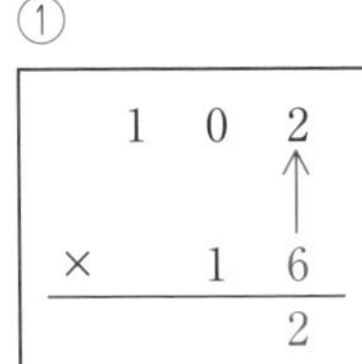

2 × 6 = 12、
1の位の２だけを書く！

②

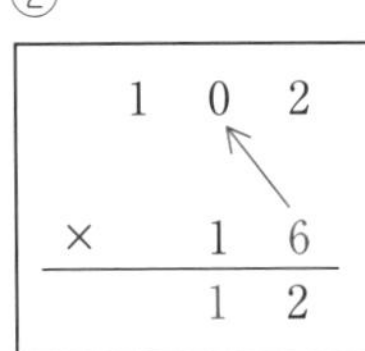

0 × 6 = 0、①での10の位の1を0に加え、0 + 1 = 1で1を書く！

③

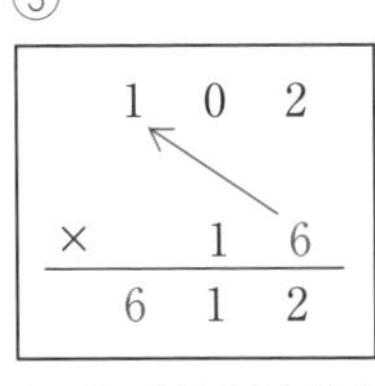

1 × 6 = 6、この6を書く！

④

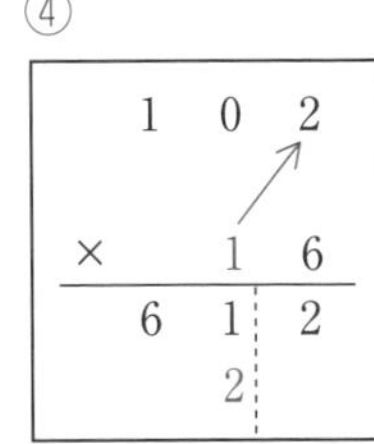

１段ずつ書く場所が
１コズレる！　点線

⑤

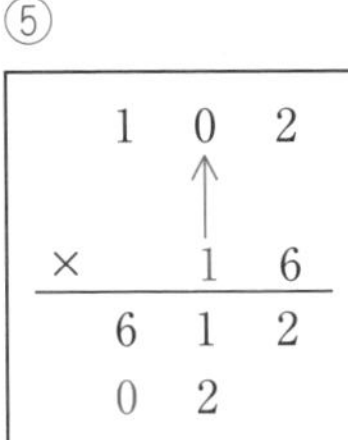

⑥

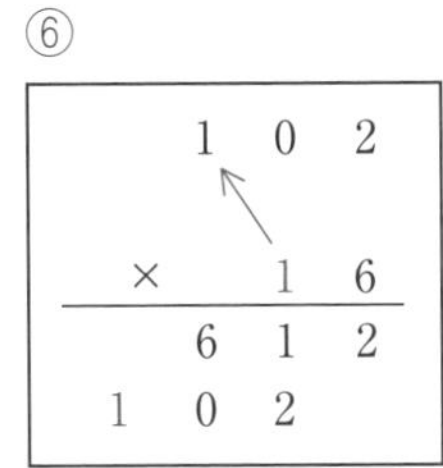

⑦

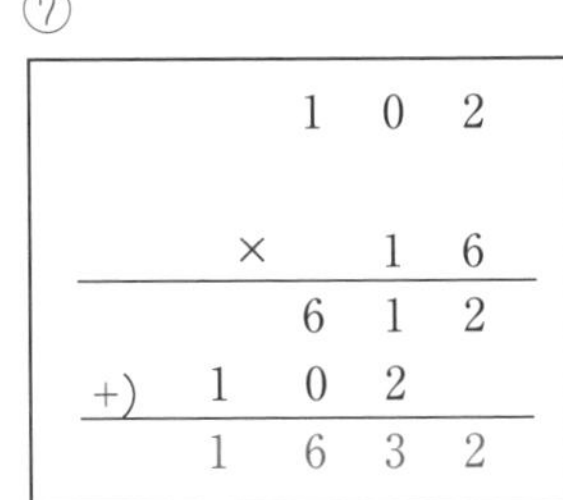

この計算がわからない方は、小学校３・４年生の参考書を見て学習してくださいね。では、これを使って小数のかけ算を計算してみますよ！

問 題　つぎの計算をしてみよう！

1.02 × 1.6 =　　　　「このぐらいはできるはず？　たぶん・・・！」

＜解説・解答＞

$1.02 \times 1.6 = 1.632$ ・・・・（こたえ）

どうしてこのようになるかというと、かけ算する 2 つの数の小数点以下の数を合計した分だけ、小数点を一番右から左へ動かせばおわりだから！

1.02 は小数点以下 2 個　1.6 は小数点以下 1 個　　　合計 3 個

だから、102 × 16 ＝ 1632 を計算し、小数点を 3 個動かす！

1632. ――――→ 1.632（左へ 3 個移動）

このように小数のかけ算は"小数をはずしてかけ算"をした後、小数点以下の数を数えて、それぞれの合計分だけ小数点を左へ動かせば OK ！

ナルホド～！ でもなんでかなぁ～・・・？

(ii) 割り算（商）

小数の割り算は、中学以上、特に高校数学になると 100% 分数に直して計算してしまうので、小数が答えとなるものは数学に関してはほとんど見かけません。ただ、理科（高校の化学など）では、小数で答えを表しますので、しっかりと小数の割り算はできなければいけませんよ！

これは先ほどのかけ算と違い、とにかく小数の入っていない割り算ができれば、それが答えになりますから簡単です！ 割り算も 1 問だけていねいに表しておきますね。

[例題] $162 \div 12 = 13.5$

①

```
        1
12 ) 1  6  2
(−)  1  2
----------
        4
```

162 の 1 に 12 は入っていないから、つぎは「16 の中にはどうか？」と考え、1 個入っているから 16 の 6 の上に入っている個数 1 を書く！ その 1 と 12 をかけた数（12）を 16 の下に書き引き算をする。

②

```
          1 3
12 ) 1 6 [2]
(−)  1 2   ↓
---------------
         4 2
(−)      3 6
---------------
           6
```

つぎはまだ使っていない[2]を下へ降ろし「42の中に12が入っているかどうか？」と考え、3個入っているから[2]の上に3を書く。その3と12をかけた数（36）を42の下に書き引き算をする。

③

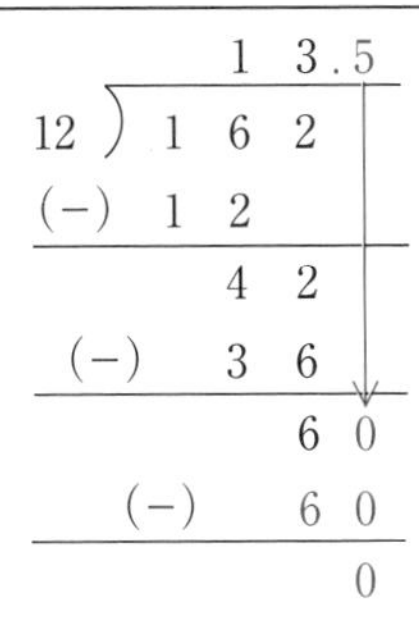

今度は上に余っている数がなく、6の中に12は入っていないから、3の右下に小数点を打つ。すると一番下の6の横に0が現れ60となり、その「60の中に12はいくつ入っているか？」と考え、5個入っているから、小数点の横に5と書く。その5と12をかけた数（60）を60の下に書き引き算をする。そして、0になるから割り切れたことになり、計算は終了！

この計算がわからない方は、小学校3・4年生の参考書を見て学習してみてください。では、これを使って小数の割り算を計算してみますね！！

問 題　つぎの計算をしてみよう！

$1.62 \div 0.12 =$

< 解説・解答 >

このままではできません！ では、どうするか？ 簡単なことです！ 小数点があるから難しいので、これをなくせば問題はないんですね！

数の関係において、比較する数どうし、計算する数どうしの関係に変化が起きなければ、同じ数をかけたり、同じ数で割ったりしたものどうしの関係も初めの数どうしの関係と一致します。よって、このことを使い小数の割り算をやりますよ。この2つの数は、100倍すれば両方小数点が消えますね。そこで、両方を100倍した数どうしでの割り算の計算をするんです。

1.62 ÷ 0.12 =

この小数の割り算を“整数の割り算”にしたいので、以下のように考えます。

（割られる数 × 100）÷（割る数 × 100）=

したがって、

162 ÷ 12 = 13.5・・・・（こたえ）

この上記の“整数の割り算の式"とはじめの“小数の割り算の式”は同一の結果を導くので互いに同値（どうち）であると言います。 覚えておこうね！

ここまでの説明は、小学校の算数でやった“かけ算・割り算”がある程度はできるという前提での解説です。それゆえ、ポイントしか示していません。九・九にまだ自信がない人などは、まずは算数の参考書から勉強をはじめてくださいね。　「先はまだまだ長いからこの程度で許してね！」

では、小数計算の卒業試験をやってみよう！

卒業試験　つぎの計算をしてください。

（1） 12 × 100 =　　（2） 3.45 × 1000 =

（3） 5.3 ÷ 100 =　　（4） 0.23 ÷ 10 =

（5） 2.4 × 3.16 =　　（6） 10.02 × 4.3 =

（7） 18 ÷ 1.2 =　　（8） 6.741 ÷ 3.21 =

＜解 答＞

答えしか書きません！ どうしてもできない場合は算数の参考書で勉強してくださいね！　「がんばれぇ～・・・！」

（1）1200	（2）3450	（3）0.053	（4）0.023
（5）7.584	（6）43.086	（7）15	（8）2.1

<かけ算の注意> つぎの計算をして下から答えを選んでください！

6.12 × 2.30 ＝

① 1.4076　② 14.076　③ 140.76　④ 0.14076

何番を選びましたか？ 答えは②です。①を選んだ方はいませんでしたか？「なぜまちがえたのか？ 理由は簡単。」小数点以下の数の一番最後の0は書かない！ 数えないんだね。だからあなたは小数点以下の数を0も入れて4個と数えたのがいけなかったんですよ！

実際は[6.12 × 2.3 ＝]の計算です。だから、小数点以下の数は全部で3個！

時間・キョリ・速さの関係

方程式の応用問題のところで詳しく説明してありますから、ここでは時速を分速・秒速に直す考え方についてのお話ね！

まずは、3つの速さの意味が理解できていますか？

<時速：1時間に進めるキョリ！>

<分速：1分間に進めるキョリ！>

<秒速：1秒間に進めるキョリ！>

な〜んだ！
そういうことか・・・

当たり前のようですが、これがわかっていないから難しく感じるんです！

問 題　つぎの問いにチャレンジしてみましょう！

(1)　時速60［km］を**分速**に直してください。

(2)　分速30［m］を**秒速**に直してください。

(3)　秒速5［m］を**時速**に直してください。

< 解説・解答 >

(1) 時速60［km］とは、60分で60［km］進むことですから、**1分間**でどれだけ進むかを答えることになりますね。よって、60［km］を60等分（割り算）してあげればよいだけです。ただ、気をつけなければいけないのは、分速・秒速の単位は［m］で表さなければいけないこと！

60［km］÷ 60［分］= 1［km/ 分］

1［km］= 1 × 1000［m］= 1000［m］

よって、

分速 1000［m］・・・（こたえ）

(2) 分速 30［m］とは、60 秒で 30［m］進むことですから、**1 秒間**でどれだけ進むかを答えればよいんですね。よって、30［m］を 60 等分（割り算）すればよいわけです。

30［m］÷ 60［秒］= 0.5［m/ 秒］

よって、

秒速 0.5［m］・・・（こたえ）

(3) 秒速 5［m］とは、1 秒間で 5［m］進むということでした。これを **1 時間**ではどれだけ進むかを答えるのですから、まず分速に直し、そして、時速へと順番に直していきましょう。

［秒速 → 分速へ］

5［m/ 秒］× 60［秒］= 300［m］

「1 分間で進むキョリとは？」秒速 が 60 個ぶん！

［分速 → 時速へ］

300［m/ 分］× 60［分］= 18000［m］

18000［m］÷ 1000［m］= 18［km］

時速は［km］で表す

よって、

時速 18［km］・・・（こたえ）

中学になると今まで数字で表されていた速度が文字で表され、その文字を使って速度の変換をしなければいけなくなります。でも、考え方は今やったものとまったく同じですから、しっかりと理解してください！！

では最後に分数計算のまとめをして、約束通りに“かけ算・割り算”の練習だよ！

分数のたし算・引き算をするときの順番！

(1) 分母をそろえる（通分）
（方法：分母と分子に同じ数をかける）

$$\frac{1}{2}+\frac{5}{6}=\frac{1\times 3}{2\times 3}+\frac{5}{6}$$

$$=\frac{3}{6}+\frac{5}{6}$$

(2) 分子どうしの計算をする。

$$=\frac{3+5}{6}$$

(3) 最後に分母と分子の約分の確認！
（分母と分子が 同じ数 で割り切れる）

$$=\frac{\cancel{8}}{\cancel{6}}$$ 2で割れる

「では、4問ほど形を変えた場合の分数計算を示しておくよ！」

$$=\frac{4}{3}$$

分数のかけ算・割り算の注意点！

・割り算は分数で表せる！――(利用)――→ 整数を分数に直す！

$$A \div B = \frac{A}{B}$$

（例）$3 \div 1 = \frac{3}{1}$ $(3 \div 1 = 3)$

・分母と分子に同じ数を“かけて”も“割って”も大丈夫！

$$\frac{A}{B}=\frac{A\times C}{B\times C}=\frac{A\div D}{B\div D}$$

（例）$\frac{2}{3}=\frac{2\times 5}{3\times 5}=\frac{10}{15}=\frac{10\div 5}{15\div 5}=\frac{2}{3}$

これが約分

問 題　つぎの分数計算をしてみよう！

（1）$\frac{7}{6}+\frac{4}{3}=$　　（2）$2-\frac{2}{5}=$

（3）$0.2+\frac{1}{2}=$　　（4）$\frac{2}{3}-0.15=$

＜解説・解答＞

（1）
$$\frac{7}{6}+\frac{4}{3}=\frac{7}{6}+\frac{4\times 2}{3\times 2}$$
6に通分
$$=\frac{7}{6}+\frac{8}{6}$$
$$=\frac{7+8}{6}$$
$$=\frac{15}{6}$$
3で約分
$$=\frac{5}{2}$$

（2）
$$2-\frac{2}{5}=\frac{2}{1}-\frac{2}{5}$$

整数：分母＝1

$2=\frac{2}{1}$

$$=\frac{2\times 5}{1\times 5}-\frac{2}{5}$$
5に通分
$$=\frac{10}{5}-\frac{2}{5}$$
$$=\frac{8}{5}$$

（3）
$$0.2+\frac{1}{2}=\frac{2}{10}+\frac{1\times 5}{2\times 5}$$
10に通分

$0.2=\frac{2}{10}$

$$=\frac{2}{10}+\frac{5}{10}$$
$$=\frac{7}{10}$$

（4）
$$\frac{2}{3}-0.15=\frac{2}{3}-\frac{15}{100}$$
5で約分（$\frac{15}{100}$ → $\frac{3}{20}$）

$0.15=\frac{15}{100}$

$$=\frac{2}{3}-\frac{3}{20}$$
$$=\frac{2\times 20}{3\times 20}-\frac{3\times 3}{20\times 3}$$
60に通分
$$=\frac{40}{60}-\frac{9}{60}$$
$$=\frac{31}{60}$$

問 題　つぎの計算をしてください。

（1）$\frac{3}{8} \times \frac{4}{9} =$　　（2）$0.3 \times \frac{4}{3} =$

（3）$\frac{6}{7} \div 12 =$　　（4）$\frac{12}{5} \div 1.5 =$

＜解説・解答＞

（1）

$$\frac{3}{8}\times\frac{4}{9}=\frac{\cancel{3}^{1}}{\cancel{8}_{2}}\times\frac{\cancel{4}^{1}}{\cancel{9}_{3}}$$ 3と4で約分

$$=\frac{1}{2}\times\frac{1}{3}$$

$$=\frac{1}{6}$$

（2）

$$0.3\times\frac{4}{3}=\frac{\cancel{3}^{1}}{\cancel{10}_{5}}\times\frac{\cancel{4}^{2}}{\cancel{3}_{1}}$$ 3と2で約分

$$=\frac{1}{5}\times\frac{2}{1}$$

$$=\frac{2}{5}$$

（3）

$$\frac{6}{7}\div 12=\frac{6}{7}\div\frac{12}{1}$$

逆数　6で約分

$$=\frac{\cancel{6}^{1}}{7}\times\frac{1}{\cancel{12}_{2}}$$

$$=\frac{1}{7}\times\frac{1}{2}$$

$$=\frac{1}{14}$$

（4）

$$\frac{12}{5}\div 1.5=\frac{12}{5}\div\frac{15}{10}$$

逆数　3と5で約分

$$=\frac{\cancel{12}^{4}}{\cancel{5}_{1}}\times\frac{\cancel{10}^{2}}{\cancel{15}_{5}}$$

$$=\frac{4}{1}\times\frac{2}{5}$$

$$=\frac{8}{5}$$

みなさんが一番苦手な分数計算の基本練習はこのぐらいでいいかなぁ？では、いざ！ 中学数学の世界へと行くぞ～！

ヤッタネ！

“小数のかけ算”における、小数点の移動

小数の計算“積：かけ算”“商：割り算”において、割り算に関しては、2つの数に小数点を消すため同じ数（10倍、100倍）をかけ、小数点を消した後の計算がそのままもとの計算の答えと一致するのに、かけ算に関しては、小数点を無視して計算したあと、必ずもとに戻さなければなりません！（小数点以下の数だけ、右からかぞえて小数点を移動）なぜなら、つぎの計算の流れを見てもらえればわかりやすいかと・・・

① $1.02 \times 100 = 102$

② $1.6 \times 10 = 16$

だから、

$$
\begin{aligned}
1.02 \times 1.6 &= 102 \div 100 \times 16 \div 10 \\
&= 102 \times \frac{1}{100} \times 16 \times \frac{1}{10} \\
&= 102 \times 16 \times \frac{1}{100} \times \frac{1}{10} \\
&= 1632 \div 1000 \quad \cdots\cdots (*)
\end{aligned}
$$

ここで小数点以下の個数だけど、1.02は（0.02）の2個！ 1.6は（0.6）の1個！ ゆえに、小数点以下の数は合計3個ですね！ そこで、（＊）の÷1000を見てください！“÷1000”の場合は、“0”の数だけ小数点が左へ移動！ここでもやはり“0”が3個です（①②より当然ですけど！）よって、

$$\boxed{1632 = 1632.0}$$

と考え、（＊）は、（小数点が登場！）

$$
\begin{aligned}
&= 1632.0 \div 1000 \\
&= 1.6320
\end{aligned}
$$

となる。ゆえに、小数の“かけ算”の場合は、はじめは小数点を無視して計算をし、そのあと、小数点以下の数の個数分だけ小数点を右から左へ移動させればよいことがわかってもらえたかと思いますが・・・？

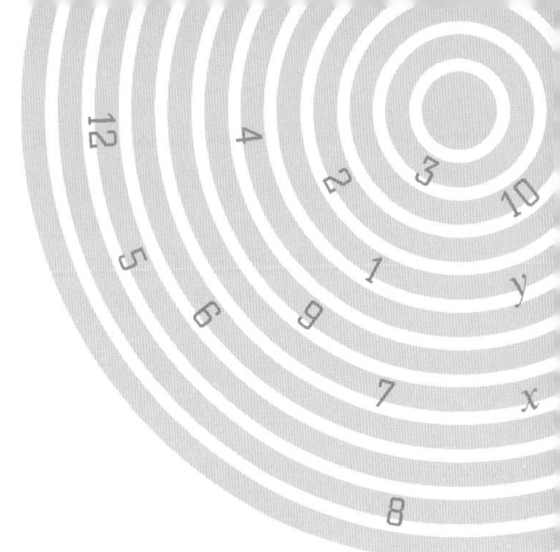

中学１年

第２話

式と計算

Ⅰ 正と負の数（数の方向性：±）

今まで小学校で数（かず）といえば、1、2、3とモノをかぞえたり、2cm、3kgのようにモノを計（はか）るものとして考えていました。しかし、“算数”から“数学”に一段上がると数の範囲が広がり、今までのように数が頭の中でハッキリとした形ではイメージしづらいものになってきます。例えば、“2 − 5”など、「**どうして2個しかないところから5個も取ることができるんだ？**」と、算数の世界では考えられないことが、数学の世界に入ると突然起こるんですね。また、“文字”が“数字”のように見えるようにならなくてはいけないんです！

なんだそれ!?

“算数”と“数学”では数字をあつかう世界がまったく違います。極端に言えば地上と宇宙空間ほどの違いがあるのかな！? 宇宙に行けば上・下がなくなり、空中をスーパーマンのように動けますよね。とうてい地上では考えられないことです。といってもなにかすごいことになりそうだとこわがらないでくださいね。けれども、数学の世界に一度足を踏み入れたらもう数年間は逃げ出すことは決してできません。でも大丈夫。ちゃ～んと私が手を取ってゆっくり案内しますのでご安心あれ！！ では、さっそく数学の世界へいっしょに旅立とうではないか！

いざ、しゅっぱ～つ!!

数学の世界と言っても、いくつかの世界があります。では、最初に出合う新しい世界のお話から始めることにしましょう。

最初の世界は、左から右へと流れるまっすぐな長～い一本の直線の上を歩く歩き方のお話です。

またまた意味不明・・・!

数直線とは？

まずは、“数”を長い直線の上で考えることから始めましょう！

この線を数学の世界では数直線（すうちょくせん）と呼んでいます。今後は、数字の大きさがわからないときは、下のような数直線上において、数の大小関係を確認するようになります 。

では、数学の入り口、**数直線のお話からスタートです！**

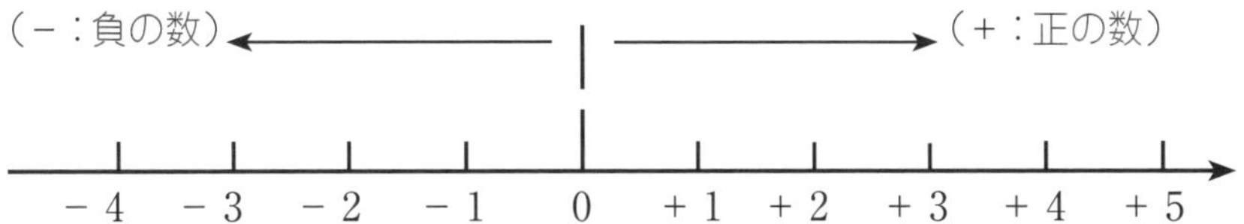

上の矢印のついた直線を見てください。これが“数直線”です。0を基準にして、右側が正（プラス：＋）、左側が負（マイナス：－）の部分（領域（りょういき））になります。そして、0 を基準にして数直線の矢印の方向に、＋1、＋2、＋3と数がどんどん大きくなっていきます。また、矢印の反対方向へは、－1、－2、－3と数は小さく変化していきます。当然、右側の数が常に左側の数より大きくなるんですね。ここで、見慣れない符号（ふごう）（＋－）が出てきました。これは、数直線上を“進む方向”を表しています。

みなさんが数を考えるとき、まずスタート地点となるところは0です。今、自分が0の上に立っていると思ってください。よいですか？

そこで、「**数直線に向かって右へ 2 歩進んだ数**」「**左へ 3 歩進んだ数**」と言われたら、なんだか数学をやっている気がしませんよね。カッコ悪いし、いちいち右へ・左へなんて言うのは面倒でしょう。よって、右へを（＋：プラス)、左へを（－：マイナス）という符号を使って表したと思ってください。

ここで注意してほしいのですが、0を基準に右へ（+）・左へ（−）と動いたときに初めて（+）（−）の符号が使えるんだから、**0**は始点（してん）であって、この上に立っている状態では動いていませんよね。だから、+0、−0という表現は「存在しない」。この点をよ〜く覚えておいてくださいね！「こんな当たり前のことをナニ言ってるの?!」と思った方、後ほど実は理解していなかったということがわかります！

「たのしみだなぁ〜！」

ここまでで、まず数にはプラス（+）、マイナス（−）という符号があることを知りました。この符号は0を基準にして“方向性”を表しているんだね。では、つぎにこの“符号の性格”を覚えましょう！

・+：正の符号　　**・−：負の符号**

符号の性格

・プラス　（+）：マジメで、いつも自分の目の前の流れに乗る。

・マイナス（−）：へそまがりでいつも目の前の流れと反対の方向へ行く。

数には±（プラス・マイナスと読みます）の符号があり、数は左から右へ（小から大へ）と流れ、特にプラス（+）はその基本的方向（数直線の矢印の方向）に向いていると思ってください。慣れるまでは常に、数直線を頭の中にえがき、基本的にプラス（+）は右方向、マイナス（−）は左方向と思ってくださいね。いくつか例題をやって確認してみますよ？

符号変化の練習

［例題］

＋：右へ　目の前の数の流れの方向

(1)　$+(+2)=+2$

（＋：目の前の流れに乗る 右へ）

＋：右へ　目の前の数の流れの方向

(2)　$+(-2)=-2$

（－：目の前の流れに逆らう 左へ）

－：左へ　目の前の数の流れの方向

(3)　$-(+2)=-2$

（＋：目の前の流れに乗る 左へ）

－：左へ　目の前の数の流れの方向

(4)　$-(-2)=+2$

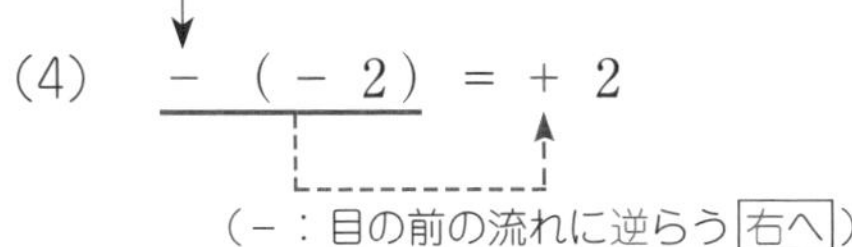

（－：目の前の流れに逆らう 右へ）

わかったようなぁ～
わからないようなぁ～
ビミョー！

この（1）～（4）までの符号の変化が理解できれば、中学数学の第一関門は突破！！　　「心配しないでください！ つぎでより詳しく説明します。」

この変化を使って、つぎは数直線上での四則計算の考え方をお話しすることになりますので、しっかりと理解してくださいね。

みなさんはとうとう数学の入り口をくぐってしまいました。もう、逃げられませんよ！ 笑

では、つぎの項目、“四則計算”へと進みましょう！！

II　正の数・負の数の四則計算（和：＋／差：－）

たし算・引き算

　みなさんは、きっと今までに勉強したプラス（＋）とたし算の（＋）、マイナス（－）と引き算の（－）とは、どのように違うのか悩んではいませんか？ 実は同じ意味と考えてかまいません。式のはじめの数をスタート地点とし、「たし算（＋）ならばそこから右の方向へ行きなさい」「引き算（－）ならばそこから左の方向へ行きなさい」ということを示しているんです。この右・左は数直線の上においての話だからね！！「おわかりですか？」

　では、また数直線上で、符号の変化に注意しながら確認しましょう！

［例題］

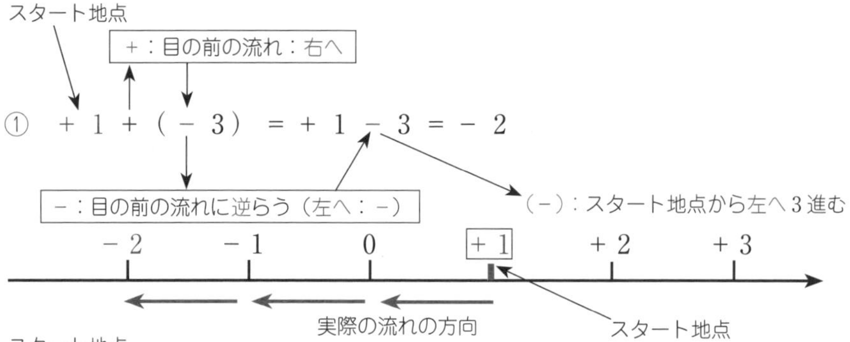

スタート地点

＋：目の前の流れ：右へ

① ＋1＋（－3）＝＋1－3＝－2

－：目の前の流れに逆らう（左へ：－）

（－）：スタート地点から左へ3進む

－2　－1　0　＋1　＋2　＋3

実際の流れの方向

スタート地点

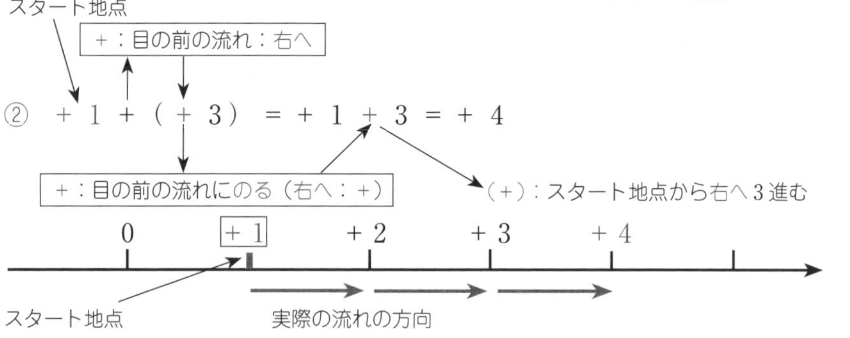

スタート地点

＋：目の前の流れ：右へ

② ＋1＋（＋3）＝＋1＋3＝＋4

＋：目の前の流れにのる（右へ：＋）

（＋）：スタート地点から右へ3進む

0　＋1　＋2　＋3　＋4

スタート地点

実際の流れの方向

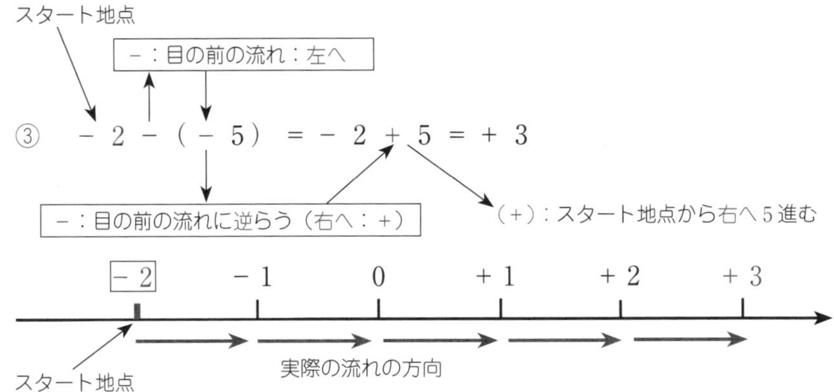

３つの例を示してみました。これらが理解できれば符号の変化については卒業で、あとは機械的に符号の処理をしていけばよいのです。

では、機械的に、まず符号どうしの変化について覚えてしまいましょう。

カッコのはずし方

符号が同じものどうし［カッコをはさんで並んでいる場合①②］、［かけ算になっている場合③④］は、すべて向きは右側となり、符号は必ずプラス（＋）になる。

・符号が同じものどうし：
① ＋（＋）＝＋
② －（－）＝＋

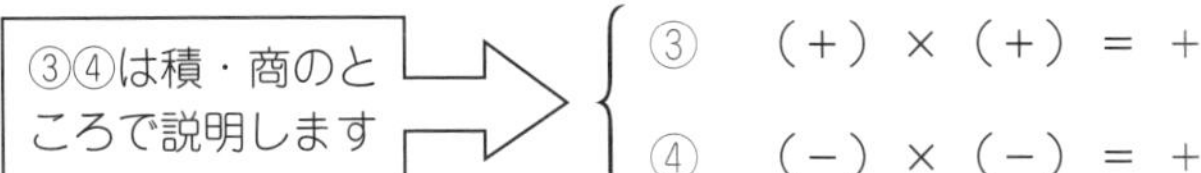

③④は積・商のところで説明します
③ （＋）×（＋）＝＋
④ （－）×（－）＝＋

ポイント　同符号どうしはすべてプラス（＋）

符号が違うものどうし[カッコをはさんで並んでいる場合①②]、[かけ算になっている場合③④] は、すべて向きは左側となり、符号は必ずマイナス（－）になる。

・違うものどうし：　①　＋（－）＝－

②　－（＋）＝－

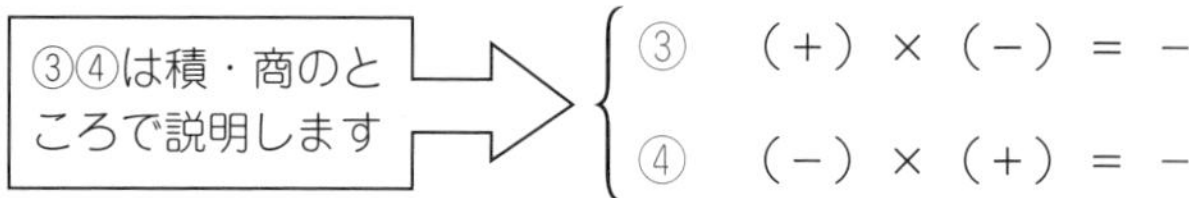

③　（＋）×（－）＝－

④　（－）×（＋）＝－

ポイント　異符号どうしはすべてマイナス（－）

符号変化の規則性がわかった（?）ところで、練習してみましょう！

問 題　カッコをはずしてつぎの計算をしてみよう。

(1) $(+3)+(+4)=$

(2) $(-4)+(-2)=$

(3) $(+2)-(+5)=$

(4) $(-1)-(-3)=$

ポイント

カッコの前に何もないときは、そこの 符号はプラス（＋） であると思ってください。よって、カッコの前に何もないときは、そのままカッコをはずしてかまいませんからね !!

ナニ～・・・?!

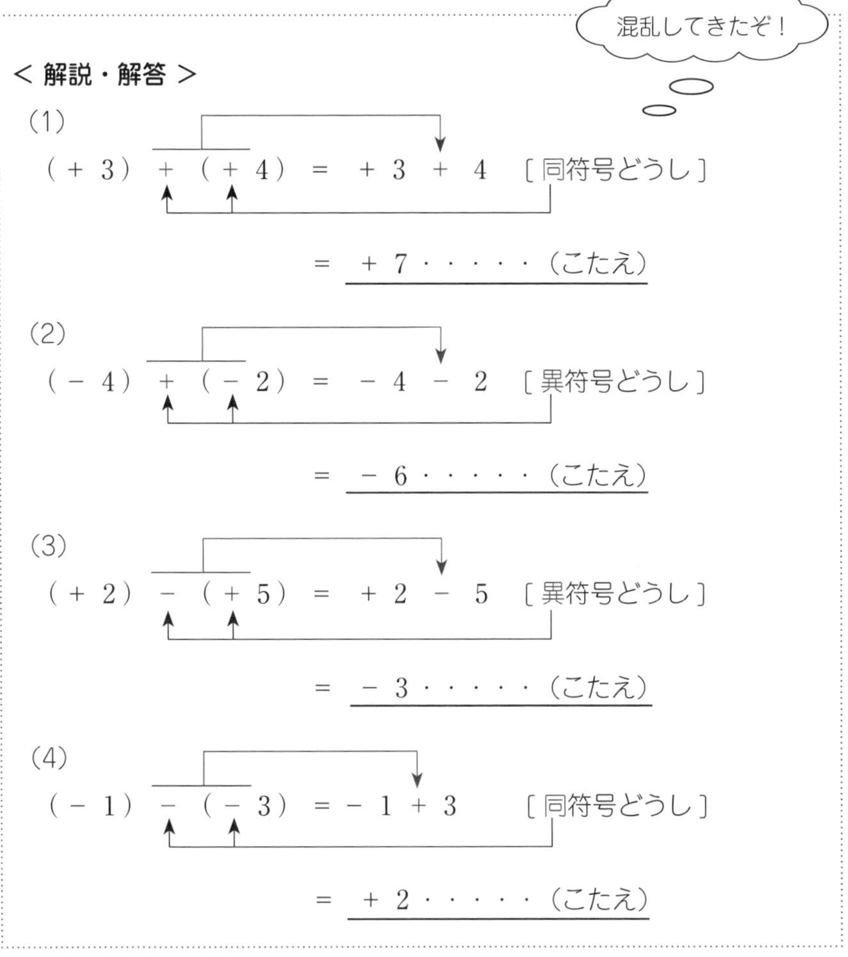

混乱してきたぞ！
< 解説・解答 >
(1)
（＋ 3）＋（＋ 4）＝ ＋ 3 ＋ 4 ［同符号どうし］
＝ ＋ 7・・・・・（こたえ）
(2)
（− 4）＋（− 2）＝ − 4 − 2 ［異符号どうし］
＝ − 6・・・・・（こたえ）
(3)
（＋ 2）−（＋ 5）＝ ＋ 2 − 5 ［異符号どうし］
＝ − 3・・・・・（こたえ）
(4)
（− 1）−（− 3）＝ − 1 ＋ 3 ［同符号どうし］
＝ ＋ 2・・・・・（こたえ）

符号変化については上のように“同符号か？”“異符号か？”で判断してくださいね。また、計算に関しても今一度、つぎのページで示してあるように、こんな感じに数直線上で考えるんだということだけを意識してもらえれば十分!!

とにかく、みなさんがよく間違える符号に関しては、上のように機械的に符号の変化をさせ、計算できるんです！　この点だけを意識して何度となく読んで理解してください。

ハ〜イ！

では今一度、数直線上で符号の方向性を確認しましょう！

［例題］

① $1 + 3 = 4$

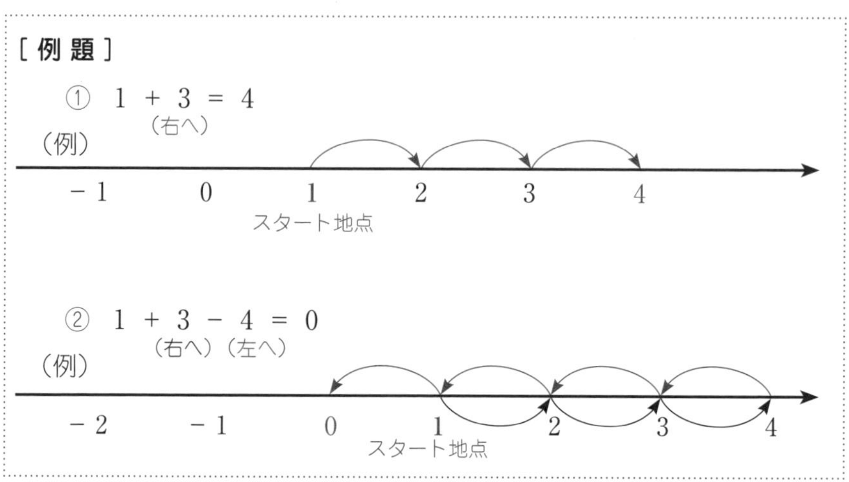

この2題の説明で、たし算の記号（＋）と符号のプラス（＋）、引き算の記号（－）と符号のマイナス（－）は、考え方としてまったく同じであることが理解していただけたでしょうか？　では、つぎに“たし算・引き算・かけ算・割り算”が一緒になった計算の練習です。

四則計算の順番

四則計算には順番があるのを覚えているでしょうか？

なぜ中学数学をやってて算数の計算方法を質問されるの？「馬鹿にしないで !!」と感じている方もいらっしゃるはず！ しかし、多くの人たちは、自分が立てた式を勘違いしているんです。今確認しておかないと文章問題のところでこの点を痛感すると思いますので、ここで一度確認しておきたいと思います。以下の約束事を必ず守りましょう !!

I　たし算・引き算だけの計算は、左から順に計算をする。

（例）$5 - 4 + 1 = 1 + 1$

$= 2$　　　知ってるよ～だ！

Ⅱ　たし算・引き算・かけ算（または、割り算）がいっしょのときは、かけ算（または割り算）を最初に計算し、そして、左から順にたし算・引き算の計算をする。

（例）　・$9+4\times2=9+8$
$=17$

・$8+6\div2+1=8+3+1$
$=11+1$
$=12$

Ⅲ　かけ算・割り算だけの計算は、左から順に（または、割り算をすべてかけ算に直してから）計算をする。

（例）　・$3\times4\div2=12\div2$
$=6$

・$24\div8\times3=3\times3$
$=9$

できればそろそろ割り算を見たらすべて、すぐにかけ算に直すことを心がけてくださいね。今後、割り算の（÷）記号は勉強していく中で目にしなくなるので、意識して“割る数”を“逆数”にして“割り算”を“かけ算”に直すようにしましょう。

逆数という言葉は、方程式を解（と）くときにも使います。そこで、今ここで説明しておくことにしますね。

質 問「3の逆数はなんですか？」

$a\times\frac{1}{a}=1$　積が1となるモノどうしを互いに逆数と呼ぶ！

「逆数と言われればはじめに、3を分数に直さなければいけませんね？」アレ？「なんで？」と思っている人もいるようですね！ 逆数とは「分母と分子を入れ替えた数」でしたから、まず、分数に直さなくてはダメ！

そこで直し方ですが、整数を分数に直すときは、分母を1にし、分子に分数に直したい整数を乗せれば「ハイ！ おしまい！ 笑」　えっ！

$3 = \frac{3}{1}$

> ときどき、「3の逆数を求めなさい」という問いに対し、$3 = \frac{1}{3}$ と答える人が多くいます。3と逆数は違うものです！ 何でもかんでも等号で結ぶのはやめましょうね！

このようにして整数は分数で表せます。これで3の逆数ができました。

$$3 = \frac{3}{1}\text{（分数）} \longrightarrow \frac{1}{3}\text{（逆数）}$$

これが逆数の作り方です。

問 題 計算してみよう。

(1) $3 + 2 \times 5 =$

(2) $(2 + 3) \times 8 - 10 =$

(3) $-7 - (+24) \div 8 =$

(4) $\frac{1}{3} \div 4 - \left(-\frac{5}{6}\right) =$

(5) $-\frac{3}{5} + \left(+\frac{3}{7}\right) \div \frac{1}{7} =$

＜解説・解答＞

(1) $3 + 2 \times 5 =$

この計算でよくやる間違いは、

$$3 + 2 \times 5 = 5 \times 5$$
$$= 25 \quad \text{（ダメ！な計算）}$$

このように先にたし算をしてしまう人がいます。“四則計算には順番がある”と説明したように、“かけ算”は“たし算”より先に計算します。

よって、

$$3 + 2 \times 5 = 3 + 10$$
$$= \underline{13 \quad \cdots\cdots（こたえ）}$$

このようになりますね！

(2)　$(2 + 3) \times 8 - 10 =$

この計算は“カッコ”がついているので、必ず先に“カッコ”の中を計算してから、つぎに“かけ算”、そして“引き算”という順番になります。

$$(2 + 3) \times 8 - 10 = 5 \times 8 - 10$$
$$= 40 - 10$$
$$= \underline{30 \quad \cdots\cdots（こたえ）}$$

(3)　$-7 - (+24) \div 8 =$

この場合は、まず割り算をかけ算に直すことから始めましょう。最初に割り算は暗算ができてしまいますが、今は“割り算”を“かけ算”に直す練習です！

“逆数”は大丈夫ですか !?

（割る数）→（逆数）

$$-7 - (+24) \div 8 = -7 - (+\cancel{24}_{3}) \times \frac{1}{\cancel{8}_{1}}$$

（割られる数）

$$= -7 - (+3)$$

異符号

$$= -7 - 3$$

$$= \underline{-10 \quad \cdots\cdots（こたえ）}$$

(4) $\frac{1}{3} \div 4 - \left(-\frac{5}{6}\right) =$

これも同様に“割り算”を“かけ算”に直し、計算ですね！

$$\frac{1}{3} \div 4 - \left(-\frac{5}{6}\right) = \frac{1}{3} \times \frac{1}{4} - \left(-\frac{5}{6}\right)$$

$$= \frac{1}{12} - \left(-\frac{5}{6}\right)$$

［通分］
（分母）、（分子）を２倍

$$= \frac{1}{12} + \frac{5}{6}$$

$$= \frac{1}{12} + \frac{10}{12}$$

$$= \frac{11}{12}$$ ・・・・（こたえ）

どうですか？　このあたりの計算方法は、小学校６年の算数で勉強した範囲です。分数計算が苦手な人にとってはキツイところですね。

- **分数の“たし算”は、通分（分母の数を同じにする）**
- **分数の“かけ算”は、（分母）×（分母）、（分子）×（分子）**

(5) $-\frac{3}{5} + \left(+\frac{3}{7}\right) \div \frac{1}{7} =$

（4）と同様に“割り算”を“かけ算”に直してから計算します。

逆数は $\frac{7}{1}$ ですが、これは7です

$$-\frac{3}{5}+\left(+\frac{3}{7}\right)\div\frac{1}{7}=-\frac{3}{5}+\left(+\frac{3}{\cancel{7}_1}\right)\times\cancel{7}_1$$

$$=-\frac{3}{5}+(+3)$$

（分母）を1にし、（分子）に3を乗せればよい！

$$=-\frac{3}{5}+3$$

$$=-\frac{3}{5}+\frac{3}{1}$$

5に通分、（分母）（分子）を5倍

$$=-\frac{3}{5}+\frac{15}{5}$$

$$=\frac{12}{5}\quad\cdots\cdots（こたえ）$$

（1）～（5）の計算はいかがでしたか？　小学校の復習もかねた計算練習でした。よいですか！　順番にはくれぐれも注意して計算してくださいね。 また、簡単な計算（暗算でできる計算）の場合はよいですが、必ず“割り算”は“かけ算”に直してから計算しましょう !!

注）割り切れないときは分数で表現してください。また、分数で注意しなくてはいけないことは、必ず約分することと、帯分数では決して表さないこと。この2点には気をつけてくださいね。

帯分数とは？
$\frac{7}{3}=2\frac{1}{3}$ このように、分子が分母より大きい場合、分母が分子に入っている個数を前に出し、余りを分子に乗せておく。この形を言います。ちょうど数字の2が着物を着たときの帯の位置にあるでしょ！

疲れたよ～

和の式に直す

問題

つぎの式をすべて和（たし算）の式に直してくれるとうれしいのですが。

（1）　$3 - 5 - 11 =$

（2）　$-2-(+7)-1=$

< 解説・解答 >

「和の式に直しなさい」これはよく出題される問題ですよ。

（1）　$3 - 5 - 11 = \underline{3 + (-5) + (-11)}$

・・・（こたえ）

考え方として、スタート地点である3に（－5：左へ5）と（－11：左へ11）を加えた（＋）と考えられませんか！　また、カッコをはさんで異符号はすべてマイナス（－）になるので、（右辺）のカッコをはずすと（左辺）の式に戻ります。　　ナルホド！　でもねぇ～・・・

（2）　$-2-(+7)-1=-2-7-1$

$= \underline{-2+(-7)+(-1)}$

・・・・（こたえ）

これは初めての人には案外ムズカシイかもしれませんね！　そこで、つぎの順にやってもらえればわかりやすいのではないかな？!

・考え方［頭の中の思考過程だから答案に書いてはダメ！］

（与式）$= -2-7-1$　　［カッコをはずしそれぞれの“方向性”を示す］

$= (-2)\ (-7)\ (-1)$　　［目の前の符号ごとカッコでくくる］

$= -2+(-7)+(-1)$［カッコどうしの間を（+）の符号でつなぐ］

以上で、“四則計算”および“符号の変化”に関しては理解できたと思いたいのですが・・・涙。あとは問題集でたくさん練習してくださいね！笑

言葉による正・負のイメージ

さてと、このへんで気分を変えて、国語（?）の勉強をしましょうか!?

ここでは、言葉を使って、プラス・マイナスの理解を確認しますが、実はこの言葉を使った項目を学校で、みなさんは最初に勉強したはずです。よって、順番としては逆ですが、しかし、プラス・マイナスのイメージがハッキリと認識できる前にこのことを学習すると大変混乱しますので、この本では順番を逆にしました。日常生活では絶対に使わない表現なので、初めは気持ち悪く感じるはず。それで当然ですからね！ 数学ではこんな変な言い方をするんだと、思ってくれればけっこう！ では、問題を使って解説します。

問 題　つぎの表現を考えてみよう！

（1）5年後を＋5年と表すと、7年前はどのように表せますか？

（2）西へ4［m］進むのを－4［m］と表すと、東へ3［m］進むはどのように表しますか？

ポイント　言葉の意味が「増える」・「得する」・「進む」このように感じるものはすべてプラス（＋）です。当然、この逆のイメージをする表現はすべてマイナス（－）ですからね!!

国語は少し得意です！

＜解説・解答＞

（1）5年後の“後”、この後（ご）とは“～のあと”と、進んだときに使われる言葉ですね。よって、プラス（＋）の符号が使われています。だから、当然“前”とは“戻る”という“進む”とは逆のイメージを感じさせますよね。よって、マイナス（－）の符号が使われて、答えは“－7年”と表されることになります。

なるほど・・・!?

(2) 西と東はまったく逆（180° 逆）なので、西方向がマイナスならば、その逆（東）は当然プラスですね！ よって、答えは、“＋3〔m〕”です。

問題 つぎの言葉を正の数を使って表すとどうなりますか？
（1） －5〔kg〕増加　　　　（2） －13分進んだ

ポイント 言葉のイメージがプラスかマイナスかが判断できれば簡単！かけ算で［異符号どうしはマイナス］でしたね。この考え方が理解できていれば、あとは国語力の問題。ただ、一生のうちでこのような日本語を使うことは、この項目しかありませんからね!!

＜解説・解答＞

(1)“－5”はマイナスで、“増加”はプラスのイメージですよね。だから、マイナスとプラスですから全体としてマイナスの方向に向いています。よって、正の数を使うのですから、－5を＋5とプラスに直し、言葉のプラスのイメージ（増加）を**マイナス（減少）**にすれば、全体としてマイナスの方向が保てますよね。

したがって、

＋5〔kg〕減少・・・（こたえ）

(2)“－13”はマイナスで、“進む”はプラスのイメージですよね。だから、マイナスとプラスですから、全体としてマイナスの方向に向いています。よって、正の数を使うのですから、－13を＋13とプラスに直し、言葉のプラスのイメージ（進む）を**マイナス（遅れる）**にすれば、全体としてマイナスの方向が保てますよね。

したがって、

＋13分遅れた・・・（こたえ）

問題　つぎの言葉を負の数を使って表すとどうなりますか？
（1）700 円の損失　　　　　　（2）3 時間前

＜解説・解答＞

（1）700 円はプラスで、損失はマイナスのイメージですよね。よって、プラスとマイナスですから全体としてはマイナスの方向に向いています。そこで、負の数字を使うことから、700 を－700 とマイナスに直し、言葉のマイナスのイメージ（損失）を**プラス（利益）**に変えることで、全体としてマイナスの方向に向きますよね。

したがって、

－700 円の利益・・・（こたえ）

（2）3 時間はプラスで、前はマイナスのイメージですよね。よって、プラスとマイナスですから全体としてはマイナスの方向に向いています。そこで、負の数を使うことから、3 を－3 とマイナスに直し、言葉のマイナスのイメージ（前）を**プラス（後）**に変えることで、全体としてマイナスの方向に向きますよね。

したがって、

－3 時間後・・・（こたえ）

“言葉の符号のイメージ”

（プラス：＋）		（マイナス：－）	（プラス：＋）		（マイナス：－）
利益	←→	損失	高い	←→	低い
収入	←→	支出	後	←→	前
増加	←→	減少			
上昇	←→	下降（降下）			

不等号について

最初のところで数直線を使って、数の大小関係を判断しましたよね？

今度はその大小関係を言葉ではなく、記号（不等号）を使って表します。この不等号には 2 種類ありますが、ここではそのうちの基本となる 1 種類を使います。その不等号の記号は “＜” または “＞” の 2 つです。だいたい形から使い方はわかりますよね！ そうです、口が開いている側の数の方が、とんがっている方の数より大きいんです。

問 題　つぎの数の大小関係を不等号を使って表してください。

（1） ＋4 と ＋7　　　（2） －2 と －6

（3） 5 と －3　　　（4） －2.8 と －3

ポイント　自信がなければ “数直線” をかいて考えるんですよ！

＜ 解説・解答 ＞

（1）これは大丈夫ですね！

＋4 ＜ ＋7・・・（こたえ）

（2）これはどうですか？　0 から左へ行けば行くほど数は小さくなるんでしたから、

－6 ＜ －2・・・（こたえ）

（3）これもよいですよね！

－3 ＜ 5・・・（こたえ）

(4) このようにマイナスの小数の数の場合は、“数直線”で確認するに限ります。

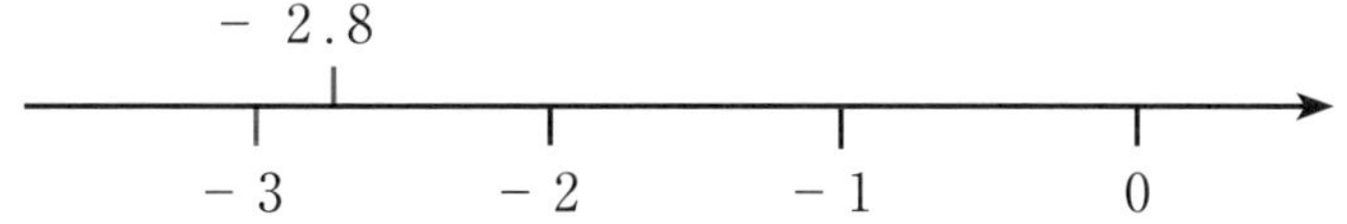

上のようにマイナスの小数は必ず視覚的に確認してくださいよ！

よって、

－ 3 < － 2.8 ・・・（こたえ）

（チョット！ 一言）

みなさんはよくこの不等号の問題を答えるときに、問題の数字を動かさずに、そのまま数字の間に不等号を入れてしまいます。これは別に間違ってはいないんですが、できれば今から常に**“左側が小さい数”“右側が大きい数”**と決めて書く癖をつけてほしいんですね。数直線を見ればわかるように数は必ず左から右へ流れています。よって、この流れにしたがう表現方法を身につけてください。今後勉強する“不等式の計算”では大小関係を勘違いしやすいので、決して間違いではないのですが、意識して常に右側に大きい数をおくように心がけてくださいね！

<**みなさんの表し方**>（決して間違いではありませんからね！）でも・・・

(1) ＋ 4 < ＋ 7　　(2) － 2 > － 6

(3) 5 > － 3　　(4) － 2.8 > － 3

なんだこりゃ？

中学1年
中学2年
中学3年

Ⅲ　正の数・負の数の四則計算（積：×／商：÷）

そろそろ整数に慣れてきたでしょうか？ 和と差のところでプラス・マイナスの符号について解説しましたが、ぼんやりとでも見えてきましたか？ ここでは［数字どうし］［文字どうし］、また［数字と文字］の積・商についてお話ししたいと思います。今までの“符号は方向性”だという考え方が理解できていれば簡単!! では、今回も数直線を使って説明しますよ!!

かけ算

＜ 積の基本的ルール ＞

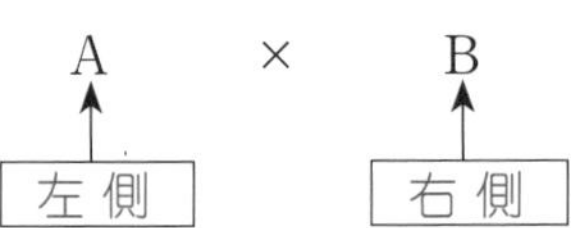

左側：0（ゼロ）を始点とし、基本となる大きさを表す。
　　　また、符号は流れを示す。

右側：左側の大きさをどの方向に何倍するかを示す。

上のことをしっかり認識してから、以後の解説を読んでくださいね。

問題　つぎの計算をしてみよう。

(1)　$(+2) \times (+3) =$

(2)　$(+3) \times (-4) =$

(3)　$(-5) \times (+2) =$

(4)　$(-4) \times (-2) =$

中学1年
中学2年
中学3年

＜解説・解答＞

整数の積の計算方法は、積の**“左側の符号”**が はじめの流れの方向 と大きさで、**“右側の符号”**が その流れに対する進むべき方向 と考えてもらえれば、符号変化は簡単！

(1)　具体的に説明しますよ！

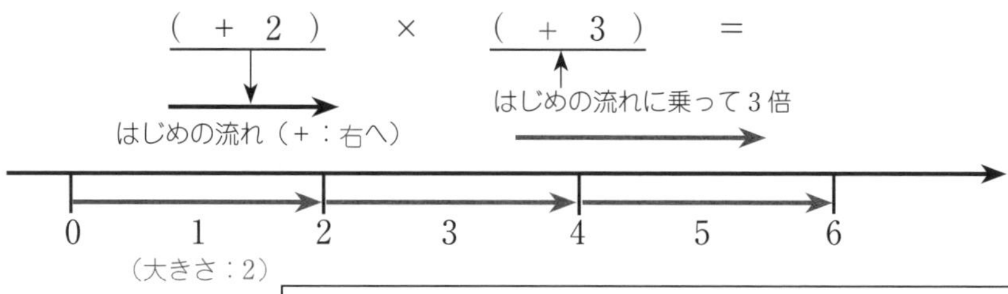

2の大きさを1つの単位とし、0（スタート地点）から流れの方向に3コ並べる（3倍する）　2 × 3 = 6

よって、

(＋2)　×　(＋3)　＝＋6　・・・・（こたえ）

(2)

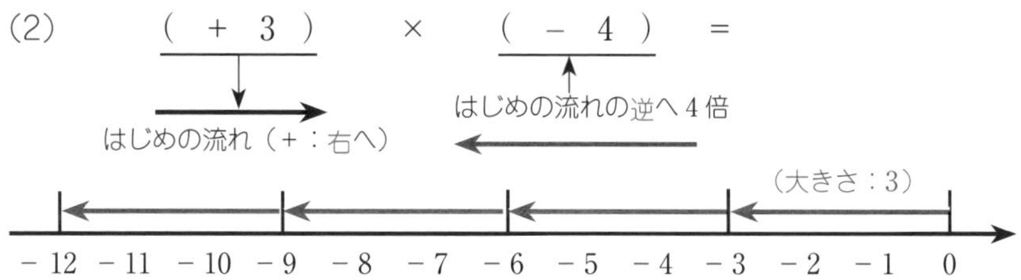

3の大きさを1つの単位とし、0（スタート地点）から最初の流れの反対方向に4コ並べる（4倍する）3 × 4 = 12

よって、

(＋3)　×　(－4)　＝－12　・・・・（こたえ）

この整数どうしの和・差・積・商について、こんなにもていねいに符号の説明をする必要があるのかどうか、実は疑問でもあるんです。実際慣れてくれば符号の変化に「なぜ？」と感じること自体がなくなるんですから!!

(3)　（ − 5 ）　×　（ ＋ 2 ）＝

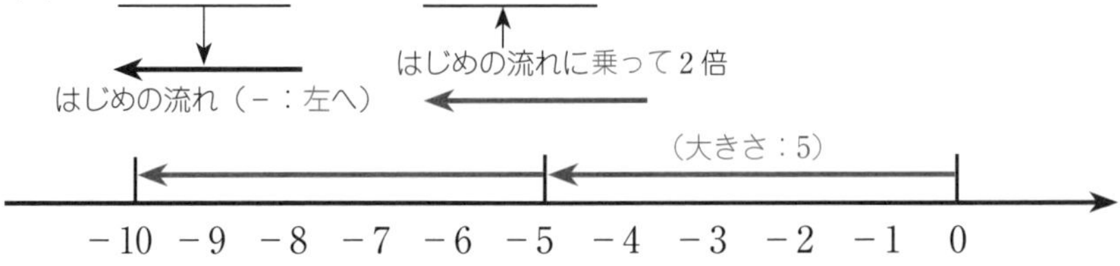

はじめの流れ（−：左へ）

はじめの流れに乗って2倍

（大きさ：5）

−10　−9　−8　−7　−6　−5　−4　−3　−2　−1　0

5の大きさを1つの単位とし、0（スタート地点）から最初の流れの方向に2コ並べる（2倍する）5 × 2 = 10

よって、

（ − 5 ）×（ ＋ 2 ）＝ − 10 ・・・・・（こたえ）

(4)　（ − 4 ）　×　（ − 2 ）＝

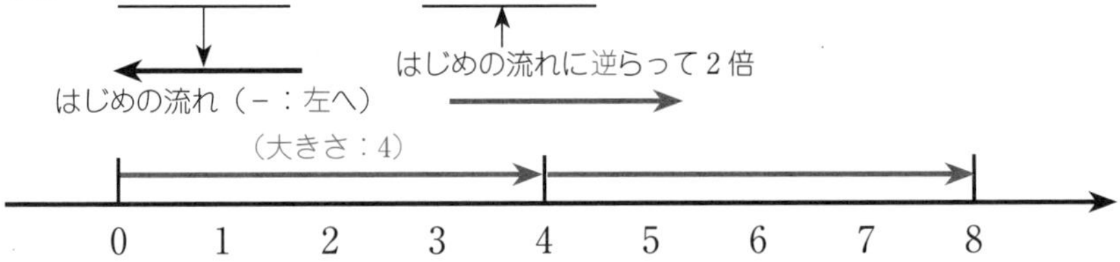

はじめの流れ（−：左へ）

はじめの流れに逆らって2倍

（大きさ：4）

0　1　2　3　4　5　6　7　8

4の大きさを1つの単位とし、0（スタート地点）から最初の流れに対し反対方向に2コ並べる（2倍する）4 × 2 = 8

よって、

（ − 4 ）×（ − 2 ）＝ ＋ 8 ・・・・・・（こたえ）

符号は自分の進むべき方向を示しているんです。

くれぐれも符号の変化には気をつけて計算をするようにしてくださいね。

<もう一度符号の変化について>

・同符号どうし［（−）×（−）、（＋）×（＋）］の積はプラス　：（＋）

・異符号どうし［（−）×（＋）、（＋）×（−）］の積はマイナス：（−）

“かけ算”の計算のときはマイナスの符号の数をかぞえて、

奇数（1，3，5・・・）個　：　符号はマイナス！

偶数（2，4，6・・・）個　：　符号はプラス！

割り算

< 商の基本的ルール >

算数で割り算をかけ算に直す方法を勉強したのを覚えていますか？“割られる数”はそのままで“割るの記号（÷）”を“かけるの記号（×）”にし、同時に、“割る数を逆数に変える”んでしたね。

言葉でいくら言ってもわかりませんよね！「スミマセン！」

積の詳しい解説はすでにしてありますので、“割り算”を“かけ算”に直す計算方法を、簡単に示しておきます。

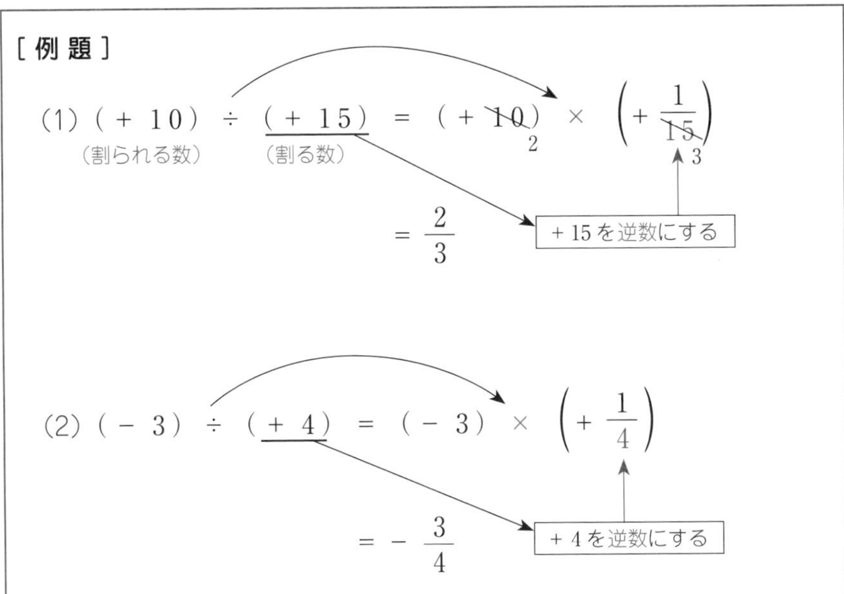

この2題でわかってもらえると思います。よって、ここでは割り算は**かけ算**と考えられますので、割り算の符号変化はかけ算の符号変化と同じであるということを納得してください。くれぐれもかけ算に直したとき、“逆数”に気をつけてくださいね！

かけ算と割り算の混合計算

さて、かけ算・割り算における符号変化のお話はおわりましたので、ここでは分数計算の復習の意味も込め、混合計算の練習をしてみましょう。

早速問題を通して一緒に復習を始めることに！

問 題　つぎの計算をしてみましょう。

(1)　$-0.9\times0.2\div(-0.3)=$　　(2)　$-18\div(-4)\times(-6)=$

(3)　$3.2\div(-6)\div(-4)=$　　(4)　$-\frac{7}{3}\times\left(-\frac{6}{21}\right)\div(-4)=$

＜解答・解答＞

(1)　$-0.9\times0.2\div(-0.3)=-\frac{9}{10}\times\frac{2}{10}\div\left(-\frac{3}{10}\right)$

$$=-\frac{\cancel{9}^{3}}{\cancel{10}_{1}}\times\frac{2}{10}\times\left(-\frac{\cancel{10}^{1}}{\cancel{3}_{1}}\right)$$

$$=3\times\frac{2}{10}$$

$$=\frac{6}{10}$$

分数ゆえ約分して答えにしたいところだけど、**問題が小数**なので**答えは問題に合わせるのが原則**。ゆえに、約分せずに小数に直す！

$$=0.6$$ ・・・（こたえ）

＊四則計算の原則

・小数は分数に直して計算

・割り算は逆数のかけ算に直して計算

・問題が小数および整数であれば、答えは可能な限り問題に合わせる。ただし、割り切れない場合は、分数でよい！
（小数と分数の混合計算の場合は、答えは分数および整数で表す！）

(2)　$-18\div(-4)\times(-6)=-\cancel{18}^{9}\times\left(-\frac{1}{\cancel{4}_{2}}\right)\times(-6)$

$$=\frac{9}{\cancel{2}_{1}}\times(-\cancel{6}_{3})$$

$$=9\times(-3)$$

$$=-27$$ ・・・（こたえ）

(3) $3.2 \div (-6) \div (-4) = \frac{32}{10} \times \left(-\frac{1}{6}\right) \times \left(-\frac{1}{4}\right)$

$= \frac{16}{5} \times \frac{1}{6} \times \frac{1}{4}$

$= \frac{4}{5} \times \frac{1}{6}$

$= \frac{2}{5} \times \frac{1}{3}$

$= \frac{2}{15}$ ・・・（こたえ）

問題が小数と整数ゆえ答えは原則、整数か小数。ただ、ここでは割り切れないので分数表示にしました。

有理数（自然数、整数、小数）の計算では、答えの表示は原則有理数（分数）で表します。ただし、小数だけの計算であれば小数で表します。が、割り切れない場合は分数表示でかまいません。なぜなら、全て有理数の範囲内の計算なので！〔補：有理数とは分数で表せる数〕

(4) $-\frac{7}{3} \times \left(-\frac{6}{21}\right) \div (-4) = \frac{7}{3} \times \frac{6}{21} \times \left(-\frac{1}{4}\right)$

$= \frac{2}{3} \times \left(-\frac{1}{4}\right)$

$= -\frac{1}{6}$ ・・・（こたえ）

最初の積で符号をプラスにしました。
慣れてくれば、この場合、マイナスが奇数個から、答えの符号はマイナス。そこで、先頭にマイナスを付け、残り2つはプラスのままで計算していいんですよ！

符号変化をともなう分数計算の練習はコレでおわりにしましょう。これから先は、文字と数字が混ざり合った四則計算が中心になります。でも、計算の原則は今までやってきた数字だけの四則計算方法と同じ！よって、計算に自信のない方は、シッカリと練習をしておきましょう。

これで「四則計算の符号変化」についての説明はおわりです。あとは中学数学から勉強する“文字の計算”です。 「ファイト！！」

新しいかけ算の知識

小学生の算数でかけ算と言えば、（数字）×（数字）でしたね。

$2 \times 3 = 6$ （こんなような計算だったでしょ！）

しかし、中学生の数学では **（数字）×（文字）**、**（文字）×（文字）** という形が現れてきます。 意味不明！！

①（数字）×（文字）

問題

（1）$3 \times a =$ （2）$-2 \times c =$ （3）$\frac{2}{5} \times d =$

（4）$x \times 1 =$ （5）$-1 \times a =$

これからは、このような形のかけ算ばかり出てきます。そこでいくつか決まりがありますので、しっかりと覚えてください。

・ 数字と文字のかけ算のときは、間にある［×］の記号を省く。

＜解説・解答＞ ×を省かなければダメ！！

（1）$3 \times a = 3a$ （2）$-2 \times c = -2c$

（3）$\frac{2}{5} \times d = \frac{2}{5}d$ （4）$x \times 1 = 1x$

（5）$-1 \times a = -1a$

注）この中に2問、誤解答があります。
つぎのページで解説しますね！

このように数字と文字の間の（×）の記号がなくても、数字と文字が並んでいると、その形は数字と文字とのかけ算を表していることをこの問題を通して理解してください。約束事として、**数字・文字**の順に書くこと。

（例）$a \times 3 \times b = a3b$ ・・・・・（誤）

とはならず　「見ても変に感じるでしょ？」

$a \times 3 \times b = \underline{3ab}$ ・・・・・・（こたえ）

このように**数字・文字の順に表現**すること！！

ところで、前ページの解答の中に表現方法として、実際には間違いなのが２問あります。「どれだかわかりますか？」これもみなさんがよくやる間違いです。何度となく注意してもはじめのうちは必ずやってしまうので、言葉を換えて説明してみますよ。

いま、外国で買い物をしていて言葉が全く通じないが、どうしてもリンゴを１個もしくは２個欲しいということを伝えたいとき、絵で相手に伝えようと考えるでしょ！　そのとき、リンゴ１個ならば（ ）、２個ならば（2 ）このように表しませんか？　ここで何を言いたいのかというと、このリンゴ（ ）が数学計算の“文字”に当たるのです。そして、１個ならばわざわざ（1 ）のように“1”をつける必要はないですよね。しかし、２個ならば“2”をつけないと、自分が２個欲しいことが相手に伝わりません。よって、解答の（4）と（5）の答えは間違いで、正解は

（4）$x \times 1 = \underline{x}$ ・・・・・（こたえ）

(5) に関しては、もう1つ大切なことが含まれています。

$$-1 \times a = \underline{-a \cdots\cdots \text{(こたえ)}}$$

ここでの注意点は、1という数字は消えますが、(−) の符号だけは消えずに残ることです。なぜならば、符号は数の方向性を示す大切な記号なので必ず残さなければいけません。このように言うと、きっと「それなら、どうしてプラス (+) の符号はつけないんだろう?」と疑問に思う人もいるはず! しかし、一番最初の解説を思い出してみてください! 我々は数直線の上で数を考えているんです。数直線には片方 (右側) だけに矢印がついていましたよね。この意味は数の流れる方向を示していて、何の指示もなければ "数字" は右側の方向に自然と進んで行くんです。よって、右に進んでいるならばわざわざ「右に進みますよ」と何度も表す必要はないでしょ! だから、このような理由により中学の数学を勉強し始めて1ヵ月過ぎぐらいから、プラス (+) の符号は答えから省略されるようになるんですね!

そうだったのか・・・

② (文字) × (文字)

問題 つぎの計算をしてみよう!

(1) $x \times a \times p =$　　(2) $a \times (-b) =$

(3) $a \times a \times a =$　　(4) $a \times a \times b \times b \times b =$

(5) $a \times a \times (-b) \times b \times b =$

(6) $a \times (-a) \times b \times (-b) \times b =$

< 解説・解答 >

文字のかけ算は、アルファベット順に書くこと!!

(1) $x \times a \times p = apx$

注）アルファベット順でなくても間違いではありません

(2) についての注意点は、$-b$ を $(-1) \times b$ とし

$a \times (-1) \times b = (-1) \times a \times b$

と、数字を前に出して後ろに文字をアルファベット順に並べれば OK ！

＜間違った解答＞　よく見かける解答だよ！

$-b = (-1) \times b$

ですから

・ $a \times (-b) = \underline{a \times (-1)} \times b$

$= a - b$ ・・・・・・（誤）

または、

・ $a \times (-b) = \underline{a \times (-b)}$

$= a - b$ ・・・・・・（誤）

この 2 通りの間違いをよく見かけます。これが間違いであることがわからない人は、今は、（かけ算）の計算式が（引き算）になっているから、これは変だ“間違い”だと思ってくれれば OK ！

＜正しい解答＞

$a \times (-b) = a \times (-b)$

$= a \times (-1) \times b$

$= (-1) \times a \times b$

$= -ab$ ・・・・・（こたえ）

かけ算は交換法則（かける順番を入れ替えてもだいじょうぶ!!）が成り立つ

③累乗の計算

（3）～（6）までの計算は累乗（るいじょう）の計算ですから、しっかりと理解してください。[累乗：同じ数字・文字を何回もかけ算すること！！]

（3）　$a \times a \times a = a^3$

この計算は、a という同じ文字（自分自身）を3回かけています。このように自分自身を何回もかけるときは、自分自身の右上に小さくかける回数をかくんですね！

（4）　$a \times a \times b \times b \times b = a^2 b^3$

ここまでは大丈夫ですか？　残りをやりますよ！

$-b = (-1) \times b$

（5）　$a \times a \times (-b) \times b \times b = -a^2 b^3$

（6）　$a \times (-a) \times b \times (-b) \times b = a^2 b^3$

（＋）

どんどん難しくなりますけど、負けずにガンバルノデス！

ここで 累乗計算の難関 、みんながよ～く勘違いをするところの説明に入りますね！　ファイト！！

まだやるの～・・・

一見似ているがまったく違う2つの計算式！！

重要問題　つぎの計算をしてみよう！

（1）$(-2)^2 =$

（2）　$-2^2 =$

よくみえないなぁ

「いかがですか？」 一見似ているようで、しかし、どこか違うような・・・、いかにも計算ミスしそうな予感がするでしょう!!

＜解説・解答＞

(1) 数学の計算でカッコ（　）は大変意味のあるもので、めったやたらにカッコをはずすことは、慣れるまでやらない方がよいかもしれません。

小学校のとき、カッコの含まれている計算は、「かけ算・割り算があってもカッコの中のたし算・引き算を先に計算してから、かけ算・割り算をしなさい」と言われたはずですが、覚えていますか？　カッコで“式”や“数字”が囲んであるときは、それで 1つのもの と見なさなければいけません。

よって、$(-2)^2$ の計算の意味を言葉で表すと、

「(− 2) という数字を 2 回かけなさい !!」

ということですから、式はつぎのようになりますよ。

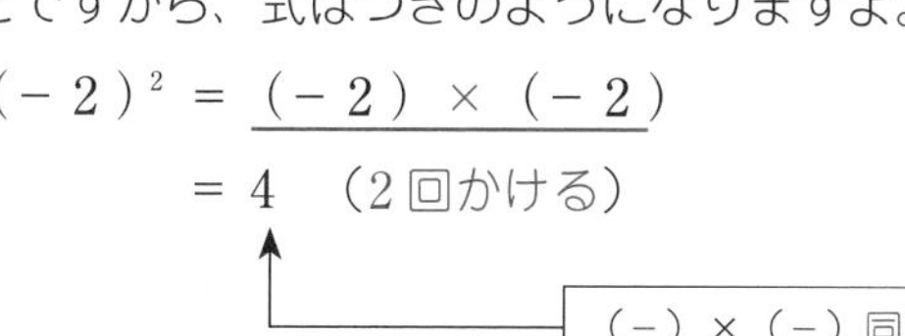

$$(-2)^2 = \underline{(-2) \times (-2)}$$
$$= 4 \quad （2回かける）$$

（−）×（−）同符号の積：（+）

よいですか！ つぎの場合も同じですね。

$$(-2)^3 = \underline{(-2) \times (-2) \times (-2)} \quad （正しい計算）$$
$$= -8 \quad （3回かける）$$

くれぐれも以下のような計算をしないでください！

$$(-2)^3 = (-2) \times 3$$
$$= -6 \quad （間違った計算）$$

この累乗計算は間違えやすいので、「文字の和」のところで、もう一度詳しく説明します

(− 2) を 3 倍するのではなく、3 回かけるんです！

(2)（1）との違いはカッコがないことですが、これが問題なんだな～。さて、右上の小さな2はいったいナニを2回かけ算しろと言っているんでしょうか？　このようなカッコのついていない累乗の計算は、以下のようにバラバラにしてから計算すればよいのです。

よいですか、しっかり覚えるんですよ！

－2：このようにマイナス（－）のついている数字（負の数）は数の方向性を下のように分けて表してあげるんです。

$$-2 = (-1) \times 2$$

－2を上のように考えれば、-2^2 の意味することがハッキリします。

$$
\begin{aligned}
-2^2 &= (-1) \times 2^2 \\
&= (-1) \times 2 \times 2 \\
&= (-1) \times 4 \\
&= -4
\end{aligned}
$$

この小さな2、3は方向を表す（－1）にではなく、2だけについていることがわかりますね！

よいですか？ つぎの場合もまったく同じですよ。

$$
\begin{aligned}
-2^3 &= (-1) \times 2^3 \\
&= (-1) \times 2 \times 2 \times 2 \\
&= (-1) \times 8 \\
&= -8
\end{aligned}
$$

どうですか？ ここまでの説明で（1）と（2）の違いがわかっていただけましたか？　この違いに慣れてしまえば問題はないんですが、この累乗の計算だけはばかにしてはダメ！ みなさんはわかった気になって平気な顔して間違えるんですから・・・　信じられないですよ！　以上で文字に関するかけ算の基本的重要事項はすべて（？）話した気がするような～？

ん～、とにかく、しっかりと練習してくださいね。　大変だ、こりゃ!!

ポイント　かけ算における符号の変化

・（＋）だけのかけ算は必ず答えの符号は　：　（＋）
・（－）の数が偶数個のかけ算　：　（＋）
　　　　　　　奇数個のかけ算　：　（－）

「そうだ！　割り算についてなんだけど、今後、数学では、逆数のかけ算として計算する約束でしたよね！？」下の式を見てください。

$$2 \div 3 = 2 \times \frac{1}{3} \quad \text{（逆数）}$$
$$= \frac{2}{3}$$

このように、割り算はかけ算として計算できるので、つぎのような計算も、すべて下線部（赤）のようにかけ算に直せばよいんですね！

$$a \div b \div c \div d = a \times \frac{1}{b} \times \frac{1}{c} \times \frac{1}{d}$$
$$= \frac{a}{1} \times \frac{1}{b} \times \frac{1}{c} \times \frac{1}{d}$$
$$= \frac{a}{bcd}$$

b、c、d だけを逆数にし、a は割られる数だからそのまま！！

「理解できますか？　大丈夫？」

そこで、一番の問題は、文字の割り算においても**「数字のごとく文字も逆数に直すことができるか？」**なんですね。

よって、この**“文字を含んだ逆数”**について、つぎでシッカリとお話ししておきたいと思います。

文字を含んだ逆数

ここで再び逆数の確認。

「大丈夫かな～？」

みなさんがホント～によく間違える点をここで注意しておきます。

問 題

$\frac{2}{3}ab$　の逆数は何ですか？

なんでこんなのが問題になるの？
ひっくり返すだけだからカンタン！
「・・・無言！」

<ほとんどの人たちの考え方>

「分母と分子を入れ替えれば（ひっくり返せば）いいんだ！」と思って、

$$\frac{2}{3} \longrightarrow \frac{3}{2} \quad \text{（逆数）}$$

よって、

$$\frac{2}{3}ab \longrightarrow \frac{3}{2}ab \cdots\cdots \text{（こたえ：誤）}$$

「これのいけないところがわかりますか？」

では、「ab は変化しなくてよいのでしょうか？」

$$\frac{2}{3}ab = \frac{2ab}{3}$$

上のように実際は、ab は分子にかけ算としてのっかっているので、

逆数は、

$$\frac{2}{3}ab = \frac{2ab}{3} \xrightarrow[\text{（逆数）}]{} \frac{3}{2ab} \cdots\cdots \text{（こたえ）}$$

このようになるんです。くれぐれも注意してくださいね！

以上で積と商についての基本はすべて終了です。

「たいへんでしたか？」

はい・・・涙

では、ここで（×）、（÷）記号の省略の仕方を理解しているかチェックして、積・商の項目を本当におわりにしたいと思います。

＜積・商の表し方！＞

問題

×・÷の記号を省略した（使わない）形に直してほしいのですがいかがなものでしょう？

（1）$-3 \times x \times y$　　（2）$a \times b \times (-2)$

（3）$y \times 4 \times (-x)$　　（4）$a \times a \times a \times (-5)$

（5）$x \times 7 \div 3$　　（6）$(x-2) \times a \div b$

（7）$(a-1) \times (a-1) \times b$　　（8）$3 \div (x-y)$

（9）$a \div b \div c \times d$

（10）$x \times y \times y \times x \times y \times x \times 3$

（11）$x - 3 \times y$　　（12）$a + b \div c$

（13）$x \times y \times \frac{2}{3}$　　（14）$\frac{3}{4} \div (a-2b) \times c$

＜解説・解答＞

（×）の記号をハズシ、数字を一番左、つぎにアルファベット順にします。また、カッコと数字または文字が並ぶ場合は、数字・文字・カッコの順になります。とにかく、答えを見てもらった方が早いので、並べる順番をよく理解してください。当然のことですが、割り算はかけ算に直してから記号（×）をはずすんですからね!!

＜解答＞

（1）$-3xy$　　（2）$-2ab$

（3）$y\times 4\times(-1)\times x=-4xy$

かけ算に直す

（4）$-5a^3$　　（5）$x\times 7\times\frac{1}{3}=\frac{7}{3}x$　（$\frac{7x}{3}$ でもOK！）

（6）$(x-2)\times a\div b=a(x-2)\times\frac{1}{b}$

$$=\frac{a(x-2)}{b}$$

（7）$(a-1)\times(a-1)\times b=b(a-1)^2$
（ムズカシイネ）

$(a-1)^2b$でもかまいませんが、一般的にこの様にはあまり表しません。頭デッカチでバランスが悪く感じませんか？

（8）$3\div(x-y)=3\div\frac{(x-y)}{1}$

$$=3\times\frac{1}{x-y}$$

分数に直し、逆数！

$$=\frac{3}{x-y}$$

（9）$a\div b\div c\times d=a\div\frac{b}{1}\div\frac{c}{1}\times d$

$$=a\times\frac{1}{b}\times\frac{1}{c}\times d$$

割り算をかけ算に直す！

$$=\frac{ad}{bc}$$

（10）$x \times y \times y \times x \times y \times x \times 3 = 3x^3y^3$

（11）$x - 3 \times y = x - 3y$

（12）$a + b \div c = a + b \div \dfrac{c}{1}$

$= a + b \times \dfrac{1}{c}$　分数に直し、逆数へ！

$= a + \dfrac{b}{c}$

（13）$x \times y \times \dfrac{2}{3} = \dfrac{2}{3}xy$　（または、$\dfrac{2xy}{3}$ ）

文字はできるだけ分子に乗せない！！

（14）$\dfrac{3}{4} \div (a - 2b) \times c = \dfrac{3}{4} \div \dfrac{(a-2b)}{1} \times c$

割り算をかけ算に直し左から右へ計算！

$= \dfrac{3}{4} \times \dfrac{1}{(a-2b)} \times c$

$= \dfrac{3c}{4(a-2b)}$

（×）、（÷）の記号を省略するのも、案外難しく感じるのではないでしょうか？　このように記号の省略は“割り算”を“かけ算”にする知識が必要になってきます。よって、このような省略が可能になることから、中学になると割り算の記号（÷）を見なくなるというわけもわかってもらえると思うのですが・・・。

だいぶ練習しましたね。今度は、今の逆をしますよ。

これが本当の最後だからがんばれ〜！

信じられないな〜？

問題　（×）（÷）の記号を使って表してみよう！

（1）$2a^3$　　（2）$\frac{1}{a}xy$

（3）$\frac{a(b-c)}{3x}$　　（4）$\frac{(x-3y)^2}{abc}$

＜解説・解答＞

（1）$2a^3 =$ $\underline{2 \times a \times a \times a}$・・・（こたえ）

（2）$\frac{1}{a}xy =$ $\underline{x \times y \div a}$・・・（こたえ）　「むずかしいかな？」

（3）$\frac{a(b-c)}{3x} =$ $\underline{a \times (b-c) \div 3 \div x}$・・・（こたえ）

（4）$\frac{(x-3y)^2}{abc} =$ $\underline{(x-3y) \times (x-3y) \div a \div b \div c}$（こたえ）

どちらが簡単でしたか？ きっと今回の方が難しく感じられたのではないでしょうか？ 特に、（3）、（4）の分母の扱い方が難しく感じたはず！ きっと、多くの人が以下のように答えを書いたのでは?!

＜勘違いの解答＞

（3）$\frac{a(b-c)}{3x} =$
- ①：$a \times (b-c) \div 3 \times x$
- ②：$a \times (b-c) \div (3 \times x)$

［コレが案外多いですね！］

（4）$\frac{(x-3y)^2}{abc} = (x-3y) \times (x-3y) \div a \times b \times c$

どうですか？　最後の2問をできなかった人は、何度も練習をして理解するようにしてくださいよ。　　クヤシイケド！　数学っておもしろいかも？

不安なので間違えの答えをもとに戻してみますね！

このxは分母の3ではなく、分子にかかる

(3)

$$a \times (b-c) \div \underline{3 \times x} = a \times (b-c) \times \frac{1}{3} \times x$$

$$= \frac{a(b-c)x}{3}$$ （ちがいますね！）

(4)

このb×cは分母のaではなく、分子にかかる

$$(x-3y) \times (x-3y) \div \underline{a \times b \times c}$$

$$= (x-3y) \times (x-3y) \times \frac{1}{a} \times \underline{b \times c}$$

$$= \frac{(x-3y)(x-3y)bc}{a}$$

$$= \frac{(x-3y)^2 bc}{a}$$ （ゼンゼンちがいますよね！）

きっと、この(3)(4)はみなさんが自信をもって出した答えだと思うんです。でも、ちゃ～んと規則にしたがってもとに戻してみたら、はじめの問題の形とは違ってしまいました。　　アチャ～・・・汗

赤い点線の下線部分に気をつけて、自分で確認してくださいね！

< 勘違いの解答 >（3）の②について一言！

÷（3 × x）は数学的に問題はないでしょう。しかし、わざわざカッコを使わないと表せない式ではなく、÷ 3 ÷ x と（÷）を使えばすむことです。問題に「(×)(÷)を使って」とあるので、この答えでは(×)(÷)をシッカリ使いこなせていないと判断されてバツ！

また、(×)(÷)だけの式でカッコを見たことありますか？

算数はできたのになぁ～！

IV　絶対値

みなさんは“絶対値（ぜったいち）”という言葉を初めて目にするかもしれません。いかにも数学らしく、一見難しく感じますよね。高校数学になるとこれは少しやっかいな問題ですが、我々は数学者になるわけではないので、わかりやすく簡単に考えてしまえばよいんですよ。つぎのように考えてもらえば理解しやすいと思うんですが・・・

「どうですか？」

－3　－2　－1　0　＋1　＋2　＋3

数直線は、0を基準に右がプラス（+）、左が（－）でしたね。そこで、今＋2と－2を見てください。あなたは今、基準となる0の上に立っています。数直線上の1目盛りをあなたの一歩と考えてください。すると＋2、－2は0を基準にそれぞれ“右へ2歩”、“左へ2歩”進んだ地点と考えられませんか？ 符号のプラス（+）、マイナス（－）は方向性を示すものでしたが、この方向性を無視すれば0を基準にとにかく2歩進んだことになります。このように、方向性を無視して、「0から何歩進んだか？」という“歩数”を“絶対値”と考えてもらえればOK！！

えっ？! そんなんでいいの？　　「ハイ！　いいんですよ！」笑

では、問題で確認しましょう！

問 題　つぎの数の絶対値を答えてください。

(1)　$+4$

(2)　-2

(3)　$-\dfrac{3}{4}$

0はどこかな？

＜解説・解答＞

絶対値は数直線を考え、0から左・右（方向性）関係なくただ「何歩進んだか？」という「歩数」を聞かれているのでしたね！

（1）＋4は右へ4歩。よって、「方向性」と「何歩の歩を省き」、
＋4の絶対値は、4　・・・・・・（こたえ）

（2）－2については、マイナス（－）ですから0から左へ2歩。よって、
方向性と何歩の歩を省いて、－2の絶対値は 2 ・・・・（こたえ）

（3）$-\dfrac{3}{4}$ についても同様で、マイナス（－）ですから0から左へ $\dfrac{3}{4}$ 歩進みます。「方向性」を省くため $-\dfrac{3}{4}$ の絶対値は、$\dfrac{3}{4}$ ・・・（こたえ）

この説明で絶対値のイメージをつかんでいただけたでしょうか？

ハイ！

ここで逆の考え方も説明しておきますね！

逆とは、「絶対値が2となる数は？」の考え方です。

今、体育の時間です。あなたは平均台の中央に立っています。先生から「2歩動きなさい」と言われました。「あなたならどうしますか？」

悩むでしょう！ 私ならつぎのように考えてしまいますよ！
「いったいどっちに動けと言っているんだろ〜？」と。右なのか左なのか？ 「ここで悩んでくれないと困るんですが・・・。」この時点であなたは、右へ2歩、または左へ2歩動けることに気づいてくれれば、その右へがプラス（＋)、左へがマイナス（－）を意味し、だから「絶対値が2となる数は？」

の意味は、「あなたが2歩でいける地点の名前（方向性を含んだ数）」を聞いていることになるんですね。

よって、 −2、+2・・・・（こたえ）

この絶対値の問題の答えにはプラスの符号もつける！

となります。

この例えは、生徒にわかりやすいらしく、絶対値の説明によく使うのですがいかがなものでしょう？

では、中学生レベルの絶対値の問題に入る前に、ここで 数の構成（意味） を理解しておきましょう！ と〜っても大切なことですからね!!

このあたりでそろそろ数の話をしなくてはなりません。順番としては一番最初にすべきことかもしれないのでしょうが、みなさんが数字に慣れてきたこのへんでお話しした方がよいかと思い・・・。

大切なことですからしっかりと覚えてくださいね!!

数の構成（言葉の意味）

数はつぎのような「構成」になっています。

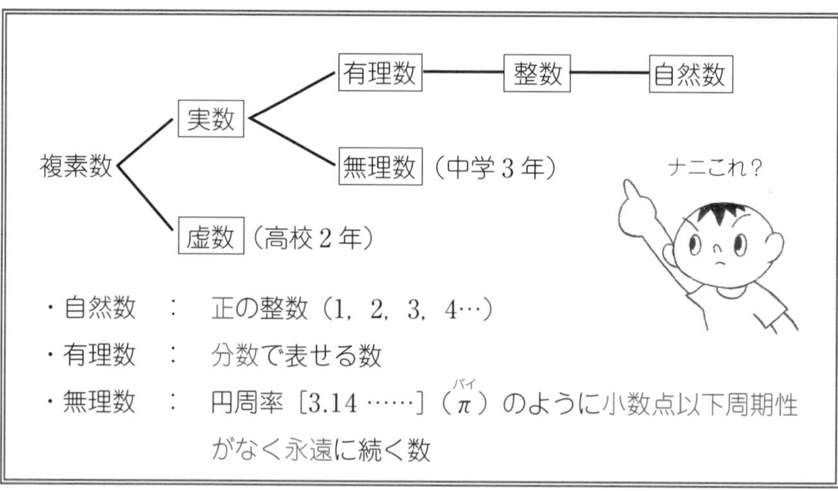

・自然数 ： 正の整数（1, 2, 3, 4…）

・有理数 ： 分数で表せる数

・無理数 ： 円周率［3.14……］（π（パイ））のように小数点以下周期性がなく永遠に続く数

ここでいくつか質問しますよ！

質問「自然数に0は含まれますか？」

この質問は、高校生でもよく聞いてきます。試験において、自然数に関して出題されるときは、つぎの2通りです。ある数xは「自然数である」とか「正の整数である」という場合です。

数とはかぞえるときに初めて必要となるモノですよね。例えば、鉛筆をさがしていて、「こまった！　鉛筆が0本しかないや」と言うでしょうか？「鉛筆が1本しかない」とか「3本足りない」と、目にハッキリ見えるものをかぞえるために数は生まれたはず。数をかぞえる場合、日本では 正 の字を、英国では 𝍸 など、このように数を視覚的に表したりしますよね。わざわざ目に見えない、存在しないものを何か記号・印で表さなくても、なければ見てすぐにわかりますものね。よって、ないモノをいちいち表すことは“不自然”と感じませんか？　自然数は自然に存在するものを表す数ゆえ、0は存在しないのです。それゆえ、0は含まれません。また、“正の整数”はどうでしょう。正とはプラス（＋）のこと、いわゆる方向性を表しているのでしたね。はじめに0を基準に右へ・左へという方向性についてお話ししたと思います。0に立っているのであれば、動いていないので方向性は存在しない。ゆえに、プラス0（＋0）・マイナス0（－0）などはありえないのです。それゆえ、“正の整数”といえば数直線の0より右側の数となり、1、2、3・・・と0を含まないんですね。したがって、これも“自然数の意味”になります。この点をいい加減に理解している人があまりにも多いので、だいぶていねいに説明しました。

「ちなみに“0”はインドで考えだされた数
インド人はエライ！！」

質 問「小数・分数はどこに含まれるのですか？」

分数は、有理数の定義そのままなのでよいとして、小数ですがこれもよく考えれば（あまり考えなくてもわかりますが）分数に直せましたね。

$$0.1 = \frac{1}{10} \qquad 1.06 = \frac{106}{100}$$

（必ず約分してくださいね！）

このように、小数点をなくすため「0.1 なら 10 倍して 10 で割る」「1.06 なら 100 倍して 100 で割る」ようにすれば、小数を分数に直せるのでした。よって、有理数の中に含まれますね。

質 問「図から見て整数は有理数に含まれていますが、本当に0も有理数なのですか？」

この質問も多く、また、質問してこないときは逆にこちらから質問してみます。今まで1回で答えられた人はいませんでした。

一番多いのは

$$\frac{0}{0}$$

という答えです。これは高校3年でやる数学Ⅲの内容で、不定形という形です。それはよいとして、小学校3～4年生のときに習った割り算を思い出してください。つぎの計算を見てもらえますか？

$$0 \div 1 = 0$$

でしたよね？「0をどんな数で割っても答えは0です」。また、もっと大切なことを、割り算の勉強（小3？）のときに習ったはずです。それは、

「絶対に、0ではほかのどんな数も割ってはいけない！」

でしたね!! つまり分母に0がある場合はダメ。これらのことから、0も

つぎのように分数で表現できるので、有理数なんですよ！！

$0 = \frac{0}{1}$　　$0 = \frac{0}{5}$

なるほど〜！

＊**自然数**：小学校で習った数、1, 2, 3, 4・・・・・のように0が入らない、普段かぞえている数字です。数直線で考えてみましょう。

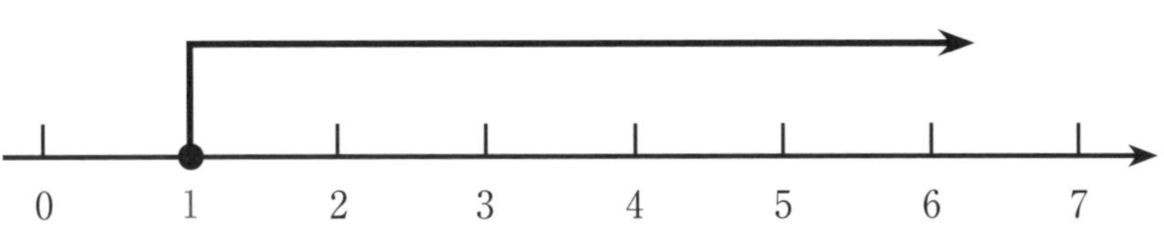

このように数直線で考えると、1からスタートすることになります。

＊**整数**：0を含む数直線で、0から右・左へかぞえられる数。

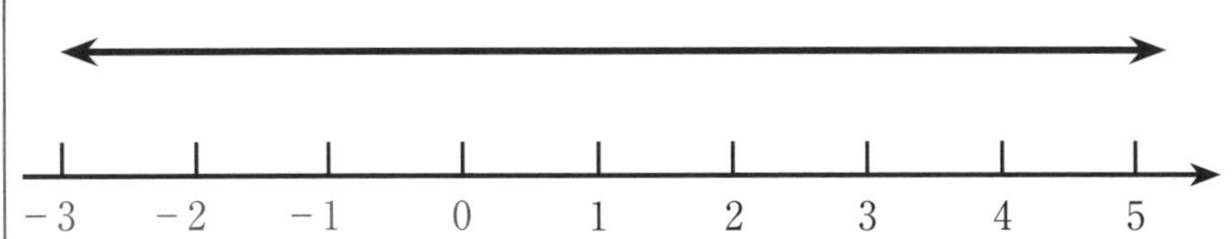

このように自然数に0と左方向のはっきりかぞえられる数を加えた数直線上の数です。

問　題　つぎの問いについて考えてみよう！

（1）絶対値が3となる数はなんですか。

（2）絶対値が3以下となる整数はなんですか。

（3）絶対値が3より小さい整数はなんですか。

（4）絶対値が3未満の整数はなんですか。

（5）絶対値が3以下となる自然数はなんですか。

（6）絶対値が3未満の正の整数はなんですか。

＜解説・解答＞

それでは、自然数・整数の意味がわかったところで問題に入ります。

（1）絶対値とは、「0から方向に関係なく何歩あるいたか？」ということ。3歩だから、「右へ3歩」「左へ3歩」の2通り。

よって、右へ：プラス（+）ですから+3、左へ：マイナス（−）ですから−3となります。

−3, +3（±3もOK）！　・・・・・・・（こたえ）

（2）ここからは言葉の問題です。以上・以下という表現はこれから先よく出てきますのでしっかり覚えましょう。例えば、「点数があなた以上の人達は合格」と言われたら、あなたは合格ですか？　そうですね！合格に決まっています。以上・以下のように“以”が入ると、以を「もって」と読んで、3以上なら「3をもって上」、3以下なら「3をもって下」ですから3自身は含まれるんですよ。

問題に戻りましょう。絶対値が3以下ということは、考え方として0から右・左へ3歩以内ということで、つぎのページの数直線を見てもらえばよくわかると思います。

まず、0の地点に立ってみましょう。はじめに、右へ1歩・2歩・3歩、つぎに左へ1歩・2歩・3歩進んでみます。あとは自分が立っていた0（スタート地点）から0歩、まったく動かない場合ですね。

よって、以上のことをすべて数字に表せば答えになります。

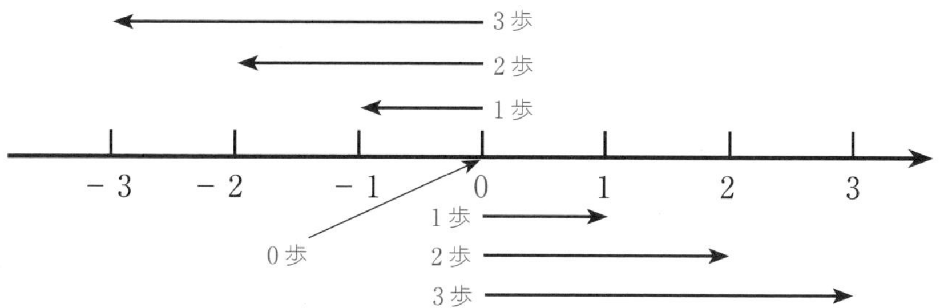

このように0に立って何歩進むのか、その歩数が絶対値と考えれば中学レベルの絶対値なんて簡単なモノですよ。　エッヘン!!

－3,　－2,　－1,　0,　＋1,　＋2,　＋3　・・・・・（こたえ）

どうですか？ 簡単でしょう！ はじめは数直線上で考えてみてください。

(3)“～より”の意味ですが、「身長があなたより高い人はレギュラー」と言われたら、あなたはレギュラーですか？ 当然、補欠ですよね！ したがって、“～より”のときは、自分自身は含まれません。この問題は(2)において、自分自身(±3)が含まれない場合と考えればよいんですよ。

－2,　－1,　0,　＋1,　＋2　・・・・・（こたえ）

(4)“～未満”の意味は、「～より少ない・小さい」と同じ意味と考えてください。この場合も自分自身は含まれません。
よって、

－2,　－1,　0,　＋1,　＋2　・・・・・（こたえ）

ここまでは理解できましたか？

エッ!?“～より”と同じなの？
「ハイ!!」

(5) (1)～(4) で「数の意味」「言葉の意味」の説明はすんでいますから、“以下”と“自然数”に気をつけて考えてください。

<u>+1,　+2,　+3　・・・・・（こたえ）</u>

※「+3（自分自身）は含まれるが、0は含まれませんね！」

(6) 同様に“未満”“正の整数”に気をつけて・・・

<u>+1,　+2　・・・・・（こたえ）</u>

※「+3（自分自身）と0の両方が含まれませんよ！」

以上で中学の数学における絶対値は終了です。次回出会うときは高校1年の数学ですね。そのときはたいへん難しく感じることでしょう。とにかく、今はこの程度の説明で十分です。ご安心あれ!!

「どうかな？ 算数と違って数学は難しいですか？」
実はね、今までは助走期間と言えるのかもしれません。つぎのお話から本格的な数学の世界に入り込むことになるんです。

これから先は、今まで以上に難しく感じるはず。しかし、ゆっくり進みますから、一生懸命ついてきてください。

準備はいいかな？ だいぶ疲れているようなので、少し休んでから行きましょうか？

ひとやすみ

あなたがつらいときは、ほかの人もつらいんです。

がんばりましょうね!!

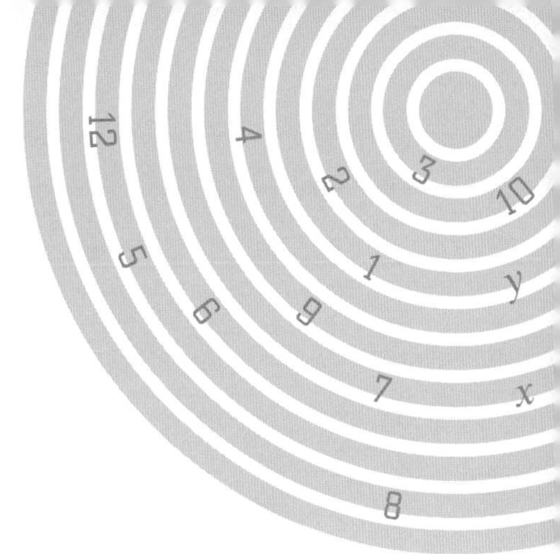

中学1年

第3話

文字と式

V　文字の計算

これからが本番です。今までのように数字だけの計算ではなく、文字が現れてきます。はじめのうちは慣れるまでとまどうことも多いはず。

項とは？

最初は“文字式の説明”から始めることにします。

$$\underline{\underline{2a}}\ \underline{\underline{+3a}}\ \underline{-4b}\ \underline{+5b}\ -6 \cdots\cdots\cdots (*)$$

（定数項）

この上の式で（＋）、（－）によって区切られている1個1個を“項（こう）”と呼びます。また、特に文字のついていない項を“定数項（ていすうこう）”と言います。項を見るときは、各項の符号も一緒にして読み取ってくださいね。

では、「（＊）の項は？」と言われたならば、

$2a$,　$3a$,　$-4b$,　$5b$,　-6

このように見るんですよ。ただ、符号は方向性を示しているのでマイナスの符号だけはつけて、プラスの符号は数直線の流れの方向と同じなのでつけなくてかまいません。

（＊）において二重線（══）どうしおよび点線（⋯⋯）どうしの項は、同じ種類の項なので“同類項（どうるいこう）”と言います。よって、つぎのように（＊）の式を簡単にできます。では、計算してみますね！

$$2a+3a-4b+5b-6=5a+1b-6 \cdots (**)$$

この計算は、a（2個）とa（3個）をたし算し、b（5個）からb（4個）を引き算しなさいということなんです。“-6”はそのまま!!

難しければ下のリンゴ・バナナの式と（＊＊）を比べてみてね！

→2🍎＋3🍎－4🍌＋5🍌－6＝5🍎＋1🍌－6

リンゴ２個にリンゴ３個を加え、バナナ５個からバナナ４個を引きなさいと言うのですから、答えは、５個のリンゴと１個のバナナから６を引くというように簡単な形に計算できるんです。（＊＊）の答えはつぎのようになりますよ。

１は書かないのでしたね！

$$2a + 3a - 4b + 5b - 6 = \underline{5a + b - 6} \cdots\cdots（こたえ）$$

※（−６）は仲間がいないのでこのままでOK！

変な感じ・・・

文字の計算（和・差）は同類項の計算にさえ注意すれば難しいことはありません。わからなくなったら、**リンゴ**は**リンゴ**、**バナナ**は**バナナ**の発想です。**文字の前にある数字（係数（けいすう））はリンゴ・バナナの個数**と考えてかまいません！　では、いくつか問題をやって確認しましょう～！

問 題　同類項に注意して計算してみよう！

（1）$5x + 4y - 2x + 6y =$

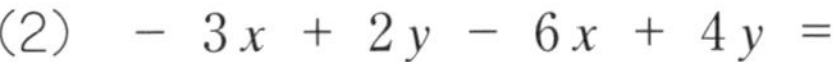

（2）$-3x + 2y - 6x + 4y =$

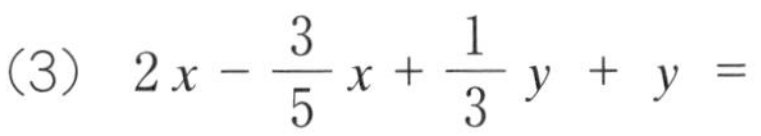

（3）$2x - \frac{3}{5}x + \frac{1}{3}y + y =$

同類項って？

リンゴはリンゴ、バナナはバナナのように同類項どうしを集めて見やすくする!!

＜解説・解答＞

（1）$5x + 4y - 2x + 6y = 5x - 2x + 4y + 6y$

$$= (5-2)x + (4+6)y$$

$$= \underline{3x + 10y} \cdots\cdots（こたえ）$$

同類項の係数（リンゴ・バナナの個数）どうしの計算をすればよい！！

$$
\begin{aligned}
(2)\ -3x+2y-6x+4y &= -3x-6x+2y+4y\\
&=(-3-6)x+(2+4)y\\
&=\underline{-9x+6y\ \cdots\cdots\text{（こたえ）}}
\end{aligned}
$$

ここまでは大丈夫ですか？ つぎは分数計算ですが係数のたし算・引き算ですから通分だけはしっかりやってくださいね！

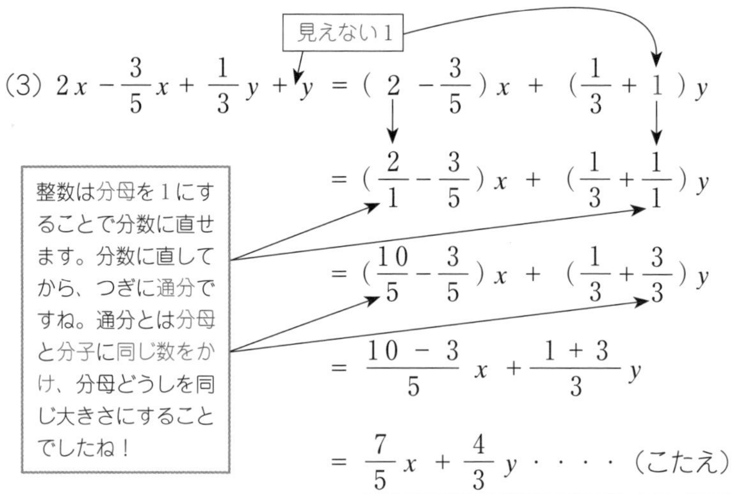

$$
\begin{aligned}
(3)\ 2x-\frac{3}{5}x+\frac{1}{3}y+y &= \left(2-\frac{3}{5}\right)x+\left(\frac{1}{3}+1\right)y\\
&=\left(\frac{2}{1}-\frac{3}{5}\right)x+\left(\frac{1}{3}+\frac{1}{1}\right)y\\
&=\left(\frac{10}{5}-\frac{3}{5}\right)x+\left(\frac{1}{3}+\frac{3}{3}\right)y\\
&=\frac{10-3}{5}x+\frac{1+3}{3}y\\
&=\underline{\frac{7}{5}x+\frac{4}{3}y\ \cdots\cdots\text{（こたえ）}}
\end{aligned}
$$

文字の計算を苦手と感じている人は、文字（同類項）の計算が難しいのではなく、特に（3）の分数計算がつらいんだと思います。分数計算はこれから先もず～っと出てきますので、自信のない人は、第１話（p23～36）をもう一度見て、しっかりと復習してください。

先に進むのがコワイ・・・

分配法則

分配法則とは、分配と言うぐらいですから、数字をくばるイメージを持ってもらえればOK!! 具体的に問題を使って説明しますね。

$2(a+3) = 2 \times a + 2 \times 3$

（×が省略）

$= \underline{2a} + 6$ ・・・（こたえ）

$a(b-5) = a \times b + a \times (-5)$

（×が省略）

$= \underline{ab} - \underline{5a}$ ・・・（こたえ）

数字と文字の積は、間の（×）の記号を書かなくてもよかったんですよ！覚えていますか？

簡単だったでしょ！

ちょっと分配法則を・・・・（本当に分配し、計算しても大丈夫？）

（分配した計算）

この（＋）わかります？　p64で解説

$2 \times (3-4) = 2 \times 3 + 2 \times (-4)$

$= 6 - 8$

$= -2$

（カッコの中を先に計算）

$2 \times (3-4) = 2 \times (-1)$

$= -2$

一致しましたね！

このように分配しても大丈夫だったでしょう!!

では、いくつか計算をしてみませんか？

問 題　つぎの計算をしてみましょう！

(1)　$3x(2-5y) =$

(2)　$-2x(3x-4) =$

(3)　$\frac{2}{3}a(2a-6) =$

＜解説・解答＞

（1）$3x(2-5y) = 3x \times 2 + 3x \times (-5y)$

$= \underline{6x - 15xy}$ ・・・・（こたえ）

（2）$-2x(3x-4) = -2x \times 3x + (-2x) \times (-4)$

$= \underline{-6x^2 + 8x}$ ・・・・（こたえ）

（3）$\dfrac{2}{3}a(2a-6) = \dfrac{2}{3}a \times 2a + \dfrac{2}{3}a \times (-6)$

整数は分子に対するかけ算

$= \dfrac{2}{3} \times 2 \times a \times a + \dfrac{2}{3}a \times (-6)$

$= \dfrac{2 \times 2}{3}a^2 + \dfrac{2 \times (-6)}{3}a$

（分子がかけ算なので分子の片方と約分をしても大丈夫！）

$= \underline{\dfrac{4}{3}a^2 - 4a}$ ・・・・・（こたえ）

分数のかけ算は通分の必要はなく分母どうし、分子どうしのかけ算をするだけです。また、分数と整数の積は整数を分子にかければよいだけですよ。分数の和と積の計算を混乱しないでくださいね！！

どうですか？　ていねいに計算すればそれほど難しくはないはずです。ただ計算方法として、まず数字（係数）どうし、つぎに、文字どうしの順に計算をしていけば計算ミスは劇的に減少しますよ。

やはり気になりましたので、説明をしておきます。（1）～（3）までの解法で“アレ？”と思ったところはないですか？（1）の解法を今一度下に書きますので、よ～く見てください。

（1）$3x(2-5y) = 3x \times 2 + 3x \times (-5y)$

上の式で赤い（＋）のところは大丈夫でしょうか？カッコの中は“引き算”なのに、カッコをはずしたら“たし算”に変わっていますよ！?

私はむかし悩みました！ きっとわからない人もいるはずですから、説明しておきますね！

以前（p64）、式をすべてたし算で表す問題をやりましたが、覚えていますか？ こんな問題でしたが・・・

$$3-5-11=3+(-5)+(-11)$$

このように“引き算”が“たし算”の式で表せましたよ！ これがカッコをはずすときにおこなわれているんです！ わかりますか？

では、ていねいに表してみますね。

$$3x(2-5y)=3x\{2+(-5y)\}$$

$$=3x\times 2+3x\times(-5y)$$

どうかな？ (2) (3) でも同じようになるんです。きっと、何人かは、“なるほど～”と、安心している人がいるはず！

この著者はなんてやさしいんだろ～・・・

「それほどでもないんですけどね !!」

文字の計算に慣れたと思いますので、一番最初に説明した 累乗の計算 でみなさんが必ずと言っていいほど、1～2回は絶対に勘違いする点をもう一度ここで解説しておきます。

a^3 の計算を覚えていますか？

$a^3=a\times a\times a$ ・・・・・・（◆）

このように 自分自身を3回かけなさい ということを、右肩の数字 が表していましたから、（◆）のように右辺の式で表されるんです。私自身もしつこいと感じていますが、もう一度言っておきます。右肩にある数字は自分自身を何回かけているのかという かけ算の回数 を示しているんですからね！

しつこいぞぉ～！

<多くの人の勘違い計算方法> 本当にしつこいですね～。 何回目ですか？!

$$a^3 = 3 \times a$$
$$= 3a \cdot \cdot \cdot \cdot \cdot \text{(誤)}$$

自分は絶対にこんな計算をしないなんて思っているでしょう。しかし、やってしまうんですよ。これが・・・本当に！

$$3a = a + a + a$$

$3a$は「aを3倍しなさい」ということで、「aが3個ではいくつ？」と聞かれているんですよ。だから、"自分自身を3回たしなさい"もしくは"3倍しなさい"ということなんですからね！

「あまりにもしつこくてスミマセン！！ 今後は言いません。 たぶん・・・？」

文字の分数計算

問題 つぎの計算をしてみよう！

（1） $\dfrac{2x-5}{3} - \dfrac{3-x}{2} =$

（2） $x - 1 - \dfrac{x-5}{2} =$

も～、数学なんて嫌いだ！
寝ちゃおー

ポイント

分子が多項式のときは、分子全体にカッコをつける！

（2）のように分数でない部分はカッコをつけて、分母を1にし分数に直す！

「わかりますかぁ～・・・？」

＜解説・解答＞

カッコをつける

(1) $\dfrac{2x-5}{3}-\dfrac{3-x}{2}=\dfrac{(2x-5)}{3}-\dfrac{(3-x)}{2}$

［通分］ $=\dfrac{2(2x-5)}{3\times 2}-\dfrac{3(3-x)}{2\times 3}$

$=\dfrac{2(2x-5)}{6}-\dfrac{3(3-x)}{6}$

［符号の変化に注意！］ $=\dfrac{2(2x-5)-3(3-x)}{6}$

$=\dfrac{4x-10-9+3x}{6}$

［同類項の計算］ $=\dfrac{4x+3x-10-9}{6}$

$=\dfrac{7x-19}{6}$ ・・・・・・・（こたえ）

カッコをつけ、1つのものと考え、分母を1にして分数に直す

(2) $x-1-\dfrac{x-5}{2}=\dfrac{(x-1)}{1}-\dfrac{(x-5)}{2}$

ムズカシイヨネ！

$=\dfrac{2(x-1)}{1\times 2}-\dfrac{(x-5)}{2}$ ［通分］

$=\dfrac{2(x-1)}{2}-\dfrac{(x-5)}{2}$

こんな計算できるように
なるのかな～??
え～と....

$$= \frac{2(x-1)-(x-5)}{2}$$

$$= \frac{2x-2-x+5}{2}$$

$$= \frac{2x-x-2+5}{2}$$

$$= \frac{x+3}{2} \quad \cdots\cdots（こたえ）$$

文字の計算で大切なことはこれですべてです。あとはひたすら練習あるのみ。ただ、めんどうでも私が示したやり方をマネして、ていねいに計算練習をすること。最後に文字計算の卒業試験でもやりましょうか!!

エッ!?

> **卒業試験 I**　つぎの計算をしてください。
>
> (1)　$\frac{5x-3}{2} - \frac{x-2}{2} =$
>
> (2)　$x - \frac{x-2}{2} =$
>
> (3)　$\frac{3}{4}(8-2x) - 6\left(\frac{x}{4}+3\right) =$

さあ～、注意事項をしっかり守って、計算してくださいよ！

よし、がんばるぞ～!!

< 解説・解答 >

(1)「答えは$2x-1$です」でヤッタ!!　と“ニコニコ”している人はいませんか？　まったく違います！　このような答えを出すくらいならば、

途中で計算ミスをした方がよいですよ。 約分の知識 があいまいな人がよくやる間違いなんですね！

$$\frac{5x-3}{2}-\frac{x-2}{2}=\frac{(5x-3)}{2}-\frac{(x-2)}{2}$$

$$=\frac{(5x-3)-(x-2)}{2}$$

$$=\frac{5x-3-x+2}{2}$$

$$=\frac{4x-1}{2}$$ ・・・・・・（こたえ①）

ここで注意しておきたいことがあります。

文字を含んだ約分

$$\frac{\overset{2}{\cancel{4}}x-1}{\underset{1}{\cancel{2}}}=2x-1$$ ・・・・・・（▼）

「分数と言えば約分」だからと言って、こんな約分計算はありませんよ！なぜ間違いかを示しますが、その前に、もし約分をしたいのであれば、つぎのようにやるしかありません。

$$\frac{4x-1}{2}=\frac{\overset{2}{\cancel{4}}x}{\underset{1}{\cancel{2}}}-\frac{1}{2}$$ ［分数を2つに分ける］

$$=2x-\frac{1}{2}$$ ・・・・・・・（▽）

・・・・・・・（こたえ②）

★　理解できない人のために数字を使って、（▼）の約分が間違いであることを説明しましょう。

（▼）の約分をしたとするとつぎのようになります。

［間違った約分］

$$\frac{4-1}{2}=\frac{\cancel{4}^{2}-1}{\cancel{2}_{1}}$$

$$=\frac{2-1}{1}$$

$$=\frac{1}{1}$$

$$=1$$

ナ ニ か 変・・・？

［正しい約分］

$$\frac{4-1}{2}=\frac{\cancel{4}^{2}}{\cancel{2}_{1}}-\frac{1}{2}$$

$$=\frac{2}{1}-\frac{1}{2}$$

$$=2-\frac{1}{2}\quad\cdots\ (*)$$

上記のように2つの分数に分けてそれぞれ別々に約分できればする。分子が多項式の場合、約分する方法はこれしかないんですね！

このように右側の正しい計算方法を考えると、左側の約分（？）がまったくありえない計算方法であることが、わかっていただけたと思います。よって、どうしても約分をしたいのであれば（＊）のようにやるしかありませんね。よって文字の項が含まれる場合は、(▽) のように分数を2つに分けてから約分をやる。

答えは①、②（p109）のどちらかです。　（①が good ！）

(2) 文字を分数で表す方法は、整数を分数に直すやり方と同じです。
分母を1に、文字を分子に乗せれば OK ！

約分なんて・・・
数学なんてキライだー!!

$$x-\frac{x-2}{2}=\frac{x}{1}-\frac{(x-2)}{2}$$

分子が多項式だからカッコをつける

$$=\frac{2x}{2}-\frac{(x-2)}{2}$$

2で通分。分母と分子を2倍

$$=\frac{2x-(x-2)}{2}$$

$$=\frac{2x-x+2}{2}$$

カッコをはずすときに符号の変化に注意!!

$$=\frac{x+2}{2}\cdots\cdots\text{（こたえ）}$$

(3)　$\frac{3}{4}(8-2x)-6\left(\frac{x}{4}+3\right)$

$$=\frac{3}{\cancel{4}_1}\times\cancel{8}^2+\frac{3}{\cancel{4}_2}\times(-\cancel{2}^1x)-\cancel{6}^3\times\frac{x}{\cancel{4}_2}+(-6)\times3$$

$$=3\times2-\frac{3x}{2}-\frac{3x}{2}-18$$

$$=6-\frac{\cancel{6}^3x}{\cancel{2}_1}-18$$

「少し難しかったですかね～？」

$$=-3x-12\cdots\cdots\text{（こたえ）}$$

卒業試験 Ⅱ　つぎの問いを考えてみよう！

(1) $4a-3$ からどのような式を引くと、$a+2$ になりますか？

(2) $-2x+2$ にどんな数を加えると、$5x-1$ になりますか？

< 解説・解答 >

(1) 考え方の基本はつぎの関係式です。

$\boxed{A - B = C}$ において、今は B を知りたいわけです。だから、$A = 4a - 3$、$C = a + 2$ と考え、関係式に代入して B を求めることができますね。ここでの注意点は、代入するときは必ずカッコをつけてからやること！

$A - B = C$ だから変形し、$\boxed{B = A - C}$ に代入します。

$$
\begin{aligned}
B &= (4a - 3) - (a + 2) \\
&= 4a - 3 - a - 2 \\
&= 3a - 5
\end{aligned}
$$

よって、

求める式は、$3a - 5$ ・・・（こたえ）

(2) 考え方は (1) と同じですよ。$\boxed{A + B = C}$ における B を知りたいわけです。ここで1つ言っておかなければいけないことがあります。たぶん問題文の"どんな数"という表現にとまどっていませんか？　これは (1) の"どんな式"とまったく同じ意味ですよ！ (1) で求めた式も、a の値がわかれば計算でき、みなさんが算数で計算した答えの"数(かず)"になるでしょ！ 数学になると、たまたま数字がわからなくて文字が残っていると考えてもらえれば、"式(しき)"を"数(かず)"という言葉で表してもよい感じがしませんか？ 慣れるまでは違和感があるのは仕方ありません。その方が普通かもしれませんね。でも、早く慣れるようにしましょう!!

方針は $A = -2x + 2$、$C = 5x - 1$ と考え、関係式に代入して B を求めるんでしたね。

$\boxed{A + B = C}$ だから変形し、$\boxed{B = C - A}$ に代入

$$B = (5x - 1) - (-2x + 2)$$
$$= 5x - 1 + 2x - 2$$
$$= 7x - 3$$

よって、　　　　　　求める数は、$7x - 3$ ・・・（こたえ）

卒業試験 Ⅲ

$A = 3x - 1$、$B = 4x - 3$ のとき、つぎの式の値はどうなりますか？

（1）$A - 2B$　　　　（2）$A - 2(B - A)$

ポイント　ひたすらカッコをつけて代入あるのみ！！

＜解説・解答＞

（1）$A - 2B = (3x - 1) - 2(4x - 3)$
$$= 3x - 1 - 8x + 6$$
$$= -5x + 5$$ ・・・（こたえ）

（2）このような代入問題においては鉄則があります。それは、必ず**同類項の計算をしてから代入**をする！ コレをシッカリと守ってください！

$$A - 2(B - A) = A - 2B + 2A$$
$$= 3A - 2B \quad \cdots\cdots (*)$$
$$= 3(3x - 1) - 2(4x - 3)$$
$$= 9x - 3 - 8x + 6$$
$$= x + 3$$ ・・・・（こたえ）

上の（＊）まで同類項の計算をし、式を簡単な形にしてからそれぞれの値を代入すれば、とってもカンタンでしょ！ 忘れないでね！

Ⅵ　文字と式＜応用編＞

文字で数値を表す

今までは“文字も数字と同じように計算できるんだ！”ということ知ってもらいたかったんです。さて、今度は文字でも数字のように、時間・速さまたは物の個数などが表現できることに慣れてください。

ここは理解するというよりも、やはり、**“これでもかまわないんだ!!”**と、自然に感じてもらえるようになってもらうしかありません。だって、今までは“ミカンが3個あります”と言っていたのが、突然“ミカンが（$a-2b$）個あります”なんて言われたって、「なんだそれ?!」と言いたくなるでしょ！　当然のことです。でも、これからは“こんな表し方もあるんだ！”と頭の引き出しに入れておいてくださいね。　　　・・・無言

問題　つぎの数量を文字（文字式）を使って表してみよう。

（1）女子が a 人、男子が b 人のクラスの人数は何名ですか？

（2）鉛筆を1人に3本ずつ x 人にあげたところ、y 本余った。鉛筆は何本ありますか？

（3）a 時間は何分ですか？　また、何秒ですか？

（4）時速 x［km］は分速ではどうなりますか？

ポイント　慣れるまでは文字のかわりに、適当な数字を入れて式を作り、そして、勝手においた数字をもとの文字に戻してあげる！

＜解説・解答＞

（1）これは女子と男子の人数をたせばよいですね。

$a+b$（人）　・・・（こたえ）

ただ、多くの生徒がこの答えに悩むんです。「式の形で答えになるの？」と。

でも、同類項の計算はこれ以上できませんよね。よって、これで人数を表すんです。早く慣れてしまいましょう！　　変な気分・・・

(2) 鉛筆を3本ずつ x 人の人にあげると、y 本余るんですから、まず、難しく感じる人は x 人を5人、y 本を2本 と置き換えてみようよ！　そうすると、鉛筆の本数を求める式はつぎのようになりますね？!

（あげた本数：3 × 5）＋（余った本数：2）

これで式はできました。あとは、勝手に使った数字をはじめの文字に置き換えればいいだけですね。よって、求める本数は

（あげた本数：3 × x）＋（余った本数：y）

となります。慣れるまではこのように、**具体的に文字を数字に置き換えて**考えればカンタン。でも、ときどき勝手に置いた数字を勘違いし、そのままにしている人もいますので、注意してくださいね！　あっ！　答えは

$3x + y$ ・・・・（こたえ）
（×をぬかしてね！！）

(3)“a 時間は何分か？”どうも“ピ〜ン”ときませんよね！　でも、“1時間は何分ですか？”と聞かれれば、60分ですと答えられるはず！　また、**“2時間では？”なら、すぐに120分とわかります**。“ここなんですよ！”ここに今後数学を勉強していく上での大切な考え方が隠れているんです！　みなさんは今まで式の大切さに気づかず、“答えさえアッテイレバOK！”と思っていたはず。しかし、これからはいい加減に考えていた式が大切になってくるんですよ。**「2時間が120分とは、いったいどこから出てきたのですか？」**60分という数字は問題のどこにも出てきませんが、これは常識ですのでかまわないとして、120分の120という数字は問

題のどこにも使われていませんよね。ということは、みなさんは頭の中で必ずなんらかの計算をしているはず！　その頭の中でやった計算式を今後は形として表さなければいけません。120 はつぎの式、

$2 \times 60 = 120$

から出てきているはず！　この “2 × 60” という式が大切なんです！　すると時間を分に直すには［(時間) × 60］という式を立てればよいことがわかりますね。よって、この問題では時間なので、式は

$a \times 60 = 60a$ ［分］・・・（こたえ）

かける（×）の記号は省略する

つぎは、**“何秒ですか？”** ですね。同じように考えて、分を秒に換える式は、1 分 = 60 秒より、［(分) × 60］となります。よって、

$60a \times 60 = 3600a$ ［秒］　・・・（こたえ）

［ a 時間は 60 a（分)］

どうかな？　文字も数字のように、式を作らなければいけません。

「がんばってくださいね！」

(4) 小学校の復習の項目（時間・キョリ・速さ：p 43）の説明を参照してください。

<時速：1 時間で進めるキョリ><分速：1 分間に進めるキョリ>

よって、1 時間 = 60 分だから、x を 60 等分すれば OK ！

60 分で x［km］= 1000x［m］ですから

$$1000x \div 60 = \frac{1000x}{60}$$

分速のとき、キョリは［m］で表す！

$$= \frac{1000x}{60}$$

$$= \frac{50x}{3}$$ ［m］・・・（こたえ）

ここは方程式の応用で大切になってきます。もう少し練習しましょう！

> **問題**　つぎの数量を文字（文字式）を使って表してみよう。
> （1）分速 y [m] は時速ではどうなりますか？
> （2）x [km] のキョリを y 分間で移動したとき、時速は？
> （3）a 時間 b 分は、何時間ですか？
> （4）10 の位が a、1 の位が b の 2 ケタの数は？
> （5）定価 x 円の y%引きの値段は？
> （6）1 組の男子の平均点は a 点、女子の平均点は b 点。男子が x 人、女子が y 人とすると、クラスの平均点は？

＜解説・解答＞

（1）分速 y [m] を時速に直すんですね。では、分速の確認！
＜分速：1 分間に進めるキョリ＞で、＜時速：1 時間で進めるキョリ＞ですから、[（分速）× 60] で“分速”を“時速”に直せるんだね。しかし、時速は [km] で表すのですが、分速は [m] で表していますので、これも [km] に変換しなければいけません。その点に注意をして、分速 y [m] を時速に直してみますよ。（時速：60 分で進むキョリ）

時速：$y \times 60$ [m/ 時]（本当は km/ 時 だよ！）・・・・（＊）

ここで、[m] を [km] に直さなければいけないですね。
1 [km] = 1000 [m] ですから、（＊）を 1000 で割りますよ。

$$y \times 60 \div 1000 = \frac{\cancel{60}^{3} y}{\cancel{1000}_{50}}$$

$$= \frac{3y}{50} \text{ [km/ 時]} \quad \cdots \text{（こたえ）}$$

1000 m というかたまりが何個入っているか？ よって、割り算ですね！

（2）x [km] のキョリを y 分間で移動した。この部分がポイントになりますね。問題は時速を求める。ということは“60 分で何 km 進むか”を調べればよいわけです。そこでまず考えなくてはいけないことは、1分間でどれだけ進むかです。それがわかれば、それを60倍することで1時間（60分）で進むキョリ、いわゆる時速が求まるんですね。これで方針は決まりました。では、まずは“1分間に進むキョリ”を求めてみるよ。みなさんは y 分がイメージできますか？　もし“3分で6［km］進むとき、1分ではどれだけ進みますか？”と聞かれれば、式は［6 ÷ 3 = 2］と“キョリ”を“時間”で割りますよね！　この3分が y 分に、6［km］が x［km］になっているだけですよ。よって、1分間に進むキョリを求める式は

$$x \div y = \frac{x}{y}$$

だから、これを60倍することで時速になりますね。

$$\frac{x}{y} \times 60 = \underline{\frac{60x}{y}\ \text{[km/時]}}\ \cdots\cdots（こたえ）$$

（3）a 時間 b 分を時間で表すのですから、a 時間に関してはこのままでよいよね。問題は b 分です。1時間は60分ですから、b 分の中に60というカタマリが何個入っているかを調べれば、入っている個数が時間を表すことになります。何個入っているかを調べるには割り算をすればよいですから、分を時間に直すには［（分）÷ 60］をすればOK！

では、b 分を時間に直しますよ。

$$b \div 60 = \frac{b}{60}\ \text{[時間]}$$

よって、a 時間 b 分を時間に直すと

$$\underline{a + \frac{b}{60}\ \text{[時間]}}\ \cdots（こたえ）$$

算数では「1時間7分を」「$1\frac{7}{60}$ 時間」と帯分数の形で表しました。よって「$a\frac{b}{60}$ 時間」としていませんか？　文字の場合 $a\frac{b}{60} = a \times \frac{b}{60} = \frac{ab}{60}$ となり、“かけ算”になってしまうので、帯分数の表記はダメ！

(4)“10の位が a、1の位が b の2ケタの数は？”と言われても困りますよね。そこでまず2ケタの数を具体的に調べてみましょうか！

2ケタの数とは、“24”“79”などの数を言います。何人かの人は「それなら簡単だ、$a\,b$ と表せばいいや！」な〜んて考えてはいませんか？

そうすれば、「$a = 2$、$b = 4$ とすれば、24となりそうですものね?!」そうしたい気持ち、よ〜くわかります。　「でも、ダメなんだなぁ〜・・・」

文字のかけ算の規則を思い出してください。

$$\boxed{a \times b = ab}$$

でしたね。ということは、$a = 2$、$b = 4$ とおけば、

$$\boxed{ab = a \times b = 2 \times 4 = 8}$$

となり、2ケタの数は $a\,b$ とは表せないんです。わかりますか？

そこで24を分解してみましょう。

$$24 = 2 \times 10 + 4 \times 1$$

このことから10の位の数を表すには、2だけではダメで、10倍しなければいけないことがわかりますね。しかし、1の位の数に関しては1倍しても変わりませんので、実際は1をかけて表す必要はありません。

これで2ケタの数の仕組みはわかりましたよ。よって、文字を使って表すと、つぎのようになります。

$$\underline{a \times 10 + b \times 1 = 10a + b \quad \cdots \text{（こたえ）}}$$

ナルホド！！

(5) 定価 x 円の y %引きですから、最初に x 円に対する y %の値を求めなくてはいけません。この x 円の y %とは、“x を100等分したうちの y 個”ということを意味しています。よって、y %の値段は

$$\frac{x}{100} \times y = \frac{xy}{100} \quad \text{［円］}$$

“%を使わない言葉に変換”方法!!
（p163で解説）

だから、これをx円から引いてあげれば、求めたい数が出てきます。

$x - \frac{xy}{100}$ ［円］ ・・・（こたえ）　　または　$x\left(1 - \frac{y}{100}\right)$ ［円］

詳しいことは百分率克服（p162）をよく読んでくださいね！

（6）**“平均点とはなにか？”**　平均点を求める式は、

$$\text{平均点} = \frac{\text{合計点}}{\text{全員の人数}} \quad \cdots\cdots (*)$$

となります。平均点は点数が良い・悪いに関係なく全員の合計点を出し、その合計点を全員の人数で割ることで、公平に1人がもらえる点数のこと。ということは、逆の計算（平均点）×（全員の人数）＝（合計点）をすることで“クラスの合計点”が求まります。これでやり方は見えましたね。

では、最初にこのクラスの合計点を求めます。

男子の合計点：$a \times x = ax$、　女子の合計点：$b \times y = by$

［クラスの合計点］＝ $ax + by$、［クラスの人数］＝ $x + y$

したがって、クラスの平均点は、上の（＊）より

「文字ばかりで大丈夫？」

$$\text{平均点} = \frac{ax + by}{x + y} \quad \cdots (\text{こたえ})$$

数値の代入方法

これは教える側からすると、「ただ文字のあるところを数字に置き換えるだけ」なので、別に問題はないと考えがちなところです。しかし、みなさんにとっては、難しく感じるんですよね！

では、みなさんがよくやる方法（間違い）に注意して問題をやってみますよ。

問 題　つぎの式の値を求めてみよう！

（1）$a=3$ のとき、$2a-7$

（2）$x=-2$、$y=-4$ のとき、$5x-y$

（3）$a=-3$、$b=-2$ のとき、a^2-7ab

（4）$x=-5$、$y=-1$ のとき、$-x^2-2y^2$

ポイント　文字にはすべてカッコをつけ、中を入れ替える。これで解決!!

＜解説・解答＞

（1）$2(a)-7=2\times(3)-7$

$=6-7$

$=-1$・・・・（こたえ）

ここから先、間違える人が出てきますよ！

（2）$x=-2$、$y=-4$ のとき、

［正しい方法］

$5(x)-(y)=5\times(-2)-(-4)$

$=-10+4$

$=-6$・・・・（こたえ）

（誤：多くの人の方法）

$5x-y=5-2--4$

$=3--4$

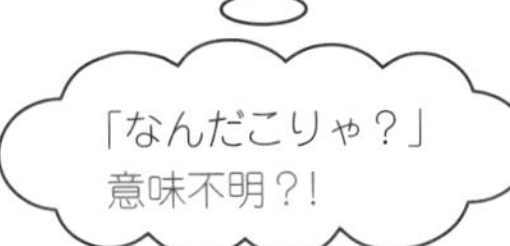

みなさんはつぎの計算ができますか？

$3+-4\times-2-+3--5=$

わけがわからないでしょ！ では、“どうしてでしょうか？”それは簡単なことで、“符号どうし”や“符号と記号”が境界もなく並んでいるために、何をどうすればよいのかわからないんですね。カッコをつけてみますよ！

$3+(-4)\times(-2)-(+3)-(-5)=13$

「ホラ！」このようにすれば簡単でしょ！？　あとは、計算で和・差・積

がまざりあっているときは、積（かけ算）から計算を始め、あとは左から順に計算するだけでした。

（3） $a = -3$、$b = -2$ のとき、

（誤：みなさんの方法）

$$a^2 - 7ab = -3^2 - 7 - 3 - 2$$
$$= -9 - 7 - 3 - 2$$
$$= -21$$

バツ！

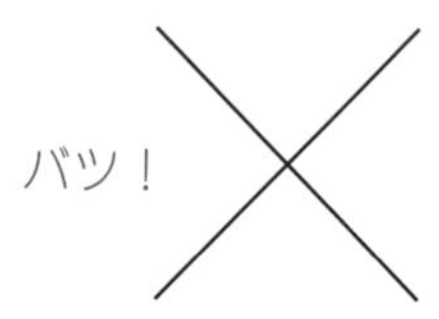

［正しい方法］

$$(a)^2 - 7(a)(b) = (-3)^2 - 7 \times (-3) \times (-2)$$
$$= 9 - 7 \times (+6)$$
$$= 9 - 42$$
$$= \underline{-33 \quad \cdots（こたえ）}$$

いかがでしょうか？

正しいやり方と比べると、ハッキリと間違えた理由がわかりますよね！　ポイントはとにかく文字にカッコをつけて代入!!

（4） 最後ですね！

$x = -5$、$y = -1$ のとき、

（誤：みなさんの方法）

$$-x^2 - 2y^2 = --5^2 - 2 - 1^2$$

?

$$= 25 - 2 - 1$$
$$= 22$$

バツ！

［正しい方法］

$$-(x)^2 - 2(y)^2 = -(-5)^2 - 2 \times (-1)^2$$
$$= -(+25) - 2 \times (+1)$$
$$= -25 - 2$$
$$= \underline{-27 \quad \cdots（こたえ）}$$

異符号だからマイナス（－）になるよ！

今回は、みなさんがよく間違えるやり方も一緒に示しておきました。

不等式について

さて、第１話では数の大小関係だけを表すものでしたので、１種類の不等号ですみました。でも、今後は文章問題を不等号で表す場合もあるんですよ。そうなると、最初に不等号には２種類あると言いましたが（p68）、そのもう一つの記号（≦、≧：等号が付いた）が必要になってくるんですね！

では、どのようにこの記号を使うのかを説明しましょう。

記号の形からなんとなく意味の想像はつくと思いますが、

・A≦B ならば「AはBより小さいか、等しい」

「BはAより大きいか、等しい」でもいいんですよ！

・A≧B ならば「AはBより大きいか、等しい」

「BはAより小さいか、等しい」でもいいんですよ！

まぁ～、ここまではさほど問題なく読んでいただけたと思います。

そこで、上記の「……」内の言葉の同義語を考えながらつぎの問題を考えてみましょう。

アッ！ごめんなさい。その前に、説明が遅くなりましたが２つの数量の大小関係を不等号を使って表した形を“**不等式**（ふとうしき）”と呼びますからね！

では、問題です。

問 題　つぎの不等式を日本語訳してみましょう。

（1）$7 < x$　　（2）$x < 2$

（3）$12 \leqq x$　　（4）$9 \geqq x$

＜ 解説・解答 ＞ 答えの横に小さく“ご年配先生”の日本語訳も提示！

このような不等式は **「～より小さい・大きい」「未満（みまん）」** そして、**「以上・以下」** という言葉を使って読み取ります。

（1）「x は 7 **より**大きい（数）」・・・（こたえ）　**「7 小（しょう）なり x」**

「〜より」のときは、当然「〜」に入る値は含みません。ここは大切。また、文字を含む不等式の場合、文字（未知数：これから求めたい値）が主役になります。よって、この場合「7 は x より小さい」とは読めないことはないが、しかし、絶対に読むことはないので！　ふ〜ん…、了解です！

（2）「x は 2 **より**小さい（数）」または「x は 2 **未満**」・・・・（こたえ）

「x 小（しょう）なり 2」

ここで多くの方（特に中学生）が悩む言葉があります。それは**「未満」**。“未”は漢文を勉強した方ならばご存知かと思いますが再読文字でして、「いまだ〜ず！」と読むんですね。よって「未満：いまだみたさず」と読める。すると x は 2 を満たしていないので 2 は含まれない。したがって、「x は 2 未満」とも読み取れるんです。　なんで突然漢文なんだぶ〜！でも、ＯＫ！

ついでですから、生活の中でよく目にする「18 歳未満はお断り」の看板で、「18 歳の人はいいのでしょうか？」 どう思いますか？

これは「“18 歳をいまだみたさず”はお断り！」と読めるので、**18 歳の人は満たしているから OK！**でも、「17 歳では、いまだ 18 歳を満たしていないのでダメ！」となる訳なんですね。いかかでしょう？　この未満の使い方が理解できていない人が、案外多いので少し説明をさせていただきました。

なるほどね！　了解！了解！

（3）「x は 12 **以上**（の数）」・・・（こたえ）**「x 大（だい）なりイコール 12」**

“以上”の場合は 12 を含み、かつ、それより大きい数の意味なんです。

よって、「x は 12 より大きいか、等しい」を**“以上”**で表現します。

（4）「x は 9 **以下**（の数）」・・・（こたえ）**「x 小（しょう）なりイコール 9」**

“以下”の場合は 9 を含み、かつ、それより小さい数の意味なんです。

よって、「x は 9 より小さいか、等しい」を**“以下”**で表現します。

「いかがでしたか？」 この不等式では、数学というより国語力の方が重要かもしれませんね !?

では、今度は文章問題での扱い方も確認しておきましょう。

＜例文と不等式＞

鉛筆 1 本が x 円、ノート 1 冊が y 円としたとき、つぎの不等式

$$3x + 5y \geqq 650$$

は、「鉛筆を 3 本、ノートを 5 冊買うと代金が 650 円以上になる」

ということを意味しています。「大丈夫ですか？」では、問題で確認ね！

問 題　鉛筆 1 本が x 円、ノート 1 冊が y 円としたとき、つぎの各式が表している意味を日本語訳してみましょう。　(2) は 2 通りで表現してね！

（1）　$2x + 4y = 500$　　（2）　$x + y < 200$

（3）　$3x + 2y \leqq 350$　　（4）　$x + 5y \geqq 450$

＜ 解説・解答 ＞

このような文字式において、等号（＝）、不等号（＞、≦）をはさんで左側を **“左辺”**、右側を **“右辺”** と呼びます。では、語尾など細かい表現などは気にせず「より、未満、以下、以上」の使い方を意識してください。

（1）「鉛筆 2 本、ノート 4 冊を買うと 500 円です」

ちなみに、等号（＝）で表された式を **“等式（とうしき）”** と呼びます。

（2）「鉛筆 1 本、ノート 1 冊を買うと 200 円**より**安い」

「鉛筆 1 本、ノート 1 冊を買うと 200 円**未満**です」

（3）「鉛筆 3 本、ノート 2 冊を買うと 350 円**以下**です」

（4）「鉛筆 1 本、ノート 5 冊を買うと 450 円**以上**です」

なんとなくでも “文字式” というモノが見えてきましたか？ ビミョウ～！

さて、今度は今の逆、文章を読んでそこから内容を文字を使った関係式で表してみましょう。

問 題　つぎの数量の関係を、等式か不等式で表してみましょう。

（1）ある数 x から 7 を引くと、その差は 15 になる。

（2）12 にある数 x の 5 倍を加えると、その和は 37 以上になる。

（3）x 本の鉛筆を 1 人に y 本ずつ 4 人に配った余りは 3 本未満である。

（4）17 からある数 x を引いた値の 2 倍の数は、引いた数の 2 倍に 8 を加えた数より小さい。

< 解説・解答 >

（1）（ある数 x から 7 を引いた値）＝ 15

だから、$x - 7 = 15$ ・・・（こたえ）

（2）（12 にある数 x の 5 倍を加える）≧ 37

だから、$5x + 12 \geqq 37$ ・・・（こたえ）

（3）（x 本の鉛筆を 1 人に y 本ずつ 4 人に配った余り）＜ 3

だから、$x - 4y < 3$ ・・・（こたえ）

（4）（17 からある数 x を引いた値の 2 倍の数）＜（引いた数の 2 倍に 8 を加えた数）

だから、$(17 - x) \times 2 < 2x + 8$ ・・・（こたえ）

以上で、文字を使った関係式（等式・不等式）のお話はおわりです。徐々に数学の勉強をしている雰囲気になってきたでしょ!? そして、この考え方がつぎの項目「方程式」の応用編へとつながります。お楽しみに！

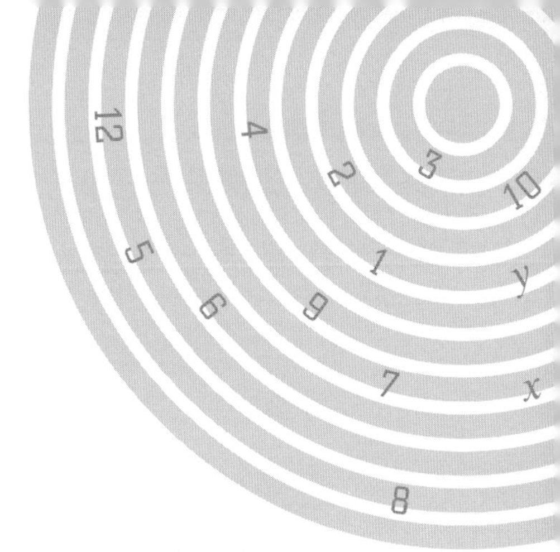

中学１年

第４話

１次方程式

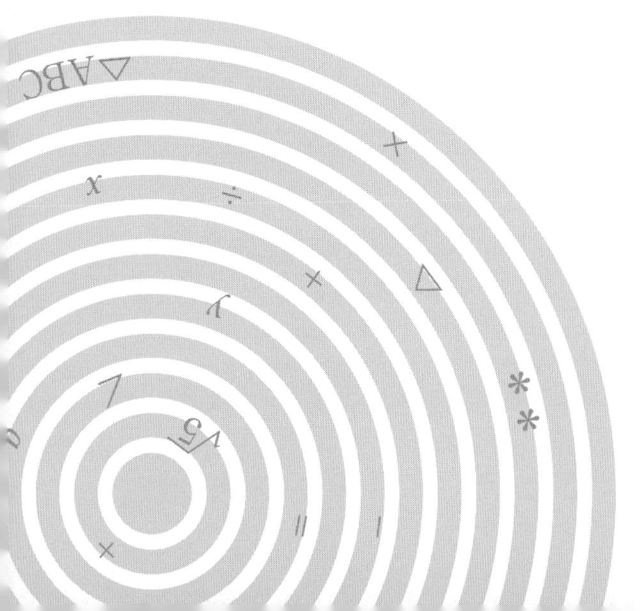

Ⅶ　方程式の解き方

「数学の用語」はわかりにくく、誰にでもわかりやすく説明するのは大変なことです。「難しいことを難しい言葉で説明する」のは簡単なのですが、「難しい言葉をわかりやすい簡単な言葉で説明する」ことほど難しいことはありません。この本ではできるだけわかりやすい、やさしい言葉で説明しようと努力をしていますが、どうしても言葉だけでは説明しにくい用語もあります。その1つがこの“方程式(ほうていしき)”かもしれません。

方程式とは？

では、さっそくこの難しい用語「**方程式とは？**」から始めましょうか！ ある限られた値 に対してだけ成り立つ、文字を含み等号をはさんだ（左辺）＝（右辺）の形の式を、“方程式”と呼びます。そのある限られた値とは、方程式の文字の代わりに置き換えたとき、（左辺）と（右辺）を等しくする“数”のことです。数学は国語ではないので式を使ってさっそく説明に入りますね。

「リンゴが3個で600円でした。1個の値段はいくらでしょうか？」

こんな問題を小学4年生ぐらいのときにやった記憶はありませんか？“算数”ではつぎのように式を作り、答えを求めたと思います。

注）**数学では問題に何も書いていない場合、リンゴは全て同じ値段です。**

［考え方］ 3個で600円より、リンゴ3個は同じ物と考える。そこで600円を3等分したうちの1つがリンゴ1個の値段となるので、600を3で割ればいいわけですね。よって、式は以下のようになりました。

（式）$600 \div 3 = 200$

1個　200円　　（こたえ）

「なつかしいですねぇ～！」しかし、"中学の数学"になるとつぎのように考えます。今後は求めたい（知りたい）値をわかったものと考え、一般的にそれを x とおき、"文章を式化"するんです。日本語を英語に直す英作文のように、問題文を"式"に直すんですね。では、上の問題でリンゴ1個の値段が x 円とわかったモノとして、"問題文を式化"してみましょう。

1個 x 円のリンゴを3個買ったら600円ですから式はこのようになります。

（式）$x \times 3 = 600$　・・・・・・・・（＊）

この式に使われている文字 x は限られた値（数字）に置き換えない限り、3倍した値が600になることはありえませんよ！

このように文字（ある限られた数字にしか置き換えられない）を使って、等号をはさみ「（左辺）＝（右辺）」で表した式を"方程式"と言うんですね。ここからは（＊）の式を使って、方程式の説明をしていきます。

まず、（＊）を図式化してみます。

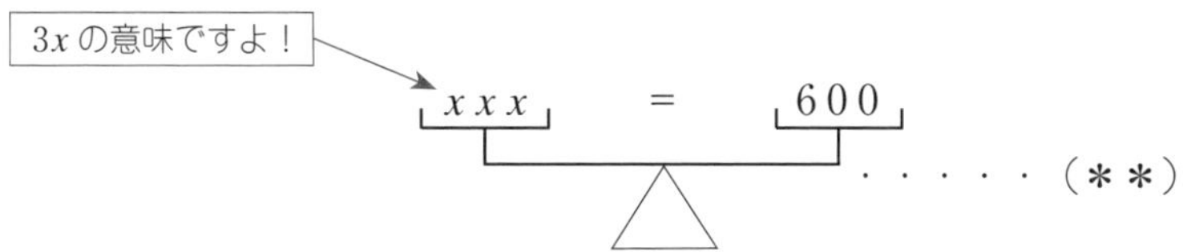

方程式は上の図のように天秤（てんびん）の釣り合い関係を使って考えると大変わかりやすいと思います。方程式において等号（＝）をはさんで向かって左側を（左辺）、右側を（右辺）と呼びます。等号は（左辺）と（右辺）が等しいことを意味するモノで、図のように重さが釣り合っているとも考えられるよね。ここで、天秤皿に乗っているモノを少しいじってみましょう。

この天秤は、［x が 3 個］と［600 という大きさ］が同じ重さで釣り合っています。今、左側の x を 1 個にしたとき、右側にどのぐらいの重さを置けば釣り合うかを考えてみましょう。単純に左側から x を 2 個取って、同じ重さ（x 2 個分）を右側からとれば釣り合うので、そのとき右側に残った大きさが x 1 個分の大きさになります。図で表すと

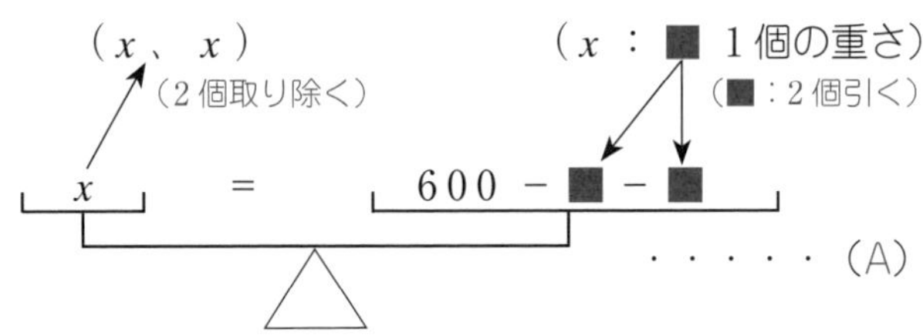

このようになります。左には x が 3 個乗っかっていましたから x 2 個を取ると考えるのはよいですね。しかし、右側からどのようにして x 2 個分の重さを取り除くかが問題になります。はじめから x 1 個分の重さがわかっていないと 2 個分の重さなどわかりませんよね。

なるほど〜・・・ごもっともです！

だから、x 1 個（■）の重さがわからないので、天秤は釣り合っているように見えますが、具体的に x 1 個の重さがこの考え方ではわかりません。

そこでつぎのように考えてみましょう。$3x$ は x が 3 個分なのでその $3x$ を 3 等分してあげれば x 1 個分になります。3 等分する方法は四則計算（+、−、×、÷）のどれを使いますか？　割り算ですよ。大丈夫かな？

よって、（＊＊）の（左側）、（右側）を 3 で割ってみましょう。

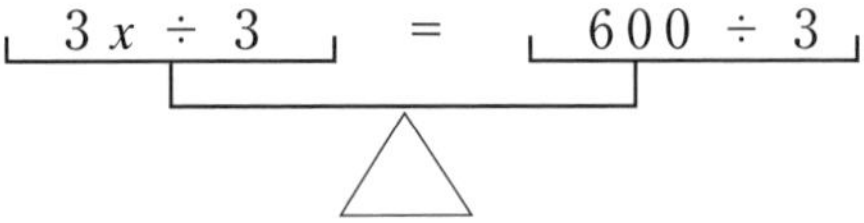

$3x \div 3 \quad = \quad 600 \div 3$

・・・・・・（B）

（左側）と（右側）が同じ大きさなのですから、3等分して1個ずつをのせても大小関係に変化はありませんよね！

$$3x \div 3 = \cancel{3}^1 x \times \frac{1}{\cancel{3}_1} = x$$

$x = 200$

今度はハッキリと x 1個の重さがわかりました。（A）の場合には1個の重さはわかりませんでしたが、（B）の場合には、引いたり・割ったりと、（左辺）と（右辺）に同じ作業（計算）をするのであれば天秤の傾きに影響はなく、x 1個の重さを求めることができました。

「方程式」は、とても大切な項目なのでもう少し説明してみます。先ほどは天秤を使って、（左側）と（右側）が常に同じ重さになるように、両側にはいつも同じ作業（計算）をしましたよ。言い方を変えれば、同じ作業さえすれば両側のバランスに影響はないことがわかりました。そこで、この点を意識し、今度は具体的に方程式を解く流れを味わってもらうことにしましょう！

方程式を解くとは？：文字の代わりに入る数を求めること！

問題　つぎの方程式を解いてください。

（1）$x - 7 = 3$

（2）$x + 5 = 4$

（3）$2x + 4 = 10$

（4）$5x - 6 = 7$

あれが方程式なのかな？

＜解説・解答＞

（1）、（2）は移項と呼ぶ新しい作業をします。（3）、（4）を解くときの作業と、この移項が頭の中でごっちゃごちゃになる人が多いので、しっかりと作業の違いを意識し、理解してくださいね！

（1）　$x - 7 = 3$　・・・・・・・①

$x - 7 + 7 = 3 + 7$・・・・・・・②

$\underline{x = 10}$　・・・・・・・③

・・・・（こたえ）

①の左辺に文字 x がありますよね。この方程式の意味は

「x から 7 を引くと 3 になります。では x にはどんな数が入りますか？」

ということです。

そこで、まずつぎのことを心がけてください。

> **ポイント**
> 求めたい文字を［左辺］に、定数項（文字のついていない項）を［右辺］に置く。

この赤で囲まれたポイントはとっても大切なことです。これを土台にしてこれから方程式を解いていきます。よろしいですか？

では、①〜③までの流れを説明しますよ！　①の意味は説明しましたから②から始めます。

②について、①の（左辺）にある x がどんな数か知りたいわけですから、この方程式を解いていったときに最終的には、

$$x = ▲$$

という形にしたいんですね。よって、（左辺）に x 以外のモノ（項）はジャマなので（左辺）からなくしたいんです。わかりますか？　そこで［－7］を消す（別の言い方をすれば 0 にする）ためには 7 をたしてあげれ

ば[－７＋７＝０]となりうまく消えてくれますよね。しかし、方程式の（左辺）と（右辺）は天秤で説明したように、常に釣り合いがとれていなければいけません。今（左辺）の－７を消すために（左辺）に７を加えましたので、天秤のバランスはこの時点で、左に傾いています。（左辺）が７だけ重くなっているんですね。そこで右側にもおもりをつけなくてはいけません。よって、（右辺）にも７を加えてバランスをとります。そのバランスをとった式が②なんです。　長い説明だなぁ～・・・「ゴメン！！」

③は（左辺）がxだけになり（右辺）は“定数項”だけになって、最終目標であった［x＝▲］の形になったモノです。　ふ～ん・・・

移項とは？

「いかがですか？」こまかく説明すると大変に感じると思います。ではここで“移項（いこう）”という初めて耳にする作業をしてみます。

注意してもらいたいところはさっきの②の式がどのように変わるかです。

＜移項の利用＞	＜天秤の方法＞
$x - 7 = 3$ ・・・・（A）	$x - 7 = 3$
$x = 3 + 7$ ・・（B）	$x - 7 + 7 = 3 + 7$ ・・・②
$x = 10$	$x = 10$

上右側の②の式を見てね！　もう一度ここで“両辺に７を加える”という点を考えてみましょう。なぜ（両辺）に７を加えなくてはいけないのかというと、（左辺）の－７を消したいからです。言い換えれば７を引いているから逆に７を加えてしまえば０になり、なくなるという考えからでした。それゆえ、（右辺）にも７を加え（＋７）なくてはいけなくなったんです。でも、どうせ（左辺）の－７の部分は０になり表す必要がなくなるんですから、［－７＋７］を無理に書く必要はないですよね。すると左側

の（B）の式の形が表れてきます。そこで左側の（A）と（B）の式を比べてみて、（A）の（左辺）の－７がその下の（B）の（右辺）の＋７に変化して移動したように見えませんか？“天秤方式の②”と“移項利用の(B)”の式では、**(B) 移項**の方がスッキリしているように思うでしょ!!

よって、天秤方式の意味が理解できていれば“移項方式”でスッキリ解いてよいんです。また、（A）から（B）のように変化する点ですが、

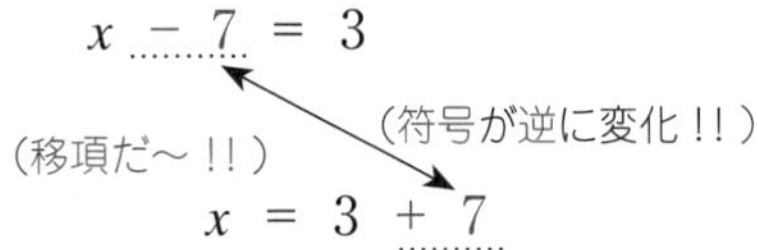

これは（左辺）の－７という項が等号をはさんで反対側に、符号が逆になり＋７となって移ったと考えられませんか？　このように符号が逆になり等号の反対側に“項”を“移”すことを“移項”というんです。プラスの項が反対側に移ればマイナスの項になり、マイナスの項がプラスになって反対側に移る。この移項の作業が身につけば、天秤方式ではなく、より早く・正確に方程式が解けるようになるんですね。

では、“移項の方法”で（2）を解いてみますよ。

（2）$x + 5 = 4$

（移項：符号の変化に注意！）

$x = 4 - 5$

$x = -1$ ・・・（こたえ）　　ヘェ～・・・カンタン！

（3）$2x + 4 = 10$

（移項：符号の変化に注意！）

$2x = 10 - 4$

$2x = 6$

まずは x だけを（左辺）に残したいので＋ 4 を（右辺）に移項します。これで（左辺）には文字だけの項が残り、（右辺）は“定数項”だけになりました。あとは先ほどの天秤を思い出してください。x が 2 個で 6 だから、1 個の大きさを知りたいので（両辺）を 2 で割ればよいことになります。必ず（両辺）に同じ作業をするんですからね！　よって、

$$2x \div 2 = 6 \div 2 \quad \cdots\cdots（*）$$
$$x = 3$$

ここで（＊）の（両辺）を 2 で割っていますが、中学になると割り算はなくなり、考え方として 逆数のかけ算 として割り算をあつかうのでした。そこでつぎのように（＊）を書き直してください。

$$\cancel{2}^{1} x \times \frac{1}{\cancel{2}_{1}} = \cancel{6}^{3} \times \frac{1}{\cancel{2}_{1}} \quad \cdots\cdots（**）$$
$$x = 3 \quad \cdots\cdots（こたえ）$$

だいぶ計算らしくなってきましたね。ではもう一歩進んで（＊＊）の式について考えてみましょう。（左辺）の x の係数を 1 にするために 2 の逆数を（両辺）にかけたわけですから、「左辺に逆数のかけ算をわざわざ示す必要があるんでしょうか？！」ここでも天秤の方式が理解できていれば、文字の係数の逆数を右辺にかけることにより［x ＝▲］の形になってしまいます。では、模範解答を示しますね。

読むのがメンドウになってきたぞ！
もう～、イヤ！！　エイッ！

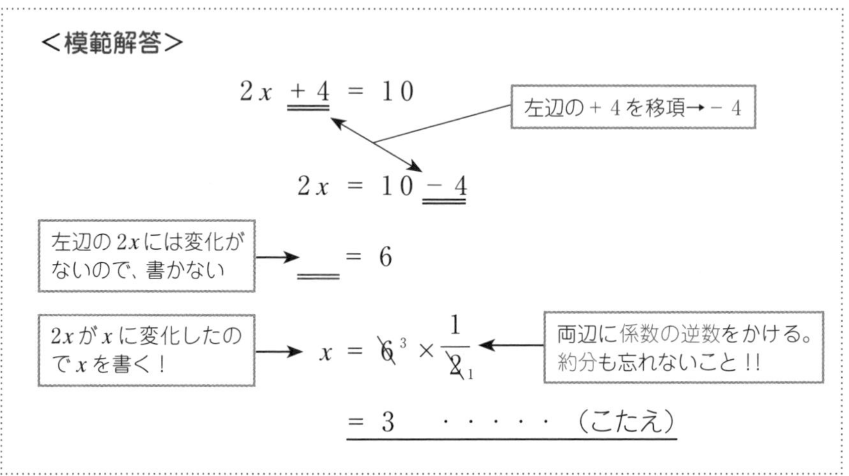

<模範解答>
2x + 4 = 10
左辺の + 4 を移項→ − 4
2x = 10 − 4
左辺の 2x には変化がないので、書かない
= 6
2x が x に変化したので x を書く！
x = 6 3 × 1/2 1
両辺に係数の逆数をかける。約分も忘れないこと !!
= 3 ・・・・・（こたえ）

いかがでしょうか？　上のように方程式が解けるよう、しっかりとマネをしてくださいね。マネ！　真似ですよ・・・

（4）（3）の解法で解いてみますね！

$$5x - 6 = 7$$

$$5x = 7 + 6$$ （左辺の − 6 を右辺に移項）

$$= 13$$

$$x = 13 \times \frac{1}{5}$$

両辺に係数の逆数をかける。約分のチェックも忘れないように !!

$$= \frac{13}{5}$$ ・・・・・（こたえ）

この（1）～（4）までの方程式の基本の解き方をしっかり身につけてしまえば、中学 2 年でやる“等式変形”も簡単なモノになってきます。

少し余談ですが、ここで“式の名前”についてお話ししたいと思います。中学 2 年でやる項目ですが、簡単なことなので解説しておきますね。

中学1年
中学2年
中学3年

つぎの式を見てください。

(1) $x^2 - 2x + 1$	(2) $3x - 4$

項とは（+）（−）によって区切られた1個1個（左側の符号+、−を一緒にして）を言うのでした。そこで、(1)(2)で“項”は？ と聞かれたら、

(1) x^2, $-2x$, 1

(2) $3x$, -4

（+）の符号だけは書かない!!

と答えればよかったのですね！

では、(1)(2)の各項の中で文字のかけ算の回数が一番多いモノを探してください。(1)ははじめの項が x を2回かけ算、(2)でははじめの項が x を1回かけ算していますね。そこで、数学では式の各項の中で一番たくさんかけ算している文字の個数をその式の名前にするんです。よって、(1)は x を2回かけ算しているのが一番多いから2次式。(2)では、x を1回かけ算しているのが一番多いから1次式と呼びます。

よって、今みなさんが解いている方程式は“1次式”の方程式ゆえ、**1次方程式**というんですね。少し長くなりましたが、では、1次方程式の問題を数題解きながらていねいに解説していきます！

問題　つぎの方程式を解いてみよう！

(1) $-3x + 2 = 5$

(2) $-5x - 7 = -2x - 4$

(3) $4x + 2 = 2x - 6$

＜解説・解答＞

（1）

$$-3x+2=5$$

（移項：符号が変化する！）

$$-3x=5-2$$

両辺を－3で割る（－3の逆数をかける）

$$=3$$

$$x=3\times\left(-\frac{1}{3}\right)$$

いざ自分でやると、ン～・・・

見ていると簡単そうなんだけど・・・

$$=-1$$ ・・・・（こたえ）

（2）

$$-5x-7=-2x-4$$

（移項）

文字の項も数字のように移項できる!!

$$-5x+2x=-4+7$$

$$-3x=3$$

－3の逆数をかける！

$$x=3\times\left(-\frac{1}{3}\right)$$

$$=-1$$ ・・・・（こたえ）

(3)

$$4x \underset{\text{.......}}{+2} = \underset{\text{.....}}{2x} - 6$$

（移項）

$$4x \underset{\text{.......}}{-2x} = -6 \underset{\text{.....}}{-2}$$

$$\underline{2x} = -8$$

両辺を2で割る。
（2の逆数をかける）

$$x = -\cancel{8}_{4} \times \frac{1}{\cancel{2}_{1}}$$

$$\underline{= -4 \quad \cdot\cdot\cdot\cdot（こたえ）}$$

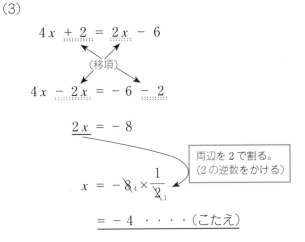

この3題を理解できればふつうの1次方程式は解けますからね！

分数を含んだ方程式

応用問題　つぎの方程式が解けますか・・・？

(1)　$\dfrac{x-5}{3} - \dfrac{x+1}{2} = 1$

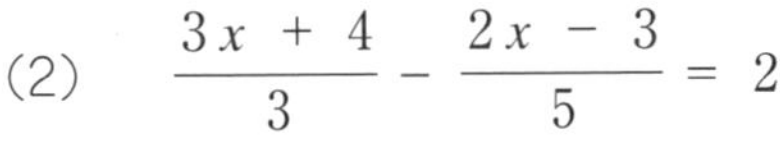

(2)　$\dfrac{3x+4}{3} - \dfrac{2x-3}{5} = 2$

(3)　$x - \dfrac{x-5}{2} = \dfrac{2}{3}$

「この3題が難しく感じるのはなぜでしょうか？」それは分数が含まれているからなんですよ！　それならば方針は決まりましたね。そうです、分数をなくしてしまえば問題は解決！　では、「どうやって分数を消すか？」　このように“何が問題を難しくしているのか？”を考えていけば、問題を解くときの方向性が自然と見えてくるんですね!!

＜解説・解答＞

（1）まずはじめに分子が多項式のときはとにかく分子にカッコをつける。

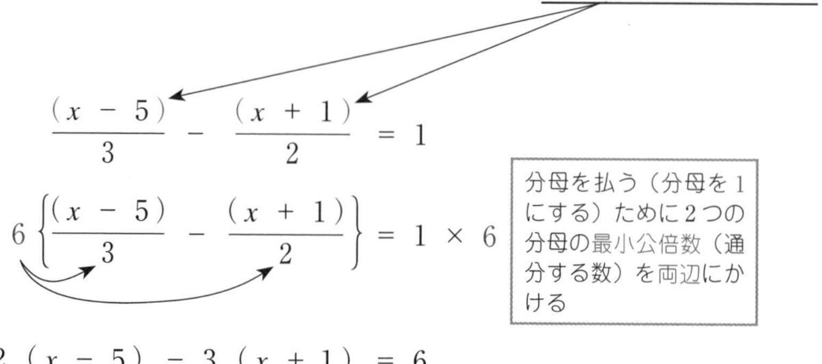

$\frac{(x-5)}{3} - \frac{(x+1)}{2} = 1$
$6\left\{\frac{(x-5)}{3} - \frac{(x+1)}{2}\right\} = 1 \times 6$
分母を払う（分母を1にする）ために2つの分母の最小公倍数（通分する数）を両辺にかける
$2(x-5) - 3(x+1) = 6$

（6と3の約分）　（6と2の約分）

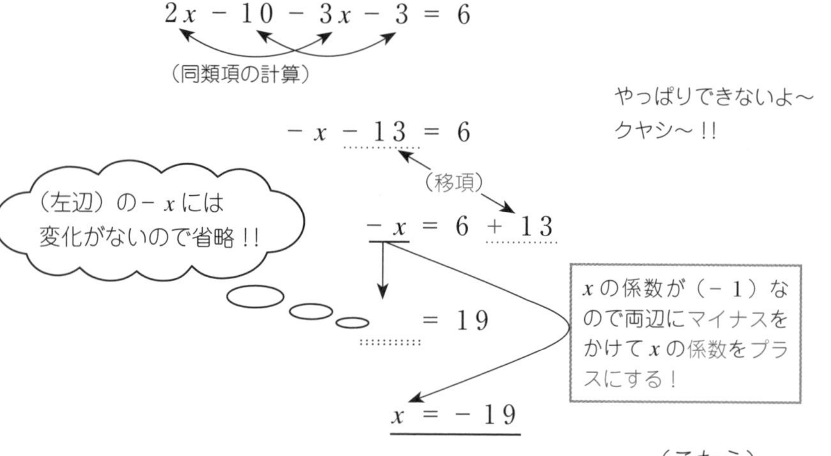

$2x - 10 - 3x - 3 = 6$
（同類項の計算）
$-x - 13 = 6$
（移項）
（左辺）の－xには
変化がないので省略！！
$-x = 6 + 13$
$= 19$
xの係数が（－1）なので両辺にマイナスをかけてxの係数をプラスにする！
$x = -19$

やっぱりできないよ～
クヤシ～！！

・・・・・（こたえ）

「どうですか？　キツイよね！」はじめのうちは、ここまでていねいに方程式を解くようにしてください。これを繰り返していくうちに、解くときの注意点が自然と身につき、早く・正確に、そして、より簡単に方程式が解けるようになるんですね。　「信じなさい！！　ほんとなんだから・・・」

（2）分子が多項式のときはとにかく分子にカッコをつける。

$$\frac{(3x+4)}{3}-\frac{(2x-3)}{5}=2$$

$$15\left\{\frac{(3x+4)}{3}-\frac{(2x-3)}{5}\right\}=2\times 15$$

両辺に15をかけて分母を払う

$$5(3x+4)-3(2x-3)=30$$

$$15x+20-6x+9=30$$

（同類項の計算）

$$9x+29=30$$

（移項）

$$9x=30-29$$

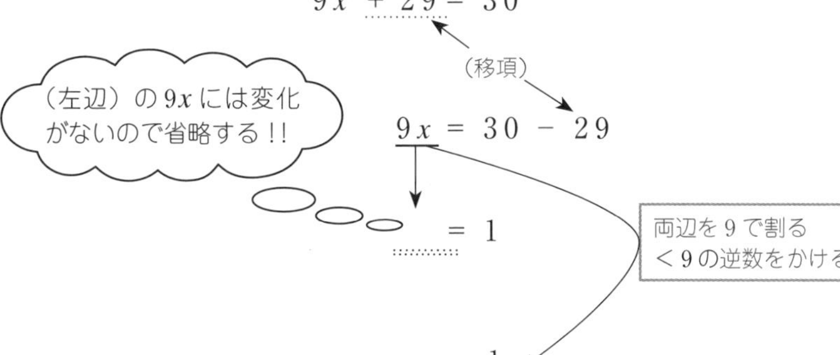

（左辺）の9xには変化がないので省略する!!
両辺を９で割る
＜９の逆数をかける＞

$$=1$$

$$x=\frac{1}{9}$$

．．．．．（こたえ）

見ちゃったもんね！　なるほど～！
ああやればよいのか？

（3）分子が多項式のときはとにかく分子にカッコをつけてから始める。

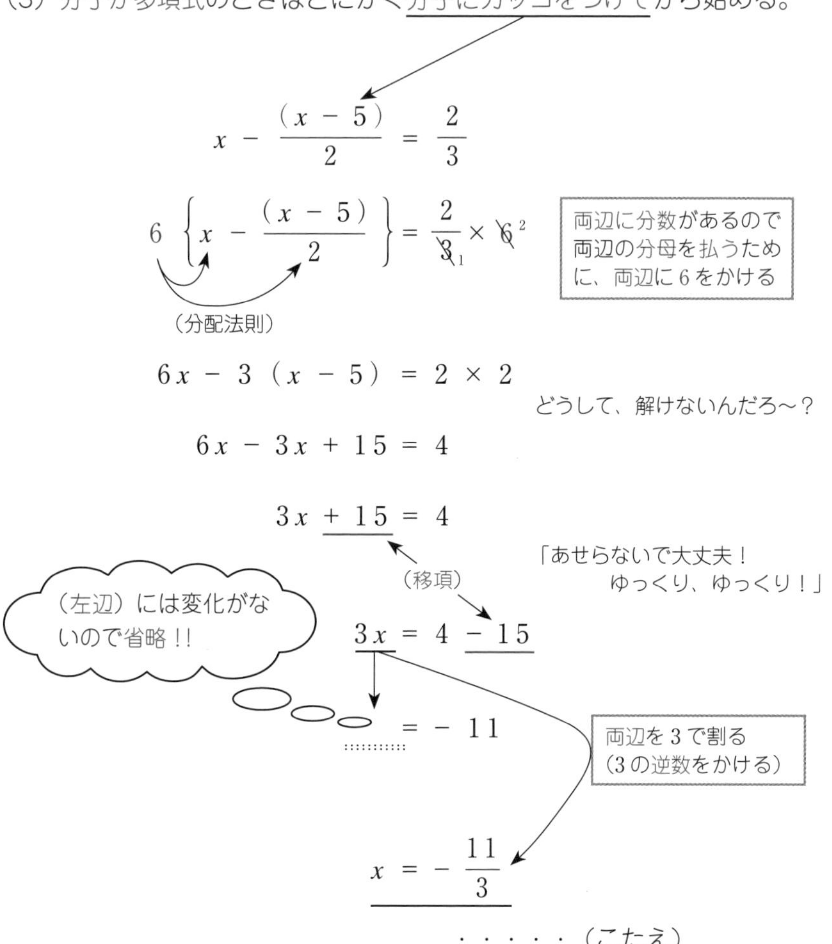

$x - \frac{(x-5)}{2} = \frac{2}{3}$
$6\left\{x - \frac{(x-5)}{2}\right\} = \frac{2}{3} \times 6$
両辺に分数があるので両辺の分母を払うために、両辺に6をかける
（分配法則）
$6x - 3(x-5) = 2 \times 2$
どうして、解けないんだろ～？
$6x - 3x + 15 = 4$
$3x + 15 = 4$
「あせらないで大丈夫！ゆっくり、ゆっくり！」
（移項）
（左辺）には変化がないので省略！！
$3x = 4 - 15$
$= -11$
両辺を3で割る（3の逆数をかける）
$x = -\frac{11}{3}$
・・・・・（こたえ）

方程式を解くときだけでなく、数学の問題で難しいと思ったときは、「いったい何が難しく見せているのだろうか？」また、方針が立たないときは、「問題の中で何がわかっていれば簡単になるのだろうか？」を考えれば、方針が見つけやすくなります。では、あと1題方程式を解いておわりにしますね。

小数を含んだ方程式

問題　つぎの方程式を解いてみてください。

$$0.3x + 1.2 = -2.4$$

方針は立ちますか？　先ほどのように「どうしてこの方程式が難しそうに見えるのか？」これは小数の方程式だから難しく見えるんだね！！　そこで、「どうすればこの小数が消えるのか？」を考えてください。

みなさんが考えつく小数をなくす方法は以下の２通りのはず？！

（A）小数を分数に直す。
（B）方程式なので両辺を 10 倍して小数点を消す。

「あとは上のどちらを使ってこの方程式を解くか？」です。では、両方の解法を示しておきますよ。

解法（A）

$$0.3x + 1.2 = -2.4$$

小数を分数に直す

$$\frac{3}{10}x + \frac{12}{10} = -\frac{24}{10}$$

両辺を 10 倍して分母を払う

$$3x + 12 = -24$$

$$3x = -24 - 12$$
$$= -36$$

$$x = -\cancel{36}^{12} \times \frac{1}{\cancel{3}_1}$$

両辺に $\frac{1}{3}$（x の係数の逆数）をかける

$$= -12$$　・・・・・（こたえ）

分数に直したところからは先ほどの解法と同じです。

解法（B）

$$0.3x + 1.2 = -2.4$$

両辺を 10 倍して小数点を消す

$$\underline{\underline{3x + 12 = -24}}$$

$$3x = -24 - 12$$
$$= -36$$
$$x = -\cancel{36}^{12} \times \frac{1}{\cancel{3}_1}$$
$$= -12$$

・・・・・（こたえ）

（A）、（B）どちらが簡単に感じましたか？　両方の解法にある太い赤線（═══）の式を比べてみてください。方程式を解き始めて、変形からこの式は（A）が 2 番目、（B）は最初の式で表れました。ということは、小数の方程式を解くときは、分数に直すより“小数を消す”方が簡単であるということが、わかっていただけるかと思います。

注意！

よく見かける間違い !!

（パターン 1）

勘違いをして－ 3 で割っている

$$x - 3 = 2$$
$$x = 2 \times \left(\underline{\underline{-\frac{1}{3}}}\right)$$
$$= -\frac{2}{3}$$

＋ 3 になる

文字のついていない項は、移項！

（パターン 2）

勘違いをして 2 を移項している

$$2x = 4$$
$$x = 4 \underline{\underline{-2}}$$
$$= 2$$

$\times \frac{1}{2}$ になる

文字に係数がついているときは、係数の逆数をかける！

上の違いをしっかりと理解してください。必ず何人かはやってしまうミスなので・・・!!

比と比例式

“比”は小学校でもやりましたが、嫌いな方が案外多いんですよね！でも、意味さえ理解できればさほど難しいことはないんですよ。　そうかなぁ～?

比とは**「比（くら）べる」**と読めるように、2つの数の大きさを比べているだけなんですね！

ただ、2つの数の大きさを比べるなら、“差”の利用で「どっちがどれだけ大きいか？」比べられるでしょ！？　でも、数学で言う**“比”の意味は「どっちがどっちの何倍か？」**なので、“差”ではなく**“商（割り算）”**を利用して大小関係を比べるのね！

では、ここまでのことをまとめてみますよ。

2つの数において、「a は b の何倍ですか？」を表すのに比というモノを利用し表現する。

「“比”とは？」 $a : b$ ⇔ 「a は b の何倍ですか？」

そして、a、b を“比の項”と呼ぶ。

また、実際に「a は b の何倍か？」を求めた値を“比の値”と言います。

そこで、

「“比の値”の求め方」 $a \div b = \frac{a}{b}$ （←比の値）

「理解できました？」そこで、つぎに**“比例式”**についてお話しします。これは単に「2つの“比の値”どうしが等しい」を式で表しただけのモノ。

「“比例式”とは？」 $a : b = c : d$ （←両辺の比の値が等しい）

だから、$\frac{a}{b} = \frac{c}{d}$

「いかがですか？」“比”だの“比例式”だのと聞いても、意味が理解できれば別に難しくないでしょ！?　では、問題を通して確認ね！　ほ～い！

問 題　つぎの比例式を解いてください。

（1）$x:7=4:2$　　（2）$6:x=2:3$

＜解説・解答＞　xの値を求めることゆえ、比例式を解くと言います！
また、解法は比が等しいゆえ、（比の値）＝（比の値）に直して
スタートね！

（1）$\dfrac{x}{7}=\dfrac{4}{2}$　$\dfrac{x}{7}=2$　$x=2\times 7$　　よって、$x=$ 14（こたえ）

（2）$\dfrac{6}{x}=\dfrac{2}{3}$　$\dfrac{x}{6}=\dfrac{3}{2}$　$x=\dfrac{3}{\cancel{2}_{1}}\times\cancel{6}^{3}$　　よって、$x=$ 9（こたえ）

↑この場合、両辺の分数を同時に逆数にして考えるのね！

たぶん、（2）で文字が分母に来て「やだなぁ〜！」と思われた方が多いと思いますが、違います！? うん涙　そこで、**“比例式の性質”** に着目！！！

比例式の性質　「(外項の積）は(内項の積）に等しい！」

$a : b = c : d$
（外項）（内項）（内項）（外項）

より、

$a\times d=b\times c$
（外項）（外項）（内項）（内項）

「（外項の積）は（内項の積）に等しい！」
両辺の比の値が等しいことより、

$\dfrac{a}{b}=\dfrac{c}{d}$　←　両辺に bd をかけ分母を払う

$ad=bc$　←　$\dfrac{a}{b}\times bd=\dfrac{c}{d}\times bd$

問 題　つぎの比例式を解いてください。

（1）$x:8=3:4$　　（2）$6:5=x:10$

（3）$x:\dfrac{1}{3}=6:\dfrac{3}{5}$　　（4）$3:(x+2)=4:2x$

＜解説・解答＞ 外項どうし、内項どうし、どっちを先にかけても問題なし！

（1）$x\times 4=8\times 3$　$4x=24$　　よって、$x=$ 6（こたえ）

（2）$5\times x=6\times 10$　$5x=60$　　よって、$x=$ 12（こたえ）

（3）$x\times\dfrac{3}{5}=\dfrac{1}{3}\times 6$　$\dfrac{3}{5}x=2$　$x=2\times\dfrac{5}{3}$　よって、$x=\dfrac{10}{3}$（こたえ）

（4）$3\times 2x=(x+2)\times 4$

$6x=4x+8$

$6x-4x=8$　→　$2x=8$

よって、$x=$ 4（こたえ）

では、応用編へ！ GO ！！

VIII　方程式の応用

方程式の問題は中１だけに限らず中２・中３の数学でも中心的な項目になってきます。そのとき、問題を解く上で最低限知らなければいけないことがあるんです。英語で言えば文法的なことかもしれませんね。これを知っているか、いないかでは“天と地”ほどの違いがあり、また中２以上、特に高校数学になると、教える側は当然知っているモノとして授業を進めていきますので、必ず覚えておかなければなりません。この知識は大学入試まで使いますので大切ですよ！　では、その点の解説から始めることにしましょう。

問題を解く上での基本事項

みなさんは、今後数学をやっていく上で、以下のような数学特有の文字表現を使いこなさなければなりません。少しだけ考えて読んでください。

（ｉ）連続する数

x、n の代わりに好きな文字を使ってかまわないからね！

・連続する3つの数

$x-1,\ x,\ x+1$

・連続する5つの数

$x-2,\ x-1,\ x,\ x+1,\ x+2$

・連続する3つの偶数

$2(n-1),\ 2n,\ 2(n+1)$

・連続する3つの奇数

$2n-1,\ 2n+1,\ 2n+3$

（または、$2n-3,\ 2n-1,\ 2n+1$）

（ii）数の表し方

・2ケタの数

10の位の数をa、1の位の数をbとおくと

$$\mathbf{10a + b}$$

・3ケタの数

100の位の数をa、10の位の数をb、1の位の数をcとおくと

$$\mathbf{100a + 10b + c}$$

（iii）割り算における「割られる数」、「割る数」および「商」と「余り」の関係

$$x \div y = p \cdots q$$

［割られる数］：x　［割る数］：y

［商］：p　［余り］：q

$$\mathbf{x = yp + q} \cdots\cdots (*)$$

（iv）条件よりなるべく少ない文字で"ある"数の表し方

例）リンゴとミカンが全部でa個あり、そのうちリンゴがx個としたとき、残りのミカンの個数はどのように表せますか？

ミカン：$\mathbf{a - x}$**（個）**

＜解説＞

（i）連続する数とは？

1, 2, 3,・・・, 7, 8, 9, 10, 11,・・・

このような数を言います。問題では連続する3つ、5つの数というように、必ず奇数個の連続した数として出題されます。出題のパターンは決まって

いて、例えば「**連続する 3 つの数があり、それをすべて加えると 9 になる**」というようなモノです。連続するのであればどのように表現してもかまわないのですが、よくみなさんが表現する方法は、

$$x, \quad x+1, \quad x+2 \quad \cdots\cdots\text{(A)}$$

です。これで問題を解きますとつぎのようになります。

＜解答＞

$$x + (x+1) + (x+2) = 9$$
$$3x + 3 = 9$$
$$3x = 9 - 3$$
$$= 6$$
$$x = 6 \times \frac{1}{3}$$
$$= 2$$

定数項の部分に注目！

連続した数の和をハッキリ示すためにカッコをつけています！

よって、連続する数は（A）より、

2, 3, 4 ・・・・・（こたえ）

＜よい方法＞

連続する数は奇数個なので、必ず真ん中の数があります。その真ん中の数を基準にして x とおくと、連続する 3 つの数は、

$$\boxed{x-1, \ x, \ x+1}$$

とおけますね。今度はこの方法で解いてみますよ。

3を代入すれば 2, 3, 4 となりますね！

＜解答＞

$$(x-1) + x + (x+1) = 9$$
$$3x = 9$$
$$x = 9 \times \frac{1}{3}$$
$$= 3$$

このように 定数項の部分が 0 になり計算が大変楽になります。連続する 5 つの数になるといっそうありがたみを感じるはずですよ。我々が問題に対してどのように対応するかで、問題がいくらでも楽に解けるんですね。

つぎに**連続する3つの偶数**に関してですが、具体例を示します。

［ 2, 4, 6 ］　　　　［ 8, 10, 12 ］

偶数は“2の倍数”なのでそれをはっきり示すと以下のようになります。

［2, 4, 6］ ➡ 2×1, 2×2, 2×3

［8, 10, 12］ ➡ 2×4, 2×5, 2×6

2の倍数をはっきり示した部分を見て何か気づきませんか？

右側の赤い数字の並びは、3つの連続する数ですね。よって、**連続する3つの偶数は、連続する3つの数をそれぞれ2倍**すればよいことがわかるでしょ？　よって、以下のようになるんです。

$$2\times(n-1),\ 2\times n,\ 2\times(n+1)$$

（連続する3つの数）

このように基本の積み重ねが土台となり、数学の問題を解くヒントが見えてくるんです。基本的な考え方をしっかりと身につけようね！

は〜い！

連続する3つの奇数はどうでしょうか。

2, 3, 4, 5, 6, 7, 8

（−2）　（＋2）

赤くなっている奇数を見てみると、奇数は必ず偶数にはさまれています。よって、偶数に“1を加える”か、または“1を引く”か、どちらかで奇数は求められますね。そして、奇数に2を加えるかまたは2を引きさえすればつぎの奇数にもなります。よって、連続する3つの奇数ですから、つぎのように真ん中にくる奇数をまず決め、それに対し2を引くことで左側、2を加えることで右側となり連続する3つの奇数が表せるんです。

$$2n-3 \quad \underline{2n-1} \quad 2n+1$$
(－2)　(中心)　(＋2)

$$2n-1 \quad \underline{2n+1} \quad 2n+3$$
(－2)　(＋2)

お好きな方をお使いください！

これも偶数の表し方を基本にしていますよね。このように基本をもとに積み重ねながら考えていくのですから、やっぱり常に基本は大切です！

(ii) 数の表し方

(10の位の数)　(1の位の数)

$$23 = \boxed{2} \times 10 + \boxed{3} \times 1 \cdots\cdots (**)$$

23は10の位が2で、1の位が3ですから、上のように2ケタの数を表すことができます。ところが2ケタの数を文字を使って表すとき、多くの人たちは以下のように10の位の数をa、1の位をbと考え2ケタの数を

$$ab \longleftrightarrow 23$$

と表してしまいがちです。　良いような～、悪いような～変な感じですね？!

abと23を比較してみてください。外見は一見同じように見えますが実はまったく違うんですよ！　「なぜだかわかりますか？」

なぜなら、

「文字を並べて書くとその文字どうしの積(かけ算)を表してしまうんです」

よって、

$$ab = a \times b$$

となり、$a = 2$、$b = 3$ とおいても $\boxed{ab = 23}$ とはならずに、$\boxed{ab = 2 \times 3 = 6}$ になってしまいます。わかってもらえました？

そこで文字を使ってどのように表せばよいのか？（＊＊）をもう一度見てください。なぜわざわざ10の位と1の位に分けた式に直したかがわかるはずです。よって、2ケタの数はつぎのように表せるんですね。

$$a \times 10 + b \times 1$$

このように10の位と1の位をそれぞれ表し、それどうしを たして あげれば必ず2ケタの数が文字で表現できるんです。$a = 2$、$b = 3$を代入してみましょう。

$2 \times 10 + 3 \times 1 = 20 + 3 = 23$ となり、先ほどのように“6”になることはなく問題解決ですね。このように考えれば3 ケタの数も同様に理解してもらえると思います。

(iii) 割り算とその結果との関係

小学校3年生ぐらいまで戻ってみましょうか。まず、7を2で割ってみましょう。

（式）　$7 \div 2 = 3 \cdots 1$

なつかしいですね。特に余りを表す（・・・）の印なんて覚えていましたか？　この頃は「あまり」と書くようです。さて、この式の意味は「7は2が3個にあと1が1個でできている数」ということです。よって、この意味を式に表しますと、つぎのようになりますよ。

（式）　$7 = 2 \times 3 + 1$

7（割られた数）　2（割る数）　3（商）　1（余り）

上の式の赤い文字に問題文から条件を読み取り代入すれば、問題文の式化は解決。p148（iii)(＊）の式とよく比較して、納得してください。

(iv) “ある” 数の表し方

今後文章問題を解くときは、必ずと言ってよいほど 条件を式化 しなければいけません。そのとき、できるだけ少ない文字 で条件を式化しなくては、問題をより難しいモノにしてしまうことがあります。具体例は問題を解くときに出すとして、基本的な考え方だけをお話しします。

問題

リンゴとミカンが全部で 20 個あります。そのうち 12 個がリンゴです。では残りのミカンは何個ですか。

＜解答＞

（式） $20 - 12 = 8$

ミカン　8 個 ・・・（こたえ）

当然、このように考えますよね？

慣れるまでは難しい要求なのですが、こわがらずに「**文字も数字のようにあつかう**」ということを身につけてください。

そこで、上の問題の リンゴの数を x 個 としたとき、ミカンの数はどうなるかというと、ミカンは **$(20 - x)$ 個**と表すことができるんだね。

「どうかな？　変な感じがするよね！
“これって式なんじゃないの?!” とブツブツ文句の声が聞こえそうです。
言いたいことはよ～くわかるよ。　でも、これでいいんです !! 」

以上で文章問題を解くときに知らなくてはいけない基本的知識の解説はおわりです。

「さぁ～ !!　この知識を使って文章問題に挑戦だ～ !! 」

問題 1 ～ 7

問題1

連続する3つの数の和が39である。この連続する数を求めよう。

＜解説・解答＞

連続する3つの数を

$$x - 1, \quad x, \quad x + 1 \quad \cdots\cdots (*)$$

とおきます。

$$(x - 1) + x + (x + 1) = 39$$
$$x - 1 + x + x + 1 = 39$$
$$3x = 39$$
$$x = 39 \times \frac{1}{3} = 13$$

カッコは3つの数の和を強調するために付けている

これで $x = 13$ とわかったので、この値を（＊）に代入すればよいわけです。

（代入）　$13 - 1, \quad 13, \quad 13 + 1$

したがって、求める値は

12，13，14　・・・・・（こたえ）

「文字ばかりで、目がチカチカしてきませんか？」

むずかし〜な〜・・・

問 題 2

ある数に 5 を加えて 2 倍したモノは (1)、もとの数を 6 倍して 2 を引いた数に等しい (2)。このある数を求めてみよう。

＜ 解説・解答 ＞

考え方として、問題文に“ある数”とあったらまず最初にある数を x とおきます。また、“もとの数”とは当然“ある数”と同じことですよ。この点が多くの中学生が理解できないところです。問題文を式化してみましょう。

（ある数）＝（もとの数）＝ x とおくと、

$$\underbrace{(x+5)\times 2}_{[(1)\text{の式化}]} = \underbrace{x\times 6-2}_{[(2)\text{の式化}]}$$

$$2x+10=6x-2$$
$$2x-6x=-2-10$$
$$-4x=-12$$
$$x=-\overset{3}{\cancel{12}}\times\left(-\frac{1}{\underset{1}{\cancel{4}}}\right)$$
$$=3$$

ウッソ～?!
ムズカシすぎるよ！

よって、

求める数は、3　・・・・（こたえ）

＜注意点＞

(1) の式化で多くの人が考える式は［$x+5\times 2$］です。しかし、これは大変な間違いで、この式の意味することは「**x に 5 の 2 倍を加える**」ということです。問題文は「**x に 5 を加えたモノを 2 倍する**」ということで、この違いがわかるでしょうか？　よって、先に x に 5 を加えそれから 2 倍しなくてはいけないのです。そのためにカッコをつけた（$x+5$）に 2 をかけているんですね。このカッコを使って式を作るのは、慣れと式計算の順番を理解して初めてできることです。基本を確実に身につけるんですよ!!

問題3

10の位が2の2ケタの数があり(1)、1の位と10の位を入れ替えた数(2)は、もとの数より9大きい。もとの数はいくつですか。

＜解説・解答＞

最初の数（もとの数）の1の位の数を x とおくと、**[(1) の式化]**

（最初の数）：　$2 \times 10 + x \times 1 = 20 + x$　・・・(a)

また、10の位と1の位を入れ替えた数は、10の位が x、1の位が2となりますから、**[(2) の式化]**

（入れ替えた数）：　$x \times 10 + 2 \times 1 = 10x + 2$・・・(b)

これで方程式を立てる準備はできました。あとは文章の意味をしっかり理解しているかということです。ポイントは「もとの数より9大きい」です。そこに注意して（a)、(b）より

①：(a) ＋ 9 ＝ (b)　または、②：(a) ＝ (b) － 9

上の2通りの式が立てられます。ここでは①の式を使って解いてみます。

$$(20 + x) + 9 = 10x + 2$$
$$x - 10x = 2 - 29$$
$$-9x = -27$$
$$x = -\cancel{27}_{3} \times \left(-\frac{1}{\cancel{9}_{1}}\right)$$
$$x = 3$$

これは答えではないからね！
よく間違えるので！

注）「a より」とあれば a が基準になります。よって、ある数が
「a より b 大きい」
$a + b$ ＝（ある数）
「a より b 小さい」
$a - b$ ＝（ある数）
となります。文章の意味が理解できない人は特に「～より」という、この言葉に注意！

よって、(a）に $x = 3$ を代入し求める数は

$$20 + 3 = 23$$

最初の数は　23　・・・（こたえ）

問 題 4

野球チームがあり、一人にボールを5個渡すと24個足りず(1)、3個渡すと6個余る(2)。チームの人数とボールの数を求めよ。

＜解説・解答＞

人数をx人とおくと、**［(1) の式化］**

（ボールの数）＝ $x \times 5 - 24$　・・・・・①

どうしてこのような式になるのか疑問に感じている人もいるでしょう。24個足りないということは、1人に5個ずつ配ったとしたら、そのうち24個は他から借りてきたモノということ。よって、最初にあったボールの数は、無理して1人に5個ずつ配り、その合計から借りてきた24個を引いてあげればよいことになりますね。

「この発想は難しいよね！」

［(2) の式化］

（ボールの数）＝ $x \times 3 + 6$　・・・・・②

6個余るということは、1人に3個ずつ配りそれでもカゴの中に6個残っているということなので、配った分の数に6個を加えてあげればよいのです。これで①、②から ①＝② の方程式を立てればOK！

よって、

$$5x - 24 = 3x + 6$$
$$5x - 3x = 6 + 24$$
$$2x = 30$$
$$x = \overset{15}{\cancel{30}} \times \frac{1}{\underset{1}{\cancel{2}}}$$
$$= 15$$

これで、最初に人数がわかりました。つぎにボールの数ですが、求められた数を①か②のどちらかに代入すればわかりますね！

したがって、①より

$15 \times 5 - 24 = 51$

人数	15 人
ボールの数	51 個　・・・（こたえ）

問 題 5

A 町から B 町を往復し、行きは時速 4 [km]、帰りは時速 6 [km] で時間は 1 時間 30 分かかりました。A 町と B 町の距離 [km] を求めよう。

＜解説・解答＞

このような距離の問題は自分なりの図をかくことが大切です。

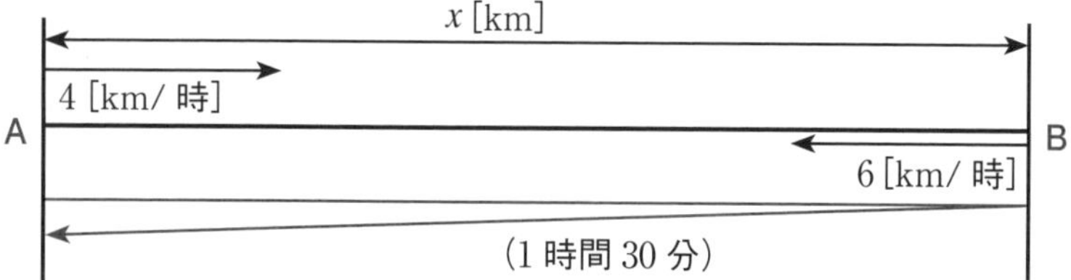

（時間）と（速さ）と（キョリ）の関係式を 1 つ覚えておくことが重要。

（時間）×（速さ）＝（キョリ）・・・①

これを 1 つ覚えておきさえすれば、

（速さ）＝（キョリ）÷（時間）・・・②

（時間）＝（キョリ）÷（速さ）・・・③

このように①を変形することで、簡単に（時間）、（速さ）、（キョリ）を求める式ができてしまうんです。　ナルホドネェ・・・

今回は時間と速さがわかっていますから、（行きの時間）と（帰りの時間）をそれぞれ求め、たしたモノが 1 時間 30 分になるという方程式を立てればよいんですね。（行きの時間）＋（帰りの時間）＝（1 時間 30 分）

③を利用して、A町とB町の距離を x［km］とおくと

（行きの時間）＝ $x \div 4 = \frac{x}{4}$（時間）・・・・④

（帰りの時間）＝ $x \div 6 = \frac{x}{6}$（時間）・・・・⑤

ここで時間の変換方法を確認しておきましょう。

・（時間）を（分）に直す →	（分）＝（時間）× 60
・（分）を（時間）に直す	（時間）＝（分）÷ 60

1時間30分をすべて（時間）に直します。　「1時間はそのままだよ。」

30（分）→ $30 \div 60 = \frac{30}{60} = \frac{1}{2}$（時間）

よって、1時間30分を時間の単位に変えると $1\frac{1}{2}$（時間）になりますから、時間に関しての方程式を立ててみましょう。

（行きの時間）＋（帰りの時間）＝ $1\frac{1}{2} = \frac{3}{2}$ ・・・・⑥

④⑤⑥より

$$\frac{x}{4}+\frac{x}{6}=\frac{3}{2}$$

（両辺12倍）

$$3x + 2x = 18$$

$$5x = 18$$

$$x = 18 \times \frac{1}{5}$$

$$= \frac{18}{5}$$

$$= 3.6$$

よって、

A町とB町の距離は3.6［km］・・・・・（こたえ）

問 題 6

1個120円のリンゴ、1個80円のミカンを全部で26個買い2880円払いました。それぞれ何個買いましたか。

＜解説・解答＞

リンゴとミカンで合わせて26個買ったとわかっているんですから、どちらか好きな方の個数を文字で表せばよいんですよ。今回はリンゴを x 個買ったとしましょう。では、解いていきますよ！

リンゴ　：　x 個

ミカン　：（$26 - x$）個　・・・・（＊）

よって、

$$120 \times x + 80 \times (26 - x) = 2880$$

（リンゴの代金）　（ミカンの代金）

$$120x + 80 \times 26 - 80x = 2880$$

$$40x + 2080 = 2880$$

$$40x = 2880 - 2080$$

$$= 800$$

$$x = \cancel{800}^{20} \times \left(\frac{1}{\cancel{40}_{1}}\right)$$

$$= 20$$

これでリンゴは20個とわかりましたので、後は（＊）に $x = 20$ を代入してミカンの個数を求めればよいわけです。

（＊）より、

$$26 - 20 = 6$$

したがって、

リンゴ　20個

ミカン　6個　・・・・・・（こたえ）

問 題７

これは x の方程式ですから解とは、x の値ですよ！

x についての方程式

$$n - 4x = -5x$$

の解（かい）が -2 のとき、n の値を求めてみよう。

＜ 解説・解答 ＞

x についての方程式で、解が -2 ということは、「$x = -2$ であるとき、n の値はいくつですか？」ということ。よって、問題の方程式に $x = -2$ を代入して、n の方程式と考えればよいことになります。　「大丈夫かな？」

ほとんどの人がやる解法が枠の中と同じはず！笑　「アタリでしょ？」

$$n - 4 \times (-2) = -5 \times (-2)$$
$$n + 8 = 10$$
$$n = 10 - 8$$
$$= 2 \quad \cdots\cdots（こたえ）$$

考え方としてはよいのですが、解き方においては少し問題があります。代入して問題を解くときには必ず、同類項の計算をしてから代入をするのが鉄則。しつこいようですが「**必ず同類項の計算後に代入**」この解法を身につけてください。よって、“大変よい解き方”は以下のようになります。

$$n - 4x = -5x$$
$$n = -5x + 4x$$
$$= -x$$

ここで $x = -2$ を代入 →

$$= -(-2)$$
$$= \underline{2 \quad \cdots\cdots（こたえ）}$$

以上で１次方程式の応用（文章問題）はおわりにします。代表的な問題はだいたい説明したつもりです。繰り返し読んで理解してくださいね！

Ⅸ　方程式の応用（百分率克服）

％（百分率）や割・分・厘（割合）などは、算数・数学の勉強をしていると必ず出てきて、もうわけがわからず、「算数·数学なんて大嫌いだ～！」「いったい誰がこんなこと考えたんだ！」と文句を言いだしたことはありませんか？（私はあります！）［%］の問題を周りの人たちが簡単そうに解いているのを見て、「こいつら変だよ！」と、テスト中、鉛筆を転がしていた昔を思い出します。　授業が日本語に感じなかったなぁ～・・・

そこで、同じ思いをしている仲間に、学校で勉強したことと同じことを、ここでは少し言葉を変えてわかりやすくお話ししたいと考えています。ただつぎのことを守ってください。ここでの考え方を「なぜなのかな？」ではなく、「こんなことでよいのか！」と思うことです。そうすれば、みんなの悩みも解決！　では、具体的な問題を通してお話ししていきますね。

ここでは**百分率**を中心に説明することにします。これができれば割合も考え方はまったく同じなので!!

大丈夫！　まかせなさい!!

百分率の問題のパターンは基本的につぎの**2通り**に分けられます。

つぎのような問題をよく目にしますよね？！

（ｉ）「％を使わない言葉に変換」で解決！

①　15％の食塩水 200［g］に含まれる食塩の量は？

②　500 人の生徒のうち 60％が女子です。男子の人数は何人ですか？

（ii）「箱詰め法」で簡単に解決！

③　水 120［g］に食塩を 30［g］混ぜると、何%の食塩水になりますか？

④　全校生徒数は男子 80 人、女子 120 人です。では男子は全生徒数の何%になりますか？

この（i）（ii）の両方のパターンが理解できれば、もう［%］の問題なんかこわくはありません。逆に、「やった！　この問題はいただき！」となりますよ。では、さっそく解説に入りましょう。ほんとうに大丈夫かな？

パターン別解説

①%を使わない言葉に変換

ここでは［%］の言葉を使わずに説明します。そこで、（i）のパターンの問題に関しては、つぎのように問題文を書き換えてしまいましょう！

例えば、「***a*** **%の食塩水** ***b*** **［g］**」とあれば、

「食塩水 ***b*** **［g］を 100 等分したうちの** ***a*** **個が食塩であり、残りはすべて水である」**

では、はじめに“書き換えの練習”をしましょうか？！

問 題　［%］を使わない文章に書き換えてみよう。

（1）120［g］の 30%が金です。

（2）350 人のうち 80%が高認に合格しました。

（3）40%の食塩水が 70［g］あります。

＜解説・解答＞

書き換えさえできれば、こわくないですからしっかりとものにしてくださいね。（%を個に変換!!）

(1)「120［g］を 100 等分したうちの 30 個が金です」

(2)「350 人を 100 等分したうちの 80 個が合格者です」

(3)「70［g］を 100 等分したうちの 40 個が食塩です」

このように［%］は“人”でも“物”でも、とにかくすべて「100 等分したうちの何個」と考えてしまえば OK！ 100 等分することで（%）を何個と考えることができるようになるんですね。

「どうですか？」 少しはパーセント（%）恐怖症から逃げられそうな気になってきませんか？　　・・・無言。

では、さっそくこの考え方を使ってパターン別の問題を解くことにしましょう！　　「カンタンすぎて驚くなよ～!!」　疑いの視線・・・

> **問 題 1**
>
> 15%の食塩水 200［g］に含まれる食塩の量は？

＜解説・解答＞　問題文を先ほどのように書き換えてみよう !!

「200［g］の食塩水を 100 等分したうちの 15 個が食塩である」

（式に直してみよう！）

$$\frac{200}{100} \times 15 = 2 \times 15 \quad \cdots\cdots (*)$$

$$= 30$$

（200 ÷ 100）

なんなんだ？

よって、

食塩は 30［g］　・・・・（こたえ）

たぶん上のような式を立てて計算した人は誰もいないと思います。多くの人が以下のように考え、答えを出したはず？!

> “15%は 0.15”だから、式は
>
> $$200 \times 0.15 = 30$$
>
> よって、　　食塩は 30［g］　・・・・（こたえ）

では、質問です！「**0.15 はどこから出てきたのですか？**」つぎの式を見てください！

$$\frac{200}{100} \times 15 = 200 \times \frac{1}{100} \times 15$$
$$= 200 \times \frac{15}{100}$$
$$= 200 \times 0.15$$
$$= 30$$

「100 等分したうちの何個」の考え方からでも、0.15 という数字が出てきたでしょ！
このように数学はただ意味もなく暗記するのではなく、それなりに意味を考えて勉強すれば、少しずつでも楽しくなるものかもしれませんよね！

（0.15 を強調するために（＊）式を変形して解いてみました）

問題 2

500 人の生徒のうち 60％が女子です。男子の人数は？

＜解説・解答＞

はじめに女子の人数を求め、全体から引いてあげれば、男子の人数が求まるよね。方針は決まった！ そこで、先ほどの書き換えのやり方を思い出して、問題文をつぎのように直します。

「500 人を 100 等分したうちの 60 個が女子である」

よって、式はつぎのように書けます。

（女子の人数）

$$\frac{500}{100} \times 60 = 5 \times 60$$
$$= 300$$

だから、

（男子の人数）　$\underset{（全体）}{500} - \underset{（女子）}{300} = 200$

よって、

男子の人数は、200 人　・・・・（こたえ）

（別解）
「500 人の内、40％が男子である」
と考え、

$$\frac{500}{100} \times 40 = 5 \times 40$$
$$= 200$$

よって、
男子の人数は 200 人
（こたえ）

この2題で問題文を書き直すポイントである、「**100等分したうちの何個**」という考え方をしっかり身につけてください!!

②箱詰め法

ここの説明を読むと、（ｉ）での「100等分したうちの何個」という考え方がさらによく理解できると思います。

今ここに
・食塩水　130［g］（水：115.7［g］　食塩：14.3［g］）
・食塩水　140［g］（水：123.2［g］　食塩：16.8［g］）
があります。では、質問です。「どちらが濃い食塩水でしょうか？」
（なめたらしょっぱいか？）

たぶん、なめてもほとんど差は感じられないでしょう。そこで質問です。
「なんで、上の量を見ただけでは判断できないのだと思いますか？」

理由は簡単なことで、比べる基準となるものがないからです。“食塩水の量”が違うし、当然、それに含まれる“食塩の量”も違いますから･･･

そこで考えました。一定量の食塩水に含まれる食塩の量がわかれば、どちらが濃いかは、なめなくてもすぐにわかりますよね！

ここで、この［%］の威力が発揮されるんですよ。

［%］とは、簡単に言えば「100を基準にしたとき、そのうちどれだけあるものが占(し)めているのか？」または、「その100のうち何個があるものなのか？」その個数を［%］という新しい単位で表しているだけなんです。

「ぴ〜んとこないかぁ〜？　まいったなぁ〜!!　それなら、ん〜・・・」

もっと簡単に言えば「**100 個のうち 34 個が“肉まん”で 66 個が“あんまん”であれば、肉まんは 34%、あんまんは 66%である**」ということなんですね。　「こんどは少しだけわかった気がするでしょ!!　気だけでも・・・」

では、「どのようにこの 2 つの食塩水を 100［g］にして比べるか？」これが問題になってきますよね。

さぁ〜！　ここで私が考えた「**箱詰め法**」の出番になるわけです！

「拍手！！　パチ、パチ、パチ・・・」

この“箱詰め法”は 問題 3、6 の 2 題を通して解説します。残りの問題 4、5 は“%を使わない言葉に変換”の復習です。そして、最後に“箱詰め法”を理解したかどうかを、左ページの 赤枠の問題 で確認してください。

問 題 3

水 120［g］に食塩を 30［g］混ぜると何%の食塩水になりますか？

＜解説・解答＞

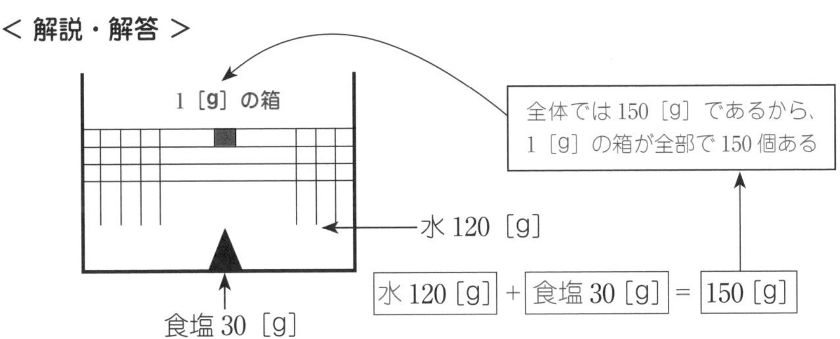

食塩水には食塩が均一に混ざっていますから、上の容器に入っている 1［g］の食塩水の箱 150 個それぞれ 1 個ずつに、まったく同じ量の食塩が入っていなければいけないですよね。そこで、1 箱に入っている食塩の量を求めます。

1 箱に含まれる食塩の量を求める式　（150 箱ある）

＜30［g］を 150 等分すれば 1 箱に入っている食塩の量がわかる＞

1箱に入っている食塩の量 $\frac{30}{150}$ → $\left(\frac{食塩}{食塩+水}\right)$

つぎに「**何％の食塩水とはどういう意味か？**」というと、

「1［g］の食塩水の箱を100個（100［g］）集めたとき、その中に含まれている食塩の量はどれだけですか？」

ということを聞いているんです。そして、この問題に関しては、箱が150個あったのに、勝手に"100個では（？）"と量を強引に変えているので新しい単位（名前）が必要になるわけ！ そこで、100個集めたときの食塩の量に［％］という新たな名前をつけることで、食塩水の量が違うものどうしでも a ％の食塩水と書いてあれば、その**「食塩水100［g］のうち a［g］が食塩で残りが水だ」**とすぐにわかるわけですね。 すばらしい～！

よって、この［％］（百分率）の表現は一見難しく感じますが、実はたいへん便利なものなんですよ！ では、続けましょう・・・

ここまでで1箱に含まれる食塩の量はわかりましたね。では、最後の段階として100個集めたときの食塩の量を求めてみますよ。

（式）

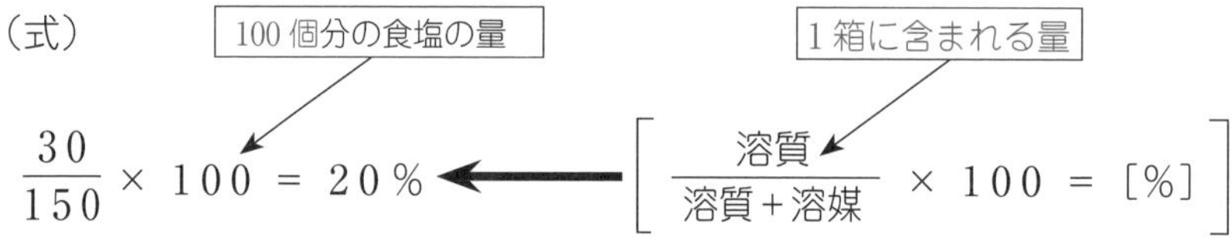

$$\frac{30}{150}\times 100 = 20\% \longleftarrow \left[\frac{溶質}{溶質+溶媒}\times 100 = [\%]\right]$$

溶質：溶かされるもの （食塩、砂糖など）
溶媒：溶質を溶かすもの（水、アルコールなど）

よって、

20％ ・・・・（こたえ）

右側の公式は、理科の教科書で見たことがありますね！ これは高校の化学の教科書にも出てきて、高校生でもわからない人が驚くほどたくさんいます。涙

問題 4

5%の食塩水 120［g］に食塩を入れ、20%の食塩水を作りたい。このとき何 g の食塩を入れればよいでしょうか。

＜解説・解答＞

「%を使わない言葉に変換」で解決！　問題 3 の逆の問題です。ここでは混ぜたあとの濃度［%］はわかっているが、入れた食塩の量がわからないだけのことですね。では、先ほどと同じようにまず図をかいてみますね。

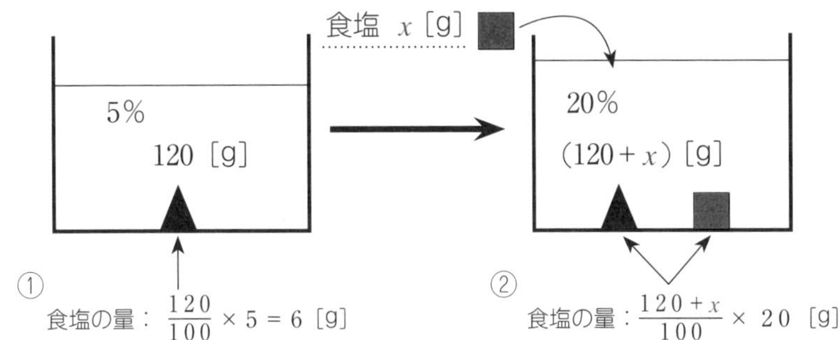

① はじめの食塩水に含まれる食塩の量「120 を 100 等分したうちの 5 個」

$$\frac{120}{100} \times 5 = 6 \text{ [g]}$$

難しいよ〜
お手あげです！

② 食塩を入れた後の食塩水に含まれる食塩の量

「120 ＋ x を 100 等分したうちの 20 個」

$$\frac{120+x}{100} \times 20 \text{ [g]} \quad \cdots\cdots \text{(A)}$$

また、ここに含まれている食塩の量は、別の方法でも表せますよね？！①で求めたはじめの食塩 6［g］に、後から加えた食塩 x［g］をたせば OK！

$$(6 + x) \text{ [g]} \quad \cdots\cdots \text{(B)}$$

これで関係式が作れますよね？！　ナルホド〜！　(A)（B）は等しいので、それぞれ両辺においてイコールでつなげればイイんだね !!

だから、式はつぎのようになります。

$$6 + x = \frac{120 + x}{\cancel{100}_{5}} \times \cancel{20}^{1}$$

$$6 + x = \frac{120 + x}{5} \quad \text{［両辺5倍］}$$

$$(6 + x) \times 5 = 120 + x$$

$$30 + 5x = 120 + x$$

$$5x - x = 120 - 30$$

$$4x = 90$$

$$x = \frac{90}{4} = 22.5$$

わかんないよ〜だ！

ふて寝です！

したがって、

求める食塩の量は、22.5［g］・・・・・（こたえ）

問題5

12%の食塩水300［g］に水を加え、5%の食塩水を作りたい。

水を何g加えればよいでしょうか。

< 解説・解答 >

先ほどは食塩で、今度は水ですか！　しかし、考え方は同じでして、濃度問題に関しては、食塩の量についての関係式を作れば解けたも同然なんですよ。信じていないな？！　よし、食塩の関係式を立てるぞ！

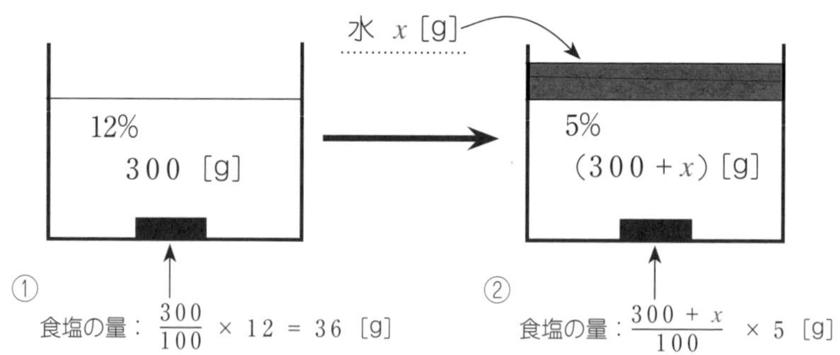

図を見てもわかるように、いくら水を加えようが①でのはじめの食塩の量は変わりませんよね。よって、①の食塩の量 ＝ ②の食塩の量 より

$$\frac{300+x}{100}\times 5 = 36$$

両辺 100 倍

$$(300+x)\times 5 = 36\times 100$$

両辺５で割る
※カッコはヒトツのモノ（数字）と考えて、分配してカッコをはずさないのがポイント！

$$300+x = 3600\times\frac{1}{5}$$

$$x = 720-300$$

$$= 420$$

したがって、

加える水の量は、420［g］・・・・・（こたえ）

問題６

全校生徒数は男子80人、女子120人です。では男子は全生徒数の何％になりますか？

＜解説・解答＞

p163の④のパターンですね！　やっと食塩から解放されたぞ！

・食塩水の量にあたるのが**全校生徒数**　（**200箱**の数になります）

・食塩の量にあたるのが**男子の人数**　（**80人**）

（式）　（1箱に入っている男子の数）

$$\frac{80}{80+120}\times 100 = 40\ [\%]$$

よって、

40％・・・・（こたえ）

では、問題3、6の2題で“箱詰め法”が理解できたかを最初の問題（p166）

で確認しましょう！ 2つの食塩水を100［g］の食塩水と考えたならば、それぞれ何gずつ食塩が含まれているかを計算すればよいだけです。

・食塩水　130［g］（水：115.7［g］　食塩：14.3［g］）
・食塩水　140［g］（水：123.2［g］　食塩：16.8［g］）
があります。では、質問です。「どちらが濃い食塩水でしょうか？」

＜箱詰め法＞

「食塩水　130［g］（水：115.7［g］　食塩：14.3［g］）」
これは箱が全部で130個あり、1**箱に含まれる食塩の量**は14.3［g］を130等分してあげればわかりますね。それを100個集めれば食塩水100［g］のうちの食塩の量がわかります。よって、（式）は

$$\frac{14.3}{130} \times 100 = 11$$

したがって、

11%

「食塩水　140［g］（水：123.2［g］　食塩：16.8［g］）」
同様に、

$$\frac{16.8}{140} \times 100 = 12$$

したがって、

12%

よって、

140［g］の食塩水の方が濃い　・・・・・（こたえ）

いかがでしょうか？　少しは［%］アレルギーは克服できましたか？
これで文字の応用編は終了です。　「よくがんばりましたね！」

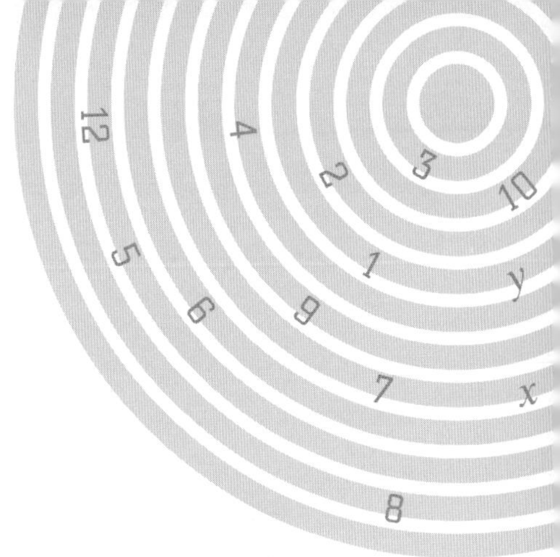

中学1年

第5話

変化と関数

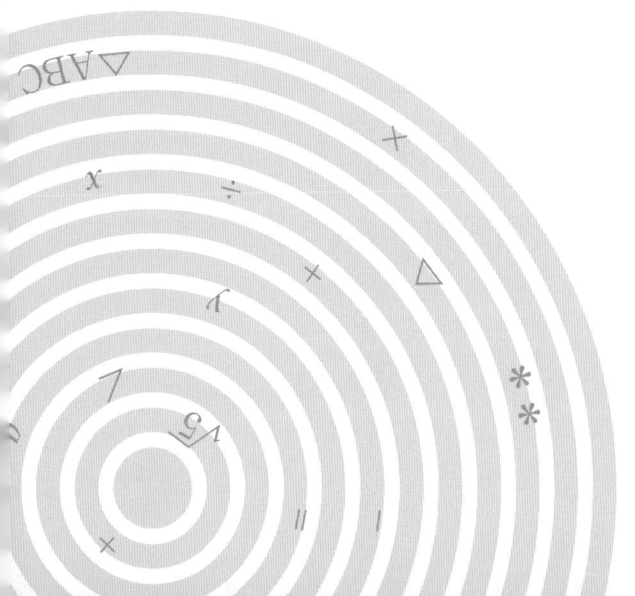

X　変化と関数

どうですか？　だいぶ疲れてきていませんか。もしかすると数学が嫌いになってしまっている人もいるかもしれないですね。でも、ここであきらめたらダメ！　私もできるだけわかりやすい言葉で説明するように努力するから、いっしょにがんばろう～！　　「つらいよね！　心配だな～・・・」

前回までで文字を数字のように使えるようにならなくてはいけないことを少しは理解してくれたはず？　中学1年の数学も折り返し地点を過ぎ、さぁ～！　ここからが本番。これからやる項目はと～っても大事な勉強です。これをしっかり理解しないと今後数学はできないと考えてもらってよいぐらいに大切な項目。しっかり理解するように努力してくださいね！

「でも、きついよね！　わかるわかる！」

ここでは“**関数**（かんすう）”という、いかにも数学らしい言葉が出てきます。この関数という言葉は少なくとも高校2年生の数学まではついてきますので、しっかりとここで基本的意味を理解してしまうんですよ！！

では、復習の意味もこめてまず問題をやってみましょう！

問題

つぎの（1）～（4）のうち、x が決まれば y が決まるものを選んでください。「できるものは必ず y を x の式で表すんだよ！　意味がわかるかな？」

（1）1個 x 円の消しゴムを5個買ったら y 円でした。

（2）1辺の長さが x〔cm〕の正三角形の周りの長さは y〔cm〕です。

（3）半径が x〔cm〕の円周の長さは y〔cm〕でした。

（4）x 時間走ったならば y〔km〕進みます。

＜解説・解答＞

（1）文字を数字のようにあつかう練習ですね！　大丈夫ですか？

1個で x 円ですから5個では x が5個あり、それが全部で y 円。

よって、

$y = 5x$　（これが y を x の式で表す形）

（$5 \times x$ の5と x の間のかけるの記号（×）は省略すること！）

そこで「x が決まれば y が決まるか？」なんだけど、もし1個50円ならば、$5 \times 50 = 250$ となり y は250円と、x の値が決まれば y の値が決まりますよね。よって、これは ○

（2）正三角形の形が頭の中に浮かびますか？　3辺がすべて同じ長さの三角形だよ！　だから、周の長さの式は、

$$y = 3x$$

となり、もし x が4［cm］ならば周の長さ y は $3 \times 4 = 12$［cm］と、x が決まれば y も決まる。よって、これは ○

（3）さぁ～困っている人はいませんか？　覚えていない人もいるでしょうが、「円の円周と面積の公式、どっちがどっちだったかな～？」という人が案外多いはずです！　ここで公式を確認しておきましょうか・・・

円に関する公式

円周 = 直径（半径×2）× π

面積 = 半径 × 半径 × π

π（パイ）：円周率です。小学校では3.14をかけましたね。
これからはこの π という文字を使うんですよ!!

大丈夫かな？　ここで今一度しっかりと覚えてしまいましょうね！

では、問題に戻りますよ。

$$y = 2 \times x \times \pi$$
$$= 2\pi x$$

数字と文字の順番は覚えているかな？
数字・π・文字の順番だよ！　πは数字で表すのは無理。だから、代わりに使っているので、数字のように文字の前に置くんだね！

よって、半径が決まれば円周は決まりますよね。これも○

キ
ハ　ジ

(4) これもみんなが嫌いな問題だね。"ハジキ"とかいう形で（速さ）·（時間）·（キョリ）の関係式を覚えている人もいるでしょうが、そろそろこれは卒業しましょうか！
(p158) で説明してありますから、そこをよ～く見て理解してくださいよ。関係式はたった1つだけ覚えておけばよかったのでした。

一番簡単な式は **（時間）×（速さ）=（キョリ）** ですから、この式に与えられている文字を入れてみましょう。

いったいナンナンダ？

x ×（速さ）＝ y

「あれ？　変ですね～！」（速さ）の部分が数字または文字にならないといけませんよね！

ということはこの問題は条件不足で式では表せないので、これは×

「どうでしたか？」 文字の式の復習にもなったと思いますが、できました？　これから数学を勉強していく上では、このように文字を使って、今まで数字でしか作れないと思っていた 式を文字で表現 することが必要になってきます。大変ですよね！　でも大丈夫!!　急がないでゆっくりと一歩ずつ自分のペースで進んでいけば、必ずわかるようになるからね。

さぁ～！　いよいよ関数の本番です！　問題をもう一度確認してくださいね。　　ふぅ～・・・、コレからが本番なのぉ～？涙

関数とは？

p174の問題の（1）（2）（3）はそれぞれ

・$y = 5x$　　・$y = 3x$　　・$y = 2\pi x$

（xの値によりyの値が変化するので、x, yを変数と呼ぶ！）

xが決まればyが決まる形になっていますよね。よって、「これらのyはxに関係する数と言えますね！」そこで、これをもう少し簡単に言えないだろうかと考え、赤字の部分だけを取り出し、「yはxの関数である」と言うんです。これが“関数の意味”でして、まったく難しくないでしょ！

では、つぎの問題を考えてみてください。

問題

x	1	2	3	4	……	7
y	6	5	4	3	……	0

（1）yをxの式で表してみよう。（これは関数でしょうか？）

（2）$x = 5$のとき、yの値を求めてみよう。

（3）$y = 1$のとき、xの値を求めてみよう。

＜解説・解答＞

『（正しくは）関数とは？』 2つの変数x, yにおいて、「xの値を決めると、それに対応してyの値がただひとつに決まる」こと。

（1）一見xとyがでたらめに並んでいるようですが、必ずこの2つの間には規則性があるはずだと考えながら、上・下の数字とニラメッコしてみてください。特に見ていて気になるところはありませんか？　私ならば $y = 0$ にすぐ目がいきますね。このような規則性を考えるときは、たいていの場合、この両者を“かけたり”“割ったり”“たしたり”“引いたり”するものです。すると、xとyをタテに“割り算”または“かけ算”するとしても0によって、“割り算ができない場合もあるし、どうもかけ算・割り算では規則性は見つかりそうもないな！？”と思いますよね。すると残りはたし算・引き算です。ほら！　規則性が見えたでしょ！ 上と下をたせば必ず7になるという規則性があるんですね。

では、これを式でどのように表すか・・・。つぎのようになります!!

$$x + y = 7$$

このように x と y の文字を含んだ式の場合、中学数学の間は $y =$ の形に変形することを心がけてください。そこで、文字も数字と同じようにあつかわなくてはいけないので、x を左辺から右辺に移項することになります。

$y = -x + 7$ （または $y = 7 - x$ ）・・・・（こたえ）（A）

ほら！　これで y を x の式で表せたので、**“y は x の関数である”**と言えるわけですね。

なにか、わかったような～　わからないような～　変な気分・・・！

(2)（A）の式から y と x の関係がわかりましたから、この式の x に5を代入してあげればよいわけです。だから、求める y の値は、

$$y = -5 + 7$$
$$= 2$$

$y = 2$ ・・・・（こたえ）

(3) 同じように考え、今度は（A）の式の y に1を代入すれば OK ！
求める x の値は、

$$1 = -x + 7$$
$$-x + 7 = 1$$
$$-x = 1 - 7$$

左辺と右辺をひっくり返す

左辺の7を右辺に移項し符号が変わります

$$-x=-6$$ 両辺にマイナスをかけるんでしたね

$$x=6$$ ・・・（こたえ）

方程式の解き方の説明をここで今一度つけ加えておきました。方程式を解くときに計算ミスを減らすポイントは、求めたい文字を左辺に最初にもってくることです。そのときすぐに移項を考えるのではなく、**“式全体、左辺と右辺をひっくり返す”**という発想も大切ですからね。では、今度はよく目にする問題にチャレンジしてみましょう！

< 大切な問題 >

下の図で、長方形 ABCD において辺 BC 上を B からスタートして C まで１秒間に１［cm］進む点 P があります。このときできる三角形 ABP の面積を y とするとき、以下の問いに答えてください。

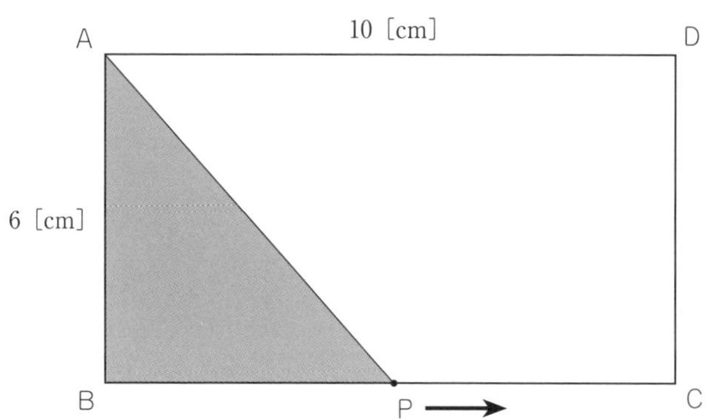

（1）x 秒後の面積 y を x の式で表しましょう。

（2）4 秒後の面積はどうなりますか。

（3）面積が 24 になるのはスタートしてから何秒後ですか。

（4）x の変域および y の変域はどうなりますか。

< 解説・解答 >

これは必ず１度はやる問題でして、特に（4）の変域については初めて勉強するとても大切な問題です。この変域は少しめんどうなものですが、コレに慣れなければいけません。早く言えば、「**x および y が動ける範囲はいくつからいくつまでですか？**」ということです。

では、考えてみましょうか？！

(1) 三角形 ABP の面積ですから、[(底辺) × (高さ) ÷ 2] でした。この場合はどちらでもよいのですが、**底辺を AB**、**高さを BP** として考えてみますね。 AB = 6 、BP = x ですから、

1 秒間に 1 [cm] だから、
x 秒後では x [cm]

面積：(式)　$y = 6 \times x \div 2 \quad (\times \frac{1}{2})$

割り算はかけ算に直す！

$= 3x$

よって、　$y = 3x$ ・・・・（こたえ）

(2) (1) で求めた関係式より、4 秒後ということは $x = 4$ のときの y の値ですね。4 を x に代入すれば OK ！

$y = 3 \times (4)$　カッコは代入を強調しているだけ！

$= 12$

よって、　12 [cm^2] ・・・・（こたえ）

(3) 今度は面積が 24 ということから $y = 24$ のときの x の値を求めればよいので、(1) の関係式の y に 24 を代入しますよ！

$24 = 3x$

$3x = 24$　[左辺と右辺をひっくり返しました！]

$x = 8$

よって、　8 秒後 ・・・・（こたえ）

変域とは？

(4) この問題で一番大切なところです。しっかりと理解しましょうね！

まずは、**xの変域**を求めることにしましょう。**変域** とは簡単に言えば、"xが動ける範囲"なんですよ。点Ｐは１秒間に１［cm］進むのですからx秒間では当然x［cm］進むことになります。でも、勝手に20秒も60秒も、ましてや１時間も進むことはできませんよね。では、「どうしてですか？」 そうなんですよ、動ける範囲が10［cm］ですから、どんなにがんばっても10秒間しか動けないんですよ。そこで、これを言葉で表現すると、「xは０から10までの間を動く」（当然０と10にもなれますね！）

でも、今は数学を勉強していますのでこれを 不等式 で表さなくてはいけません。そこで、不等式を使いますとつぎのようになるんです。

$$0 \leqq x \leqq 10$$ ・・・・（こたえ）

（両側の０，10が含まれますので 等号の入った不等式 になります）

同じようにしてyについても考えてみましょう。yとは三角形ABPの面積ですから、（1）で求めた、x秒後の面積の式にxの両側の範囲の値を代入すればyの動ける範囲がわかりますよね！

「大丈夫かな～？　では、やってみますよ・・・」

三角形ABPのx秒後の面積は$y = 3x$ですから、xに $x = 0$ と $x = 10$ を代入します。

（ⅰ）$x = 0$ のとき
$y = 3 \times 0$
$= 0$

（ⅱ）$x = 10$ のとき
$y = 3 \times 10$
$= 30$

よって、言葉で表せば「yは０と30の間を動く（両側含む）」となり、これを不等式で書き換えると以下のようになります。

$\underline{0 \leqq y \leqq 30}$ ・・・・（こたえ）

（両側の 0, 30 が含まれますので等号の入った不等式になります）

この変域については、関数のグラフでもう一度勉強します。注意として、今回は単純に x の左側と右側に対する y の値がそれぞれ y の変域の左側・右側にそのまま対応しましたが、いつもそうなるとは限りませんからね。では、どのようにすればよいのかと言いますと、グラフから考えられるようになることがイチバンなんです。　そうは言われてもねぇ～・・・キツ～イ！

今後数学はグラフがかけないとつらくなります。よって、この 変域 については、座標の項目のグラフのところでも説明しますからね。

うれしいような、悲しいような・・・

比例と反比例

①比例

x	1	2	3	4	5
y	3	6	9	12	15

上の表を見て、x と y にどのような関係（規則性）があるか考えてみましょう。「気づきましたか？」y は常に x を 3 倍した数になっているでしょ！そこで、x と y の関係を式で表してみると、

$$y = 3x$$

となりますね。このように、x と y において、“y の値が、常に x にある決まった数（比例定数）をかけたものになっている関係”を**比例**と言い、

左ページの表のような 関係を **y は x に比例する** と言います。しっかりとこの言い方（表現方法）を覚えてくださいね !!

ポイント

y は x に比例すると言われたならば、y と x の関係は

$$y = ax \qquad (a：比例定数)$$

とおかなくてはダメ。また、“a を比例定数（ひれいていすう）”と言う。

よって、ここでは“**比例定数は** 3”となりますね！　いいですか？

問 題　つぎの（ア）～（カ）の式で表されている関数のうちで、y が x に比例しているものをすべて選んでみよう！

（ア）$y = -x$　（イ）$y = \dfrac{x}{2}$　（ウ）$3y = x$

（エ）$\dfrac{y}{x} = 5$　（オ）$y = \dfrac{7}{x}$　（カ）$y = x - 1$

＜ 解説・解答 ＞

y と x の関係式が必ず $y = ax$ の形で表すことができるものを選ぶだけです！　　「しかし、これがむずかしいんだなぁ～！　がんばれ～・・・」

（ア）これは　$y = -1x$　の形になっていますよね。よって、これは

$a = -1$ となりこれが比例定数になると考えればOK！　○

（イ）これはどうでしょうか？　比例関係に見えなかった人が多いと思い

ますが・・・。ここでの注意は、分子の文字は下におろして書く方がよい！ということです。では、おろしてみましょう。

$$y = \frac{x}{2} = \frac{1}{2}x$$ 比例定数は $\frac{1}{2}$ ですね。

となり、$y = ax$ の形になりましたよね。よって、比例関係ですよ。 ○

（ア）（イ）の 2 つを見て理解できたと思いますが、とにかく与えられた式を **$y = ax$ の形に変形** するだけ！　ただそれだけです！

では、つづきをやってしまいましょう・・・。

（ウ）$3y = x$ をとにかく $y =$ の形に直すことにしましょう。

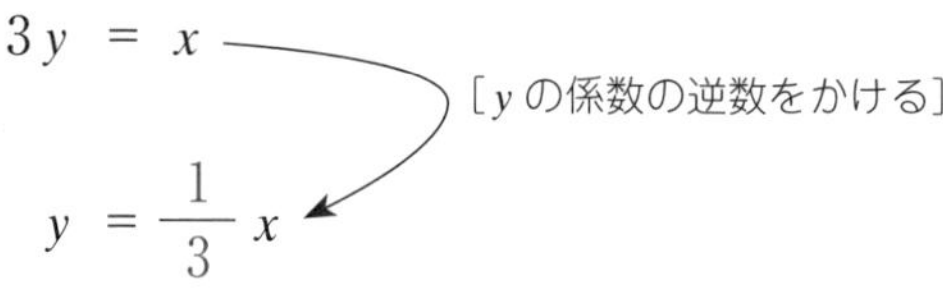

$$3y = x$$

［y の係数の逆数をかける］

$$y = \frac{1}{3}x$$

となり、比例定数 $\frac{1}{3}$ の比例関係ですよ。 ○

（エ）$\frac{y}{x} = 5$ を $y =$ の形に直すと

$$\frac{y}{x} = 5$$

［両辺に x をかける］

$$y = 5x$$

これも比例定数 5 の比例関係ですからね !!!　○

「文字も数字のように
あつかうんだったね！」

（オ）これは分母に x がきているので、どうやっても $y = ax$ の形には変形できません。よって、違いますね！　比例関係ではない。　×

（カ）これは右辺の $-\ 1$ がなければ比例関係ですが、おまけがついていますよね。$y = x - 1$ この赤い部分がじゃまなんですよ。わかりますか？　よって、これも違います。比例ではありません。　×

どうですか？ この例題をとおして 比例の関係式 の形が頭に焼きついたと思いますが、いかがなものでしょうかね～？　「むずかしいよね！」

では、つぎの段階へ進みますよ！！「つらいでしょうがガンバッテついてきてくださいね！」

ここでは、「与えられた x、y の条件から y が x に比例していることを表す関係式を作る」お話です。

問 題　y が x に比例していて、$x = 3$ のとき $y = 15$ である。このときつぎの問いに答えてください。

（1）比例定数を求めてみよう。

（2）y を x の式で表してみよう。

（3）$x = -\ 3$ のときの y の値を求めてみよう。

（4）$y = -\ 45$ のときの x の値を求めてみよう。

ポイント　y が x に比例しているので $y = ax$ とおく！

＜解説・解答＞

（1）y は x に比例していることから

$$y = ax \quad \cdots\cdots (*)$$

と、とにかくこのようにおいてから考えることが大切！　そして、与えられている x、y の条件を（＊）の式に代入して比例定数 を求めるんです。

では、代入してみましょうか！

$$15 = 3a$$
$$3a = 15$$
$$a = 5$$

［左辺・右辺をひっくり返す］

よって、比例定数は5である。　・・・・・（こたえ）

(2) 比例定数が5とわかったので、5を（＊）の式 a に代入すればおわりですね。では、さっさとおわらせてしまいましょう！

$y = 5x$　・・・・・（こたえ）　（＊＊）

(3) 比例の関係式は（2）で求められたので、あとは $x = -3$ を（＊＊）に代入して y の値を求めるだけですね。

$$y = 5 \times (-3) = -15$$

$y = -15$　・・・（こたえ）

必ずカッコをつけて代入！

(4) これも（3）同様に、$y = -45$ を（＊＊）に代入し、今度は x の値を求めるだけですね。

チョットだけ、寝かしてね！

$$-45 = 5x$$
$$5x = -45$$

$x = -9$　・・・・・・（こたえ）

比例に関しての基本はこれぐらいでよいでしょう。　ねっ？！

ハイ！笑

②反比例

今度は反比例についてです。ここで1つだけ注意しておかなくてはいけないことがあるんです。小学校で勉強したときに、つぎのように覚えてしまっている人が案外多くいるんですね。みなさんはどうでしょうか・・・？

「反比例とは、x が増加すると y は逆に減少していく！」（誤）

このように今まで思い込んでいた人はいませんか？　確かにこのようなことも言えます。しかし、これは“比例”に関しても言えるんですよ 驚。わかります？　では、少し考えてみましょう。

$$y = -2x \quad \cdots\cdots (A)$$

上の式に $x = 1, 2, 3, 4$・・・と順に代入してみますね。すると $y = -2, -4, -6, -8$・・・と順に減少していきます。でも、（A）の式は形が $\boxed{y = ax}$ だから比例ですよ。変ですよね？！「わかってもらえますか？」もし、「反比例とは、x が増加すると y は逆に減少していく」と今までず～っと覚えていた人は、「この考え方は違うんだ！」と気づいてください。でも、今ひとつ納得いかない人達もいるでしょう！

それならば、つぎのように言えばわかってもらえるかな？

> x が増加すると
> ・y が決まった数（一定の数）ずつ増加（または減少）していくものは比例
> ・y が一見不規則（決まりがなさそう）に変化していくものが反比例

上のように言い換えれば、少しはわかりやすくなると思うんですけど？！

さて、これから反比例の説明に入りますが、実は上のような考え方をせずに、もっと具体的にわかりやすい方法、いわゆる関係式からすぐに区別がつく方法を解説しますね！

まず、下の表を見て、x と y の関係を見つけてください。

x	1	2	3	4	5
y	8	4	$\frac{8}{3}$	2	1.6

どうでしょうか？　x は規則的に 1, 2, 3・・・と順に増えていますが、y の変化はわけがわかりませんよね。　　ん〜・・・　困った！

前にも言ったように、x、y の関係をさがすには、この 2 つを“たしたり・引いたり・かけたり・割ったり”してみるのでした！　すると、もう気づいたと思いますが x、y をかけてみると常に同じ数（一定の数）になりますね。その数は 8。では、このことを x、y の関係式で表してみると、つぎのようになります。

$$xy = 8$$

実はこのように 2 つのものをかけて常に一定の数になる関係を **“反比例”** と言うんです。これならば、“x が増えると y が不規則に変化する”などというあいまいな説明よりもわかりやすいでしょ！

ポイント

y は x に反比例すると言われたら、y と x の関係式は

$$\boldsymbol{xy = a}$$

とおかなければダメ！　また、“a を比例定数”と呼ぶ。

（一般的に、反比例の関係式としては $y = \frac{a}{x}$ と書くことが多いですが、これは「**y を x で表した式**」と思ってください！）

では、ここでも与えられたx、yの条件から、yがxに反比例していることを表す関係式を作る問題をやってみましょうか！

問 題　yがxに反比例していて、$x = 2$のとき$y = -3$である。
このときつぎの問いに答えてください。
（1）比例定数はなんですか。
（2）yをxの式で表してみよう。
（3）$x = -5$のときのyの値を求めてみよう。
（4）$y = 6$のときのxの値を求めてみよう。

ポイント
yがxに反比例しているのであれば、必ず $\boxed{xy = a}$ とおいてみる！

＜解説・解答＞
（1）yはxに反比例していることから

$$xy = a \quad \cdots\cdots (*)$$

と、はじめにおくことが大切！　そして、与えられているx、yの条件を（＊）の式に代入して比例定数aを求めるのでしたね。では、代入してみますよ。

$$2 \times (-3) = a \quad \text{だから} \quad a = -6$$

比例定数は-6・・・（こたえ）

（2）比例定数が-6とわかりましたので、この-6を（＊）の式に代入し、あとは、yをxの式で表せばよいんですから、$\boxed{y =}$ の形に変形すればよいだけですね。では、やってみましょう！

$$xy = -6 \quad \cdots\cdots ①$$

$$y = -\frac{6}{x} \quad \cdots\cdots ②$$

……（こたえ）

文字も数字と同じように計算する。ここでは両辺を x で割ればよいのですよ！でも、文字で割るのは変な気分でしょ？！

この形は**一般的な反比例**の式です。「“y を x で表しなさい”」と言われたならば必ずこの②の形で表すようにしてください。

(3) ここで $x = -5$ をどの式に代入すればよいと思いますか？　今代入できる x、y の関係式は 2 個ありますよね。①と②のどちらかです！

この場合は y の値を求めたいのですから②に代入すべきです。では、代入しましょう。

$$y = -\frac{6}{-5}$$

$$y = \frac{6}{5} \quad \cdots\cdots（こたえ）$$

マイナスとマイナスでプラスになる！

②に代入すれば簡単に y の値が求まったでしょ！

(4) 今度は $y = 6$ を代入して x の値を求めなくてはいけませんね。この場合はどうしますか？　①と②のどちらに代入します？　ここで少し考えてください。反比例の問題を解くときには、比例の問題と違って、代入する式を使い分けできるようになることが大切！　計算力がつけば無理して使い分けをする必要はないのかもしれませんが、でも、やはり少しでも計算ミスを減らすために、反比例の問題に関しては、2 つの式を使い分けできるようにしてください !!　ここでは①と②の両方に代入してみますから、使い分けの大切さの意味を理解してくださいね。

・①について

$$6x = -6$$

$$x = \underline{-1}$$

・・・・（こたえ）

・②について

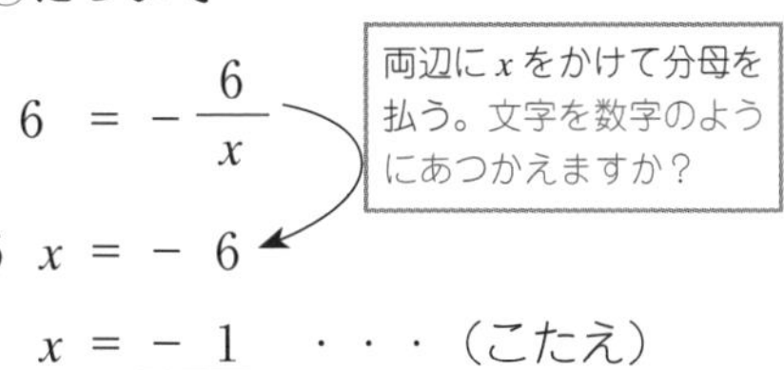

6 = − 6/x
6x = − 6
x = − 1　・・・（こたえ）
両辺に x をかけて分母を払う。文字を数字のようにあつかえますか？

①、②のどちらがミスなく簡単に x を求める方法か？　見ればわかりますよね。そうなんですよ！　①に代入する方が簡単。②に代入すると両辺に文字 x をかけるのが、慣れていないとまだ難しいんですよね。だから、このように使い分けを意識して問題に取り組んでください。

「計算に自信がある人はかまいませんが・・・　でもねぇ〜」

以上で関数および比例・反比例の説明は終了。では、卒業試験を・・・

> **卒業試験**　つぎの（1）（2）について、「 y が x に比例、または反比例のどちらですか？」判断してください。
>
> （1）x の 3 倍は、y の 7 倍に等しい。
>
> （2）x と y の積から 5 を引くと 4 になる。

＜解説・解答＞

（1）[x の 3 倍：$3x$]、[y の 7 倍：$7y$]。この両方が等しいから、

$$3x = 7y$$

$$7y = 3x$$

$$y = \frac{3}{7}x$$

大丈夫だよね？！

（p183：見てね！）

よって、　$\underline{y \text{ は } x \text{ に比例する。}}$　・・・・・（こたえ）

(2)

<u>xとyの積から5を引く：$xy-5$</u>、これが4であるから、

$$xy-5=4 \quad \cdots\cdots (*)$$

ここで悩んでいる人はいませんか？　絶対にいるはず！　はじめて見る形ですものね？！　でも、xyという形には見覚えがあるはずですよ！　そうです、反比例の式に出てきましたね。それでも、（＊）の形では、反比例を表す2つの関係式とは、まったく違う気がしますよね？　その通り！　でも、実は、それほど変わらないんですよ！　　えっ～・・・！

「驚きすぎです！」

（＊）の（左辺）の－5を移項してみるね。

$$xy=4+5$$

$$xy=9$$

アレェ～・・・　（p188：見てね！）

よって、　　　　　yはxに反比例です。・・・・・（こたえ）

どうでしたか？　比例・反比例の感覚がつかめたでしょうか？

さて、いよいよ今後数学を勉強していく上での最重要課題である、xとyの関係を“グラフ”で表すお話をしなくてはなりません！

大変だぞ～!!

「では、すこし休んでから始めることにしましょうか・・・」

そんなに重要なら、頭に血をいっぱいまわしておかなくっちゃ！
うん～・・・

XI　関数とグラフ

中学１年で勉強する内容が再び増加傾向にありますが、私の時代に比べるとまだ少ない感じがしています。よって、この項目はとても大切なので、昔（？）勉強したことと同じことを説明したいと思います。だからといって決して難しいことではないので心配はいりませんからね！“座標”は前の項で勉強した“関数”を“グラフ”で表すという点でとても関係が深く、そうだなぁ～、例えて言えば“ドラえもんとのび太君”の関係、大人の方ならば“ひみつのアッコちゃんとコンパクト”“ひろしとピョン吉”ほど切っても切れない関係なんだね！

「お～い！　寝ていて大丈夫～？」

座標の表し方

これから先、数学を勉強していく上でどうしても避けて通れないのがグラフなんです。このグラフを使って問題を考えたりすることは、今後数学を勉強する上で、どうしても必要になってきます。よって、グラフの入り口にあたる座標についてしっかり学習しないと、あとでツラクなりますからね！

右の図を見てください。２本の垂直（90 度）に交わっている矢印の線がありますね。これを軸（じく）と言い、これで何もない平面を４つに分割（ぶんかつ）しているんです。この４つの部分には名前がついていて、右上から反時計回りに第Ⅰ象限（イチしょうげん）、第Ⅱ（ニ）象限、第Ⅲ（サン）象限、第Ⅳ（ヨン）象限と呼びます。

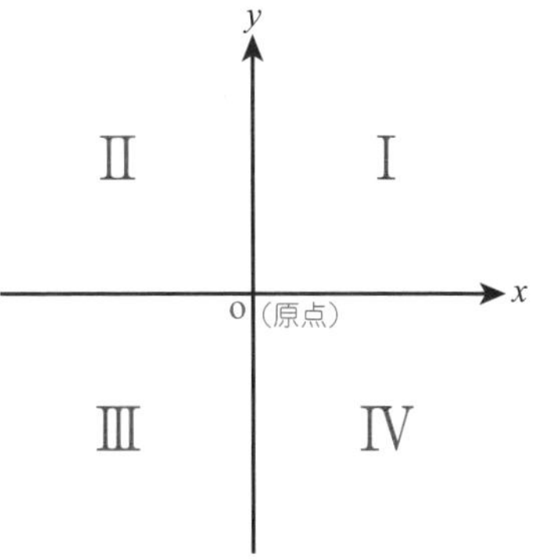

また、横軸（よこじく）を x 軸、縦軸（たてじく）を y 軸と言い、図を見てわかるように“左・右の方向”

を x 軸 が、“上・下の方向”を y 軸 が担当します。そして、数学の一番はじめに勉強した数直線と同じように、0 を基準に x 軸の右側がプラス（+）、左側がマイナス（−）、y 軸の上側がプラス（+）、下側がマイナス（−）となり、あと、その基準となる 0 の位置を“原点”と呼びます。

「ここまでは大丈夫だよね？！」

［ここで少しだけ余談］“座標”はデカルトにより考え出されたと言われていて、いくつかの伝説があります。①ハエがとまっている位置を床と柱との位置関係から表そうとした。②天井から蜘蛛（くも）が降りてきてその位置の表示方法として。③病気療養中、天井の板を見ていて思いつく。など、みなさんは、いったいどれだと思いますか？　私は③かな？

では、これからとても大切な話を始めますよ！**「どのように平面上の点の位置を表すか？」**というこの項目の一番大切な部分です。

座標とは、上・下、左・右に伸びた 2 本の軸上の数字を使って平面上の 1 点を表すための方法なんです。だから、数字を言う順番をはじめに決めておかなければ困りますよね。はじめの方でグラフは関数と大変密接な関係があると言いました。“関数は x が決まれば y が決まる”というように、主役は x の値なんです。よって、はじめに x 軸（左・右）の数、つぎに y 軸（上・下）の数を言うことにします。ここで言う“数”とは、あなたが原点の上に立ち、そこから“x 軸方向に何歩進んだか？”“y 軸方向に何歩進んだか？”ということですよ。

そのとき必ずカッコをつけて (x, y) このように表しますからね。
よろしいかな？!

では、練習してみようか！

エッ！　コレだけで問題やるの・・・驚
「大丈夫です!!」

問題

右図の点Ａ、点Ｂを座標で表してください。

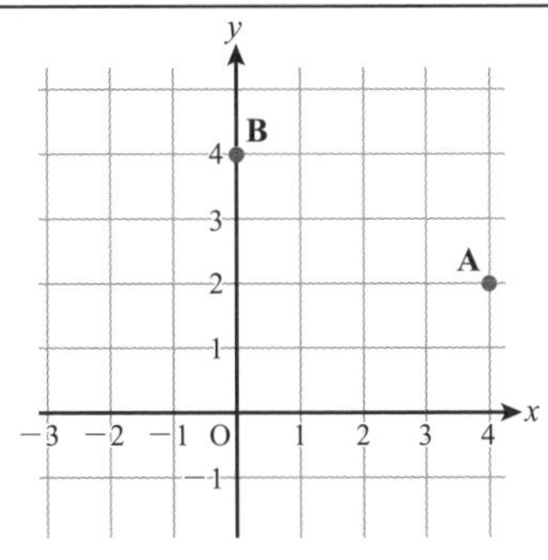

＜解説・解答＞

点Ａの座標は（4，2）ですがよろしいですか？　つぎは難しいかも？

点Ｂの座標ですが、点Ｂは y 軸上にありますよね。そのため、原点から“y 軸のプラスの方向に４進む”(1) というのはわかりますね。では、x 軸方向にはどうなるのでしょう？　左・右にはまったく動いていませんよね。ゆえに、これは“x 軸方向に０進んだ”(2) と言えませんか？　よって、下線の（1）（2）を座標で表すと、点Ｂの座標は（0，4）。

よって、

点Ａ（4,2）　　点Ｂ（0,4）　・・・・・（こたえ）

座標の表し方はわかりましたか？！

もう少し、先に進んでみようか・・・

対称点および座標の応用について

軸対称、**点対称**というのは図形ばかりではなく、座標に関してもあるんですよ。　「図形が嫌いな人は“マイッタナ～”って感じですか？　同感!!」

では、軸対称・点対称についてお話しすることにしましょう。

①座標の軸対称

軸対称には、x **軸対称**、y **軸対称**の２つがあります。

点 A を基準にして、

［x 軸対称］　点 A から x 軸に垂線を引き、x 軸と交わったところから同じ長さだけ反対側に伸ばしたところの点を言います。よって、x 軸対称の点は A_1 となります。

［y 軸対称］　点 A から y 軸に垂線を引き、y 軸に交わったところから同じ長さだけ反対側に伸ばしたところの点を言います。よって、y 軸対称の点は A_2 となります。

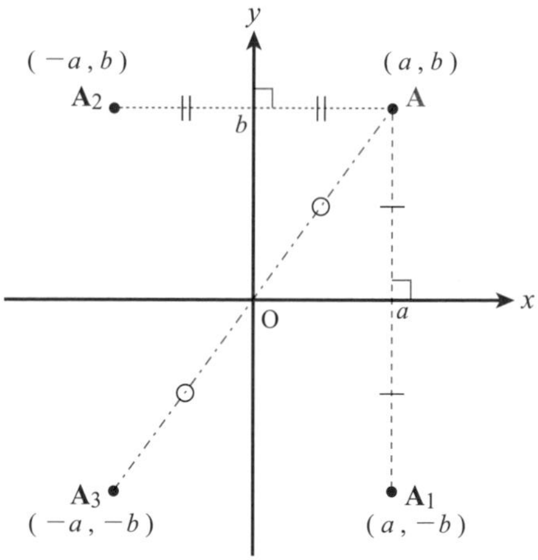

② 座標の原点対称

原点対称は原点に関する点対称ですから、点 A から原点に向かって線を引き、交わったところから同じ長さだけ反対側に伸ばしたところの点を言います。よって、原点対称の点は A_3 となります。（上図を参照）

必ず図において 点 A の座標の変化 を確認してくださいね！

では、ここで対称における“座標の変化”をまとめておきます。

点 A（a，b）において

x 軸対称	（a，b）	➡	（a，$-b$）
y 軸対称	（a，b）	➡	（$-a$，b）
原点対称	（a，b）	➡	（$-a$，$-b$）

x 軸対称：x 座標は変化せず y 座標だけがマイナス（逆符号）
y 軸対称：y 座標は変化せず x 座標だけがマイナス（逆符号）
原点対称：x 座標、y 座標両方がマイナス（逆符号）

ここまでで座標に関する基本的なことはおわりです。あとは、“座標の平行移動”および応用問題として“三角形の面積”を座標から底辺・高さを読み取り求めさせる問題があります。これに関してはまず基本の確認をしてから、あらためて詳しく解説することにしたいと思います。とにかく、今は基本を確実に身につけましょう！！

では、よく出題される問題をやることで、理解度を確認しましょうか？

問題

下の問いについて考えてください。

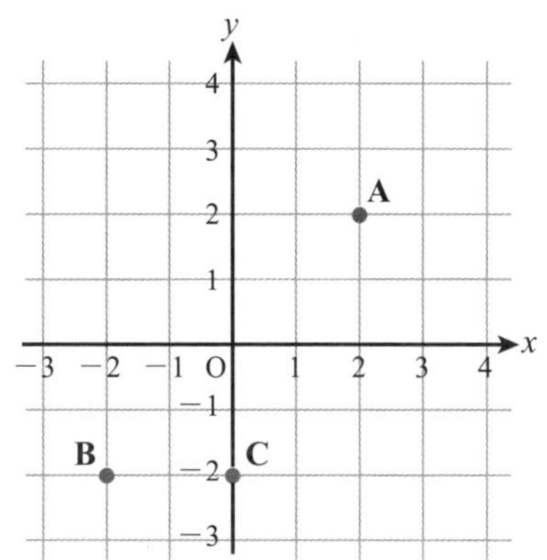

（1）点 A、点 B、点 C の座標はどのように表せますか。
（2）点 A の x 軸対称、y 軸対称の座標はどのように表せますか。
（3）点 B の原点対称の座標はどのように表せますか。

＜解説・解答＞

（1）では、各点の座標を表してみますよ！！

点Ａの座標は（2，2）、点Ｂの座標は（－2，－2）となりますが、いかがですか？　ここまでは大丈夫ですよね！　では、点Ｃの座標ですが、点Ｃはy軸上にありますよね。よって、y軸のマイナスの方向に2というのはわかりますが、x軸方向にはどうなるのでしょうね？　左・右にはまったく動いていませんね。ということは、“x軸方向には0”です。よって、点Ｃの座標は（0，－2）となります。かく順番には十分に注意してくださいね！（赤の二重線が答えです！）

(2) この問題はきっと学校では説明しないところです。しかし、とても大切なことなのでみなさんにはがんばってもらいますよ！　先ほどの解説を思い出してくださいね。

点Ａの座標は（2，2）、このx軸対称ですからx座標は変わらず、y座標だけが符号が逆になるのでしたね！

点Ａのx軸対称の座標は（2，－2）となる。

つぎはy軸対称ですからy座標は変わらず、x座標だけが符号が逆になるんでした。よって、点Ａのy軸対称の座標は（－2，2）となるね！

（赤の二重線が答えです！）

この対称に関しての規則性はしっかりと図をかいて確認し、理解してくださいね。　　「本当にやんなくちゃダメだよ !!」

(3) さあ～、今度は原点対称だぞ！　覚えていますか？！

原点対称に対しては、x，yの両方の座標の符号が逆になるのでした！

では、点Ｂの座標は（－2，－2）でしたから、点Ｂの原点対称の座標は（2，2）となりますね！

「アレェ～？！　ということは、**点Ａと点Ｂは原点対称なんだ！**」

なるほどね～ !!

これで、座標の読みおよび表し方は終了ですと言いたいのですが・・・では、つぎの場合はどうでしょうか？？　　「できるかな～？」

問 題　右の図を見てください。点 A の座標について考えてみましょう。

（1）点 A の x 座標はなんですか？

（2）点 A の y 座標はなんですか？

（3）点 A の座標はどうなりますか？

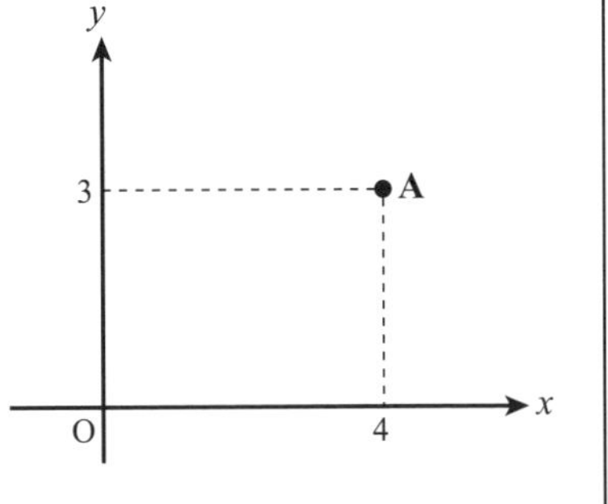

＜ 解説・解答 ＞

みなさんの答案を見ていると、座標の表し方がわかっているようで、いざテストとなるとかき方がわからずに何もかかないという人をよく見かけます。そこで一度だけていねいに解説しておきますね！

座標と言われれば、原点から 左・右へ何歩、上・下へ何歩 進んだかをカッコで囲んで表したものです。ここでの点 A は、原点から右へ（＋）4 歩、上へ（＋）3 歩ですから、x が主役と考えて x を先に示し（4, 3）と、座標を表すんですね。難しいですか？　ここまではだいたいの人は大丈夫かと思います。しかし、(1)(2) のように **“x 座標は？” “y 座標は？”** と聞かれてしまうと、どうしてよいのかわからなくなる人が多いんですよねぇ～！　でも、ちょっと考えてみてください。座標で点の位置を表すとき、x と y の 2 つの歩数が必要でしたよね。そこで、「**x 座標は？**」と聞かれたら、それは「**原点から左右へ何歩進んだの？**」ということですから、x 軸上の数だけを答えればいいんです。このときカッコはいりません！　ここではただ “4” と書けばよいんですね。

同じようにして、「y 座標は？」と聞かれれば **“3”** と答えればおわり。よって、ただ“座標は？”と聞かれたならば カッコで囲んで両方をかく！ x、y と指定されていれば、それぞれをただかくだけ なんですよ。「な〜んだ。つまんない！」と、今までわからなかったのに大きな態度になる人がよくいるんだよねぇ！笑　「マッタク！ でも、わかってくれればうれしいです。」

よって、最後にいちおう解答を書いておきますね。

（1）x 座標は、4　・・・・・（こたえ）
（2）y 座標は、3　・・・・・（こたえ）
（3）点 A の座標は（4，3）・・・（こたえ）

③ 中点の座標

2 点 P (a, b)、Q (c, d) の中点を M とすると

$$M\left(\frac{a+c}{2}, \frac{b+d}{2}\right)$$

見てわかるように、それぞれの x 座標どうし、y 座標どうしをたして、2 で割れば OK！　かんたん！

問 題　つぎの 2 点の中点 M の座標を求めよう！
（1）点（2，3）、（－4，5）（2）点（－1，6）、（7，－3）

< 解説・解答 >　上の公式に代入しておわりですよ！

（1）

$$M\left(\frac{2+(-4)}{2}, \frac{3+5}{2}\right)=\left(\frac{2-4}{2}, \frac{3+5}{2}\right)=\left(\frac{-2}{2}, \frac{8}{2}\right)$$

「約分だよ！」

よって、

M（－1，4）・・・・（こたえ）

(2)

$$M\left(\frac{-1+7}{2}, \frac{6+(-3)}{2}\right)=\left(\frac{-1+7}{2}, \frac{6-3}{2}\right)=\left(\frac{6}{2}, \frac{3}{2}\right)$$

「約分だよ！」

よって、　$M\left(3, \frac{3}{2}\right)$・・・・（こたえ）

④ 2 点間のキョリ

x 軸、y 軸上の 2 点間のキョリ ➡ x 座標どうし、y 座標どうしの差

・**x 軸上**：2 点 A（7，0）、B（－2，0）のキョリ

7 －（－ 2）＝ 7 ＋ 2 ＝ 9（こたえ）

右（上）側の点から左（下）側の点の座標どうしの引き算！

・**y 軸上**：2 点 P（0，－3）、Q（0，－8）のキョリ

－ 3 －（－ 8）＝－ 3 ＋ 8 ＝ 5（こたえ）

点の位置を必ず座標上で確認しておいてよ！

⑤ 座標の平行移動

「コレは一見難しいかな？」と思うでしょうが、とても簡単なことでして、自分自身が点になったつもりになれば解決！　　意味不明・・・

問題

右図の点 A を x 軸方向に－ 2、y 軸方向に＋ 2 移動しました。点 A はどこの位置にいるでしょうか。座標で表してください。

（点 B についてはつぎの問題で使いますね！）

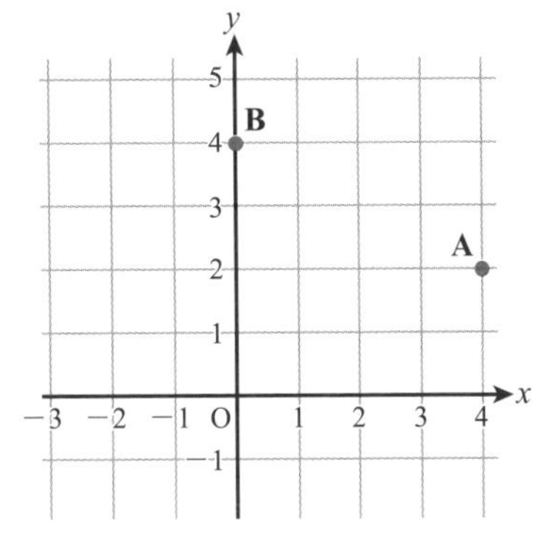

点Aからx軸方向に－2ですから、左へ2移動。y軸方向に＋2ですから、上へ2移動ですね！　それを右の図で赤い矢印で示してあります。

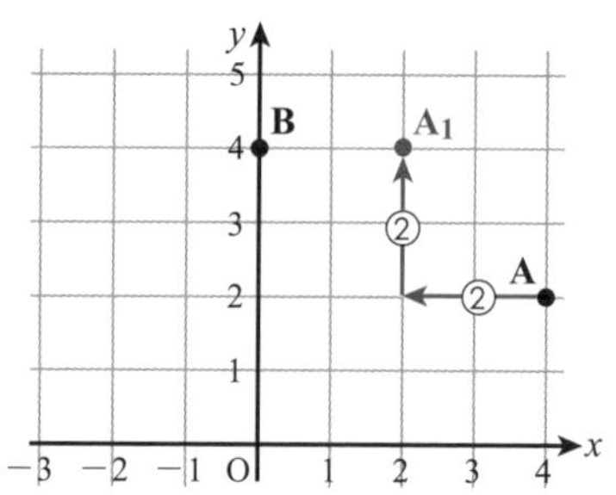

すると点Aが移動した位置の座標は右図より、A_1(2, 4)となります。・・・・・（こたえ）

いかがなもんでしょうかねぇ～？　では、点Bに関しても移動させてみましょう。自分が点Bになったつもりで動いてみましょうね。

では、問題です！

> **問題**　点Bをx軸方向に＋3、y軸方向に－6移動した位置を座標で表してください（上の図を参照)。

<解説・解答>

やはり右の図を見てもらえればわかると思いますが、赤い矢印にしたがっていけば、移動先に到着です。よって、移動先の座標B_1は、(3, －2)となります。　・・・（こたえ）

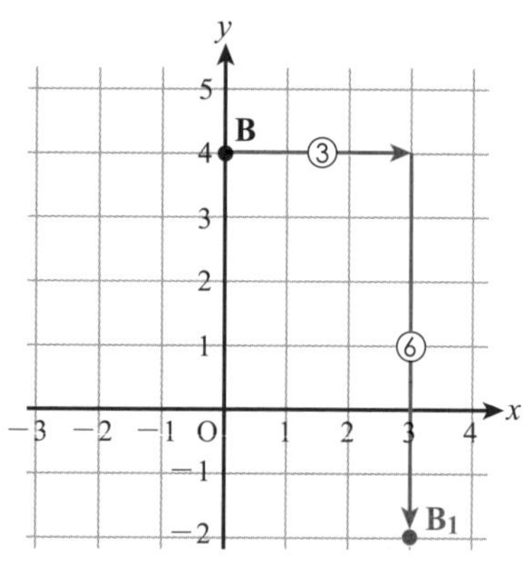

移動の感覚がつかめたところで、今度は図を使わないで直接計算で移動した座標を求めてみませんか？　計算の仕方は、移動する数を直接x座標、y座標にたし算してあげればバッチリOK！

私が先ほど（p201）の点Ａについて、移動した座標を計算で求めてみるから、みなさんは点Ｂをやってみてください。

点Ａ（4, 2）を“x 軸方向へ－2、y 軸方向へ＋2移動”ですから、－2を x 座標の4にたし、＋2を y 座標の2にたせばよいわけですね。

（x 座標）＝ 4 ＋（－2）　（y 座標）＝ 2 ＋（＋2）
　　　　　＝ 4 － 2　　　　　　　　　＝ 2 ＋ 2
　　　　　＝ 2　　　　　　　　　　　　＝ 4

よって、移動した座標は A_1（2, 4）となり、先ほどの答えと一致しますね！

点Ｂに関してはやらないつもりでしたが、心配なのでやっておきます。

「私はなんてやさしいんだろ～」

点Ｂ（0, 4）でしたね！　計算式は以下の通り・・・

「x 軸方向に＋3、y 軸方向に－6移動」
（x 座標）＝ 0 ＋（＋3）　（y 座標）＝ 4 ＋（－6）
　　　　　＝ 3　　　　　　　　　　　　＝ 4 － 6
　　　　　　　　　　　　　　　　　　　＝ －2

よって、移動した点Ｂの座標は（3, －2）となり、やはりさっきと一致しました！

ここまでで少しは座標に慣れてきましたか？　細かく説明しているので逆に難しく感じてしまわないかと少し不安ですが、どうでしょうかね？

大丈夫だよぉ～！「よかった！」

⑥座標から三角形の面積

問題

右の図を見てください。原点 O、点 A、点 B の 3 点でできる三角形 OAB の面積 S を求めてみよう！ 点 B の座標は (2, 3) です。

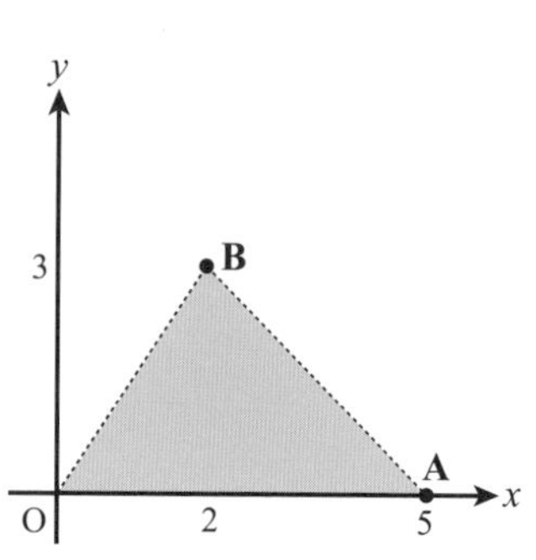

チョット一言：数学では面積を S で表しますからね！

＜解説・解答＞

三角形の面積は、（底辺）×（高さ）÷ 2（× $\frac{1}{2}$）

でしたね。そこで、まずはじめにやらなくてはいけないことは、

“**底辺**”と“**高さ**”を“座標”からどのように読み取るか？

まず、点 A と点Bの座標を確認してみましょう。

点 A (5, 0) 点B (2, 3) ですね。では、問題の図から座標を意識して底辺と高さを読み取ってみますよ。底辺は OA にしたいですね。ゆえに 底辺 は点 A の x 座標を見れば OK！ つぎは 高さ です。これは点B の y 座標を使えばよいことが理解できますか？

これで“**底辺 = 5、高さ = 3**”の三角形の面積を求めればよいことがわかりました。よって、

図形の項目でないのに・・・
面積の公式！なんで〜？

$$S = 5 \times 3 \times \frac{1}{2}$$
$$= \frac{15}{2}$$

三角形 OAB の面積は、$\frac{15}{2}$ ・・・・・（こたえ）

どうですか？　今回は底辺がx軸上にありましたのでとてもわかりやすかったと思います。では、もう1題練習してみましょうか？!

問 題

右の図を見てください。四角形OABCの面積Sを求めてみましょう。

各点の座標は点A（2，2）、点B（0，3）、点C（－3，1）です。

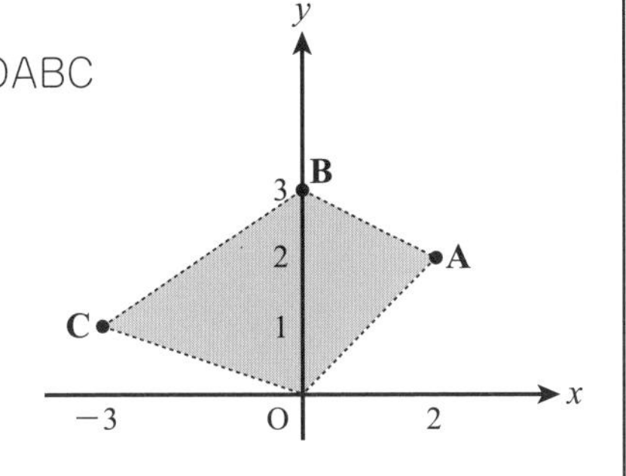

＜解説・解答＞

「さあ～、どうしましょう？」　この四角形が正方形・長方形ならば、“縦×横”で簡単に求められます。しかし、この四角形はでこぼこしていますから、縦×横というわけにはいきませんよ。

これからは、このような四角形の面積ばかり求めなくてはいけなくなるんです。では、考え方をお話ししましょ～。**四角形はどんな形であろうと必ず2つの三角形がくっついてできているんですよ！**　気がつきましたか？　なるほどねぇ～！　この問題は**三角形OAB**と**三角形OCB**の面積をそれぞれ計算し、それをたせば求まっちゃうんですね！

さぁ～方針は決まった！　では、やるぞぉ～!!

でも、ここで1つ問題が・・・。それは

・三角形OABの**底辺・高さ**をどこから読み取るか？
・三角形OCBの**底辺・高さ**をどこから読み取るか？

「どうですか、読み取れます？」よ～く見れば、見えてきますからね！

「ほら！　見えてきたでしょ！」そうなんですよ。この2つの三角形は底辺が共通で、点Bの y 座標“3”から読み取れますね。そして、高さは三角形OABでは点Aの x 座標“2”から、三角形OCBでは点Cの x 座標“－3”から読み取ればよいんです。これで本当にあとは計算するだけ。三角形OABの面積を S_1、三角形OCBの面積を S_2 としましょう。

$$S_1 = 3 \times 2 \times \frac{1}{2} = 3$$

$$S_2 = 3 \times \underline{3} \times \frac{1}{2} = \frac{9}{2}$$

［マイナス（－）ははずしてね！］

よって、

$$S = S_1 + S_2 = 3 + \frac{9}{2} = \frac{15}{2}$$

…（こたえ）

分数計算（たし算）の補足

$$3 + \frac{9}{2} = \frac{3}{1} + \frac{9}{2} = \frac{6}{2} + \frac{9}{2} = \frac{6+9}{2} = \frac{15}{2}$$

座標の知識は、ここまで勉強したことですべてです。特に、最後にやった2つの三角形に着目して面積を求める方法は、中2の1次関数のグラフの応用問題でもよく使いますので、必ず理解してくださいね！

これで全体の3分の2以上はおわりました。あと少し。ゴールに向かってラストスパートするぞぉ～!!

わたしは疲れましたよ!!

「歳かな～　でも、若いんですよ！
気持ちは・・・」

グラフのかき方

①比例・関数のグラフ

みなさんは「**直線を引くとき必要なモノはなんですか？**」と聞かれたら何と答えますか？“定規”とか答える人が必ずいるものですが、これは今は受け流しまして、答えは**“直線を引くには直線が通る２点が必要”**なんですね。覚えておいてくださいよ！

では､直線を引くには２点が決まればよいことを頭の隅において比例式･関数を“グラフ”で表すことについて勉強してみましょうか！

「どこから始めましょうねぇ～？　ん～・・・　難しいところです！」

ヨシ！“比例式”および“関数”について、少し復習するところから始めますね。まず、つぎの関係式について少し考えてみましょうよ。

$$y = 2x$$

この関係式を見て、x と y はどういう関係と思いますか？

わからなければ、この式を言葉で言い換えてみようよ！

「y は必ず x を２倍した値となる」　そうですね！　そのとおり。

他にはないかなぁ～？「y は x に比例しているんじゃないでしょうか？」

なるほど!!　もう一声・・・？　「エッと、ん～・・・」

「“x が決まれば必ず y の値が決まるから、y は x の関数である”とも言える気がするけど・・・・」　いいぞ!!　Good !!

そうなんですよ。この $\boxed{y = 2x}$ の式は比例式でもあり関数でもあるんですね。では、この x と y の関係式を表で表してみるよ。

・$y = 2x$

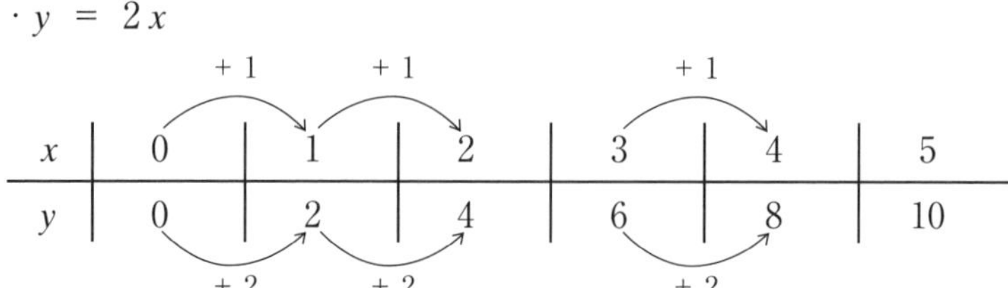

x	0	1	2	3	4	5
y	0	2	4	6	8	10

「この表からどんなことが読み取れますか？」どうしても気づいてもらいたいことは「xが1増加すると常にyは2増加する」このことなんですね！　これが今後グラフを考える上で一番大切なことになるんです。

では、表を見ながらこれを座標と考え、点を打ってみますよ。

$x = 0$ のとき $y = 0$

$x = 1$ のとき $y = 2$

$x = 2$ のとき $y = 4$

$x = 3$ のとき $y = 6$

$x = 4$ のとき $y = 8$

$x = 5$ のとき $y = 10$

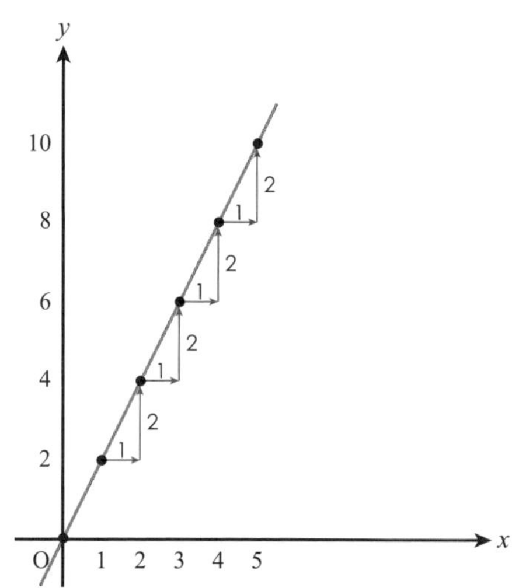

このようにあるxに対するyの値を上のようにたくさん点としてとっていくと、グラフが直線になることがわかってもらえるとうれしいんです。ここで基本的なことを言っておきますが、線は無数の点の集まりでできています。ということは“この直線のグラフはすべて**あるx**における**yの値**の集まり”であるということ!!　したがって、最初に言ったように“2点が決まれば直線のグラフが引ける”ということになりますよね。

ところで、$y = \boxed{2}x$ は左のページの表より「x が 1 増加すると常に y は 2 増加する」と言え、このxが 1 増加したときの y の増加量 2（変化量）を見ると、関係式の x の **係数** (p316)と同じですよね！ 気づいていましたか？

ポイント！（すっごく重要 !!）

x の係数は［**変化の割合**］（中 2 で現れる言葉）で、

“x の値が 1 増加するときの y の変化量（増加量・減少量）である”

ここからの説明は中学 2 年の範囲になってしまいますが、実は考え方はまったく同じことで、この x の係数を “傾き” という別名で解説するだけで、中学 2 年の範囲になってしまうんですね。だから、気にせずにこれから話す考え方をしっかりと身につけてください。

では、今一度右のグラフを見てね。

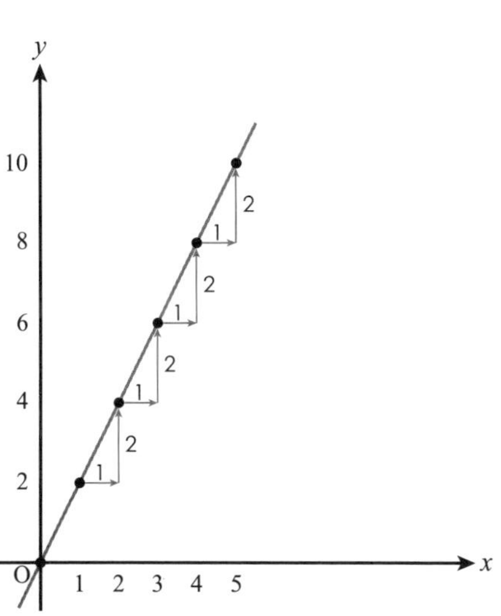

グラフの座標軸を考えてみましょう。右のグラフで x 軸は左・右へ、y 軸は上・下へ向いていますね。**ポイント** で x の係数が「変化の割合」だと言いました。その中で「x が 1 増加したとき」の意味をグラフで考えると「右へ 1 進む」と同じことになるのですが、わかります？　また、y の変化量での増加量とは、“上へ進む” を意味し、減少量とは “下へ進む” を意味することになるんですね。　「大丈夫かな～？」

上のグラフの赤い矢印がそれを表しています。よって、x の係数を比例定数と考えてもよいのですが、

$y = 2x$

の場合、「xが1増加するとき、yの変化量が2」ですから、スタート地点を $x = 0$ のとき $y = 0$ の点（原点） とし、ここからまず右へ1進み、つぎにそこから上へ2進んだところがつぎの点の位置になり、それを繰り返せば点は必ず一直線上に集まります。それゆえ、適当な2点を決め、その2点を結べば比例式もしくは1次関数のグラフができてしまうんです。

理解できますか？　「何度も読んでみてね！　きっとわかるはずだから？！」

ここで簡単にまとめておきますね！

・$y = ax$ のグラフ

この形の関数・比例式のグラフは必ず原点（0，0）を通ります。よって、そこがグラフのスタート地点と考えてかまいません。あとは、もう1点見つければ直線が引けますね。そこで、 xの係数 は右へ1進んだとき上・下する数を表しているので、ここからもう1点が見つかるわけだね。この「**xが1増加するときのyの増加量（減少量）**」を“**変化の割合**”と言うんです。

では **右へ、つぎに上・下へという考え方** についてもう少し説明しなくてはいけないような気がするので、もうちょっと我慢して聞いてください。

「失礼！　読んでくださいでした！」

実は右へ1進んでxの係数だけ、プラスならば上へ、マイナスならば下へ進めばよかったのですが、それは係数が常に 整数 であれば大変便利な考え方なんですね！　では、「係数が 分数 ならばどうしますか？」係数が2とか－3とかならば簡単ですよ。原点から右へ1進んで、上へ2または下へ3進んだところが原点以外に通るもう1つの点となるからね。しかし、つぎの x、y の関係式の場合なら、どうしましょうか・・・？　エッ?!

・$y = \frac{1}{2}x$　　　　アレェ〜？　上へ0.5・・・？

これを今までと同じ考え方でやりますと、まず原点から右へ1進み、それから 上へ $\frac{1}{2}$ 進めばよいのでしたね。でも $\frac{1}{2}$ 上へ上がるといってもどのくらいの大きさかわかりますかぁ？

「私には絶対無理ですね！　どうしましょうか？」

そこで、x の係数 についてもう一度考えてみましょうよ。

↓

x が1増加するときの y の変化量 ですから、右へ1進むと0.5上へ上がるわけだから、右へ2進めば上へは2倍の "1" (0.5 × 2) 上がるのと同じことでしょ！　もし $\frac{2}{3}$ ならば、右へ3進めば上へは3倍の "2" ($\frac{2}{3}$ × 3) 上がることになるよね。ここまで読んで、何か気づかないですか？

ウン〜・・・　むずかしいな〜

「仕方ないな〜・・教えてあげましょう！　特別ですよ！　ト・ク・ベ・ツ！」

ポイント !!

x の係数が分数のときは原点から右へ1ではなくて、右へ分母の数だけ進み、分子の数だけ上・下すればつぎの点が決まる。

分母 ⟶ 右へ進む数、　分子 ⟶ 上（+）・下（−）へ進む数

このように考えればよいのですから、グラフをかくときは、一番最初に **x の係数部分を分数で表し**、あとは原点から右へ・上下へとかぞえ、もう1点を見つけてその2点を結べばおわり。これで x の係数がどんな形でも、みなさんはグラフがかけるようになったわけですよ !!　スゴイでしょ?!

中学1年　中学2年　中学3年

問題　つぎの比例式（関数）のグラフをかいてみよう！

（1）$y = -3x$　　　　（2）$y = \frac{3}{4}x$

（3）$y = -\frac{1}{2}x$

＜解説・解答＞

まず一番最初にやるのは「**x の係数を分数で表す**」ことでした！

「大丈夫だよね・・・・　でも、ちょっと心配かな？！」

（1）

$$y = -3x = \frac{-3}{1}x$$

下へ 3

マイナスを分子に乗せる

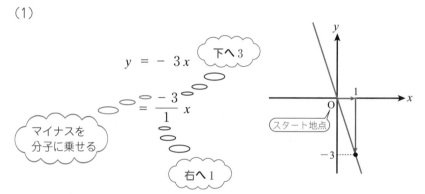

右へ 1

スタート地点

（2）

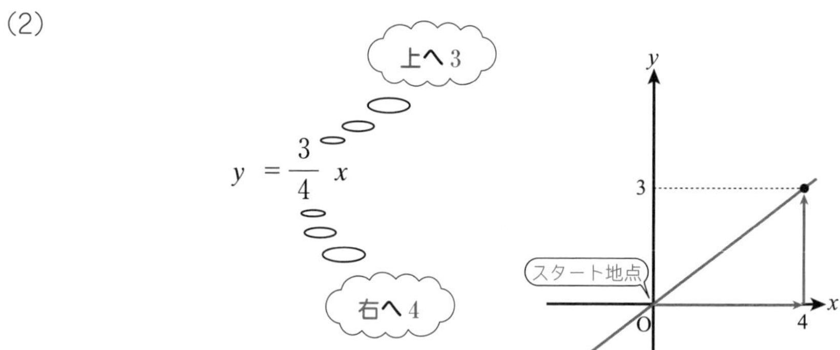

スタート地点は原点だよ！

(3)

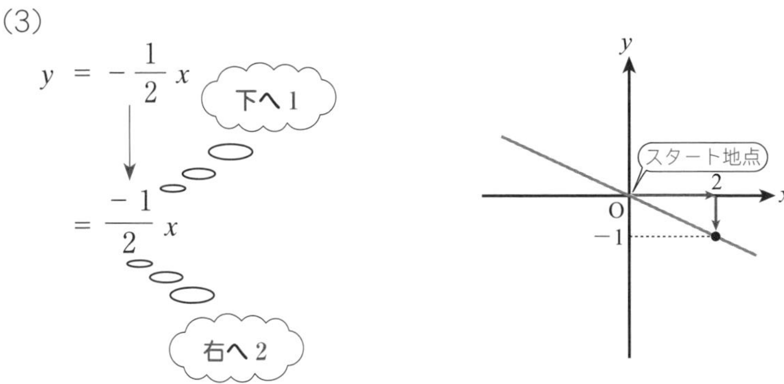

このかき方がわかれば、グラフから直線の式を求めること（逆の問題）も簡単にできちゃうんですね！

「では、ダマされたと思って、つぎへ・・・」

②グラフから関係式を読み取る（比例）

問題

右のグラフを見て、(1)～(3)の直線の式を求めてみよう!!

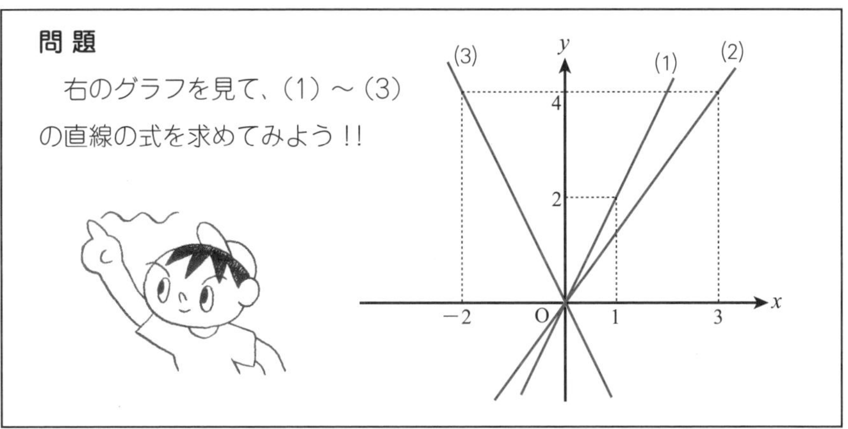

ポイント

原点を通る直線の式は必ず $y = ax$ となるんだよ!!

でも、「どうしてわかるの？」だって、$x = 0$ のとき y の値はナニ？

＜解説・解答＞

(1) よくグラフを見て！　まず原点のところに立ち、右へ何歩進み、上・下へ何歩進めば自分の直線上に戻れるかを考えればよかったんですね。右へ進む数を 分母 に書き、上・下する数を 分子 に書くのでしたから、この場合は右へ 1：分母 、上へ 2：分子 。

したがって、求めるグラフの式は

$y = \frac{2}{1}x$ だから、$y = 2x$ ・・・（こたえ）

「どうですか？ かんたんでしょ！！」

(2) 同じようにして、また原点の上に立ってみましょう！ **すると右へ 3 歩、上へ 4 歩**進めばまた直線の上に戻れますね。よって、

$y = \frac{4}{3}x$ ・・・（こたえ） 約分のチェックを忘れないこと !!

(3)「あれ？ 変だぞ！」原点に立ってみてもこの問題からでは、右へ、上・下へ何歩か、わからないじゃないか！！ 困ったぞ・・・

ここであなたならどうします？ 簡単なことです。解説の中で何度か**「何歩進めばまた自分の直線上に戻れるか？」**と言っていましたよね。よって、自分の直線上に戻れさえすれば何歩進もうが（約分すれば同じ）、**原点以外からスタート**しようが問題はないんですよ !!

そこで点（－ 2, 4）を見てください。ここをスタート地点としてみましょうよ！ するとそこから**右へ 2 進み、下へ 4 進めば原点**のところで再び自分自身の直線上に戻れました。それゆえ求める直線の式は、

$y = \frac{-4}{2}x$ だから約分して

$y = -2x$ ・・・（こたえ）

どうかな？ 少しは簡単に感じてきましたか？ そこでせっかく自信が

ついてきたところなので、つぎの問題にチャレンジしようではないか！

問題

右のグラフの直線の式

（1)、(2）を求めてください。

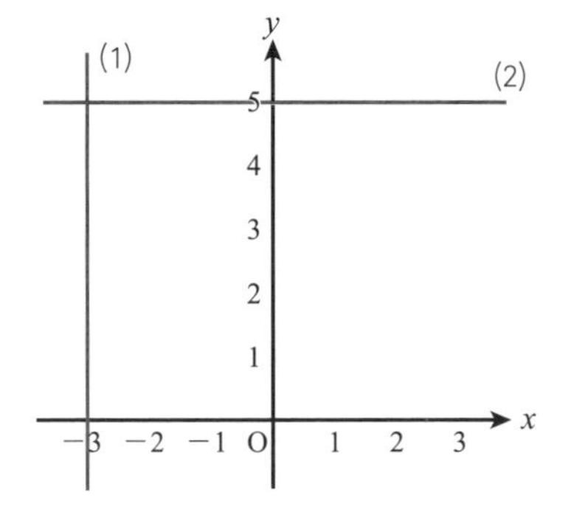

＜ **解説・解答** ＞

このグラフを見て不思議に感じていると思います。なぜなら、このグラフはどっちも原点を通っていないですもんね！　よって、“右へ”“上・下へ”何歩なんていう考え方は使えませんよ！

そこで右の赤線と黒線の交点の座標を下から順に書いてみるよ！

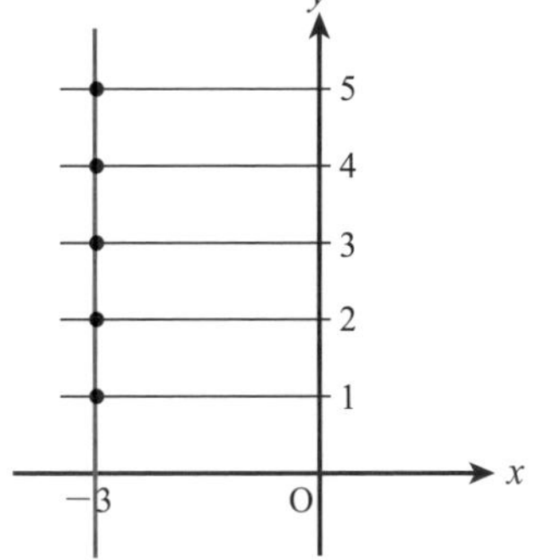

右に座標を書いてみました。

少し考えてみてください！　何か規則性のようなものが見つからないかな～？

これを見て、すぐに気づくことは、“y 座標の値が変化しようが x 座標の値は変わらず、**常に** -3 である”ということ。違いますか?!

このことがたいへん重要なんですね！

（-3，1）
（-3，2）
（-3，3）
（-3，4）
（-3，5）

ということは、この赤線は y の値に関係なく常に

“$x = -3$”

という点が集まった直線と考えられませんか？

よって、(1) の直線の式は、

$x = -3$　・・・・・(こたえ)

ナ〜ンダ、ズルイ！

同じようにして、(2) の直線の式を求めてみようよ！！

赤線と黒線の交点の座標は、

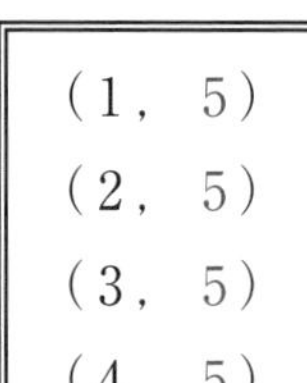
(1, 5)
(2, 5)
(3, 5)
(4, 5)

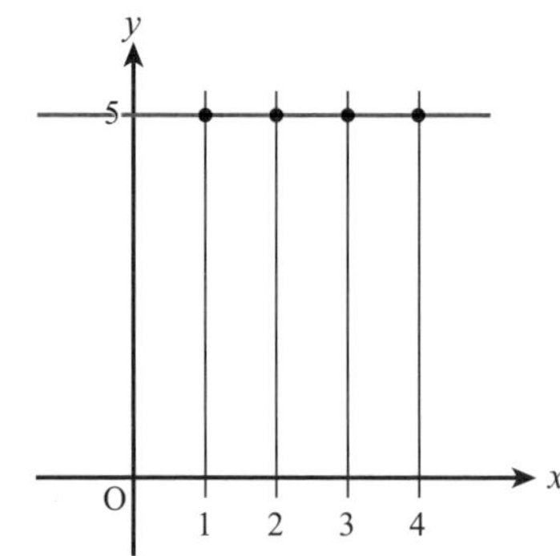

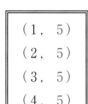

と、このようになります。

今回は x の値に関係なく、y の値は**常に** 5 なので、この赤い直線は $y = 5$ の点が集まってできた直線と考えられますね。したがって、求めたい (2) の直線の式は、

$y = 5$　・・・・・(こたえ)

今度こそ、これで中学 1 年生で勉強する直線の式の求め方の問題はおわりです。中学 2 年生になるとこの直線が原点からズレてしまいますからね！ でも、いつも言うように心配いりません。

私がついているんですから！！

「でもそれだからよけいに不安という声もきこえてきそぉ〜・・・
そんなことはないですよっ！」

さて、つぎへと進みますよ・・・

③ x の変域があるときのグラフ

x の変域とは簡単に言えば、**x が動ける範囲**と思ってください。そして、グラフとは“ある x における y の値の集まり”であり、それを点としてとっていき、その点が集まって直線（グラフ）になっていくわけです。よって、x の動ける範囲が決まっていると、当然のことながら、y の値もある範囲内でしか動くことができずに、グラフは両側が切れた直線（線分と言います）になってしまうんですね。とにかく問題をやってみましょう！

問 題　つぎのグラフをかいてみよう！

（1）$y = -\frac{2}{3}x$　$(-3 \leqq x \leqq 6)$

（2）$y = x$　$(-1 < x \leqq 3)$

＜解説・解答＞

不等式の注意を覚えていますか？　等号が含まれている（≦）場合は横の数は含まれるので黒丸“●”、等号が含まれていない（＜）場合は横の数は含まれないので白丸“○”となりますよ！！　注意してね！

（1）$y = -\frac{2}{3}x$　$(-3 \leqq x \leqq 6)$

このグラフは原点から右へ 3、下へ 2 の点を通ります。そして、x の両側の値は含まれるので、$x = -3,\ 6$ のときの両側の y の値も含まれますから、グラフの両側は黒丸になります！

「大丈夫？」

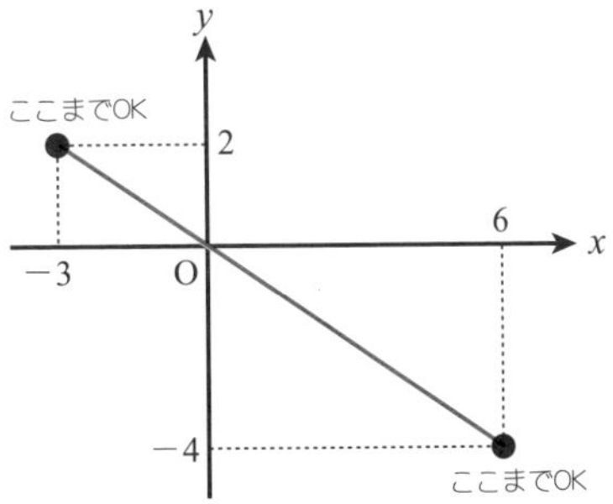

両はじの黒丸が変な感じ・・・

(2) $y = x\ (-1 < x \leqq 3)$

　このグラフはどうなりますか？　x の係数は見えないけど 1 ですよ！

$1 = \dfrac{1}{1}$ ということは、原点から右へ 1、上へ 1 のところの点を通ります。

そして、x が動ける範囲は“-1 から 3 まで”ですが、ここで注意しなくてはいけないことがありましたよ。“**-1 は x の値としてとれるのでしょうか？**”不等号をよ～く見てください。「等号が含まれていますか？」そうですよ！　等号がないので $x = -1$ のときの y の値“-1”はとれないんです。よって、**点 $(-1, -1)$ は白丸**となりますね！

　しかし、$x = 3$ のときの y の値“3”の値は、不等号に等号が含まれていることからとれることがわかりますので**点 (3, 3) は黒丸**。

　よし！　これで準備は OK！　では、かいてみよぉ～。

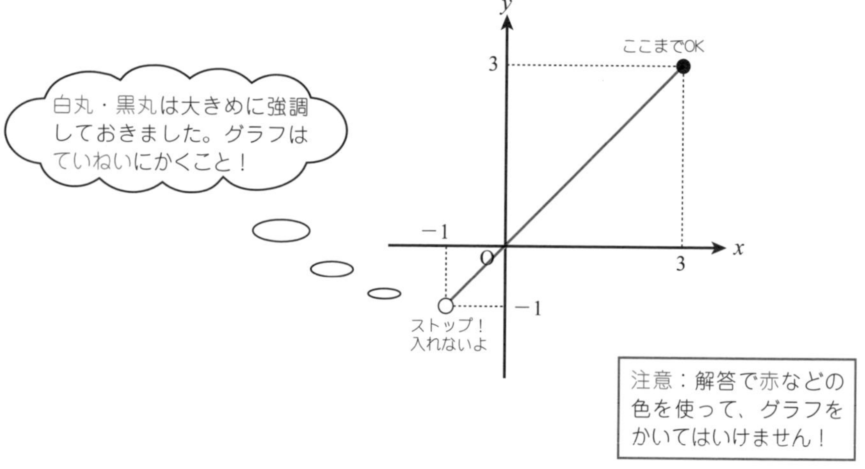
白丸・黒丸は大きめに強調しておきました。グラフはていねいにかくこと！
y
x
O
3
−1
ここまでOK
ストップ！
入れないよ
注意：解答で赤などの色を使って、グラフをかいてはいけません！

④反比例（双曲線）のグラフ

“双曲線（そうきょくせん）”なんて初めて聞きますよね。双（そう）と読みますが、2つという意味があるんですよ。小学校の夏休みの宿題で“朝顔の観察”なんてやったでしょ！　ある朝、双葉（ふたば）が出ているのを見てうれしかったりして。そのとき双葉には葉が2つ両側に出ていましたよね！　この反比例のグラフも原点をはさんで両側にグラフが2個かけるんですよ。なおかつそのグラフが曲がっているんです。よって、2つの曲がった線のグラフだから“双曲線”と言うんだね！　　ナルホド・・・

比例の勉強ばかりしていたから、反比例は忘れてしまったでしょ！

仕方ないな～。少しだけ簡単に復習をしておきますか？！

重 要

y は x に“反比例する”と言われたならば、y と x の関係式は

$\boldsymbol{xy = a}$（a は比例定数）とおく。

グラフに関しては

$$y = \frac{a}{x}$$

と、y を x で表した式で表現される。

これだけ見て、思い出せますか？

復習をしっかり！

（p187 ～ 192 を見てね！）

最近すぐに眠くなるのはなぜ？

さぁ〜てと、反比例のグラフのかき方を解説しちゃうね!!　これさえおわれば、あとは**図形**と**資料の扱い方**だけだから元気出しちゃうもんね！

えっ〜と、どこから始めようかなぁ？　ん〜・・・

ヨシ！　決まった!!

では、まずつぎの反比例の式の x と y の関係を表にしてみるよ！

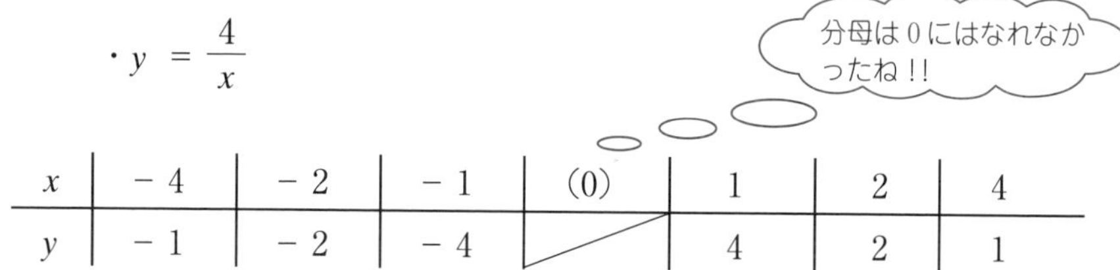

・$y = \dfrac{4}{x}$

x	-4	-2	-1	(0)	1	2	4
y	-1	-2	-4	╱	4	2	1

上の表はある x における y の値を表しています。これを座標の形に表してみると以下のようになります。

(1, 4) (2, 2) (4, 1)	・・・・(A)
(− 1, − 4) (− 2, − 2) (− 4, − 1)	・・・・(B)

どうして このように 2 つに分けて書いたと思います？　座標のところで第Ⅰ象限、第Ⅱ象限、第Ⅲ象限、第Ⅳ象限と名前がついていましたよね。

(A) は x, y 両座標がプラス（+）ゆえ**第Ⅰ象限**のグラフの点。

(B) は x, y 両座標がマイナス（−）ゆえ**第Ⅲ象限**のグラフの点。

みなさんも座標を見てすぐに位置が頭の中に浮かぶようにしましょう！

では、さっそく (A)(B) の点をとってみるぞ！

「あせらず、ゆっくりでいいよ！」

$y = \dfrac{4}{x}$ のグラフ（双曲線）

どうでしょうか・・・？ちゃんと原点をはさんで2つの曲線のグラフができたでしょ！　これが先ほど話した、**双曲線**というものなんですね。

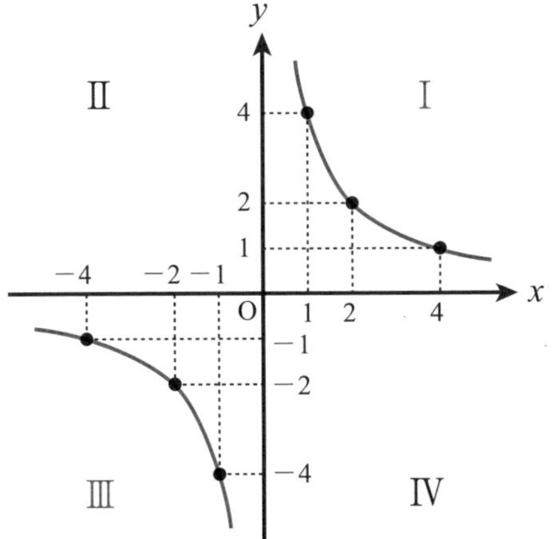

前にも言いましたが、線は点の集まりですから右のグラフの点から点の間は大変いいかげんになっています。

ただ、注意しなければいけないのは、点と点との間が“絶対に直線にならない”こと。もし、直線になり、カクカクしたカドのあるグラフになるようでしたら、それは曲線と言えませんので、意識して何度もかく練習をしてくださいね。

この曲線になるグラフをかくのは中学1年生では少し難しいんですよ。

「けど、なんとかなるさ !!　大丈夫！」

点だけをしっかりとり、あとは“フン、フン、フン～・・・”と鼻歌でも歌いながらてきとうに、なめらかにかくようにしてくれればOK！

曲線になるから、たくさん点をとってもうまくはかけません。だから、各象限に３点ほどとり、曲線になるようにがんばるのです！！　息を止めてかくとうまくいきますよ！

問 題　つぎの反比例のグラフをかいてみよう！

（1）$y = \dfrac{2}{x}$　　　　（2）$y = -\dfrac{4}{x}$

ポイント

反比例のグラフは必ず原点をナナメにはさんで 2 個かけるので、x のプラス・マイナスの両方の数に対する y の値を求め、座標として点をとっていくんですよ！“こいつ何を言っているんだ？？”と思われているんだろうなぁ～。

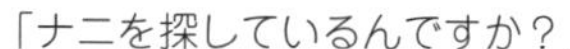

＜解説・解答＞

（1）

$$y = \frac{2}{x}$$

（x は、分子の約数）
$x = -2,\ -1,\ +1,\ +2$

を代入し、座標で表すと

$(-2,\ -1)\ (-1,\ -2)$
$(2,\ 1)\ (1,\ 2)$

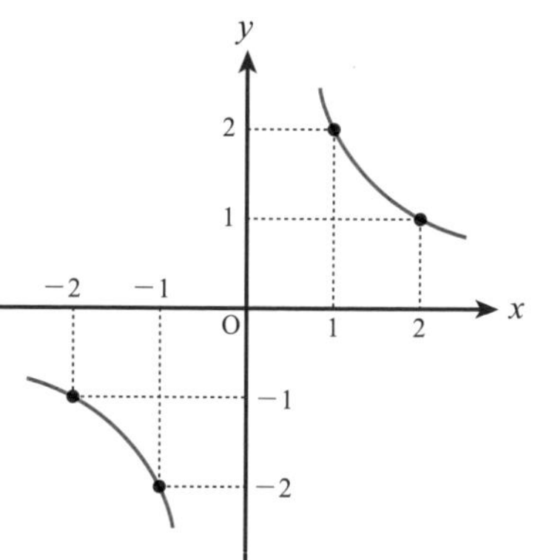

このようになり、この点を通り、かつなめらかな曲線になるように注意してかいてくださいね！

（2）

$$y = -\frac{4}{x}$$

$x = -4,\ -2,\ -1,$
$4,\ 2,\ 1$

を代入し、座標で表すと

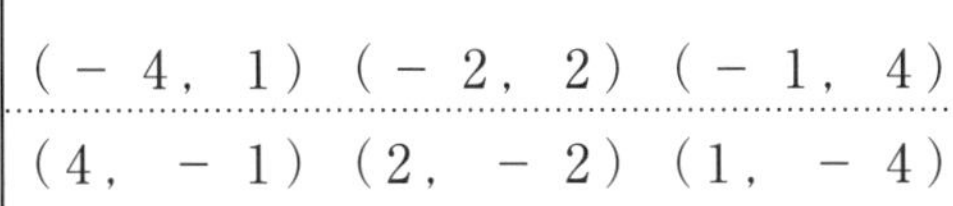

(−4，1)(−2，2)(−1，4)

(4，−1)(2，−2)(1，−4)

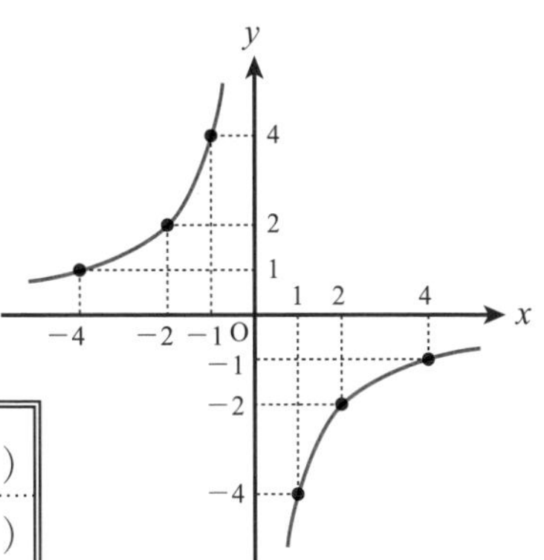

となり、これを通り、かつなめらかな曲線になるようにかけばおわりです !!

注）グラフの両側は絶対に、x 軸、y 軸に触れてはダメ！近づく感じでやめておくこと！

いかがでしたか？　反比例のグラフは曲線となり、また、原点をナナメにはさんで 2 個あることを十分理解してくださいね。本当ならば教科書はここでこの項目は終了なんですが、もう 1 つ大切なことをお話しします。

（1）（2）の解答の中で二重線で囲まれた座標がありましたよね。あれを見て何か気づきませんか？　ここでぜひ知っていてほしいのは、この 2 つのグラフは原点対称のグラフであることなんです（p196 参照）。

線（直線・曲線など）はすべて点の集まりなんですね。その点はすべて座標で表せるんですが、二重線の中の 2 段で書かれている座標の上・下をよ～く見て、何か気づきませんか？　符号に注意をして見るんですよ。

そ～なんです！　気づいてくれたようですね！　符号が上・下でまったく逆になっているでしょ！　ということは、曲線のもととなっている点が

すべて 原点対称 になっているということから、それでできている**曲線も原点対称のグラフ**になっていることが言えるでしょ！ これはと〜っても大切なことなのでしっかり確認しておいてくださいね!!

⑤グラフから関係式を読み取る（反比例）

比例でも反比例でも、x と y の関係式を求めるということは、実はそれぞれの比例定数を求めるのと同じことなんです。なぜなら、比例・反比例における x、y の“関係式の形”は決まっていて、その a の部分（比例定数）さえ決まれば解決なんですね。よって、グラフから座標を 1 点読み取り、その x、y の値を決まった関係式の x、y にそれぞれ代入し比例定数 a を求めるだけなんです。とにかく問題をやってみましょう!!

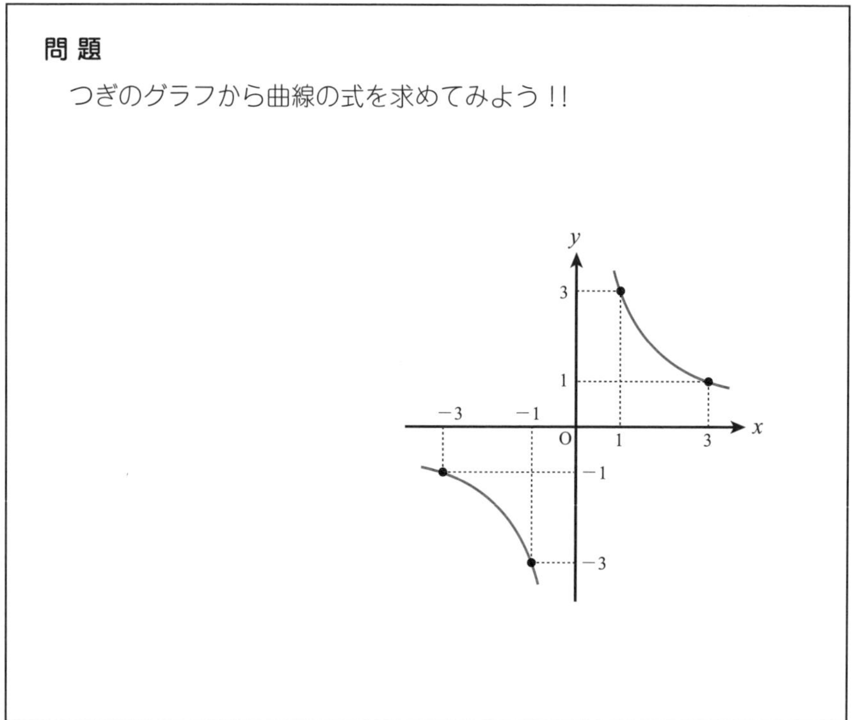

問題

つぎのグラフから曲線の式を求めてみよう!!

＜解説・解答＞

反比例のグラフには特徴（双曲線）がありますので、見ればすぐにわかりますよね。よって、今後このようなグラフを見たらすぐに“**あっ！これは曲線が２個だから反比例のグラフだ！**”と気づき、あなたの手が無意識のうちに $\boxed{xy = a}$ と書くようになってくださいね。さぁ～、あとは座標を１点グラフから読み取り、その x、y 座標を関係式に代入し、比例定数 a を求めて、おわり。お疲れ様でした！　となるはずなんですが、でも残念なことにこれだけではダメなんだなぁ～！「なんでだかわかりますか？」とにかくやるだけやってから考えてみましょうね !!

楽しみだなぁ～　できるかな～

「えっと、まずxとyの関係式を $xy = a$ とおいてと・・・」
「それから、なんだっけ？　そうだ！　座標を読み取るんだった！」
ハイハイ・・・　簡単！　カンタン！
「あれ？　変だなぁ～？　グラフが２つあるけど、いったいどちらから読み取ればよいんだろう・・・？」
おかしいぞ！

このように悩んだ人が必ずいるはずです。いかがですか？　あのね、“反比例のグラフは双曲線”と言われるように２個で１つなんです。言い換えれば２個１組で考えるんですね。　オイ！オイ！　まったく言い方は変わってないぞ。　えっ！　それなら、ん～・・・

とにかく、どちらから座標を読み取ろうと問題はないの！

「あまり難しく考えないでいいんですよ！　でもムズカシイヨネ！」

“なぁ～んだ、それならカンタンだ！”“第Ⅰ象限から読み取ることにしよっと！”（別に第Ⅲ象限からでもOK！ですからね！）

$x=1$ のとき $y=3$、これを $xy=a$ に代入

$1\times 3=a$ だから $a=3$

となり、比例定数が決まった。よって、

$$xy=3 \quad \cdots\cdots（こたえ）$$

よし、できた！　　もしかして天才？　かも・・・

“コラ コラ！”　さっき、これで答えになると言いましたか？

「やるだけやってから、考えよう～」と言ったんです！！笑

以前にも言いましたが、グラフの式は必ず $\boxed{y=}$ の形にしなければいけません。なぜなら、ある x における y の値を求めて点をとり、それが集まってグラフになっていますので、必ず $\boxed{y=}$ の形 で答えなければいけないんですね。わかってもらえますか？

よって、

$$y=\frac{3}{x} \quad \cdots\cdots（こたえ）$$

これが最終的な、グラフの式の形ですからね！

以上で一番大変な関数がおわりました！　ヤッタネ！！

ちょっと一言

高校数学になれば、直線だろうが放物線だろうが、それぞれのグラフを表す式を $\boxed{y=}$ の形にしなくても、問題はありません。しかし、今は数学の入り口にいるので、グラフの式は $\boxed{y=}$ の形に表すべきなんです。

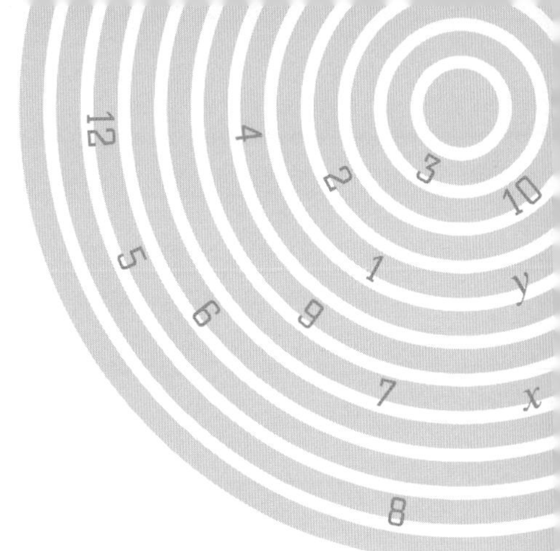

中学1年

第6話

平面図形

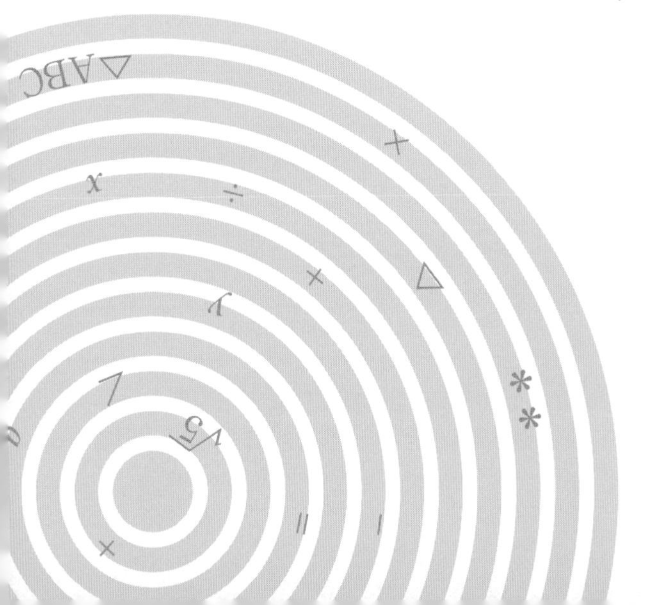

いゃ～　長かったですね･･･。とうとう図形のところまできましたよ！

図形はハッキリいって私は大～っ嫌いです。その大～っ嫌いな図形の話を私がするのですから、想像はつきますよね！　そのとおり！！

とってもやさしくわかりやすいものになるんですよ。　アレ？　もしかして逆を予想していました？

XII　直線と角

ここでは“**いろいろな直線の意味**”“**直線どうしの位置関係の表現方法**”および“**角度の表し方**”を説明します。また、今後図形を勉強していく上での基本となる記号もいくつか出てきますのでしっかり覚えてください。では、本題に入りましょうか・・・

線の名称

右の図を見ながら説明を読んで視覚的に納得してください。ここでは直線についてお話ししますが、直線にはつぎの3種類があり、それぞれに名前がついています。

図1は2点A、Bを通り両側が点を通り越して伸びていますよね。このように両側に永遠に続く線を“**直線**（ちょくせん）”と言います。

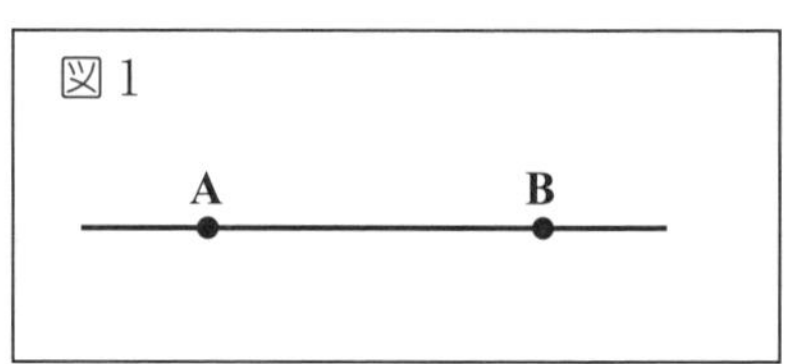

図2は線が点A、Bの間にはさまれていて、どちら側にも伸びていずに線が切れています。よって、この線を“**線分**（せんぶん）”と言います。

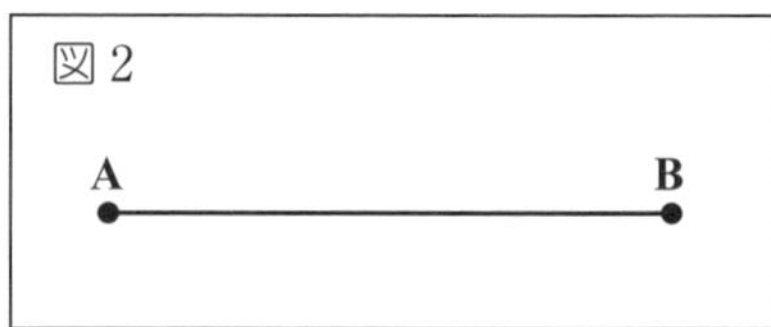

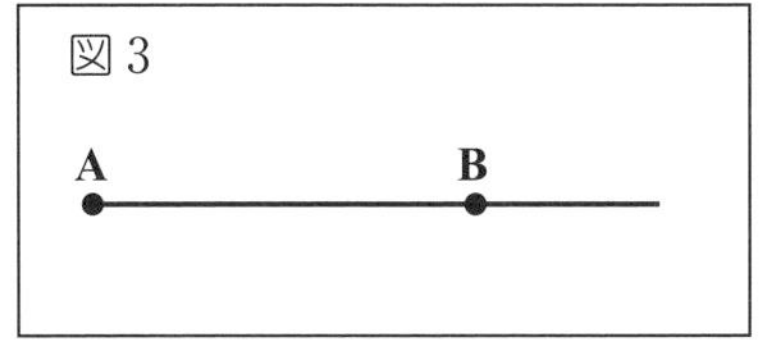

図3の線は点Aでは止まっていて、反対側では点Bを通り越して先まで伸びています。よって、片方だけに伸びている線であることから、これを“**半直線**（はんちょくせん）”と言います。

ハッキリ言って、こんな言葉は今後数学を勉強していく上ではそれほど使い分けしません。でも、知らなくてはいけないようですね！ 変だよな〜！

2 直線の位置関係

ここでは“**言葉**”および“**記号**”について説明することになります。シッカリと図を見ながら解説を読んでくださいね。

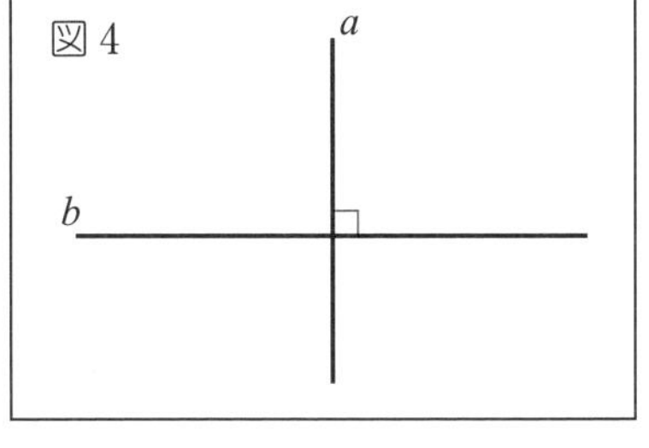

図4を見てください。ここでは2本の直線 a、b が 90° の角度で交わっていますよね。この角度で交わることを“**垂直**（すいちょく）”に交わると言い、記号（⊥）で表します。

よって、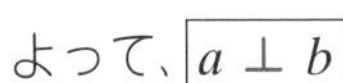

これからはこのように表してください。

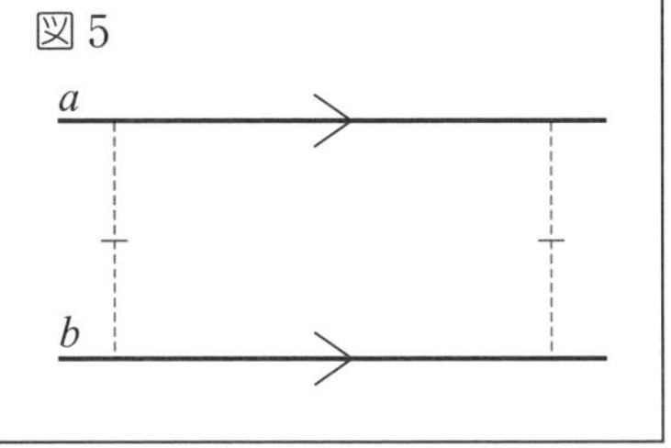

図5はもうおわかりですね。そうです！　この2直線 a、b は“**平行**（へいこう）”の関係です。平行とはお互いどこまで伸ばしても、決して交わることのない関係を言います！ これを記号を使って表現しますと、$a /\!/ b$ となります。これからはこのように表すんですからね。また、この2本線を“**平行線**”と言います。「穴埋問題では、この当たり前の平行線という言葉がなかなか出てこないんです！」

角度の表し方

ここもしっかりと右図を見て視覚的に確認してね！

ここでは2本の直線がナナメの形で位置しています。もし「**角Bに印をつけてください**」と言われたら、10人全員が同じところに印をつけることは絶対にないと断言できます。なぜなら、角Bと言われて図を見ると、点Bの位置には角が2つありますね。だから、ナナメの線を境にして、右側と左側のどちらかに印をつけるはず。よって、それぞれが違う場所を考えてしまったら、大変なことになりますよね。そこで誰もが同じところに印できるように、角度を表すときはアルファベット3個を使って表すんです。線分ABの左側の角B（●）を言いたければ"**角ABC**"と、表現したい角を2個の文字ではさみこむんですね。こうすれば鉛筆で順番に文字を追っていけば、自然に言いたい角度を示すことができます。では、ここでも新しい記号を覚えましょう！

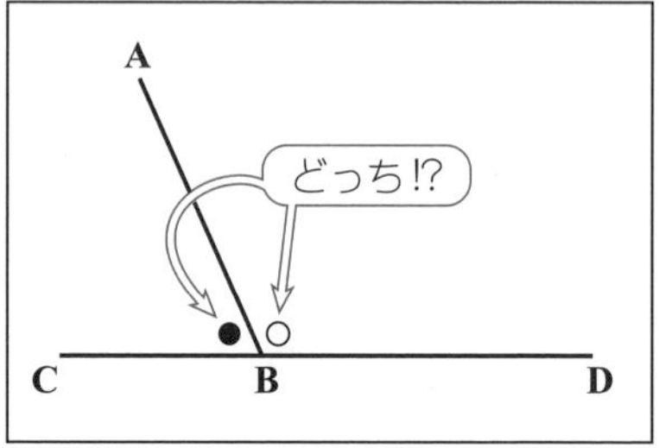

"角"という言葉も記号で表せるのですよ。スゴイでしょ！　では、表してみますね！

角B（●） ⟶ **∠ABC**

このように表現します。この赤で示した外人さんの鼻のような記号が角を表すんです。

ナニがスゴイの・・・？

「このスゴさわかりません？」

ここまでで3個覚えましたよ。では、さっそく問題をやってみよう！

問 題　右の図を見て問いの関係をさがしてください！

（1）平行な辺の組はどれですか？
（2）垂直な関係の辺の組はどれですか？
（3）黒点の角を表してみよう！

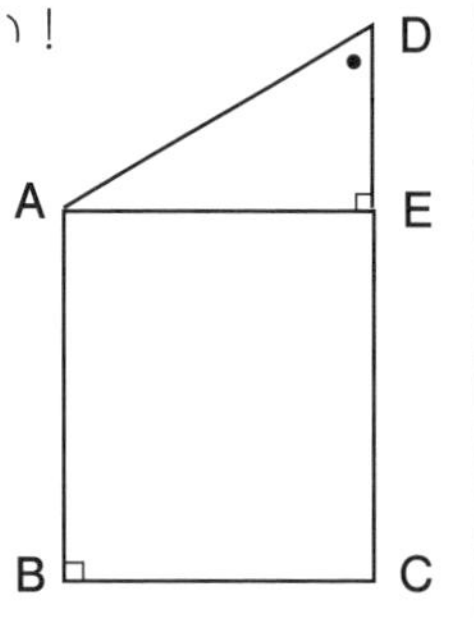

＜解説・解答＞

図の中にある ∟ の赤い（¬）はここの部分が直角（90°）であることを示しているんですね。

（1）平行といえば、永遠に交わることのない 2 本以上の線の位置関係でした。すぐに見えましたか？　「このようになりますが、できましたか？」

AB // DC（または DE、EC)、AE // BC ・・・（こたえ）

どうですか？　「カッコは DC 以外でも OK！　ということですからね！」
赤いナナメの 2 本線が“平行”を表すのでした。

（2）垂直ですね！　90°という意味ですよ。直角とも言います。

AB ⊥ BC、BC ⊥ CE、CE ⊥ EA、AE ⊥ ED、EA ⊥ AB　・・・（こたえ）

ここでみなさんが気になるのはアルファベットの書く順番だと思いますが、ここでは気にしなくてかまいませんよ。

「たま～に、学校の先生でこだわる人がいますから、定期試験のときは気をつけてね！」

（3）点の表し方ですが、表したい部分を真ん中に、アルファベット 3 個ではさみこめばいいんでしたね！

∠ ADE（または∠ EDA）・・・・・（こたえ）

「順番は気にしないでいいからね！」

XIII　図形の移動

平行移動

平行移動とは？

点（図形）を一定方向に、一定の距離だけ移動すること！

まずは、右下の図を見て上記の意味を確認してください！

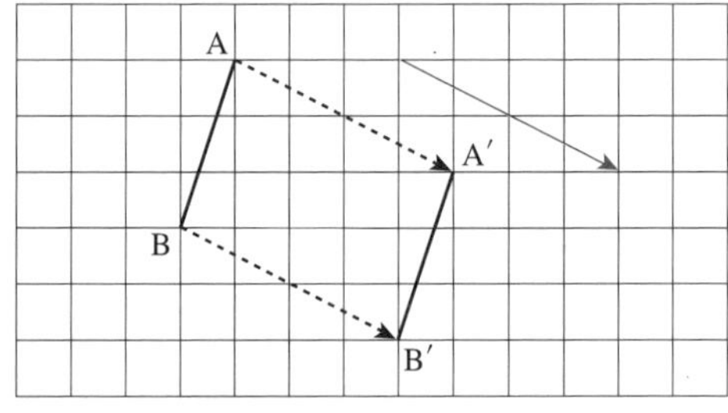

線分ABにおいて、両端の点A、Bをそれぞれ赤い矢印の方向に同じ距離だけ平行移動した点をA′、B′とする。

すると、この2点を結んでできる線分A′B′は、線分ABを平行移動したものになります。

平行移動のポイント！

対応する点どうしを結んだ線分は、平行で長さが等しい。

では、今度は図の平行移動をしてみますね！

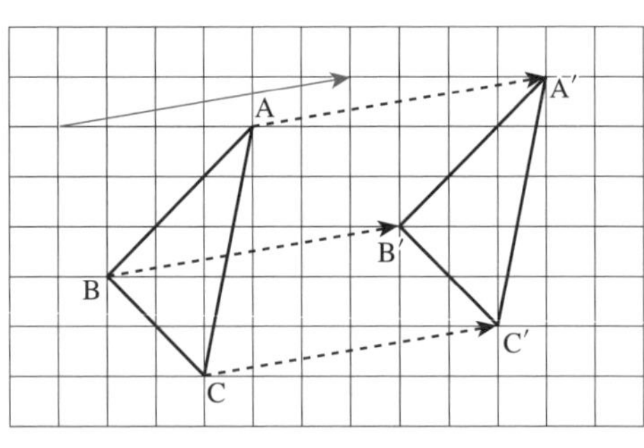

三角形ABCの各点を赤い矢印の方向に同じ距離だけ平行移動した点をA′、B′、C′とする。

すると、この3点を結んでできる三角形A′B′C′は、三角形ABCを平行移動したものになります。

ちなみに、このように形も大きさも変えず位置だけ動かすことを**移動**と言います。　移動の意味なんてわざわざ言わなくてもこれ以外にある訳ないじゃん！？

では、問題を通して理解を深めていきましょう。

問 題　右図の四角形EFGHは四角形ABCDを平行移動したものです。
このとき、つぎの各問いについて考えてください。

（1）　辺 DC に対応する辺はどれですか。

（2）　線分 DH と平行な線分を記号を使いすべて表してみましょう。

（3）　線分 AE と長さが等しい線分を等号を使いすべて表してみましょう。

（4）　∠ BCD に対応する角はどれですか。

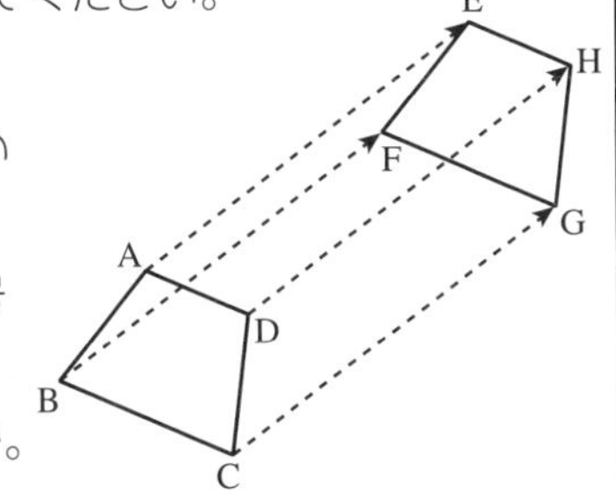

＜ **解説・解答** ＞

（1）　対応する点どうしを合わせて答えてくださいね！ 辺 HG（こたえ）

（2）　DH // AE、DH // BF、DH // CG　・・・（こたえ）

矢印の向きに合わせて答えてくださいね！**ダメな例：DH // EA**

（3）　AE = BF、AE = CG、AE = DH　・・・（こたえ）

（4）　∠ FGH（各点の対応に注意してね！）　・・・（こたえ）

問 題　つぎの各図形を矢印の向きにその長さだけ平行移動してください。

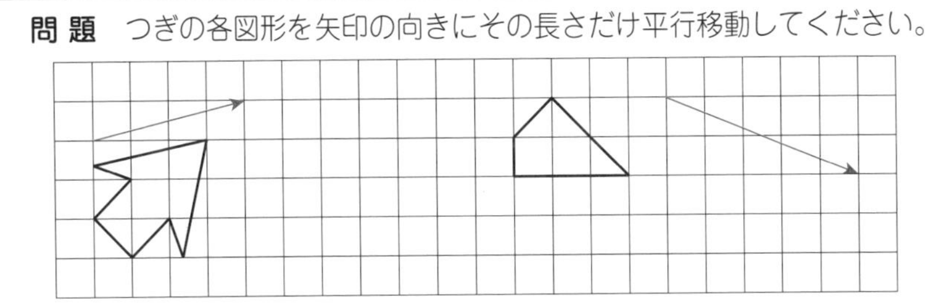

＜ **解説・解答** ＞　よくマス目を数えて、各点を移動させてくださいね！

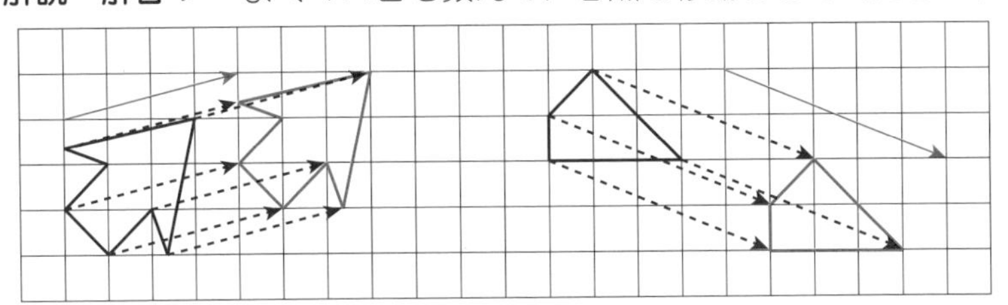

回転移動

回転移動とは？

点（図形）を1つの点を中心とし、そのまわりに一定の角度だけ回転すること。また、中心点を“回転の中心”と呼びます。

そこで、右の図を見て上記の意味を理解してください。

△（三角形）ABC の各頂点 A、B、C を点 O を中心に時計回りに60°回転移動した点を A′、B′、C′とする。

すると、この3点を結んでできる図形 A′B′C′は、△ABC を時計回りに60°だけ回転移動したものになります。

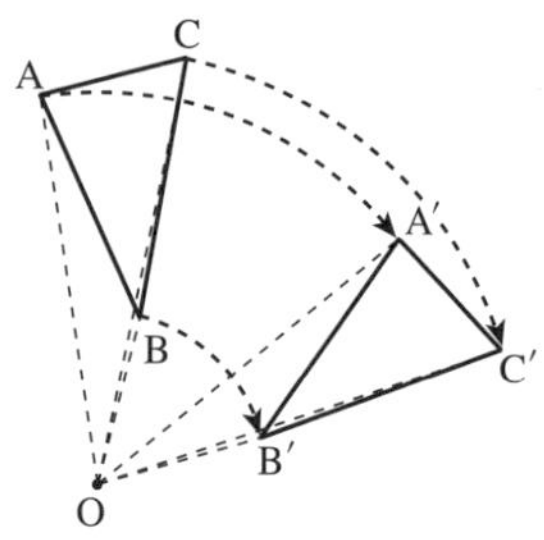

回転移動のポイント！

対応する点は、回転の中心からの距離が等しく、回転の中心と結んでできた角の大きさはすべて等しい。

補：180°の回転移動を“**点対称移動**”と呼び、下図のようになります。

この点対称に関しては、移動よりも**点対称の図であるかの判断**の方が要求されます。

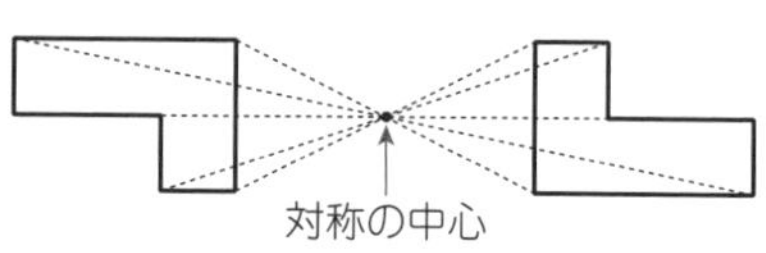

そこで、点対称の図をいくつかお見せしますね！　交点は対称の中心！

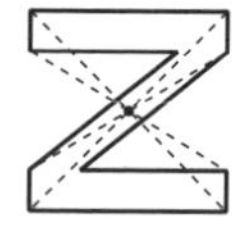
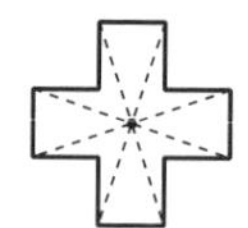
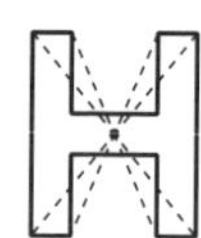

点対称のポイント！

- 対称の中心から、対応する2点までの距離は等しい。
- 対応する2点を結ぶ線分は、対称の中心を通る。

では、問題を通して理解を深めていきましょう！

問 題　右図の△ DEF は△ ABC を時計回りに 120° 回転移動したものです。つぎの各問いについて考えてください。

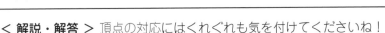

(1)　線分 OD と長さが等しい線分はどれですか。

(2)　辺 CA に対応する辺はどれですか。

(3)　∠ DOE と等しい角はどれですか。

(4)　∠ BOE と等しい角をあるだけ答えください。

(5)　∠ AOB = 65° のとき、∠ BOD の角度を求めてください。

< **解説・解答** > 頂点の対応にはくれぐれも気を付けてくださいね！

(1)　線分 OA　・・・（こたえ）

(2)　辺 FD　・・・（こたえ）

(3)　∠ AOB　・・・（こたえ）

(4)　∠ AOD、∠ COF　・・・（こたえ）

(5)　∠ BOD =∠ AOD −∠ AOB

　　= 120° − 65° = 55°　・・・（こたえ）

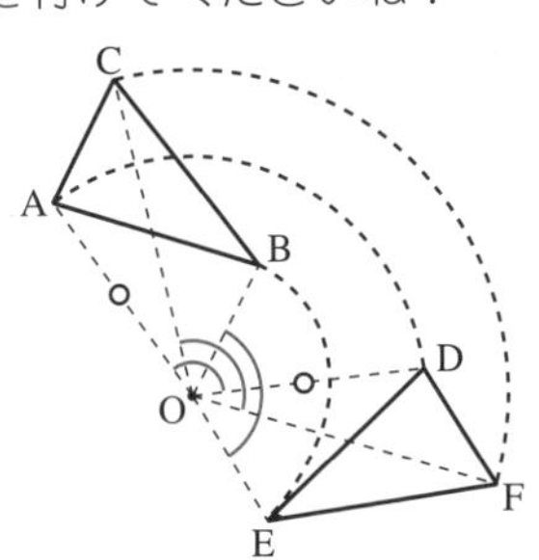

問 題　四角形 ABCD を、点 O を回転の中心として 180° 回転移動させてみましょう。

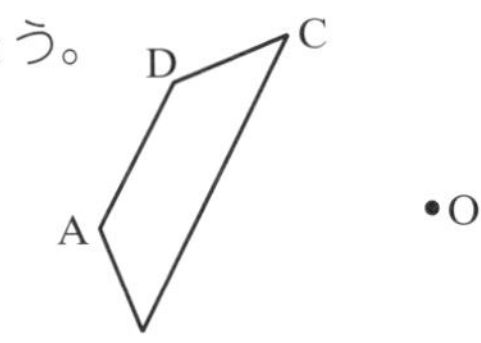

図をここに書き込んでみましょう。

＜解説・解答＞
この（こたえ）は p234 点対称の図の参照で許してね！

問 題　点対称の図であるかの判断方法を考えてみてください。

< **解説・解答** >

対応する点どうしを結んだすべての線分が 1 点で交われば点対称の図。

対称移動

対称移動とは？

図形を直線 ℓ を折り目として、折り返してその図形を移すこと。

右図を見て上記の意味を理解してください。

△ ABC を、直線 ℓ を折り目として折り返してできた△ A′ B′ C′が、△ ABC を対称移動したものになります。

また、折り目とした直線 ℓ を"**対称の軸**"と呼びます。

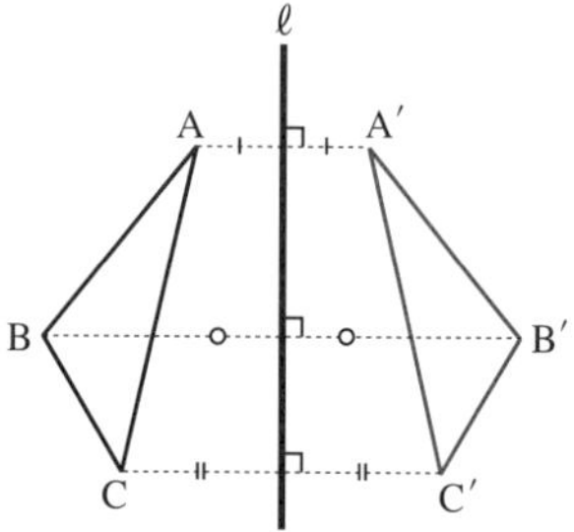

対称移動のポイント！

・対称移動で移る図形どうしは、対称の軸に対して線対称である。

・対応する点を結んだ線分は、軸に対し垂直であり、かつ、軸の交点から各点までの距離は等しい。軸は、対応する点を結んだ線分における垂直 2 等分線とも言える。

ちなみに、**対称の軸**に移動させたい図形が交わっていても問題はないんですね！

右図を見てください。

四角形 ABCD の点 D は軸上の点ゆえ、**不動点**（動かない点）になるだけ。

よって、残りの点から軸に垂線を引き反対側に同じ長さだけ延長した所がその点の軸に対する対称な点となります。

したがって、あとは移動した点どうしを結ぶだけ。

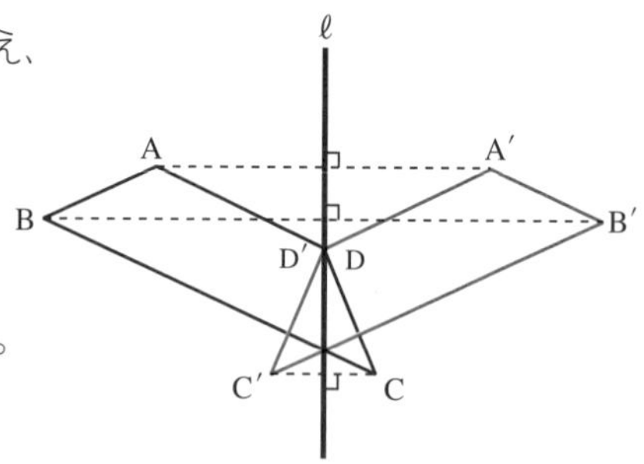

では、問題を通して理解を深めていきましょう。

問 題　図は△ ABC を対称移動し△ A′ B′ C′ を作ったものです。
つぎの各問いについて考えてください。

（1）　辺 CA に対応する辺はどれですか。

（2）　軸 ℓ は線分 AA′ 、BB′ 、CC′ に対し、どのような直線と言えますか。

（3）　直線 BC と直線 B′ C′ が交わる位置はどこでしょう。

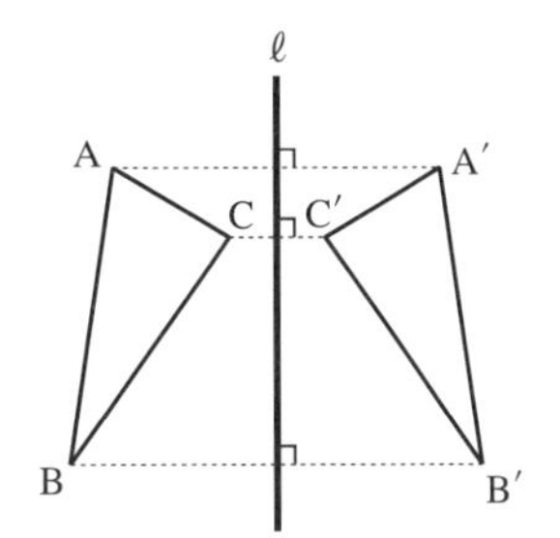

＜ **解説・解答** ＞

（1）　各頂点の対応に気を付けてくださいね！　　辺 C′ A′ （こたえ）

（2）　右図で各線分 AA′、CC′ 、BB′ と軸 ℓ との交点をそれぞれ P、Q、R とします。すると、つぎの関係が成り立つ。

$$\begin{cases} AA' \perp \ell, & AP = A'P \\ CC' \perp \ell, & CQ = C'Q \\ BB' \perp \ell, & BR = B'R \end{cases}$$

よって、

軸 ℓ は各線分の垂直二等分線である。（こたえ）

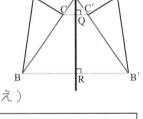

（3）　右図のごとく、軸 ℓ 上で交わる。　　（こたえ）

問 題　右図は正六角形で対角線を結んだものです。△OCD が**平行移動**、**対称移動**して重なる三角形をすべて書き出し、また､点 O を中心に△ OCD を反時計回りに“**回転移動**”し△ OEF、△ OAB と重ねるには、それぞれ何度回転させればよいですか。

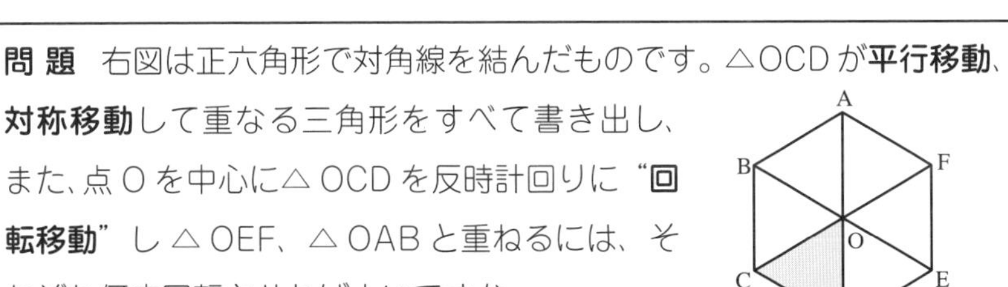

＜ **解説・解答** ＞

正六角形の対角線でできる（各辺を底辺とする）三角形は**正三角形**。よって、**平行移動**では、△ ABO、△ FOE。**対称移動**では、△ OED、△ OAF、△ OCB と、△ OFE、△ OBA（対角線だけが対称軸ではないですからね！）。そして、△ OEF には 120° 、△ OAB には 240° 回転　（こたえ）

XIV 円(えん)および扇形(おうぎがた)

いかがですか？　この程度ならばまだまだ余裕ですか？　ここで悲しいお話をしなくてはなりません。

実は余裕はここまででして、これからはみなさんが（？）苦手な“円”のお話をすることになります。それも、面積や円周のような問題ではないんですね～。でも、やらなくてはいけないのでやってしまいましょう。また、ここでの知識がつぎの“作図”に関係してきますのでとっても大切なんですよ！

①円の部分名

円にはいろいろ名前がついています。この名称は絶対に覚えなくてはいけません。

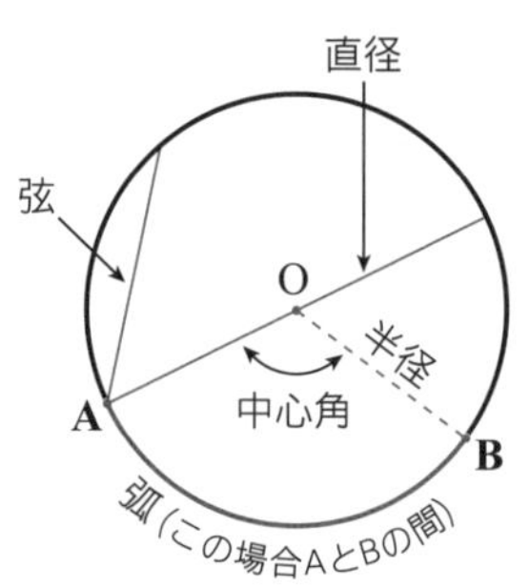

直径(ちょっけい)：円周上の２点および中心を通る線分
半径(はんけい)：中心と円周上の１点を結んだ線分
弦(げん)：円周上の２点を結んだ線分
弧(こ)：円周上の一部分（右上図では AB の間の円周上の長さ）
中心角(ちゅうしんかく)：中心から半径を２本引いたときにできる間の角

さて、ここまでで言葉の説明は終了し、今度は円と弦、および円と接線の性質について説明しますよ。

「たいへんですよね～！」

②円と弦の関係

・弦について

中心から弦に垂線を引くと、弦の真中（中点）で交わります。

この円と弦との関係はと〜っても大切なことなんですね！　作図の知識が案外大学入試のときなんかでも役に立つんです!!

本当だよ！

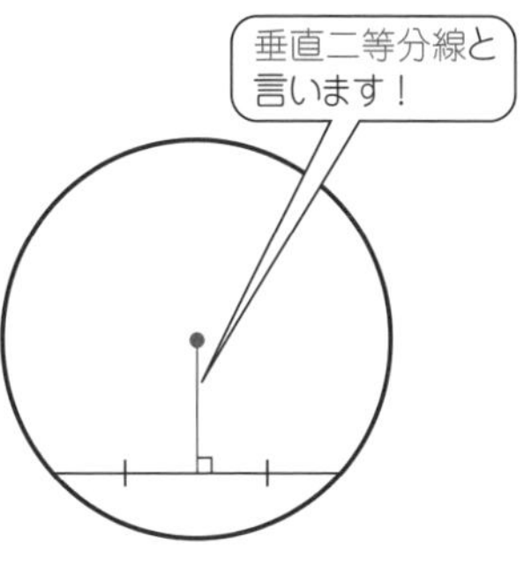

③円と接線の関係

“接線” ってわかります？　直線と円周が同じ1点を通ることを言うんですよ。イメージできますかね？（ｉ）の図を見てください。直線と円周が接していますよね。この接している部分を**接点**と言います。ほら！　接点と点が関係しているでしょ。ここでは（ｉ）の接する関係を基準に（ⅱ）の交わる、（ⅲ）の離れる関係を“中心からの距離”と“半径”との関係で確認することが目的なんです。

(ｉ)

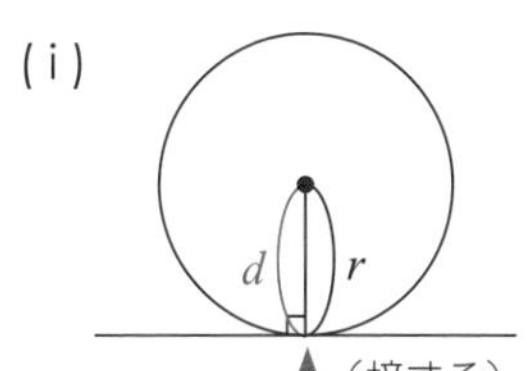

(ⅱ)

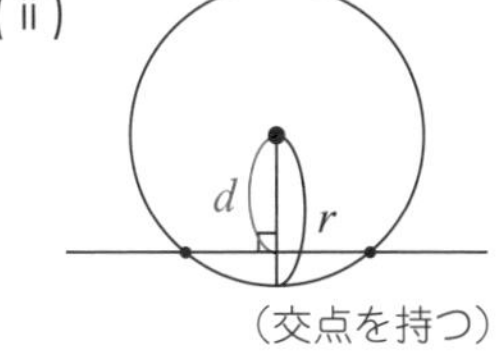

［距離と半径の関係　重要!!］

（ｉ）$d = r$
（ⅱ）$d < r$
（ⅲ）$d > r$

d：中心から直線までのキョリ
r：半径

(ⅲ)

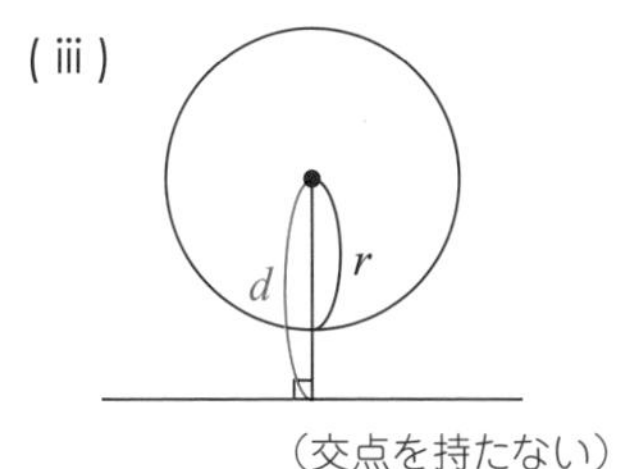

④円と扇形の関係

さて、今度は**扇形**(おうぎがた)です。扇子(せんす)を見たことありますか？　夏の暑いときに開いて、パタパタあおぐアレです。その形を思い出してくださいね。右図の OAB が扇形になります。

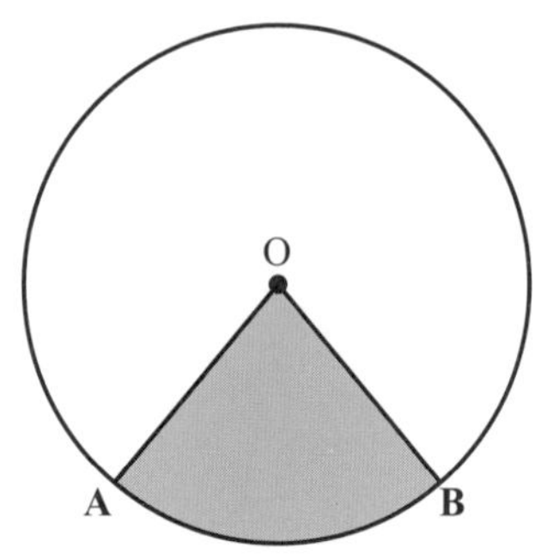

ここではこの扇形の**面積**・**弧の長さ**・**中心角**を求める方法を説明したいと思います。ここは苦手な人が多いんでしょうね！イヤだけどやりますかぁ・・・

本当につらいですよね～!!

せっかくですから、上の扇形を使って話を続けますね。

> **問題**　半径 3［cm］で中心角 60°の扇形 OAB において
>
> （1）　扇形 OAB の面積
>
> （2）　弧 AB の長さ
>
> を求めてみましょう。

＜解説・解答＞

「円の中心角を知っていますか？」中心 O の周りの角度のことで、グルッと回ると 360°になります。これがポイントです！

中心 O から半径をたくさん引いて、円を 360 等分してしまえばすべて解決です！　　　簡単！　かんたん！　カンタン！　「ほんとかなぁ～？？」

つぎのページのように、中心から線を引き中心角 1°の扇形を 360 個集めれば円の面積になり、またその弧を 360 個集めれば円周になりますよね。

この考え方を利用し、扇形がいったい何個の“1°の扇形”でできているかを考えればよいんです。　「おわかりかな・・・？」

そうだな～・・・、先に“公式”を教えてしまいましょうか！

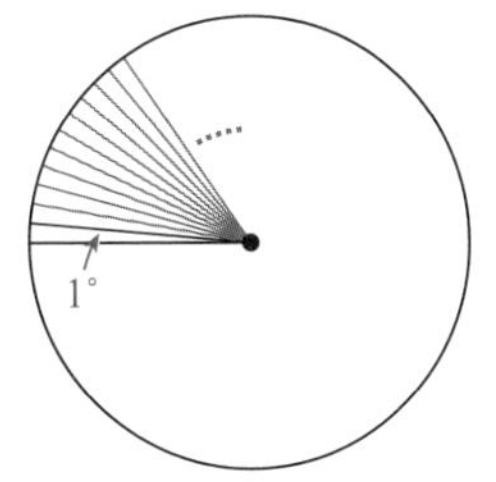

$$\textbf{扇形の面積} = （円の面積）\times \frac{中心角}{360} \quad \cdots\cdots（ⅰ）$$

$$\textbf{扇形の弧の長さ} = （円周の長さ）\times \frac{中心角}{360} \quad \cdots\cdots（ⅱ）$$

上の話は理解できたと思いますので、この公式の意味も大丈夫だよね？！　では、この公式を使ってさっさとすませてしまいましょう!!

（1）　円の面積＝（半径）×（半径）× π（円周率）

$$面積 = \underbrace{3 \times 3 \times \pi}_{円の面積} \times \frac{\cancel{60}^{\,1}}{\cancel{360}_{\,6}}$$

$$= \cancel{9}^{\,3}\pi \times \frac{1}{\cancel{6}_{\,2}}$$

$$= \frac{3}{2}\pi$$

A　3[cm]　360°　60°　O　B

$\frac{3}{2}\pi$ [cm²]　・・・・・・（こたえ）

π：パイと読む
π = 3.14……

（2）　円周 ＝（直径）× π　　直径 ＝（半径）× 2

$$\textbf{弧の長さ} = \underbrace{3 \times 2 \times \pi}_{円周の長さ} \times \frac{\cancel{60}^{\,1}}{\cancel{360}_{\,6}}$$

$$= \cancel{6}^{\,1}\pi \times \frac{1}{\cancel{6}_{\,1}}$$

図形も計算があるんだ・・・
キライだー

$$= \pi$$

<u>π [cm] ・・・・・(こたえ)</u>

最後に、扇形の中心角を求める問題を片づけてしまいますか？

> **問 題**
>
> (1) 半径 6 [cm]、弧の長さ 6 π [cm] の扇形の中心角は？
>
> (2) 直径 4 [cm]、面積が π [cm²] の扇形の中心角は？

< 解説・解答 >

ポイントは中心角を a とおき、公式に代入すれば OK !!

(1) 公式（ⅱ） より

$$\underbrace{2 \times \cancel{6}^{1} \times \cancel{\pi}^{1}}_{\text{円周}} \times \frac{a}{360} = \cancel{6}^{1}\cancel{\pi}^{1}$$

$$\frac{a}{180} = 1$$

$$a = 180$$

6[cm]

a

6π[cm]

<u>中心角 180° ・・・・(こたえ)</u>

(2) 公式（ⅰ） より ［半径：4 ÷ 2 = 2］

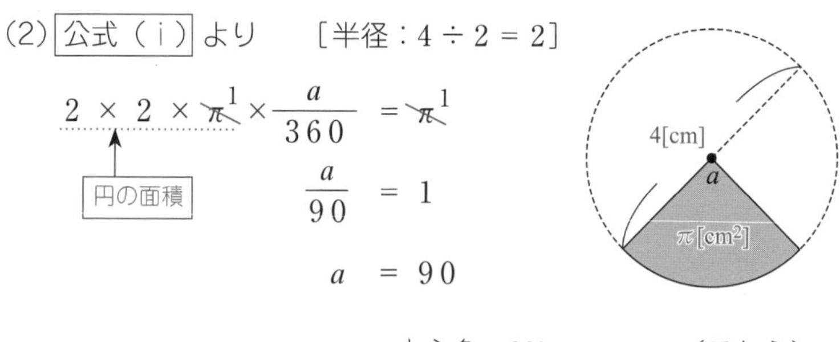

$$\underbrace{2 \times 2 \times \cancel{\pi}^{1}}_{\text{円の面積}} \times \frac{a}{360} = \cancel{\pi}^{1}$$

$$\frac{a}{90} = 1$$

$$a = 90$$

<u>中心角 90° ・・・・(こたえ)</u>

ごめんね！ 実はまだ面積の問題があと 1 問ありました。

「おこっているよね～？」

問 題

半径が6［cm］、弧の長さが4 π ［cm］のとき、扇形の面積を求めてみよう!!

＜解説・解答＞

中心角がわからないので、少し面倒そうですね！

でも実はもう1つ公式があるんだよ～！

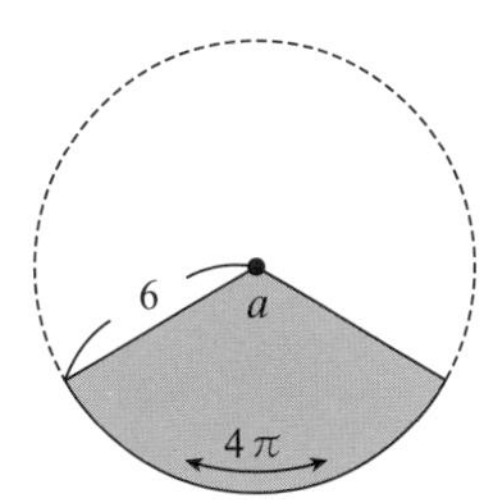

とにかく今までの考え方で解いてみましょう。

方針としては、とにかく中心角を a とおいて、求めなくてはいけませんね。

まず公式に代入！

$$（弧の長さ）4\pi = 2 \times 6 \times \pi \times \frac{a}{360} \quad \cdots\cdots ①$$

$$（面積） = 6 \times 6 \times \pi \times \frac{a}{360} \quad \cdots\cdots\cdots\cdots ②$$

あれ？　①、②の式を比較してみてください。「気がつきません？」

私は気づきましたよ！　面積が求められればよいのであって、別に中心角が知りたいわけではないんですからね！　①の式から $\frac{a}{360}$ の値がわかれば②の式に代入して解決なんじゃないのかな？！　決まった！

方針を変えます。①より

$$2 \times 6 \times \cancel{\pi}^{1} \times \frac{a}{360} = 4\cancel{\pi}^{1}$$

$$\frac{a}{360} = \frac{4}{12} = \frac{1}{3} \quad \cdots（*）$$

よって、②に（*）を代入！

$$（面積） = 6 \times \cancel{6}^{2} \times \pi \times \frac{1}{\cancel{3}_{1}} \quad \boxed{\frac{a}{360}}$$

$$= 12\pi［cm^2］\cdots\cdots（こたえ）$$

案外簡単にできてしまいましたね！　でも、もっと簡単にすぐ答えが出る公式があるんです!!　知りたい？　どうしようかなぁ～・・・

仕方ないなぁ～！　授業だったら自分で公式を導かせるけど、今回は私がやりますから､公式の仲間に入れておいてくださいね。「興味ある人だけ読む！」

では、ここでまず下のように文字を使います。読まなくても OK !!

（扇形の弧の長さ）：l,　（面積）：S,　（半径）：r

$l = 2\pi r \times \boxed{\frac{a}{360}}$ ・・・(A)　$S = \pi r^2 \times \boxed{\frac{a}{360}}$ ・・・(B)

$\boxed{\frac{a}{360}}$ が共通。そこで（A）を変形

$2\pi r \times \frac{a}{360} = l$　だから､$\boxed{\frac{a}{360}} = \underline{\frac{l}{2\pi r}}$ ・・・(C)

この（C）を（B）の $\boxed{\frac{a}{360}}$ に代入しますよ！

$S = \pi r^2 \times \frac{l}{2\pi r} = \pi \times r \times r \times \frac{l}{2\pi r} = \frac{1}{2} lr$

よって、公式は以下のようになりますね！　公式だけは覚えること！

公式：　$S = \frac{1}{2} lr$　（弧の長さと半径だけで面積がわかる）

では、先ほどの問題をこれを使って解いてみましょう。

$S = \frac{1}{2} \times 6 \times 4\pi = \underline{12\pi \text{ [cm}^2\text{]}}$ ・・・・・（こたえ）

となり、簡単にできてしまいましたね！　やれやれ！　おわった!!!

ひとりごと・・・　そのわりにはやけに大きいな～！

実は私、劣等感のかたまりなんですよ！　小・中・高と成績は最悪！　特に中学時代は超肥満児で成績は学年 350 人中 310 番台。デブで成績が悪かったゆえ、一部の成績の良いヤツらからよくからかわれましたよ！　高校も進学校ではなく、相変わらず成績は良くありませんでした！ しかし、それでも **"夢"** はあり、無理を承知で志望校を受験。当然のことながら、数学の答案には受験番号しか書けずに、**2 時間**数学の白紙答案 4 枚とのニラメッコ。回収されるときのみじめさ、わかりますか？　その後自分なりに勉強しましたが成績は上がらず、勇気を出して、当時**受験数学の神様**と言われた **"なべつぐ先生"**（渡辺次男先生）のところへ "数学を教えてください" と新宿の予備校へ・・・。

当時先生は 70 歳を越えていたと思います。なべつぐ先生は一言も言わず、私の参考書の問題に淡々と 10 問ほど印をつけ、無言で返されました。私はその問題をノートにやり、チェックをしてもらうためだけに明くる日の朝 7 時までに新宿の予備校へ。そして、最初の問題が間違っていたならば、ノートに大きくバッテンされ、無言でノートがつき返される。この生活がほとんど毎日つづき、半年を過ぎた頃、先生が勘違いをされ大きくノートにバッテンを。しかしすぐに気づき「すまん！　おわびにこれをあげよう！」と小さい石のホルダーを私にくれました。この時点までの半年間、先生からはまったく声をかけられていないんです。驚きましたよ！　この石のホルダーは今でも私の宝物です。そして、受験がおわり、結果は不合格。先生からは一言「**どうして君が落ちるんだ・・・！**」と。　私は不合格のことも忘れその言葉がうれしくてね～!!

先生には約 2 年間ノートを見ていただきましたが、このたった 5 分の 2 年間が今の私の数学の源です。みなさんはたった 5 分間、ノートを見てもらうためだけに毎日**朝 5 時半**起き、これを **2 年間**続けられますか??

私が伝えたいのは、**人は必ず他人には言えない、つらい努力をしている**ということです。これを読んで勉強している人たちも、あきらめずに少しずつ、ゆっくりでいいからがんばってほしいんですよ。数学のできないつらさは、誰よりもわかっているつもりです。「**数学を勉強していて "涙" が出てきたことがありますか？**」私は何度もあります。本当ですよ。

実は、私はまだ子供の頃の **"夢"** がかなわずにいます。それゆえ、未だ夢をあきらめきれずに努力しています。"つらい" のはあなただけではありません！　一緒にがんばりましょうよ！

" 夢なくして人生とはなんぞや！ "　**みんながんばろ～ぜ !!**

XV　作図について

ここ作図の項目では、コンパスと定規だけを使って、1本の直線（線分）に対し90°、60°または30°の角度を持つ直線を引くことにチャレンジします。「分度器を使わずにできるの？」と一瞬考えてしまいますよね。そこで少しだけ図形の知識を使わなければいけません。まず、作図で必要な図形の基本的性質を確認しておきましょう！

（i）正三角形：3辺の長さが等しく、内角はすべて60°である。

（ii）二等辺三角形：頂角の角の二等分線は底辺の垂直二等分線となる。

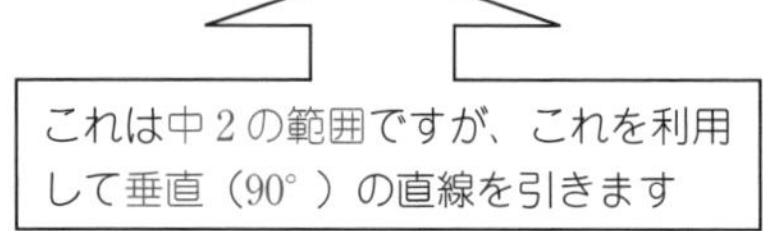

これは中2の範囲ですが、これを利用
して垂直（90°）の直線を引きます

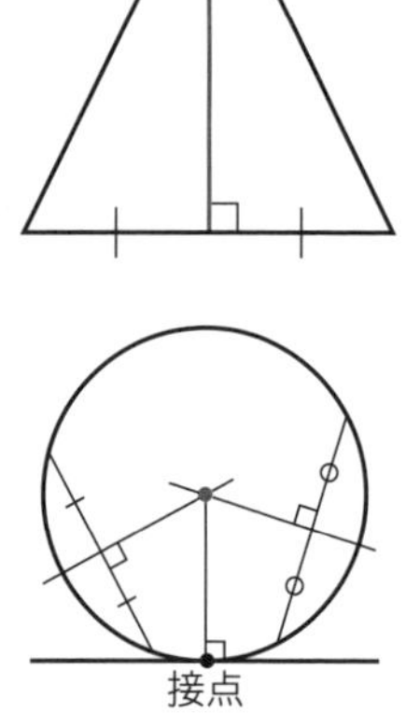

（iii）円に関して

・円の中心は弦の垂直二等分線上にある。

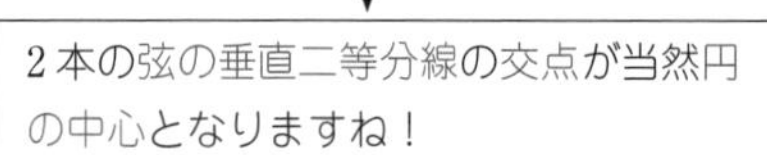

2本の弦の垂直二等分線の交点が当然円
の中心となりますね！

・円の接線における接点と円の中心をむすんだ半径は、接線と垂直（90°）の角度をなす。

以上の点に注意して、これからの説明を読んでくださいね！

これで準備はできました。では、さっそく作図にとりかかることにしましょう。はじめは、作図の基本となる“垂直二等分線”の引き方です。

これを土台に、ほとんどの作図をかくことになるので、と～っても大切ですからね！　しっかりと身につけてくださいよ!!

垂直二等分線

①

A B

②

A B

点Aから線分ABの半分より長めにコンパスを開き、線分ABの上下に図のようにしるしをつける。

③

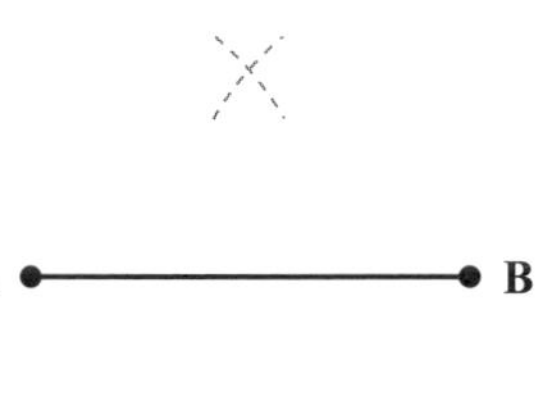

点Bからもコンパスの開きはそのままで同じようにしるしをつける。

④

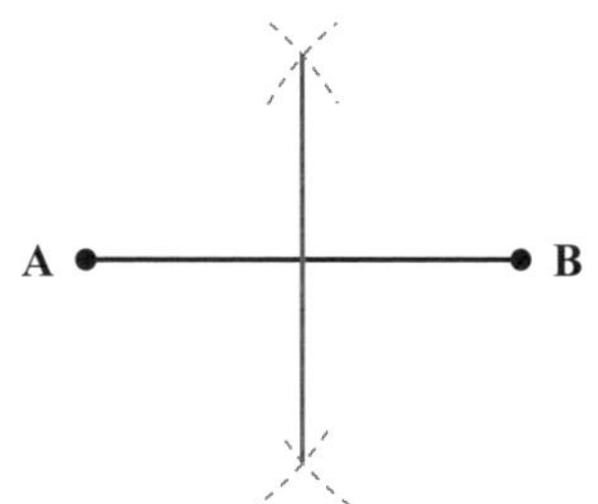

線分ABの上下の交点をむすぶ。

終了

角の二等分線

①

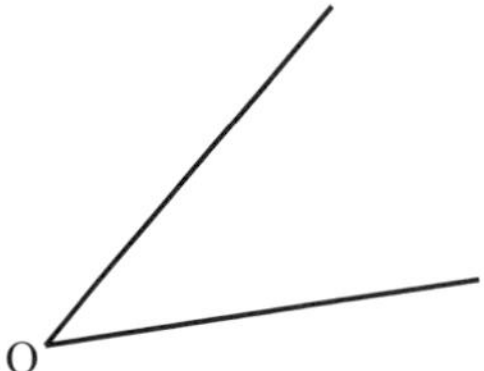

②

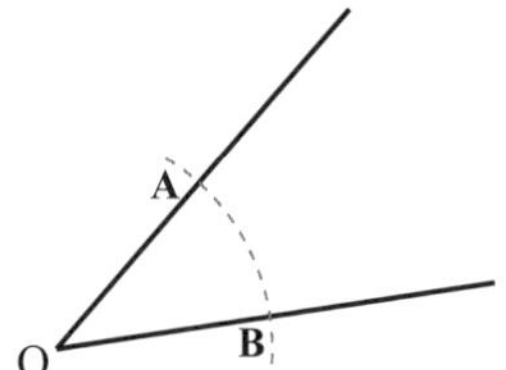

点Ｏから適当な幅にコンパスを開き、図のように2ヵ所（交点）にしるしをつける。

③

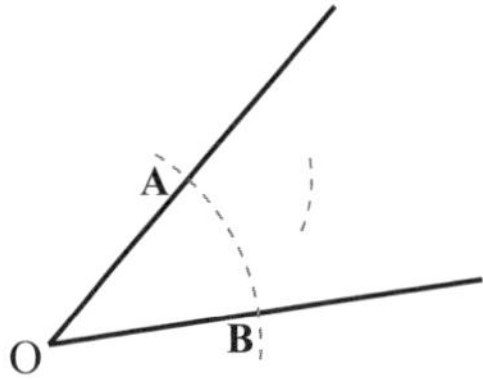

点Ａよりコンパスをそのままか、または２点Ａ、Ｂの幅程度にして図のように１ヵ所しるしをつける。

④

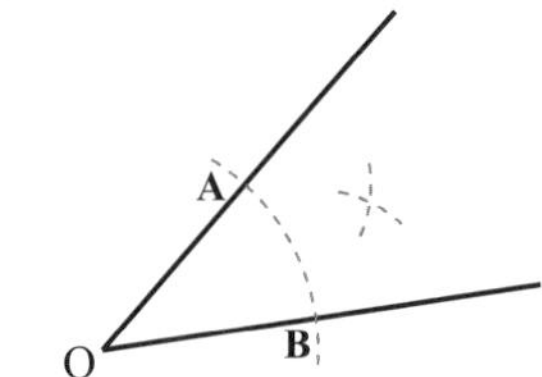

コンパスの幅はそのままで、点Ｂから③でつけたしるしと交わるように交点を作る。

⑤

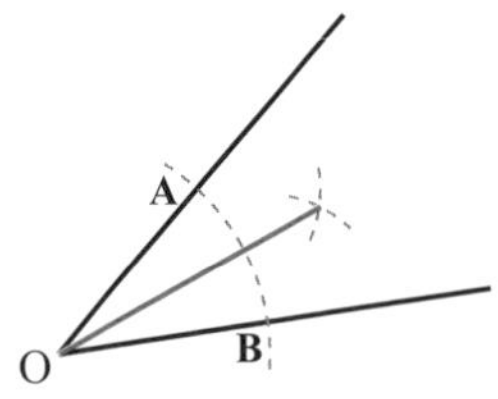

点Ｏと交点をむすぶ。

終了

3点を通る円（円の中心を作図）

①

A

B　C

線分 AB、BC を弦と考える。

②

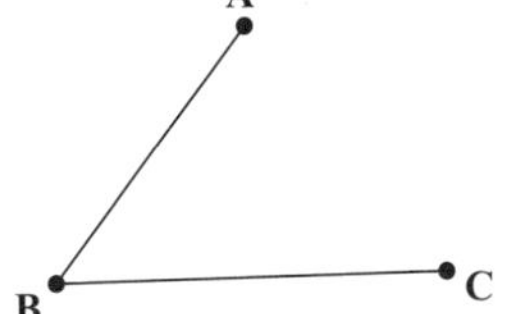

2点AとB、BとCをむすぶ。

③

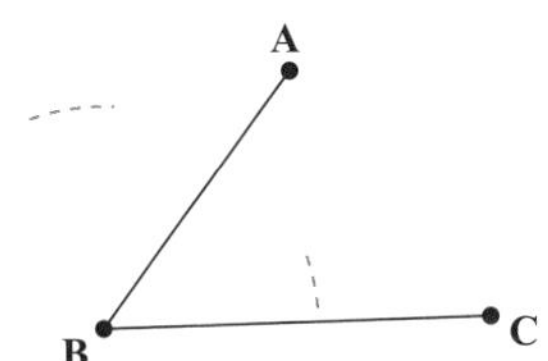

④

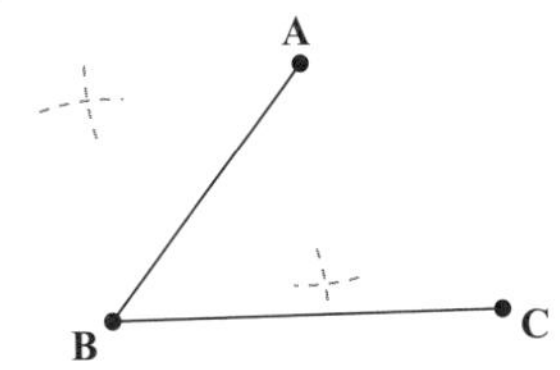

③④⑤の順で線分 AB の垂直二等分線を作図する。

⑤

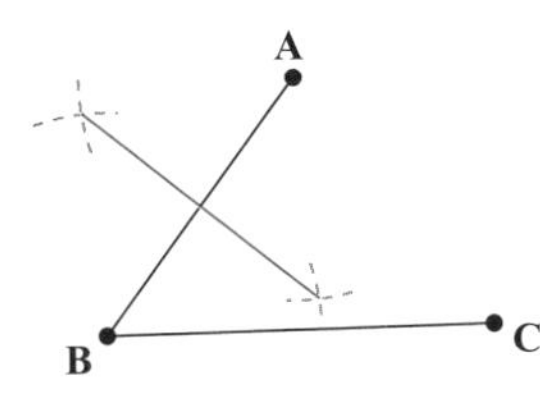

⑥

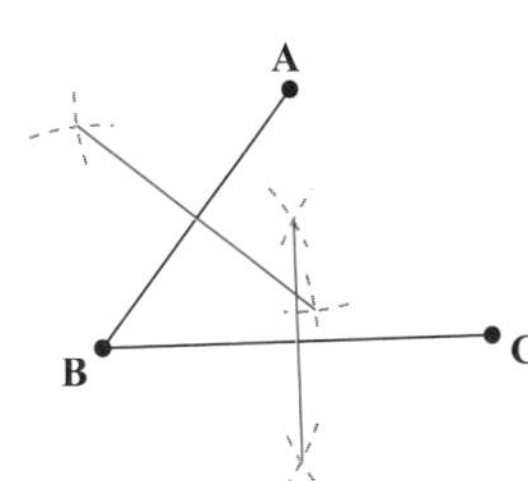

⑦

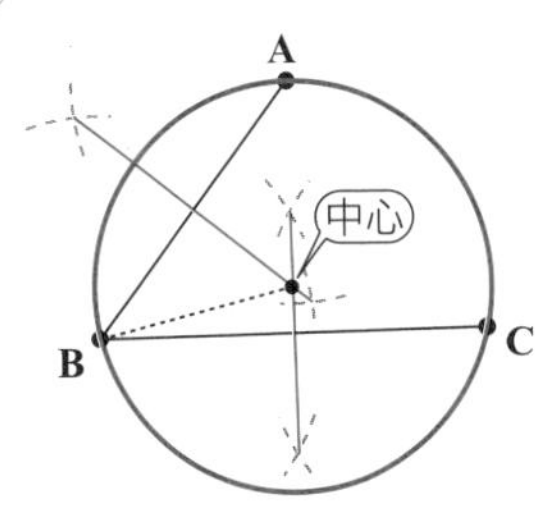

同じようにして線分 BC の垂直二等分線を作図する。

円の中心と3点 A、B、C との距離は等しいので、ここでは⑥の2本の垂直二等分線の交点と点 B との距離を半径とし、円をかく（点線が半径となる）。

終了

線分に対し 30° の線を引く

①

②

点A側を少し伸ばす。

③

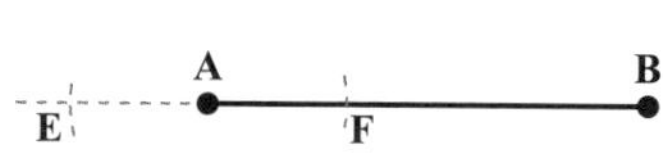

点Aを中心に適当な幅にコンパスを広げ、図のように線上の2ヵ所（E、F）にしるしをつける。

④

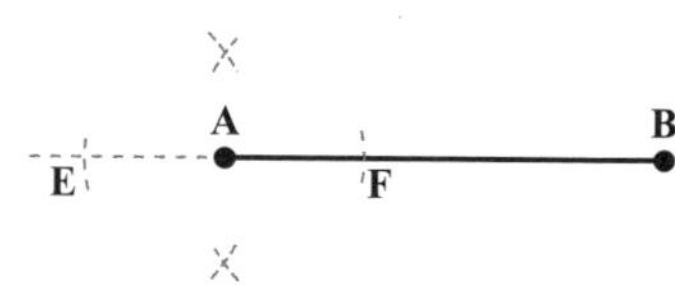

④⑤の順で線分EFの垂直二等分線を作図。

⑤

点Cは適当にとってOK！

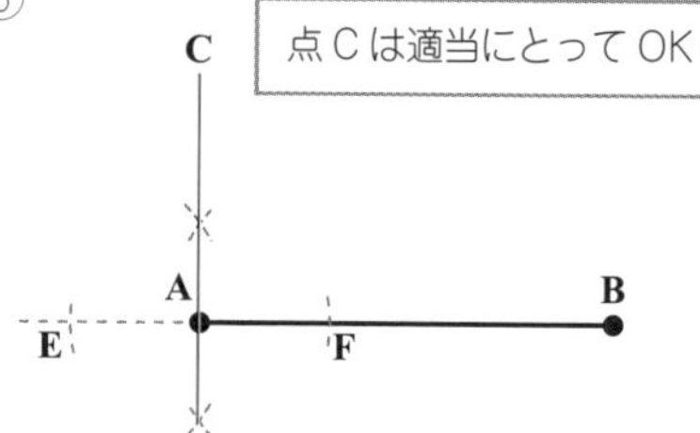

⑥

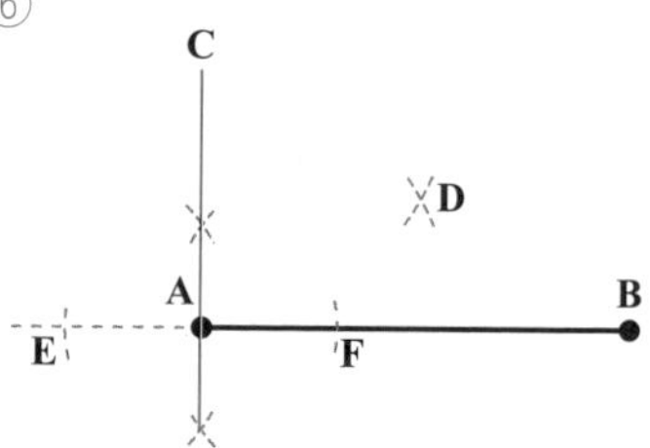

線分ACの長さにコンパスを合わせ、点A、Cから図のように交点Dを作図。

⑦

⑥の作図でAC=CD=DA、だから三角形ACDは正三角形となり∠CAD = 60°。よって、
∠DAB = 90° −∠CAD（60°）
= 30°

終了

卒業試験（円の接線）

問題　円Oに接線を作図してください。

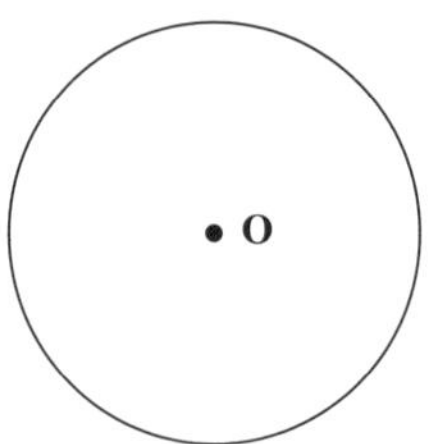

＜解説・解答＞

問題を読むと、たいへん難しく感じた人もいるかと思います。でも、今までやったことを思い出せば、簡単！　方針は、円の中心から好きなように半径を引き、円周上に接点を１つ決める。そして、その点を通り半径に垂直な直線を作図すればよいわけですね！「言うのは簡単ですよね！　失礼しました！」

①

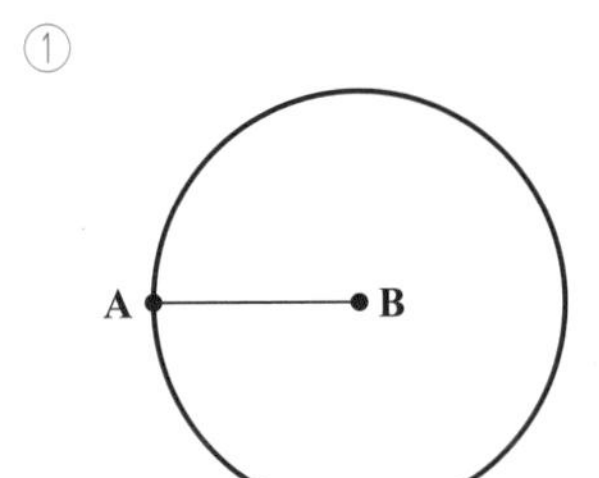

中心から半径ABを引く。

②

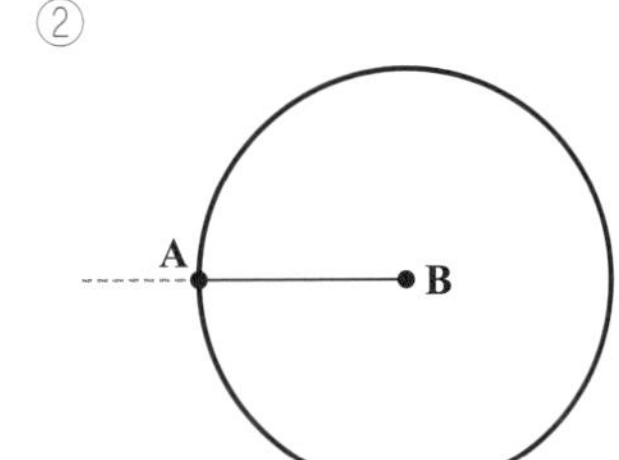

円周上の点Ａ（接点）から左側へ線を少し伸ばす。

③

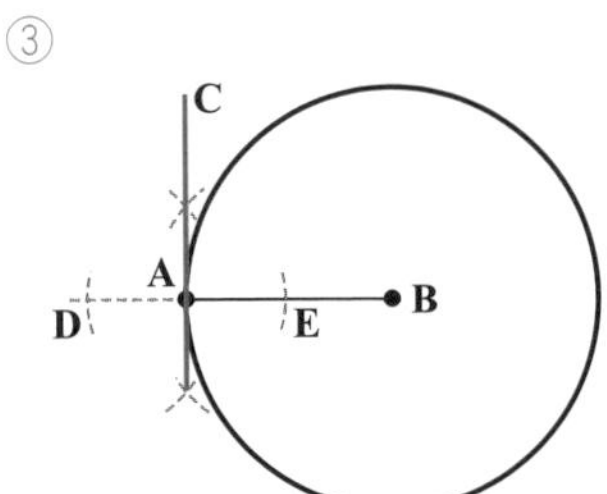

点Ａにコンパスの針を刺し、図のように半直線上に２交点Ｄ、Ｅをとり、あとは作図の一番はじめに解説した基本中の基本である、線分DEの垂直二等分線を作図すれば、それが円Ｏの点Ａにおける接線となる。

終了

ひとりごと・・・「算数はむずかしい～！？」

とことん考えて欲しいので、ここで答えは言及しません！

ここでは3つのお話をしたいと思います。と言うか、考えて頂こうかと…。

1：和と積の関係について！

算数の復習 質問1「かけ算はどんなときに使いますか？」に対し、私は「同じ数を（たくさん）たし算しなければいけない場合」と言いました。これは別に間違いではないんですが、では、ここで質問ね！

「7 × 3 = 7 + 7 + 7」のように**「かけ算は常にたし算で表せる！」**と断言できるのか？ そこで、**もし**断言できると言う方はつぎのかけ算をたし算で表してみください！　和と積の延長線上に、常に互いが存在しているのか？

・7 × 1 = ・・・・・・？　交換法則の利用はダメ！

2：分数のたし算について！

私は、算数で分数のはじめにつぎのような説明を受けた記憶があります。

（図のように）「玉が2個あり、その内の1個が2分の1である。」

●○ → $\frac{1}{2}$　黒玉に着目して分数で表してみました。

もし、この説明が正しいと、つぎの分数計算が成り立つのですが、でも、間違いですよね！「ナニがいけないんだろう～？」

●○ ＋ ●●○ ＝ ●●●○○　黒玉に着目ね！

$$\frac{1}{2} + \frac{2}{3} = \frac{3}{5}$$

ナニか変だよなぁ～？？？

3：四則計算の順番について！

四則計算では、和（差）と積の混合計算では必ず積を先に計算します。

では、「ナンデなんで？」これは単に決まりではなく、ちゃんとした理由があるんですね！　ヒント：答えはつぎの問題の解法の中にあります。

問 題　自宅から駅まで、最初の1kmは歩き、残りは時速12kmで15分間自転車を使いました。自宅から駅までの距離を求めてください。

中学1年

第7話
空間図形

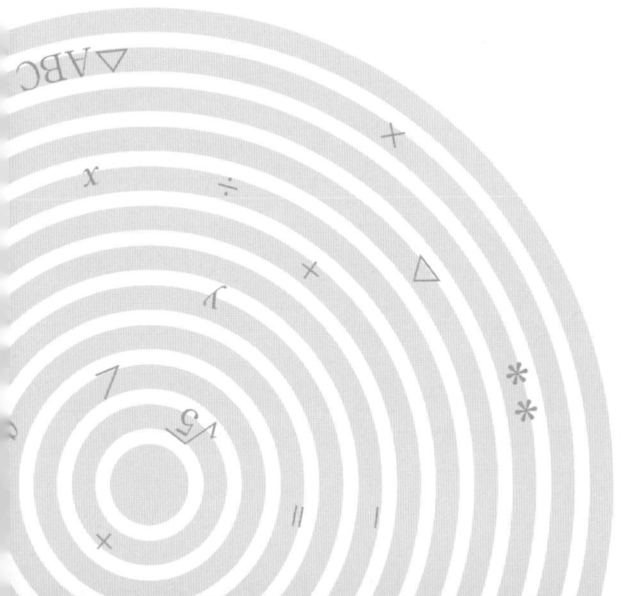

XVI　直線と平面の位置関係

みなさんは絵が得意ですか？　例えば箱とかかけます？　見えない辺を点線で表す、アレですよ！？　私はこれが昔ニガテでね。でも、コツをつかめば案外簡単なもの。では、その箱（直方体）を使ってお話しします。

辺と辺（面）の位置関係

直方体における“辺”と“辺（面）”の位置関係には、

・平行　　・垂直　　・ねじれの位置

この3つしかないんですね。この中でみなさんが初めて目にするのはたぶん“ねじれの位置”という言葉ですよね！　想像できますか？　わかるわけナイヨネ！　当然です。ん～・・・、これから私の言うようにしてもらえますか？　では、まず鉛筆を2本、机に立ててください。今2本の鉛筆は平行ですね。では、右か左の1本を机に倒してください。このようにしてもこの2本は平行ではないのに、それぞれの鉛筆をどんなに伸ばそうとも絶対に交わりませんよね。その立っている1本の鉛筆と机に倒れている鉛筆の関係が**“ねじれの位置”**なんです。言っていることわかります？？

では、問題を使って説明しますね。

問題　右の直方体に関してつぎの問いを考えてみましょう！

（1）辺CDと平行な辺はどれですか？

（2）辺ABとねじれの位置にある辺はどれですか？

（3）辺BCを含む面はどれですか？

（4）辺EHと交わる辺はどれですか？

（5）辺BFに垂直な辺はどれですか？

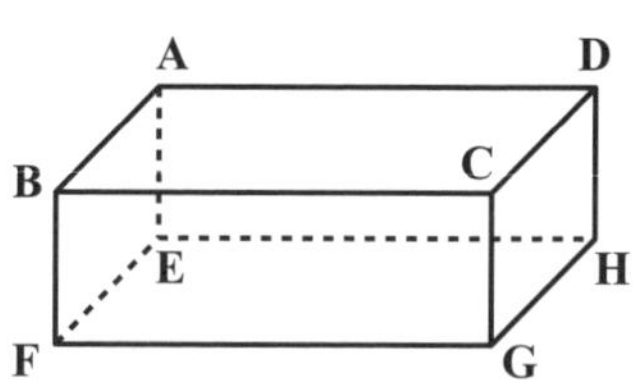

＜解説・解答＞

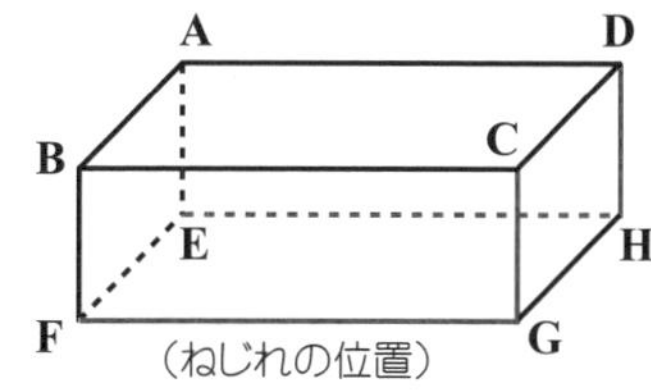

（1）辺 CD に対して平行ですから、
辺 BA、辺 EF、辺 GH　の 3 本ですね。

（2）ねじれているのですから、平行ではないんですよ！
辺 EH と辺 FG、この 2 本は案外見えるんですよね。でも、ここから先が見えない人が多いんですよ。いいですか、**残り 2 本**。
辺 DH と辺 CG、これもねじれの位置ですよ！　よって、
辺 EH、辺 FG、辺 DH、辺 CG　の 4 本です。　　見えなかった！

（3）面 ABCD、面 BCGF　ですね。これはよいですね？

（4）辺 EH と交わるということは、点 E または点 H を通る辺を見つけるだけですね。よって、
辺 AE、辺 FE、辺 DH、辺 GH　の 4 本です。

（5）辺 BF に垂直（90°）ですから、
辺 AB、辺 CB、辺 EF、辺 GF　の 4 本です。

位置関係の問題で、今は“辺”に関してのチェックをしました。今度は“面”に関して確認しますよ！

問 題　右図を見てつぎの問いを考えてみよう！
直方体を底面の対角線で半分に切った片方の立体です。

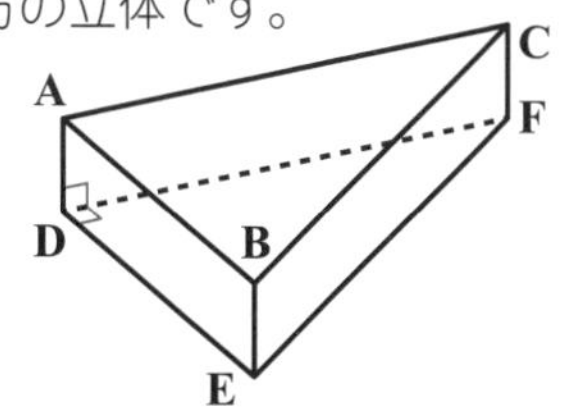

（1）互いに平行な面はどれかな？
（2）面 ABED と垂直な面はどれかな？

< 解説・解答 >

（1）こういう言い方の問題だと必ず「先生～、1個でいいの？」という生徒がいます。これはあるだけすべてという意味ですからね。でも、もし1個しかなければ1個でかまいませんよ。

この図形には面が5個ありますね。でも、平行である面は1組だけですよ。それは面 ABC と面 DEF の1組だけですね。

いいかな？　つぎにいくよ・・・・

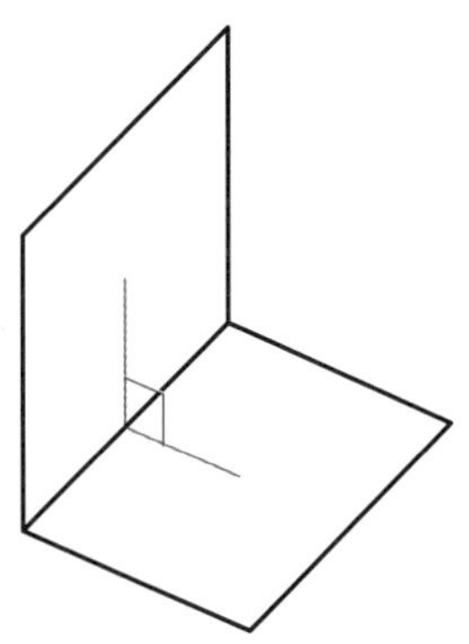

（2）垂直な面とは右図の関係を言います。
そうなると答えは簡単ですね。
面 ACFD、面 ABC、面 DEF
の3個です。

面と面に関しては平行と垂直の2つしかありません。
面どうしのねじれの位置などは存在しませんからね !!
では最後に“線と面”について確認しましょうか！

線と面の位置関係

ちょっと問題をやる前に、簡単に“線と面との関係”を図で説明しておきますね。これって案外教えている側が考えているより、みなさんにはこの2つの関係が見えないことが多いんですよ。思うに、図形（特に空間図形）に関してはセンスの“ある・なし”の影響がある気がします・・・。

「この程度で何を言うか！」と学校の先生から叱られそうですが、でも見えない人にはやはり見えないと思いません？！　「私は空間もニガテです !! 」

①線と面が平行

線と面が“平行”とは右図のことを言うんですよ。

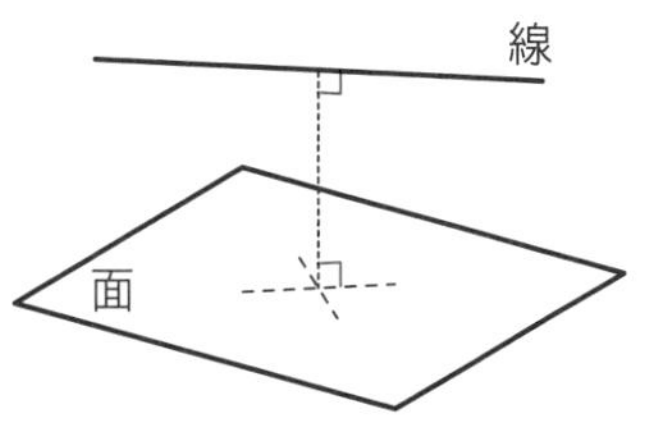

当たり前のことを言っておきます。
線と面の間に“手”が入りますからね。
必ず間があいているんですからね!!

②線と面が垂直

線と面が“垂直”とは右図のことを言うんですよ。

イメージとしては床（面）と柱（線）と天井（面）です。

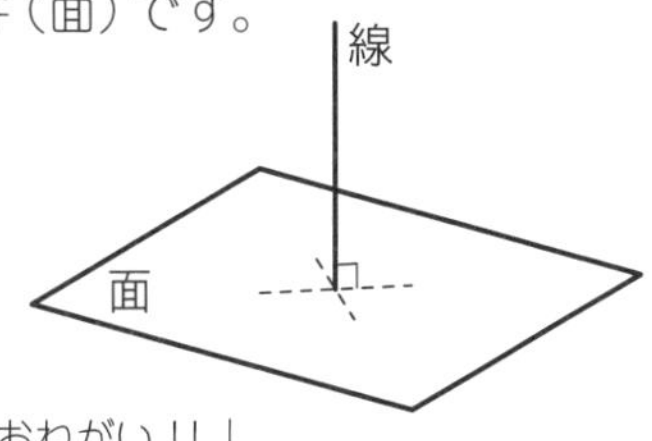

これでなんとか理解してくださいね。　「おねがい!!」
では、最後に“線と面”のチェックをしますよ！

問題　右図を見てつぎの問いを考えてみよう。
直方体を底面の対角線で半分に切った片方の立体です。

（1）面 DEF に平行な辺はどれ？
（2）辺 BE に垂直な面はどれ？
（3）面 BCFE に平行な辺はどれ？

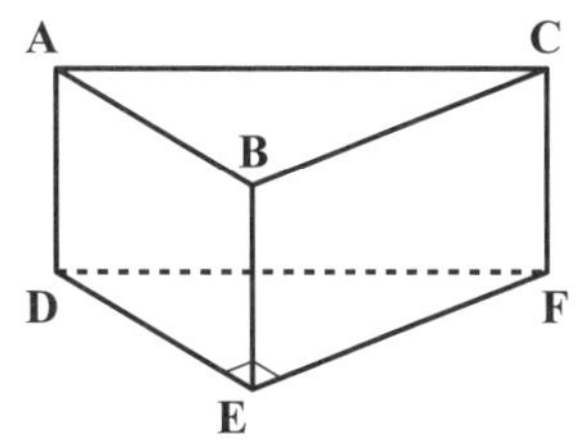

＜ 解説・解答 ＞

（1）このページの上の図を思い出すんですよ。では、答えを言います。

辺AB、辺BC、辺CA　の3本です。　書く順番は気にせずに

ときどき、辺DE、辺EF、辺FDも言ってしまう人もいます。でも、面DEFとの間に手が入りませんよね。必ず間があいていなければいけません！　いいですか？　注意してくださいね！

(2) 辺BEに垂直ですから“柱に対する床と天井の関係”でしたね。

面ABC　と　面DEF　の2個です。

(3) これも（1）と考え方は同じですね。すぐに見えましたか？

「何本あります？」ときどき3本と言う人がいて、辺AD、辺BE、辺CFと答えます。「どう思いますか？」当然、違いますね。ダメですよ！

辺BE、辺CFがどういうわけか、面BCFEに平行に見えるようなんです。でも、「間に手が入らないでしょ？」

“ぴ〜ん”と来ない人は“手”で判断してください。

よって、

本当の答えは、辺ADだけなんです。

想像していたよりは、
案外簡単かも・・・

「そうだといいんですけどね!?笑」かずお

平面と平面の位置関係

線（直線）は平面上および空間において２点を決めれば、その２点を結ぶことで線を１本決定することができます。では、「平面はどのような条件で決定できるの？」考えたことがあります…？　　エッ！ だって…う～ん汗

平面の決定条件

① 1直線上にない３点

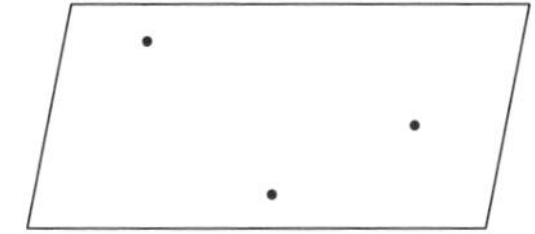

② 1直線とその直線外の１点

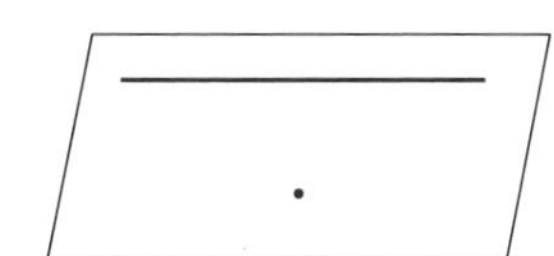

③ 交わる２直線

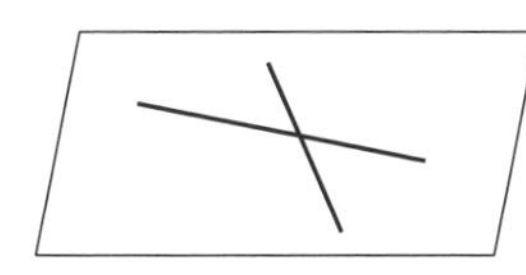

④ 平行な２直線

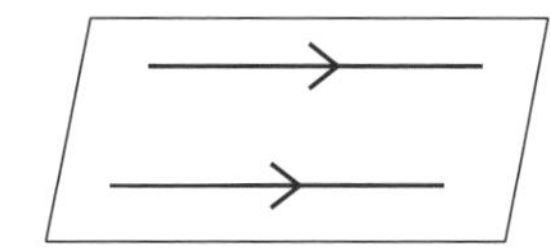

①平面と平面が平行

平面どうしが平行とは、イメージとしては、

箱（直方体：お菓子の箱だね！）の上下の面。

または、

箱の横の向き合うどうしの面。

平面Ｐ // 平面Ｑ

②平面と平面が垂直

平面どうしが垂直も箱をイメージして頂ければいいと思います。

しかし、問題で問われるとチョコット勘違いしやすいんですね！

お楽しみに！ 笑　　意味不明～！

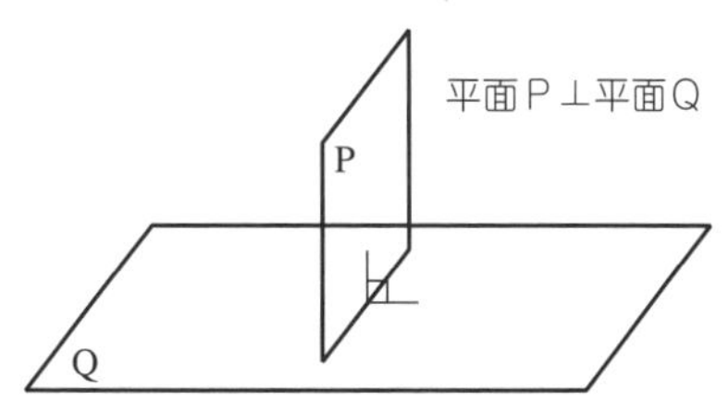

平面Ｐ⊥平面Ｑ

では、問題をやりながら理解の確認をしていきましょう。

問題　平面の決定条件を全部言ってみましょう。

＜解説・解答＞ 今さっき見たばかりなのに言えないのでは？ 笑 …無言汗

・1直線上にない3点　　　　・1直線とその直線外の1点

・交わる2直線　　　　　　・平行な2直線　　・・・（こたえ）

問題　右の図は三角柱ですが、それについて以下の問いを考えてください。

（1）平行な面があれば、その面を言ってみましょう。

（2）面 DEF と垂直な面をすべて言ってみましょう。

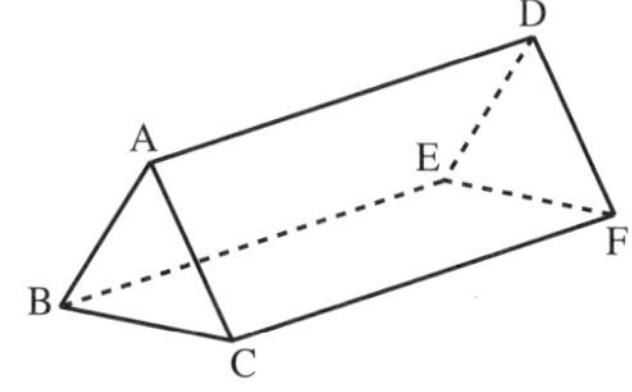

＜解説・解答＞

三角柱をわざと横倒しにしているから見にくいかもしれませんね？

（1）面 ABC と面 DEF　・・・・・・・・・・・・・・・・・（こたえ）

（2）面 ADEB、面 BEFC、面 CADF　・・・・・・・・・（こたえ）

問題　右図において2つの平面 P、Q が線分 XY で交わっています。

このとき、つぎの条件から2つの平面が垂直な関係であると言えるか考えてください。∠ABX = 90°、∠ABY = 90°

ただし、言えないと思う方は条件を付けくわえてください。

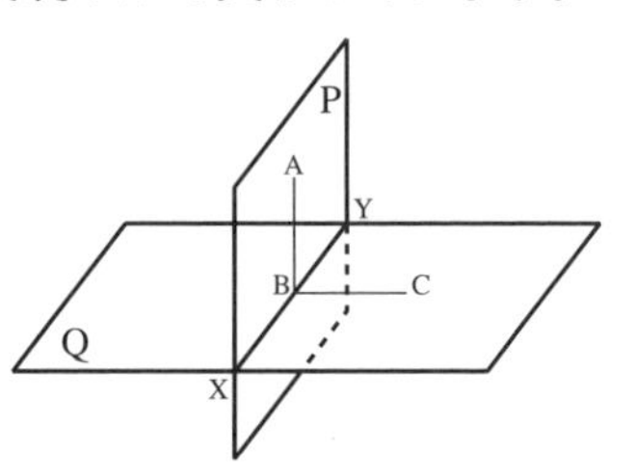

＜解説・解答＞

見た目では言えそうですが、問題の条件だけでは言えません。

∠ABC = 90°　・・・（＊）が必要になります。

実は、この追加条件（＊）だけで言えるんですね！

中学1年
中学2年
中学3年

XVII　多面体

面によって囲まれた立体を“多面体（ためんたい）”と言います。では、「最低何枚の面があればすべて面で囲まれた立体（箱）ができますか？」 きっと何人かはお菓子などが入っている箱を思い浮かべ、“6枚かな？”と考えたのではないかな？　答えは4枚。その立体の名前は“三角錐（さんかくすい）”と言います。また、すべての面の形・大きさが同じなものを特に“正多面体（せいためんたい）”と言い、正多面体にはつぎの5種類があります。

正多面体の種類

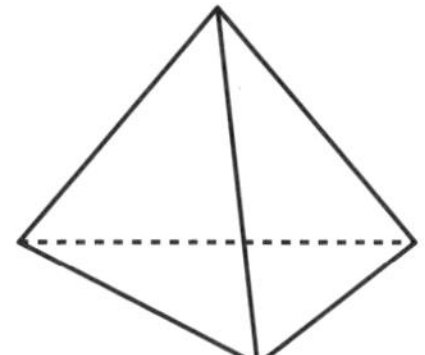

正四面体

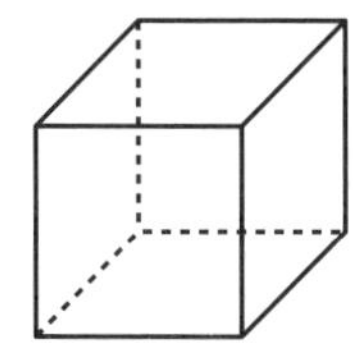

正六面体

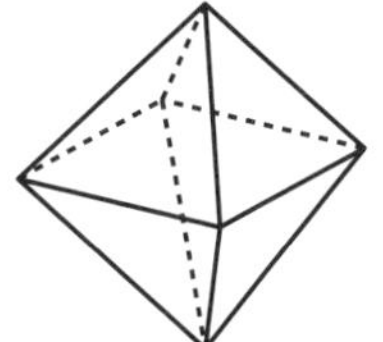

正八面体

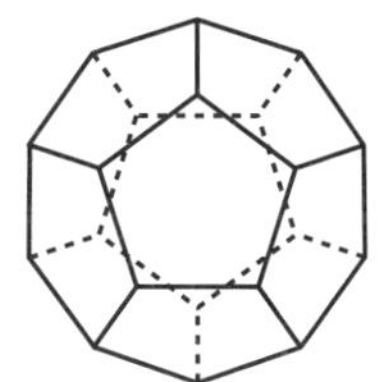

正十二面体

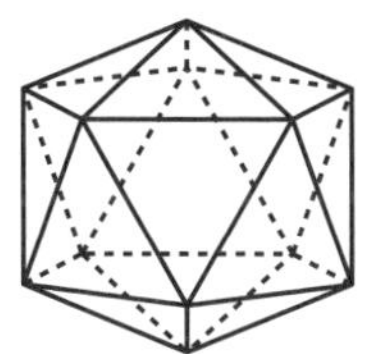

正二十面体

なんだか雪の結晶みたいだなぁ～

この多面体の問題でよく聞かれること

・面の形　・面の数　・辺の数　・頂点の数

・1つの頂点に集まる面の数

表にしてまとめておきますから、よ～く見て覚えてくださいね！

正多面体	面の形	面の数	辺の数	頂点の数	1つの頂点に集まる面の数
正四面体	正三角形	4	6	4	3
正六面体	正方形	6	12	8	3
正八面体	正三角形	8	12	6	4
正十二面体	正五角形	12	30	20	3
正二十面体	正三角形	20	30	12	5

この表を見て覚えろと言われても、つらいですよね！　私はダメです！
そこでチョットだけ、ナイショでよいことを教えてあげますね。

オイラーの定理

多面体について

（頂点の数）－（辺の数）＋（面の数）＝ 2

これを知っていれば、3 個のうち 2 個だけ覚えていれば残りが出てくるという、大変便利なものです。とにかく、どれでもよいから一生懸命覚えてください。

やっぱりおぼえるんだぁ～　しんど～

表とオイラーの定理を覚えてしまえばすみますので、コレに関しては確認の問題はやりませんからね！

実は辺の数・頂点の数を求める方法があるのですよ！　あとでね！

「この定理、誰んだ？」　・・・

「年配の先生は生徒に「おいら～」って言わせようとするんですよね～！」

問 題　正多面体の展開図について考えてみましょう。

（１）点Ｄと重なる点は？

（２）辺ABと重なる辺は？

（３）この立体の名前は？

（４）辺の数は？

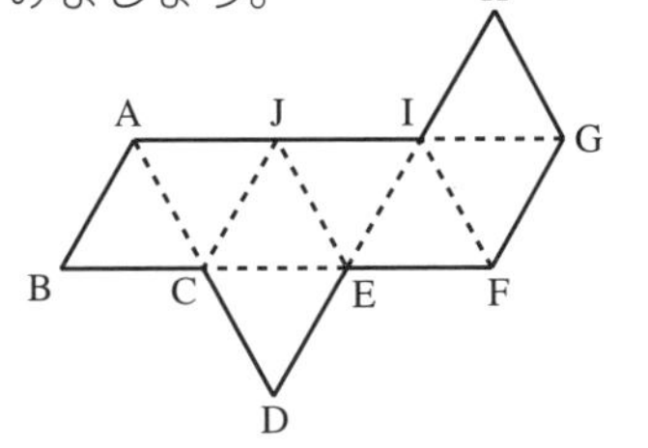

＜解説・解答＞

つぎのページに正多面体の展開図を示しておきましたので、一度は展開図をかき、ハサミで切って組み立ててみてくださいね！　では、

(1) 私は空間把握（はあく）が苦手ゆえエラそうなことは言えないのですが、これぐらいなら点線CE、CA、EIで折れば、点Ｄと**点Ｂ**と**点Ｆ**が重なるのがイメージできると期待します。　　　　　　　う〜ん、びみょ〜汗

(2) これは難しいなぁ〜！　一生懸命頭の中で組み立てるしかないのですが、私同様、空間はあくが苦手な方は一度は展開図から組み立てることを経験しておきましょうね！笑・汗　答えは、**辺GF**です。

(3) これは私でもすぐにわかる。面を数えれば８枚。だから**正八面体**。

(4) これは展開図からは降参！　でも、立体をイメージできる方であれば頭の中で数えられるかもしれませんね。答えは、**12本**です。

実は、“辺の数”“頂点の数”を求める計算方法があるんですね！

辺 の 数 ：（面の辺の数）×（面の数）÷ 2
頂点の数：（面の頂点の数）×（面の数）÷（1頂点に集まる面の数）

せっかくですから上記を利用して、“辺の数”“頂点の数”を求めてみましょうよ。**面の数：8、面の辺の数：3**（正三角形より）、**面の頂点の数：3、1頂点に集まる面の数：4**。以上で、条件はそろいました。では、

(辺の数) = 3 × 8 ÷ 2 = 24 ÷ 2 = 12　(頂点の数) = 3 × 8 ÷ 4 = 6

正多面体の展開図

① 正四面体

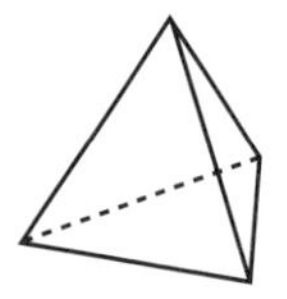

② 正六面体

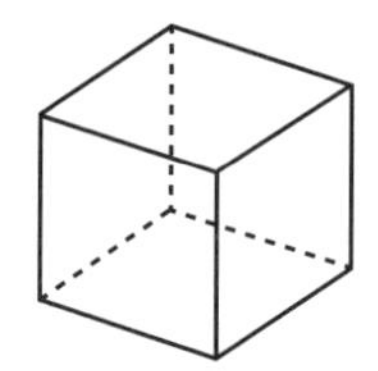

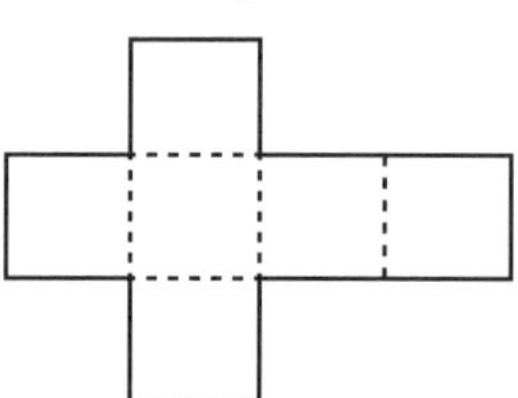

③ 正八面体

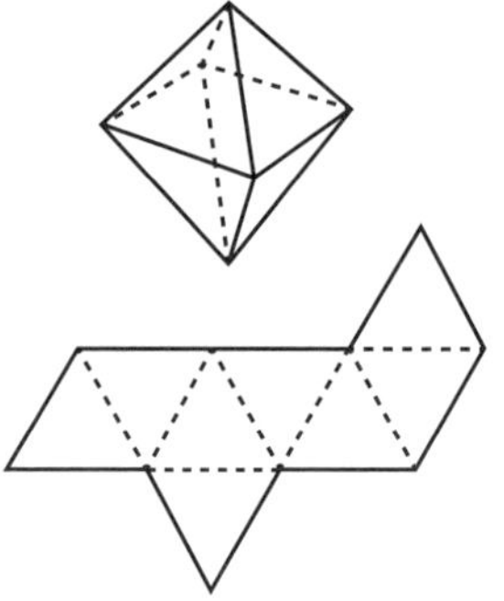

④ 正十二面体

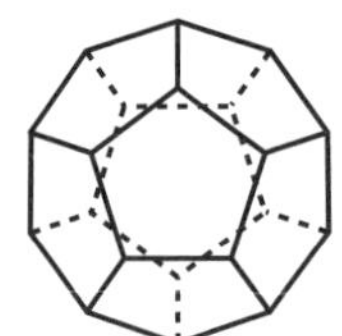

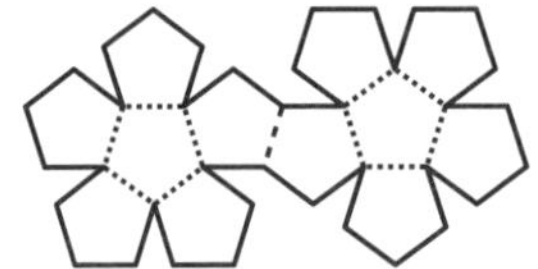

⑤ 正二十面体

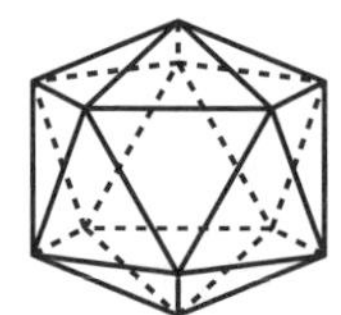

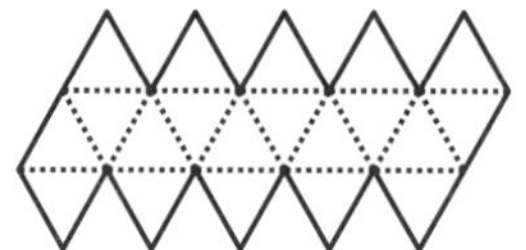

立体の名前

先ほどは正多面体についてお話ししました。そこで、みなさんは“立体”と言われたら、すぐにどのような形をイメージされますか！？

では、（たぶん）よく目にする代表的な立体をお見せしますね！

「～柱」（～：底面の名称が入る）

ポイント：底面は２つあり合同。角柱は側面が長方形。

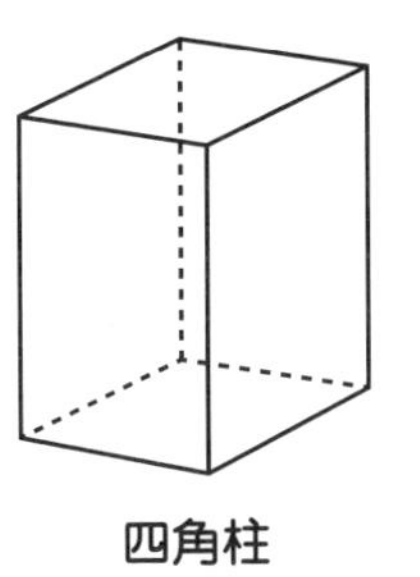

四角柱

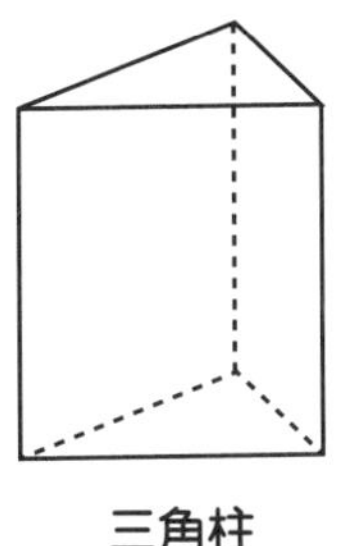

三角柱

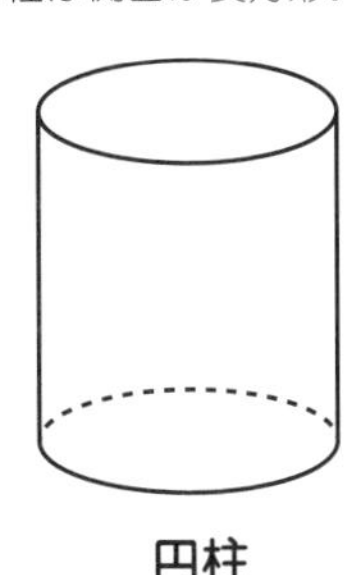

円柱

「～錐（すい）」（～：底面の名称が入る）

ポイント：底面が１つで、角すいは側面が三角形。

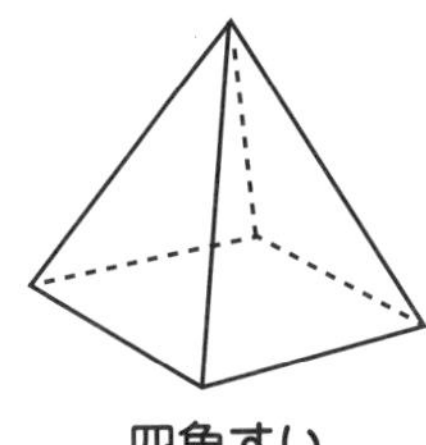

四角すい

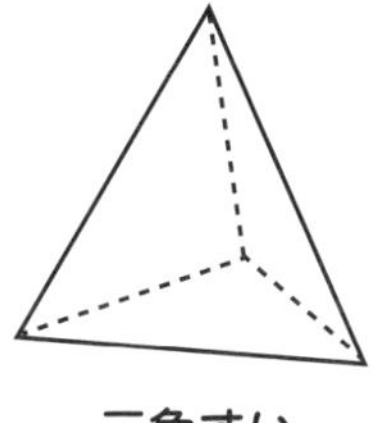

三角すい

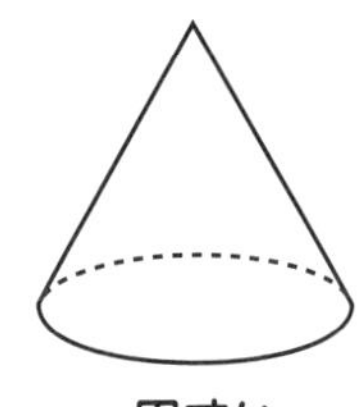

円すい

「球（きゅう）」

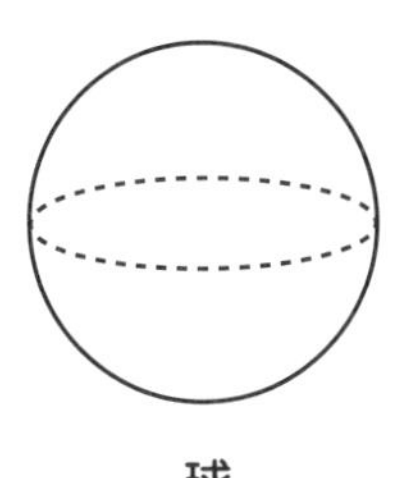

球

「いかがですか？」

この全部で７個の立体がすぐにイメージでき、名称も浮かべば最高なんですが・・・

では、これからこの**７個を順にひとつずついろいろな視点から**お話ししていきたいと思います。

①四角柱について

補：底面の四角形が台形、平行四辺形、または、各辺の長さすべて違っていてもかまいません。

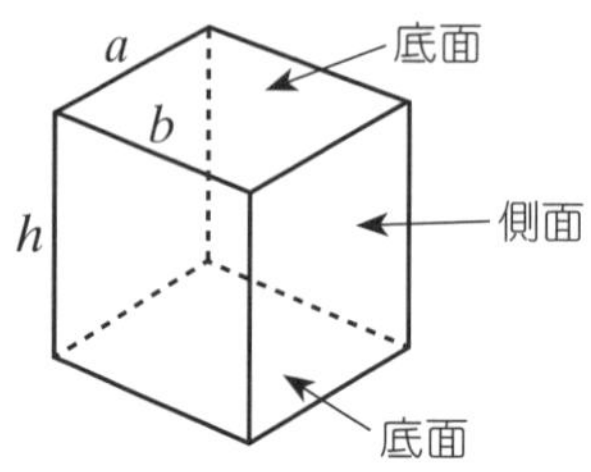

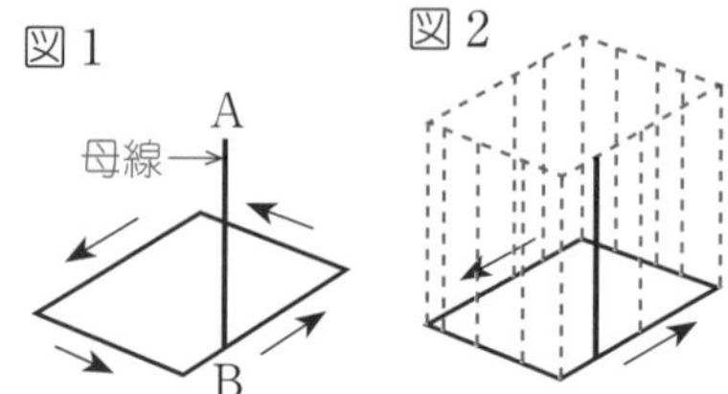

四角柱（見取り図）
上下の"底面の形""大きさ"が等しい（合同）。

図1のように、**線分AB（母線）**を四角形に対し垂直に立て、その周を1まわりすると、図2のような四角柱になります。

＊投影図

・**立面図**は底面に垂直に切ったときの切り口の形
・**平面図**は底面に平行に切ったときの切り口の形

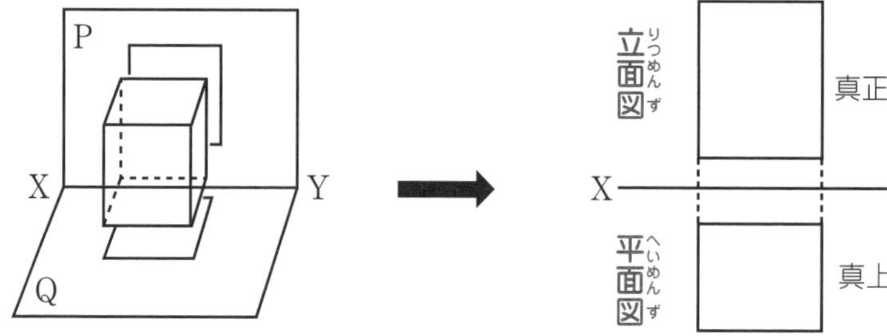

立体に対し光を"**真正面**"と"**真上**"からあて、それぞれ平面P、Qにできた影から立体全体をイメージするのが投影図。

正しくは"立面図"と"平面図"を合わせて"**投影図**"と呼ぶ。

＊展開図

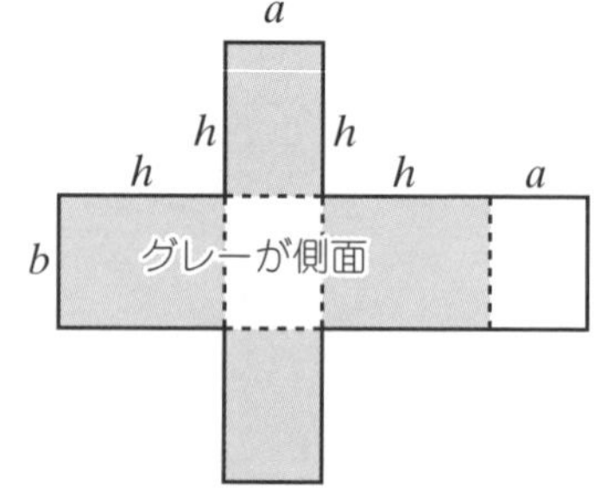

・**表面積 S：（底面積）×2＋（側面積）**

$S = a \times b \times 2 + 2(a \times h + b \times h)$
（底面は上下でふたつ）

・**体積 V：（底面積）×（高さ）**

$V = a \times b \times h$

では、問題を通して理解の確認ね！

問 題　右図は四角柱です。つぎの各問いについて考えてみましょう。

（1）　底面が長方形の四角柱の名称は？

（2）　展開図をかき、右図のそれぞれの長さも書き込んでください。

（3）　側面積を求めてください。

（4）　表面積を求めてください。

（5）　体積を求めてください。

（6）　右図の状態での投影図をかいてください。

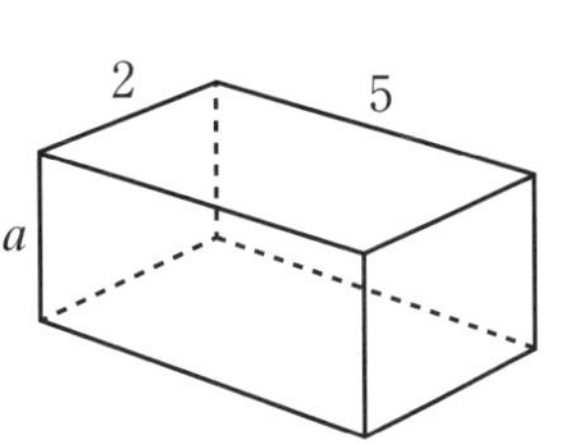

＜ **解説・解答** ＞

（1）底面が長方形の四角柱を**直方体**と呼びます。　・・・・（こたえ）

ちなみに、正方形は長方形の一種であり、底面（および側面）が正方形の四角柱を**立方体（りっぽうたい）**、**正六面体**とも呼びます。

（2）展開図

5
a
a
5
2
2

・・・・（こたえ）

（3）の説明の意味で赤字を加筆し、また、一部グレーにしてあります。

（3）上記のグレー部分が側面に当たります。

$$2\times(2\times a+5\times a)=2(2a+5a)=2\times 7a=14a$$

よって、側面積は $14a$　・・・・（こたえ）

（4）（表面積）＝（底面積）×２＋（側面積）、（底面積）＝５×２＝10より、

$$10\times 2+14a=14a+20$$

よって、表面積は $14a+20$（こたえ）

（5）（体積）＝（底面積）×（高さ）より、

$$（体積）=10\times a=10a$$

よって、体積は $10a$　・・・（こたえ）

（6）

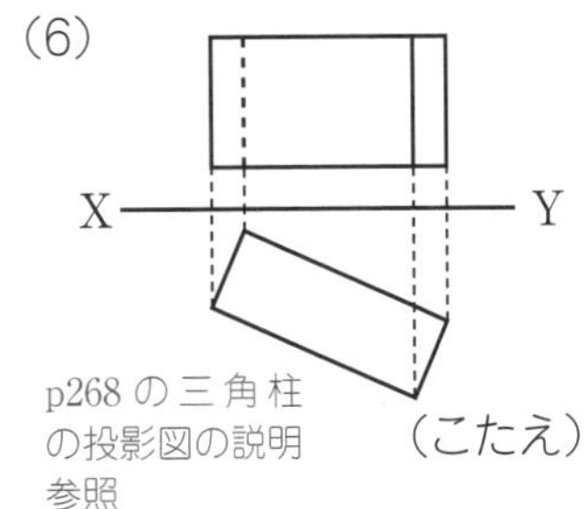

（こたえ）

p268 の三角柱の投影図の説明参照

②三角柱について

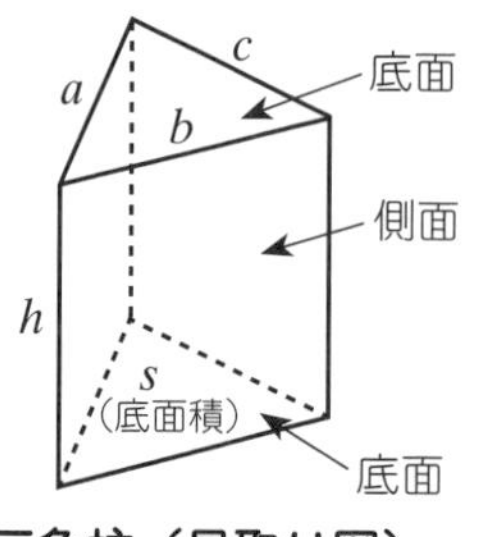

三角柱（見取り図）

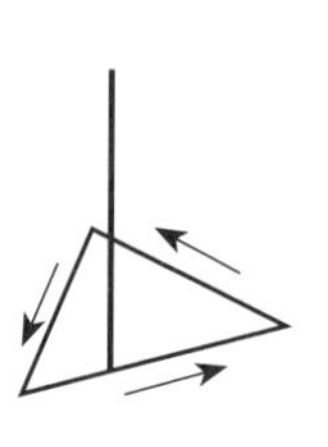

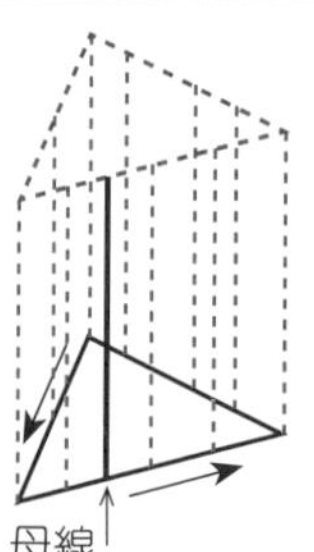

不思議とこの三角柱を横に倒すと、底面は長方形、側面は三角形と見えるらしく、別の立体（例：四角すい）に見える方がいます。

しかし、一見底面が長方形でも上側が点ではなく辺なので、これはやはり立て直して三角柱と理解してくださいね！　ヨロシク！ 汗

＊投影図

・**立面図**は底面に垂直に切ったときの切り口の形
・**平面図**は底面に平行に切ったときの切り口の形

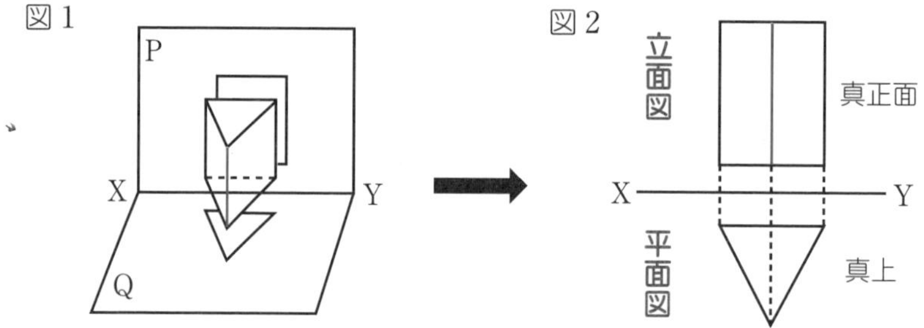

単に影だけでは判断できないことがあるので、投影図には、影に**視覚で見える辺は**実線、**隠れている辺は**点線で加筆しておきます。図1の赤線が真正面からは見えるので、立面図では**実線**が加筆されています。

・**表面積 S ：（底面積）× 2 ＋（側面積）**

$$S = s \times 2 + h \times (a + b + c)$$

（s ：底面積）

・**体積 V ：（底面積）×（高さ）**

$$V = s \times h$$　（s ：底面積）

＊展開図

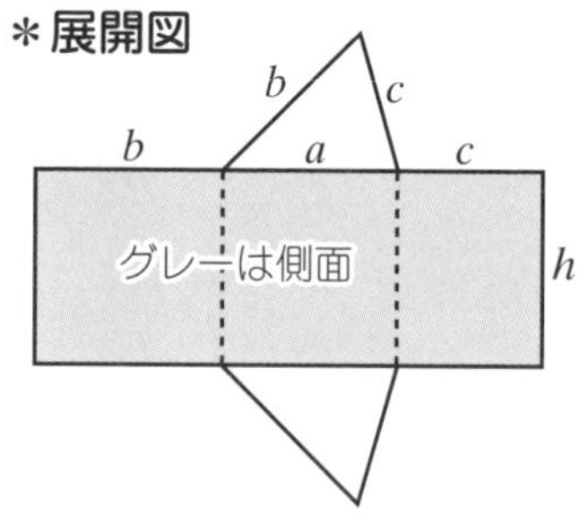

では、問題を通して理解の確認ね！

問 題　右図はある角柱です。つぎの各問いについて考えてみましょう。

（1）この角柱の名称は？

（2）展開図をかき、右図のそれぞれの長さも書き込んでください。

（3）表面積を求めてください。

（4）体積を求めてください。

（5）右図の状態での投影図をかいてください。

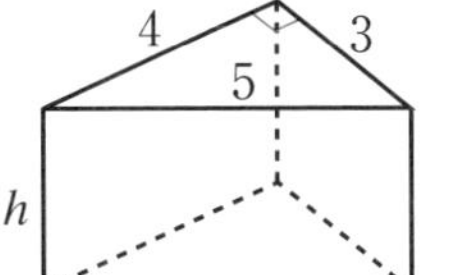

< **解説・解答** >

（1）底面が三角形ゆえ、名称は**三角柱**です。（こたえ）　直角三角柱かなぁ～…？

（2）

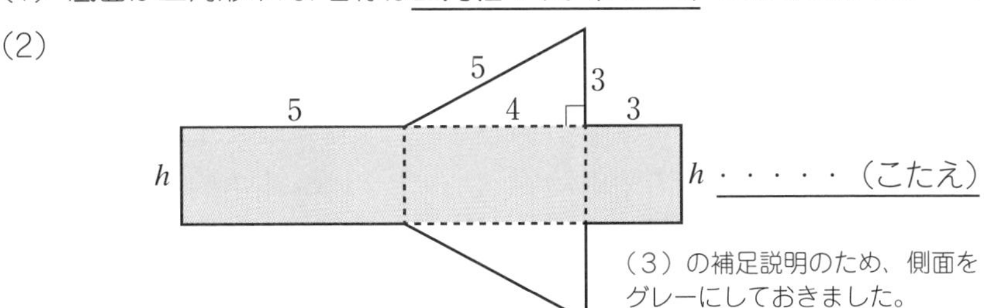

（３）の補足説明のため、側面をグレーにしておきました。

（3）（側面積）＝（ $5+4+3$ ）× $h=12h$、（底面積）＝ $3\times4\times\dfrac{1}{2}=6$

（表面積）＝ $12h+6\times2=12h+12$ よって、面積は $12h+12$（こたえ）

（4）（体積）＝（底面積）×（高さ）より、

（体積）＝ $6\times h=6h$　　よって、体積は $6h$　・・・・（こたえ）

（5）

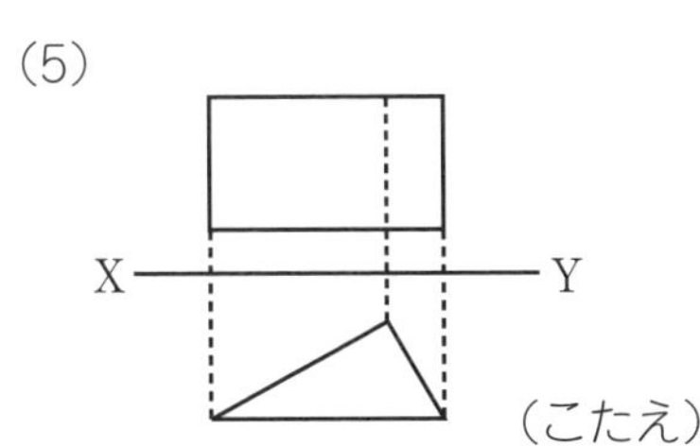

（こたえ）

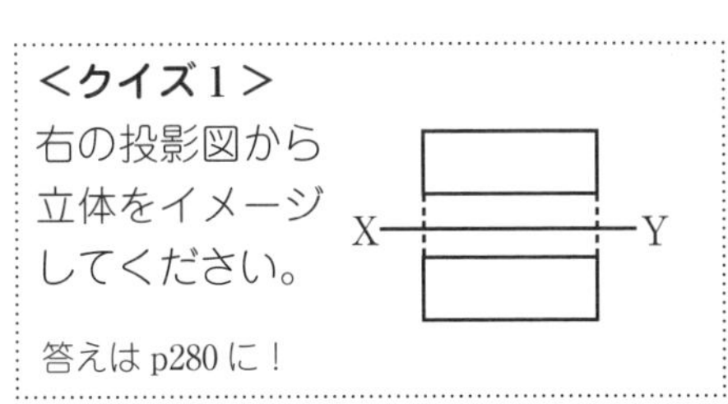

<**クイズ１**>
右の投影図から立体をイメージしてください。

答えは p280 に！

③円柱について

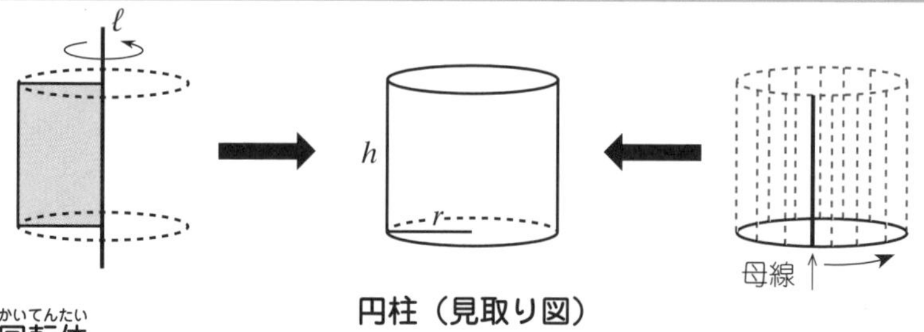

円柱（見取り図）

＊回転体

ここでお話しする7個の立体（p265）のうち、3個だけ「ある形を直線ℓに貼り付け1回転させるとできる」、いわゆるこれが**回転体**。

円柱はそのうちの一つで“**長方形**”でつくることができる。また、**直線ℓ**を“**回転の軸**”と呼ぶ。

＊投影図

・**立面図**は底面に垂直に切ったときの切り口の形
・**平面図**は底面に平行に切ったときの切り口の形

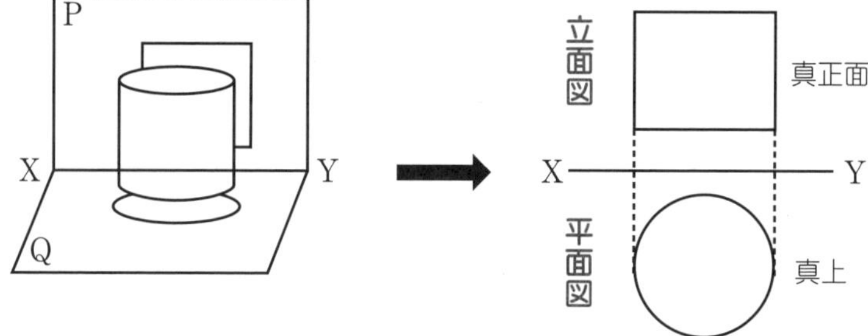

＊展開図

・**表面積** S **：（底面積）×2＋（側面積）**

$$S = \pi r^2 \times 2 + h \times 2\pi r$$

（π：円周率）

・**体積** V **：（底面積）×（高さ）**

$$V = \pi r^2 \times h$$ （π：円周率）

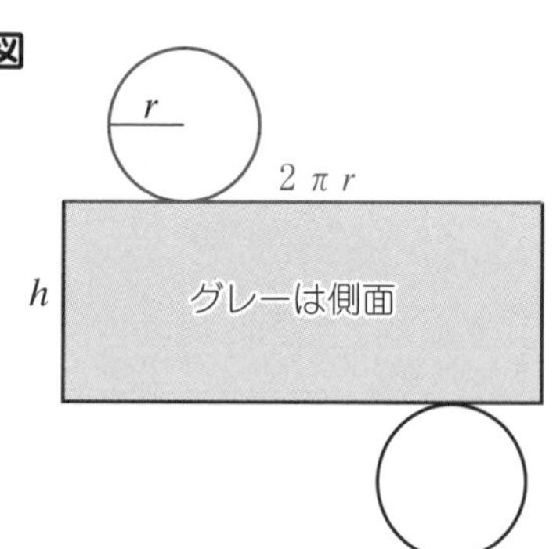

では、問題を通して理解の確認ね！

問 題

右図で長方形を直線 ℓ のまわりに１回転させてできる立体に関し、つぎの各問いについて考えてみましょう。円周率は π を使用ね！

（1）　回転してできる立体の見取り図をかき、名称も教えてください。

（2）　この立体の展開図をかき、もし読み取れる長さがあれば、それも記入してください。

（3）　側面積および、表面積を求めてください。

（4）　体積を求めてください。

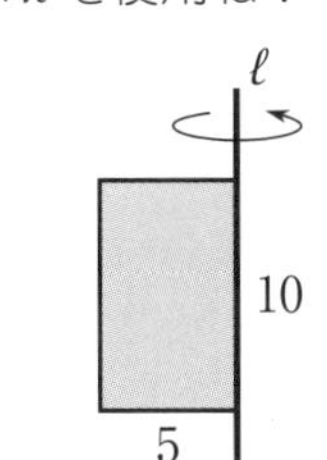

＜ **解説・解答** ＞

（1）　名称は、**円柱**です。　・・・（こたえ）

補：図は、平面、立体図形に限らず定規にたよらず、手がきできるよう、練習を常に心がけてくださいね！

・・・（こたえ）

見取り図

（2）　底面の円周は、（直径：半径×２）×（円周率）より

$5 \times 2 \times \pi = 10\pi$

補：底面の位置はどこにかいても OK！

（こたえ）

＊展開図

5

10π

10

底面の円周と側面の横の長さは一致！

（3）の補足説明のため、側面はグレーにしておきました。

（3）（側面積）$= 10 \times 10\pi = 100\pi$

（底面積）$= 5 \times 5 \times \pi = 25\pi$

（表面積）$= 25\pi \times 2 + 100\pi = 150\pi$

よって、　側面積は 100π、　表面積は 150π　・・・（こたえ）

（4）（体積）＝（底面積）×（高さ）$= 25\pi \times 10 = 250\pi$

よって、　体積は 250π　・・・（こたえ）

④四角すいについて

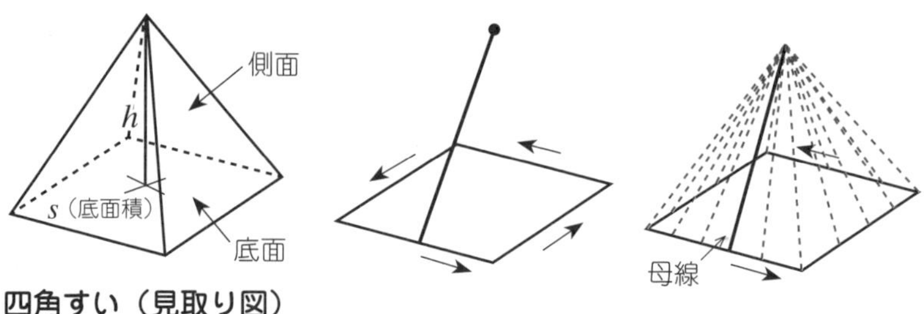

四角すい（見取り図）

＊投影図

・**立面図**は底面に垂直に切ったときの切り口の形
（ただし、頂点からずれた切り口は、四角形）
・**平面図**は底面に平行に切ったときの切り口の形

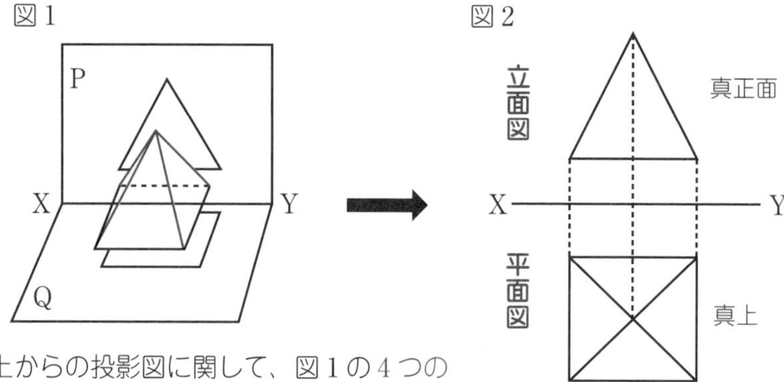

真上からの投影図に関して、図 1 の 4 つの辺を図 2 では実線でかき込んであります。

＊展開図

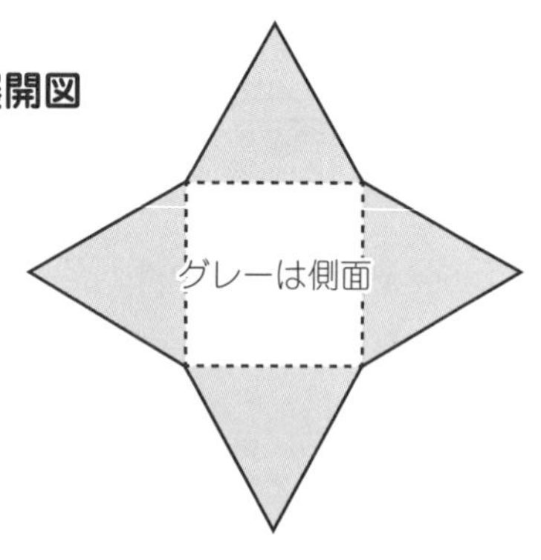

・**表面積** S **：（底面積）＋（側面積）**

・**体積** V **：（底面積）×（高さ）×** $\frac{1}{3}$

$$V = s \times h \times \frac{1}{3}$$

では、問題を通して理解の確認ね！

問 題　右図の角すいについて、各問いについて考えてみましょう。

（1）　名称は？

（2）　左ページとは違う展開図をかき、

また、読み取れる長さも書き込んでください。

（3）　表面積を求めてください。

（4）　体積を求めてください。

（5）　OP を正面とする投影図をかいてください。

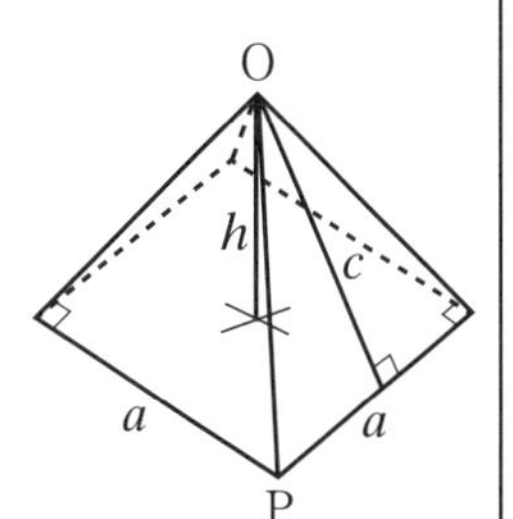

＜ 解説・解答 ＞

（1）　名称は、**正四角すい**。　・・・・・（こたえ）

（2）

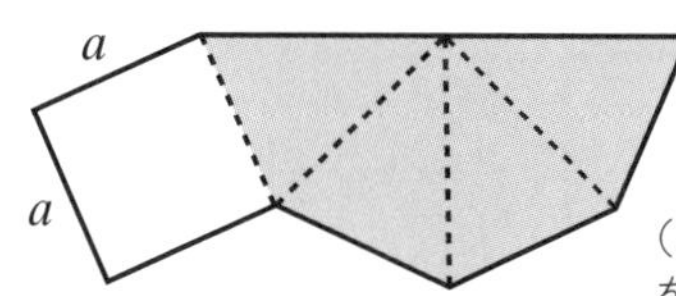

・・・（こたえ）

（3）の補足説明のため、側面をグレーにしておきました。

（3）　側面となる4つの三角形はすべて同じ（合同）。また、二等辺三角形。

（側面積）＝（三角形の面積）×４＝ $\left(a \times c \times \frac{1}{2}\right) \times 4 = 2ac$

（底面積）＝ $a \times a = a^2$

だから、（表面積）＝（底面積）＋（側面積）＝ $a^2 + 2ac$

よって、　表面積は $a^2 + 2ac$　・・・・・（こたえ）

（4）（体積）＝（底面積）×（高さ）× $\frac{1}{3}$

$= a^2 \times h \times \frac{1}{3}$

$= \frac{1}{3}a^2h$

よって、体積は $\frac{1}{3}a^2h$　（こたえ）

（5）

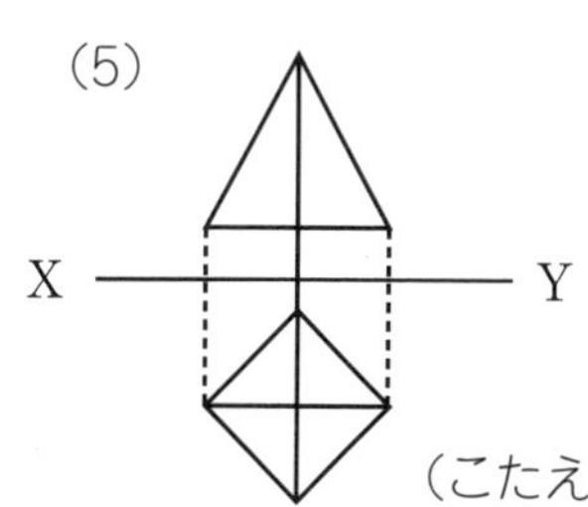

（こたえ）

⑤三角すいについて

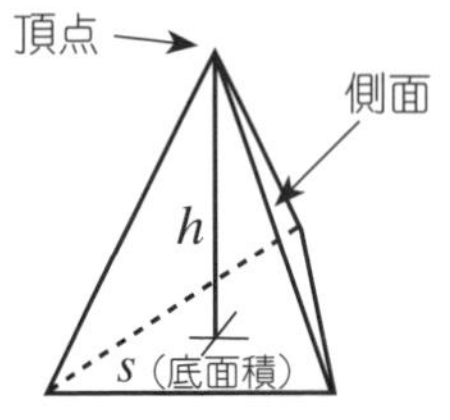

三角すい（見取り図）

底面が1つで側面は三角形。また、底面が正三角形であれば正三角すいと言う。

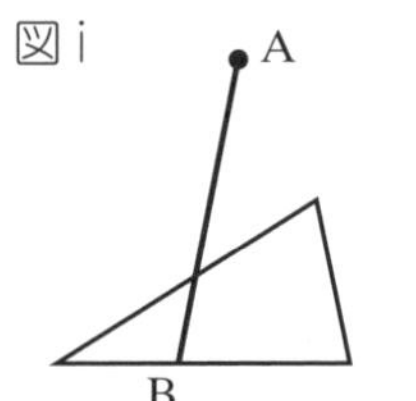

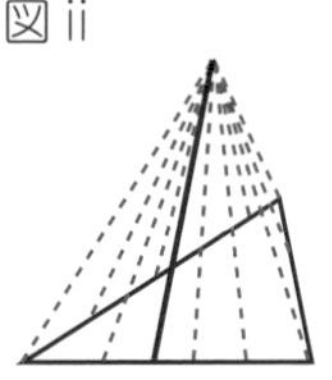

図 i のように、**線分 AB（母線）の点 A を固定**し、点 B を三角形の周にそって1まわりすると、図 ii のように三角すいになります。

＊投影図

・**立面図**は底面に垂直に切ったときの切り口の形
・**平面図**は底面に平行に切ったときの切り口の形

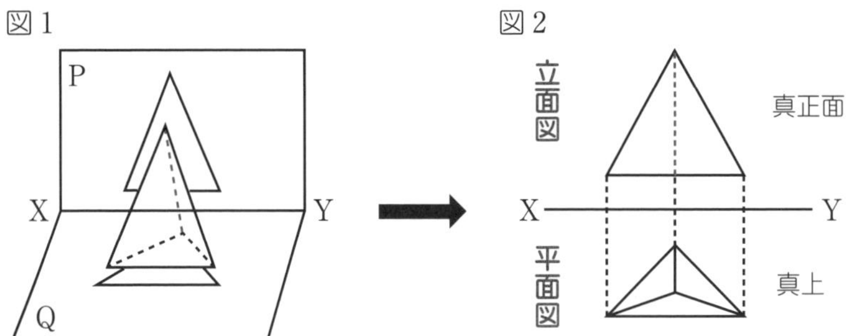

投影図には、影に**視覚で見える辺は**実線、**隠れている辺は**点線で加筆しておきます。

図1の赤線が反対側で隠れていて真正面からは見えないので、立面図では**点線**が加筆されています。

＊展開図

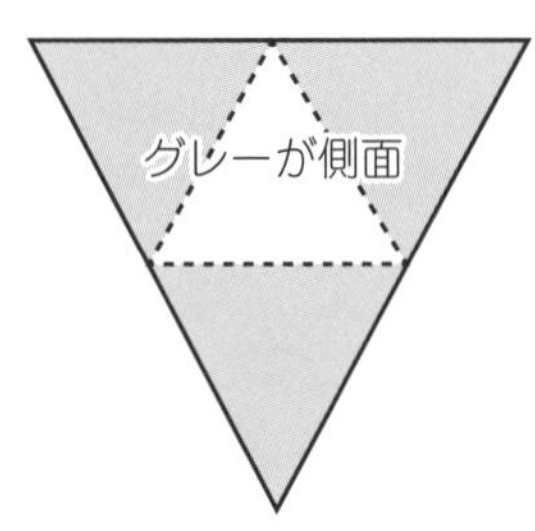

・**表面積 S：（底面積）＋（側面積）**

・**体積 V：（底面積）×（高さ）× $\frac{1}{3}$**

$$V = s \times h \times \frac{1}{3}$$

では、問題を通して理解の確認ね！

問 題　右の角すいについて、各問いについて考えてみましょう。

（1）　名称は？

（2）　左ページとは違う展開図をかいてください。

（3）　表面積を求めてください。

（4）　体積を求めてください。

（5）　辺 OP を正面とする投影図をかいてください。

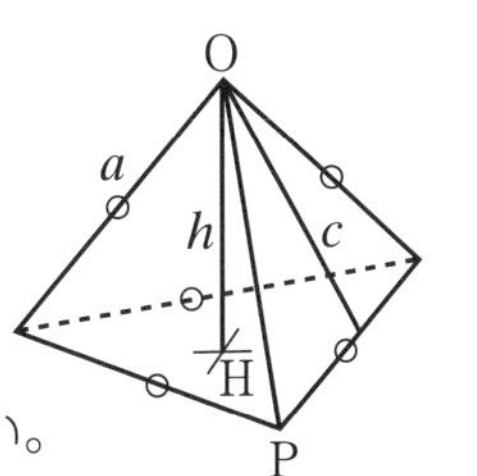

＜解説・解答＞

（1）　名称は**正四面体**。（こたえ）

> **正四面体のポイント！（数学 A）**
> 頂点から底面におろした垂線の足 H は、底面の**重心 G** となる。
>
> “重心G” は、頂点 A と底辺の中点Mを結んだとき、線分 AM を $2:1$ に内分する点

（2）（こたえ）

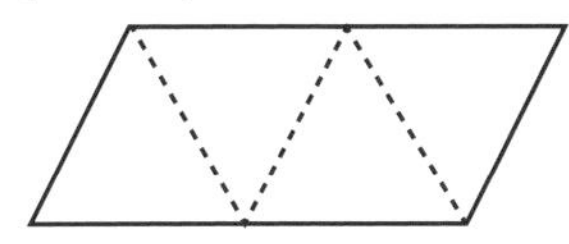

（3）（正三角形の面積）＝ $a \times c \times \frac{1}{2} = \frac{1}{2}ac$、正三角形が 4 個より、

（表面積）＝ $\frac{1}{2}ac \times 4 = 2ac$

よって、　表面積は $2ac$　・・・（こたえ）

（4）（体積）＝（底面積）×（高さ）× $\frac{1}{3}$ より、

（体積）＝ $\frac{1}{2}ac \times h \times \frac{1}{3} = \frac{1}{6}ach$

よって、　体積は $\frac{1}{6}ach$　・・・（こたえ）

（5）

投影図

X　　Y

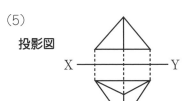

（こたえ）

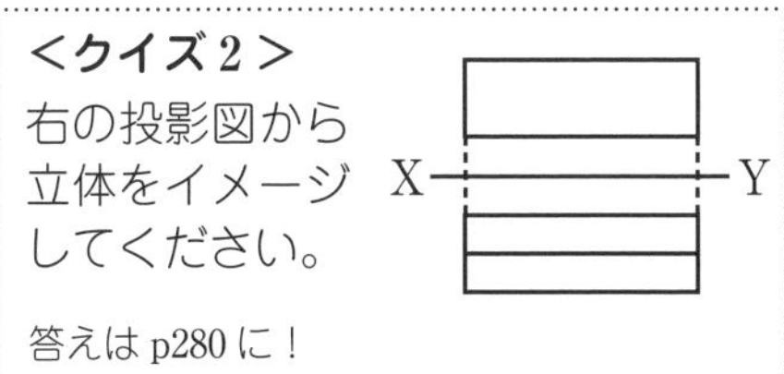

＜クイズ 2＞

右の投影図から立体をイメージしてください。

答えは p280 に！

⑥円すいについて

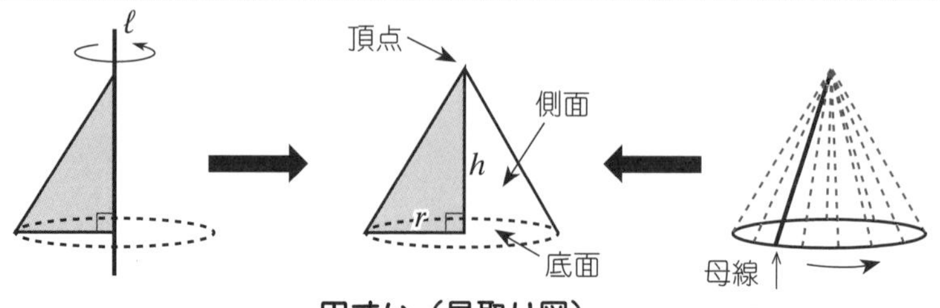

円すい（見取り図）

＊回転体

ここでお話しする３個の回転体のうちの２個目！
円すいは「直角三角形を直線 ℓ に貼り付け１回転させる」とできるんですね！

＊投影図

・**立面図**は底面に垂直に切ったときの切り口の形
（ただし、頂点からずれると長方形）
・**平面図**は底面に平行に切ったときの切り口の形

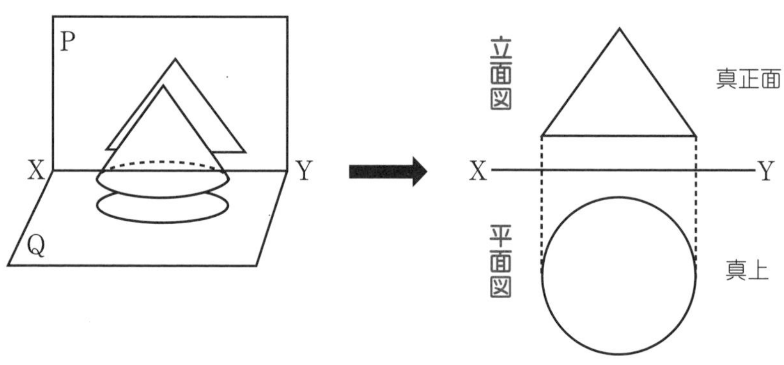

＊展開図

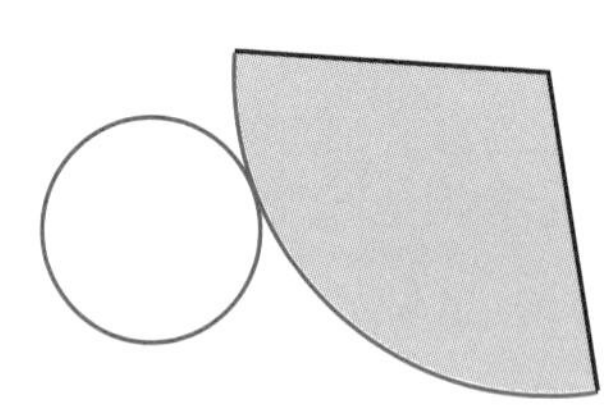

・**表面積 S：（底面積）＋（側面積）**

・**体積 V：（底面積）×（高さ）× $\frac{1}{3}$**

$$V = \pi r^2 \times h \times \frac{1}{3}$$

では、問題を通して理解の確認ね！

問 題　右図で三角形を直線 ℓ のまわりに1回転させてできる立体に関し、つぎの各問いついて考えてみましょう。円周率は π を使用ね！

（1）　図1：回転してできる立体の見取り図（読み取れる長さも書き込む）をかき、名称も教えてください。

（2）　図2：展開図の弧の長さ、中心角 $x°$ および、おうぎ形の面積を求めてください。

（3）　体積を求めてください。

図1

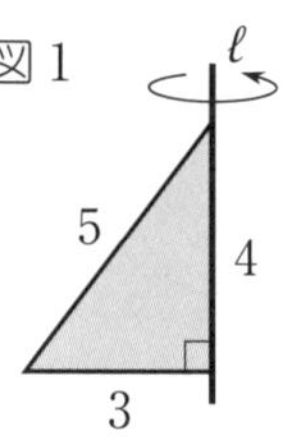

図2

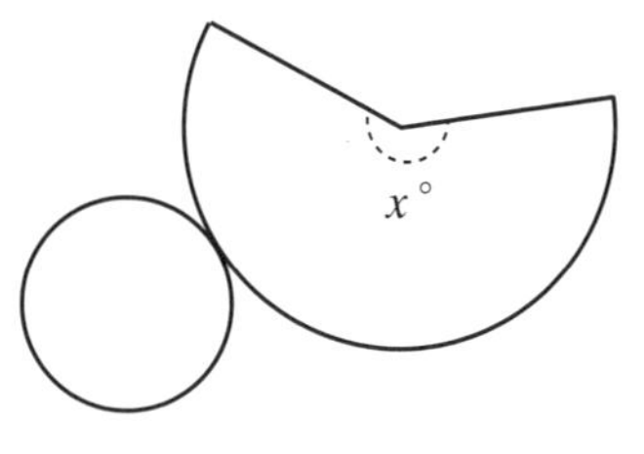

＜解説・解答＞

（1）

見取り図

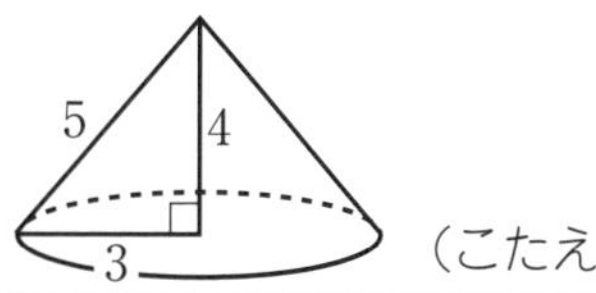

（こたえ）

名称は、**円すい**。（こたえ）

（2）　弧の長さは、底面の円周と等しいゆえ、

（弧の長さ）＝ $3 \times 2 \times \pi = 6\pi$　　弧の長さは 6π（こたえ）

（中心角）＝ $\dfrac{6\pi}{10\pi} \times 360 = 6 \times 36 = 216$

中心角は216°　・・・（こたえ）

（おうぎ形の面積）＝ $\dfrac{6\pi}{10\pi} \times 25\pi = 15\pi$　おうぎ形の面積 15π（こたえ）

（3）　高さは4、底面積＝ $3 \times 3 \times \pi = 9\pi$

（体積）＝ $9\pi \times 4 \times \dfrac{1}{3} = 12\pi$　　体積は 12π・・（こたえ）

⑦球について

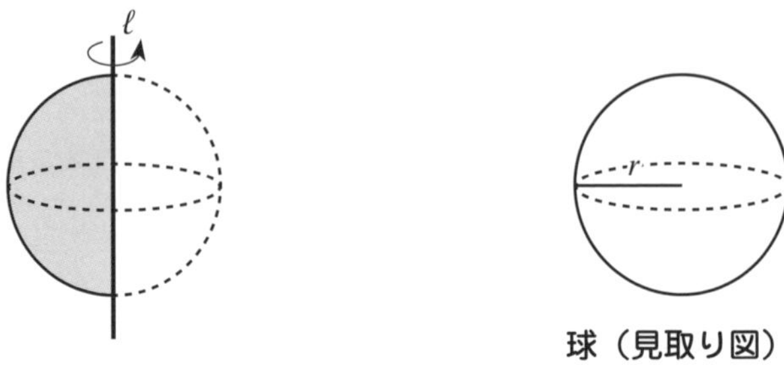

球（見取り図）

＊回転体

ここでお話しする3個目の回転体はナント球！

球は「半円を直線 ℓ に貼り付け１回転させる」とできるんですね！

＊投影図

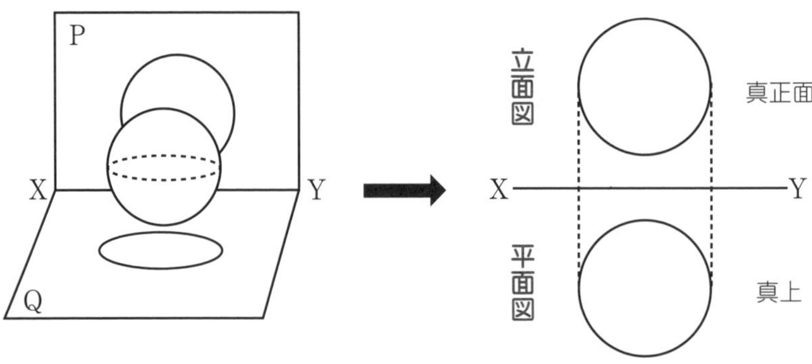

・**表面積 S ：覚え方「心配(しんぱい)あ～る事情(じじょう)」**

$$S = 4\pi r^2$$

・**体積 V ：覚え方「身(み)の上(うえ)に心配(しんぱい)あ～る参上(さんじょう)」**

$$V = \frac{4}{3}\pi r^3$$

では、問題を通して理解の確認ね！

問 題　つぎの球の面積 S を求めてみましょう。

（1）　半径 3［cm］　　　（2）　半径 6［cm］

＜解説・解答＞　**面積：$S = 4\pi r^2$**

（1）　$S = 4 \times \pi \times 3^2 = 4 \times 9 \times \pi = 36\pi$　面積 S は 36π［cm^2］（こたえ）

（2）　$S = 4 \times \pi \times 6^2 = 4 \times 36 \times \pi = 144\pi$　面積 S は 144π［cm^2］（こたえ）

問 題　つぎの球の体積 V を求めてみましょう。

（1）半径 6［cm］　　　（2）半径 9［cm］

＜解説・解答＞　**体積：$V = \frac{4}{3}\pi r^3$**

（1）　$V = \frac{4}{3} \times \pi \times 6^3 = \frac{4}{3} \times \pi \times 6 \times 6^2 = 4 \times 2 \times 6^2 \times \pi = 288\pi$

体積 V は 288π［cm^3］・・・（こたえ）

（2）　$V = \frac{4}{3} \times \pi \times 9^3 = \frac{4}{3} \times \pi \times 9 \times 9^2 = 4 \times 3 \times 9^2 \times \pi = 972\pi$

体積 V は 972π［cm^3］・・・（こたえ）

問 題　右図は円柱にピッタリ球がおさまっている。

（1）円柱と球の表面積 S_1、S_2 および $\frac{S_2}{S_1}$ を求めてみましょう。

（2）円柱と球の体積 V_1、V_2 および $\frac{V_2}{V_1}$ を求めてみましょう。

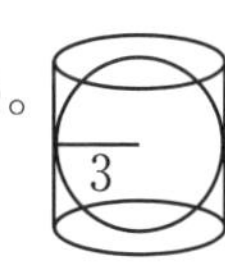

＜解説・解答＞

（1）　$S_1 = 3^2 \times \pi \times 2 + 6 \times 2 \times 3 \times \pi = 18\pi + 36\pi = 54\pi$

$S_2 = 4 \times \pi \times 3^2 = 4 \times 9 \times \pi = 36\pi$　　$\frac{S_2}{S_1} = \frac{36\pi}{54\pi} = \frac{2}{3}$　（こたえ）

（2）　$V_1 = 3^2 \times \pi \times 6 = 54\pi$　$V_2 = \frac{4}{3} \times \pi \times 3^3 = 4 \times \pi \times 9 = 36\pi$

（1）（2）の結果を比較し、何か感じません？ ナニが…？　$\frac{V_2}{V_1} = \frac{36\pi}{54\pi} = \frac{2}{3}$　（こたえ）

クイズ（投影図）の解答

2題の投影図は、ある意味小学校受験算数問題のようなちょっと意地悪な問題かもしれませんね！　　うんうん！笑　マッタクだ!! 怒

＊クイズ1

投影図が表している立体は、**円柱**です。

やはり、部分の名称通りに底面を上下にして、投影図を表すのが常識ですよね！失礼いたしました。汗

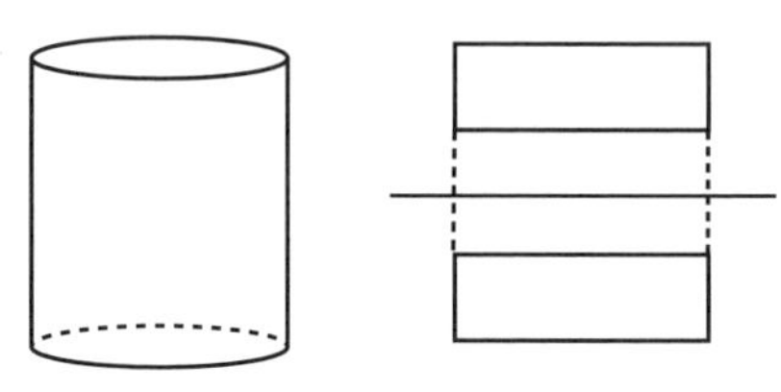

＊クイズ2

投影図が表している立体は、**三角柱**です。

やはり、これも部分の名称通りに底面を上下にして、投影図を表して欲しいものですよね！

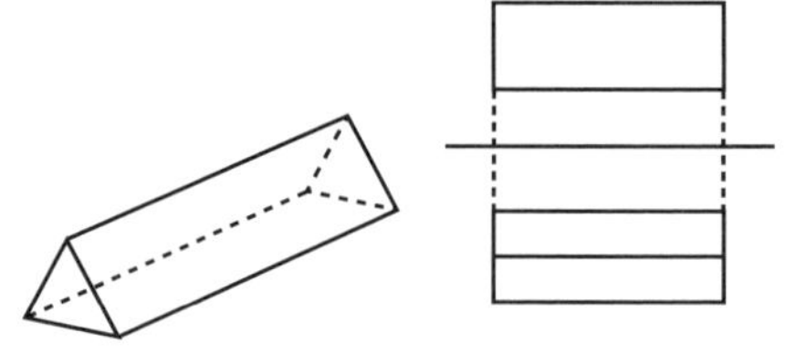

ちなみに、昔、小学生を教えていたとき、この三角柱が横になった立体がどうしても**四角柱**にしか見えない！　と言い張る子がいました。今ごろ彼は何をしているのかなぁ〜・・・。

数学を教えて30年近くになりますが、人それぞれ**学習適正年齢**があると感じています。高校1年までマッタクできなかった子が、突然、高校2年で目覚めることも。あれだけ数学が苦手だったのに徐々に成績が伸び始め、薬学部に進み、今では薬剤師として立派に活躍している教え子が何人もいます！ だから、今、（もしくは昔）できなかったからといって、諦めるのはもったいないですからね！　一緒にがんばりましょう！

中学1年

第 *8* 話
資料の扱い方

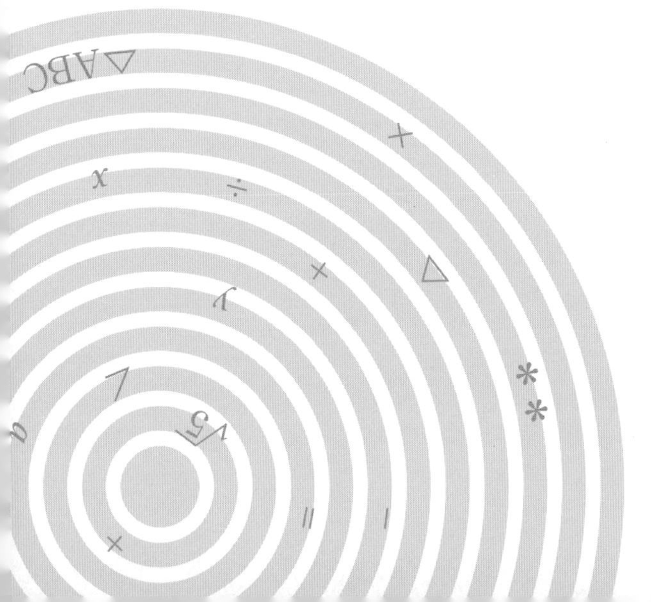

XVIII　資料の活用

ここでのお話は、雑然と与えられた資料（データ）をどのように整理すれば、見やすく、かつ情報が得られるか！？というもの。よって、コテコテの数学ではないので気楽に読み進めてください。ただし、新しい言葉がたくさん出てきますので、**資料**と共に**言葉**も混乱することなく頭の中で整理してくださいね！　　整理は、苦手なんだよなぁ～！汗

では、まずはつぎの2つの資料をどのように整理するかのパターンを、はじめにお見せしておきます。

資料：地区学力試験での、A中学校のあるクラスの男女別数学の得点。

男子：52、63、43、57、66、40、51、69、74、64、59、55、
70、65、47、78、60、77、67、80

女子：56、46、70、65、68、71、53、62、74、80、69、77、
86、59、73、67、79、92、60、75

「一瞬、パッと見では、男女の得点に大きな差が見られないですよね！」

そこで、ここでは上記の資料を基に**2つの表**（度数分布表・相対度数）と**3つのグラフ**（ヒストグラム・度数分布多角形・相対度数と分布多角形）で表すことで、得点における男女間の違いを調べたいと思います。

また、資料全体の特徴を表す数値となる**“代表値”**（平均値・中央値・最頻値（さいひんち））なども理解し、資料整理に活用していきましょう。

「いかがですか？」この時点ですでに多くの方が初めて耳にする言葉ばかりだと思います。うんうん！汗　でも、説明の中ではさらに新たな言葉が出てきますから、ゆっくりと読み進めていってください。　・・・無言

そこで、上記の資料を先に代表的な表、グラフにして右ページにお見せしますので、それを見てイメージを作ってから説明を聞いてくださいな！

・**度数分布表**

男子の得点

階級（点）	度数（人）
以上　未満 40 ～ 50	3
50 ～ 60	5
60 ～ 70	7
70 ～ 80	4
80 ～ 90	1

得点を一定の範囲ごとにまとめ、表にしました。

「だいぶ整理できたでしょ！？」

・階級、度数の意味はのちほど解説ね！

・**ヒストグラム**

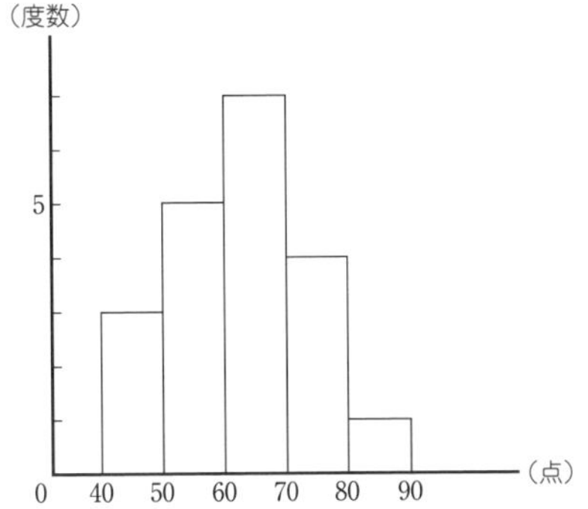

左の**度数分布表**をたて軸（度数）、横軸（階級の幅）として、棒グラフで表しました。

・**度数分布多角形**

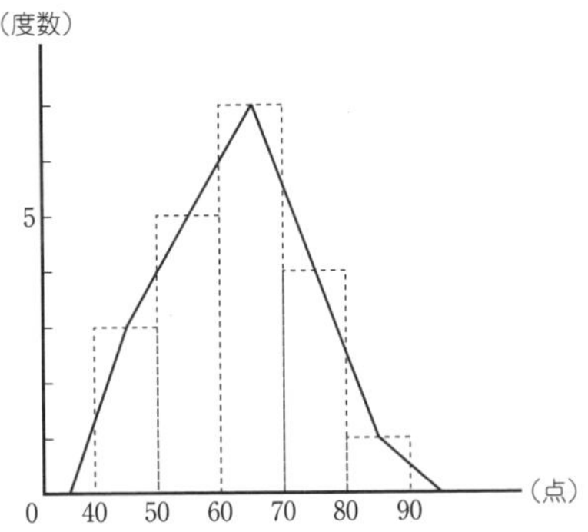

度数分布表の各階級値を結んだグラフで、より全体の特徴がつかめる！

よって、女子のを重ねることで違いが鮮明になります。

・**相対度数**

男子の得点

階級（点）	度数（人）	相対度数
以上　未満 40 ～ 50	3	0.15
50 ～ 60	5	0.25
60 ～ 70	7	0.35
70 ～ 80	4	0.2
80 ～ 90	1	0.05
計	20	1.00

相対度数は、全体に対する各範囲の割合ゆえ、全体量が違うものどうしでも比較できる利点がある。

度数分布表

前ページで大まかなものをお見せしてありますので、ここでは説明をしながら、一緒に残りの女子に関して度数分布表をかいていきましょう。

> **女子：**56、46、70、65、68、71、53、62、74、80、69、77、
> 86、59、73、67、79、92、60、75

まず、度数分布表とは「与えられた資料（数値）の個数のことを**度数**と呼び、その個数（**度数**）が設定した各区分（**階級**）の範囲（**階級の幅**）に何個ずつ広がって（**分布**して）いるかをあらわす表」のことを言います。

今の説明を先ほどの「男子の度数分布表」と照らし合わせて頂ければ理解してもらえるでしょ！？

理屈は簡単なんですが、実はここでの注意点は

「どのような範囲（階級の幅）で階級を区分するか？」

今回はテストの得点ゆえ、階級の幅を 10 点で階級区分しましたが、「自分なら階級の幅を 5 点にする！」と思われる方もいるはず。 まぁ～ねぇ～

そこで、女子に関しては、幅を 5 点と 10 点の両方をかいてみますよ！

女子の得点（幅：5 点）

階級（点）	度数（人）
以上　未満 45 ～ 50	1
50 ～ 55	1
55 ～ 60	2
60 ～ 65	2
65 ～ 70	4
70 ～ 75	4
75 ～ 80	3
80 ～ 85	1
85 ～ 90	1
90 ～ 95	1
計	20

女子の得点（幅：10 点）

階級（点）	度数（人）
以上　未満 40 ～ 50	1
50 ～ 60	3
60 ～ 70	6
70 ～ 80	7
80 ～ 90	2
90 ～ 100	1
計	20

補：表をかく上での注意点！

・階級は「～以上～未満」で表す。
・未満は「より小さい」と同義語と考え、上の資料での赤字 60、70、80 は、表の赤で示した階級に含まれる。

ヒストグラム

雑然とした資料を階級で区分するとだいぶ見やすくなりましたよね！

でも、**もっと特徴**がわかるようにするために今度は棒状のグラフで表現してみようと

- ・たて軸を度数
- ・横軸を階級の幅

としてかいたものが、右図の“**ヒストグラム（柱状グラフ）**”です。

このようにグラフで表されると、資料全体の特徴がわかりやすくなりますね！　ただ、幅の違いによる差は微妙でしょうか！？

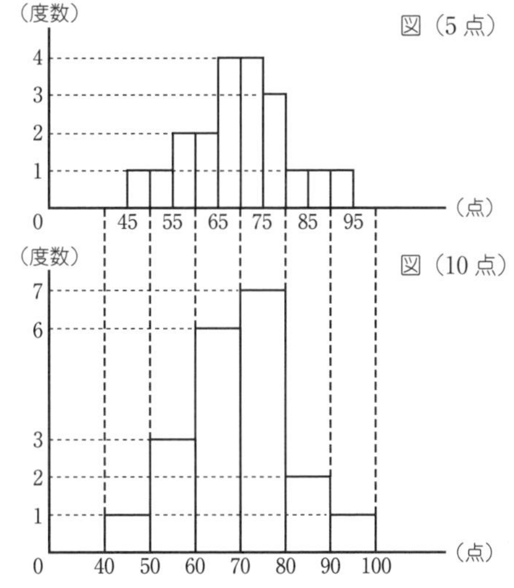

度数分布多角形

今度は**さらに特徴**がわかるようにしたいと考え、ヒストグラムの長方形の上の辺の中点（**階級値**：階級の真ん中の値）をとり、点を結ぶと右図の**度数折れ線グラフ**になります。

このグラフを見る限りでは、幅10点のグラフの方が資料全体の特徴がより表れていると思いませんか！？

このように、全体の特徴を視覚的に読み取りたい場合、階級の幅設定の重要さに気づかされるんですね！　う〜ん！ナルホドネェ〜…深い

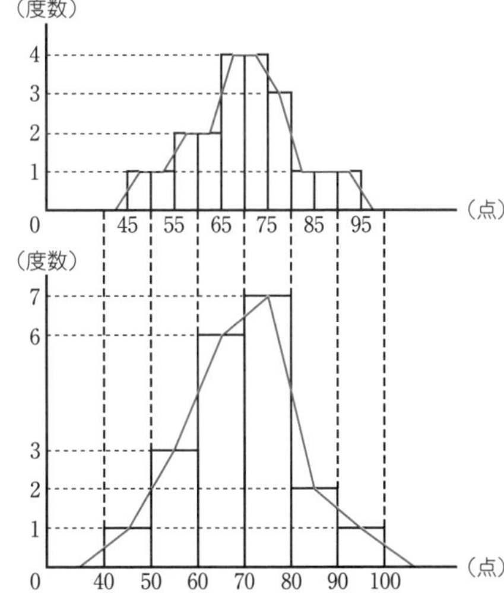

では、ここで男子・女子の度数折れ線グラフを重ねてみますよ！

「いかがですか？」

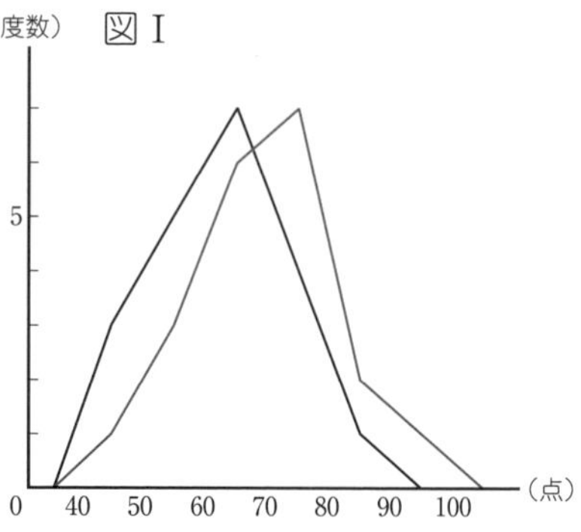

図Ⅰの重ねた折れ線グラフと図Ⅱの度数分布表との比較では、折れ線グラフの方がハッキリ比較できるでしょ！？

質　問：図Ⅰの2つの折れ線グラフから、点数の分布について、気づいた点を言ってみましょう！

（解答例：女子の方が全体的に10点右へズレている。）

いったい誰に言うんだよ～！？汗

図Ⅱ

男子の得点

階級（点）	度数（人）
以上　未満 40 ～ 50	3
50 ～ 60	5
60 ～ 70	7
70 ～ 80	4
80 ～ 90	1
90 ～ 100	0
計	20

女子の得点

階級（点）	度数（人）
以上　未満 40 ～ 50	1
50 ～ 60	3
60 ～ 70	6
70 ～ 80	7
80 ～ 90	2
90 ～ 100	1
計	20

相対度数

さてさて、ここでA中学と同地区の女子校も学力試験に参加し、あるクラスの数学の成績の度数分布表が手に入りました。そこで、A中学の女子と比較してみたいと。でも、女子の人数が20人と40人ゆえ、度数分布表では比較が難しい。

女子の得点（女子校）

階級（点）	度数（人）
以上　未満 40 ～ 50	5
50 ～ 60	7
60 ～ 70	12
70 ～ 80	10
80 ～ 90	4
90 ～ 100	2
計	40

そこで、資料の数に大きな差があるときに有効な比較方法があるんです。それは“**相対度数**”なんですね！

相対度数：ある階級の度数の全体に対する割合

$$\text{相対度数} = \frac{\text{ある階級の度数}}{\text{度数の合計}}$$

全体に対する各階級の割合で比較すれば、資料の大小に関係なく比較ができるでしょ!?　そこで、たて軸に相対度数、横軸に得点をとり階級値に対する相対度数を点として結んだ折れ線グラフを一緒にかいてみましょう。

女子の得点（A 中学校）

階級（点）	度数（人）	相対度数
以上　未満 40 ～ 50	1	0.05
50 ～ 60	3	....
60 ～ 70	6	0.3
70 ～ 80	7	....
80 ～ 90	2	0.1
90 ～ 100	1	....
計	20	1.00

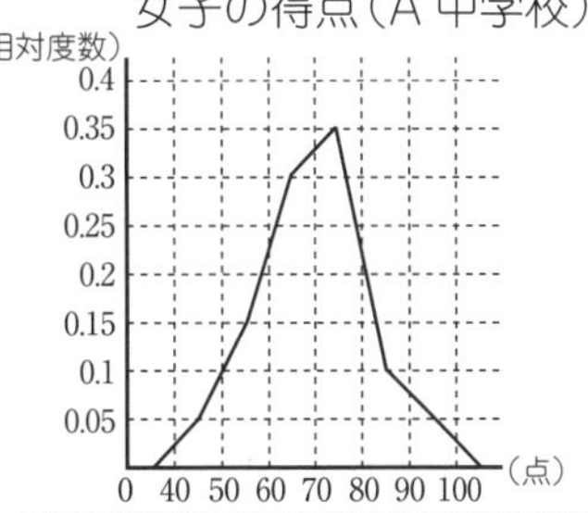

＜相対度数の求め方！＞

度数の合計：20

階級：40 ～ 50 → $\frac{1}{20} = 0.05$

階級：60 ～ 70 → $\frac{6}{20} = 0.3$

階級：80 ～ 90 → $\frac{2}{20} = 0.1$

練　習：上下の表の赤下線部、および女子校に関する右下のグラフも完成させてみましょう。

女子の得点（女子校）

階級（点）	度数（人）	相対度数
以上　未満 40 ～ 50	5	....
50 ～ 60	7	....
60 ～ 70	12	....
70 ～ 80	10	....
80 ～ 90	4	....
90 ～ 100	2	....
計	40	....

A 中学校のグラフを参考にかいてみてください！

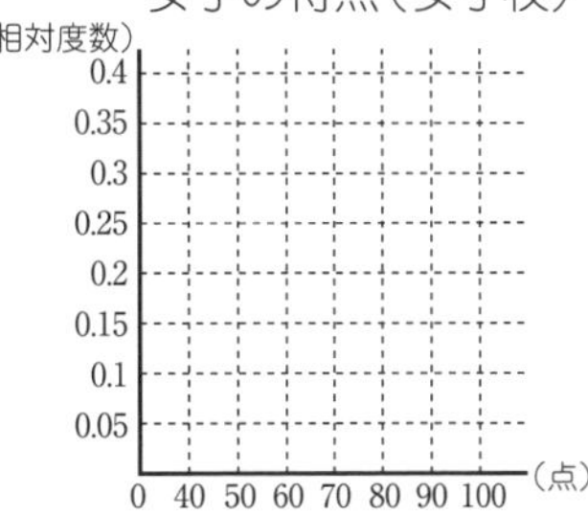

「相対度数を求め、グラフも自分なりにかけましたか？」たぶん… 汗

では、下の表およびグラフで確認してくださいね！

女子の得点（A 中学校）

階級（点）	度数（人）	相対度数
以上　未満 40 ～ 50	1	0.05
50 ～ 60	3	0.15
60 ～ 70	6	0.3
70 ～ 80	7	0.35
80 ～ 90	2	0.1
90 ～ 100	1	0.05
計	20	1.00

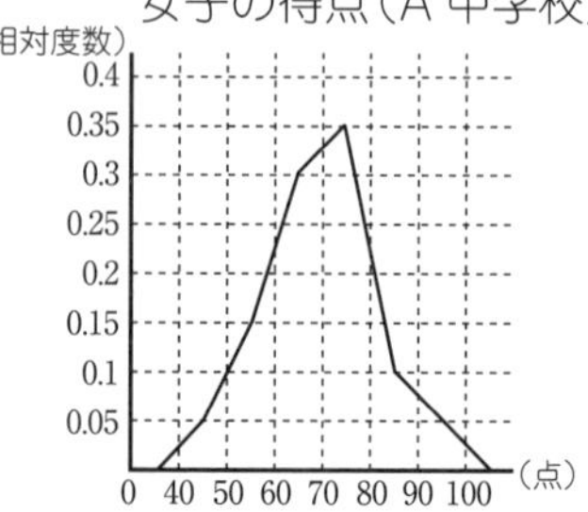

女子の得点（女子校）

階級（点）	度数（人）	相対度数
以上　未満 40 ～ 50	5	0.125
50 ～ 60	7	0.175
60 ～ 70	12	0.3
70 ～ 80	10	0.25
80 ～ 90	4	0.1
90 ～ 100	2	0.05
計	40	1.00

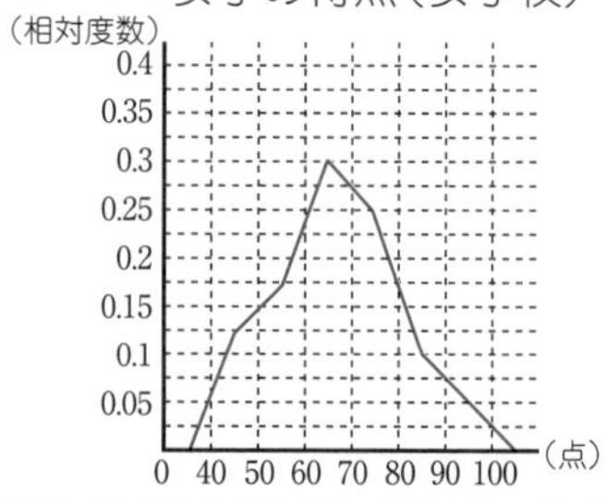

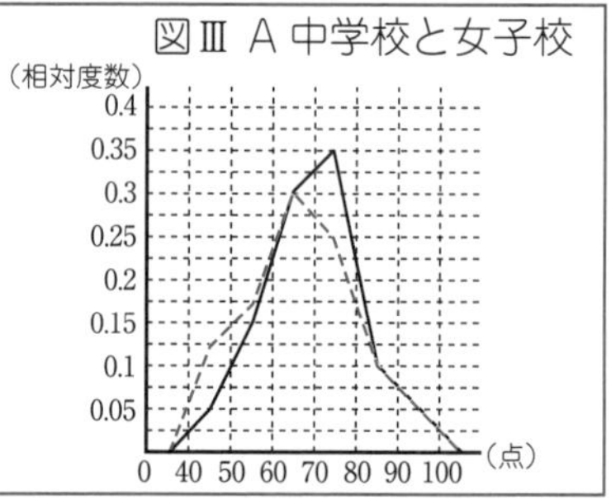

図Ⅲの相対度数での比較は強力でしょ!?

ここまでのお話は、資料を“データ”と言い換えただけでまったく同じ内容を高校の数学Ⅰでもやるんです。それなら今やらなくてもと私は思ってしまうんですが、昨今、社会では統計の知識が強く求められてきています。よって、資料の整理（統計の入り口）ぐらい、早いうちに触れておくのも良いかと！

では、そろそろこの辺で問題を通して、一緒に理解の度合いを確認しておきましょう。

問 題　以下の資料は「徒歩で自宅から駅までの所要時間（分）」です。つぎの各問いについて答えてみましょう。

10、22、27、19、5、33、24、
43、20、35、18、7、25、30、
45、38、13、29、40、36

階級（分）	度数（人）	相対度数
以上　未満 0 ～ 10		
10 ～ 20		
20 ～ 30		
30 ～ 40		
40 ～ 50		
計		

（1）　右の表を完成してください。
（2）　階級の幅はどれだけですか？
（3）　一番度数が多いのは何人で、どの階級ですか？
（4）　所要時間が少ない方から 13 番目の人が入る階級はどれですか？
（5）　所要時間が 30 分未満の人は、全体の何％ですか？

＜解説・解答＞

（1）　右表参照。

階級（分）	度数（人）	相対度数
以上　未満 0 ～ 10	2	0.1
10 ～ 20	4	0.2
20 ～ 30	6	0.3
30 ～ 40	5	0.25
40 ～ 50	3	0.15
計	20	1.00

（2）　階級の幅とは、
　階級の範囲ゆえ 10 分・・・（こたえ）
（3）　一番多い度数は 6 人・・（こたえ）
　　階級：20 以上 30 未満・・（こたえ）
（4）　階級：30 以上 40 未満・・（こたえ）
（5）　30 分未満の度数合計は 12（＝ 2 ＋ 4 ＋ 6）より、

$$\frac{12}{20} \times 100 = 0.6 \times 100 = 60$$

60％　・・・（こたえ）

補：実は、30 未満の相対度数の総和で求まります。
$0.1+0.2+0.3=0.6$
$0.6\times100=60$（％）

補 足：（1）度数分布表より、ヒストグラムおよび、度数折れ線グラフも示しておきますね！

ちなみに、折れ線グラフは各階級値（階級の真ん中の値）を結んだものです。

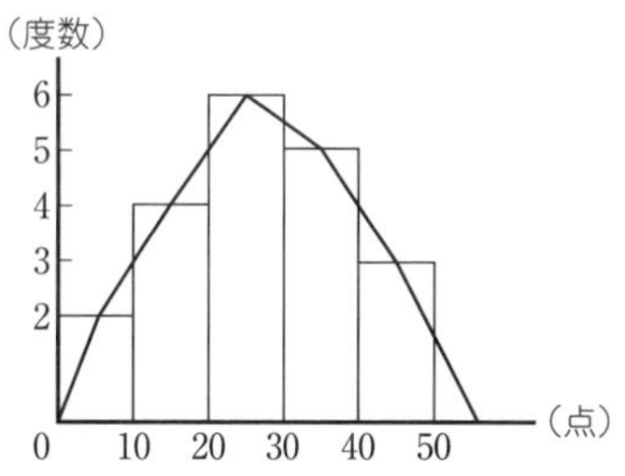

XIX　代表値と散らばり

先ほどまでは、多くの資料を表およびグラフなどの形に整理することで、資料全体の特徴を読み取ろうとしてきました。

しかし、今回はそのような視覚的なものに頼ることはしません。

ここでのお話の内容は、

「資料の特徴を数値ひとつで表し、その数値を資料における **“代表値”** としようではないか！」というモノです！　　意味不明・・・

資料における代表値を表す言葉には3つありますが、ご存知ですか？そこで、言葉だけ先にお見せしましょう。

代表値の候補！

①　平均値（へいきんち）　②　中央値（ちゅうおうち）（メジアン）　③　最頻値（さいひんち）（モード）

たぶん、①平均値ぐらいは想像がつくとは思いますが、残りの②③は初めて耳に（目に？）する言葉だと思います。

早速、つぎの資料を基に①～③の順に説明を始め、この資料の代表値を決めてみましょう。

資料：「中学1年生の月額のお小遣い」（円）

900,　1000,　500,　10000,　500,　1000,　0,　5000,　2000,　1000,
500,　900,　1000,　1000,　900,　5000,　900,　500,　1000,　500

中学生のみなさん、また、大人の方々は中学1年生のときお小遣いをいくらもらっていますか（いましたか）？

ちなみに、今現在、中学1年生のお小遣いの相場は約1000円前後のようですね！？

では、まずは①の**平均値**から始めることにしましょう。

平均値

例えばテストで「平均点は 56 点です」と言われたら、ほとんどの方は「クラス全員の点数の総和を人数の総和で割った値」と思うでしょ！

当然、それで正解でして、平均値とは、この 56 点のことを言います。

そこで、はじめはつぎの問題から考えていきたいと思います。

問題　つぎの度数分布表は、中学１年生の垂直跳びの結果です。

この表から平均値を求めてください。

跳んだ高さ（cm）	度数
以上　未満 30 ～ 35	2
35 ～ 40	2
40 ～ 45	2
45 ～ 50	7
50 ～ 55	3
55 ～ 60	2
60 ～ 65	2
計	20

< 解説・解答 >

「多くの方が各自の記録がないから無理！」と思われているのではないでしょうか？「ハイ！　当然、正確な平均値を求めることはできません」が、大まかな平均値なら求められるんです。このように**度数分布表から平均値を求めるとき**は、各階級の人はすべて、その階級値の高さを跳んだと考えるんです。

（資料の個々の値の和）≒｛（各階級値）×（度数）｝の総和　・・・（＊）

↑階級値：階級の幅の真ん中の値！

そこで、（＊）より

$$32.5 \times 2 + 37.5 \times 2 + 42.5 \times 2 + 47.5 \times 7 + 52.5 \times 3 + 57.5 \times 2 + 62.5 \times 2 = 955$$

よって、**平均値＝（資料の個々の値の和）÷（資料の個数）**より

$955 \div 20 = 47.75$　　平均値は 47.75　・・・（こたえ）

「いかがですか？」たぶん、「こんなアバウトでいいの！？」と思っているでしょ！　そこで、実際の資料で平均値を求めてみますよ！

$56 + 46 + 34 + 60 + 54 + 43 + 37 + 47 + 41 + 48 + 36 + 46 + 52 + 61 + 55 + 46 + 34 + 45 + 48 + 54 = 943$　平均値＝ $943 \div 20 = 47.15$　ホラ！近い値でしょ！

では、スタート地点の「中学１年生の月額のお小遣い」の話に戻りましょう。

そこで、早速、資料から平均値を求めてみますか！

$900 + 1000 + 500 + 10000 + 500 + 1000 + 0 + 5000 + 2000 + 1000 + 500$
$+ 900 + 1000 + 1000 + 900 + 5000 + 900 + 500 + 1000 + 500 = 34100$

よって、平均値は、

$34100 \div 20 = 1705$　　平均値は 1705 円　・・・・（こたえ）

ここで質問ね！「この平均値をこの資料の代表値にできると思います？」

資料をパッと見てスグに違和感のある数値に気づきますよね！？

特に「**10000 × 1**」と「**5000 × 2**」。あと強いて言えば「**0 × 1**」。

そこで、上の式の赤数値を除いての平均値を求めてみると、

$(34100 - 20000) \div 17 = \mathbf{829.41}$　・・・・ ⓘ

また、「0 × 1」も除いて平均を求めると

$(34100 - 20000) \div 16 = \mathbf{881.25}$　・・・・ ⓘⓘ

たぶん、多くの人が資料全体を見渡して中学１年生のお小遣いとして感覚的に妥当と思う平均値は、ⓘまたはⓘⓘであり、1705 円ではないはず！？

では、つぎの候補“**中央値**”で調べてみましょう。

中央値

この“中央値”は読んで字のごとく「中央の値」をさがすだけなのでとても簡単！でも、ただひとつだけ面倒な作業があるのね！ナニナニ計算か？汗

では、作業の説明込みで“中央値”についてまとめておきます。

中央値（メジアン）

資料を値の大きい順にならべたときの**中央の値**を言う。

・資料の個数が奇数のとき：中央の値が中央値となる。

例：7, 6, 5, 4, 3, 2, 1 ←左から４番目が中央の値ゆえ、**4 が中央値！**

・資料の個数が偶数のとき：中央に2つの値が並ぶので、その2つの平均が中央値となる。

例：8, 7, 6, 5, 4, 3, 2, 1 ← 5と4が中央の値ゆえ、平均を求めて

（5 + 4）÷ 2 = 4.5　　　よって、**4.5 が中央値！**

さて、作業の内容はわかって頂けたと思いますので、早速、例の資料を大きい順にならべてみましょう。めんどう～

資料を並べておきますので、みなさんも確認してください。

資料：「中学1年生の月額のお小遣い」（円）

900, 1000, 500, 10000, 500, 1000, 0, 5000, 2000, 1000,
500, 900, 1000, 1000, 900, 5000, 900, 500, 1000, 500,

頑張って大きい順に並べると右のようになります。ちなみに、⑳番目の0（ゼロ）を忘れないでくださいよ！笑

すると、資料は20個より偶数なので、

“中央の⑩⑪番目の平均”が**中央値**となります。

だから、(1000+900) ÷ 2 = 950 よって、**中央値は 950 円**

この950円はなんとなく感覚的に妥当な値ですよね！

① 10000
② 5000
③ 5000
④ 2000
⑤ 1000
⑥ 1000
⑦ 1000
⑧ 1000
⑨ 1000
⑩ 1000
⑪ 900
⑫ 900
⑬ 900
⑭ 900
⑮ 500
⑯ 500
⑰ 500
⑱ 500
⑲ 500
⑳ 0

「アッ！そうだ！　ごめんなさい！」

中央値の特色を言い忘れていたので、最後になりましたが付け加えておきますよ！

この中央値は、大きい値から小さい方へと数えていくので、違和感のある大きな（または、小さな）資料を無視できる。

左ページで求めた**“平均値とⓘⓘⓘ”**を比較してもらえればわかるように、平均値はかけ離れた値の影響をまともに受ける。

その点で、中央値は異常な値の影響を受けないという利点がある訳！

では、最後の候補**“最頻値”**でも調べてみましょう。

中学1年
中学2年
中学3年

最頻値

これは一番簡単です。

金額	
0	一
500	正
900	下
1000	正一
2000	一
5000	T
10000	一

最頻値（モード）：一番多く現れる値

だから、資料を右のような表にまとめれば楽勝です！日本人の我々はやはり正の字での表記が一番ですね。

よって、右表より、**最頻値は、1000 円**

この最頻値を代表値とする例としては、帽子がすぐに浮かびますね！　エッ？なんで？　実は先日、帽子を購入しにいくと、サイズの合うものがほとんどない！ちなみに私の頭の大きさはナント 3L！汗　他のサイズならたくさんの種類があるのに、3L はたったの 2 種類だけ…。この大きさが最頻値を得るとは思えないしなぁ～…涙。よって、どれが一番よく売れるサイズかを調べ、仕入れ量を決めるにはこの最頻値を代表値にするのが適切でしょ！？　　頭デカいんだ！笑　「うるさい！」

よって、それぞれの特徴を理解し代表値を選ぶようにしましょう。

ちなみに、今回のお小遣いに関しては、中央値または最頻値を**代表値**としてよいのではないでしょうか！？

では、一応問題を通して理解できているか確認しておきましょう。

問 題　数学のテストの点数を並べてみました。メジアン（中央値）と平均値を求めてください。　7, 6, 5, 8, 4, 9, 7, 2, 6, 4, 5, 3（点）

< 解説・解答 >

大きい順に並べると、偶数個より「9, 8, 7, 7, 6, 6, 5, 5, 4, 4, 3, 2」左から 6 番目、7 番目の平均がメジアンになり、$(6+5) \div 2 = 5.5$ また、平均は、$(9+8+7+7+6+6+5+5+4+4+3+2) \div 12 = 5.5$　よって、メジアン：5.5 点　平均値：5.5 点　・・・（こたえ）

散らばり

さてさて、代表値についての知識を得たところで、つぎの情報からどのような判断をするか聞いてみたいと思います。

今日、バスケットの試合があり各チームの情報はつぎのようなものです。

A チーム：平均身長が 170cm、　　身長の中央値が 169.5cm

B チーム：平均身長が 170.125cm、　身長の中央値が 169.5cm

さぁ〜、どちらのチームが有利だと思いますか？

代表値の知識から考えれば、平均身長もほとんど一緒だし、また、中央値が等しいことから、かけ離れた身長の選手がいなさそうだし…！？

でも、実は、片方が信じられないような資料なんです。

A：**176**, 172, 170, 170, 169, 168, 168, **167**（cm）

B：**179**, 178, 176, 175, 164, 164, 163, **162**（cm）

（170, 169 と 175, 164 を囲んで：中央値）

大きい順に並べましたが、まだピ〜ンときませよね？　マッタクわからん！

そこで、今度は資料の分布の範囲を調べてみましょう。

> 資料の最大値と最小値の差を、**分布の範囲（レンジ）**と呼ぶ。
>
> **範囲＝最大値－最小値**

すると、

A：176 － 167 ＝ 9

B：179 － 162 ＝ 17

となり、B の範囲が広いですよね！

そこで、**度数分布表**をかいてみました。

すると…　　あちゃ〜…驚

このように散らばりも意識する必要があることを覚えておいてください。

身長（cm） 以上　未満	度数（A）	度数（B）
162 〜 165	0	4
165 〜 168	1	0
168 〜 171	5	0
171 〜 174	1	0
174 〜 177	1	2
177 〜 180	0	2
計	8	8

XX　近似値と計算

有効数字

今、A 地点から木の根元までの距離を巻尺でできるだけ正確に測ってみたら“12m32cm”でした。

さて、ここで質問です。**「みなさんはこの値をどこまで信用しますか？」**

私なら「12m までは認めるけど、**cm の単位**ではせいぜい 30cm 前後かな！？」と考えてしまい、m の単位までしか信用しないでしょう。

そこで、「どうすればより正しい距離が求められると思います？」

一番簡単な方法としては、「何人かの人に測ってもらい平均値を求める」「何個か別の巻尺で測り、その平均値を求める」などが考えられますが、しかし、それでも末尾の値は信用できませんよね！　うんうん！

すると、この巻尺で測った値は正しい値ではなく、あくまでそれに近い値、いわゆる“近似値（きんじち）”なんです。

「真の値に近い値のことを、“近似値”と呼ぶ！」

では、もっと身近なところで考えてみますよ。

右の線分をミリ(mm)の単位で図ってみたら、――――――――――

40 mm でした。でも、だからと言って「これを 4cm と表していいのか？」と言われれば疑問符がつくのですが、この感覚わかります？　ビミョウ…汗

例えば、「線分の末端が 40mm の目盛よりほんのわずか、微妙に出ているような気がする感覚の場合でも、たいていの人は 4cm としちゃいますよね！？」でも、本当は（もしかすると）4.01 cm かもしれないでしょ？

となると、先ほどの「40mm = 4cm」の表記はおおざっぱに感じませんか？ では、このとき「どのように cm で表記をすればよいのか？」

この場合「40mm = 4.0cm」と表記することが望ましいんですよ。

こうであれば「mm の単位までは信用していいですよ！」ということを意味し、「**4** と **0** は有効な値」、いわゆる、**“有効数字”**となります。…？？？

突然、**「有効数字」**と言われてもわかりませんよね！　ごめんなさい。汗

「有効数字とは、測定器で測定できる値の有効（信じられる）**な桁数の数字であり、また、有効数字の一番小さい桁には誤差が含まれる」**ナルホド～！

となると、先ほどの「4.0cm」に関して言えば、「4と0は有効数字」であり、有効数字は“2桁”と表現します。

ちなみに、**有効数字の桁数**は「左側（一番大きい位）からの個数」です。

そこで、**“有効数字の表し方”**なんですが、これは方法を知らないと案外、間違いやすいのでお話ししておきましょう。

> 「アッ！その前に“四捨五入の確認ね！」
> 末尾が4（4,3,2,1,0）以下は捨て、5（5,6,7,8,9）以上はつぎの位に入れる！
> 例：小数第2位を四捨五入する
> ・4（4,3,2,1,0）以下は切り捨て
> 　1.10 ＝ 1.1、1.11 ＝ 1.1、1.12 ＝ 1.1、1.13 ＝ 1.1、1.14 ＝ 1.1
> ・5（5,6,7,8,9）以上は切り上げ
> 　1.15 ＝ 1.2、1.16 ＝ 1.2、1.17 ＝ 1.2、1.18 ＝ 1.2、1.19 ＝ 1.2

では、本題へ！“有効数字の表し方”

> **基本の表記は、「（一桁の整数＋小数）× 10^n**（10^nとは、10の累乗のこと）**」**
> 例1：27460mの長さにおいて、
> ・有効数字5桁の場合、**2.7460×10^4**（$= 2.7460 \times 10000$）
> ・有効数字4桁の場合（左から5番目の数を四捨五入）
> 　**2.746×10^4**（$= 2.746\cancel{0} \times 10000$）
> ・有効数字3桁の場合（左から4番目を四捨五入）
> 　**2.75×10^4**（$= 2.7\cancel{4}^{5}\cancel{6}0 \times 10000$）
> ・有効数字2桁の場合（左から3番目を四捨五入）
> 　**2.7×10^4**（$= 2.7\cancel{4}^{0}60 \times 10000$）
>
> 補：有効数字n桁の場合、
> 　（現時点では）$n+1$桁目だけを四捨五入すれば大丈夫！

問 題　稚内駅（北海道）～鹿児島中央駅（鹿児島県）までの距離を3069.5［km］とし、つぎの各問いについて考えてみましょう。

(1)　有効数字 4 桁で表してください。

(2)　有効数字 3 桁で表してください。

(3)　有効数字 2 桁で表してください。

＜解説・解答＞

(1) 3069.5 を左（一番大きい桁）から 4 個の数字で表現するので、

“小数第 1 位を四捨五入し、10 の累乗で表現します。

よって、3069.5 に関して「5 を四捨五入し、9 が 10 になる」ゆえ、

“小数第 1 位”を四捨五入すると、「3069.5 → 3070」となる。

したがって、有効数字 4 桁で表すと、3.070×10^3［km］・・（こたえ）

(2) 3069.5 を左（一番大きい桁）から 3 個の数字で表現するので、

“1 の位”を四捨五入し、10 の累乗で表現します。

よって、3069.5 に関して「9 を四捨五入し、10 の位が 7 に、1 の位が 0 になる」。ゆえ、「3069.5 → **3070**」となる。補:小数第 1 位の 5 は考えないで大丈夫！

したがって、有効数字 3 桁で表すと、3.07×10^3［km］・・（こたえ）

(3) 3069.5 を左（一番大きい桁）から 2 個の数字で表現するので、

“10 の位”を四捨五入し、10 の累乗で表現します。

よって、3069.5 に関して「6 を四捨五入し、100 の位が 1、10 の位が 0 になる」。ゆえ、「3069.5 → **3100**」となる。補：1 の位以下の数は考えないで大丈夫！

したがって、有効数字 2 桁で表すと、3.1×10^3［km］・・（こたえ）

「いかがですか？」なんとなく有効数字の表し方の流れが見えてきたでしょうか？ では、今度は別の視点から考えてみますよ！　意味不明！汗

問題　つぎの測定値は、どの位まで測定したものでしょう。
（1）2.41×10^3[cm]　（2）4.8×10^2[cm^3]　（3）3.10×10^3[g]

＜解説・解答＞

考え方としては、10の累乗の計算をして各有効数字の末の数字の位が測定した位となる。

（1）$2.41 \times 10^3 = 2.41 \times 1000 = 2410$（←有効数字3桁:2,4,1）
よって、有効数字の末の数字の位が10の位ゆえ、10［cm］の位（こたえ）

（2）$4.8 \times 10^2 = 4.8 \times 100 = 480$（←有効数字2桁：4,8）
よって、有効数字の末の数字の位が10の位ゆえ、10［cm^3］の位（こたえ）

（3）$3.10 \times 10^3 = 3.10 \times 1000 = 3100$（←有効数字3桁:3,1,0）
よって、有効数字の末の数字の位が10の位ゆえ、10［g］の位（こたえ）

近似値計算

有効数字に関してはだいぶ長くお話ししましたので、たぶん理解していただけたかと！？　そこで、つぎにみなさんが案外計算方法を知らないであろう“**近似値計算**”のお話をしたいと思います。

近似値計算では、「和・差の場合」と「積・商の場合」とでは計算方法に違いがありますが、ご存知ですか？　　知らない！知らない・・・？汗

＊近似値計算の和と差について

方針：有効数字の最後の位を、位の高い方に合わせてから計算。

例：$12.3 + 3.15 \rightarrow 12.3 + 3.2 = 15.5$（こたえ）

12.3の最後の位は小数第1位。3.15の最後の位は小数第2位。
よって、**最後の位が高い方は小数第1位**より、3.15の小数第2位を四捨五入し最後の位を**小数第1位**に合わせ**3.2**として計算する。

たぶん、多くの方が「なぜ最後の位を高い方に合わせるの？」と、疑問

に思われるかと！？　　　　　　　　　　　　うんうん！なんでだ！？

理由は、この与えられた数値は近似値ゆえ、12.3 の値をさらに正確に測ったら、もしかすると“12.36”または、“12.31”かもしれないでしょ！？すると“12.36 + 3.15 = 15.51”または“12.31 + 3.15 = 15.46”となり、ハッキリとしない小数第 2 位の数で小数第 1 位が影響を受けたりと、小数第 2 位以下の計算自体、意味のないものになってしまうんです。

近似値自体、末位には誤差が含まれているのでその影響をできるだけなくすため、和・差の計算時は最後の位を位の高い方に合わせて計算する訳なんですね！　　　　う〜ん、と言うことは、有効数字の末尾は常に曖昧な訳か･･･！

では、練習をしてみましょう。

問 題　つぎの近似値計算をしてみましょう。

（1） 112 + 32.7　　　　　（2） 48.12 − 9.364

＜ 解説・解答 ＞　末尾の位を高い方に合わせてから計算だよ！

（1）末尾を“1 の位”に合わせて計算。よって、“32.7”の小数第 1 位を四捨五入し、“**33**”として計算。

よって、　　112 + 33 = 145　・・・・・・（こたえ）

（2）末尾を“小数第 2 位”に合わせて計算。よって、“9.364”の小数第 3 位を四捨五入し、“**9.36**”として計算。

よって、　　48.12 − 9.36 = 38.76　・・・・・（こたえ）

＊近似値計算の積と商について

方 針：有効数字の桁数を一番少ないものにそろえて計算し、結果の桁数も同じにする。

例：9.1 × 113.5 → 9.1 × 110 = 1001 → 1000（こたえ）

有効数字が 2 桁と 4 桁ゆえ、有効数字を一番少ない **2 桁に合わせ**“113.5”の頭 2 個を残し、1 の位以下を四捨五入し“**110**”として計算。

この理由もお話ししますね！

積の場合、位を合わせて計算する必要がないゆえ、有効数字の桁数が重要になります。そこで、“9.1”をより正確に測ったら、9.104だったとし“9.104 × 113.5”の計算をしてみます。すると、右の計算でわかるように、結果は（少なくとも）頭の２個“1と0”以外は全く信用できないでしょ！？ よって、近似値の積では有効数字を一番少ない桁に合わせ、かつ、結果も有効数字の一番少ない桁数に合わせて問題ない訳なんです。ちなみに、当然、商も同じ理屈です。

```
      9.104
×     113.5
─────────
      45520
     27312
    9104
   9104
─────────
  1033.3040
```

赤字の部分はすべて信用できない数。よって、十の位の値も当然、グレーになるでしょ！？

では、練習をしてみましょう。

問 題　つぎの近似値計算をしてみましょう。

（1）　3.23 × 4.5　　　　　（2）　42.1 ÷ 11.24

＜解説・解答＞　桁数を一番少ない方に合わせて計算だよ！

（1）桁数を２桁に合わせて計算。よって、“3.23”の小数第２位を四捨五入し“3.2”として計算。そして、結果も四捨五入し２桁で表す。

よって、　3.2 × 4.5 ＝ 14.~~4~~　　　ゆえに、14　・・・（こたえ）

（2）桁数を３桁に合わせて計算。よって、“11.24”の小数第２位を四捨五入し“11.2”として計算。そして、結果も四捨五入し３桁で表す。

よって、42.1 ÷ 11.2 ＝ 3.75~~8~~（6）　ゆえに、3.76　・・・（こたえ）

（↑有効数字３桁ゆえ、小数第３位まで計算し、小数第４位を四捨五入）

近似値と誤差

さて、近似値があるならば、**真の値**がないと変でしょ！　すると、当然、真の値との誤差が生じる。そこで、この誤差について考えてみましょう。では、みなさんに「この誤差を求める計算式はナニ？」と聞けば、たぶん多くの方が、つぎのように答えるのではないでしょうか？

（誤差）＝（真の値）－（近似値）　　エッ！？　ちがうの…？汗

残念ですが違うんですね！　正しくはつぎのように計算します。

（誤差）＝（近似値）－（真の値）

あのね！　近似値は真の値に対して、大きかったり、小さかったりするでしょ！　よって、誤差には、**正の誤差**と**負の誤差**が考えられるので、誤差とは、**誤差の絶対値を意味する**んですね！

そこで、「**真の値が存在する範囲**を近似値を利用して表すとどうなるか？」を考えてみたいと。

ある真の値 x の小数第 1 位を四捨五入したら、**15** になった。すると、このときの x の範囲は、つぎのように表せます。

真の値の存在範囲
0.5　15　0.5
14.5　15.5

$$14.5 \leqq x < 15.5$$

「大丈夫？」14.5 以上（14.6、14.7、14.8、14.9）で小数第 1 位を四捨五入すれば、すべて 15 になり、また、15.5 より小さい数（15.4、15.3、15.2、15.1）の小数第 1 位を四捨五入すれば、すべて 15 になるでしょ！

このように、四捨五入と不等号の意味を理解していれば、真の値が存在する範囲を表すのは、さほど難しいことではないと思います。

では、早速問題を通して練習し、中学 1 年の項目を終了してしまいましょう。

問 題　つぎの各値は、ある数 x を ( ) 内の位を四捨五入したものです。そこで、つぎの各 x の範囲を不等号を使って表してみましょう。

（1）　1200（1 の位）　　（2）　27.9（小数第 2 位）

< 解説・解答 >

(1) $1195 \leqq x < 1205$（こたえ）　(2) $27.85 \leqq x < 27.95$（こたえ）

この解答に関しては、上記で丁寧に説明したと思いますので（こたえ）だけで許してくださいね！

では、以上で中学 1 年の数学をおわりにします。

お疲れ様でした！　　ふ～、疲れたよ～！汗・涙

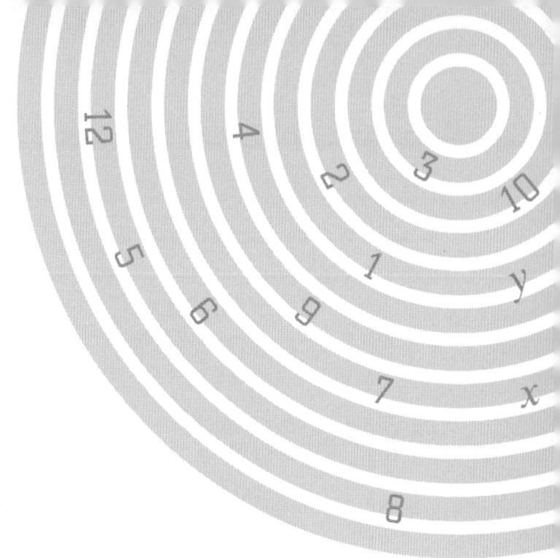

中学２年

第 *1* 話

式の計算

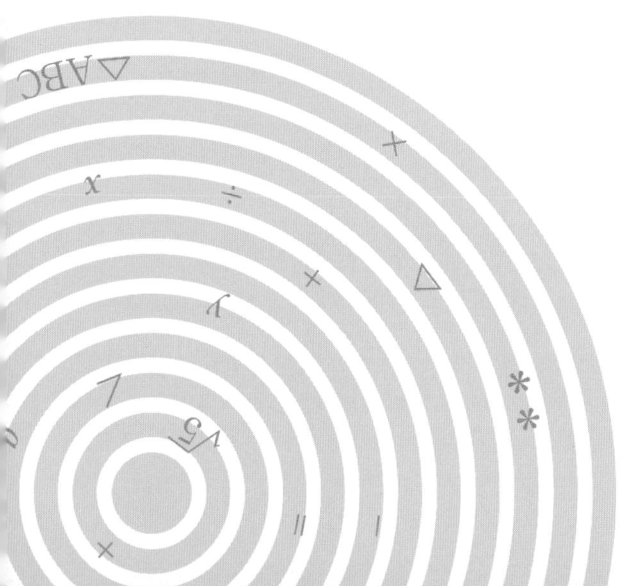

Ⅰ 式の計算

中学１年のところで、数学の基本的な知識をお話ししました。中学２年の数学では、その知識をふくらます段階に入っていきます。

では、スタート !!

式の名前

「式によって“呼び名”があるのを知っていましたか？」中２のはじめは、式を見てそれがどんな式なのかわかるようになることから始めたいと思います。

（ⅰ）単項式（たんこうしき）

数字、文字についてかけ算だけで表されている式のこと！

例）$5a$，　$2ab$，　$-7x$，　$-\frac{3}{4}$，　9

（ⅱ）多項式（たこうしき）（字のごとく、項がいっぱいの式）

単項式の和の形で表現された式のこと！

例）$2a+7$，　$-4x-6y$，　$3x^2-x-\frac{6}{7}$

＜解説＞

新しいことを話すのに知らない言葉などを使っては、よけいにわからなくなりますよね。例えば、「項（こう）ってナニ？」「多項式には和、いわゆるたし算しかないの？」「引き算のときはどうなるの？」など、読んでいて悩みませんか？　そこで、今後どんどん難しくなりますので、数学が好きにならなくとも嫌いにならないように、説明できるものはとことん説明していこうと思っています。わからないことがあったら恥ずかしがらずにすぐに質問してくださいね。　は～い！　でもどうやって？

質 問「単項式はかけ算だけで表せる式なのにどうして９が？」

$9 = 1 \times 9$

と表せます。このように文字がついていなくても積で表せるので単項式になると考えてください。ただ、$\frac{2}{x}$ のように分母が文字のものは単項式とは言いません。「ちょっと変な気もしますけれどね！」

質 問「項とは何か？」

$a \underline{- bc} + d$

文字どうしの積 bc は１つのもの！

上の式はたし算・引き算が混ざった式ですね。その式の部品１個ずつを項と呼ぶんです。この式で言えば、項は

$a, \quad -bc, \quad d$

この３個を言います。でも、bc にはマイナス（－）がついていて、どうして d にはプラス(＋)がついていないのかと思っている人もいるでしょ？中１のはじめに「数の前の符号は自分の進むべき方向を示している」と話したのを覚えていますか？　よって、「項は？」と聞かれたら、自分の進むべき方向性を示している符号も一緒に答えなければいけません！ しかし、プラスは数直線の数の流れと同じ方向を示しているので、プラスの符号に関してはつけないでよかったんですね！

質 問「多項式にはたし算だけで、引き算はないの？」

$a - bc + d \quad \cdots\cdots \quad (*)$

数式は必ず項という固まりのたし算・引き算でできているように見えますが、実は、すべて各項のたし算なんですね。(＊) を少し変えてみますよ。

$a + (-bc) + d$

こうすれば、単項式の和という意味もなんとなく理解できませんか？別に、単項式の和・差の式と考え、自分の進むべき方向性の符号をつけて

“項”を考えられるのならば、無理に多項式を“単項式の和”と考える必要などありません。この考え方は“項”についてよく参考書で言われている説明でして、今無理して理解する必要はありませんからね！

ホォ～、よかった!!

中学1年のはじめの方で、つぎのような「たし算の式に直しなさい」という問題をやったのを覚えていますか？

$$a-b-c-d=a+(-b)+(-c)+(-d)$$

このように一見引き算の式が、実は項をはっきりさせるとすべてたし算で表現できます。それゆえ、多項式は“単項式の和”であると表現できるんですね。では、ここで問題を通して確認しましょう！

問 題　つぎの問いに答えてくれますか？

ア）$2a$　　イ）$-3b+3$　　ウ）t　　エ）$-\dfrac{2c}{3}$

オ）$x-y$　　カ）x^2-5x+3

(1) 単項式はどれでしょう。

(2) 多項式はどれでしょう。

(3) 各多項式における項を言ってください。

＜解説・解答＞

(1) 単項式はすべて乗法（かけ算）で表されている式のことですから、

ア）$2a$ $\boxed{2\times a}$　　ウ）t $\boxed{1\times t}$　　エ）$-\dfrac{2c}{3}$ $\boxed{-\dfrac{2}{3}\times c}$

（この3個だよ！　四角の中はかけ算で表せることを示しておきました）

・・・・・・（こたえ）

（2）多項式は、項のたし算・引き算の混ざった式と考えてよかったんですから、

イ）$-3b+3$　　オ）$x-y$　　カ）x^2-5x+3

（この３個だね！）　　・・・・・・（こたえ）

（3）（2）の各式の項を聞かれていますので

イ）$-3b$，3

オ）x，$-y$

カ）x^2，$-5x$，3

（＋）の符号は省略！

声に出さなくてもいいからね！

・・・・・・（こたえ）

注）目の前の符号を一緒につけて答える！

（ⅲ）同類項（どうるいこう）　**（同じ種類の項）**

同じ文字どうしや、数字どうしの項のこと！

例）

$2a-b+3a+4b+2$ ・・・・・・（＊）

（＊）の式において

・$2a$，$3a$（同類項）　　・$-b$，$4b$（同類項）

同類項は計算しなくてはいけません。よって、（＊）は

$$2a-b+3a+4b+2=2a+3a-b+4b+2$$

$$=5a+3b+2$$

このように同じものどうしを計算し、できるだけ簡単な形に直すように意識してください。そうでないと計算の途中だと思われ、バツですよ！

（iv）分配法則（ぶんぱいほうそく）

カッコの前の数字・符号をカッコの中の各項にかけ算する計算のこと！

例）

$$\cdot\ 2(3a+2)=2\times 3a+2\times 2$$
$$=6a+4$$

$$\cdot\ -(4a-3)=-4a-(-3)$$
$$=-4a+3$$

この－は（－1）

$(-1)\times 4a+(-1)\times(-3)$

$$\cdot\ -5(-a+7)=(-5)\times(-a)+(-5)\times 7$$
$$=5a-35$$

このあたりで問題を通じて具体的に解説しますね！

問 題　つぎの計算をしてみよう！

（1）$4(2x-y)-(x-5y)=$

（2）$(-2x)^3=$

（3）$2x^2\times(-4y)^2=$

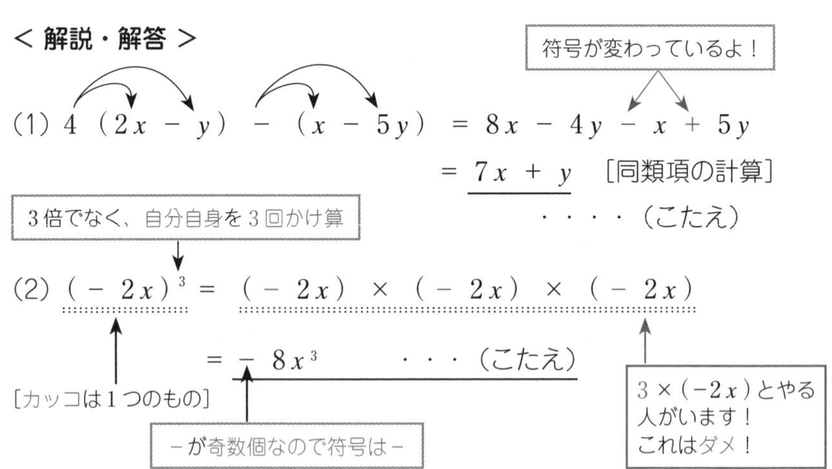

＜解説・解答＞

（1）$4(2x-y)-(x-5y)=8x-4y-x+5y$

$=\underline{7x+y}$　［同類項の計算］

・・・・（こたえ）

符号が変わっているよ！

（2）$(-2x)^3=(-2x)\times(-2x)\times(-2x)$

$=\underline{-8x^3}$　・・・（こたえ）

3倍でなく、自分自身を3回かけ算

［カッコは1つのもの］

－が奇数個なので符号は－

$3\times(-2x)$とやる人がいます！これはダメ！

(3) $2x^2 \times (-4y)^2 = 2x^2 \times (-4y) \times (-4y)$
$= 2x^2 \times 16y^2$
$= 32x^2y^2$　・・・（こたえ）

（累乗計算）
カッコは１つのもの

注意する点は、

・カッコの前のマイナス（－）による符号の変化
・累乗（かける回数）計算においてカッコは１つのもの！

よく間違える分数計算

問 題　つぎの計算をしてみよう！（分数計算は要注意！）

$$\frac{4x - y}{3} - \frac{x - 3y}{2} =$$

誤答：パートⅠ　< 間違いだよ～！ >

この問題は分数だから難しいので、「分母を払ってしまおう !!」と両辺を６倍したつもりになって計算した、代表的なものです。

$$6\left(\frac{(4x - y)}{3} - \frac{(x - 3y)}{2}\right) = 2(4x - y) - 3(x - 3y)$$
$$= 4x \times 2 - y \times 2 - x \times 3 - 3y \times 3$$
$$= 8x - 2y - 3x - 9y$$
$$= 5x - 11y$$
（ミスは２ヶ所 !!）

どこが間違いかを指摘できますか？　３人に１人は必ずやる計算です。「この形が難しく見えるのは文字の分数計算だから」分母を払いたいと多くの人が両辺を６倍してしまうんです。しかし、これは計算式です。方程式ではありません！　よって、（右辺）が存在しませんので、両辺を 6 倍したくてもできないんですよ！　まだピーンとこない人は、以下のような計算をやりますか？

$$\frac{4}{3}-\frac{3}{2}=2\times4-3\times3$$

$$=8-9$$

$$=-1$$ （誤答）

両辺を 6 倍したつもりで、分母との約分で片方が分子 2 倍、もう片方は分子を 3 倍する

“変ですよね！” 実際の計算は以下のようになります。

$$\frac{4}{3}-\frac{3}{2}=\frac{8}{6}-\frac{9}{6}$$

まったく違いますよね !!

$$=-\frac{1}{6}$$ （正解）

ほかにも間違いがありますが、それはつぎの誤答例でお話しします。

誤答：パートⅡ

$$\frac{4x-y}{3}-\frac{x-3y}{2}=\frac{2\times4x-2\times y}{3\times2}-\frac{3\times x-3\times3y}{2\times3}$$

$$=\frac{8x-2y}{6}-\frac{3x-9y}{6}$$

$$=\frac{8x-2y-3x-9y}{6}$$

$$=\frac{5x-11y}{6}$$

この解法も多くの人がやる間違いです。今回は分母を払うことなくしっかりと通分して計算していますが・・・、残念！　とっても大切なことを忘れていますよ。もう気づきましたよね？　分数計算ですよ！注意点は、

約分ともう１つ・・・？　　　　　　「ほらほら・・・！」

ポイント　分数計算で分子が多項式であっても、その多項式は１つのもの。したがって、分子が多項式の場合は“カッコ”をつける！

この点を理解していないために、

$$-\frac{x-3y}{2}$$

分数の前にある（－）が 分子（$x-3y$）全体 にかかっていることを、カッコをつけなかったために気づかなかったんですね。

よって、通分すると「分子」は

$-3(x-3y)=-3x+9y$

と、$-9y$ が実は $+9y$ になららなくてはいけなかったんです。この間違いは、はじめの誤解答でもやっていたことですよ。気づいていましたか？

では、正しい解答 を示します。みなさんは必ず“真似”するんですよ！

$$\frac{(4x-y)}{3}-\frac{(x-3y)}{2}=\frac{2(4x-y)}{3\times2}-\frac{3(x-3y)}{2\times3}$$ ［通分］

（カッコをつける）

$$=\frac{8x-2y-3x+9y}{6}$$

$$=\frac{5x+7y}{6}$$ ・・・・・**（正しい解答）**

途中式が１行とんでいるので、少し難しく感じるかもしれません。でも、このように計算できるとイイね！

問 題　ちょっと形が変わった計算！（分母が前に出た形）

$$\frac{1}{6}(x-2y)-\frac{1}{2}(5x-2y)=$$

< **解説・解答** >

$$\frac{1}{6}(x-2y)-\frac{1}{2}(5x-2y)$$

$$=\frac{1}{6}(x-2y)-\frac{1\times3}{2\times3}(5x-2y)$$ [6に通分]

$$=\frac{1}{6}(x-2y)-\frac{3}{6}(5x-2y)$$

$$=\frac{(x-2y)}{6}-\frac{3(5x-2y)}{6}$$ [分子に乗っける]

$$=\frac{(x-2y)-3(5x-2y)}{6}$$ [前のページでとんだ式の形]

$$=\frac{x-2y-15x+6y}{6}$$ [分子の同類項の計算]

$$=\frac{-14x+4y}{6}$$ ・・・・・・・・（＊：こたえ？？）

いかがですか？　分子が多項式のときは分子にカッコをつけて１つのモノとすれば、符号の間違いなど決して（？）ありえません。必ずカッコをつける!!

さぁ～、ここで再び確認します。分数計算といえば大切なことがまだありましたよ！　もしかして、（＊）これを答えにしようなんて考えていませんよね？「えっ！？　これが答えじゃないの？」ですって　ゥ～ン・・・

分数といえば **"約分"** です。これをしていないと必ずバツになりますので気をつけてくださいね！　したがって、

$$=\frac{-14x+4y}{6}$$ （＊）の続き

$$= \frac{-\cancel{14}^{7}x + \cancel{4}^{2}y}{\cancel{6}_{3}}$$ ［2 で約分］

$$= \frac{-7x + 2y}{3}$$ ・・・・・（こたえ）

問題の式を分配法則でカッコをはずし、バラバラにして計算すると

$$-\frac{7}{3}x + \frac{2}{3}y$$

このようになります。これも正解です！

今度こそこれで答えになります。

分子が多項式の答えのときは、必ず「“分母”と“分子”の各項の係数（文字の前についている数字）または文字」が、すべて共通な数字（公約数）・文字で約分（割ること）できるときは、約分をする！

いくつか**約分できない場合**だけを示しておきますね！

注意！＜ 約分できない形 ＞

（ア）$\frac{4x-5}{2}$　（イ）$\frac{3ab+7}{9}$　（ウ）$\frac{5xy-3}{15}$

＜ 解 説 ＞

（ア）分子の 4 と分母の 2 が約分できそうですが、してはいけませんよ！“ピーン”ときませんか？ では、こんな説明ならわかってもらえるかな？

＜ 約分した場合：誤 ＞

$$\frac{8-5}{2} = \frac{\cancel{8}^{4}-5}{\cancel{2}_{1}}$$

$$= 4 - 5$$

$$= -1$$

＜本当の答えは＞

$$\frac{8-5}{2} = \frac{3}{2}\ (= 1.5)$$

＜ どうしても約分したい ＞

$$\frac{8-5}{2} = \frac{\cancel{8}^{4}}{\cancel{2}_{1}} - \frac{5}{2}$$

$$= 4 - \frac{5}{2}$$

このように強引に約分しても、もう一度通分し直すことにより、はじめの形に戻ってしまいますので意味がありません！

（イ）、（ウ）に関してもまったく同じです。ただし、分子が文字の多項式のとき＜どうしても約分したい＞方法で計算した場合、（ア）でやると、

$$\frac{4x-5}{2}=\frac{\cancel{4}^{2}x}{\cancel{2}_{1}}-\frac{5}{2}\quad［分ける］$$

$$=2x-\frac{5}{2}$$

このように（文字の項）と（数字の項）を分けて表すのであれば、間違いではありません！（通常は通分した形で答えとします）

あとは、割り算とかけ算の融合問題ですが、割り算は常にかけ算に直して計算するんでしたから、問題はないと思います。でも、逆数が出てきますので答えが分数になる場合がありますよ。そのときは、くれぐれも約分にだけは注意してくださいね！

とにかく、たくさん練習をして慣れるしかありません。もう一度だけ言っておきますが、“計算式”は方程式ではないので 分数計算は通分 ですよ。分母を払うことはできないからね!!　しつこくて嫌になるでしょうが、これだけ注意してもまたやるんだなぁ～!! 涙

II　次数・係数

“式”には名前があるとお話ししました。先ほどは、“項”という部品を基準にしての名前の呼び方でしたね。今回は、もう少し具体的な“式の名前”についてお話しします。今後、その式の名前を聞くだけでいろいろなことがわかるという、とっても大切なお話です。まったく同じ内容を高校1年の最初に数学の授業でやるぐらいに大切なことです。

次数（じすう）

つぎの式を見てください。

$x^2 - 3x + 5$ ・・・・・・・（＊）

この式を見て今、みなさんが知っている知識は、“多項式”で“項”は、

x^2, $-3x$, 5

の、この２つぐらいですよね。しかし、これからはそれではまったく歯が立たなくなります。そこで、今後は、“次数”・“係数”という言葉を知らなくてはいけません！

よく「この式は何次式ですか？」と聞かれます。この“何次式”の意味は、「式の各項の中で、文字のかけ算（積）が一番たくさんしてある回数のこと」を言い、その回数が“式”の代表名となります。

（＊）の式では、**はじめの項に文字が２回かけ算してあり一番多いでしょ！** だから２次式です。「わかった？　でもまだムズカシイデスネ！　ごめんなさい！」

ここは問題を見てもらった方がよいと思います。では、問題を・・・

問題　つぎの式は何次式ですか？

（1）　$x^2 - 2y + 7$

（2）　$x^3 - xy - x + 4$

（3）　$5ab^2 - 3b^2c^2 + 2c$

ポイント　各項の中で一番文字の積の回数が多いのがその式の代表名（何次式）となるんですね？!

< 解説・解答 >

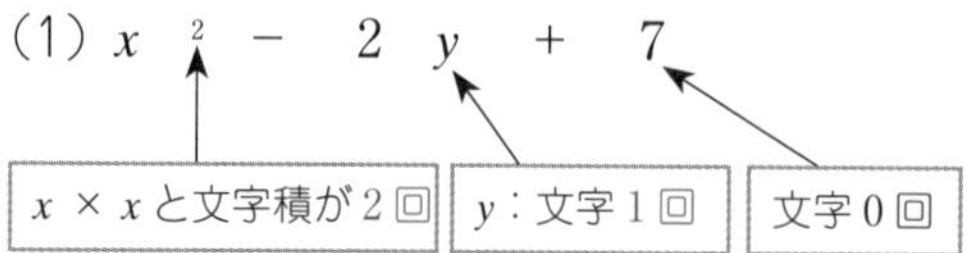

はじめの項が文字2回の積ですから、2次式となります。・・・（こたえ）

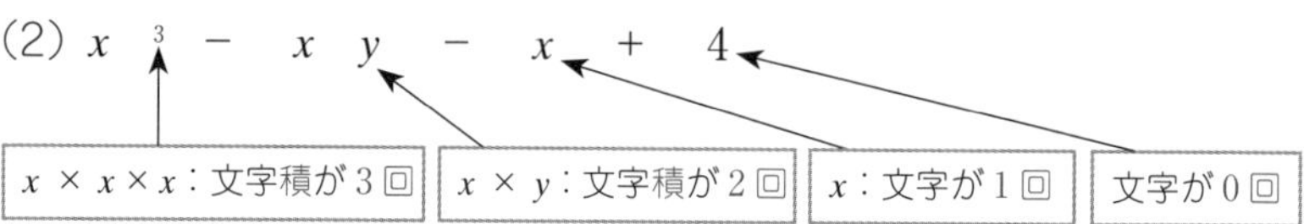

はじめの項が文字3回の積ですから、3次式となります。・・・（こたえ）

(3) $5ab^2 - 3b^2c^2 + 2c$

$a \times b \times b$：文字積が3回　$b \times b \times c \times c$：文字積が4回　c：文字が1回

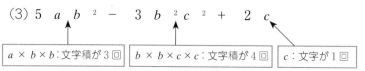

2番目の項が文字4回の積ですから、4次式となります。・・・（こたえ）

「むずかしくないでしょ！」

係数（けいすう）

突然ですが、$5x$ という項があったとします。このとき「係数は？」と聞かれれば、5と答えます。係数とは、「文字の前の数字のこと！」なんです。この $5x$ とは x が5個あるとも言えるんですね。このように「各項に文字が何個あるのか？」その個数を表しているモノが係数であると考えてもらってもかまいません。

問題　つぎの各項の係数はなんですか？

(1)　$3x^2 - y + 7$

(2)　$-2a^2-9b+12$

(3)　$5x+4y-7z-1$

＜解説・解答＞

大丈夫かな？　では、説明をします。

(1) 順番に　3　$[x^2]$　－1　$[y]$

(2) 順番に　－2　$[a^2]$　－9　$[b]$

(3) 順番に　5　$[x]$　4　$[y]$　－7　$[z]$

注）よく見かける答え！
(1) では、7
(2) では、12
(3) では、－1
も答えにする人がいます。それならば、この数字にはどんな文字がついていますか？

[　] の中は係数の文字です。　・・・・・（こたえ）

今回の“次数”“係数”についてはさほど難しくは感じなかったと思いますが？!「そう言われても聞かれる方はつらいんですよね！　失礼しました・・・」

定数項（ていすうこう）

項のところで言うべきでしたが、あと1つ“言葉”の話をさせてください。

$$5x-4y+7$$

このような式で、文字のついていない項、7のようなものを“**定数項**”と呼びます。文字がついていないので、他の項と違い変化しようがないんですね。つぎのところで勉強しますが、もし $x=3$ とおくと、$5x$ の項は、$5\times3=15$ のように x の代わりに数字を入れて計算できます。よって、$5x$ の項は x によっていろいろに変化しますが、7の項は7でしかありえません。ゆえに、“定”まった“数”の“項”なのでこのような項を「定数項」と呼ぶのです。

以上でこの項目の説明は終了しました。　「がんばれぇ～!!!」

中学1年　中学2年　中学3年

III　式の値（代入の仕方）

中1でもやりましたが、あのときは文字が1個でしたよね。ここでは2個になります。とにかく問題を使って説明した方が早いので・・・！

今度は多項式の文字に、数値を代入してみましょう。

問題　$x = 2$、$y = -3$ のとき以下の式の値を求めてください。

（1）$2x - 4y + 5x + 3y =$

（2）$y(x^2 - 5x) - (2x^2y - 5xy) =$

（3）$\frac{5}{3}x^2y \div \frac{5}{12}xy - 2x =$

< 解説・解答 >

ほとんどというか最初は全員が必ずやる解答を示します。

（1）　$2 \times 2 - 4 \times (-3) + 5 \times 2 + 3 \times (-3)$

$= 4 + 12 + 10 - 9$

$= 17$

バツにはなりませんよ！

計算に間違いはありません。しかし、やり方に問題があります。

代入計算において注意することは、代入回数が多ければ多いほど計算ミスが起きやすいということです。この問題においても、代入回数は4回、符号の変化は2ヵ所と気を抜いて計算すると間違えやすくなります。そこでつぎのことを心がけてください。　「絶対・ゼッタイ・ぜったいに！」

ポイント

代入計算は必ず同類項の計算をし、簡単な形にしてから代入！

この点をしっかりと守ってください。すると、先ほどの問題ですが、“ポイント”に気をつけてもう一度計算してみましょう。

（1）　$2x - 4y + 5x + 3y = 2x + 5x - 4y + 3y$

$= 7x - y$　［同類項の計算］

ここで代入するぞ!!　$= 7 \times (2) - (-3)$

$= 14 + 3$

$= \underline{17}$ ・・・・・（こたえ）

同類項の計算後に代入すると代入回数は２回、符号変化は１ヵ所と計算ミスの可能性が劇的に減少しました。代入は間違えやすい計算なので、必ず同類項の計算をしてから代入することを守ってください。あと、マイナスの数を代入する時は、必ずカッコをつけて代入ですからね。お願いします!!

（2）代入計算は見ただけで嫌になりますよね。だから、「数学なんて嫌いだ！」と考えたくなるのもわかる気がします。しかし、このような問題は、先ほどから言っている 同類項の計算 をすれば、必ず簡単な形になるに決まっているので心配はいりません。では、やってみましょう！

$y(x^2 - 5x) - (2x^2y - 5xy)$

$= yx^2 - 5xy - 2x^2y + 5xy$

$= -x^2y$　［ここで代入］

$= -2^2 \times (-3)$

$= -4 \times (-3)$

$= \underline{12}$ ・・・・（こたえ）

同類項です。見えにくいですね！

マイナスの数は必ずカッコをつけて代入！

$(-1) \times 2 \times 2 = -4$

いかがですか？　案外簡単でしょう！　何がなんでも代入は“同類項の計算”、そして、“代入”です！　この順番をお忘れなく!!

(3) 分数の代入ですね。基本的な注意ですが、計算式ですからくれぐれも分母を払わないでくださいね！　それでは、あなたが一番最初にやらなければいけないことはナンでしたっけ？　忘れてますね？　まず割り算をかけ算に直すことから始めるんです。では・・・

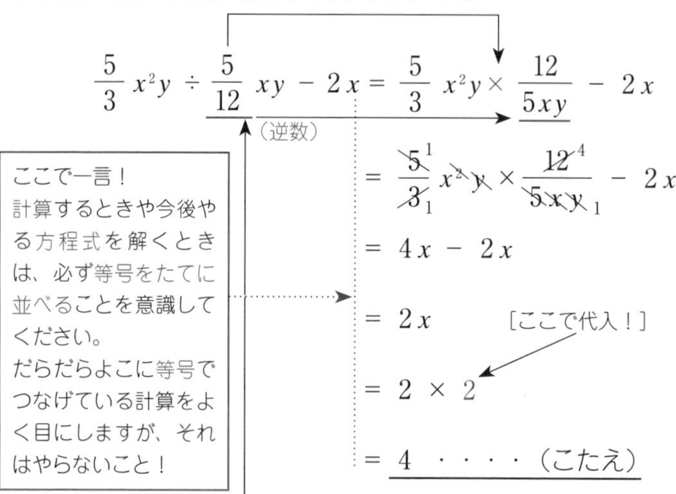

$\frac{5}{3}x^2y \div \frac{5}{12}xy - 2x = \frac{5}{3}x^2y \times \frac{12}{5xy} - 2x$
（逆数）
$= \frac{5}{3}x^2y \times \frac{12}{5xy} - 2x$
$= 4x - 2x$
$= 2x$
［ここで代入！］
$= 2 \times 2$
$= 4$ ・・・・（こたえ）
ここで一言！
計算するときや今後やる方程式を解くときは、必ず等号をたてに並べることを意識してください。
だらだらよこに等号でつなげている計算をよく目にしますが、それはやらないこと！

この計算をするにあたりわざと注意しなかった点があるのですが、なんだかわかります？ 文字の含まれている項の逆数 で間違えませんでしたか？ 文字の項で文字は実際には分子に乗っかっているんですよ！ よって、**逆数にするときは文字も一緒に分母にいくんです**。中学１年の数学のはじめにさんざん注意しましたね。基本を大切に！

まとめとして、“代入”はまず同類項の計算をしてから。“マイナスの数”の“代入”は、カッコをつけて符号の変化に気をつける！！

つぎの項目は文字ばかりで大変つらいところです。

よって、少しだけお休みタイム・・・

Ⅳ　文字式で表す整数の性質（証明）

ここは、文字を数字のようにあつかう項目で、ハッキリ言って難しいです。ここであつかう内容は私の意見として、中学2年ではまだ早いと考えています。でも、高認を目指している方は、必ず理解してくださいね。

中学1年の「方程式の応用」の最初にも書いてありますが、文字をとことん利用してみよう～！　そんな感じのところです。
チョット、問題を見てみましょうか？　　　　こわいなぁ～

問題　つぎのことがらを証明できますか？
（1）　偶数と偶数の和（たし算）は偶数である。
（2）　偶数と奇数の和は奇数である。
（3）　奇数と奇数の和は偶数である。

＜解説・解答＞

文字の使い方について詳しくは中1の「方程式の応用」を見てね！
（1）
「偶数とはなにか？」大丈夫かな～？　これは「2の倍数」ですね。よって、偶数を文字で表すと、$2n$ とこのように表せます。ここでは2個の偶数ですから、もう1つを $2m$ とおきますよ。

［証明］

2つの偶数を $2n$、$2m$（m、n は整数）とおくと
$2n+2m=2(n+m)$［分配法則の逆！　難しいよね！］
$(n+m)$ は整数なので、$2(n+m)$ は偶数である。
したがって、
偶数どうしの和は、偶数となる。
おわり

(2)

偶数を“$2n$”とおきますね。では、奇数をどのように表すかが問題です。奇数は、2, 3, 4, 5, 6・・・のように、偶数ではさまれています。だから、偶数から1を引くか、1を加えるかで表せます。すると奇数は、“$2m+1$”または“$2m-1$”となりますね。では、証明するよ！

[証明]

偶数を$2n$、奇数を$2m-1$（m、nは整数）とおくと

$$
\begin{aligned}
2n+(2m-1) &= 2n+2m-1 \\
&= 2(n+m)-1
\end{aligned}
$$

ここで（$n+m$）は整数なので、$2(n+m)$は偶数である。

よって、　$2(n+m)-1$

のように、偶数から1を引いた数は奇数になる。

したがって、

偶数と奇数の和は奇数となる。

おわり

(3)

奇数は“$2n-1$”、“$2m+1$”とおけますよ。

[証明]

2つの奇数を$2n-1$、$2m+1$（m、nは整数）とおくと

$$
\begin{aligned}
(2n-1)+(2m+1) &= 2n-1+2m+1 \\
&= 2n+2m \\
&= 2(n+m)
\end{aligned}
$$

（$n+m$）は整数なので、$2(n+m)$は偶数である。

したがって、

奇数と奇数の和は偶数となる。

おわり

どうでしょうか？　文字を数字のようにあつかい、さまざまなことを証明するなんて、たぶんピ〜ンとこないはず？　日本中の半分以上の高校生が、テストに突然出されたらできないはずですよ。あせらずに、今は“こんなものか！”程度で満足してください。では、あと１問やっておわりにしましょう。以前“3 で約分”できる数の見つけ方をお話ししましたよね。「各位の和が 3 の倍数（3 で割り切れる）であれば、その数は 3 で割れる」つぎの問題は、これを証明してみようというものです。　できるのかな〜？

問 題

各位の数字の和が 3 の倍数である 3 ケタの自然数があります。この自然数について、つぎの問いを考えてみてください。

（1）3 ケタの自然数を文字で表してみよう！

（2）この自然数が 3 の倍数であることを証明してみよう！

＜解説・解答＞

（1）

100 の位を a、10 の位を b、1 の位を c とおくと 3 ケタの自然数は、

$$100 \times a + 10 \times b + 1 \times c = 100a + 10b + c$$

（$a > 0$、$b \geqq 0$、$c \geqq 0$ の整数）

よって、

$$\underline{100a + 10b + c}$$ ・・・・（こたえ）

まさか、いまだに 3 ケタの数を abc とおく人はいないでしょうね !?

（2）

さぁ〜！　これからが本番。（1）の答えだけではどうにもなりません。なにか、条件が必要なんですね。はじめの問題文を今一度読んでください。**「各位の数字の和が 3 の倍数である 3 ケタの自然数」**とあるよね。これですよ。これをどのように使うかがこの問題のポイントなんです !!

では、やりますからじっくりと流れをつかんでくださいね！

[証 明]

3ケタの自然数を、

$$100a+10b+c \quad \cdots\cdots ①$$

とおく。

条件「各位の数字の和が3の倍数」より

$$a+b+c=3n \quad (n\text{は自然数})\cdots\cdots ②$$

とおく。

②より

$$c=3n-a-b \quad \cdots\cdots ③$$

①の c に③を代入

$$\begin{aligned}100a+10b+c &= 100a+10b+(3n-a-b)\\ &= 100a-a+10b-b+3n\\ &= 99a+9b+3n\\ &= 3(33a+3b+n)\end{aligned}$$

a，n は自然数、$b \geqq 0$ の整数より、$(33a+3b+n)$ は自然数。

よって、

$$3(33a+3b+n)$$

は、3の倍数である。

カッコは1つのものと考える！

したがって、

各位の数字の和が3の倍数である3ケタの自然数は3の倍数である。

おわり

これで、文字による整数の性質の証明はおわりにしておきましょう！この項目は、中学2年生ではつらいはず。でも、数学をきらいにならないでね！ 高認の方はがんばれぇ～！ 1人での勉強はつらいよね！ 特に数学に関しては、私も泣きながら勉強したのでその気持ち、よ～くわかります！

補：高認……高等学校卒業程度認定試験

Ⅴ　等式変形

中学２年の数学から徐々に計算式･方程式に文字がたくさん出てきます。しかし、すべてを文字と考えたら見ているだけで目が回ってしまいますよね？！ そこで、“文字”なのに“文字”でなく“数字”と思えるようになる練習が必要です。そのためには、この“等式変形”がもっとも有効な練習と私は考えています。ていねいに説明しますのでご安心あれ !!

まず、中学１年のときにやった１次方程式を復習してみましょう。えっ?

復習　$3x - 5 = 7$　この方程式の解き方を覚えていますか？

１次方程式の基本は、（左辺）に文字、（右辺）に定数項でしたね！

［移項］

$$3x - 5 = 7$$
$$3x = 7 + 5$$
$$= 12$$
$$x = 12 \div 3 \quad \left(\times \frac{1}{3} \text{と書く方がよい！}\right)$$
$$= 4$$

覚えていますか？ 文字のついていない数字（数字と見なせる文字）だけの項！

このように解くのでしたが、大丈夫ですか？ 早く思い出してくださいね！では、さっそく“等式変形”に入りますよ！　できるかなぁ～・・・？

問題　つぎの式を x について解いてみよう！

$2x - 4y = 6$

＜解説・解答＞

この問題の意味は、「文字は x だけでほかの文字はすべて数字と考えてください！」ということ。だから、「～について解きなさい」の～の部分に入る文字だけが文字で、ほかの文字はすべて数字と同じように見なしなさいということになります。えっ！ 文字が文字で、ある文字は数字…？ 意味不明!!

繰り返し言いますが、1次方程式は、文字は（左辺）、定数項（数字および数字と考えられる文字）は（右辺）です。

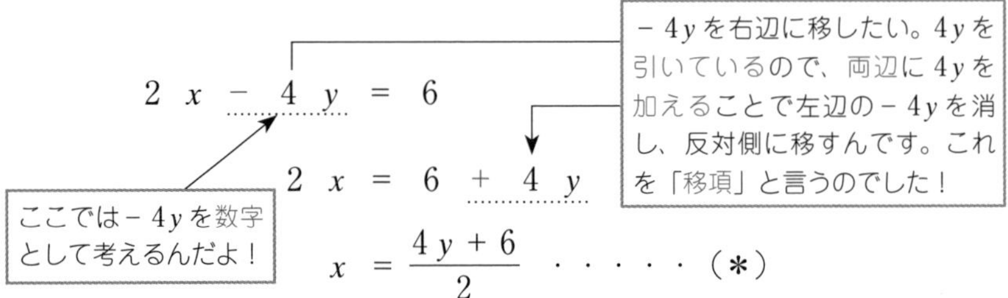

$2x - 4y = 6$
$2x = 6 + 4y$
$x = \dfrac{4y + 6}{2}$ ・・・・・（＊）
ここでは－4yを数字として考えるんだよ！
－4yを右辺に移したい。4yを引いているので、両辺に4yを加えることで左辺の－4yを消し、反対側に移すんです。これを「移項」と言うのでした！

これで（ x ＝）の形になりましたが、ここでもう1度だけ注意をしておきます。この形でおわりにしてはいけません！　なんで？なんで？

答えが分数のときの注意点は、“約分”でしたね！ 特に分子が多項式の場合は、分母と分子の各項の係数（文字）および定数項がすべて約分できる場合は必ず約分をしなければいけませんでした。よって、分母・分子を2で約分して答えになります！

（解法） $2x - 4y = 6$

$$2x = 4y + 6$$

$$x = \frac{\overset{2}{\cancel{4}}y + \overset{3}{\cancel{6}}}{\underset{1}{\cancel{2}}} \quad \cdots\cdots（＊）[2で約分]$$

$$\underline{x = 2y + 3 \quad \cdots\cdots（こたえ）}$$

文字が実際は2個あるのに、xだけが文字でyは数字と見るなんて慣れるまでは難しいことです。たくさん練習して、早く慣れるより仕方ありません。覚悟を決めて練習しましょう！

問題　［ ］の文字について解けるかなぁ？

（1）　$5x + 2y = 3$　［y］

（2）　$a = \dfrac{2b}{cd}$　［b］

（3）　$s = 2\pi r$　［r］

（4）　$n = \dfrac{p+q+r}{3}$　［q］

（5）　$v = m(2 + ax)$　［x］

注）

（1）は y だけが文字　（2）は b だけが文字　（3）は r だけが文字

（4）は q だけが文字　（5）は x だけが文字

＜解説・解答＞

（1）　$5x + 2y = 3$　［y］

$2y = 3 - 5x$

$y = \dfrac{3-5x}{2}$　または　$y = \dfrac{1}{2}(3-5x)$

・・・・（こたえ）

どちらの形でも答えとしてかまいません。（ただ、約分の確認だけは忘れないように！）

$y = \dfrac{3}{2} - \dfrac{5}{2}x$、　$y = -\dfrac{5}{2}x + \dfrac{3}{2}$　でも OK ！だよぉ〜。

この等式変形においては、分数の形なら約分など基本的な約束ごとだけ守ってもらえれば、形にはこだわりません。とにかく（文字＝）の形にしたら、その時点でおわりにしてくださいね。へんに形をきれいにしようとして計算ミスなどしてはもったいないので・・・　「経験者は語る！　涙」

（2）　$a = \frac{2b}{cd}$　　［b］

（b ＝）の形にしたいので（左辺）と（右辺）をひっくり返します。

$$\frac{2b}{cd} = a$$

［bを左辺に持っていきたい！］

ここで分母を払いたいですね！　分母が文字だからといってこわがってはいけません。数字と同じようにあつかって、両辺に cd をかけます。

$$2b = a \times cd$$

$$b = acd \times \frac{1}{2}$$　［両辺に2の逆数をかける］

$$= \frac{1}{2}acd$$　（$\frac{acd}{2}$ でも OK！）（こたえ）　ウ〜ン・・・

（3）　$s = 2\pi r$　　［r］

（r ＝）の形にしたいので r を左辺におきたい。（左辺）と（右辺）を入れ替えます。このときほとんどの人が、つぎのように（左辺）と（右辺）を入れ替えます。

$$-2\pi r = -s$$　［両辺それぞれの移項によりマイナスが付く］

多くの人が等号を越えるときは符号が逆になると覚えていますから、このように両辺に－（マイナス）がついてしまうんです。決して間違いではありませんが、またすぐに両辺にマイナスをかけてプラスにしなければいけません。よって、両辺のはしを手で持って、左右をひっくり返す と考えてください。もしくは、薄い紙に濃い鉛筆でこの方程式を書いて、裏返して見ると（左辺）と（右辺）が符号の変化なしに逆になっているでしょ！

このようにして、求めたい文字を左辺に持っていくことを覚えてくださいね。何かばからしいことを説明しているように思われるかもしれませんが、しかし、言われないと両辺にマイナスをつけてひっくり返す人がどんなに多いか・・・　あなたはどうですか？　ドキ！　では、続けますよ！

（左辺）と（右辺）をひっくり返すと

$$2\pi r = s$$

つぎに r だけが文字ですから係数 2π がじゃま。 そこでどうにかして 2π を消さなければいけません（ r の係数を 1 にすると言う方が正しいかな？）。ここで多くの人が間違えるのが、「移項」と「**文字の係数の逆数を両辺にかけて係数を 1 にする**」この 2 点の使い分けです。ここで、今一度この 2 点の説明をしておきます。（p331 に解答 !! ）

＜移項＞（左辺）・（右辺）にある項を反対側に持っていきたいとき、その項の前の符号（＋）（−）の逆符号をつけて反対側にその項を移す。項を移(うつ)すから＜移項(いこう)＞と言う。

例）

・$x + 3 = 4$ → $x = 4 - 3$

・$y - \frac{2}{5} = 3$ → $y = 3 + \frac{2}{5}$

このように移項は項が消えてしまうのではなく、符号が逆になって等号の反対側に必ずいるんです。

問 題（かけ算により文字の係数を 1 にする）

つぎの問題を解いてみよう！

$$3x = 6$$

これは 1 次方程式ですが、この式の意味をわかりやすく言いますと「x が 3 個で 6 万円です。では、1 個ではいくらですか？」こんな感じに考え

ればつぎの説明でわかってもらえるかと・・・

［間違った考え方］

$$3x = 6 \quad \cdots\cdots\cdots (*)$$

$$x = 6 - 3 \quad \cdots\cdots\cdots (**)$$

$$= 3$$

今、x が3と答えを出しましたが、では最初の（左辺）の x に3を代入してみますね！

$$（左辺）= 3 \times 3 = 9$$

となり、x は3倍すると6になるハズが9だぁ・・・　　アレェ～？

ここで「移項」の説明を思い出してください。この解法をした人は（＊）と（＊＊）の（左辺）と（右辺）を比べてみてよ。「（＊＊：右辺）の“－3”に対して（＊：左辺）に“＋3”という項が存在していますか？」3という数字はありますが、（＋3）ではなく（×3）というかけ算の形で存在しています。よって、形の上でも移項は違っていることがわかりますよね。

また、理屈で説明すれば、x が3個で6なのだから1個ではと聞かれれば、「6を3等分したうちの1つ」ですね。だから、6を x の係数で割らなければいけません。しかし、中学数学ですから、「係数の逆数を両辺にかける」んでした。よって、この方程式を解くとき、移項でやってはいけないことがわかってもらえたでしょ？！

この方程式はつぎのように解くんですよ！

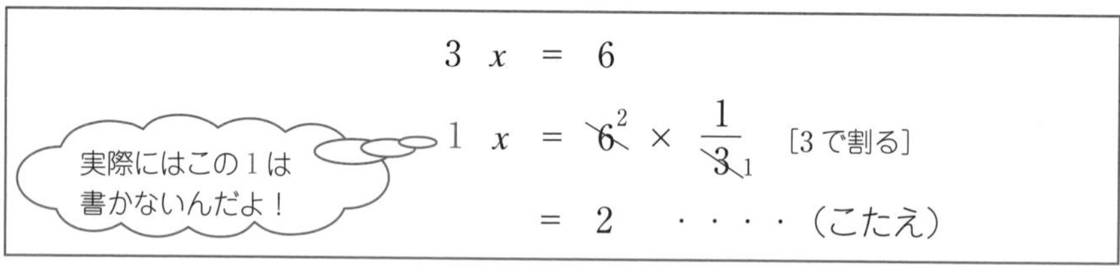

文字の係数は、その文字が何個あるかを表していると、中学1年のはじめに説明したのを思い出してください。よって、文字の係数を1にするた

めには「係数の逆数」を両辺にかけるんですね！

今までの説明を理解した上で、**本題の方程式**を解いてみます。

$s = 2\pi r$　［r］

$2\pi r = s$　［左辺と右辺を入れ替える］

$r = s \times \frac{1}{2\pi}$　［両辺に 2π の逆数をかける］

$r = \frac{s}{2\pi}$　・・・・・・・・（こたえ）

（4）$n = \frac{p+q+r}{3}$　［q］

この問題では、文字となるのは q でほかの文字 n、p、r は数字と考えなくてはいけません。そこで、まずはじめにやることですが、これが難しそうに見える原因は、右辺が分数になっているからなんですね。よって、分数を消すために分母を払いましょう。分母を払うとは、「分母を１にする」ということです。分母が１になれば分子だけで表してよくなりますので。そこで両辺を３倍して分母を払ってしまいますね！

$n = \frac{p+q+r}{3}$

$n \times 3 = p + q + r$

分母と同じ数字・文字をかけると払える。（分母＝1）

（q ＝）の形にしたいので（左辺）と（右辺）を入れ替えます。

$p + q + r = 3n$

つぎに（左辺）は q だけが文字ですからそれ以外の項 p、r を（左辺）からなくさなくてはいけません。p、r の項はたし算でバラバラのモノですからマイナスの形にして、（左辺）から（右辺）へと移項します。

$q = 3n - p - r$　・・・・・（こたえ）

いかがでしょうか？　等式変形なんて簡単なもんでしょう!!

(5)　$v = m(2 + ax)$　$[x]$

見ただけで嫌になりますね。「だから数学は嫌いなんだ。ナンの意味があるんだろう？　こんなことして！」と、ほとんどの人が文句を言います。しかし、やるしかないのでやりましょう。はじめに、ここでも大部分の人がやる方法をやってみます。みなさんはとにかく x をカッコから出さなければいけないと考え、分配法則でカッコをはずしたくなるんですよね！

$$v = m(2 + ax)$$

$$v = 2m + amx$$

つぎに< x の項を左辺>に<定数項を右辺>に持っていきますから、

$$-amx = 2m - v$$

$$amx = -2m + v$$

x の係数をプラスにするために両辺にマイナスをかける。また、符号の変化に注意！

x の係数 am がじゃまなので 1 にするために am の逆数を両辺にかける。

$$x = (-2m + v) \times \frac{1}{am}$$

$$= -\frac{2m}{am} + \frac{v}{am}$$

$$x = -\frac{2}{a} + \frac{v}{am}$$ ・・・・・・・・（こたえ）

解答として、まったく問題はありません。今までの注意をしっかり守って x について等式変形をしています。しかし、見ているだけでお腹がいっぱいになり、「もういりません。ごちそうさま！」と言いたくなりませんか？［分配法則］、［移項］、［両辺にマイナスをかけ符号の変化］、［両辺に係数の逆数のかけ算］、［分配法則（符号の変化に注意）］、そして［約分］と全部で6回も作業をしなくてはいけませんでした。こんなことをしているから、計算間違いをしてどんどん数学が嫌いになってしまうんです！　そこで、できるだけ簡単に解いてみますね。

模範解答

$$v = m(2 + ax)$$

（左辺）と（右辺）を入れ替える　［xを左辺におくため］

$$m(2 + ax) = v$$

＜カッコは一つのモノ＞と考えるのでmはカッコの係数。だから、両辺にmの逆数をかける

$$2 + ax = v \times \frac{1}{m}$$

つぎに（左辺）の2の項がじゃまなので（右辺）に移項

$$ax = \frac{v}{m} - 2$$

最後にxの係数aを1にしなければいけないからaの逆数を両辺にかける。そのとき（右辺をカッコでくくり）1つのモノとして考える。

$$x = \frac{1}{a}\left(\frac{v}{m} - 2\right)$$　・・・・・・（こたえ）

このように解答すると、必ずと言っていいほど「カッコをはずさないでいいんですか？」と質問されます。私の返事は常に「カマイマセン！」

解説の（1）で「（文字＝）の形になったら、その時点でおわりにしてくださいね」と言ったはず。よって、これでよいのです。昔、ついきれいな形にしようと、（文字＝）の形になっていたにもかかわらずカッコをは

ずすなどして、符号変化のミスでまるまる1問0点になったという苦い記憶があります。みなさんにはそんな思いはしてもらいたくないので。

いかがですか？　確かに“文字”を“文字”として見ずに“数字”としてあつかうのは難しいことです。しかし、この5題の解説を何度も読んでもらえれば、それほど難しいモノではないと感じるはず。あとは、たくさん問題を解くことで慣れるしかありません。

聞くところによると「英作文は別名“英借文”」と言うように、例文をたくさん覚えてマネするしかないとのこと。数学も同じで、とにかく、今までの解説をよぉ～く読んで“マネ”をしてください。終了です。

あれ～？

マネしたはずなんだけどなぁ・・・

「へたくそ～!!笑」

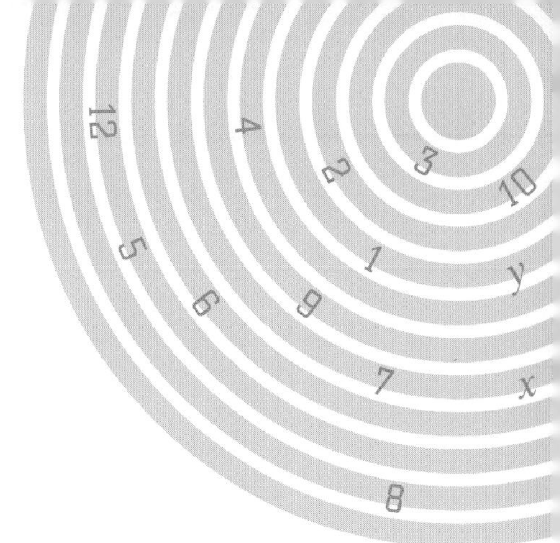

中学2年

第2話

連立方程式

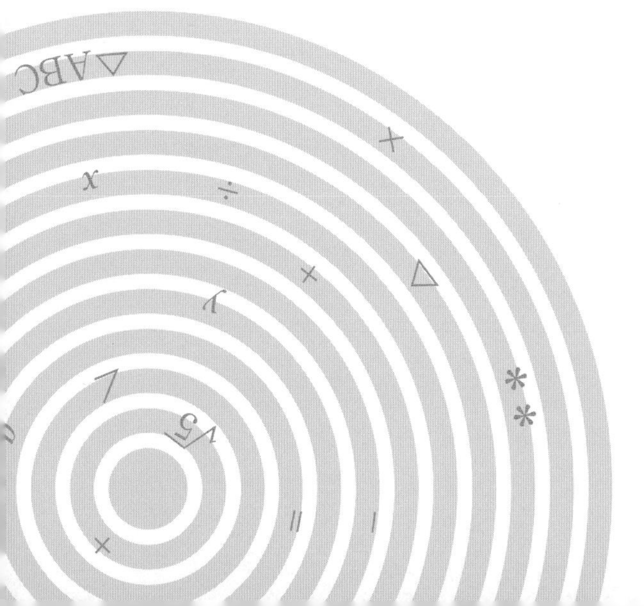

Ⅵ　連立方程式の解法

方程式という言葉を見ただけで、めんどぉ～！と思う人が多いんでしょうね。でも、本当に“めんどぉ～”なんですね。　否定してよぉ～・・・

中学1年で“1次方程式”を勉強しました。その1次方程式は別の言い方をすると、“1元1次方程式”とも言うんです。この“1元”の意味は何かというと、方程式の中に含まれている“文字の個数”のこと。例えば中1では［$x+2=3$］のように文字が1個しか入っていなかったはず。しかし、中2では“2元1次方程式”です。2元ですから文字が2個含まれている1次方程式を解かなければいけないんですよ。

数行読んだだけで眠気が・・・

★　2元1次方程式

文字が2個含まれる1次方程式の例を示しますと

$$2x-y=4$$

このような方程式を言います。では、「この方程式を満たすような x、y の値を求めてください」と言われたらどのように考えますか？

（$x=3$、$y=2$）（$x=4$、$y=4$）（$x=5$、$y=6$）・・・

このようにいくらでも方程式を満たす x、y の解が存在してしまうんで、それでは困っちゃうんですよ。1次方程式においては、必ず x、y を満たす解は1個に決まらなくてはダメ！　よって、文字が2個含まれる1次方程式を解くためには、最低文字と同じ数（2個）の方程式が存在しなくては解くのは無理なんです。そうでないと複数の文字それぞれを満たす解を1個に決定することは絶対にできないんですね。あと、方程式に含まれる文字のことを“未知数”と呼びます。そこでこの方程式は2元1次方程式ゆえ、未知数は2個。だから、方程式を解くためには、どうしても方程式が2個必要になるんだね。　「例外はありますが、条件は未知数の数と最低一致！」

> **・多元１次方程式を解くときの決まり**
>
> **未知数の数　≦　方程式の数（条件）**

連立方程式の解法には２通りあります。“加減法”と“代入法”です。高校数学になると“代入法”が中心になってきますが、まずは“加減法”から説明していきます。

加減法

さっそくつぎの問題を見てください。

問題　つぎの連立方程式を解いてみよう！

$$\begin{cases} 2x - y = 3 & \cdots\cdots ① \\ x - 3y = -1 & \cdots\cdots ② \end{cases}$$

①②はそれぞれ文字が２個の２元１次方程式になっていますね。見てわかるように未知数（x、y）が２個なので、それぞれの文字の値を求めるには最低２個の方程式が必要になってきます。このように複数の方程式すべてを満たす文字の値を求めることを、“連立方程式を解く”と言います。ただ、わかっていると思いますが、①②の x どうし、y どうしはまったく同じものですからね。では、しっかり解答の解説を読んでください。

< 解説・解答 >

加減法とは、たし算・引き算で１文字消去することを目的とした解法です。とにかくつぎの解法を見てください。

まず初めに消したい文字を決め、その係数を同じにします。このことをよく、“係数の絶対値を等しくする”とも言います。

符号（±）をはずした数！

y を消したいので①の両辺を 3 倍したものから、②と（左辺）どうし、（右辺）どうしを引き算します。（好きな文字を消してくださいね！
決まりはありません）

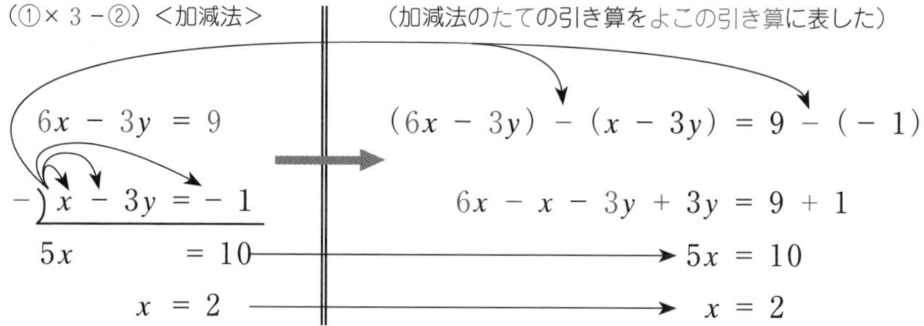

左上のようにたて方向へ（左辺）（右辺）どうし、たし算・引き算をするので＜加減法＞と言うんですね。**上から下を引くとき、引くのマイナス（−）の符号が下の方程式の両辺にかかるので、符号の変化に気をつけなくてはいけません。**この慣れない「たて方向の計算」をわかりやすくするために、右側で「よこ方向の計算」に直してみました。慣れてくればよこ方向の計算よりも“加減法”による「たて方向」の計算の方が楽になってきますからね。

今 y を消去して、x について求めたわけです。当然、この x の値は①②の両方の x を満たしていることになります。よって、つぎに **y の値を求めるために、①または②のどちらに x の値を代入し、y の値を求めても問題はありません！** 「大丈夫かな？汗」

ここでは、①の式に x の値を代入しますね。

ふ〜ん・・・

①：$2x - y = 3$ に代入

$$
\begin{aligned}
2 \times 2 - y &= 3 \\
4 - y &= 3 \\
-y &= 3 - 4 \\
&= -1 \\
y &= 1
\end{aligned}
$$

なんでこんなことやるの？

「何でなんだろうね？！」

よって、この連立方程式の解は

$x = 2$、$y = 1$　・・・・・（こたえ）

となります。

答えの表し方なんですが、この連立方程式は、つぎの項目で直線の交点の座標を求めるのによく使います。だから、連立方程式の解を、座標を表す形に決めてしまう方がよいと思います。したがって、学校の定期試験で先生がうるさく言わないのであれば、つぎのように書くことをおすすめします。

$(x, y) = (2, 1)$　・・・・（こたえ）

（中学校の先生はどういうわけか、この座標の表現方法を好まないようです。これは私が中学生の頃もそうでして。なんででしょう？？）

今回は「y を消して、はじめに x について解き、その値をもとにして y の値を求める」という流れで解きましたが、先に x を消して y から求めても問題はありません。どちらから求めるかは、そのときの消したい文字の係数および解く人の好みです。一般的に係数が小さい方が、その文字を消しやすいということはありますが、細かいことはあまり気にせず、自分の好きに解いてかまいませんよ。

いいかげんだ～！「違います !!」

問題　つぎの連立方程式を解いてみよう！

$$\begin{cases} 3x - 5y = 1 & \cdots\cdots ① \\ -2x + 3y = 5 & \cdots\cdots ② \end{cases}$$

＜解説・解答＞　加減法で解きますね！

x、y の係数を見て、消したい文字を消去するためには、その文字の係数どうしの最小公倍数をさがさなくてはいけません。

・x の係数は＜3，－2＞　・y の係数は＜－5，3＞

どちらの最小公倍数の方が小さくかつさがしやすいかを考えると、x の係数の方が小さいので、今回は x を消して y の値から求めていきましょう。

（①×2＋②×3）

$$\begin{array}{rl} 6x - 10y &= 2 \\ +)\ -6x + 9y &= 15 \\ \hline -y &= 17 \\ y &= -17 \end{array}$$

（たての計算をよこのたし算に表した）

$$(6x - 10y) + (-6x + 9y) = 2 + 15$$

$$6x - 6x - 10y + 9y = 2 + 15$$

$$-y = 17$$

$$y = -17$$

①の x の係数がプラスなので、y を①に代入します。

$$3x - 5 \times (-17) = 1$$

$$3x + 85 = 1$$

$$3x = 1 - 85$$

$$= -84$$

$$x = -28$$

よって、連立方程式の解は

$(x, y) = (-28, -17)$ ・・・（こたえ）

代入法

「代入」という言葉通り、代わりに入れて１文字を消去するやり方です。連立方程式を解くとき、ほとんどの人達が加減法ばかり使いますが、できるだけこれからやる代入法も使ってください。大切な方法なんですよ！！

問 題　つぎの連立方程式を解いてみよう！

$$\begin{cases} x = 2 - y & \cdots\cdots ① \\ 2x + 3y = 1 & \cdots\cdots ② \end{cases}$$

＜ 解説・解答 ＞

連立方程式の解とは、①②の両方の方程式を同時に満たす x、y の値でしたね。よって、［①の x］と［②の x］、［①の y］と［②の y］はまったく同じモノなんです。そこで①の x は（$2 - y$）と同じモノなので、（$2 - y$）を②の x に入れてしまおうというのが代入法です。

②の x に（$2 - y$）を代入

代入するときはカッコをして、中を入れ替える！

$$2(2 - y) + 3y = 1$$
$$4 - 2y + 3y = 1$$
$$y = 1 - 4$$
$$= -3$$

ここで、①の y に -3 を代入します。

$$x = 2 - (-3)$$
$$= 2 + 3$$
$$= 5$$

したがって、この連立方程式の解は

「カンタンでしょ?!」

$(x, y) = (5, -3)$ ‥‥‥（こたえ）

問 題　つぎの連立方程式を解いてみよう！

$$\begin{cases} 2x + y = 10 & \cdots\cdots ① \\ 3x + 2y = 7 & \cdots\cdots ② \end{cases}$$

＜解説・解答＞

これを代入法で解きたいのですが、どうすればよいでしょうか？　①で**yの係数が“1”であるところに着目！**

①より（等式変形の利用だね！）

$$2x + y = 10$$
$$y = 10 - 2x \quad \cdots\cdots ③$$

③を②のyに代入

$$3x + 2(10 - 2x) = 7$$
$$3x + 20 - 4x = 7$$
$$-x = 7 - 20$$
$$= -13$$
$$x = 13$$

ここで、③に$x = 13$を代入

$$y = 10 - 2 \times 13$$
$$= 10 - 26$$
$$= -16$$

よって、この連立方程式の解は

$$\underline{(x,\ y) = (13,\ -16) \quad \cdots\cdots（こたえ）}$$

加減法と代入法の解説をしました。あとは慣れだけです。つぎに一見大変そうな問題を2題だけ解説しておきますね。

小数・分数を含んだ場合

問 題　つぎの連立方程式を解いてみよう！

$$\begin{cases} \frac{6}{5}x - y = 8 & \cdots\cdots ① \\ 0.3x + 0.2y = 1.1 & \cdots\cdots ② \end{cases}$$

＜解説・解答＞

中１の１次方程式での注意事項を思い出してください。①②の方程式がなぜ難しく見えるのかを考えてみると、分数と小数があるからだよね。よって、両辺に同じ数をかけることで分母・小数を消し、（左辺）と（右辺）のバランスを考えて、式を見やすい形に変形すればよいのでした。では、変形してみますよ。

①の両辺を５倍して分母を払います。

$$5 \times \left(\frac{6}{5}x - y\right) = 8 \times 5$$

$$6x - 5y = 40 \cdots\cdots ③$$

②の両辺を10倍して小数をなくす。

$$10 \times (0.3x + 0.2y) = 1.1 \times 10$$

$$3x + 2y = 11 \cdots\cdots ④$$

（左辺）または、（右辺）が多項式のとき、全体にカッコをつけてから、分母を払う。分配法則の利用だよ！

さて、これで見やすい形に直しました。このように①②の式を③④のようにすることで、一見難しそうな連立方程式もふつうの問題になってしまうんです。つぎの連立方程式を解いてみましょう！

$$\begin{cases} 6x - 5y = 40 & \cdots\cdots ③ \\ 3x + 2y = 11 & \cdots\cdots ④ \end{cases}$$

連立方程式①②を解くことと③④を解くことはまったく同じことですからね！　式をもう一度書きました。では解きます。

$$\begin{cases} 6x - 5y = 40 & \cdots\cdots ③ \\ 3x + 2y = 11 & \cdots\cdots ④ \end{cases}$$

みなさんが好きな“加減法”で解いてみます。

方針は x を消去する方向で、（③－④×２）

$$\begin{array}{rl} 6x - 5y = 40 & \cdots\cdots ③ \\ -)\ 6x + 4y = 22 & \cdots\cdots ④ \times 2 \\ \hline -9y = 18 & \end{array}$$

$$y = 18 \times \left(-\frac{1}{9}\right)$$

$$= -2$$

ここで、④に $y = -2$ を代入

マイナスの数だから、
必ずカッコをつける！

$$3x + 2 \times (-2) = 11$$

$$3x - 4 = 11$$

$$3x = 11 + 4$$

$$x = 15 \times \frac{1}{3}$$

$$= 5$$

お手上げ・・・
むずかしすぎる！！

よって、この連立方程式の解は、

$(x,\ y) = (5,\ -2)$　・・・・・（こたえ）

方程式が［A＝B＝C］の場合

問題　つぎの連立方程式を解いてみてください。

$$\frac{x+2y}{3}=\frac{3x+y}{4}=1$$

＜解説・解答＞

この形はたぶん初めて見るものだと思います。中2ではあまり出てきません。でも、やりましょう！　つぎのように考えるんです。

A＝B＝Cのとき、㋐A＝B，A＝C　㋑B＝A，B＝C
または　㋒C＝A，C＝B

このように、3つのうちどれかを基準にして、方程式を2つ作ればOK。まず､問題を2つに分けなくてはいけません。ここでは㋒を基準に分けます。

$$\begin{cases}\dfrac{x+2y}{3}=1 & \cdots\cdots① \\[2ex] \dfrac{3x+y}{4}=1 & \cdots\cdots②\end{cases}$$

このように分けたことで連立方程式の問題ということがハッキリしましたね。では、つぎにどのように解くのかが問題ですが、前の問題でも分数･小数が含まれているときの方程式の解法は説明しました。

①の両辺を3倍、②の両辺を4倍することで分母を払います。

$$\begin{cases}① & x+2y=3 \\ ② & 3x+y=4\end{cases}$$

これを解けばよいんです。

この変形した式を、新しく③④としましょう。

$$\begin{cases} x + 2y = 3 & \cdots\cdots③ \\ 3x + y = 4 & \cdots\cdots④ \end{cases}$$

これも加減法で解こうと思っている人がいるでしょうけど、“代入法”で解きますね！

③を $\boxed{x =}$ の形に変形します。

$$x + 2y = 3$$
$$x = 3 - 2y \quad \cdots\cdots⑤$$

この $x = (3 - 2y)$ を④に代入

$$3 \times (3 - 2y) + y = 4$$
$$9 - 6y + y = 4$$
$$9 - 5y = 4$$
$$-5y = 4 - 9$$
$$= -5$$
$$y = -5 \times \left(-\frac{1}{5}\right)$$
$$= 1$$

ヨシ！　もう少しだ！

ここで $y = 1$ を⑤に代入

$$x = 3 - 2 \times 1$$
$$= 1$$

「コレで連立方程式の解法はすべて
お話ししました。
シッカリと練習してくださいね！
お疲れさま・・・」

よって、この連立方程式の解は

$(x, y) = (1, 1)$ ・・・・・（こたえ）

VII　連立方程式［応用編］

とうとう、みなさんが苦手な文章問題に突入です！　ここからはまずはじめに自分で式を２つ作らなければいけません。それも、長〜い（？）文章から自分で考えて、日本語を式に直すという、つら〜い作業をするんですよ。どうしましょうか？　やめちゃおうか・・・　でも、そういうわけにはいかないのだ!!　仕方ない、アキラメテ始めることにしましょう。

まず中学１年の方程式の応用で話したことがここでも基本になります。詳しくは中１を参照してください。ここでは解説は省かせてね！

文字で表す基本事項

（ｉ）数の表し方

・２ケタの数

十の位の数を a 、一の位の数を b とおくと

$$10a + b$$

（ii）割り算における「割られる数」「割る数」、および「商」と「余り」の関係について

［割られる数］　：　x　　［割る数］　：　y

［商］　：　p　　［余り］　：　q

$x = yp + q$ ←――― $x \div y = p$ あまり q

他にも、“**箱詰め法**”や“**道のり・速さ・キョリの関係**”などをチェックしておいてくださいね！　どうかな？　少しは記憶に残っていますかぁ？　さぁ〜、この知識を使って文章問題に挑戦だぁ〜！　・・・無言 汗

①エンピツの本数と代金

問 題　A君はエンピツ1本30円とボールペン1本60円をあわせて15本買いました。(1)　代金は全部で630円です。(2)　エンピツとボールペンをそれぞれ何本買いましたか。下線部分を順番に式に直してみよう！

＜解説・解答＞

考え方として、最初にわからない数、求めたいものを文字でおくことに慣れましょう。ここではエンピツをx本、ボールペンをy本とおきます。では、問題文についている番号順に問題を式化していきますよ！

（1）について　ここは簡単でしょう。文字も数字のように考え、最初にそれぞれの本数を文字で表したのですから、その時点でエンピツはx本、ボールペンはy本あるとわかったものと考えるんですね!!

では、これを使って式に直してみますよ。「まだむずかしいかな～？」

$$x + y = 15 \quad \cdots\cdots ①$$

よろしいでしょうか？

（2）について　ここでは金額の条件式を作ります。そのためには、エンピツとボールペンの代金がわからなければいけませんね。先ほど、エンピツとボールペンの本数は、x本、y本とわかったつもりになっているので、これを使って求めてしまうんです！

・1本30円のエンピツ：x本の代金　$30 \times x = 30x$（円）・・（i）

・1本60円のボールペン：y本の代金　$60 \times y = 60y$（円）・・（ii）

全部の代金が630円でしたから、（i）（ii）より

$$30x + 60y = 630 \quad \cdots\cdots ②$$

これで条件の式化①、②はできました。あとは、これを連立方程式として解くだけですね！ ここでは、加減法と代入法のどちらを使いたいですか？「加減法！」という声が聞こえてきそうですが、ここは代入法がよいと思います。連立方程式の解き方のところでお話ししてありますが、どちらかの 文字の係数が１ のときは、その文字を消す方向で考え、代入法を使うのがよいですね。では、代入法で解きますよ。

$$\begin{cases} x + y = 15 & \cdots\cdots ① \\ 30x + 60y = 630 & \cdots\cdots ② \end{cases}$$

私は y が嫌いだから、
y を消しただけです…

① を $y =$ の式に直します。

$$y = 15 - x \quad \cdots\cdots ③$$

この③を②に代入

$$30x + 60(y) = 630$$

$$30x + 60(15 - x) = 630$$

$$30x + 900 - 60x = 630$$

$$30x - 60x = 630 - 900$$

$$-30x = -270$$

$$x = 9$$

代入のときは、カッコをつけて、入れ替える部分をハッキリさせる！

③の x に９を代入

$$y = 15 - (x)$$

$$= 15 - (9)$$

$$= 15 - 9$$

$$= 6$$

この程度ならば楽勝だね！
「ほんとうかな〜？」

よって、

エンピツ　９本　　　ボールペン　６本　・・・（こたえ）

②大・小２つの数

問 題　大小２つの数がある。大きい方の数を小さい方の数で割ると、商が３、余りが８になり(1)、大きい方の数の３倍を小さい方の数で割ると、商は11、余りが２です。(2)このときの大きい数と小さい数を求めてください。　下線部分を順番に式に直してみよう！

＜解説・解答＞

基本は小学校３年生の割り算の商と余りの関係です。

例えば、

$$7 \div 3 = 2 \cdots 1$$

・・・（余り）なんてなつかしいね〜！　でも、今は［・・・］を使わずにあまりと書くんだって！？

この式の意味することは、

「７は３が２個に１をたしたものである」

これを式に直してみますよ。

$$7 = 3 \times 2 + 1$$

となり、この式を言葉で表すとつぎのようになりますね。

（割られる数）＝（割る数）×（商）＋（余り）　・・・・（＊）

この変形した式がこのような問題を解くカギになるんです。

では、はじめますよ！　まずは、大小２つの数を文字でおきましょう。

・大きい方の数：a　　**・小さい方の数：b**

問題文の下線部分（1）について！

［大きい方の数 a を小さい方の数 b で割ると、商が３、余りが８になり］

$$a \div b = 3 \cdots 8$$

このようになるね！　そこで（＊）の考え方からこの式を書き換えると、

$$a = 3 \times b + 8$$

だから

$$a = 3b + 8 \quad \cdots\cdots ①$$

問題文の下線部分（2）について！

［大きい方の数 a の 3 倍を小さい方の数 b で割ると、商は 11、余りが 2］

$$3a \div b = 11 \cdots 2$$

このようになるので、（＊）の考え方より上の式を書き換えると、

$$3a = 11 \times b + 2$$

だから、

$$3a = 11b + 2 \cdots\cdots ②$$

これで、文字と同じ数の 2 つの式ができました。あとは、①②の式を連立方程式として解くだけです。また、質問しますよ！　加減法ですか、それとも代入法で解きますか？　そうですね！ a の係数が 1 で①の式が $a=$ の形ですから、代入法で②の a に①の式を代入すれば b だけの式となり、簡単になりますよ！　大丈夫かな？？

$$\begin{cases} a = 3b + 8 & \cdots ① \\ 3a = 11b + 2 & \cdots ② \end{cases}$$

慣れるまでは必ず
カッコをつけ、中を入れ替えること !!

②の式に①の式を代入

$$3(a) = 11b + 2$$
$$3(3b + 8) = 11b + 2$$
$$9b + 24 = 11b + 2$$
$$9b - 11b = 2 - 24$$
$$-2b = -22$$
$$b = 11$$

これを①に代入

$$a = 3 \times 11 + 8 = 41$$

よって、

大きい数 41　　小さい数 11　・・・・・（こたえ）

みんながよくやる間違いを指摘しておきます。
$a=41$、$b=11$
・・・・（こたえ）
と、つい書いてしまいがちです。しかし、a、b はこちらが勝手に使った文字で、問題文にはないからダメ !!

③ 2ケタの数を文字で表す

問 題　2ケタの正の整数がある。(1) この整数の各位の数の和は 12 (2) で、また、十の位の数と一の位の数を入れ替えてできる整数は、もとの整数より 18 大きいという (3)。もとの整数を求めてください。

下線部分を順番に式に直してみよう！

＜解説・解答＞

まず、(1) の部分から始めましょうね！ 2ケタ・3ケタの数を文字でどのように表すか覚えていますか？

ここでは、10 の位を a、1 の位を b とおくことにしましょう。そうすると、2ケタの数はつぎのように表せるんでしたね！

［2ケタの数］　　$10a + b$ ・・・・・・・・①

つぎは、(2) で各位の和が 12 ですね。和の部分を言い換えると、「10 の位の数と 1 の位の数をたすと 12 です」という意味ですから、10 の位を a、1 の位を b とおいたので、この条件を式に表すと、

［各位の和が 12］　　$a + b = 12$ ・・・・・・②

これでやっと関係式が 1 つできました。文字は a と b の 2 個ですから、あと 1 つ関係式を作らなければいけませんよ。それでは (3) の部分を考えてみましょう。

「ここは少しむずかしいですね〜・・・」

はじめに 10 の位の数と 1 の位の数を入れ替えてできる整数、この部分を表してしまいましょう。これは①の a と b を入れ替えるだけです。

少し具体的にやってみますね！

24 の 10 の位と 1 の位の数を入れ替えた数字 はと聞かれれば、10 の位が 2 で、1 の位が 4 ですから、入れ替えた数は、42 となります。これはいいかな？　各位の数だけを入れ替えればよいのだから、文字になっていても同じこと！

さぁ～、ここからがみなさんが混乱してくるところですからね！　ゆっくり考えれば、別に大したことではないんですが、テストになるとアセッテ間違えてしまうんですよ！　問題文の（3）の部分を①と③を使って書き換えてみます。

「③は①より 18 大きい」

このように記号などで問題文を書き換えると、見やすく・わかりやすいときがあるかも？！　この書き換えた文を記号を使って式に表してみると、

③ － 18 ＝ ①　　③ ＝ ① ＋ 18　　③ － ① ＝ 18

この 3 つとも同じことを表していますからね！　大丈夫かな～？

ここでは真ん中（赤の関係式）の式を使いましょう。では、代入するよ！

$10b + a = 10a + b + 18$ ・・・・④

これで②④という 2 つの a と b の関係式ができました。あとはこの 2 つの連立方程式を解けばおわりです。

$$\begin{cases} a + b = 12 & \cdots\cdots ② \\ 10b + a = 10a + b + 18 & \cdots\cdots ④ \end{cases}$$

でも、このままでは解けませんよね。同類項の計算です。④の式を変形してしまいましょう。（左辺）に文字、（右辺）に数字（定数項）でしたよ！

$$10b + a = 10a + b + 18$$
$$10b + a - 10a - b = 18$$
$$-9a + 9b = 18 \quad [\text{両辺を}-9\text{で割る}]$$
$$a - b = -2 \cdots\cdots ⑤$$

これで②⑤の連立方程式の問題になりました。

$$\begin{cases} a + b = 12 & \cdots\cdots ② \\ a - b = -2 & \cdots\cdots ⑤ \end{cases}$$

あきちゃった！　エイッ！

ここでは“加減法”で解きましょう。

b を消す方向で、（②＋⑤）

$$\begin{array}{rl} a + b &= 12 \\ +)\ a - b &= -2 \\ \hline 2a &= 10 \\ a &= 5 \end{array}$$

これを②を変形したものに代入

$$b = 12 - a$$
$$= 12 - 5$$
$$= 7$$

「とってもわかる気がする！」

よって、 $a = 5$、$b = 7$

したがって、$\boxed{10a + b \cdots ①}$ の式に a、b の値を代入すると

$$10 \times 5 + 7 = 57$$

となり、

57 ・・・（こたえ）

④時間・距離・速さの関係

問 題　A地点から2500［m］はなれたB地点⑴へ行くのに、途中のC地点までは毎分80［m］、C地点からB地点までは毎分60［m］の速さで歩いて35分⑵かかった。A地点からC地点まで、C地点からB地点までの距離をそれぞれ求めてみましょう。

＜解説・解答＞

数学は、問題をどれだけわかりやすく図式化できるかどうかで勝負が決まります！　上手く図がかければ80％は解けたも同然と言われています。以下のような簡単な図でよいから、常に図をかく癖をつけてくださいね。

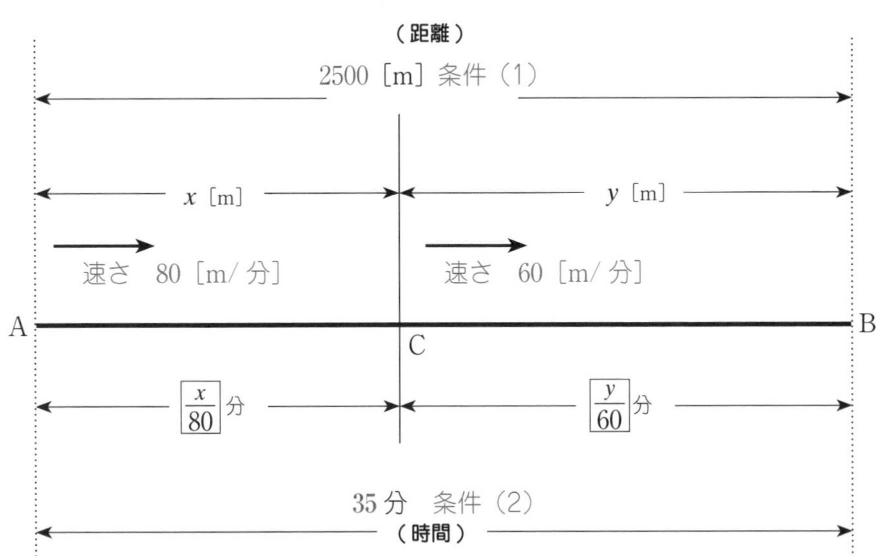

自分で考え、上の図のようなものをかき、数値を書き込んで、時間と距離または速さの関係式を作る練習を、意識して続けてください。

赤は問題文中から読み取り、四角で囲んであるものは、後から計算して書き込んだもの。

ここでは求めたい距離を素直に文字としておきました。図を見てわかるように、A～C間をx[m]、C～B間をy[m]としたので、問題の条件から関係式は、距離と時間に関しての2つを作ればよいことがわかりますか？

（距離）÷（速さ）＝（時間）だから

$$\frac{\text{距離}}{\text{速さ}}=\text{時間}$$

条件(1)：距離に関しての関係式

$$x+y=2500 \quad \cdots\cdots ①$$

条件(2)：時間に関しての関係式

（AC間の時間）＋（CB間の時間）＝35

$$\frac{x}{80}+\frac{y}{60}=35 \quad \cdots\cdots ②$$

これで条件式は完成です。あとは解くだけですね！

$$\begin{cases} x+y=2500 & \cdots\cdots ① \\ \dfrac{x}{80}+\dfrac{y}{60}=35 & \cdots\cdots ② \end{cases}$$

この連立方程式の解き方は、②の分母を払い、①の式から、代入法で解くのがラクそうですね！　では、やりますか・・・

まず、①の式を $\boxed{y=}$ の形に直します。

$$y=2500-x \quad \cdots\cdots ③$$

②の両辺に240をかけて、分母を払います。（60と80の最小公倍数）

$$240\times\left(\frac{x}{80}+\frac{y}{60}\right)=35\times240$$

$$3x+4y=8400 \quad \cdots\cdots ④$$

ここで今一度、式を並べておきますね。

$$\begin{cases} y = 2500 - x & \cdots\cdots ③ \\ 3x + 4y = 8400 & \cdots\cdots ④ \end{cases}$$

やけに数が大きいなぁ～

計算が・・・

では、③を④の式に代入

$$\begin{aligned} 3x + 4(\ y\ ) &= 8400 \\ 3x + 4(2500 - x) &= 8400 \\ 3x + 10000 - 4x &= 8400 \\ 3x - 4x &= 8400 - 10000 \\ -x &= -1600 \\ x &= 1600 \end{aligned}$$

ここで求めた x を③に代入

$$\begin{aligned} y &= 2500 - (\ x\ ) \\ &= 2500 - (1600) \\ &= 2500 - 1600 \\ &= 900 \end{aligned}$$

代入に慣れれば、カッコをつけなくてもかまわないからね！

よ～く見えるよ！

したがって、

AC 間：1600［m］　CB 間：900［m］　・・・・・（こたえ）

注）関係式を作るとき、気をつけなくてはいけないことがあります。それは「**単位**」!!　①ではキョリは［m］でした。そこで②は速さが分速ゆえ、キョリを表す単位がともに［m］だったので、安心して関係式を作ることができました。しかしもし、速さが「時速」であったら「分速」に直し、キョリの単位を［m］に統一しないといけませんね。なので、**問題を読んだら必ず単位の確認**をしてください!!

⑤橋とトンネル

問 題　ある列車が、長さ 820［m］の鉄橋を渡り始めてから渡りおわるまでに 40 秒かかった (1)。また、この列車が長さ 1320［m］のトンネルに入り始めてから出てしまうまでに 60 秒かかった (2)。この列車の秒速と長さを求めてください。

＜解説・解答＞

この問題のポイントは、渡りおわるまでの列車の走る距離なんです。特に“渡りおわる”というこの言葉がくせもの（漢字かける？）なんですよ！

授業ではよく「頭の中で、自分が列車の代わりに這いつくばって渡ってごらん！」と説明します。すると橋のはしから頭が出た状態では、渡りおわったことにはならず、足のつま先までが橋を越えた時点で、渡りおわったと実感するでしょ！　このことが大切なんですよ！　よって、上の図からわかるように、列車の先頭は（橋の長さ）と（自分自身の長さ分）も走らなければいけないんです。これで関係式は立ちますね！

ここでは、

・列車の速さ：（秒速）x［m/ 秒］
・列車の長さ：　y［m］

と文字で表すからね！

トンネルに関しても、同じように考えて、先ほどの橋の部分をトンネルと考えればよいんですよ！

では、問題文から条件を読み取って、関係式を作りましょう！

条件（1）：　橋について！

橋　列車

・列車が橋を渡りおわるまでに進む距離　：$820 + y$［m］

・列車が橋を渡りおわるまでにかかる時間：　40秒

・列車の速さ：（秒速）x ［m/秒］

よって、関係式は

$$\frac{820 + y}{x} = 40$$

$\frac{キョリ}{速さ} = 時間$

これはたいへん難しく感じますよね！　分母の x も数字と同じように考えて、両辺に x をかけて、分母を払いますよ！　大丈夫かな？？

$$x \times \frac{820 + y}{x} = 40 \times x$$

$$820 + y = 40x$$

気づきました？　実は、（速さ）×（時間）＝（距離）より、すぐにこの式ができちゃうんですね！

だから

$$y = 40x - 820 \quad \cdots\cdots ①$$

条件（2）：　トンネルについて！

トンネル　列車

・列車がトンネルを出てしまうまでに進む距離：$1320 + y$［m］

・列車がトンネルを出てしまうまでにかかる時間：60秒

・列車の速さ：（秒速）x ［m/秒］

よって、関係式は

$$\frac{1320 + y}{x} = 60$$

高認受験のあなた！　高校数学になると、分母の文字は簡単には払えませんからね。 $x = 0$ のときは？ という場合が出てくるので（難しいですね！）。ここでは心配ないですよ。　　ウン！

さっきと同じように、両辺に x をかけて、分母を払います！

$$1320 + y = 60x \quad \cdots\cdots ②$$

これで関係式が2つできました。あとはこの連立方程式を解くだけです。

またまた聞きますよ！　これは“加減法”ですか？　それとも“代入法”ですか？　そろそろどちらを選ぶかの判断基準ができ始めたかな？？

①②の式を見ると、係数が“1”の文字があるので、これは代入法の方が簡単ですね！ 100%とは言いませんが、97%この判断基準で問題はありません！

ここでちゃんと2つの式を並べてみますね。

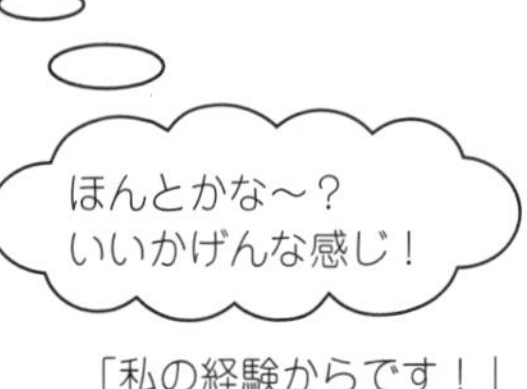

「私の経験からです！」

$$\begin{cases} y = 40x - 820 & \cdots\cdots ① \\ 1320 + y = 60x & \cdots\cdots ② \end{cases}$$

①を②の式に代入

$$\begin{aligned} 1320 + (y) &= 60x \\ 1320 + (40x - 820) &= 60x \\ 1320 + 40x - 820 &= 60x \\ 40x + 500 &= 60x \\ 40x - 60x &= -500 \\ -20x &= -500 \\ x &= 25 \end{aligned}$$

この x の値を①に代入

$$\begin{aligned} y &= 40 \times (25) - 820 \\ &= 1000 - 820 \\ &= 180 \end{aligned}$$

したがって、

列車の速さ：秒速25［m］　　長さ：180［m］・・・（こたえ）

先ほどの漢字「くせもの」、わかりました？　「曲者」と書きます。たまに「きょくしゃ」と読んでいる人がいますよ！　他にも「くろうと」「しろうと」などの漢字、書けます？

⑥湖（池）の周り

問 題　湖の周りに１周６［km］の道がある。この道を、Ａさんは自転車でＢさんは徒歩で回ることにした。同じ地点から同じ方向に同時に出発したところ、40分後にＡさんは１周してきてＢさんに追いついた(1)。追いついた地点から、今度は互いに反対の方向へ同時に出発したところ、24分後に２人は出会った(2)。ＡさんＢさんの時速をそれぞれ求めてみましょう。

＜解説・解答＞

これもみなさんが大っ嫌いな問題なんだね！　でも、ゆっくりと考えればど～ってことないんですよ！　がんばって、話を聞いてくださいね。

この問題は、円であると考えがちですよね！ 湖だとどうしてみんなは丸いのを考えるんだろ～。それなら、四角で考えようか？ なんていうのはつまらないので、私は直線上で考えてみることにします！

「アレ？　問題には湖の周りと書いてあるのに、直線で大丈夫？」
なぁ～んて、心配しているあなた！　これが大丈夫なんですねぇ～！

では、始めましょうか？

まず、湖の周りをＡさんとＢさんは同じ場所から、同じ方向へ進んだんですよね！ そこから考えましょう！ 下の図を見てください。湖を円と考えている人が多いはずだから、湖を円としてみるよ。そこで、円の１ヵ所をハサミで切り、切り口の両端を持ってまっすぐに伸ばしちゃいます。

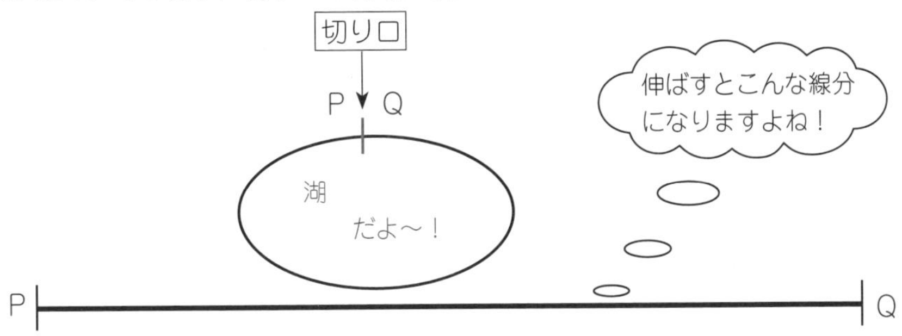

これで、“湖の周りを歩く”を“直線上を歩く”と考えても、問題ないような気がしませんか？ A：時速 x［km］、B：時速 y［km］とおく！

条件（1）：40 分後に A さんは 1 周してきて B さんに追いついた。

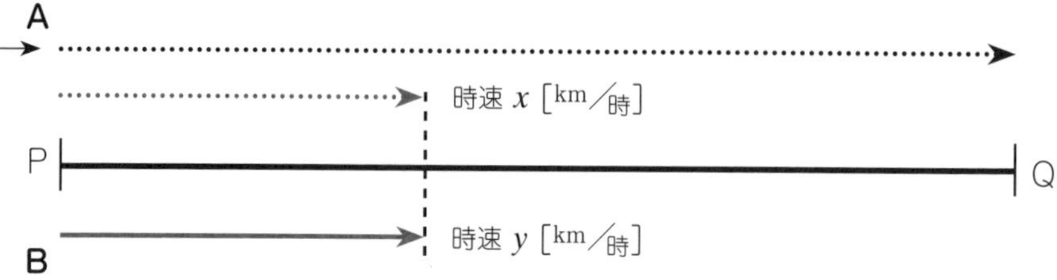

はじめに P から Q へ一方通行としますよ。だから、Q まで行ったならば、また、P から歩き始めるんです。いいかなぁ？ 「Q から P へはワープだよ！」

上の図を見てね。［上側：A さん］［下側：B さん］の進んだ距離を表しています。P から Q までで湖一周り分です。すると、A さんの進んだ距離から 黒い点線の部分（P ～ Q）（湖の周りの距離） を引けば、B さんの進んだ 赤い実線部分と同じ距離 になりますよね！

（A の進んだ距離）－（湖の周りの距離）＝（B の進んだ距離）

$$x \times \boxed{\frac{40}{60}} - 6 = y \times \boxed{\frac{40}{60}}$$ （関係式 1）

$$x \times \frac{2}{3} - 6 = y \times \frac{2}{3}$$

速さが時速ゆえ、［分］を［時間］に直す！
・$\frac{分}{60}$＝時間
・速さ×時間＝距離

両辺を 3 倍して、分母を払います。

$$2x - 18 = 2y$$ ［両辺 2 で割る］

$$x - 9 = y$$

$$x - y = 9 \cdots\cdots ①$$

これで、条件（1）の部分はおしまい！

条件（2）：反対の方向へ同時に出発したところ、24 分後に 2 人は出会った。

出会った地点から、今度はお互いが反対方向へ進み 24 分後に出会うので、「A·Bがそれぞれ点 P·Q から歩き始め 24 分後に出会うことになる！」

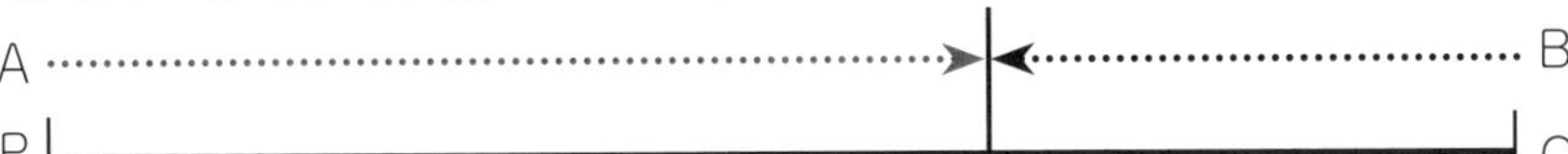

上の図の A さんの進んだ距離（赤い点線）と B さんの進んだ距離（黒い点線）を加えると、ちょうど P ～ Q の距離と一致！　ナルホドォ～！

（A の進んだ距離）＋（B の進んだ距離）＝（湖の周りの距離）

$$x \times \boxed{\frac{24}{60}} + y \times \boxed{\frac{24}{60}} = 6 \quad \text{（関係式 2）}$$

$$x \times \frac{2}{5} + y \times \frac{2}{5} = 6$$

問題で（1）「2 つの関係式を書け！」と指示された場合、（関係式 1）と（関係式 2）を書いてください！①②の式を書くとダメ！①②からでは、問題文の示す関係が読み取れないのでバツ！

両辺を 5 倍して、分母を払います。

$$2x + 2y = 30$$

$$x + y = 15 \quad \cdots\cdots ② \quad \text{条件（2）}$$

これで 2 つの条件式がそろいました。あとは①②の連立方程式を解く！

2 つの式を並べておきましょう！

$$\begin{cases} x - y = 9 & \cdots\cdots ① \\ x + y = 15 & \cdots\cdots ② \end{cases}$$

これは加減法で②－①ですね！

$$\begin{array}{rrcl} & x + y & = & 15 \\ -) & x - y & = & 9 \\ \hline & 2y & = & 6 \\ & y & = & 3 \end{array}$$

y の値を①に代入

$$\begin{aligned} x - y &= 9 \\ x &= 9 + y \\ &= 9 + 3 \\ &= 12 \end{aligned}$$

よって、A さん：時速 12［km］　B さん：時速 3［km］・・・（こたえ）

⑦条件が比で与えられている

問 題 A、B 2人の先月の収入の比は5：3(1)で、支出の比は7：4(2)であった。また、2人の先月の残金はともに2万円であった(3)。A、Bの先月の収入を求めてください。

＜解説・解答＞ ［条件が比で与えられているときの解き方！］

・比とは何か？

例えば、「おこづかいの兄と弟の関係は常に2：1である」から、「なるほど！ 兄が2円で弟が1円なんだ！」 なんて考える人はいませんよね！

恥をさらすようですが、実は私はそのように考えていました・・・。下の比例式を見てください。 「はずかしい～・・・」

兄：弟 ＝ 1000（円）： 500（円）＝ **2：1** ・・・・・①
兄：弟 ＝ 2000（円）： 1000（円）＝ **2：1** ・・・・・②
兄：弟 ＝ 3000（円）： 1500（円）＝ **2：1** ・・・・・③

上の3つの比では、すべて兄と弟の比べている金額がまったく違いますよね！ でも、比で表すとすべて 2：1 となります。

比とは［比べる（くらべる）］とも読むように、できるだけ簡単な整数（小さい数）で比べ直したものなんですよ。

この場合では、簡単な整数で比べてみると、常に兄は弟の2倍のお金を持っていることがわかります。

このように比とは、2つ以上の関係を数の大きさで表したものなんです。よって、比から2つの大・小関係はわかりますが、具体的に「いくらといくら！」のように、“比べる実際の金額”や“それ自体の大きさ”はわかりません。 比がなんとなく見えてきたかも・・・?!

左の赤い囲みの中の“比”を見てください。比べている金額は違うのに比が全部同じですよね。この①②③ともある同じことをしているのですがおわかりですか？　そうなんですよ！

最大公約数で割っているんですね！　（2つ以上の数を割れる中で一番大きい数！）

①は 500、②は 1000、③は 1500 で割って、すべて 2：1 になっているんです。

ということは、**簡単な整数比の値に最大公約数をかけてあげれば“もとの数”に戻ってしまうんですよ！**

そこで、ある2つ以上の関係が簡単な整数比で与えられていたら、自分で勝手に最大公約数を k と決め、かけてしまえば、その値は“もと数”として使えるんです。

この場合、兄：弟＝２：１と簡単な整数比で与えられているので、兄のおこづかいは $2k$（円）、弟のおこづかいは k（円）とし、わかっている値として式を立てればよいわけ！

わぁお〜・・・　これはすげ〜！　あっ！と驚くタメゴロォ〜!!

解説がだいぶ長くなりましたが、これだけ“比”について説明してもらえることはメッタにないよ！　ほんの少しだけでも、わかったような気分にはならないですか・・・？　では、そろそろ解答にいきましょう！

「ここからが本番だよ〜・・・!!」

まず、いったい「いくらの収入」があり、「いくら支出」をしたのかを具体的に表したいですよね！　そこで、先ほどの解説にもあったように、

- **収入の比に対する最大公約数：** m
- **支出の比に対する最大公約数：** n

とおくことにします。　「ここまではいいでしょうか？」　だいじょうぶ・・・

A、B 2人の先月の収入の比は5：3 (1)

最大公約数を m

・Aの収入：$5m$ 万円　　　・Bの収入：$3m$ 万円　・・・・（＊）

A、B 2人の先月の支出の比は7：4 (2)

最大公約数を n

・Aの支出：$7n$ 万円　　　・Bの支出：$4n$ 万円

2人の先月の残金はともに2万円で (3)

・Aについて

$5m - 7n = 2$ ・・・・・・①

（収入）－（支出）＝（残金）

・Bについて

$3m - 4n = 2$ ・・・・・・②

これで2つの方程式ができました！　今回、この連立方程式をどちらで解きましょうか？　そうですね、これは加減法でしょう！

①× 3 − ②× 5で m を消します。（好きな方を消してくださいね！）

$$
\begin{array}{rrrrr}
 & 15m & - 21n & = & 6 \\
-) & 15m & - 20n & = & 10 \\
\hline
 & & -n & = & -4 \\
 & & n & = & 4
\end{array}
$$

またダメか～？

②に代入すると

$$
\begin{aligned}
3m - 4(n) &= 2 \\
3m - 4 \times (4) &= 2 \\
3m - 16 &= 2 \\
3m &= 2 + 16 \\
&= 18 \\
m &= 6
\end{aligned}
$$

よって、（＊）より、$m = 6$ を代入。

Aの収入：$5m = 5 \times 6 = 30$

Bの収入：$3m = 3 \times 6 = 18$

したがって、

Aの収入：30万円　　Bの収入：18万円 ・・・・（こたえ）

⑧食塩水どうしを混ぜた濃度

問 題　8%の食塩水と5%の食塩水を混ぜて、6%の食塩水 450［g］を作りたい。8%の食塩水と5%の食塩水をそれぞれ何 g ずつ混ぜればよいでしょうか。

＜解説・解答＞

例えば、20%の食塩水 120［g］とは、

「食塩水 120［g］を 100 等分したうちの 20 個が食塩で、残りの 80 個が水」ということでしたよね。よって、

食塩の量　$\frac{120}{100} \times 20 = 24$［g］

中学1年の数学で勉強した、“**%を使わない文**”の威力発揮ですよ!!

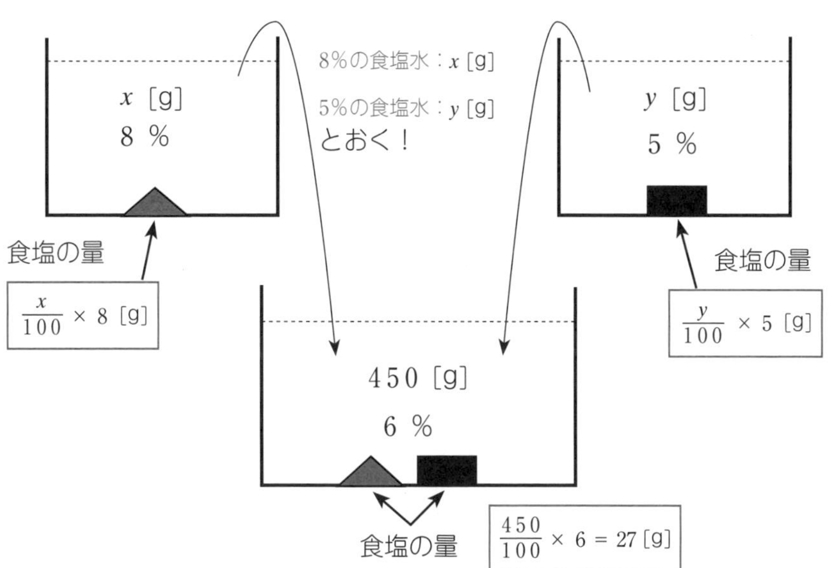

上のような図をかけば、わかりやすくなるかもしれないですね!?

さぁ〜てと、これで準備はできました。よ〜く図を見てください。

8%の食塩水に含まれる食塩（▲）と5%の食塩水に含まれる食塩（■）は、一緒にしてできた6%の食塩水に含まれる食塩（▲■）と、どのような関係になっていますか？

（▲■）＝（▲）＋（■） ← 8%と5%の食塩水に含まれている食塩以外、6%の食塩水には絶対に入っていませんからね！

実はこんな関係になっているんですね！　これが重要なんです!!

それでは着眼点を教えちゃいましょうか！　太っ腹～・・・！

ポイント　%問題の解法は、

（i）　全体の量（食塩水）に関する関係式を作る

（ii）　食塩なら食塩だけの量の関係式を作る

↑

要素・成分となっているものに着目して関係式を作る

では、上のポイントの順番に関係式を立ててみますね。

（i）　食塩水全体の量に関する関係式

8%食塩水 x［g］＋　5%食塩水 y［g］　＝　6%食塩水 450［g］

$$x + y = 450 \quad \cdots\cdots\cdots\cdots ①$$

（ii）　食塩の量に関する関係式　（%を使わない文に変換）

8%の食塩の量　＋　5%の食塩の量　＝　6%の食塩の量

$$\frac{x}{100} \times 8 + \frac{y}{100} \times 5 = \frac{450}{100} \times 6$$

$$\cdots\cdots ②$$

これで2つの関係式ができましたね。あとは、この連立方程式を解くだけです。でも、分数が入っていますから、少しやっかいかなぁ・・・。

ここで２つの式を並べてみます。

$$\begin{cases} x + y = 450 & \cdots\cdots ① \\ \dfrac{x}{100} \times 8 + \dfrac{y}{100} \times 5 = \dfrac{450}{100} \times 6 & \cdots\cdots ② \end{cases}$$

②の分数がイヤですよね！　この分母を払いましょう。両辺を 100 倍します！

$$100 \times \left(\frac{8x}{100} + \frac{5y}{100}\right) = \frac{450 \times 6}{100} \times 100$$

$$8x + 5y = 450 \times 6 \quad \cdots\cdots ③$$

これで準備は完了！　①③を解けばよいわけですが、そろそろ私が言いたいことは、もうおわかりですね！　そうです、代入法です！

①より

$$y = 450 - x \quad \cdots\cdots ④$$

④を③に代入

$$8x + 5(y) = 450 \times 6$$
$$8x + 5(450 - x) = 2700$$
$$8x + 2250 - 5x = 2700$$
$$8x - 5x = 2700 - 2250$$
$$3x = 450$$
$$x = 150$$

この x の値を④に代入

$$y = 450 - 150$$
$$= 300$$

％は嫌いだ～！　でも、不思議！
わかった気がするのはなぜ！

したがって、

8％の食塩水：150［g］　5％の食塩水：300［g］　・・・（こたえ）

⑨食塩を加えた濃度

問 題 4%の食塩水に食塩を加え、12%の食塩水 240 [g]を作りたい。何 g の食塩を加えればよいでしょうか。

＜解説・解答＞

このような問題は図をかき、"箱詰め法""%を使わない文に変換"で簡単になります。よ〜く読んでまね・マネ・真似をしてください！

4%の食塩水を x [g]、加える食塩の量を y [g] とおく。

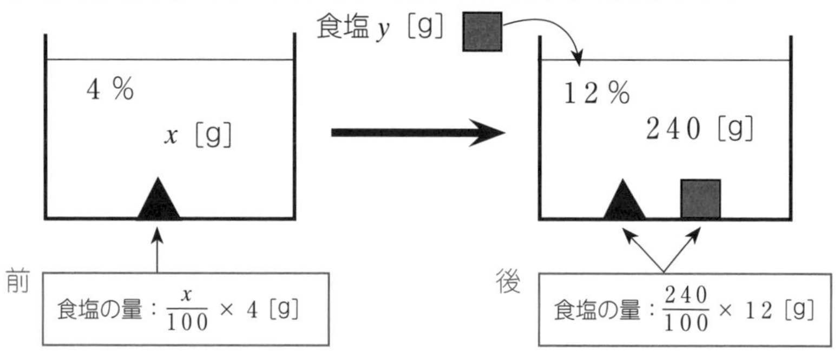

前 食塩の量：$\frac{x}{100} \times 4$ [g]

後 食塩の量：$\frac{240}{100} \times 12$ [g]

濃度問題のポイントにしたがって、

（i） 食塩水全体の量に関する関係式

$$x + y = 240 \quad \cdots\cdots ①$$

（ii） 食塩の量に関する関係式 （%を使わない文に変換）

食塩を混ぜたときの食塩の量は 2 通りの形で表せますね。

・$\frac{x}{100} \times 4 + y$ [g] ・・・・（A） ［混ぜる前の食塩の状態］

・$\frac{240}{100} \times 12$ [g] ・・・・・・（B） ［混ぜた後の食塩の状態］

（A）＝（B）より、食塩の関係式は

$$\frac{x}{100} \times 4 + y = \frac{240}{100} \times 12 \quad \cdots\cdots ②$$

（i）（ii）から、関係式ができましたね。あとは下の２式を解けばよいわけです。

$$\begin{cases} x + y = 240 & \cdots\cdots ① \\ \dfrac{x}{100} \times 4 + y = \dfrac{240}{100} \times 12 & \cdots\cdots ② \end{cases}$$

まず、②の式をきれいな形にしておきましょう。

両辺を 100 倍して、分母を払います。

$$100 \times \left(\frac{x}{100} \times 4 + y\right) = 100 \times \frac{240}{100} \times 12$$

$$4x + 100y = 2880$$ ［両辺４で割る］

$$x + 25y = 720 \quad \cdots\cdots ③$$

これで②がきれいになりました。これを③とします。

あとは①③を連立させて解けばおわりですね。これは加減法でも代入法でもかまいません。よって、私は代入法でやります！

①より

$$x = 240 - y \quad \cdots\cdots ④$$

加えた食塩の量を知りたいだけなので、y の方程式を作るために x を消しました。

この④を③に代入

$$(240 - y) + 25y = 720$$

$$24y = 720 - 240$$

$$= 480$$

$$y = 480 \times \frac{1}{24}$$

$$= 20$$

したがって、

加える食塩の量は、20［g］・・・・・（こたえ）

⑩ 水を加えた濃度

問 題 16％の食塩水に水を加え、4％の食塩水 200［g］を作りたい。水を何［g］加えればよいでしょうか。

＜解説・解答＞

濃度問題の中では、水で薄めるときの水の量を求めるのが一番簡単なんですよ。なぜだかわかりますか？ だって、食塩の量は一定！ なるほど〜！

16％の食塩水 x［g］、加える水の量を y［g］とおく。

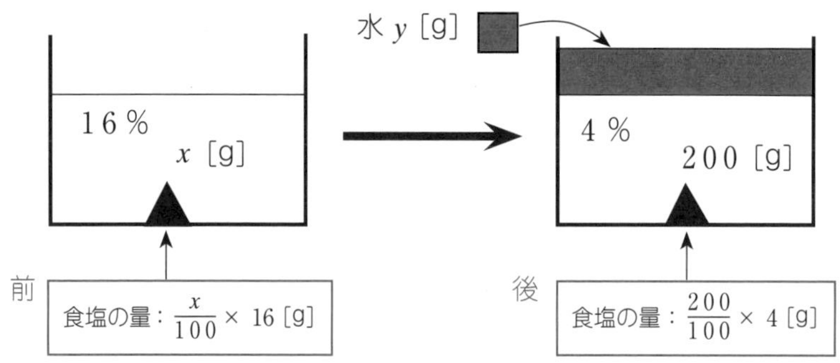

前 食塩の量：$\frac{x}{100} \times 16$［g］

後 食塩の量：$\frac{200}{100} \times 4$［g］

（i） 食塩水全体の量に関する関係式

$$x + y = 200 \quad \cdots\cdots①$$

（ii） 食塩の量に関する関係式（％を使わない文に変換）

水を加える前後における食塩の量はまったく変わっていませんので

$$\frac{x}{100} \times 16 = \frac{200}{100} \times 4 \quad \cdots\cdots②$$ ［両辺 100 倍］

へぇ〜、今度は水を入れるのか・・・

$$16x = 800$$

$$x = 50$$

よって、①に x の値を代入し、y を求めると

$$y = 200 - 50$$

$$= 150$$

カンタン、簡単！

したがって、 加える水の量は、150［g］ ・・・・・（こたえ）

⑪生徒数の昨年度との比較

問題　ある中学校の去年の生徒数は、男女合わせて 350 人 (1) であった。今年は、去年に比べると男子は 15% 増加し、女子は 10% 減少したので、全体で 10 人増加した (2)。今年の男子、女子の人数をそれぞれ求めてください。

＜解説・解答＞

百分率（%）が出たならば、すべて［%を使わない方法］と［箱詰め法］で解決です！　しかし、ここでは、何を基準にするかを判断できなければ、話になりませんよ！　みなさんはこの問題を読んで、基準になるもの、いわゆる“文字”におくものがなんだかわかりましたか？　うん〜・・・？

基準をさがすポイント　“〜に比（くら）べると”の、この“〜”に入る言葉

この問題では“ 〜 ”に入る言葉は「去年に比べると・・・」と“去年”ですから、この問題では“去年の男子・女子の人数”を文字でおけばよいわけですね。

では、方針が決まったので、問題文から条件を式に直します。

条件（1）：去年の全生徒数について

去年の男子の人数：x 人　　　去年の女子の人数：y 人

（去年の男子の人数）＋（去年の女子の人数）＝（去年の全生徒数）

$$x + y = 350 \cdots\cdots ①$$

条件（2）：今年の全生徒数について

今年の男子の人数（i）＋ 今年の女子の人数（ii）＝ 今年の全生徒数（iii）・・・・（＊）

（i）今年の男子の人数

去年の男子の人数 ＋ 去年の男子の 15%　（%を使わない文に変換）

ここで問題なのが、この15％の意味ですね！　わかりますか？

これこそ中学１年でやった、%を使わないで解く方法だよ！

［去年の人数の15％］は、［去年の人数 x を100等分したうちの15個］だから、

%問題では約分しないで分母を100のままにしておくのがポイント！

$$\frac{x}{100} \times 15 = \frac{15}{100}x \text{（人）}$$

よって、

今年の男子の人数： $x + \boxed{\frac{15}{100}x}$ （人）・・・・・②

なぜ？ あとでわかるよ！

（ii）**今年の女子の人数**

去年の女子の人数 − 去年の女子の10％（%を使わない文に変換）

また％が出てきましたが、同じように考えれば簡単だね！

［去年の女子の10％］は、［去年の人数 y を100等分したうちの10個］だから、

$$\frac{y}{100} \times 10 = \frac{10}{100}y \text{（人）}$$

よって、

今年の女子の人数： $y - \boxed{\frac{10}{100}y}$ （人）・・・・・③

同類項の計算途中ゆえ、「人数は何人ですか？」の答えとしては、約分をしていないので間違いです。でも、ここでは人数を求める途中で、あとの計算のことも考えてこの形にしているんですね。よって、問題はありませんよ！

（iii）**今年の全生徒数**

去年の全生徒数 ＋ 10（人）

350 ＋ 10 ＝ 360（人）・・・・・④

②③④（＊）より、問題文の条件（2）は、

$$\left(x + \frac{15}{100}x\right) + \left(y - \frac{10}{100}y\right) = 360 \quad \cdots\cdots ⑤$$

文章問題は、中学２年生ではまだつらいですよね。読んでいて頭が痛くなりませんか？　私としては、この説明は話せば５分もあれば済むのに、書くとなると４時間はかかるんです！　「エッ〜・・・！」と思ってるでしょ？　本当なんだからね！　どうしたらわかってもらえるだろうかと、考え考え書いているから仕方ないんですけど・・・。だから、あなたが大変なのもよ〜くわかるけれども、ゆっくりでいいから、何度も読んでくださいね。では、やっと作った連立方程式①と⑤を解きましょう！

$$\begin{cases} x + y = 350 & \cdots\cdots ① \\ \left(x + \dfrac{15}{100}x\right) + \left(y - \dfrac{10}{100}y\right) = 360 & \cdots\cdots ⑤ \end{cases}$$

さぁ〜て、どうしましょうか？　①はよいとして、問題は⑤ですね。とにかく分母を払わなければなりません。

“どうしますか？”　両辺に100をかけてあげればいいですよね！

そこで、実は⑤のカッコは式としての意味がありませんので、はずして、両辺を100倍しますよ。（約分しなかった意味がここでわかるでしょ！）

$$100 \times \left(x + \frac{15}{100}x + y - \frac{10}{100}y\right) = 360 \times 100$$

$$100x + 15x + 100y - 10y = 36000$$

［両辺を５で割る］

$$115x + 90y = 36000$$

$$23x + 18y = 7200 \quad \cdots ⑥$$

これで⑤が簡単な形になり⑥とし、①をつぎのように変形して⑦とします。

①の式を変形：$y = 350 - x \quad \cdots\cdots ⑦$

この⑦を⑥に代入して、解決ですね！

$$23x + 18(y) = 7200$$
$$23x + 18(350 - x) = 7200$$
$$23x + 6300 - 18x = 7200$$
$$23x - 18x = 7200 - 6300$$
$$5x = 900$$
$$x = 180$$

この x を⑦に代入

$$y = 350 - (x)$$
$$= 350 - (180)$$
$$= 350 - 180$$
$$= 170$$

たま～に、この x、y を答えと勘違いする人がいます。解くのに一生懸命になって、目標を見失うんだね。
よ～く、わかるよ！
でもね・・・

これで 去年の男子が 180 人、女子が 170 人 とわかりました。しかし、問題は **今年の男子と女子の人数** ですから、②③からそれぞれの人数を求めなくてはいけないよ！

今年の男子の人数：②より、$(x = 180)$

$$x + \frac{15}{100}x = 180 + \frac{15}{100} \times 180$$
$$= 180 + 27$$
$$= 207$$

わかんないけど、とにかく文章問題がおわったぞ～！
「お疲れさま！」

今年の女子の人数：③より、$(y = 170)$

$$y - \frac{10}{100}y = 170 - \frac{10}{100} \times 170$$
$$= 170 - 17$$
$$= 153$$

したがって、

今年の男子：207 人　今年の女子：153 人　・・・・（こたえ）

中学２年

第３話

１次関数

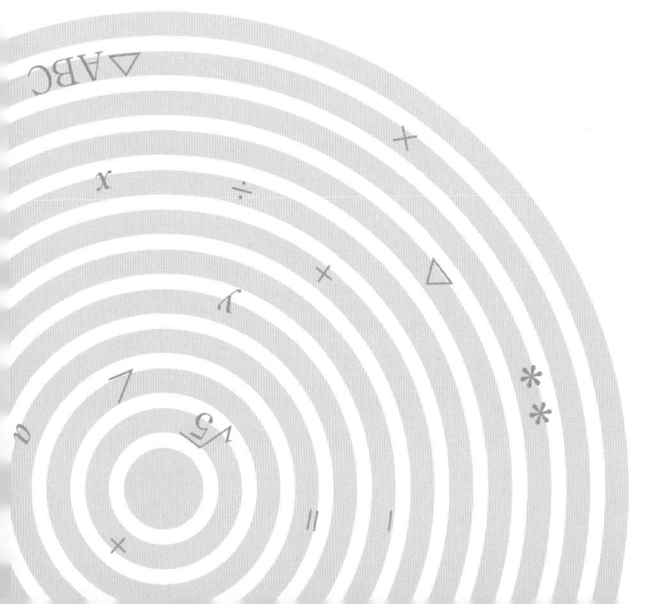

VIII　1次関数って、ナニ？

「関数とは？」と聞かれたらみなさんはどのような印象を受けるでしょうか？　たいていの人は、「難しそう!!」と感じるんでしょうね?!

それではまず最初に、つぎのxとyの関係を考えてみましょうか？

$$y = 2x + 3 \cdots\cdots (*)$$

この式は「yはxを2倍したものに3を加えたもの」ということを表しているんですね。そこでこの関係式のxに［1, 2, 3･･･］と数を代入してみますよ。

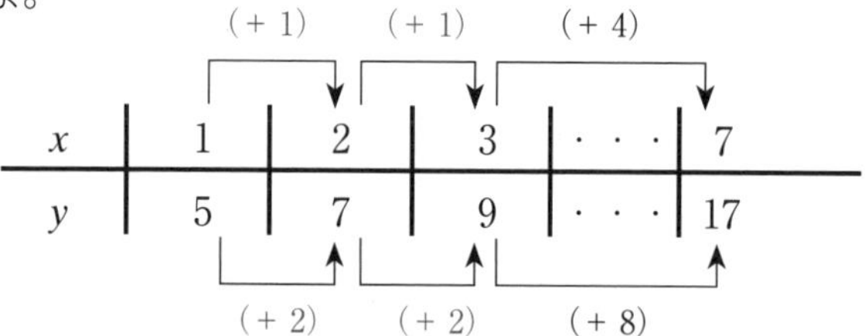

x	1	2	3	・・・	7
y	5	7	9	・・・	17

上の表から、xの値が決まれば必ずyの値が決まるということがわかるはずです。だから、「yはxに関係する数である」と言えるでしょ！これをすこし省略した形で「**yはxの関数である**」と呼ぶと考えてください。

また、この式のxとyの次数はいくつでしょうか？　1次ですね！

式には名前がついていて、その式の各項の中で、文字がたくさんかけ算してある回数をその式の名前とするのでした。だから、この式は1次式でしょ。よって、この関係式は1次式の関数だから“**1次関数**”と言うんですね。　　ナルホド・・・

“関数”という言葉を聞くとすぐに難しいと考えがちですが、とても単純でわかりやすい項目だと思います。では本題へ。

> ［式の名前］各項中で文字が一番多くかけ算してある回数をその式の代表名とするのでしたね！
>
> $$2x^2 - 3y + 1$$
>
> この式はxは2回かけ算していて、yは1回ですから2次式です。

左の表を見てつぎの点に気づいてください。x の値が 1 から 2 へ（+ 1）増加すると y の値は 5 から 7 へ（+ 2）変化します。x の値が 2 から 3 へ（+ 1）増加すると、やはり y の値は 7 から 9 へ（+ 2）変化します。では、今度は x の値が 3 から 7 へ（+ 4）増加すると、y の値は 9 から 17 へ（+ 8）変化します。これを x が（+ 1）増加したと考えてみるとどうなるか？　これを式にしてみると［（+ 8）÷（+ 4）＝（+ 2）］となり、x が（+ 1）増加すると、y はやはり（+ 2）変化していることがわかります。このことから、このxとyの関係は、常に x が（+ 1）増加すると必ず y は（+ 2）変化すると言えます。

「この結果から何が言えるのか？」ジャ〜ン！　**最重要項目!!**

変化の割合

関数での最重要項目がとうとう現れましたよ。上の長い文から x と y の関係が見えましたか？　この **x が 1 増加するときの y が変化する数** のことを「変化の割合」と言うんです！　　なんだそれ？っていう感じ！

“変化の割合”とは「x が 1 増加したときの y の変化（増加）量である」

そこではじめの関係式を思い出してください。

$$y = 2x + 3 \quad \cdots\cdots (*)$$

今説明した変化の割合（+ 2）と（＊）の x の係数の値が一致 していませんか？　そこで、つぎのことを絶対に覚えてください！

1 次関数の一般式は必ず以下のように

$$y = \boxed{a}\,x + b$$

と表され、a を**「変化の割合」**と呼ぶ!!

「変化の割合：必ず 1 次関数の x の係数と一致！」

では、「変化の割合」「x の増加量」「y の変化（増加）量」、この 3 つの言葉に関して、問題を解きながらさらに詳しく解説していこうと思います。

問 題（各問ごとに解答をつけていきますよ！）

下の表を見てください。

x	1	2	3	・・・	7
y	5	7	9	・・・	17

（1）x が 1 から 7 まで変化したときの、x の増加量は？

x の増加量とは、「一体 x がいくつだけ増えたのですか？」と聞いていることなので、7 から 1 を引いてあげればよいわけですね。

よって、

増加・減少など、変化量を求めるには、

（変化量）＝（変化後）－（変化前）

で解決！

$$7 - 1 = 6$$

6 ・・・・（こたえ）

カンタン・かんたん !!

（2）その時の y の増加量は？

ここで「y は x の関数である」の意味を今一度思い出してください。

y は x に関係する数。y は x が決まれば決まるのですから、常に“y は x に対する値”になります。表からすぐに x に対する y の値が読み取れますね。

$x = 1$ のとき、$y = 5$　　　$x = 7$ のとき、$y = 17$

だから、問題をつぎのように書き換えることができます。

「y が 5 から 17 まで変化したときの、y の増加量は？」

本当ですか？
うれしいです！

よって、

$$17 - 5 = 12$$

12 ・・・・（こたえ）

ナルホド～！　わかるぞ！

（3）変化の割合を求めてください。

「変化の割合」の意味は何でしたっけ？　　エット、う～んと・・・

「x が１増加したときの、y の変化（増加）量」でしたから、(1)、(2) の結果を使って、x が６増えると y は 12 変化（増加）するのだから、12 を６等分すればよいことがわかるはず。（国語力の問題だね！笑）

よって、

$12 \div 6 = 2$

２・・・・（こたえ）

（4）この表における x、y の関係式（１次関数）を求めてください。

難しいかなぁ？　では、１次関数と言われたら、とにかく、

$y = ax + b$（a：変化の割合）

と書き、わかっている条件を使って未知数、を求めていきましょう。

まず、(3) で 変化の割合：2 がわかっているので、$a = 2$ だね！　よって、求めたい１次関数の関係式は、$y = 2x + b$ とおける。あとは b だけだ！ぅ〜ん・・・そこで、はじめの表には、ある x に対する y の値がたくさんあるでしょ！　そこの１組を $y = 2x + b$ の、x、y に代入して b を求めればおわりなんだね！　では、ここでは（$x = 1$, $y = 5$）を代入します。（どれでもいいからね！）

$2 \times 1 + b = 5$　　　　　よって

$b = 3$ [$5 - 2 = 3$]　$y = 2x + 3$・・・（こたえ）

問 題　x が -2 から５まで変化したとき、y は -3 から 11 まで変化しました。変化の割合を求めてみよう！

< 解説・解答 >

ここでは、変化の割合を求めるとき「絶対間違えない方法」を示します。これは中学３年生で勉強する、**２次関数**のところでもまったく同じように使えますから、必ずマネをしてください。真似だよ！

y	$-3 \longrightarrow 11$
x	$-2 \longrightarrow 5$

$$\text{変化の割合} = \frac{y\text{の変化（増加）量}}{x\text{の増加量}} = \left\{ \frac{y\text{後} - y\text{前}}{x\text{後} - x\text{前}} \right\}$$

上の表 と 変化の割合の計算式 を見比べてみればわかるような気がしませんか？　表の上（分子）・下（分母）はそのままで、矢印の先から後ろを引くだけで計算式と同じ形になっていることに気づいてください。

よって、

マイナスの数は必ずカッコをつけて引き算すること！

$$\frac{11-(-3)}{5-(-2)} = \frac{14}{7} = 2$$

2 ・・・・（こたえ）

よいですか？　最初、数学は**“マネ”**です。慣れてくればこんなことをする必要はまったくありません。よく、「メンドウだなぁ～！」などと言ってくる人がいます。それはわかっています。しかし、まだ慣れていない人がわかった気になってやると、必ず痛い目にあうんです。だから一見面倒でも、しかし、必ず間違えないで、かつ、どんな場合でも使える方法を話しているんですから、はじめは素直に聞いてくださいね。数学に自信があれば何をしてもかまいませんが・・・

ここまでで「変化の割合」がまだピ～ンとこない人のために、わかりやすく別のものに例えて説明してみますね。

問 題

12個で600円のプチケーキがあります。それを7個買うといくらになりますか？

この問題を解く上でのポイントは、「プチケーキ1個の値段」ですね！

＜解説・解答＞

600 ÷ 12 ＝ 50

これでプチケーキ1個の値段が50円とわかりました。

よって、7個ですから7倍すればOK！

50 × 7 ＝ 350

350円　・・・・（こたえ）

はじめは何も無いから、$x = 0$、$y = 0$が基準!! この問題は「$x = 12$のとき$y = 600$。では、$x = 7$ではyの値は？」と同じ意味でして、この$x = 1$のときのyの値が「変化の割合」になる！

ここで、比べてみましょう。

関数における、（x：ケーキの数　y：代金　両方とも0個、0円から変化）

・xの増加量が12個　　yの変化（増加）量が600円

・「**変化の割合**」に対応するのが「**プチケーキ1個の値段**」

と考えれば、少しはわかっていただけるのではないでしょうか？

だから、学校の先生にはナイショで「変化の割合」は“ケーキ1個の値段”だと考えれば少しは理解しやすいのではないかな？？

では、ここまでの理解度をためしてみましょうか・・・　不安だなぁ～!!

問 題

1次関数$y = -2x + 3$において、xが2から5まで変化したときのyの増加量（変化量）を求めてください。

< **多くの人がやる方法** >

変化前：$x = 2$ のとき、$y = -2 \times 2 + 3 = -1$

変化後：$x = 5$ のとき、$y = -2 \times 5 + 3 = -7$

だから、y の増加量は、［（変化後）－（変化前）］であるから、

$-7 - (-1) = -7 + 1$

$= -6$ ・・・・（こたえ）

答えは間違いではありません！　しかし、よ～く考えてみて！

「変化の割合」の意味と、1 次関数の一般式のポイントを言うよ。

・**変化の割合**　：x **が 1 増加したときの、**y **の変化（増加）量**

・**1 次関数（一般式）：**$y = ax + b$ **［**a **は変化の割合］**

よって、x の［係数部分］が［変化の割合］であることから、今後はつぎのように考えてください。

< **解説・解答** >

$y = -2x + 3$

より、

変化の割合が－ 2、x の増加量が 3（$5 - 2 = 3$）であることから、

「ケーキ 1 個が－ 2 円、では、3 個ではいくら？」と同じでしょ？

y の増加量（変化量）を求める式は、

$-2 \times 3 = -6$

よって、

y の増加量は、-6 ・・・・（こたえ）

この方がどんなに簡単か！　もう一度よく言葉の意味を確認してね！

1次関数の判別

つぎは「x と y が1次関数の関係になっているか？」を“判断する方法”です。1次関数の一般式は、これも今後何度となく言うことになりますが

$y = ax + b$　　a：変化の割合（傾き）　b：切片

この形なんですね。この形で表せる式は、すべて x と y は“1次関数の関係”なんです。だから、「1次関数であるか？どうか？」を判断するためには、必ず［$y =$］の式に変形してください。必ずですよ!!

では、つぎの問題で確認しましょう。

問題　1次関数の式を以下の中からすべて選んでみよう！

(1) $\dfrac{y}{3} = -2x - 1$　(2) $x - 2y = -5$　(3) $\dfrac{2-y}{5} - x = -1$

(4) $\dfrac{y+2}{-8} = x$　(5) $y = \dfrac{5-4x}{6}$　(6) $\dfrac{9}{x} = \dfrac{7}{y}$

＜解説・解答＞

この問題は、一番最初に何も考えることなく、とにかく［$y =$］の式に直すんです!!

(1) $\dfrac{y}{3} = -2x - 1$　［両辺3倍］

$y = -6x - 3$

(2) $x - 2y = -5$

$-2y = -x - 5$

［両辺に -2 の逆数をかける］

$\underline{y = \dfrac{1}{2}x + \dfrac{5}{2}}$

(3) $\dfrac{2-y}{5}-x=-1$ ［両辺5倍］
$2-y-5x=-5$
$-y=5x-2-5$
$\underline{y=-5x+7}$

(4) $\dfrac{y+2}{-8}=x$ ［両辺−8倍］
$y+2=-8x$
$\underline{y=-8x-2}$

(5) $y=\dfrac{5-4x}{6}$ ［分子を2つに分ける］
$y=\dfrac{5}{6}-\dfrac{4}{6}x$
$\underline{y=-\dfrac{2}{3}x+\dfrac{5}{6}}$

(6) $\dfrac{9}{x}=\dfrac{7}{y}$ ［両辺 xy 倍］
$9y=7x$
$\underline{y=\dfrac{7}{9}x\ (+0)}$ ← $b=0$

すべて $y=ax+b$ の形になりましたね。よって、答えは、(1)～(6)全部です。笑　ここまでで、基本が100％終了です。

では、本題に入る前に、新しい数学特有の言葉を説明します！

ナニ、ナニ・・・？

変域について

問題の中に「x の変域、y の変域を求めよ」という言葉がよく出てきます。“変域”とは、“変化できる領域”を省略し変域と呼ぶと考えてください。

「y は x の関数である」の意味から、y の値は x の値によって決まるので、x の変化に合わせて y も変化しますよね。よって、「x の変化する領域に影響を受けて、y の変化する領域が決定！」されるわけです。だから、“**変域**”は、“**動ける範囲**”と考えられるので、必ず“**不等式**”で表現されますよ。

なんだかむずかしくなりそうだなぁ～・・・

ここから先は、問題を解きながら説明した方が理解しやすいので、以下の問題を一緒にやってみましょう!!

問 題

水が 300 ［ℓ］入っている水槽がある。そこから毎分 20 ［ℓ］の速さで水が流れ出ています。x 分後に水槽に残っている水の量を y［ℓ］とし、以下の問いを考えてみよう！

（1）x と y の関係式を作ってください。
（2）x の変域はどうなりますか？
（3）y の変域はどうなりますか？
（4）5 分後に残っている水の量は？
（5）残りが 120 ［ℓ］になるまでに何分かかりますか？

＜解説・解答＞

（1）1 分間に 20 ［ℓ］流れ出るのですから、x 分間では $20x$ ［ℓ］流れ出す。ゆえに、式は 300 ［ℓ］から流れ出す分を引き算だね！

カンタン！
かんたん！

$$y = 300 - 20x$$

よって、

$$\underline{y = -20x + 300 \quad \cdots\cdots \text{（こたえ）}}$$

（2）x の変域ですが、（1）の関係式は、y は x の 1 次関数の形になっています。y は x が決まることによって値が決まります。そこで、中心は常に x なのですが、考え方として、動ける範囲がハッキリしているものを利用して求めていきましょうね！

ナニいっているの？？？

まず水槽の容量がわかっていますので、これを利用しましょう。水槽に水が 300［ℓ］入っているときは、まだ 水が流れ出ていないので $x = 0$。ここから、まず x が変化できる始めの値 がわかります。つぎに 水槽がカラ になったときは、$y = 0$ ですから、（1）で求めた関係式を使って $y = 0$ を代入し、x の変化できるおわりの値を求めます。（1）より、

$$0 = -20x + 300$$

$$20x = 300$$

$$x = 15$$

むずかしいなぁ～

よって、15 分後に水槽がカラッポ になるので、x の変域は

$0 \leqq x \leqq 15$ ・・・・（こたえ）

（3）y の変域ですが、y は水槽に入っている水の量ですから最初は 300［ℓ］で、おわりは 0［ℓ］となります。

よって、

$300 \leqq y \leqq 0$ ・・・・（誤）

みなさんが時々、平気な顔をして書く解答!!　本当だよ！

と書きたくなりますが、こんな書き方はありませんよ!!（大丈夫ですよね？）念のために、300 より大きく、0 より小さい数ってありますか？ちょっと思いつきませんよね・・・。

$0 \leqq y \leqq 300$ ・・・・（こたえ）

（4）5 分後に残っている水の量ですから、（1）の式に $x = 5$ を代入し、そのときの y の値を求めればよいわけですね！

よって、

$$y = -20 \times 5 + 300$$
$$= -100 + 300$$
$$= 200$$

したがって、

<u>200［ℓ］・・・・（こたえ）</u>

（5）120［ℓ］残っているということは、今度は $\boxed{y = 120}$ のときの x の値を求めればよいことになります。

よって、

$$120 = -20x + 300$$
$$20x = 300 - 120$$
$$20x = 180$$
$$x = 9$$

したがって、

<u>9分　・・・・（こたえ）</u>

これで１次関数の基本的事項の説明はすべておわりました。　ホッ・・・

＜説明した内容＞
- 「1次関数」とは？
- 「変化の割合」とは？
- 「x、y の変域」とは？

必ず、隅から隅まで何度も読んで理解しようと努力してくださいね！

関数は数学をやっていく上でとっても大切な項目です。中学生から高校卒業までに勉強しなくてはいけない「関数」とつく項目は以下のとおりです。

（中学数学）　・1次関数　・2次関数（基本）

（高校数学）　・2次関数（応用）　・三角関数　・指数関数
・対数関数　・高次関数

これだけあります。1歩1歩しっかり進んでいきましょう・・・！

Ⅸ 1次関数のグラフ

この項目は、今後数学をやっていく上でず～っとついてまわるグラフのお話です。数学はグラフがかけないと暗闇を手探りで歩くようなもので、まったく動けない状態におちいってしまうんです！ ここはそのグラフの一番基本となる項目ですから、何度も何度もわかるまで読んで、グラフのかき方をマスターしてくださいね。

一般式からグラフの特徴を読み取る！

$$y = ax + b \quad \cdots\cdots (*)$$

a ：傾き（かたむ）（変化の割合） $\begin{cases} a > 0 ：右上がり \\ a < 0 ：右下がり \end{cases}$

b ：切片（せっぺん）（y 軸との交点の y 座標）

　$x = 0$ のときの、y の値！

今後、1次関数を勉強していく上で、グラフにおいては「**変化の割合**」という言葉よりも「**傾き**」という表現が主流になります。意味は同じなので、しっかりと、変化の割合の意味を再確認し、覚えるように!!

ここでは、グラフを中心に解説をしていきますよ！「あきらめて、がんばれ～！」

$$y = 2x + 3 \quad \cdots\cdots ①$$

今後みなさんはこの①の式を見て、「これは傾きが2で、切片が3の直線の方程式だ。グラフの概形は右上がりだな！」と、この程度のことを考え、頭の中にグラフが自然と思い浮かばなくてはいけません！

ここで2つ新しい言葉が出てきましたね。[傾き]と[切片]です。では、まず“傾き”からお話しすることにしましょう。

傾き

“傾き”とは、「xが１増加したときyがいくつ変化するか？」を示しています。いわゆる「**変化の割合**」と同じこと。それを（＊）のaの部分がより具体的に示してくれているわけです。では、どのようにそのaの部分を読み取ればよいのか？「チョットしたコツ！」があります。本当に?!

まず、慣れていない人は必ずつぎのようにaの部分（傾き）を分数に直してください。

$$y = 2x + 3 \quad \cdots\cdots \quad ①$$

①の傾きは、２ですね。下の囲みの中を見てください。

傾きの読み方 ⟶ $a = \dfrac{\text{上・下する数}}{\text{必ず右へ進む数}}$

$2 = \dfrac{2}{1}$ **（整数は、分母を１にして分数に直す！）**

このように**分数**に直すのがポイント！　上の傾きの読み方をよ〜く見てね。**［分母］は右へ、［分子］は上・下へ進む数**を表しています。だから、グラフのスタート地点が１点決定されさえすれば、そこから右に１進み、上へ２進んで止まったところが、直線のグラフが通るもう１点となります。

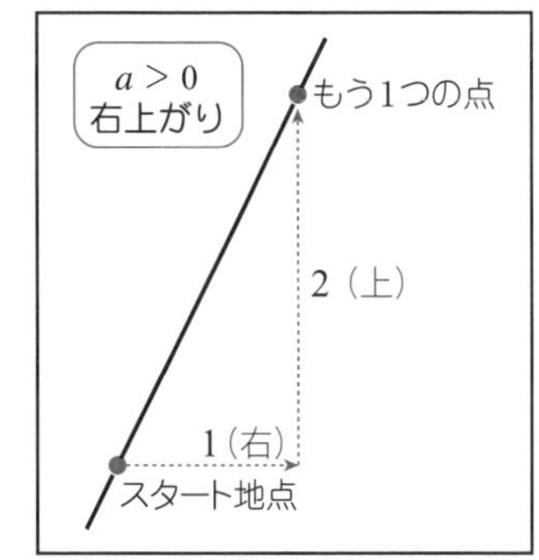

直線は２点が決定されれば必ず引けることが、直線の定義として知られています。

よって、右図のようにスタート地点と止まった点を結べば、かきたい直線のグラフが簡単に引けてしまうんですね！

「どうですか？　まだ、ピ〜ンときませんよね?!」

具体例をもう１つ示しておきましょう!!

$$y = -\frac{3}{5}x - 2 \quad \cdots\cdots\cdots ②$$

②のような場合、傾きの部分がすでに分数で表現されていますが、しかし、この状態ではダメ。慣れるまでは必ず以下のように直してくださいね！

この違い（意味）がわかりますか？

［前］ $y = -\frac{3}{5}x - 2$ ⟷ ［後］ $y = \frac{-3}{5}x - 2$

先ほど、「傾き」と「変化の割合」は同じことを意味していると言いました。では、もう一度言葉にしてみましょう。

「x が1増加したときの y の変化（増加）量」

でしたね。　　　　　　　　　　　　　しつこいなぁ〜

ポイントははじめの部分で、「x が1増加したときの・・・」というように、x の増加を前提に考えられているんです。あとで x 軸、y 軸をかいて具体的に示しますが、それぞれの軸に矢印がついていて、この矢印の方向がプラス（＋）を示していました。いわゆる x、y の増加を示しているんです。ではもう一度、書き換え［前］と［後］の傾きの部分だけを比べてみましょう。

［前］　$-\frac{3}{5}$

これは単に、x が1増加したときの y の変化量を示しているにすぎません。だから、「x が1増加すると y は0.6減るんだ！」程度にしか見えませんよね。そこで、分数は見にくいので分母を消したいと考えると、どうしますか？　単純に5倍したくなりますよね。それでよいんです。では、5倍してみましょう。

方程式ではないのに、勝手に5倍していいの？「はい！」考え方の説明だからここでは気にしないでね！

$$-\frac{3}{5} \times 5 = -3$$

となりました。この“－ 3”が意味するところは、5倍したことで

「x が5増加すると、y は3減少（－ 3増加）」

ということなんです。この考え方は x の増加量 に対する y の変化量（増加量）を求める計算問題ならばこれでよいでしょう！　でも、今、グラフを簡単にかきたい我々にとっては、それほど意味があるものではありません。

では、書き換え後の形を見てみますね！

［後］　$\frac{-3}{5}$ ←― $\frac{\text{上・下する数}}{\text{必ず右へ進む数}}$

傾きの読み方通りに考えれば、書き換えた形ではひと目で、「**右へ5進み、マイナスだから下へ3進む**」ことが読み取れます。

右図を見てください。

理解している人たちにとってはつまらなく思えるかもしれませんが、知らないうちに、無意識にこの考え方を頭の中で行なっているはず！　よって、理解している人でももう一度この仕組みを味わってください。

どうですか？　少しは傾きについてわかった気になったのでは？

あとはスタート地点さえ見つけられれば、グラフはバッチリですね！

中学1年 中学2年 中学3年

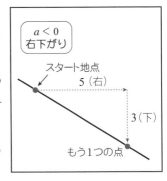

切片

$$y = ax + b$$

普通、スタート地点はひと目でわかるようになっています。どこを見ればよいのかというと、b の部分 がほとんどの場合スタート地点になっているんですね！　いわゆるこれが“**切片**”の部分なんです。

「切片とは？：グラフが y 軸を横切る時の y 座標」

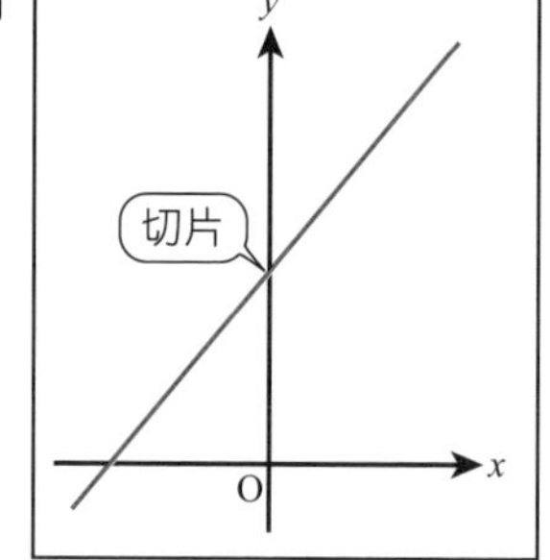

グラフを使って確認しましょう！

> **・y 軸は、$x = 0$ の点の集まり**
> **・x 軸は、$y = 0$ の点の集まり**

よって、切片は１次関数の一般式 $y = ax + b$ の b の部分 になります。とは言っても、「では、どうして？ 説明してよ?!」と言われたらあなたはできますか？　ここはとっても大切なところゆえ、しっかりと理解してくださいね！

「つらいだろうけど、がんばれ～・・・！」

「y 軸とはどのような点の集まりでしたか？」これは、$x = 0$ の点の集まりでした。（大丈夫？・・・）ということはですよ、“切片”とは、

「直線が y 軸を横切るとき、一瞬 x の値が 0 になる、そのときの y 座標」

ということではないですか!!　　「超～重要なところですからね！」

そこで、一般式 $y = ax + b$ の x に 0 を代入 してみますと

$$y = b$$

となり、切片の y 座標が b ですから、一般式の b の部分が切片となるんです。わかっていただけたでしょうか？　したがって、切片の座標はと聞かれたら、$(0,\ b)$ と答えればよいのです！　ここは何度も読むこと！

では、ここで今までのことが理解できているか、簡単な問題をしますよ！

x 軸、y 軸との交点の座標

問題

$y = -\frac{2}{3}x + 4$ における x 軸、y 軸との交点の座標を求めよう！

ポイント　$y = 0$ ：x 軸の方程式、　$x = 0$ ：y 軸の方程式

< 解説・解答 >

x 軸、y 軸の方程式を思い出してください。x 軸、y 軸はどのような点の集まりでしたか？ x 軸との交点は、一瞬 $y = 0$ になるときの x の値が x 座標になり、y 軸との交点も同様に、一瞬 $x = 0$ になるときの y の値が y 座標になります。よって、$y = 0$、$x = 0$ を直線の式に代入すれば OK！

x 軸との交点（6, 0）、y 軸との交点（0, 4）・・・・・（こたえ）

以上でグラフをかく上での基本的知識の話はおわりました。これでやっとこの項目のメインであるグラフのかき方の話に入れますよ。

なんだよ～！　これからが本番なの？

中学の数学では，マス目のある方眼紙を使ってグラフをかきますが、実はそんな正確なグラフはかく必要なんてないんですよ。

“えっ！”とまた驚いているでしょ！

それならば、“切片が 130000”のときはどうします？　体育館にでも行かないとかけないでしょ?!　今後数学をやる上で、グラフがかけないのは、明かりを持たずに暗闇を歩くも同然！

そこでつぎのページでグラフをかくための作業をヒトツずつ順番に表してあるので、じっくりとよぉ～く見て、順番を覚えてくださいね!!

グラフのかき方

(例 1)　$y = 2x + 1$（傾き：$2 = \dfrac{2}{1}$　切片：1）

①x 軸 y 軸そして原点をかき込む！

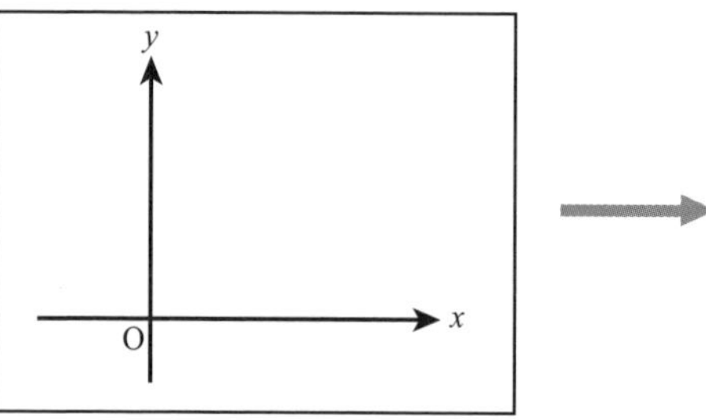

②切片をとる！

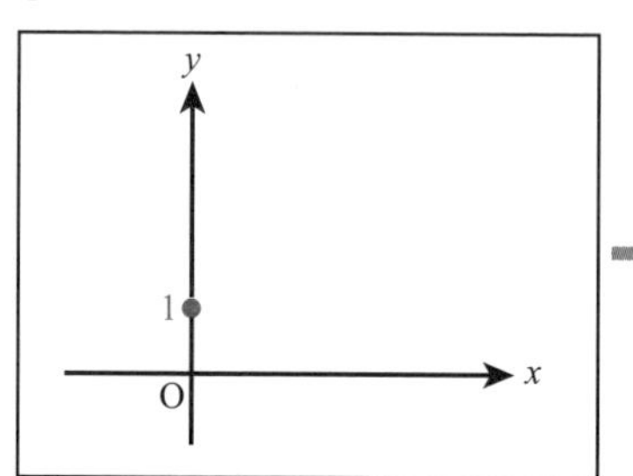

③切片をスタート地点とし、
傾きからつぎの1点をとる！

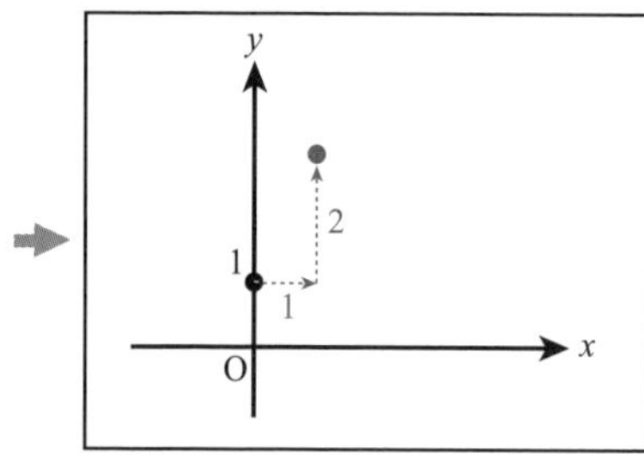

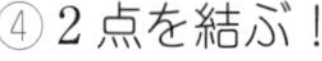
④2点を結ぶ！

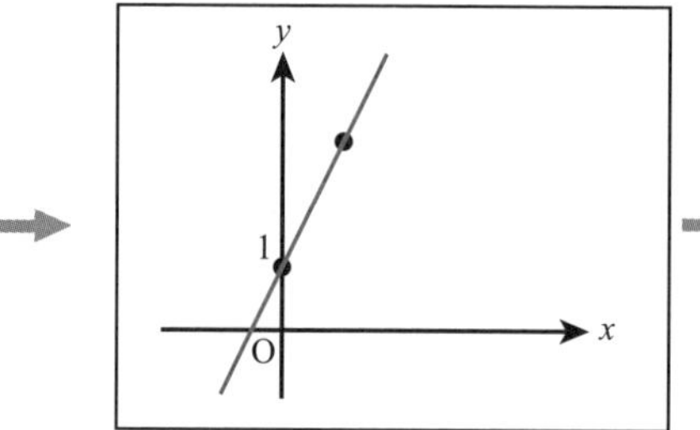

⑤切片以外のもう1点の
座標を入れる！

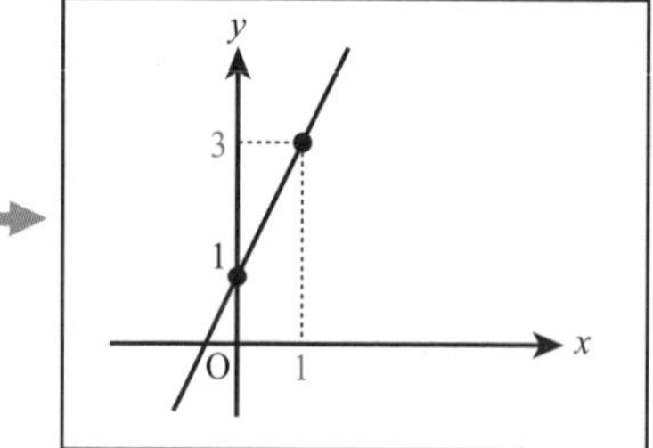

①〜⑤の流れでかきます！

いかがですか？　切片と傾きの意味が理解できていれば、難しくないでしょ？　とにかく、直線は2点さえ決まれば引けるんですから、早く2点をさがせば簡単ですね！

注）絶対にグラフでは色を使わないでください。
ここでは説明だから目立つように赤を使っています。

切片から**傾き**を利用し、右へ、上・下へでは、すべてが適当な値になるので、2点のうち片方ぐらいは整数の座標をとるようにしたい!!　実際はグラフの概形さえわかればそれでよいのです！　下は高校数学から許されるグラフのかき方!!

（例2） $y = -\frac{1}{2}x + \frac{3}{2}$ （傾き：$-\frac{1}{2} = \frac{-1}{2}$　切片：$\frac{3}{2}$）

①直線上の1点をさがす！

$y = -\frac{1}{2}x + \frac{3}{2} = \frac{-x+3}{2}$

上記のように分母と分子を1つにまとめる。つぎに、xの代わりに数字を入れ、分子が分母の倍数（2の倍数）になれば、約分できyの値が整数になる。$x = 1$を代入すると分子は2となり、約分して$y = 1$となる。よって、**点**（1，1）を通る。

②x軸y軸そして原点をかき込む！

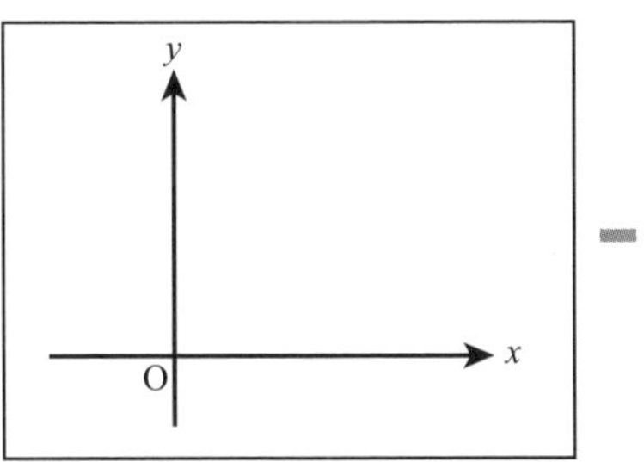

③切片をとる！

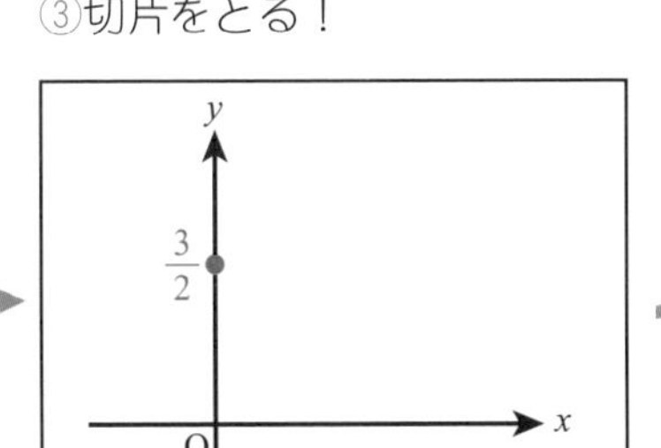

④通るもう1点をとる！（1，1）

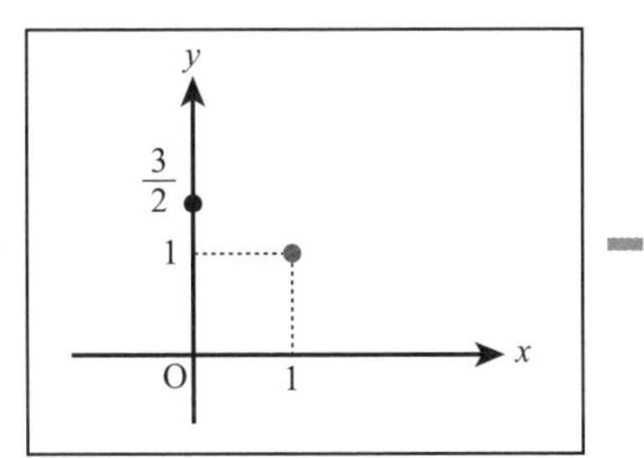

⑤切片ともう1点を結ぶ

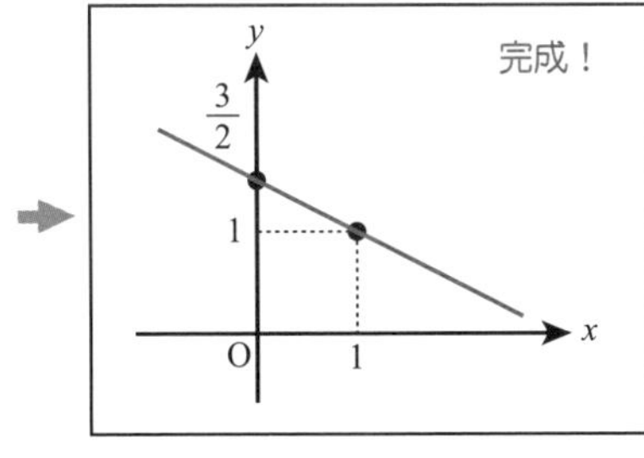

①～⑤の流れでかきます！

今回は、目盛りがなく、真っ白な紙の上にグラフをかく方法です。目盛りがないから、切片も勝手にとってかまいません。ただ、目盛りのバランスには気をつけてくださいよ！

注）絶対にグラフでは色を使わない！

問 題

$y = -\frac{3}{2}x + 2$　のグラフをかいてみよう！

＜解説・解答＞

考え方として、**傾き**の部分を書き換えるのでしたね！　覚えているかな？

$y = \frac{-3}{2}x + 2$　傾き のマイナス（－）を分子にのせました。これでスタート地点の切片（0，2）から 右へ２（分母）、下へ３（分子） 進んだ点が、直線が通るもう１つの点となるんですね。では、かいてみますよ。

下の図を見てください。

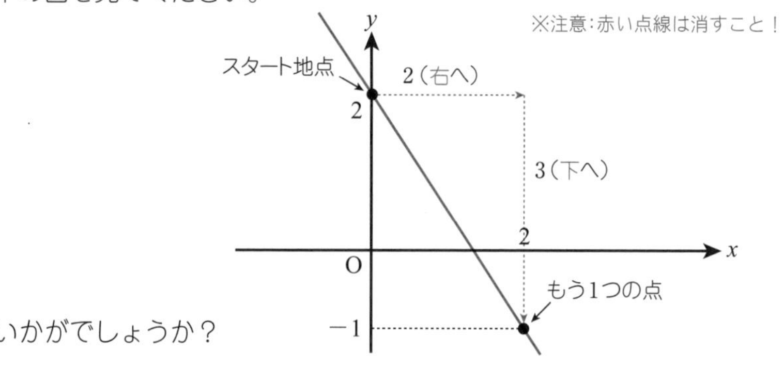

いかがでしょうか？

ではもう１つ、切片が分数で目盛りがとれない場合ですね。

スタート地点である切片がとれない場合

問 題　つぎのグラフがかけますか？　無理かな〜！「そんなことないよ！」

$y = \frac{1}{2}x - \frac{3}{2}$

中学1年 中学2年 中学3年

> 目盛りがあるとき、切片が整数でなく分数だとグラフがかけませんよね！ そこで、目盛りのある場合のグラフのかき方です！　p397 の切片が分数となるグラフは中学ではダメ！

＜解説・解答＞

見てわかるように、切片（スタート地点）がとれない値です。よって、はっきりとしたわかりやすい点をさがす必要があります。そこで x に適当な整数を代入し、y が整数になる数をさがせばよいんですね。

この場合は、$x = 1$ を代入することで $y = -1$ が得られます。よって、直線は点Ａ（1，−1）を通るので、この点をスタート地点にします。

> ここで x、y が整数の値をとるような数をさがすのは、p397 の計算をしっかり理解していないと難しいですね !!

“傾き”より、スタート地点から 右へ 2、上へ 1 行った点がもう１つの点となり、その２点を結べばおわりです。

> 〈グラフの最終確認！〉
> ・軸に矢印がついているか？
> ・原点が入っているか？
> ・座標が２点記入されているか？

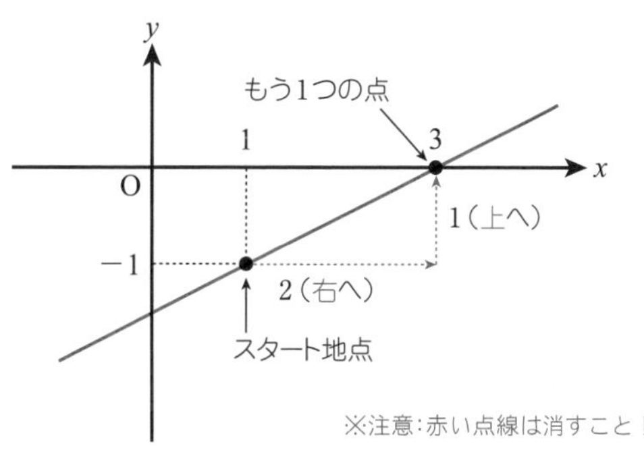

・・・・・（こたえ）

これでグラフの基本的なことは大丈夫！ 関数のグラフはこれから先、高校数学まで続きますので、アレルギーにならないでね！

> **直線の方程式の確認 !!**
>
> $y = ax + b$
>
> $a > 0$ ：**右上がり**　　$a < 0$ ：**右下がり**
>
> a ：**傾き**　　b ：**切片／切片の座標**（0，b）

座標の表し方（復習）

いまだに座標と言われると、ナニがなんだかわからなくなる人がいますので、今一度ここで説明しておきますね！（中1の復習）

下の点A、B、Cの座標に関して3つの質問をします。

問題　各点A、B、Cの座標、x座標、y座標は何ですか？

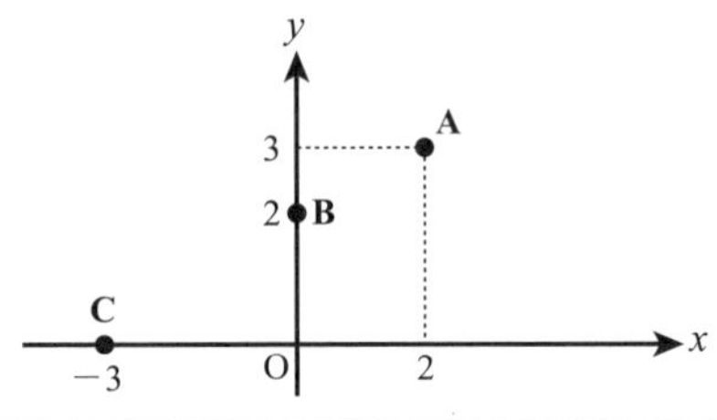

＜解説・解答＞

上のグラフの各点A、B、Cの座標を表現してみます。

点Aの座標　A（2，3）

点Aのx座標は　2　／　点Aのy座標は　3

・・・・・・・（こたえ）

点Bの座標　B（0，2）

点Bのx座標は　0　／　点Bのy座標は　2

・・・・・・・（こたえ）

点Cの座標　C（−3，0）

点Cのx座標は　−3　／　点Cのy座標は　0

・・・・・・・（こたえ）

座標と聞かれたらカッコして（x，y）と書き、x座標またはy座標と指定があれば、その一方だけの値を書く！　「もう大丈夫ですよね・・・？」

こんなにもていねいに説明している参考書は絶対にないですよ～！

X　1次関数の直線の方程式を求める

1次関数の勉強においては、「**グラフをかく**」「**直線の方程式を求める**」この2点が一番大切なことです。

ここでは「直線の方程式の求め方」についてお話しします。

基本となるのは、やはり1次関数の一般式 $\boxed{y = ax + b}$ についての知識ですので、ここでもう一度確認させてくださいね！

a ：「変化の割合」または「傾き」 b ：「切片」

この2点に関しては、しっかりと覚えておいてください。

方程式を求める問題の出題方法は決まっていますので、以下の解法が理解できれば心配はありません。

“言葉”“座標”条件より

問題　つぎの直線の方程式を求めてみよう！

（1）変化の割合が2で、切片が3の直線の方程式

（2）傾きが－3で、点（0, －4）を通る直線の方程式

（3）傾きが5で、点（2, 1）を通る直線の方程式

（4）切片が－1で、点（5, －2）を通る直線の方程式

（5）2点（－2, 3）、（1, 6）を通る直線の方程式

＜解説・解答＞　直線の方程式の一般式を思い出してください。

（1）変化の割合が2で、切片が3の直線の方程式

一般式　$y = ax + b$　より「変化の割合 ＝ 傾き」から、

$\boxed{傾き\quad a = 2}$　　かつ　　$\boxed{切片\quad b = 3}$

これを、一般式 $y = ax + b$ の a, b に代入しておわりですね。

よって、

$$\underline{y = 2x + 3 \quad \cdot\cdot\cdot\cdot\text{（こたえ）}}$$

（2）傾きが -3 で、点（0, -4）を通る直線の方程式

傾きが -3 より、$a = -3$。座標（0, -4）は、直線と y 軸との交点の座標だから切片が -4、すなわち、$b = -4$ となります。

よって、一般式に代入

$$\underline{y = -3x - 4 \quad \cdot\cdot\cdot\cdot\cdot\cdot\text{（こたえ）}}$$

「簡単でしょ？」

（3）傾きが 5 で、点（2, 1）を通る直線の方程式

傾きが 5 より、$a = 5$。ここで、座標（2, 1）は何を意味しているのか？

「x と y の関係において、$x = 2$ のとき、$y = 1$ になる」

ということを意味しているんです。x と y の関係とは、1 次関数の一般式、$\boxed{y = ax + b}$ において「x が 2 のとき、y は 1 になる」関係ですよ。

よって、$a = 5$ を代入

$$y = 5x + b \quad \cdot\cdot\cdot\cdot\text{（＊）}$$

これに、$x = 2$、$y = 1$ を代入し b の値を求めれば OK！

$$1 = 5 \times 2 + b$$

［左辺と右辺をひっくり返す］

$$b + 10 = 1$$

$$b = 1 - 10$$

$$= -9$$

よって、（＊）より

$$\underline{y = 5x - 9 \quad \cdot\cdot\cdot\cdot\cdot\cdot\text{（こたえ）}}$$

いかがですか？　だんだん慣れてきませんか？

ビミョ～・・・

(4) 切片が－１で、点（5, －2）を通る直線の方程式

今度は切片が先に与えられています。

よって、$b=-1$を一般式に代入

$$y=ax-1 \quad \cdots\cdots (**)$$

つぎに座標から、$x=5$、$y=-2$を代入し、aを求めればよいわけですね。

$$-2=a\times 5-1$$

$$5a-1=-2$$ ［左辺と右辺をひっくり返す！］

$$5a=-2+1$$

$$=-1$$

$$a=-\frac{1}{5}$$

よって、（＊＊）より　　ゆっくり、ゆっくり！

$$y=-\frac{1}{5}x-1 \quad \cdots\cdots \text{（こたえ）}$$

(5) ２点（－2, 3)、(1, 6）を通る直線の方程式

これが一番面倒な問題です。なぜかというと、連立方程式を解かなければいけないからなんですよ。解き方には“加減法”と“代入法”の２種類の計算方法がありましたね。　「大丈夫かな？」

座標の意味は、(3) で説明しましたから、あとは、１次関数の一般式 $y=ax+b$ に代入するだけです !!　どんどん進みますよ。

［代入した式］

$$\begin{cases} 3=a\times(-2)+b \\ 6=a\times 1+b \end{cases} \rightarrow \begin{cases} -2a+b=3 & \cdots ① \\ a+b=6 & \cdots ② \end{cases}$$

中学1年　中学2年　中学3年

あなたは“加減法”ですか？　それとも“代入法”でしょうか？
まずは解けることが大切！　好きな解法で解いてください。
ここでは多くの人が好きな“加減法”で解きますね。

①－②（bを消すよ！）より、

$$-3a=-3$$

$$a=1$$

これを②（または①）に代入し

$$b=6-a$$
$$=6-1$$
$$=5$$

よって、1次関数の一般式より

$y=x+5$ ・・・・・（こたえ）

（別解）変化の割合から傾き a を求め、残りの切片 b を求める方法

傾き $=\dfrac{6-3}{1-(-2)}=\dfrac{3}{3}=1$　$\boxed{a=1}$

だから、求める方程式は
$y=x+b$ ・・・・（＊）とおけ、
これが点（1, 6）を通るから、代入！
$6=1+b$ これから b を求め
$\boxed{b=5}$
b を（＊）に代入し、直線の方程式は
$y=x+5$ ・・・・（こたえ）

以上の5パターンを理解できれば、あとは少し形を変えて同じことを聞いてきますので、ダマされないように問題に慣れることです。心配はいりません。p406 でダマされやすい形の練習をしますからね！

問題

（1）2点（2, －3）、（－4, －3）を通る直線の方程式を求めてください。

（2）2点（5, 6）、（5, －2）を通る直線の方程式を求めてください。

（ヒント）出題形式は前問の（5）のパターンですね。しかし、よ～く座標を見てください。何か気づきませんか？

う～ん・・・わかりません！

＜解説・解答＞

（1）気づきましたか？　2 つの座標を見ると、x 座標が変わっているのに y 座標は同じです。頭の中でグラフをかいてみてください。まず、2 点の座標をとって、それを結ぶと下のグラフになりますよ！

x の値に関係なく y は常に一定の点の集まり！

だから、x 軸に平行な直線になります。

よって、

$y = -3$・・・・・（こたえ）

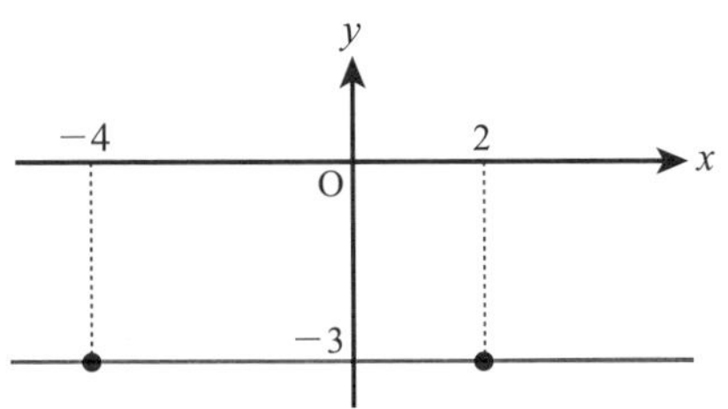

（2）同様に、2 点の座標をとって結んでグラフをかくと以下のようになります。

y の値に関係なく x は常に一定の点の集まり！

だから、y 軸に平行な直線になります。

よって、

$x = 5$・・・・・（こたえ）

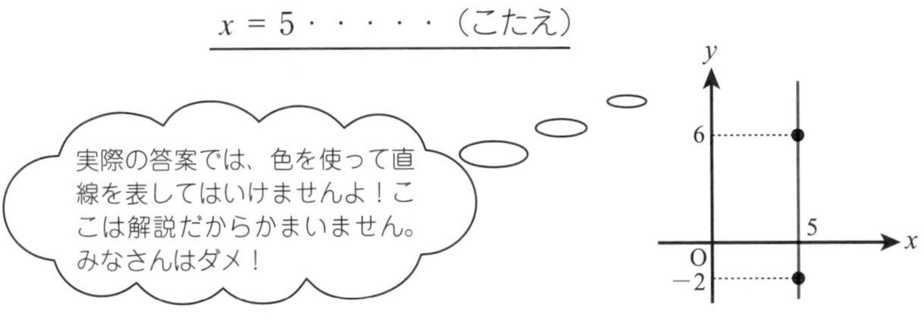

実際の答案では、色を使って直
線を表してはいけませんよ！こ
こは解説だからかまいません。
みなさんはダメ！
y
6
5
x
O
−2

“直線の方程式”“座標”条件より

問 題　つぎの直線の方程式が求められますか？

（1）$y = -\frac{3}{5}x - 4$ に平行、$y = 3x + 5$ と y 軸上で交わる直線の方程式。

（2）$y = 2x + 3$ に平行で、点（0, − 5）を通る直線の方程式。

（3）x が 4 増加すると、y は − 5 増加し、点（1, 2）を通る直線の方程式。

「隠れているヒントをさがせるかな？」

＜ 解説・解答 ＞

（1）$y = -\frac{3}{5}x - 4$ に平行 ・・・・ ①　　$y = 3x + 5$ ・・・・ ②

と y 軸上で交わることから、以下の点に注意してください。

・直線が平行 ⟶ 傾きが等しい！

・y 軸上で交わる ⟶ 切片が等しい！

①から、$a = -\frac{3}{5}$ 、②から、$b = 5$ が読み取れます。

よって、一般式より求める直線の方程式は

$y = -\frac{3}{5}x + 5$ ・・・・（こたえ）　なるほどねぇ〜！！

（2）$y = 2x + 3$ に平行より **傾きは 2** 。また、点（0, − 5）を通ることより**切片**がわかります。**点（0, b）**と表されていれば、b が切片を表します。切片は y 軸上だから、x 座標の値は常に 0。だから、**切片は − 5** 。

よって、求める直線の方程式は

$y = 2x - 5$ ・・・・（こたえ）

(3) x が 4 増加すると、y は -5 増加することから、「変化の割合」が求まりますよね。

「変化の割合とは何でしたっけ？」

x が 1 増加するときの y の変化（増加）量でしたね！！

（変化の割合）＝ $-\frac{5}{4}$ ですね。これで“傾き”の値はわかりましたので求める直線の方程式は、以下のように表せます。

$$y = -\frac{5}{4}x + b \quad \cdots\cdots (*)$$

ここで、この直線が点 (1, 2) を通るということは、(＊) で $x = 1$ のとき、$y = 2$ になります。よって、それぞれを代入し b を求めます！

$$2 = -\frac{5}{4} \times 1 + b$$

$$b = \frac{13}{4}$$

もう〜・・・頭の中がぐちゃぐちゃ！
難しいよ〜
「それでも、がんばれ〜」

よって、(＊) より求める直線の方程式は、

$$\underline{y = -\frac{5}{4}x + \frac{13}{4}} \quad \cdots\cdots \text{（こたえ）}$$

出題形式をもう少し場合分けできますが、中学生（高認受験生も）はこの程度で十分です。あとは何度も読んで、出題形式に慣れるようにしてください。

今度は、「グラフから直線の方程式の読み取り方！」をお話しします。

直線の方程式（1 次関数の式）を作るには、2 つの未知数を求めればよいのでした！　覚えているかな？　アレ？　返事がないですね・・・！

仕方ない！　それは、「傾き」と「切片」でした！

「だいじょうぶかな〜？」

グラフから直線の方程式を読み取る

問 題　右のグラフの直線の方程式を求めてみよう！

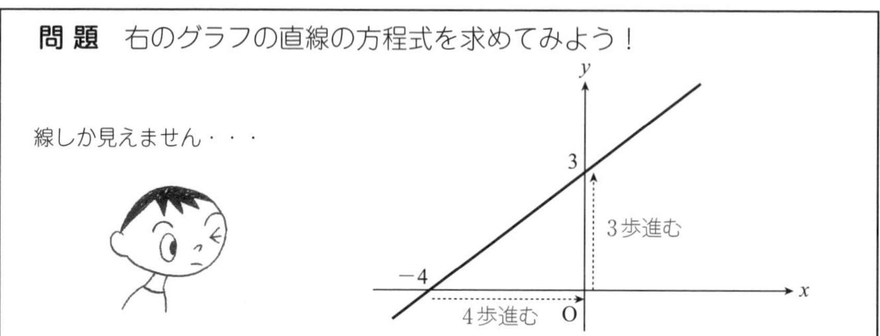

＜ 解説・解答 ＞　切片は3、そして、x軸との交点を基準にして傾きを読み取ってみると、x軸方向に4、y軸方向に3進むと、もとの直線上に戻りますね。よって、傾きの表し方の通りにすると、（分母）にx軸方向に進む歩数、（分子）にy軸方向に進む歩数でしたから、

傾きは $\frac{3}{4}$、**切片は3** となります。よって、求める直線の方程式は

$$y = \frac{3}{4}x + 3 \quad \cdots\cdots（こたえ）$$

問 題　つぎのグラフの方程式はどうなりますか？

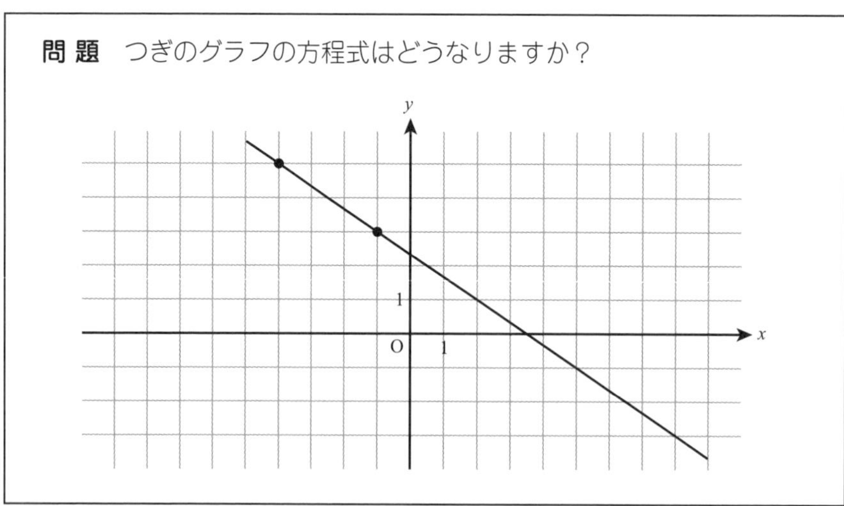

＜ **解説・解答** ＞

切片が 2 と 3 の間、x 軸との交点が 3 と 4 の間ですから、切片や傾きがグラフから読み取れないですね。“困った！”こんなときは、どこかハッキリと読める［**整数値の座標**］をさがすんです。すると、グラフからこの直線は**点（－ 4, 5）**を通っているのが読み取れますね。そこでこの点を基準にして、**右へ 3 歩、下へ 2 歩** 進むと**点（－ 1, 3）**で、もとの直線上に戻れました。

するとこれで“傾き”が $\boxed{\dfrac{-2}{3}}$ とわかりましたよ。これを直線の一般式に代入すると

$$y = -\frac{2}{3}x + b \quad \cdots\cdots \quad (*)$$

となり、上記の式に点（－ 4, 5）または（－ 1, 3）のどちらかを代入し、b を求めればよいわけです。ここでは点（－ 1, 3）を代入しましょう。（もう一方の点でもかまいませんよ！）

$$3 = -\frac{2}{3} \times (-1) + b$$

$$\frac{2}{3} + b = 3$$

$$b = 3 - \frac{2}{3}$$

$$= \frac{9}{3} - \frac{2}{3}$$

$$b = \frac{7}{3}$$

このように**切片がグラフから読み取れない場合**は、読み取れる直線上の座標を 1 点さがし、そこをスタート地点とし傾きをかぞえ、直線の方程式を求めるんですよ。わかりましたか？

よって、求める直線の方程式は（＊）より

$$y = -\frac{2}{3}x + \frac{7}{3} \quad \cdots\cdots \quad (\text{こたえ})$$

ほんの少しだけどわかったような気が・・・・？

XI　2元1次方程式

なにか難しそうな言葉が出てきましたね！　私もはじめ見たときは「なんだこれ？」と思いましたよ。数学はどうも言葉が難しくて、よくないですよね！　でも、心配ご無用！　　　だいじょうぶ！　大丈夫！　たぶん・・・

以前に“元（げん）”についてお話ししたはずですが、これは“**文字**”のことを意味しています。よって、2元ですから文字が2個ある1次方程式なんですね。具体的に表してみますと、つぎの2通りの形になります！

$\boxed{4x+2y=6}$ ・・・・（1）　または　$\boxed{4x+2y-6=0}$ ・・・・（2）

上記の（1）（2）のような形で表されたモノを2元1次方程式と言うんです。きっと今まで見てきた式とはまったく違うモノに感じているんでしょうね？　でも、同じことなんです！　　エッ？！　うそだぁ～・・・!!

では、ここで（1）（2）を y について解いてみます。 $\boxed{y=\text{の形にすること！}}$

等式変形の確認です！　　「おぼえてますか？」

（1）の変形

$4x+2y=6$　［両辺を2で割る］

$2x+y=3$

$y=3-2x$

$\underline{y=-2x+3}$

（2）の変形

$4x+2y-6=0$　［両辺を2で割る］

$2x+y-3=0$

$\underline{y=-2x+3}$

ほら！　同じでしょ！

下線の式ならば、みなさんもよく知っている形でしょ！

このように一見違うようでも、実際は今まで勉強してきた1次関数とまったく変わりがありません。

ここで大事なのは、“2元1次方程式”の形で表されていようが、これは“直線の方程式”を表していること!!　よって、当然、グラフも今までと同じ“直線のグラフ”になります。　　「ちょっとつらいかな・・・？」

少しは2元1次方程式の意味が理解できたかと（？）思うので、さっそく出題パターンの話をします。パターンはつぎの3つ。問題形式で解説します！

（ⅰ）$4x+2y-6=0$ のグラフをかいてみよう！

（考え方） 1次関数の一般式（$y=$）の形に変形すればOK！よって、

$y=-2x+3$

となり、切片が3、傾きが-2（右へ1、下へ2）のグラフをかくだけですね！

右のグラフで、赤い線は絶対に書かないでください。そして、**必ず直線上の2点の座標を表すこと！**　この場合には切片3と黒い点線で座標（1, 1）が表されていますよ。

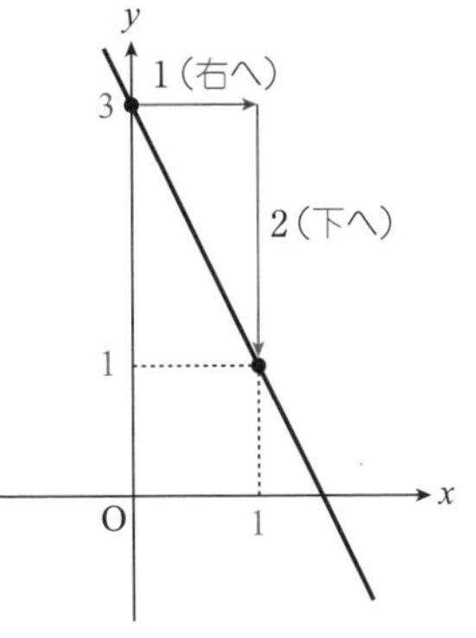

（ⅱ）$4x+2y=6$ の x 軸、y 軸との交点の座標は？

みなさんはこのような形を見ると、すぐに $y=$ の形に直したくなるんですね！　慣れるまでは仕方ないんですが、前のページで示したように、意味していることは $y=-2x+3$ と同じことなんです。だから、$y=$ の形に直さずに考えていきましょうよ。ねぇ？！　「大丈夫かな？」

そこで質問です。「**x 軸はどのような点の集まりですか？**」これは大切なことですから絶対に理解しなくてはいけません。$y=0$ の点の集まりでした。よって、x 軸の方程式は $y=0$ と表せるので、x 軸との交点とは、グラフが一瞬 x 軸を横切る、言い換えれば「**一瞬 y が0になるときの x の値はなんですか？**」ということになるんです。だから、式をわざわざ $y=$ の形に直さず、直接 $y=0$ を代入して x の値を求め、同様に y 軸との交点も y 軸の方程式は $x=0$ ですから、直接 $x=0$ を代入して y の値を求めればよいのです。

「ちょっと何言ってるかわからない??」

では、実際に解いてみますね。

x 軸との交点の座標	y 軸との交点の座標
$4x+2y=6$ に $\boxed{y=0}$ を代入	$4x+2y=6$ に $\boxed{x=0}$ を代入
$4x+2\times 0=6$	$4\times 0+2y=6$
$4x=6$	$2y=6$
$x=\dfrac{6}{4}=\dfrac{3}{2}$	$y=3$
よって、	よって、
$\left(\dfrac{3}{2},\ 0\right)$ ・・・（こたえ）	$(0,\ 3)$ ・・・（こたえ）

（iii） 2直線、$2x+2y=6$ と $3x-y-2=0$ の交点の座標は？

まず、この2直線のグラフをかいてみましょうよ！

$$2x+2y=6 \qquad\qquad 3x-y-2=0$$
$$x+y=3 \qquad\qquad -y=-3x+2$$
$$y=-x+3 \quad \cdots ① \qquad\qquad y=3x-2 \quad \cdots ②$$

①②のグラフの交点から出ている赤い矢印の先を見てください。交点に対する x、y の値は、①②の両方を満たしていませんか?! ということは、①②の 連立方程式の解 である x、y の値が、この2直線の交点の座標を表すことになりますよね？！

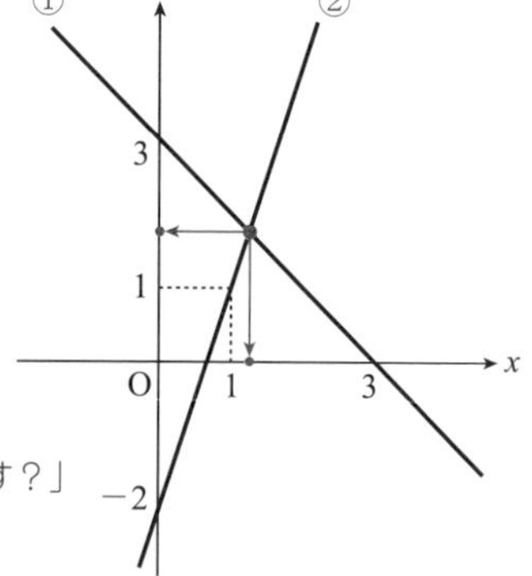

「わかります？」

よって、問題の方程式をわざわざ $\boxed{y=\ }$ の形に直さずに、そのまま連立方程式を解くことで、2直線の交点の座標が求まってしまうんですね！ では、連立方程式を解きますよ。

$$\begin{cases} 2x + 2y = 6 & \cdots\cdots ③ \\ 3x - y - 2 = 0 & \cdots\cdots ④ \end{cases}$$

④より

$$y = 3x - 2 \quad \cdots\cdots ②$$

②の式を見て代入法で
解くことにします！

②を③に代入

$$2x + 2(3x - 2) = 6 \qquad [\text{両辺を 2 で割る}]$$

$$x + 3x - 2 = 3$$

$$4x = 3 + 2$$

$$= 5$$

$$x = \frac{5}{4} \quad \cdots\cdots ⑤$$

ここで⑤を②に代入

$$y = 3 \times \left(\frac{5}{4}\right) - 2$$

$$= \frac{15}{4} - 2$$

$$= \frac{15}{4} - \frac{8}{4}$$

$$= \frac{7}{4}$$

したがって、

交点の座標は、$\left(\frac{5}{4}, \frac{7}{4}\right)$　・・・・（こたえ）

以上で、２元１次方程式の出題されやすいパターン別解説はおわりとなります。これで本当に１次関数の項目は終了ですからね！

「お〜い・・・！　だいじょうぶか〜」

卒業試験　右図の直線①②において

$2y - 4x = 6$ ・・・・①

$y = -x + 6$ ・・・・②

(1) 2直線の交点Pの座標を求めよう。

(2) △PABの面積を求めよう。

(3) 点Pを通り、△PABの面積を2等分する直線の方程式を求めよう。

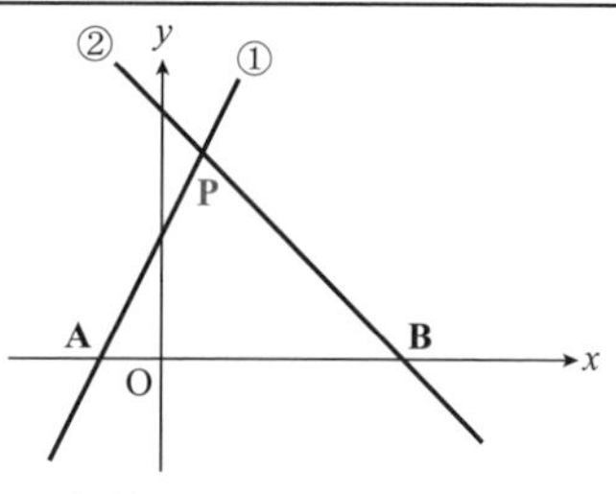

＜解説・解答＞

(1) 直線の交点の座標は、①②両方の x、y を同時に満たしているから連立方程式の解と一致！　「ちょ～重要知識だからね!!」

［y を消す：代入法］①に②を代入

$2(-x+6) - 4x = 6$

$-2x + 12 - 4x = 6$

$-6x = -6$

$x = 1$

②に代入

$y = -1 + 6$

$= 5$

よって、　点P (1, 5) ・・・・・（こたえ）

(2) △PABの底辺はAB、高さは点Pの y 座標。点A、Bの座標は、x 軸上より、常に $y = 0$。よって、①②の式に $y = 0$ を代入し、そのときの x の値が、それぞれの x 座標となります。計算した結果、2点の座標は、

点A $(-\frac{3}{2}, 0)$、点B (6, 0) だから、

［底辺AB］ $= 6 - (-\frac{3}{2}) = \frac{12}{2} + \frac{3}{2} = \frac{15}{2}$

［高さ］ ＝（点Pの y 座標）＝ 5だから、

$\triangle PAB = \frac{15}{2} \times 5 \div 2 = \frac{75}{4}$

$\frac{75}{4}$ ・・・・・（こたえ）

今回は卒業試験なので、少しイジワルをしています。わからなければp395の問題を参照してね！

ポイント：2点間のキョリの計算は、必ず右側の座標から左側の座標を引き算する！

(3) ここでは 等積変形 の考え方を使います。詳しい解説は（p496）を参照してください。

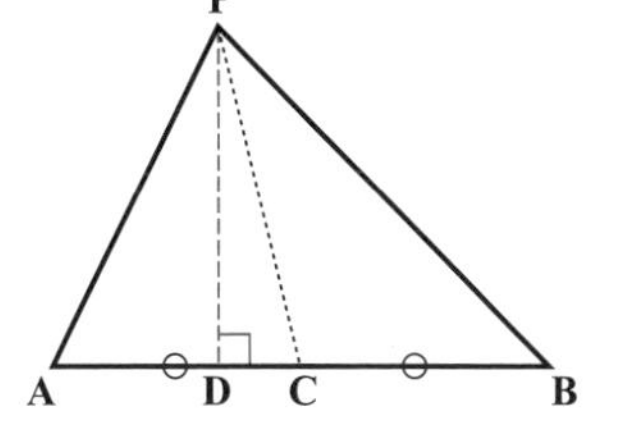

右図の△ PAB において、辺 AB の“中点”をＣとすると、△ PAC と△ PBC は、底辺（AC ＝ BC）、高さ（PD）が等しい三角形より、面積は等しい！

よって、2 点 P、Ｃを通る直線は、△ PAB の面積を 2 等分します。　「おわかりかな？」

では、方針は決まった。点Ｐ（1, 5)、点Ｃ（?, ?）困ったぞ！「A、Ｂの中点Ｃの座標は・・・？」　「仕方ないな～、ナイショで下の囲みの中を見ていいよ！」

なるほどね～！　これより点Ｃの座標は、

点Ａ（$-\dfrac{3}{2}$，0)、点Ｂ（6, 0）だから、

点Ｃ（$\dfrac{9}{4}$,0）となり、

> **＊中点の求め方**
>
> 2 点 P(a,b)、Q（c,d）の中点Ｍは、
>
> $$M\left(\frac{a+c}{2},\ \frac{b+d}{2}\right)$$
>
> それぞれの x、y 座標をたして 2 で割ればいいんですよ！

2 点 P、Ｃを通る直線の方程式は、

点Ｐ（1, 5)、点Ｃ（$\dfrac{9}{4}$，0）を $y = ax + b$ に代入し、連立方程式を解いて a、b を求めればよいわけですね。

$$\begin{cases} a + b = 5 & \cdots\cdots (A) \\ \dfrac{9}{4}a + b = 0 & \cdots\cdots (B) \end{cases}$$

→ (A)(B)より $a = -4$、$b = 9$

よって、求める直線の方程式は

$$y = -4x + 9 \quad \cdots\cdots\text{（こたえ）}$$

点Ｃと (A)(B) の連立方程式に関しては、今回は自分の手でやってもらいたくて、わざと途中式は書きませんでした。読んでいるとわかった気になりますが、いざ！自分でやると案外うまくはいかないもの！　いかがでした？　その通りでしょ？！

ひとりごと・・・　そのわりにはやけに大きいな～！

「最近は何て言うのでしょうか？」 私のときは通信簿・成績表とか言いましたが。この成績表では2回ほど大きな勘違いをしましてね・・・。

今、多くの小学校では3段階評価とのこと。私のときは5段階で、当然5が最高なんですよ！

小学校1年の初めての成績表のこと。開けてみると**体育以外全部1**。その**体育は3**。普通の子供ならば落ち込むのかな？　でも、私の場合は心の中でガッツポーズ！　私は大変純粋な子供でしたから、1が一番よいと思い込んでいました。それゆえ、全部1だから、すべて一番と思い込んだのです。また、人は勝手なものでして、**たった一度、算数の100点**が後ろに張り出され、母親にほめられた記憶がよみがえり、素直に一番だから1なんだと思った訳なんですよ！　そして、体育の3も、さらに自分の思い込みに確信を持たせたのです。実は私、小学1年の時は足が早く、いつも**かけっこではクラスで一番でした。それが、たった一度だけ途中で転んで3番になり、子供心にも大変なショックで忘れられませんでした**。だから、体育の3の評価を見て、あのとき3番だったから仕方ないか！　と素直に納得したのを今でもハッキリと覚えているんです。

早く母親に見せようと急いで帰り、ニコニコしながら母親に見せると・・・。

（母は絶対に叱ってはいないと今でも言います。念のため！）

悪夢が再び襲ってきたのが、**高校1年**の1学期の成績のとき。今回も伏線がありまして、**入学して一番初めの実力テストで数学が約350人中3番だったんですよ！**　それも今まで350人中310番台の私が！

成績表を受け取り、早速開くと**オール5**！　初めてですよ！　でも、実力テストで3番だから当然か?!　まったく疑いもせずに。**気持ちは一気に高度1万メートルまで舞い上がり最高の気分**もつかの間、なぜか一番右側に7という数字が目に入ったんですね！　不思議でしょ？　なおかつ今度も**体育**。運動神経は普通であるのは自覚していましたから、なんとな～くイヤな予感がしてきました。15歳ゆえ前回よりは少しは知恵がついていたようです。前の席の背中を突っついて「なぁ～、これって**10段階評価**だよな?!」と、心の中では5段階評価であると信じたいという想いを隠しつつ聞いてみると、「あ～、そうだよ！」と、「お前ナニを聞いてくるんだ？」というニュアンスの返事。

このとき初めて知りました。**10段階評価**というものがあるということを・・・。中1でも“ひとりごと”を書きましたが、このように私の青春時代はつらいことばかり。少しはみなさんの励みになりますか・・・？

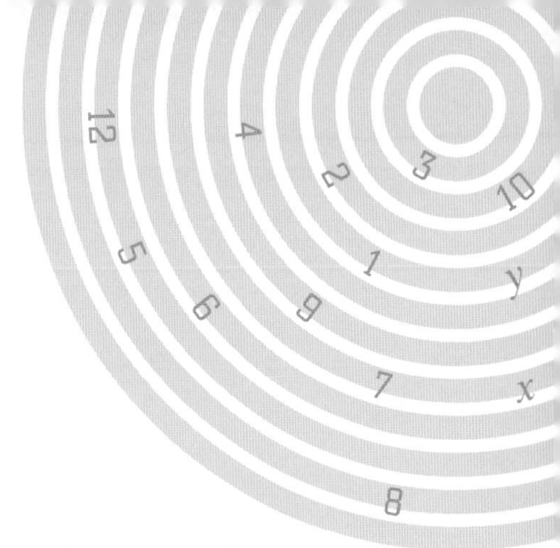

中学2年

第4話

平行と角

XII　平行線と角

とうとう図形に突入ですね。まずは平行線と角度の関係についてのお話です。図形は中学 1 年のところでもお話ししましたが、私は大っ嫌いです。それなのに、この中 2 でお話する内容は、大学入試でも使う図形的知識が盛り沢山なんですよ・・・。がんばりますからシッカリ読んでくださいね！

対頂角とは？

右の図を見てください。

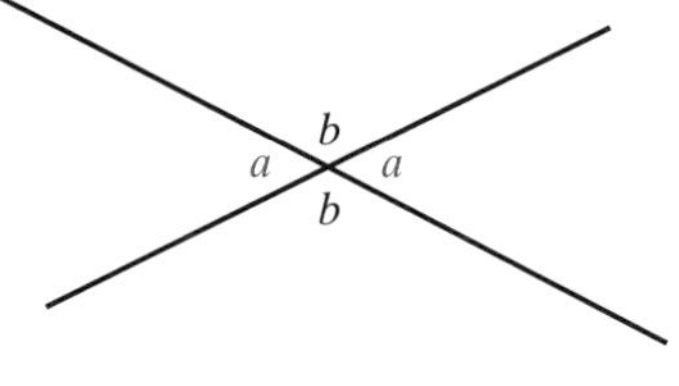

2 本の直線が交わると角が 4 つできます。そして、a と a、b と b は向かい合っていますよね。この向かい合っている角のことを、対頂角（たいちょうかく）と言うんです。そして、当然のように 向かい合っている角度は同じ大きさ だよ。

あっ！　今「そんなのあたりまえだろ〜！」と思ったあなた、証明してみてよ！　実はこのあたりまえのことを示すのが案外難しいんですね。笑

ヒントとして、1 本の直線のなす角は 180°ですから、隣どうしの角度をたすと 180°になりますよね。

$\angle a + \angle b = 180°$

180°

これから中学 2 年・3 年そして高校と、数学では証明することを要求されてきますが、ほとんどの人が苦手です。特に図形に関しては高校入試でよく出題されますので、しっかり学習してください！　証明は、ある程度流れをつかんでしまえば、真似です！　マネあるのみ！

あとは、論理的（考え方）にオカシクナケレバよいのですから心配はいりません。証明に関してはこれから先、よ〜く考えながら読んでくださいね。では、私が対頂角について証明してみます。

［証 明］

直線 n において

$\angle a + \angle b_1 = 180°$　・・・・①

また、直線 m において

$\angle a + \angle b_2 = 180°$　・・・・②

①②において、$\angle a$ は共通（同じ）だから

$\angle b_1 = \angle b_2$　・・・・③

よって、

ここで、この b_1 と b_2 は図から対頂角の関係ゆえ、

③より　$\angle b$ の対頂角は等しい。

同様に、$\angle a$ についても言える。

したがって、

2直線の交点における対頂角は等しい。

おわり

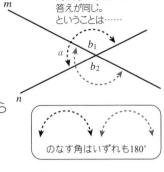

同じ角 a をたして、
答えが同じ。
ということは……

のなす角はいずれも180°

いかがでしょうか？　やる人により多少違いもありますが、考え方として問題なければ、こんな感じでいいんですね。オレには・私にはできないと思ってしまったあなた！　心配はいりません！　誰もがみな、はじめはそのように感じるものです。ゆっくりでOKですよ！

問 題　つぎの図で $\angle x$、$\angle y$ の大きさを求めよう！

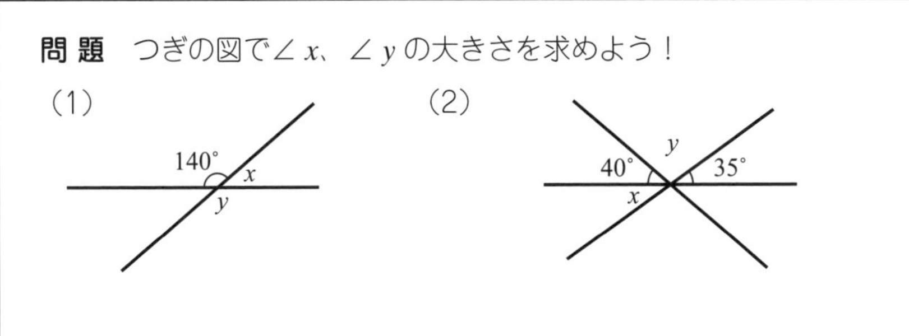

< 解説・解答 >

(1) この問題では大丈夫ですが、直線が3本以上になると対頂角が見えにくくなるので、注意してくださいね！

アルファベット順にではなく、わかりやすいところから求めてしまいましょう。

まず、対頂角から$\angle y = 140°$ とわかりますね。つぎに$\angle x$ですが、直線のなす角は180° でしたから、

$$\angle x = 180° - 140° = 40°$$

よって、

$\angle x = 40°$ $\angle y = 140°$ ・・・・・(こたえ)

(2) 今度は3本の直線が1点で交わっていますね。でも、何本だろうと同じこと。

ここでは、対頂角から$\angle x = 35°$ とすぐにわかります。つぎは$\angle y$ですが、やはりここでも直線のなす角度は180° より、

$$\angle y = 180° - (40° + 35°) = 105°$$

よって、

$\angle x = 35°$ $\angle y = 105°$ ・・・・・(こたえ)

対頂角に関しては、図形の嫌いな私はもう、これ以上やりたくないんですけど、みなさんも大丈夫だよね？！

「わからなかったら言ってくださいね！」 でも、いったいどうやって言えばいいんだ??

平行線と角度

「平行といって何を思い浮かべますか？」こう聞かれても意外とすぐには思いつかないようですね。線路とかハシゴなど、いくらでもあるでしょ？

「私なら“あなたと私はもう、平行線の関係ね！”なんていう言葉が思い浮かびますが・・・・・」

なぜ？ 「ドキッ・・・！」

中学１年で平行の簡単な説明はすんでいますよね。平行を表す記号、覚えていますか？“//”こんな斜めの２本線でしたよ！

では、

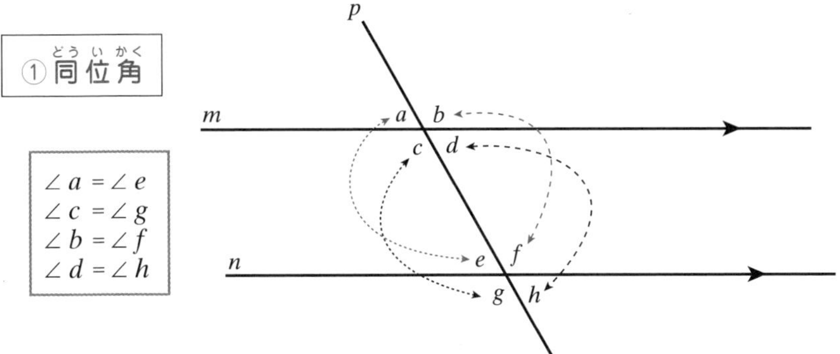

上の図を見てください。直線 m 、n は平行で、その平行線に交わる直線 p。そのときできる８つの角で、（a ・e）/（b ・f）/（c ・g）/（d ・h）の赤・黒の点線の位置関係のものを“同位角”と言います。同位角どうしは直線 p を越えずに、右側・左側にあることを意識してください。

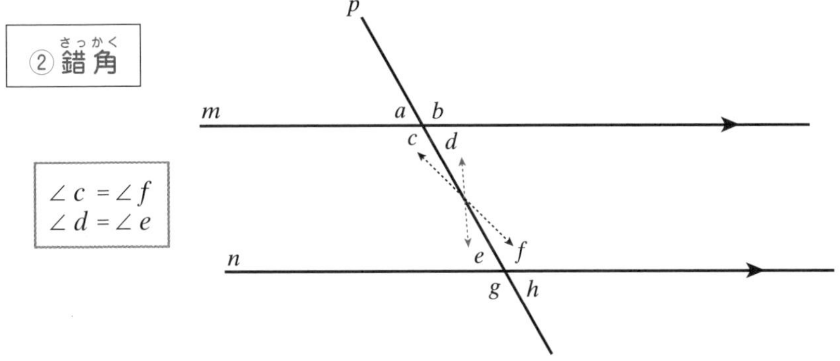

上の図を見てください。直線 m 、n は平行で、その平行線に交わる直線 p 。そのときできる８つの角のうち、（c ・f）/（d ・e）の赤・黒の点線の位置関係のものを“錯角”と言います。錯角どうしは平行線 m、n の間にあり、直線 p を越え、反対側の上・下にあることを意識してくださいね！

同位角と錯角の位置関係

ここで、1つだけ注意をしておきますね。同位角・錯角は平行線に関するものだけではなく、下の図のように、平行ではない2本の線に他の1本が交わったときにも、角の位置関係の名前は同じように使われるんです。

知らなかったなぁ～

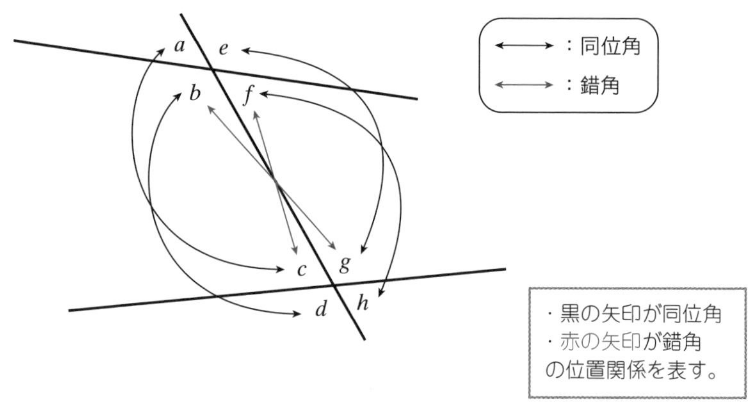

今までのことから、平行線と角に関してつぎのことが言えます。

ポイント

- **2本以上の平行線に1本の直線が交わるとき、**
  同位角および錯角の位置関係にある角の角度は等しい。

- **2本以上の直線に1本の直線が交わっていて、同位角または錯角が等しいとき、**
  その2本以上の直線は平行である。

では、あとは問題を解きながら同位角・錯角の位置関係を身につけていきましょうね！　　は～い！　　「やけに返事だけはいいですねー！」

問題　$m /\!/ n$ のとき、$\angle x$、$\angle y$ の角度を求めよう！

(1)

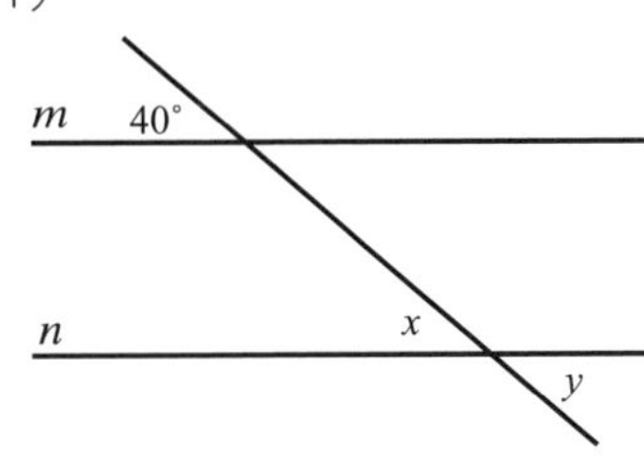

(2)

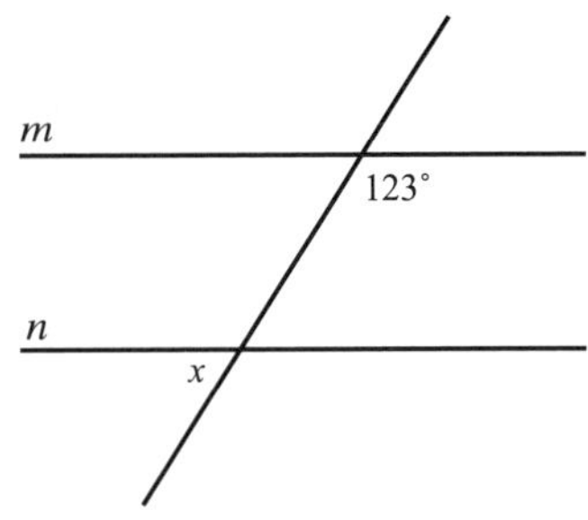

(3)

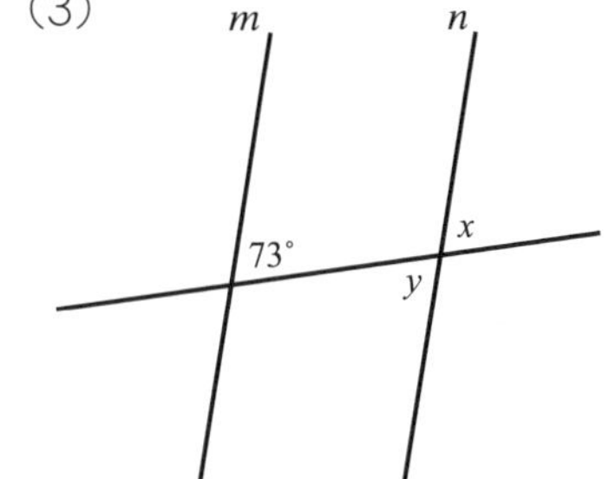

＜解説・解答＞

(1)

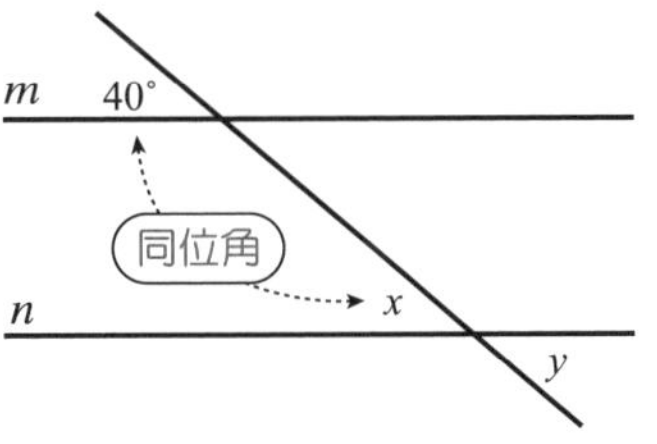

まず同位角を使い

$\angle x = 40°$

また、対頂角より

$\angle x = \angle y = 40°$

よって、

$\angle x = 40°$　$\angle y = 40°$　・・・・・（こたえ）

さかさまに見ると
よくわかるね〜

(2)

これは錯角の利用ですね。
図に a を入れましたよ。

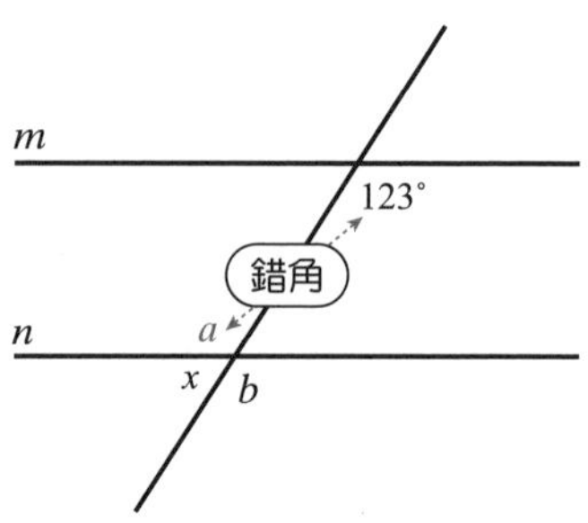

錯角より

$\angle a = 123°$

よって、

$\angle x = 180° - 123° = 57°$

$\angle x = 57°$　・・・・（こたえ）

（別解）
同位角より $\angle b = 123°$
よって、
$\angle x = 180° - 123°$
$= 57°$

(3)

“アレッ？”という、そんな気分ですね。これはただ平行線が斜めなだけ。方向性は見えましたね！そうです。錯角と対頂角の利用で OK！

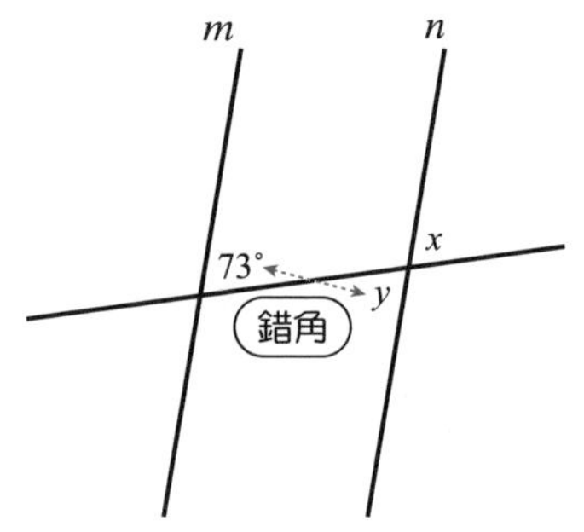

えっ～と、まずは錯角から、

$\angle y = 73°$

そして、対頂角から（ちなみに、同位角からでも OK！）

$\angle y = \angle x = 73°$

このへんは簡単だね！　調子いいぞ～

よって、

$\angle x = 73°$　　$\angle y = 73°$　・・・・・（こたえ）

どうでしょうか？　慣れれば、錯角・同位角などもすぐに見えるようになりそうでしょ？　図形はやれば徐々にできるようになるものです。根気よくやるしかありませんね！

ハ～イ・・・！

今度はほんの少し難しそうなものを３問やりましょうか。

問題　$m \parallel n$ のとき、$\angle x$ の角度を求めてみよう！

(1)

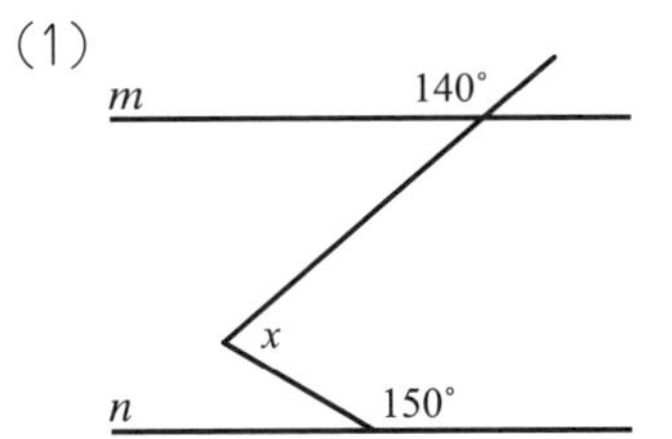

(2)

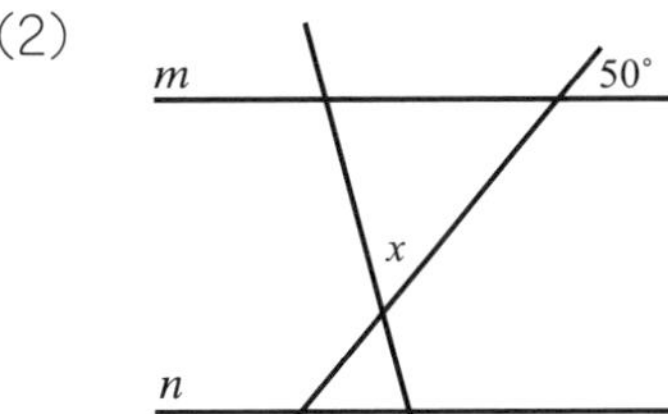

(3)

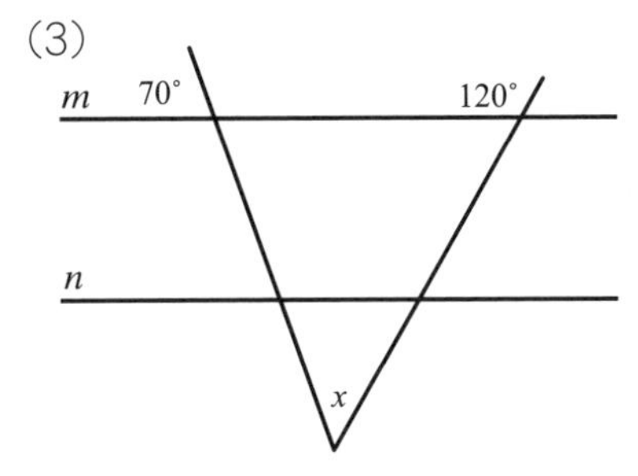

＜解説・解答＞

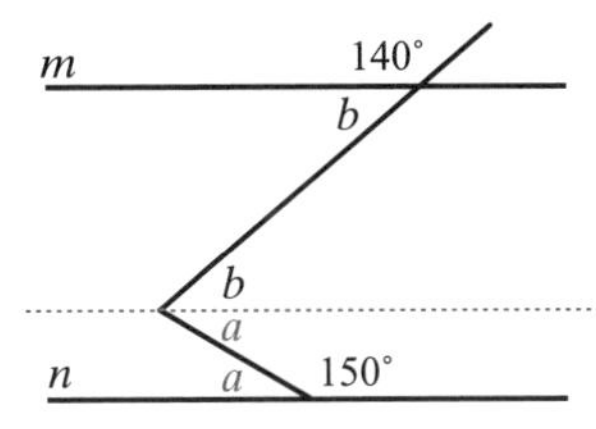

a どうし、b どうしは錯角で等しいよね！しかし、補助線は反則！見えないよぉ〜・・・涙

これは今までとは違って、赤の補助線を引かなければいけないんです。図に a、b とおきましたが、すると知りたい角度は、［$a+b$］を求めればよいわけですね。

$\angle a = 180° - 150° = 30°$　［錯角］

$\angle b = 180° - 140° = 40°$　［錯角］

だから、　$\angle x = \angle a + \angle b = 30° + 40° = 70°$

よって、　$\underline{\angle x = 70°}$　・・・・・（こたえ）

(2)

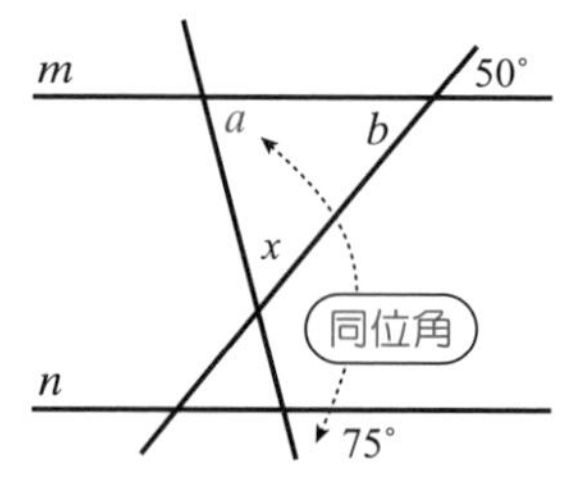

これはまた、感じが違った問題ですよね。方針が立ちますかね～？ 求めたい x が真ん中にあるから直接は求められません。

そこで、a、b、x を見ると、三角形の内角になっていますよね。ということは、180° から∠ a、∠ b を引けばいいんだ！ 方針は決まった。

え～っと、使うのは同位角と対頂角ですね。 「見えました・・・？」

まず、同位角を利用し

$$\angle a = 75°$$

また、対頂角より

$$\angle b = 50°$$

したがって、

$$\angle x = 180° - \angle a - \angle b$$
$$= 180° - 75° - 50°$$
$$= 55°$$

よって、

$\angle x = 55°$ ・・・・・（こたえ）

(3)

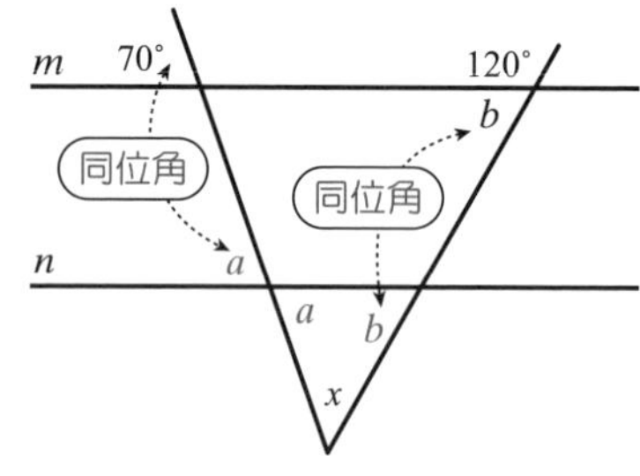

またまた、変な問題ですね～。これも x がズレたところにあるから、(2) と同じように三角形の内角の和 180° を使いそうですね。よし、方針は決まりです。

まず、$\angle a$ に関してですが、同位角で

$\angle a = 70°$

そして、対頂角で三角形の中に入りました。

つぎに $\angle b$ ですが、

$\angle b = 180° - 120° = 60°$

あとは、同位角でこちらも三角形の中に入りましたね。

したがって、

$$\begin{aligned}\angle x &= 180° - \angle a - \angle b \\ &= 180° - 70° - 60° \\ &= 50°\end{aligned}$$

案外、サラット
できちゃいました！
ニコニコ！

よって、

$\angle x = 50°$　・・・・・（こたえ）

これで平行に関する角度を求める代表的な問題はだいたいやったかな？あとは、証明問題をやって、平行に関する項目はおわりにしますか。ウン！

問 題　下図でつぎのことを示してみましょう！

（1）$m \parallel n$ ならば、$\angle a + \angle b = 180°$ である。

（2）$\angle a + \angle b = 180°$ ならば、$m \parallel n$ である。

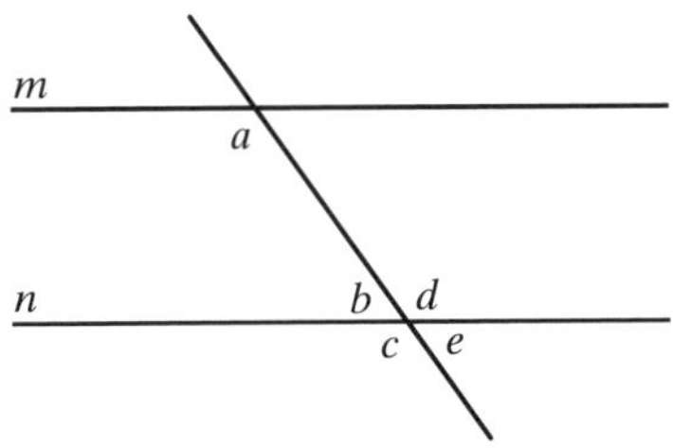

< 解説・解答 >

ここで覚えておいてほしいことがあります。今後、高校まで数学を勉強していくと、よく「以下のことを示しなさい」という問題に出合います。この“示しなさい”は“証明しなさい”と同じ意味なので、これを見たらば証明をしてくださいね。では、やりますよ！

（1）$m /\!/ n$（mとnは平行）であるんだから、同位角および錯角が等しいことはわかっていますね。さっそくこれを使って証明します。

［証明］

$\angle a = \angle d$（錯角より）・・・・①

$\angle b + \angle d = 180°$ ・・・・・②

よって、①②より （②の$\angle d$を①の$\angle a$と入れ替える）

$\angle a + \angle b = 180°$

おわり

（2）錯角または同位角が等しければ、平行であるというのを覚えていますか？（ポイントを確認しといてくださいね！）

［証明］

$\angle a + \angle b = 180°$ （条件より） ・・・・・①

$\angle b + \angle d = 180°$ ・・・・・・・・・②

よって①②より（$\angle b$が共通だから）

$\angle a = \angle d$ ・・・・・・③

したがって、③より

錯角が等しいので、直線m、nは平行である。

おわり

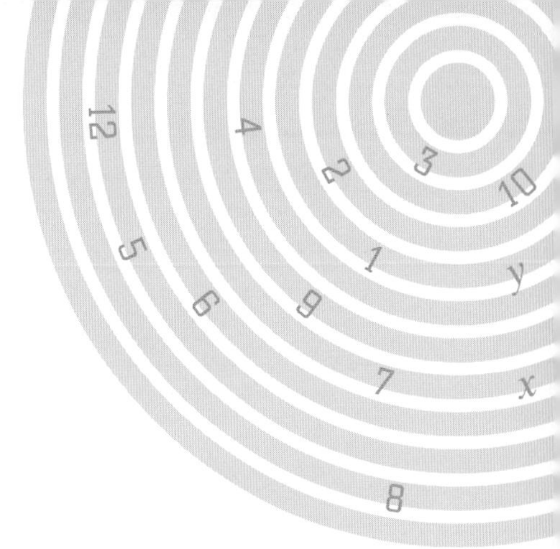

中学2年

第5話

三角形と多角形

XIII　三角形 1

ここから少しの間、つぎの項目も含め角度についてのお話です。角度というと、先日知り合いから「ね〜、どうして直角は 90° なんだ？」と聞かれ、「そんなの直角なんだから 90° に決まってるじゃないか！」と言いつつ、「アレ・・・？」と。調べましたよ〜。百科辞典を引き、そのたびごとに、"〜の項目を参照" とシリトリのように。たどりついた答えは、直角が発見されたのは古代エジプト紀元前数千年のことだからなぜだかはわかっていないと・・・。では、この角度についてのお話です。

三角形の内角・外角

三角形はわかりますよね。右のような図です。二角形なんてみんなは知りませんよね。

三角形から初めて内角と外角という2つの言葉が表れてきます。

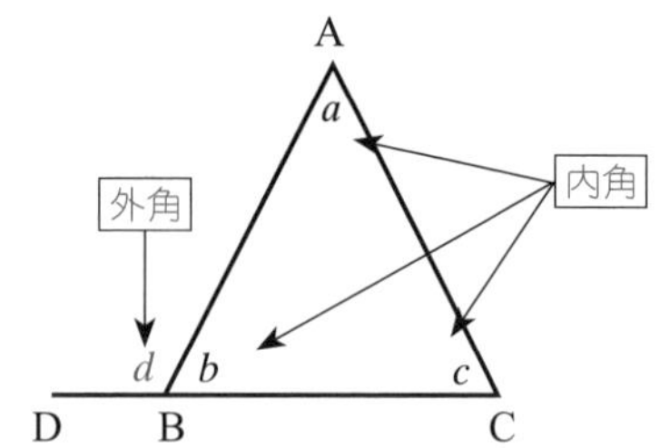

・**三角形の内角の和は** 180°

$$\angle a + \angle b + \angle c = 180^\circ$$

これも不思議ですよね！あとで、p474 に証明を入れておきますから、少し考えておいてね！

・**三角形の外角の性質**

「外角はとなりにない、他の 2 つの内角の和に等しい」　ナンダコレ？！

特に "外角の性質" はめちゃくちゃ大切ですよ！ または、"ちょ〜重要！" と若い人たちなら言うんでしょうね。（私も仲間！）

では、この "外角" について証明しておきます。大切ですからね！

［証 明］

右の図より

$\angle d + \angle b = 180°$　・・・・・①

また、三角形の内角の和より

$(\angle a + \angle c) + \angle b = 180°$

・・・・・②

よって、①②より（$\angle b$ は共通でしょ！）

$\angle d = \angle a + \angle c$

したがって、

外角はとなりにない、他の２つの内角の和に等しい。

おわり

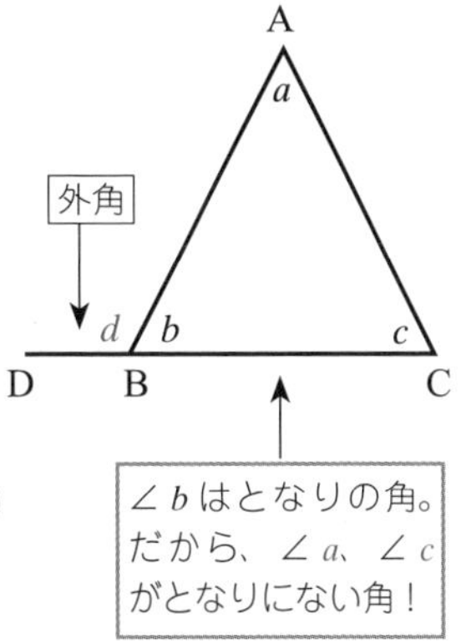

どうしてすぐに証明できちゃうんだろ～？

「みなさんもすぐにできるようになるよ！
コツコツがんばろうね！」

いかがでしょうか？

これで外角の性質は納得して使えるでしょ！

私も含め、数学のニガテな人に特徴的なのは“とにかくこのやり方でやって！”と言われるのが“イヤ！”なことなんですよ。「どうしてなんだろぉ～？」と。普通のことでもよくわからないのに、またその上にわからないを塗り重ねるのですから、ツライですよね！ 数学は覚えなくてはいけない部分がたくさんあります。仕方ないことです。でも、だからこそ、この本では、覚えるだけでなく、ふだん簡単に授業では飛ばされてしまいそうな部分も、できるだけみなさんが理解できるようていねいに説明したいと努力しているんです。よって、少しぐらい長くなっても、みんなもがんばって読んでくださいね！

は～い！ でも、国語の教科書みたい？！ 数・式より言葉の方が多い気がする！

「言われてみると、そうかもしれないなぁ～・・・」

角度による３種類の三角形

最初に角度には大きく分けて３つあるんですね。知っている人もいるでしょうが、・鋭角　・直角　・鈍角　この３種類です。

①鋭角三角形

・鋭角　［0°　＜∠AOB＜90°　］

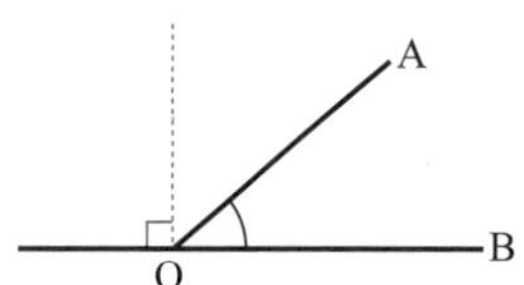

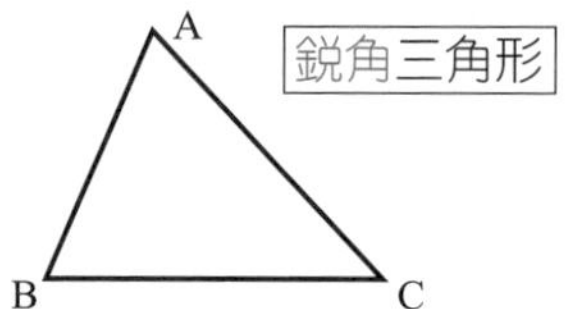

"鋭"はスルドイとも読むでしょ！　なにかトンガッテいるイメージを持ちませんか？　右図の三角形を鋭角三角形と言います。すべての内角が90°より小さくなっているのが特徴。言い換えれば、一番大きい角度が鋭角（90°より小さい）になっているんだね！　「だいじょうぶ？」

②直角三角形

・直角　［∠AOB＝90°　］

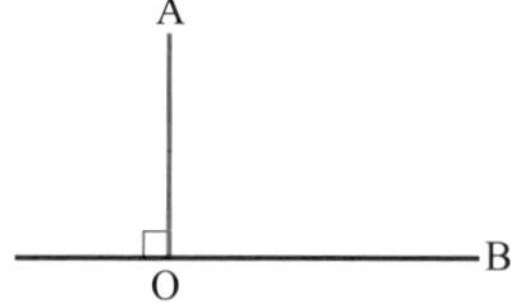

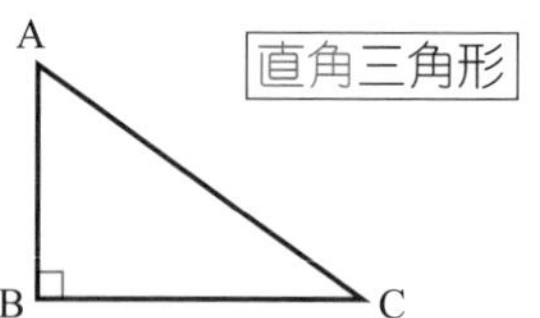

90°ゆえに"直角"。だから、直角三角形と言うんだね。内角の１つだけが90°というのが特徴。絶対に１つだけだよ。２つはダメ！

「わかるよね？！」

③鈍角三角形

・鈍角　[90° ＜ ∠AOB ＜ 180°]

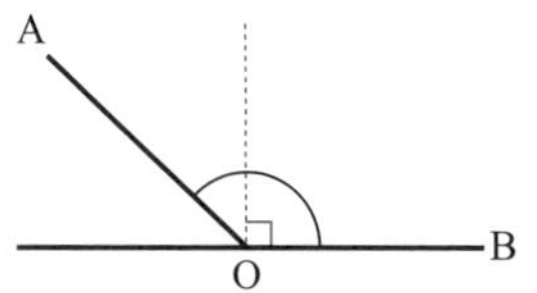

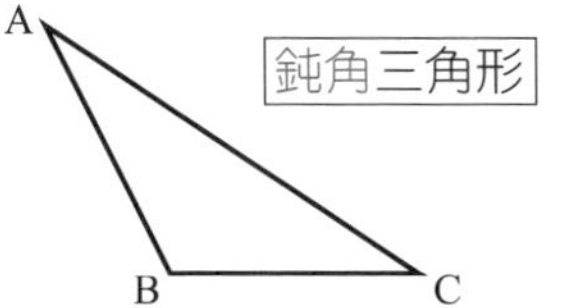

“鈍”はニブイとも読むでしょ！　なにか指で突っついても痛くない感じがしませんか？　右図の三角形を鈍角三角形と言います。1つの内角が90°より大きくなっているのが特徴です。言い換えれば、一番大きい角度が鈍角（90°より大きい）になっているんですね。　「OK かなぁ？」

これで三角形の説明はおわりです。小学校で勉強したことばかりですよね。では、問題を通して知識を確認していきましょう！

問題　つぎの図の∠xの値を求めてください！

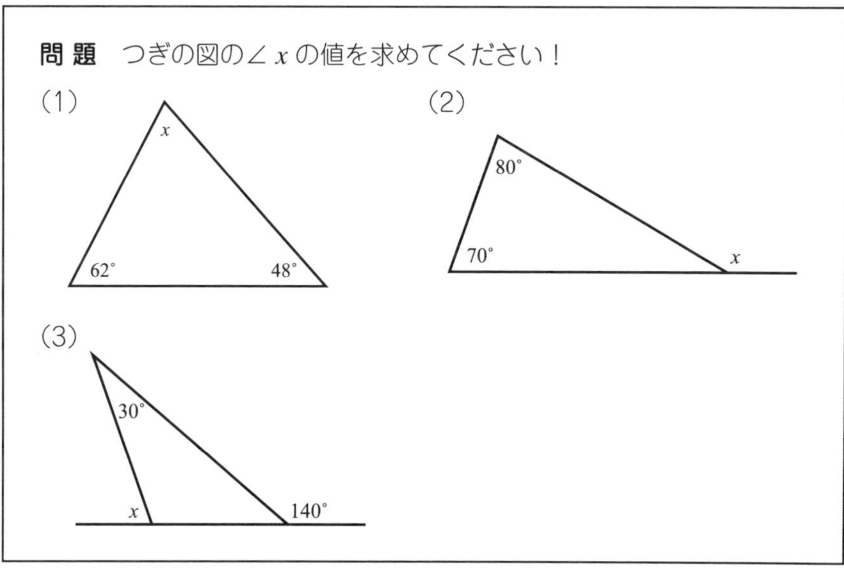

< 解説・解答 >

(1) これは簡単ですね！　内角の和は 180° だからね！

$\angle x = 180° - (62° + 48°)$

$= 180° - 110°$

$= 70°$

よって、　$\angle x = 70°$　・・・（こたえ）

「大丈夫。心配しないで !!」

(2) 三角形の外角の性質を覚えていますか？

「外角はとなりにない、他の 2 つの内角の和に等しい」でした。

では、式は

$\angle x = 80° + 70°$

$= 150°$

よって、$\angle x = 150°$　・・・（こたえ）

(3) これも外角の性質を使えそうですが、内角が 1 つ足りません。

足りない内角を a とすると

$\angle a = 180° - 140°$

$= 40°$

だから、三角形の外角の性質より

$\angle x = 30° + 40°$

$= 70°$

よって、$\angle x = 70°$　・・・（こたえ）

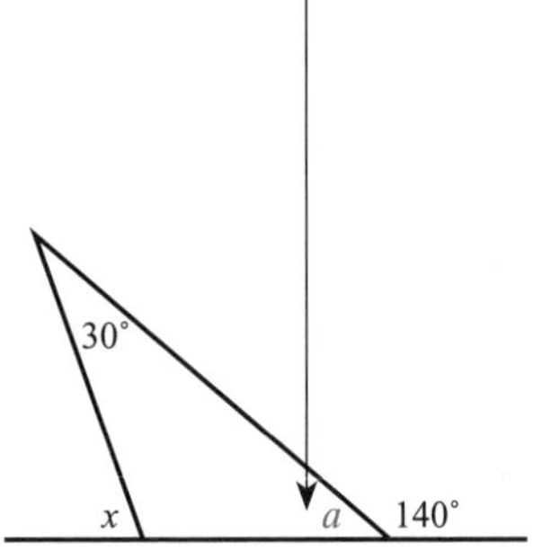

つぎは少し［応用編］です。ここでは代表的な形が出てきます。右の 2 つについては特に覚えてください。解答の中で詳しくお話ししますね！

典型的な角度

①チョウチョの羽根は等しい

②矢じりの形

問 題　つぎの $\angle x$ の大きさを求めてみよぉ〜！

（1）チョウチョの羽根

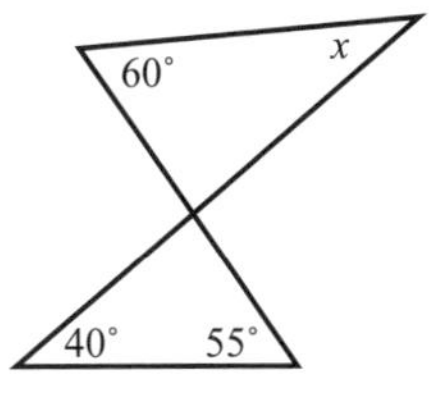

（2）矢じりの形

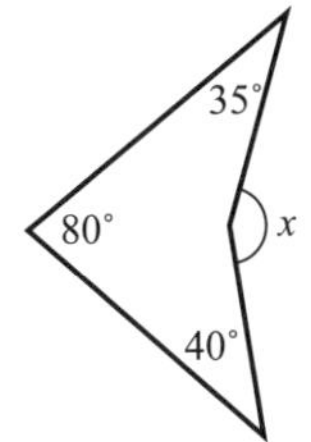

（3）矢じりの形

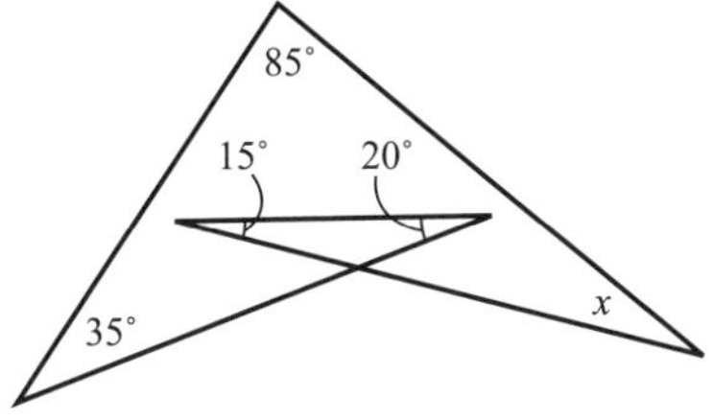

＜解説・解答＞

（1）これがチョウチョの羽根です。

　ここには三角形が２個ありますね。上と下ですよ。図に a を入れてみました。ここは対頂角で等しい。すると、（$60° + x$）と（$40° + 55°$）が等しい関係であることがわかりますか？

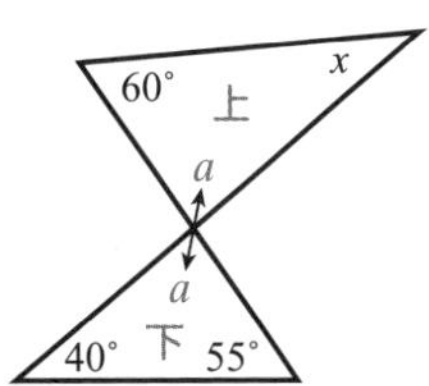

　ここがポイント！

上の三角形：　$(60° + x°) + a = 180°$

下の三角形：　$(40° + 55°) + a = 180°$

この2つの式を見比べれば、

$$60° + x = 40° + 55°$$
$$x = 95° - 60°$$
$$= 35°$$

チョウチョの羽根は等しい！の意味、わかっていただけましたか？

よって、

$\angle x = 35°$　・・・・・（こたえ）

(2) これが矢じりの形です！　似ているでしょ！

問題の図に赤い点線の補助線を引くと、黒の三角形と赤の三角形ができますよね。

まず、黒の三角形に着目すると、外角の性質より

$\angle a + \angle b = \angle d$　・・・・①

つぎに赤い三角形に着目してください。やはり、外角の性質より

$\angle d + \angle c = \angle x$　・・・・②

よって、①②より、$\angle d$ が共通なことから

$\boldsymbol{\angle a + \angle b + \angle c = \angle x}$　・・・・・③

これが矢じり形のポイントでして、③を見てわかるように、**矢じりの"また"の部分（x）は矢じりの3ヵ所の角度の和で求められる**んです。

「スゴイでしょ！」

では、③を利用して問題をさっさとおわりにしてしまいましょう！

$$\angle x = 80° + 35° + 40°$$
$$= 155°$$

よって、　$\angle x = 155°$　・・・・・（こたえ）

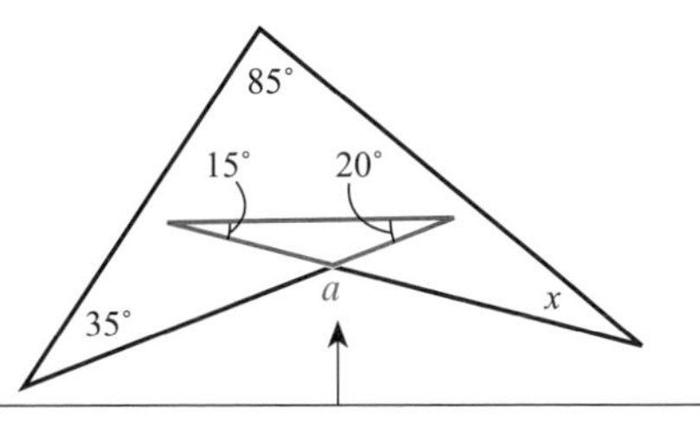

(3) 矢じりを少しひねった問題ですね。小さい三角形を赤で表してみました。この三角形でわかっていない角度は、矢じりの“また”の部分の対頂角になっていますよ。

ということは、赤い三角形のわからない部分を求め、そこから矢じりの2ヵ所のわかっている部分の角度を引けば、残りの求めたい角度が出てくるというわけです。では、“また”の部分の角度を a として求めますよ。

（対頂角より）$\angle a = 180° - (15° + 20°)$

$= 145°$

よって、矢じりの性質を使って、

$\angle x = 145° - (85° + 35°)$

$= 25°$

よって、

$\angle x = 25°$　・・・・・（こたえ）

さぁ～て、そろそろ疲れてきましたよね。でも、もう少しの辛抱です。あと2題で三角形は終了ですからね。では、やりますよ・・・

問 題　つぎの角度 x を求めてみよう！

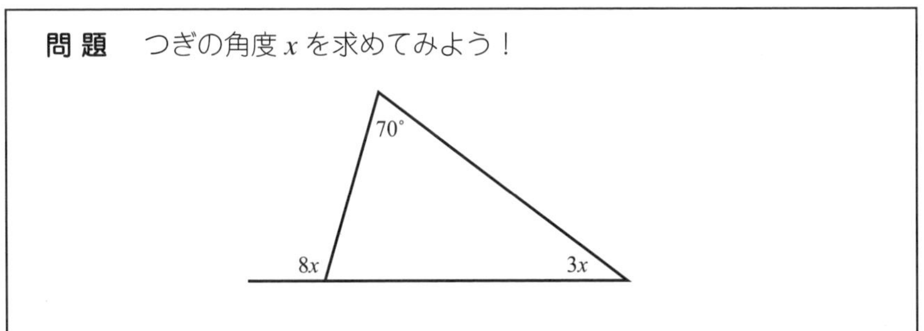

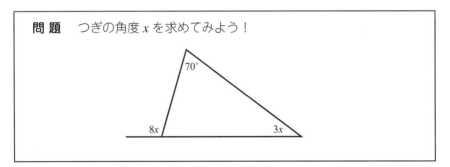

ポイント　$8x$、$3x$ を角度として、今までのように考える！

文字が入るとわけがわからなくなるんだよねぇ～！

＜解説・解答＞

これは三角形の外角の性質を使います。ちょうど $8x$ がこの三角形の外角になっていますからね！　見えていますか？

そして、そろそろ文字が出てきても、「数字と同じように考えればいいんだ！」と思えるようになってくれるとうれしいんですけど・・・

「まだチョット、ぜいたくな希望かなぁ～？」

三角形の外角の性質より

「外角はとなりにない、他の２つの内角の和に等しい」

$$8x = 70° + 3x$$
$$8x - 3x = 70°$$
$$5x = 70°$$
$$x = 14°$$

よって、

$x = 14°$　・・・・・（こたえ）

さぁ～て最後の問題といきましょうか・・・

問題　右の図で、点Ｄは∠Ｂ、∠Ｃの二等分線になるように置いたものです。
以下の問いを考えてみよう！
（1）∠Ａ＝84°のとき、
∠DBC＋∠DCB は何度ですか？
（2）∠BDC＝120°のとき、∠Ａは何度ですか？

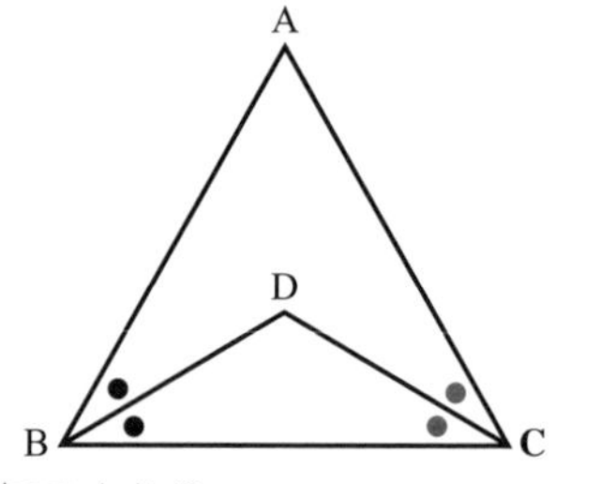

ポイント　黒い点（●）を a、赤い点（●）を b のように文字でおく。

＜解説・解答＞

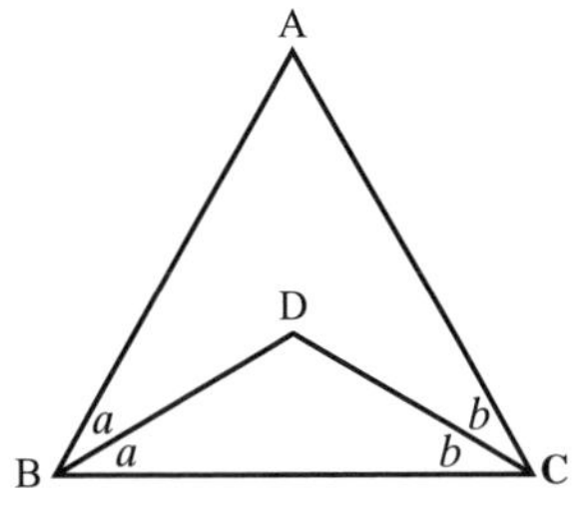

(1) 条件より、$\angle A = 84°$、$\angle B = 2a$、$\angle C = 2b$

$\angle A + \angle B + \angle C = 180°$　より

$$84° + 2a + 2b = 180°$$
$$2a + 2b = 180° - 84°$$
$$= 96°$$
$$2(a + b) = 96°$$

$$2a + 2b = a + a + b + b$$
$$= (a + b) + (a + b)$$
$$= 2(a + b)$$

$$a + b = 48°$$

よって、

$\angle DBC + \angle DCB = 48°$　・・・・・（こたえ）

(2) $\angle BDC = 120°$　より、

赤い三角形を利用し、$a + b$ の値を求め、

その2倍：$2(a + b) = \angle B + \angle C$

を180°から引けば、∠Aの角度が出てきますよね。

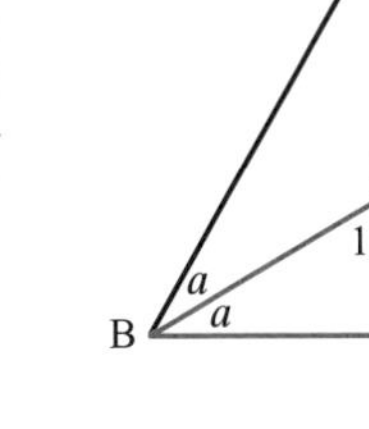

$$a + b = 180° - 120°$$
$$= 60°$$
$$\angle B + \angle C = 2(a + b)$$
$$= 2 \times 60°$$
$$= 120°$$

よって

$$\angle A = 180° - 120°$$
$$= 60°$$

したがって、

$\angle A = 60°$　・・・・・（こたえ）

（別解） 気づきましたか？

矢じり形ゆえ

$$\angle A = \angle BDC - (a + b)$$
$$= 120° - 60°$$
$$= 60°$$

よって

$\angle A = 60°$　・・・・（こたえ）

XIV　多角形

では、角度に関する第２弾の始まりです。ここでは、四角形以上のもの、特に五角形･六角形、はたまた二十角形なんていうのも出てきますからね。

「楽しみですね～！　あれ～？　あまり楽しそうな顔をしていませんよ・・・？
当然でしたね！　ごめん！」

対角線の本数

まず、“対角線”と言われてすぐにわかりますか？　対角線とは多角形において、各頂点から他の頂点へ引いた線分です。「そのぐらい常識だよ」と思っているあなた！　では「三角形には、対角線が何本引けますか？」あれ～・・・？　考えている人がいるようですね～。答えは０本ですよ。三角形では対角線は引けません。

右の三角形の頂点を見ると、頂点から他の頂点への線分が辺になっていて、これ以上頂点どうしを結ぶことができません。よって、対角線が存在するのは四角形以上になります。

あいている点がないよ！

さて、本題に入るとしますか！　下の多角形に 対角線 を引いてみますね。

右図のように赤い線が対角線ですが、この場合は全部で５本引けました。五角形ぐらいならがんばってかぞえられますが、もしこれが七角形・八角形もしくは十七角形にでもなったなら、いくら私でも数える気力が失せますね！　そうだ、くれぐれも勘違いしないでほしいんですが、この多角形が五角形だから対角線の本数が５本ではないんですよ。これはたまたまですからね！　ときどき勘違いしている人がいますので。

「むかし、私がそうでした！」

そこで“なにか規則性があるのではないか？”と考えてみましょうよ！

まず今使った五角形で考えてみますね。

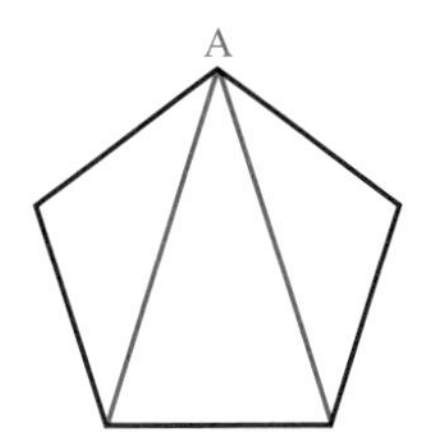

考え方として、1つの頂点Aに着目し、そこから何本の対角線が引けるかをかぞえてみるよ！

右図のように2本引けました。もう1つ違う多角形で見てみようか？　右下の今度は六角形でやってみると3本ですね。では、このことからある規則性を見つけ出さなくては！

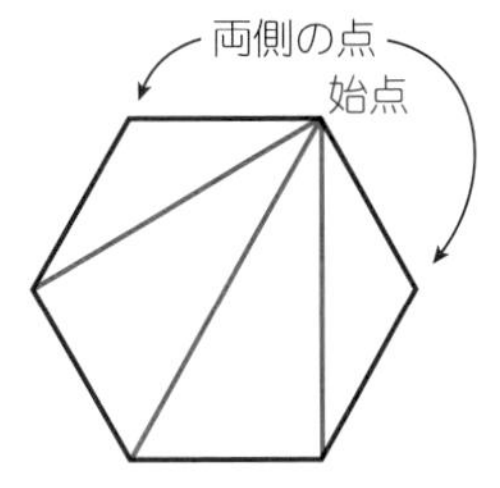

五角形では、1つの頂点から2つの頂点へ
六角形では、1つの頂点から3つの頂点へ

ここで頂点の数に着目してみましょう。

各多角形の頂点の数から、対角線の引けた頂点の数を引くと

五角形：5 − 2 = 3　　　六角形：6 − 3 = 3

と、このようにいずれも3が現れます。「いったいこの3はなんでしょうね？」 よ〜く、今一度右上の2つの図形を見てください。気がつきませんか？　対角線を引く始点の頂点とその両側の点には対角線が引けないんですね。 わかります？　どんな多角形でも1つの頂点からは自分自身を含んだ両側の合計3点には対角線を引くのは無理なんです。まず、これで1つの頂点から対角線の引ける本数の求め方を式で表せそうですね！

n角形ならば頂点はn個あるので、1つの頂点から引ける対角線の本数は

（n − 3）本となりそうだね。　　ん〜・・・　そうか！　わかったかも？

それならば頂点が全部でn個だから対角線の本数は、

$n \times (n-3)$ 本　・・・・・（＊）　**間違いダヨ!!**

なぁ〜んて考えてはいけませんよ！　前のページで五角形の対角線の本

数は5本でしたよね。もしそれならば、$5 \times (5 - 3) = 10$ となり、10本なくてはいけないんですよ！

「どこが変なんでしょう？」 ぅ〜ん・・・？

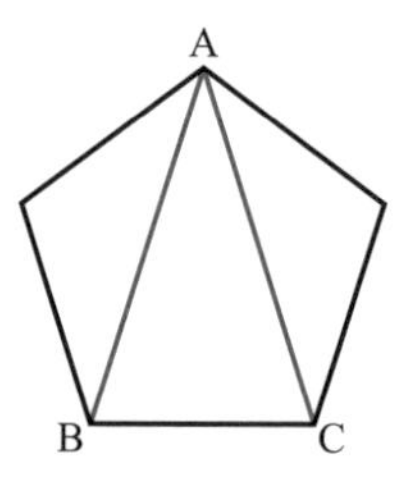

右に五角形があります。もう一度点 A から対角線を引いてみるよ。そして、今度は点 B から、または点 C から点 A に対角線を引こうとすると、線の上にまた重ねて線を引かなければいけないでしょ！?

ということは、「（＊）の計算では1本の対角線を2本と2回数えているのではないのか？」 確認してみよう！

五角形の対角線を上の赤点線の考え方で計算してみると、

$$5 \times (5 - 3) \div 2 = 5 \times 2 \div 2$$
$$= 5$$

ほら！ 5本になったでしょ！ これで考え方はよさそうだと確認できましたね。では、これを公式で表してしまいましょう！

ポイント

***n* 角形の対角線の本数**

$$\frac{1}{2}n(n-3) \text{ 本}$$

この考え方は数学的帰納法と言うんですね。少し難しい話ですが、実は、五角形だけの確認で、公式化はできないんですよ。

ここでは簡略化してしまっていますので・・・ 失礼！

では、問題にチャレンジ!!

問 題 つぎの問いを考えてみよう！

(1) 十二角形の1つの頂点から引ける対角線の本数は何本ですか？

(2) 九角形の対角線の本数は何本ですか？

＜解説・解答＞

（1）　十二角形ですね。

1つの頂点から引ける本数は

$$12 - 3 = 9$$

自分自身を含んだ両側の合計3点には絶対に対角線は無理！

よって、

9本　・・・・・（こたえ）

（2）　今度は九角形ですね。

対角線の公式の意味をしっかりと理解していますか？

$$\frac{1}{2}n(n-3)$$

n に9を代入して計算すればよいんですよ！

$$\frac{1}{2}n(n-3) = \frac{1}{2} \times 9 \times (9-3)$$

$$= \frac{1}{2} \times 9 \times 6$$

$$= 27$$

よって、

27本　・・・・・（こたえ）

この2題で対角線の本数に関してはおわりにしてよいと思います。

問題は角度の方なんですよ！

少し頭を休ませてから、角度の方の話を始めますね。 ちょっとタイム！

今までの生活の中で、九角形や十二角形なんて見たことないぞ！

変なの・・・？

内角の和

これが案外大変なんですよ。三角形ならば内角の和は180°、四角形ならば360° と小学校でやりました。ここでは五角形・八角形、はたまた二十五角形の内角の和を求めたりします。それに、三角形の性質を含んだ問題も・・・。つら〜い！　下の問題と解答を見てください。

問 題　五角形の内角の和は何度でしょう？

求める式は

180° × 3 = 540°　・・・・（＊）

よって、

540°　・・・・・（こたえ）

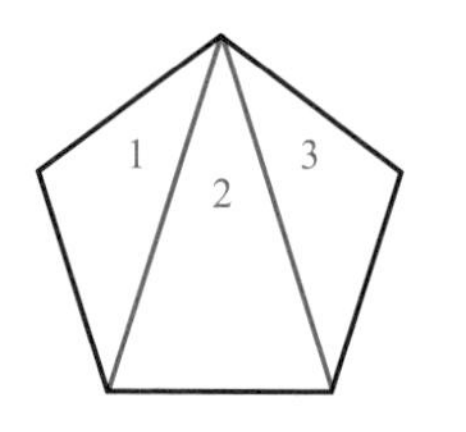

突然ですが、「（＊）の式の意味がわかりますか？」

図の中に“1・2・3”とありますよね。これは、

「1つの頂点から対角線を引いたときにできる三角形の数」

を表しているんです。よって、三角形が3個で、1個の内角の和が180°だから［180° × 3］の計算をしたんです。

でも、対角線のときと同様に、五角形程度ならば対角線を引いてできる三角形の数をかぞえればよいですが、十角形とかスゴイ数の多角形になったらどうしようもないですよね？　そこで下のポイントを見てください。

ポイント　三角形の数は底辺の数と同じである。だから、頂点の両側の辺2本は、対角線によってできる三角形の底辺にはなれない。

よって、（三角形の数）＝（n 角形は辺が n 本）－ 2

だから 三角形の数は［n － 2］コ 。したがって、

n 角形の内角の和 ＝（n － 2）× 180°

［矢印の赤い辺の部分は1つの頂点に対する底辺になるでしょ！］

公式の理屈がわかれば、あとは使えるようになるだけです。

> **問 題**　つぎの問いの角度を考えてみよぉ～！
> （1）　六角形の内角の和
> （2）　十七角形の内角の和
> （3）　正八角形の１つの内角
> （4）　正二十角形の１つの内角

＜解説・解答＞

（1）　六角形だから $\boxed{n = 6}$ ですね。三角形の数は（n − 2）個。

$$(n-2)\times 180^\circ = (6-2)\times 180^\circ$$
$$= 4\times 180^\circ$$
$$= 720^\circ$$

よって、

<u>720°　・・・・・・（こたえ）</u>

（2）　十七角形だから $\boxed{n = 17}$。三角形の数は（n − 2）個。

$$(n-2)\times 180^\circ = (17-2)\times 180^\circ$$
$$= 15\times 180^\circ$$
$$= 2700^\circ$$

よって、

<u>2700°　・・・・・（こたえ）</u>

（3）　少し問題が変わりましたね。でも、よ～く考えれば簡単ですよ。正八角形とは、辺の長さがすべて同じで、各頂点の内角もすべて等しいんです。だから、内角の和を８等分すれば１つの内角が求められますね。

内角の和：$(n-2)\times 180^\circ = (8-2)\times 180^\circ$
（$n = 8$）
$= 1080^\circ$

１つの内角：$1080^\circ \div 8 = 135^\circ$

よって、

<u>135°　・・・・・（こたえ）</u>

（4） 正二十角形とは、辺の長さがすべて同じで、各頂点の内角はすべて等しい。だから、内角の和を 20 等分すれば 1 つの内角が求められます。

内角の和：$(n-2)\times 180^\circ = (20-2)\times 180^\circ$
$(n=20)$
$= 3240^\circ$

1 つの内角：$3240^\circ \div 20 = 162^\circ$

よって、

162°　・・・・・（こたえ）

問 題　つぎの角度 を求められるかな？

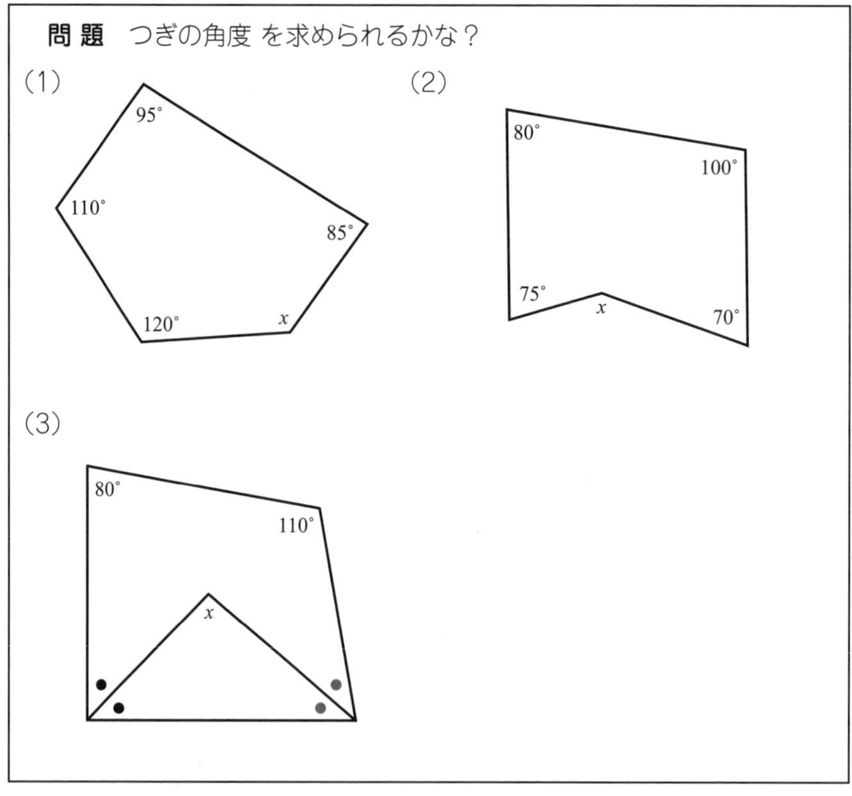

ポイント　（2）は補助線を引く。（3）は［●●］を文字で置き換えて計算式を立てる。

＜解説・解答＞

（1）　これは五角形ですね。よって、五角形の内角の和を求め、そこからわかっている４つの角度を引けばできあがりです。

五角形の内角の和：$(5-2)\times 180^\circ = 540^\circ$

だから、

$$540^\circ - (85^\circ + 95^\circ + 110^\circ + 120^\circ) = 130^\circ$$

よって、

$x = 130^\circ$　・・・・・（こたえ）

（2）　この形はよく出る形でして、以下のように赤い補助線を入れます。

赤い三角形の矢印の２つの角度の和がわかれば、180°から引くことで x の角度は求められますね。よって、四角形の内角の和が 360° より、

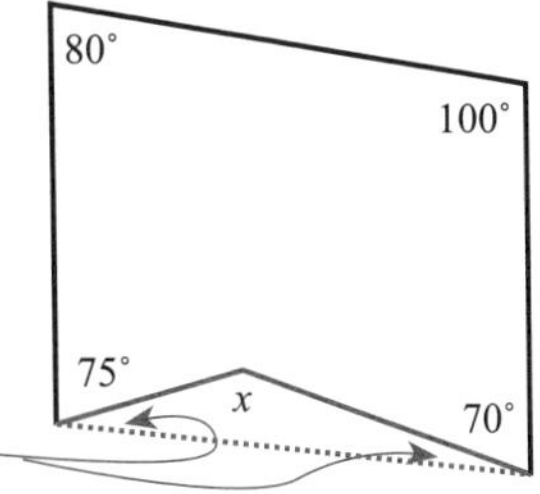

２つの角度の和は、

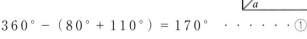

$$360^\circ - (80^\circ + 75^\circ + 70^\circ + 100^\circ) = 35^\circ$$

だから、

$$x = 180^\circ - 35^\circ = 145^\circ$$

よって、

$x = 145^\circ$　・・・・・（こたえ）

（3）

（2）と考え方は同じです。赤い三角形の a、b の角度の和を、180° から引けば、求めたい角度が出てきますね。

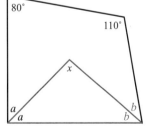

四角形の内角の和が 360° より、

$360^\circ - (80^\circ + 110^\circ) = 170^\circ$　・・・・・・①

①の式は［$2a+2b$］の値ですよ。大丈夫ですか？　だから、この値の半分を赤い三角形の内角の和180°から引いてあげればOKなんですね。

$$2a+2b=170°$$

$$a+b=85°$$

むずかしすぎるぞ～！

だから、求めたい角度は

$$x=180°-85°=95°$$

よって、

$x=95°$　・・・・・（こたえ）

今度は文章から条件を読み取って考える問題です。

問題　つぎの問いを考えてみてください。

（1）　内角の和が1800°である正多角形に関して

① この正多角形はなんですか？

② この正多角形の１つの内角は何度ですか？

（2）　１つの内角が160°の正多角形はなんですか？

< 解説・解答 >

（1）

①　この正多角形を正n角形とすると、内角の和の公式より

$$(n-2)\times180°=1800°$$

$$n-2=10$$

$$n=10+2$$

$$=12$$

よって、

正十二角形・・・・・（こたえ）

えっ！コレでいいの？

②　これが正十二角形とわかりましたので、頂点の数は全部で12個。だから、1つの内角の大きさは“12等分すればいいんですね！”

$$1800° \div 12 = 150°$$

よって、

150°　・・・・・（こたえ）

(2) どうしましょうか？　考え方として、これを正n角形とし、内角の和に着目し、（内角の和）＝（頂点の数）×（1つの内角）の方程式を解けばよいんです。では、方程式を立てますよ！

$$(n-2) \times 180° = n \times 160°$$

内角の和

$$180°n - 360° = 160°n$$

$$180°n - 160°n = 360°$$

$$20°n = 360°$$

$$n = 18$$

アノネ！
実は、つぎで話す「外角の和」を利用するとカンタン！
360 ÷ 20 = 18
よって、
正十八角形！
（驚）

よって、

正十八角形　・・・・・（こたえ）

外角の和

多角形の外角がわかりますか？

右図を見てください。頂点の数（内角）と同じだけ外角もありますね。当然のごとく［内角 ＋ 外角 ＝ 180°］ですよ！

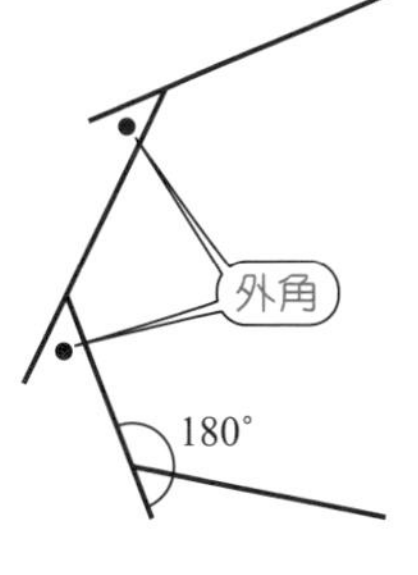

ここで外角についてのポイント！

n角形の外角の和 ＝ 360°

「気になる人は考えてね！
どこかに[証明]があるかも？」

問 題　つぎの∠ x の大きさを求めてください！

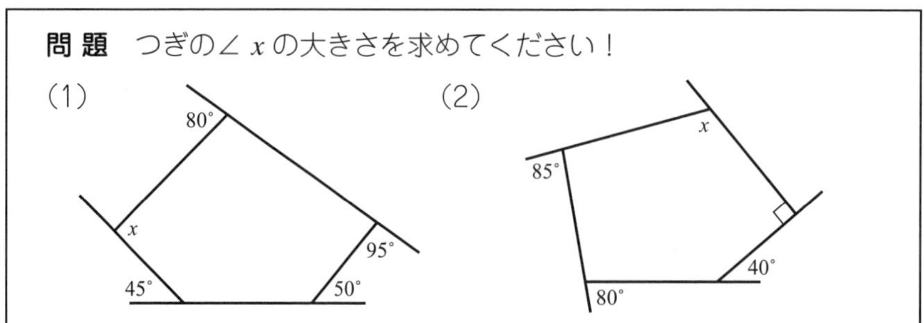

＜解説・解答＞

(1)

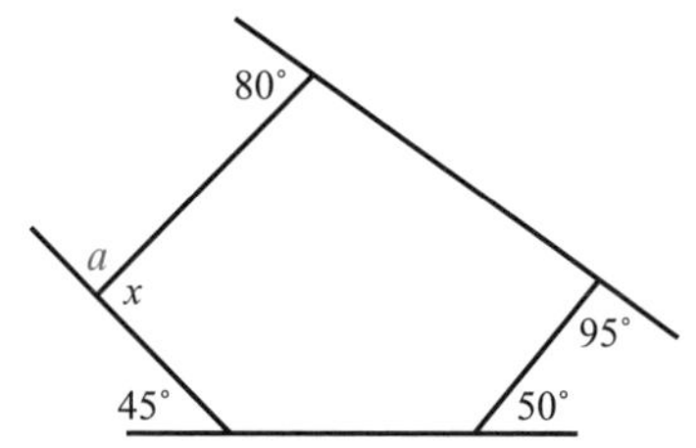

これは五角形ですね。よって、外角も当然５個。だから、図に入れた a の角度を求めて、180°から引けばOK！

外角の和は360° ですから、a を求める式は、

$$a = 360° - (80° + 45° + 50° + 95°)$$
$$= 90°$$

だから、

$$\angle x = 180° - 90°$$
$$= 90°$$

よって、

$$\underline{\angle x = 90°}$$ ・・・・・（こたえ）

(2)

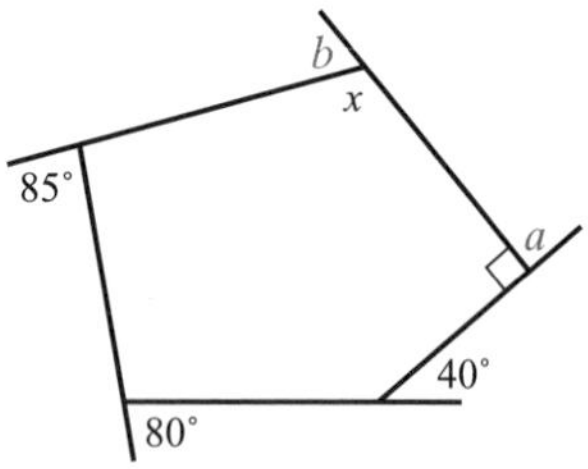

これも変な形ですが、五角形ですね。やり方は（1）と同じで、∠ x の外角 b がわかればカンタンです。また、a は記号から90°とわかりますね。よって、まず b から

$b = 360° - (85° + 80° + 40° + 90°)$
$= 65°$
だから、

$$\angle x = 180° - 65° = 115°$$

よって、

$$\underline{\angle x = 115°} \quad \cdots\cdots（こたえ）$$

外角の条件からある内角を求める場合は、“その求めたい内角に対する外角がわかればよい”ことに気づいてくださいね！

では、つぎの問題です。　　　エッ〜！　まだやるの・・・

問題　つぎの（1）（2）の問いに答えてください。
（1）つぎの正多角形の１つの外角の大きさを求めよう！
　①　正九角形　　　②　正二十四角形
（2）１つの外角の大きさがつぎのとき、正多角形はどんなものですか？
　①　12°　　　②　36°

＜解説・解答＞

（1）　ときどきいるんですね。外角だから１つの内角を求めて、180°から引けばいいんだ！　なぁ〜んて考えたあなた！　あなたですよ！　その考え方は、悪くはありません。でも、もうチョット考えてみようよ。正多角形だから、外角は全部同じ角度だよ。よって、その全部の角度をたすと360°です。あとは、解答を見てください。

①　正九角形の外角 x は９個（全部同じ角度）だから、

な〜んだ！
カンタンじゃないか！

$$9 \times x = 360°$$
$$x = 360° \div 9$$
$$= 40°$$

「気づかなかった
くせに!!」

よって、　　$\underline{40°}$　・・・・・（こたえ）

② 正二十四角形の外角 x は 24 個（全部同じ角度）だから、

$$24 \times x = 360°$$
$$x = 360° \div 24$$
$$= 15°$$

よって、

15° ・・・・・（こたえ）

［ n 角形の外角の和 ＝ 360° ］ これを忘れないでくださいね!!

(2) 今度も（1）と同じ考え方ですね。

① これを「外角が 12° の正 n 角形である」と考えれば、式は

$$12° \times n = 360°$$
$$n = 360° \div 12°$$
$$= 30$$

よって、

正三十角形・・・・・（こたえ）

「とうとう、居眠りを始めてしまったようですね!!」

② これも外角が 36° の正 n 角形である。と考えれば、式は

$$36° \times n = 360°$$
$$n = 360° \div 36°$$
$$= 10$$

よって、

正十角形・・・・・（こたえ）

どうですか？ これでだいたいはおわりなんですが、でも、まだ不安なので、今度は少し変わった出題形式の問題をやりましょう。

問 題 つぎの問いを考えてください。

（1） 内角と外角が等しい正多角形はなんですか？

（2） 1 つの外角が 1 つの内角の 2 倍である正多角形はなんですか？

＜解説・解答＞

なんだか難しいですね～。「困りました！ 内角・外角を文字で表して関係式を作るのか？」はたまた、「頂点の数を文字で表し関係式を作るのか？」 どうしましょうか・・・　頭の中がパニックになってきたぞ！

(1) 実は、それほど悩まなくてもいいんですよ。やり方はいくつかあります。でも、できるだけ、みなさんがわかりやすい方法でやりますね。そこで、内角と外角の関係を使うことにします。なんだと思いますか？あまりにあたりまえ過ぎて思いつかないでしょうね！　簡単なことです。

内角 ＋ 外角 ＝ 180°　・・・・・・（＊）

これですよ！　コレ！「エッ？」 では、条件から［ 内角 ＝ 外角 ］より、この角度を a とおきます。（＊）より

$$a + a = 180^\circ \quad （内角 ＋ 外角 ＝ 180^\circ）$$
$$2a = 180^\circ$$
$$a = 180^\circ \div 2$$
$$= 90^\circ \quad （＝ 外角 ＝ 内角）$$

こうしていれば、寝ないでしょ！?

だから、外角の和は 360° から、正 n 角形とすると

$$90^\circ \times n = 360^\circ$$
$$n = 360^\circ \div 90^\circ$$
$$= 4$$

コレだけならば長方形でも良さそうですが、問題に「正多角形」とあるから、正方形になります！

よって、

正四角形（正方形）・・・・・（こたえ）

(2) これも同じように考えますよ。でも、ほんの少し国語力が必要かな？

問題に「1つの外角が1つの内角の2倍である」とありますが、どっちがどっちの2倍かおわかりかな？　外角が内角の2倍なんですよ。

だから、内角を a とすると、外角は $2a$ になります。「大丈夫かなぁ～？」

では、さっきと同じように、内角 ＋ 外角 ＝ 180° を利用して式を作りましょう。　内角 ＝ a 、外角 ＝ $2a$ より、

$$a + 2a = 180°$$
$$3a = 180°$$
$$a = 180° \div 3$$
$$= 60°$$

よって、外角は［ 2 × 60° ＝ 120° ］ですから、外角の和を利用して、求めたい多角形を正 n 角形とすると、

$$120° \times n = 360°$$
$$n = 360° \div 120°$$
$$= 3$$

よって、

正三角形　・・・・・（こたえ）

そろそろ疲れてきたころでしょうね。私も疲れてますよ。だって、この項目だけで丸 2 日間かかっているんですから。手を抜きたいけど、そうはいきませんので、残りあと 2 項目。　　　ナニかいいことないかなぁ～

角度と比

問題　つぎの問いを考えてください！

（1）　三角形の内角の比が 1：2：3 であるとき、これは鋭角・鈍角・直角三角形のどれでしょう。

（2）　三角形の内角の比が 1：3：5 であるとき、これは鋭角・鈍角・直角三角形のどれでしょう。

（3）　三角形の内角の比が 7：6：5 であるとき、これは鋭角・鈍角・直角三角形のどれでしょう。

＜解説・解答＞

この比に関する問題は、多くの人が嫌いで、それもただの嫌いではなく、大っ嫌いなんですよね。笑 この比は小学校 6 年生の算数でやりますが、難しいんですよ。たぶんお母さん・お父さんもきっと苦手なはず！ もしそんなことを質問されたらほとんどのお母さんは「だめ、だめ、今は夕飯作るんで忙しいんだから！ もうすぐお父さん帰ってくるから、お父さんに聞いて！ あ〜、忙しい、忙しい！」こんな感じですよ！

> **比とは？**
> ［ 2 つ以上の数の大きさの関係を、できるだけ簡単な数で表したもの ］

“比について少しお話ししますね！”

「姉と妹が持っているエンピツの数の比は 3：2 です」

これについて、考えてみましょう。

まず、3：2 の間にある［：］これがわけわからないですよね！ そこで比で表されている場合は、つぎのように強引に文章を変えてしまうんですよ！

「姉と妹が持っているエンピツは 3 本と 2 本です」

この文章ならばわかりやすいでしょ！ それなら、つぎにこれもわかりますよね。

「5 本エンピツがあるとき、姉は 3 本、妹は 2 本持っている」

「このことから何が言いたいのか？」 もし、姉と妹の比が 4：5 ならば、

「9 本のエンピツがあるとき、姉は 4 本、妹は 5 本持っている」

と言えてしまうんですよ。上の 2 つの文の中に突然出てくる 5 本、9 本は、3：2 から $3+2=5$、4：5 から $4+5=9$ と、このようにして出てきました。よって、気づいてほしいのは、“比とは”この場合

→「あるものを 5 等分したうちの 3 個と 2 個」を、3：2

→「あるものを 9 等分したうちの 4 個と 5 個」を、4：5

という長い文を［：］を使って短く表しているだけなんです。

「わかります？」

“**120 個あるミカンを 2：3：5 に分ける**”とあれば、

$$2+3+5=10$$

だから、“**120 を 10 等分し、それを 2 つと 3 つと 5 つに分ける**”と考え直せばよいだけ！　まずは、10 等分です。計算してみますよ・・・

$$120 \div 10 = 12$$

上の式は［120 を 10 等分したうちの 1 つ分の大きさ］を表す。

だから、1 つが 12 の大きさであるから、

2 つでは、$12 \times 2 = 24$

3 つでは、$12 \times 3 = 36$

5 つでは、$12 \times 5 = 60$

よって、

“2：3：5 とは、ミカンが 24 個と 36 個と 60 個である”

このことを表しているんです！

だいぶ長くなりましたが、比に関して少しはわかった気になりましたか？ これでやっと解答を始められます。　長かったなぁ～・・・フゥー！

(1)「三角形の内角の比が 1：2：3」ということは、

「180°を 6（1 + 2 + 3）等分したうちの 1 個と 2 個と 3 個」

であるという意味ですね。だから、それぞれの内角の角度は

$$180^\circ \div 6 \times 1 = 180^\circ \times \frac{1}{6} \times 1$$

$$= 180^\circ \times \frac{1}{6}$$

$$= 30^\circ$$

ここで中学 1 年のときから注意している点、“割り算はかけ算で表す”を思い出してください。できたら他の 2 つの内角はつぎのような式を書き、計算できるように努力してください！

$$180° \times \boxed{\frac{1}{6}} \times 2 = 30° \times 2$$
$$= 60°$$

最終目標は、以下の式で表せるぐらいになってほしいことです。

$$180° \times \boxed{\frac{3}{6}} = 30° \times 3$$
$$= 90°$$

$\dfrac{3つ}{6等分したうちの}$

だから、

内角が 30°、60°、90° の直角三角形である　・・・（こたえ）

(2) 「三角形の内角の比が 1：3：5」ということは、

「180° を 9（1 + 3 + 5）等分したうちの 1 個と 3 個と 5 個」
であるという意味ですね。だから、それぞれの内角の角度は

・$180° \times \frac{1}{9} = 20°$　［9 等分したうちの 1 個！］

・$180° \times \frac{3}{9} = 20° \times 3$　［9 等分したうちの 3 個！］
$= 60°$

・$180° \times \frac{5}{9} = 20° \times 5$　［9 等分したうちの 5 個！］
$= 100°$

90° より大きい

だから、

内角が 20°、60°、100° の鈍角三角形である　・・・（こたえ）

(3) 「三角形の内角の比が 7：6：5」ということは、

「180° を 18（7 + 6 + 5）等分したうちの 7 個と 6 個と 5 個」
であるという意味ですね。だから、それぞれの内角の角度は、

$$\cdot\ 180^\circ \times \frac{7}{18} = 10^\circ \times 7$$
$$= 70^\circ$$

$$\cdot\ 180^\circ \times \frac{6}{18} = 10^\circ \times 6$$
$$= 60^\circ$$

$$\cdot\ 180^\circ \times \frac{5}{18} = 10^\circ \times 5$$
$$= 50^\circ$$

寝たふりだよ・・・

3つとも90°より小さい！

だから、

内角が50°、60°、70° の鋭角三角形である・・・（こたえ）

では、本当に最後の問題となりました。これはよく定期試験に出題されたりしますが、それよりも“三角形の外角の性質の練習”に最適ですよ！

星型の頂点の角度の和

問題　右下図の∠xの大きさはいくらでしょうか？

別の形の出題方法は以下のようなものです！
・すべての頂点の角度の和が180° であることを示せ。

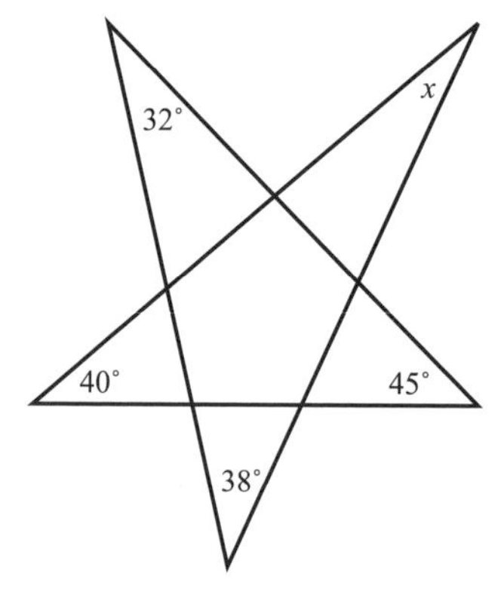

＜解説・解答＞

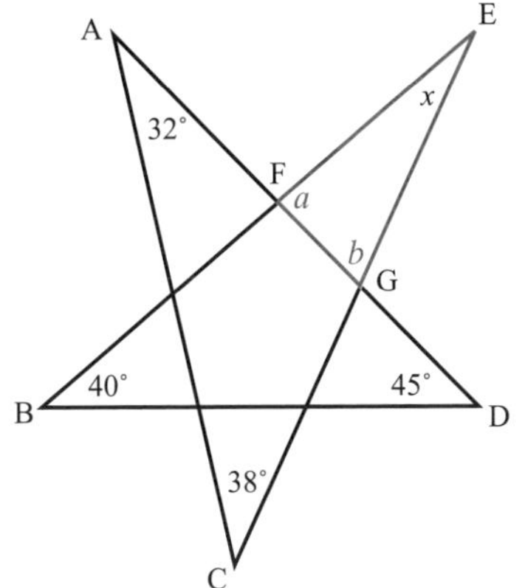

右の図には、いくつかの頂点にＡ、Ｂ、Ｃ、Ｄ、Ｅ、Ｆ、Ｇをつけ、また、赤い線で着目する三角形を強調しておきました。

方針は、各頂点Ａ、Ｂ、Ｃ、Ｄ、Ｅの角度で赤い三角形の内角を表す！ これなんですよ。

そのためには、三角形の外角の性質が重要になってくるんです。よ〜く右上の図を見ながら読んでくださいね！

三角形BDFにおいて∠aは外角である。だから、

$\angle a = 40° + 45° = 85°$　・・・・①

同様にして、三角形ACGにおいて∠bは外角である。だから、

$\angle b = 32° + 38° = 70°$　・・・・②

よって、①②より赤い三角形EFGにおいて

$\angle a + \angle b + \angle x = 180°$　より

$\angle x = 180° - 85° - 70°$

$= 25°$

したがって、

$\angle x = 25°$　・・・・・（こたえ）

以上で多角形の角度に関する説明は本当に終了です。ここでは比の説明までしたので、大変長くなりました。でも、これだけていねいな説明はどんな参考書にも書いてありませんよ。ぜひ、何度もがんばって読んでください。あと、興味のある人のタメに 外角の和が360°になる証明 をやっておきますので見てください。では、おわりにしましょう！　つかれたよ〜！

n 角形の外角の和は 360°

n 角形において、外角の和が 360° であることを証明してみようと思います。

［証 明］

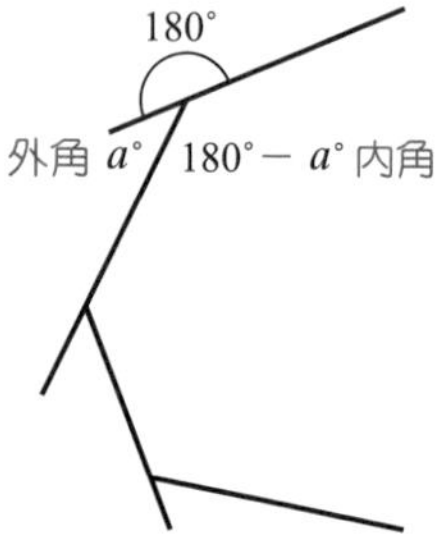

内角＋外角＝ 180°

より、n 角形において、頂点の数は n 個から

（内角の和）＋（外角の和）＝ 180° × n ・・・①

また、

（内角の和）＝ 180° ×（n － 2）・・・・②

①より

（外角の和）＝ 180° × n －（内角の和）・・・③

③に②を代入

（外角の和）＝ 180° × n － 180° ×（n － 2）

＝ 180° × n － 180° × n ＋ 360°

＝ 360°

したがって、

n 角形の外角の和は 360° となる。

おわり

180°

外角 a°

180° － a° 内角

どうですか？　中学 2 年生にはまだ難しいかもしれませんが、がんばって理解してくださいね。

では・・・。　　なぜかメールの最後のようなおわり方ですね！

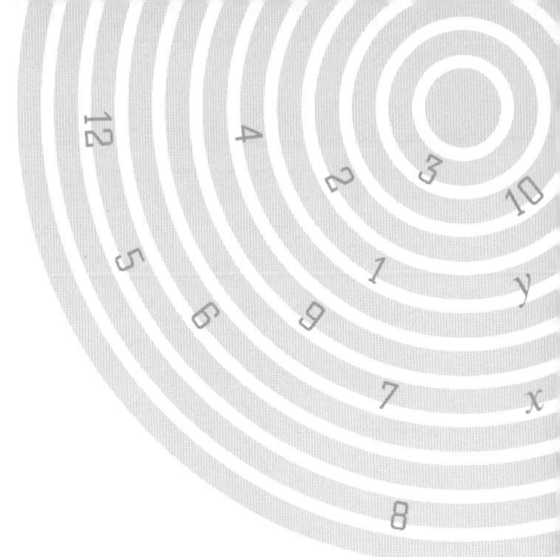

中学2年

第6話

合同と証明

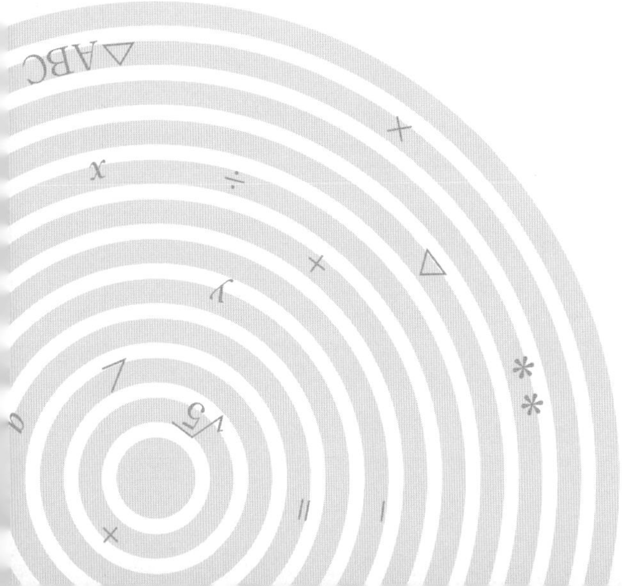

XV　三角形 2

合同（ごうどう）

とうとう中学 2 年の図形における峠（とうげ）にさしかかりましたよ。

まず、「合同とは何か？」です。難しいことは言いません。2 つ以上の図形が、形・大きさ・角度・辺の長さ、とにかく何から何まですべてまったく同じものどうしを**合同**と言います。しかし、ここでは、「見た目で同じだから、この 2 つは合同です！」なんて言ってもダメですよ。ちゃんと、「こうだからこの 2 つは同じ、いわゆる合同である」と言う必要があるんですね。よって、しっかりとこの証明のヤリ方を理解し、覚えてください！

まずは、一番大切な合同条件を覚えましょう～！

ポイント！

［三角形の合同条件］

① 3 辺の長さがそれぞれ等しい

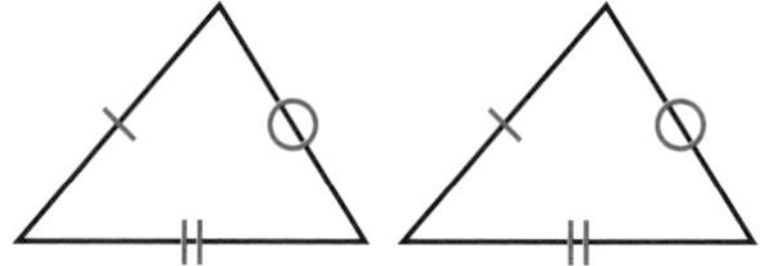

② 2 辺とその間の角がそれぞれ等しい

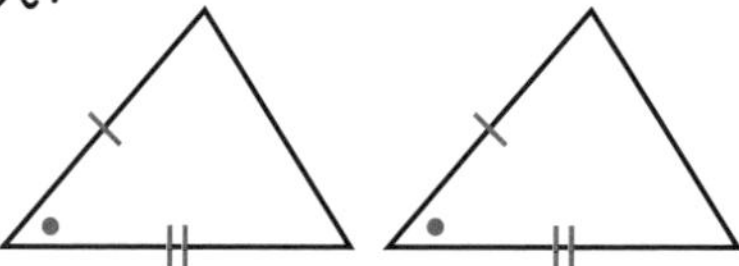

③ 1 辺とその両端の角がそれぞれ等しい

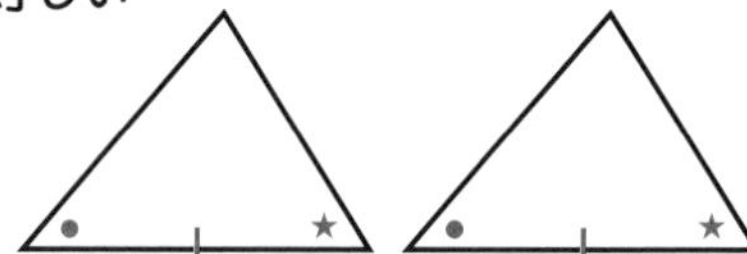

この３つの合同条件は、そのまま一字一句覚えてください。中学校の先生によっては、「３辺の長さが等しい」では、バツにされますよ。理由を聞くと「**それぞれ**」が抜けているからとのこと・・・??

良い・悪いは別として、“それぞれ・・・”を書きさえすればよいのですから、書くようにね！　では、さっそく問題を使って説明します。

問 題

（1）合同条件はなんですか？

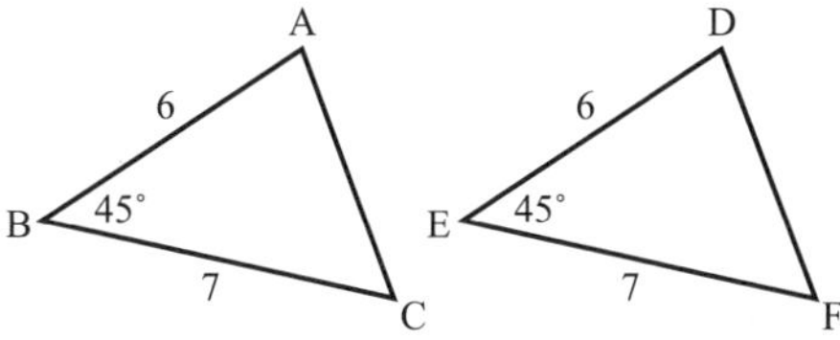

（2）合同条件はなんですか？

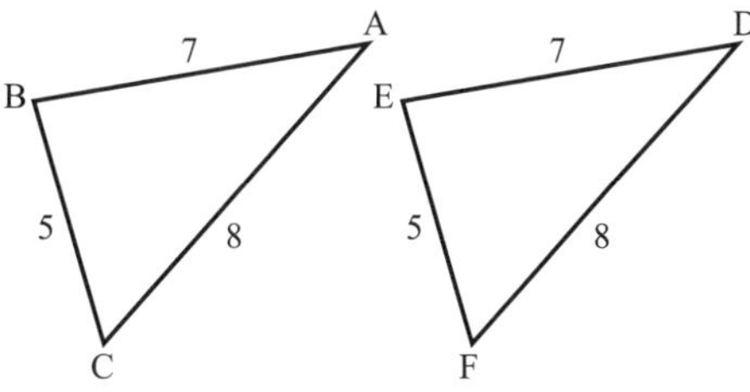

（3）合同条件はなんですか？

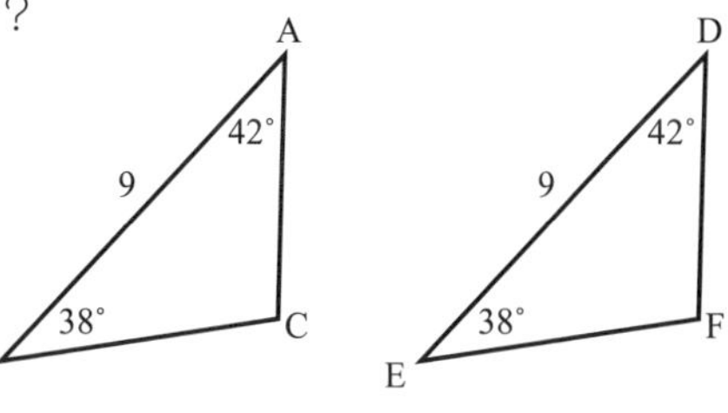

しっかりと、合同条件が言えるようにすることが大切です。図を見てすぐに言えるまで、ブツブツ言いましょう!!　ぶつぶつ・・・ブツブツ・・・

＜解説・解答＞

ひとつ言い忘れました。図形を勉強すると必ず新しい記号が出てくるものです。ここでも当然のごとく、“合同”を表す記号があるんですね。

それは、［≡］このようなものです。横に3本線ですよ。2本線ではないからね。［＝］2本はイコールだから、合同と同じに考えるとバツになりますよ！

なぜ？

(1) これは「2辺とその間の角がそれぞれ等しい。

よって、三角形ABCと三角形DEFは合同である」

と書きたいですよね。しかし、今後は「三角形ABCと三角形DEFは合同である」の部分は、つぎのように書きます。

△ABC≡△DEF

だから、全部書きなおすと、

（今後は三角形を△で表します）

解答は条件の赤字だけでよいですが、丁寧に書いてみました！

2辺とその間の角がそれぞれ等しいので

△ABC≡△DEF・・・・(こたえ)

このように書くようにしましょうね。

重要！
△ABC≡△PQR・・・①
△ABC＝△PQR・・・②
①②の違いがわかりますか？

①は形・大きさすべてが等しく、1つに重なるんです！

②は形はまったく違っても関係なく、ただ面積だけが等しいんです。

(2)

3辺の長さがそれぞれ等しいので

△ABC≡△DEF・・・・(こたえ)

(3)

1辺とその両端の角がそれぞれ等しいので

△ABC≡△DEF・・・・(こたえ)

いかがですか？　別にそれほど難しくはないですよね！

では、本格的な証明に入る前に、言葉の勉強を少しだけやらなくてはいけません。簡単ですから、さぁ～っとおわらせてしまいましょう！

仮定(かてい)と結論(けつろん)

「A ならば B である」という文において、
「A ならば」の A の部分を仮定、「B である」の B の部分を結論と言います。

問 題　つぎのことがらについて、仮定と結論をさがしてください。

（1）正方形ならば、4 つの辺の長さは等しい。

（2）n が偶数ならば、$n+1$ は奇数である。

（3）△ ABC ≡△ DEF ならば、AB ＝ DE である。

（4）対頂角は等しい。

（5）直角三角形の 1 つの角度は 90°。

＜解説・解答＞

（1）　仮定：正方形　　結論：4 つの辺の長さは等しい

（2）　仮定：n が偶数　　結論：$n+1$ は奇数

（3）　仮定：△ ABC ≡△ DEF　　結論：AB ＝ DE

ここからは少し文が違っていますね。でも、同じことですよ。

（4）　仮定：対頂角　　結論：角度は等しい

（5）　仮定：直角三角形　　結論：1 つの内角は 90°

簡単だったでしょ！ **“～ならば”**、**“～である”** をキーワードとすればすぐに見分けがつきますよね。

もう 2 つ言葉の説明

・**定理**：証明されて、確かめられたこと。（例：平行線の錯角は等しい）

・**定義**：言葉の意味を表したもの。　（例：直角とは 90° である）

さて、本格的な証明に入りましょうか !!

証明

では、本番ですよ。まず私が1つ証明をやりますので、よ〜く見て、流れをつかんでください。しつこいようですが、マネですよ！　真似！

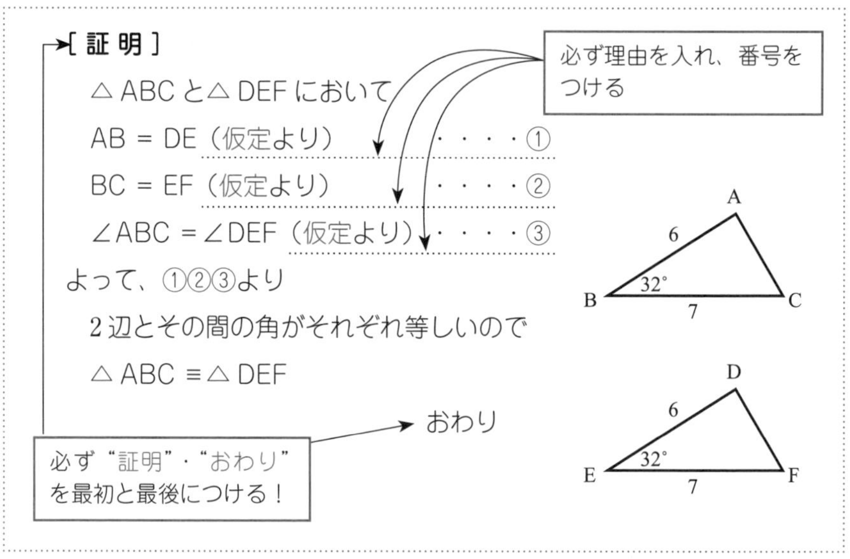

[証明]
△ABCと△DEFにおいて
AB＝DE（仮定より）・・・・①
BC＝EF（仮定より）・・・・②
∠ABC＝∠DEF（仮定より）・・・・③
よって、①②③より
2辺とその間の角がそれぞれ等しいので
△ABC≡△DEF
おわり
必ず理由を入れ、番号をつける
必ず“証明”・“おわり”を最初と最後につける！
A
B
C
6
7
32°
D
E
F
6
7
32°

この証明を見たみなさんの感想は、「ただ、そのままじゃないか！」という感じではないですか？　でもそれでい〜んです！　合同条件を具体的に示すことが証明と考えてくれてかまいません！　ただ、いくつか注意しなければいけない点があります。

理由のところで“仮定”としていますが、これを“条件”としても大丈夫です。図から与えられている条件を使っているので、条件でもOK！

“あっ！　もっと大切なことを忘れていた！”証明の一番最初に比較する2つの三角形が書いてあるでしょ！　この書き方なんですが、**頂点の対応が一致していないとバツ**ですからね！　ナニ〜・・・??

図を見て、頂点Aには頂点D、頂点Bには頂点E、頂点Cには頂点Fが対応しているでしょ！　このように対応する頂点の順に書くように気をつけてください。同じ三角形どうしだからと適当に書いてしまうと、まったく違う三角形どうしを比べていることになってしまいますからね！

もし、[△ ABC と△ EFD において］と書いてあれば、「頂点 A と頂点 E が同じものとコイツは考えているんだな！」と、読む方は考えてしまうんです。**頂点の対応**にはくれぐれも注意してください！

とにかく証明問題は練習あるのみ。いくつかやってみましょう！

問 題

右の図において、線分 AC と線分 BD がそれぞれの中点で交わる。

では、図にある 2 つの三角形が合同であることを示してみよう！

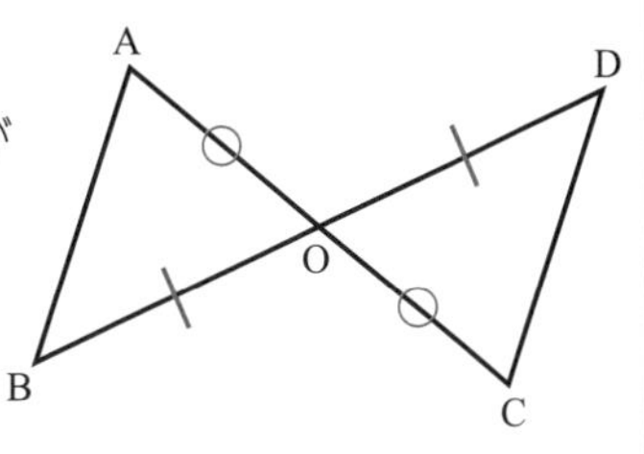

ポイント　中点とは、真ん中の意味ですよ！　ということは、AO = CO、BO = DO なんですね。あとどんな条件が見えますか？

＜解説・解答＞

［証 明 Ｉ］

△ ABO と△ DCO において

AO = OC（仮定より）・・・・①

BO = OD（仮定より）・・・・②

∠AOB = ∠COD（対頂角）・・③

よって、①②③より

2 辺とその間の角がそれぞれ等しいので

△ ABO ≡△ DCO

おわり

［証 明 II］

△ ABO と△ CDO において

AO = CO（仮定より）・・・・①

BO = DO（仮定より）・・・・②

∠AOB = ∠COD（対頂角）・・③

よって、①②③より

2 辺とその間の角がそれぞれ等しいので

△ ABO ≡△ CDO

おわり

アレ～？　同じ（?）証明が 2 つあるぞ !?

と思っていませんか？　実はどちらかが**間違い**です！　わかりますか??

証明Ⅰが間違いです！

［証 明 Ⅰ］（残念でした！　×）

△ABOと△DCOにおいて

AO＝OC（仮定より）・・・・①

BO＝OD（仮定より）・・・・②

∠AOB＝∠COD（対頂角）・・③

よって、①②③より

2辺とその間の角がそれぞれ等しいので

△ABO≡△DCO

おわり

［証明Ⅱ］

△ABOと△CDOにおいて

AO＝CO（仮定より）・・・・①

BO＝DO（仮定より）・・・・②

∠AOB＝∠COD（対頂角）・・③

よって、①②③より

2辺とその間の角がそれぞれ等しいので

△ABO≡△CDO

おわり

証明Ⅰの赤い部分との対応する頂点をよ～く図と合わせながら、ゆっくり・ていねいに証明Ⅱで確認してみてください。

ちなみに、この証明Ⅱだけしか解答はないのかというと違いまして、とにかく、合同を証明したいものどうしの頂点の対応さえしっかり合っていれば、問題はありません。

そこで、ちょっと頂点の対応に関する確認をしておきましょう！

問題

右の図の2つの三角形に関し、つぎの問いを考えてください。

(1) 三角形OBAに対応する三角形はどれですか？

(2) 三角形BAOの∠ABOに対応する角はどれですか？

(3) 三角形CODの辺DCに対応する辺はどれですか？

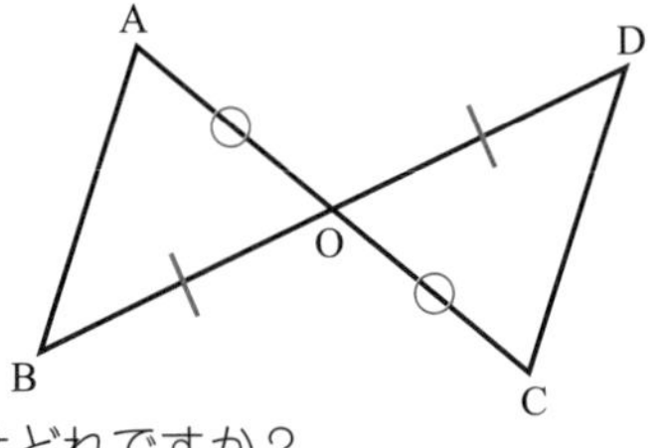

これで頂点の対応の大切さを実感してくださいね！「私は親切すぎるかも!?」

中学1年
中学2年
中学3年

＜解説・解答＞

（1）△ OBA に対応するのですから、△ ODC になりますよ。

（2）△ BAO の∠ ABO に対応する角は、対応する三角形が△ DCO だから∠ CDO ですね。

（3）△ COD の辺 DC に対応する辺は、対応する三角形が△ AOB だから、辺 BA です。

ここで大切な話をしますよ。対応する図形の“辺”・“角”などが見えていても、頂点の対応が逆になったら、バツです。そこではじめの三角形どうしの頂点の対応が重要になってくるんです。頂点の対応さえちゃんとできていれば、図を見なくても、対応する“辺”・“角”がすぐに書けてしまうんですね！　　へェ～、そんなもんなのか・・・！

では、（2）と（3）を使って説明しちゃお～かなぁ～！

（2）△ BAO に対応する△ DCO に関して！

∠ ABO は△ BAO の A から左の B そして右端の O へという順番になっていますよね。

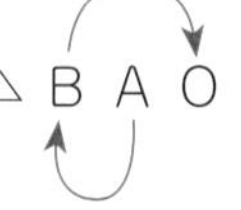

なるほどね～

だから同じように、

△ DCO の C から左の D そして右端の O へという順に対応する角を読めば OK ！

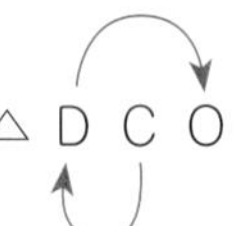

よって、

対応する角は、∠ CDO となります。

（3）△COD に対応するのは△AOB。辺 DC に対応だから B から左の A まで飛べばよいわけです。よって、辺 BA となります。

どうです、気づいていましたか？

さぁ〜てと、これで気になっていたところはすべてお話ししましたよ。あとは、練習あるのみ!!　いくつか問題をやることにしましょう。

問題

つぎの図において、∠BAC＝∠EDF であることを証明しよう！

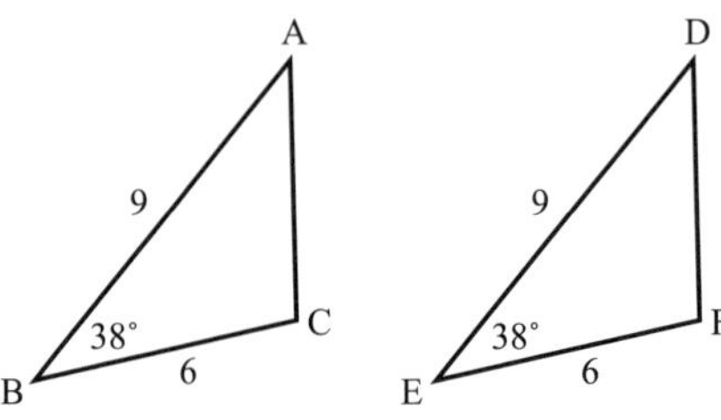

＜解説・解答＞

「合同の証明ではないんじゃないの？」と思ったあなた。甘いな〜！言い忘れましたが、直接“2つの三角形の合同を証明しなさい”という問題は、30〜40%ぐらいのもの。では、「あとはなんなんだ？！」知りたくなるよね。ハイハイ・・・、心配いりませんよ！　だって、残りもやはり合同の証明なんですもの・・・意味不明〜?!

［証明］

△ABC と△DEF において、

AB＝DE（条件より）　・・・・①

BC＝EF（条件より）　・・・・②

∠ABC＝∠DEF（条件より）・・・・③

よって、①②③より

2辺とその間の角がそれぞれ等しいので

△ABC≡△DEF

したがって、

∠BAC＝∠EDF　　おわり

気づきましたか？　はじめから角どうしが等しいと言うのはこの場合、角度が1つしかわかっていませんので無理があります。そこで、この2つの三角形が合同であれば、角度がわからなくても、対応する角は等しい！
よって、やはり残りも合同の証明なんですね！

わかってくれたかな？

昔は、この証明でOKでした。が、最近はダメなんですよ！右ページの証明とよ〜く比較してみてね！

問 題

図のように、正方形ABCDの内部に点EをAE = CEとなるようにとると、∠DAE =∠DCEであることを証明してみよぉ〜！

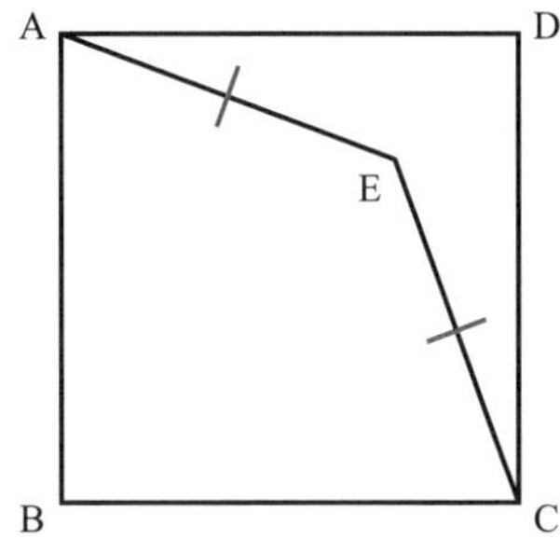

＜解説・解答＞

［証 明］

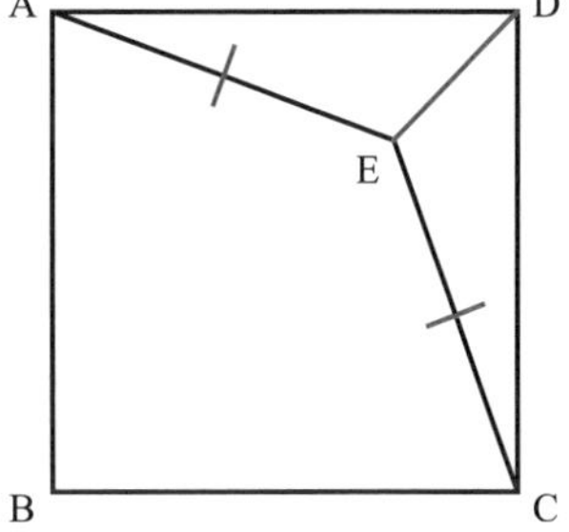

右図のように補助線を引きます。

△AEDと△CEDにおいて、

AE = CE（条件より）　・・・・①

AD = CD（条件より）　・・・・②

EDは共通　・・・・③

よって、①②③より

3辺がそれぞれ等しいので

△AED ≡△CED

したがって、（合同な2つの三角形の対応する角は等しいので）

∠DAE =∠DCE

おわり

注）最近はこの一文をつけないとバツになるとのこと。中学生の人は気をつけてくださいね。

問 題

図の四角形 ABCD は、AD//BC の台形である。AB の中点を M とし、DM、CB の延長の交点を E とする。このとき、AD = BE となることを証明してください。

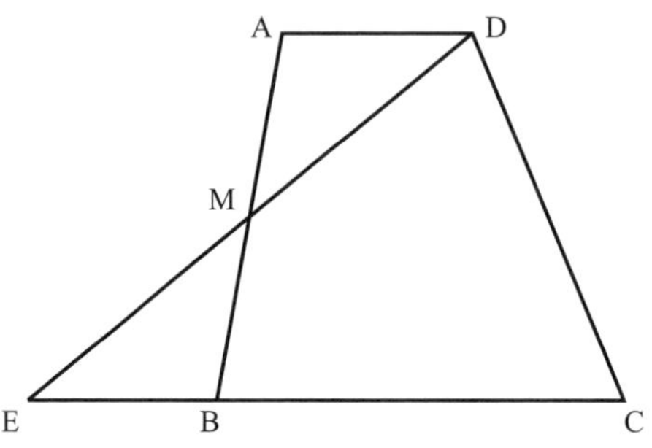

＜解説・解答＞

［証 明］

△ MAD と△ MBE において

MA = MB（条件より）　・・・・①

∠AMD =∠BME（対頂角）・・・・②

AD//BC より

∠ MAD =∠ MBE（錯角）・・・・③

よって、①②③より

1 辺とその両端の角がそれぞれ等しいので

△ MAD ≡△ MBE

したがって、（合同な 2 つの三角形の対応する辺は等しいので）

AD = BE

おわり

問題

図のように、線分 AB 上に点 C をとり、線分 AB の同じ側に正三角形 ACD、正三角形 CBE を作る。A と E、B と D を結ぶと AE = BD であることを証明してみましょう！

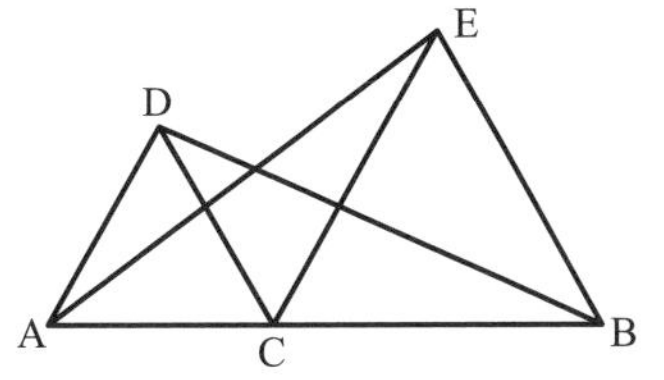

＜解説・解答＞

［証明］

△ ACE と△ DCB において

AC = DC（仮定より）　　　・・・・①

CE = CB（仮定より）　　　・・・・②

ここで△ ACD と△ CBE は正三角形より内角はすべて 60°　だから、

∠ ACE = 180° −∠ ECB（60°）

　　　　= 120°　　　　　・・・・③

∠ DCB = 180° −∠ DCA（60°）

　　　　= 120°　　　　　・・・・④

③④より

∠ ACE =∠ DCB　　　　　・・・・⑤

よって、①②⑤より

2 辺とその間の角がそれぞれ等しいので

△ ACE ≡△ DCB

したがって、（合同な 2 つの三角形の対応する辺は等しいので）

AE = BD（頂点の対応とズレていますが、問題に合わせたので大丈夫！）

おわり

こんなの絶対無理！
もう降参～！

三角形の内角の和は 180°

覚えていますか？　三角形のところで「内角の和がどうして 180° なのか？」の証明。少しは考えてみましたか？　そろそろ証明の形がわかりかけてきたと思いますので、私がこの証明をしてみますね！

・三角形の内角の和は 180°

$\angle A + \angle B + \angle C = 180°$

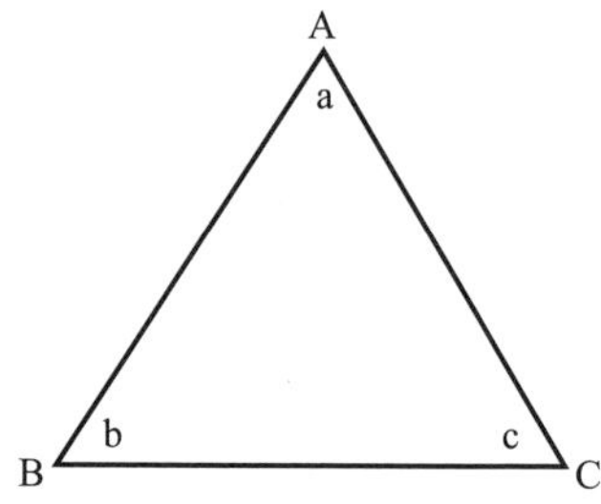

［証 明］ △ABC の内角をそれぞれ∠A、∠B、∠C とおく。

点 B から線分 AC に平行な線分 EB を引く。

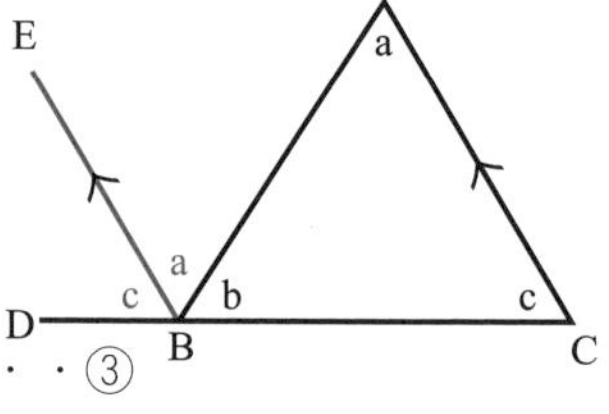

∠A ＝∠ABE（錯角）　・・・・①

∠C ＝∠EBD（同位角）・・・・②

また、

∠B ＋∠ABE ＋∠EBD ＝ 180°　　・・・・③

よって、①②③より

∠B ＋∠ABE ＋∠EBD ＝∠B ＋∠A ＋∠C ＝ 180°

したがって、

∠A ＋∠B ＋∠C ＝ 180°

ゆえに

三角形の内角の和は、180° である。

おわり

> 角の表し方が少し雑ですが、わかりやすいように書きました！

補：頂点 A を通り、辺 BC に平行な直線を引いた証明の方が簡単ですね！

どうですか？　これで証明の項目は終了としましょう!!

とにかくマネをして、書き方に慣れてくださいね。

XVI　三角形３

“p430 ～ 434”で三角形の基本的なことはお話ししました。ここでは“直角三角形”と“二等辺三角形”についてお話しすることになります。

この２つの三角形は“算数”でも勉強したので、今回はその知識の再確認ね！ では、問題に入る前に、まずは直角三角形から。

直角三角形の合同条件

この三角形に関しては、合同条件の話になります。みなさんは合同条件を３つ覚えましたか？　その３つが合同の基本ですが、これをもとにして直角三角形についてはあと２つ、合計で５つの合同条件を覚えなければいけないんです。さっそく、残りの２つについてお話ししましょう！

中学1年
中学2年
中学3年

直角三角形の合同条件

④　斜辺と１鋭角がそれぞれ等しい

⑤　斜辺と他の１辺がそれぞれ等しい

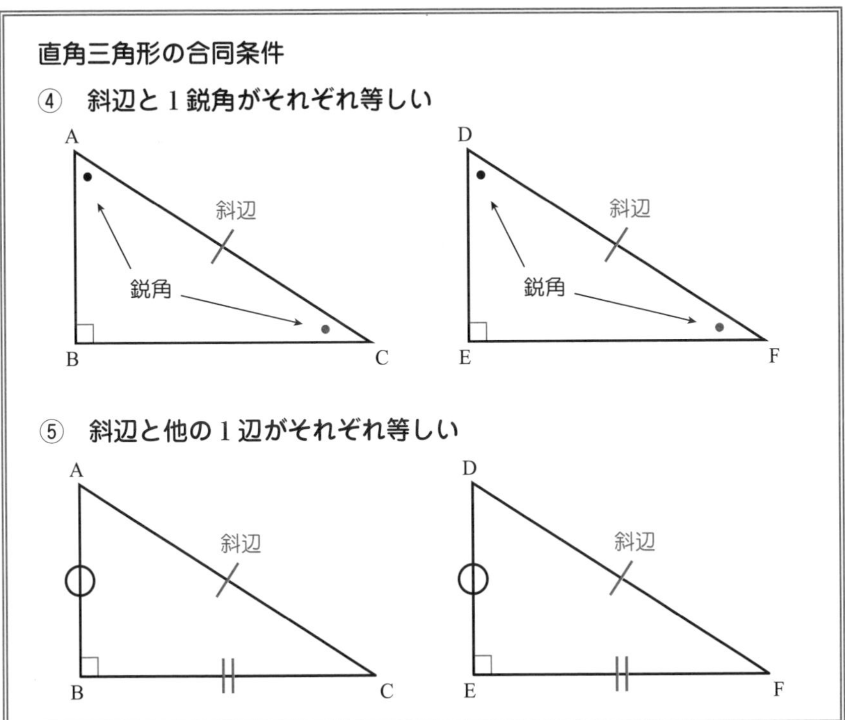

覚えなくてはいけない合同条件はこれですべてです。念のために、④は基本となる合同条件の“1辺とその両端の角がそれぞれ等しい”⑤は“3辺がそれぞれ等しい”がもとになっているんだね。　ウンウン！

二等辺三角形

二等辺三角形の**定義**は「**2辺の長さが等しい三角形**」ですよ。

右下図を見てください。これが二等辺三角形です。

大切な性質（定理）を言いますからしっかり覚えてね！

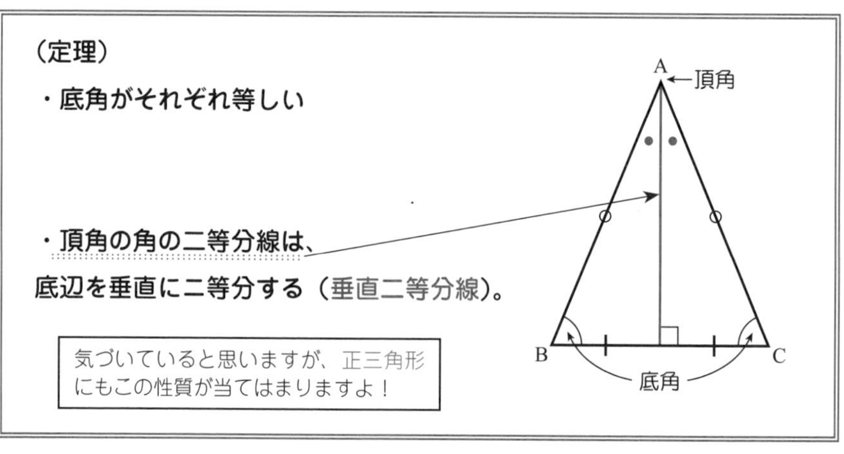

（定理）
・底角がそれぞれ等しい
・頂角の角の二等分線は、
底辺を垂直に二等分する（垂直二等分線）。
気づいていると思いますが、正三角形
にもこの性質が当てはまりますよ！
A
頂角
B
C
底角

以上が2つの三角形（直角三角形・二等辺三角形）の大切なことです。

これからはこのことを知っているという前提で、問題を解いていきます。

では、さっそく問題をやってみましょうか！　まずは、証明からね！

問 題

二等辺三角形ABCの頂点Aから底辺BCに垂線を引き、その足をDとする。そのときできる2つの三角形が合同であることを証明してみよう！

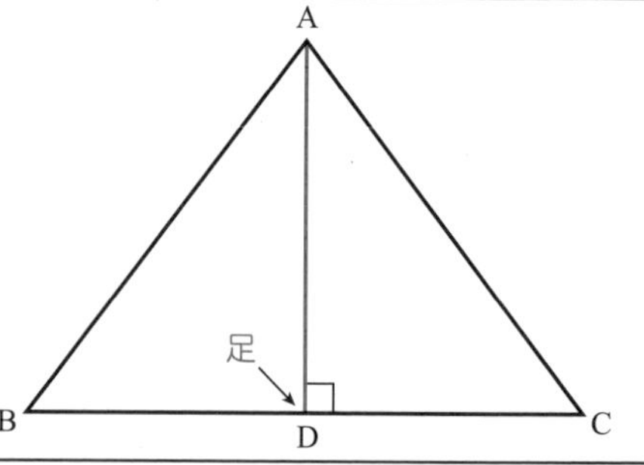

中学１年
中学２年
中学３年

＜解説・解答＞

三角形 ABC は二等辺三角形だから性質を思い出し、また、2 つできる三角形は当然直角三角形。よって、合同条件をよ〜く確認してね！

［証明 Ⅰ］

△ ABD と△ ACD において

AB ＝ AC（二等辺三角形の定義より）　・・・・①（斜辺）

AD 共通　・・・・②

∠ ADB ＝∠ ADC ＝ 90°　・・・・③

よって、①②③より

2 つの三角形は直角三角形だから、斜辺と他の 1 辺がそれぞれ等しい。

したがって、

△ ABD ≡△ ACD

おわり

［証明 Ⅱ］

△ ABD と△ ACD において

AB ＝ AC（二等辺三角形の定義より）　・・・・・①（斜辺）

BD ＝ CD（二等辺三角形の性質より）　・・・・・②

∠ ADB ＝∠ ADC ＝ 90°　・・・・・③

よって、①②③より

2 つの三角形は直角三角形ゆえ、斜辺と他の 1 辺がそれぞれ等しい。

したがって、

△ ABD ≡△ ACD

おわり

どうですか？　上のような証明ができましたか？　でも、もう 1 つ証明ができますよね。ついでですから、やっておきますね。「やさしいなぁ〜！私」

[証明 Ⅲ]

△ABDと△ACDにおいて

AB = AC（二等辺三角形の定義より）　・・・・①（斜辺）

∠ABD =∠ACD（二等辺三角形の定理より）　・・・・②

∠ADB =∠ADC = 90°　・・・・③

よって、①②③より

2つの三角形は直角三角形だから、斜辺と1鋭角がそれぞれ等しい。

したがって、

△ABD ≡△ACD

おわり

この3つのうちのどれかができてくれていればうれしいなぁ！ではつぎね！

問題

右図のように、∠Oの二等分線上の点Pから、辺OX、OYに垂線を下ろし、その足を点A、Bとする。そのときOA = OBであることを証明してください。

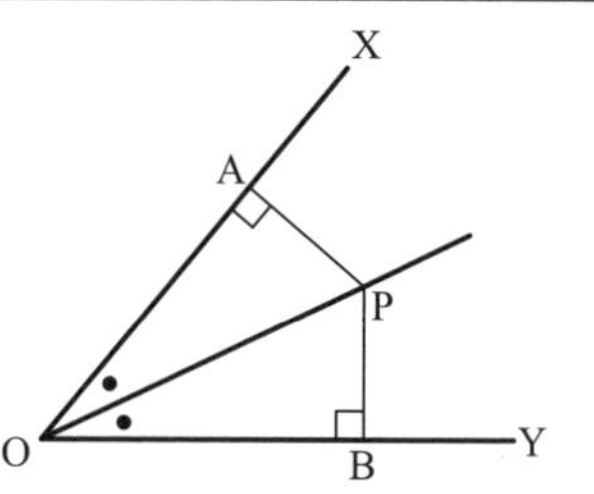

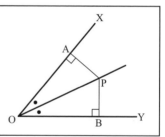

考え方：三角形OAPと三角形OBPが合同であることが言えればOK！

<解説・解答>

[証明]

だんだん見えてきたぞ・・・!?

△OAPと△OBPにおいて

∠OAP =∠OBP = 90°　・・・・①

OPは共通　・・・・②

∠AOP =∠BOP（条件より）　・・・・③

よって、①②③より

2つの三角形は直角三角形より、斜辺と1鋭角がそれぞれ等しいので

△ OAP ≡△ OBP

したがって、(合同な・・・)

OA ＝ OB

中学生は忘れずに！　おわり

この問題はよく目にするものでして、
・「AP ＝ BP を証明しなさい」
・「PA ＝ PB で∠ OAP ＝∠ OBP ＝ 90° のとき、線分 OP が∠ O の二等分線であることを証明しなさい」
このような形でも出題されますよ！　でも、どれも今回の証明の一部分だけを変えればバッチリです！

問 題

右図の四角形 PQRS は正方形で、AP ＝ AQ のとき、三角形 ARS が二等辺三角形であることを証明してください。

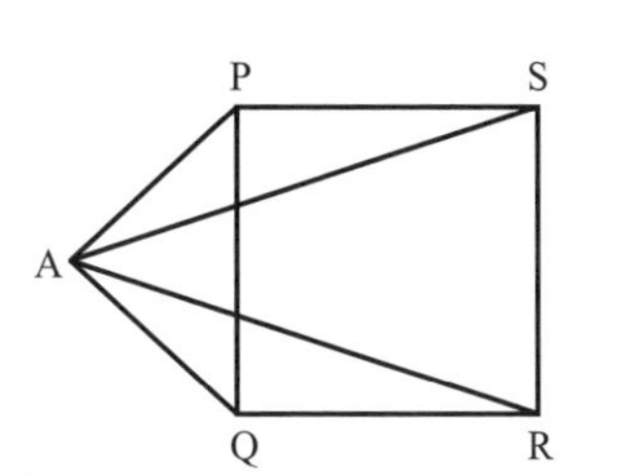

右下の図の赤い部分が二等辺三角形であることを言うためには、“底角が等しい”“2 辺が等しい” のどちらかが言えればいいんですね！　どっち？

＜解説・解答＞

［証 明］ 注）色を使ってはいけません！

△ APS と△ AQR において

AP ＝ AQ（条件より）　・・・・①

PS ＝ QR（条件より）　・・・・②

①より△ APQ は二等辺三角形であるから

∠ APQ ＝∠ AQP　　　・・・・③

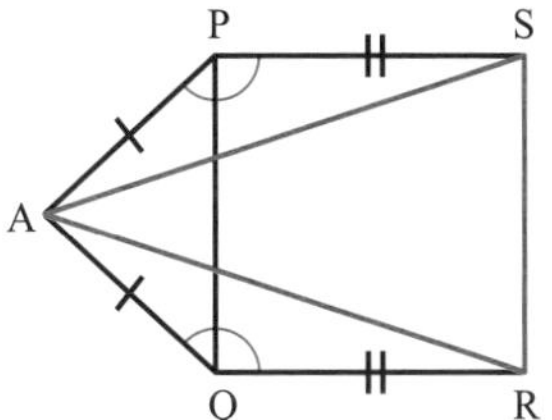

また、③と四角形 PQRS は正方形（内角は 90° ）ゆえ

∠ APS ＝∠ AQR　　　・・・・④

よって、①②④より

2 辺とその間の角がそれぞれ等しいので、

△ APS ≡△ AQR

したがって、（合同な 2 つの三角形の対応する辺は等しいので）

AS = AR

となり、2 辺が等しいので三角形 ARS は二等辺三角形である。

おわり

以上で証明問題はおわりにしますね。よ〜くマネをし、問題集などでたくさん練習してください。約束ですよ！　本当に！！

「アレ？ もしかして、おわったと思っているんでしょう」。証明問題はおわりましたが、つぎは角度を求める練習です。

ずる〜い、ダマされた！「ダマしてはいません！」

問 題

つぎの図の∠ a の大きさを求めてみよう！

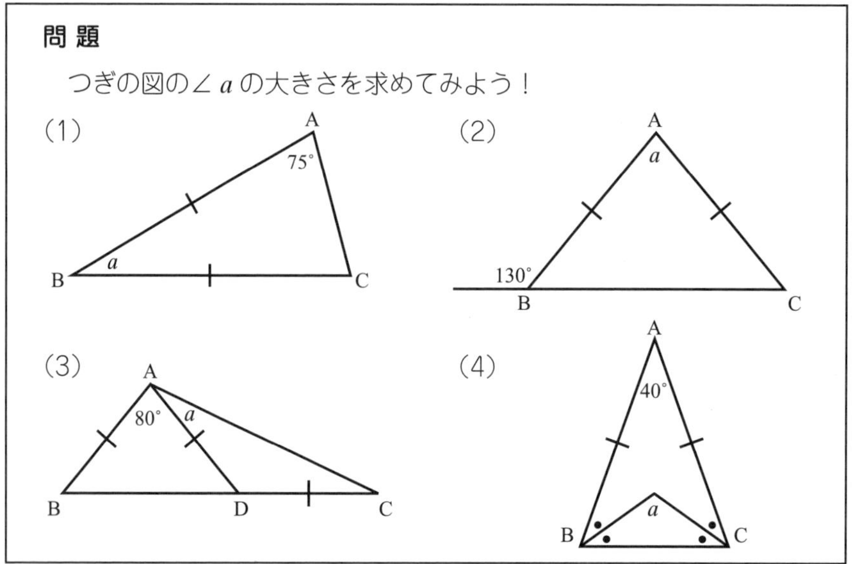

考え方：二等辺三角形の底角および三角形の外角の性質を使えば簡単！

＜解説・解答＞

(1) ∠ A =∠ C = 75° だから、a = 180° − （∠ A + ∠ C)

a = 180° − 75° × 2 = 30°

よって、　　∠ a = 30° ・・・・・（こたえ）

(2)

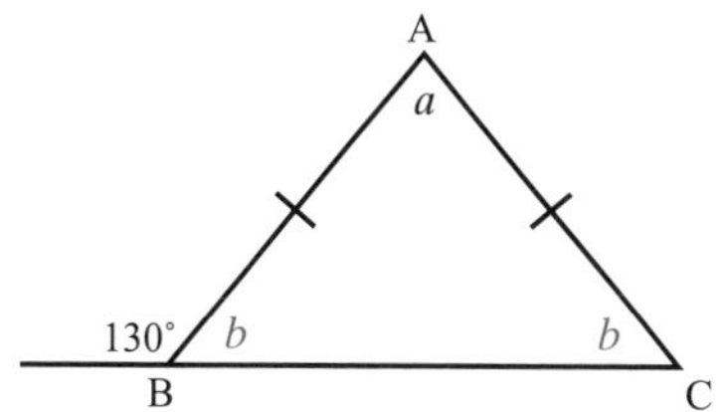

右図の b の大きさを求めればその２倍を180°から引いておわりですね。

$b = 180° - 130° = 50°$

だから、

$a = 180° - 2 \times 50° = 80°$

よって、

$\angle a = 80°$　・・・・・（こたえ）

(3)

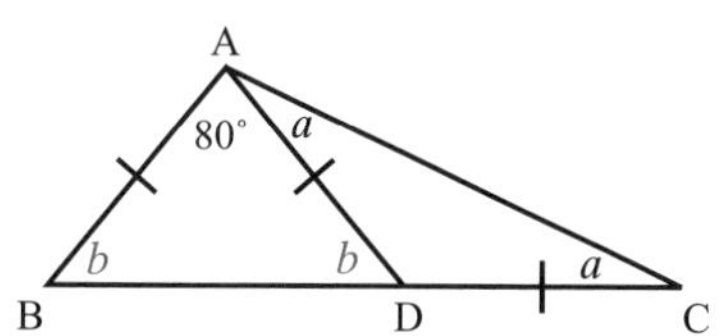

右図の b を求め、△ACDの外角の性質を使い、a と b との関係式を立てればOK！

$2b = 180° - 80°$

$= 100°$

$b = 50°$

三角形の外角の性質より、$b = 2a$ だから

$2a = 50°$

$a = 25°$

よって、

$\angle a = 25°$　・・・・・（こたえ）

疲れました・・・

「大変だよね！
少し休んでいいよ！」

(4)

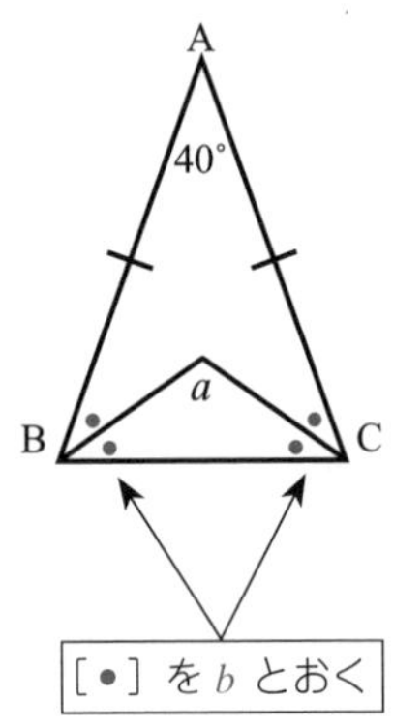

赤い点［•］を b とおくと、a は 180° から 2 倍の b を引いたものですね。また、∠B、∠C はそれぞれ b が 2 個ぶんの大きさですから・・・。大丈夫だよね？!

∠B +∠C ＝ 180° − 40°（∠A）
＝ 140°

∠B +∠C ＝ $4b$ から
$4b$ ＝ 140°
$2b$ ＝ 140° ÷ 2
＝ 70°

だから、

a ＝ 180° − $2b$
＝ 180° − 70°
＝ 110°

（別解） 矢じりの形を利用！！
a ＝ $2b$ ＋ 40°
＝ 70° ＋ 40°
＝ 110°

よって、

∠a ＝ 110° ・・・・・（こたえ）

以上でこの項目は本当に終了です。図形のところは残り 2 項目。四角形について、その中でも"平行四辺形"に関する項目と、"等積変形"という、面積に関する項目の 2 つ！

あと少しです。がんばりましょうね！　お互いに・・・！

も〜、限界です！

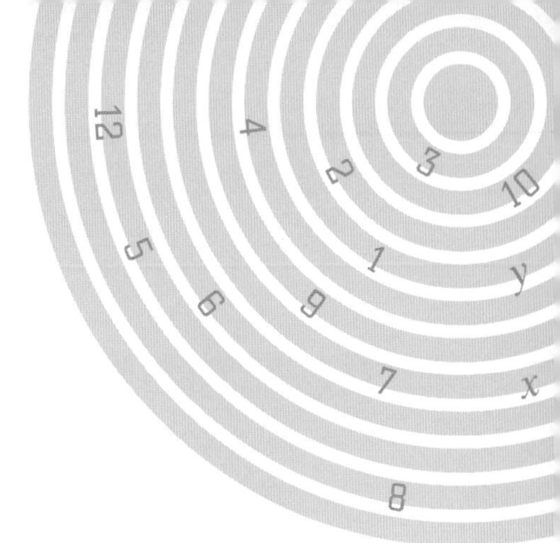

中学2年

第7話

平行四辺形

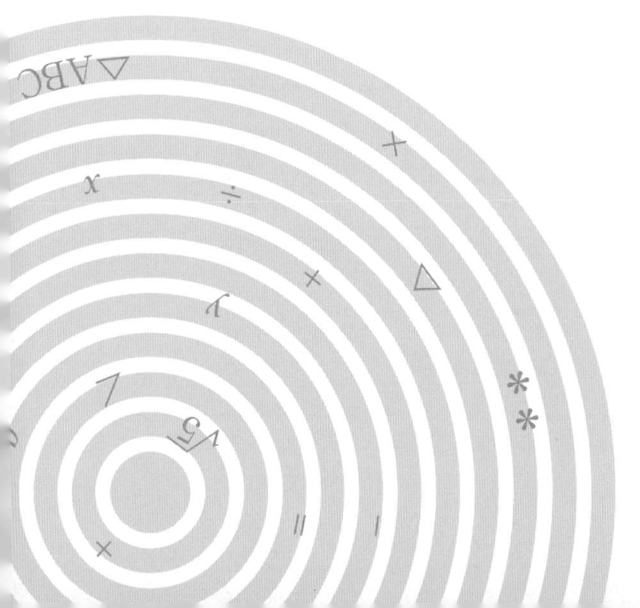

XVII　四角形

ここでは平行四辺形に関係する四角形についてお話しします。

①平行四辺形

平行四辺形と言われたら、「どんな形を思い浮かべますか？」また、それを口で説明できますか？

まず、**平行四辺形の定義**から

「2組の対辺がそれぞれ平行な四角形」

いかがでしょうか？　言われてみればそうだよな！　という感じがするでしょ！　では、つぎは性質（定理）について。

定理

（ｉ）　2組の対辺がそれぞれ等しい

（ii）　2組の対角がそれぞれ等しい

（iii）　対角線がおのおのの中点で交わる

すべて大切なことですから、しっかり覚えてください。

つぎは、こうであれば必ず平行四辺形になるという条件についてです。

条件

①　**2組の対辺がそれぞれ平行である**

②　**2組の対辺がそれぞれ等しい**

③　**2組の対角がそれぞれ等しい**

④　**対角線がおのおのの中点で交わる**

⑤　**1組の対辺が平行でその長さが等しい**

きっと、みなさんは定義・性質（定理）そして条件の何が違うのか、わけがわかりませんよね。学校の先生からは怒られそうですが、細かいことはあまり気にせずに、平行四辺形の条件だけをしっかりと言えればOK！

いつものごとく、問題を通して理解していきましょうね。ここも、証明問題が中心になってきますから、苦手な人は今までのところをもう一度よく読んで、流れをつかんでくださいよ！まずは、辺･角度の問題からです。

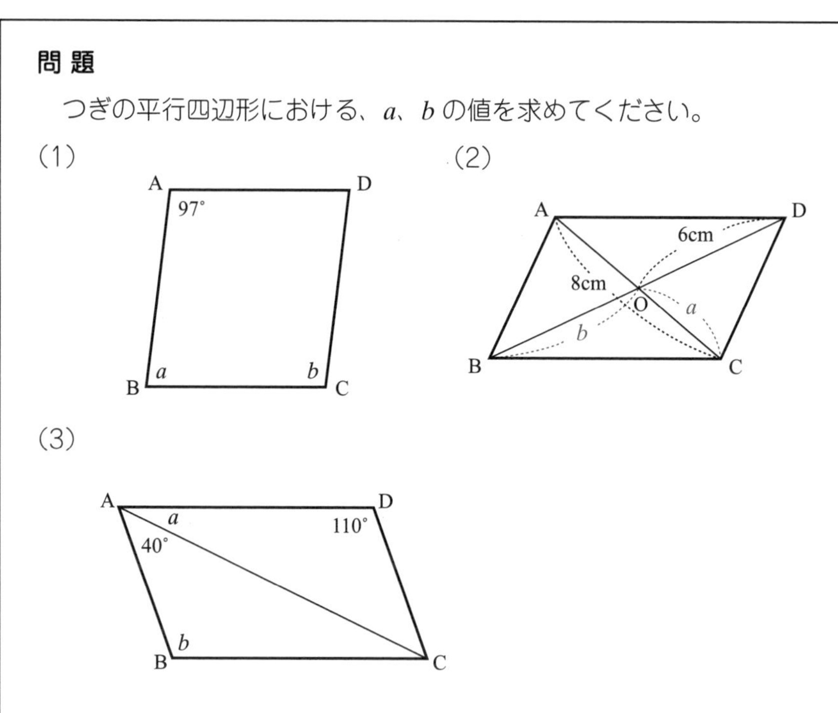

＜解説・解答＞

(1) 平行四辺形の性質から、向かい合う角度（対角）は等しいので、

$b = 97°$　・・・（こたえ）

aは計算で求めると、四角形の内角の和は360°だから、bの２個分を引き、$360° - 97° \times 2 = 166°$

この半分が a となりますよね。だから、

$a = 166 \div 2 = 83°$

となります。しかし、こんな計算しなくてもすぐにわかりますね。右図を見てください。

平行線の知識を使えば一発なんですよ！

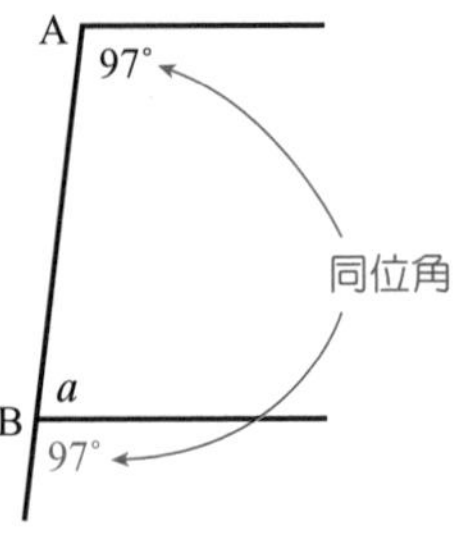

辺ABのB側を少し伸ばしてできる a の下側の角度は、同位角から97°とわかります。

へぇ～、見えなかった！

よって、

$a = 180° - 97° = 83°$ ・・・・・（こたえ）

(2) これは「対角線の交点はおのおのの中点で交わる」という性質を使い、a は線分ACの半分。

$a = 8 \div 2 = 4$　　$a = 4$ [cm] ・・・・・（こたえ）

同様に考えて、OB = OD より

$b = 6$　　$b = 6$ [cm] ・・・・・（こたえ）

(3)

これもすぐに（対角より）

$b = 110°$ ・・・・・（こたえ）

とわかりますね。問題は a です。

右図の赤い c の部分に着目すると、

錯角より $c = 40°$

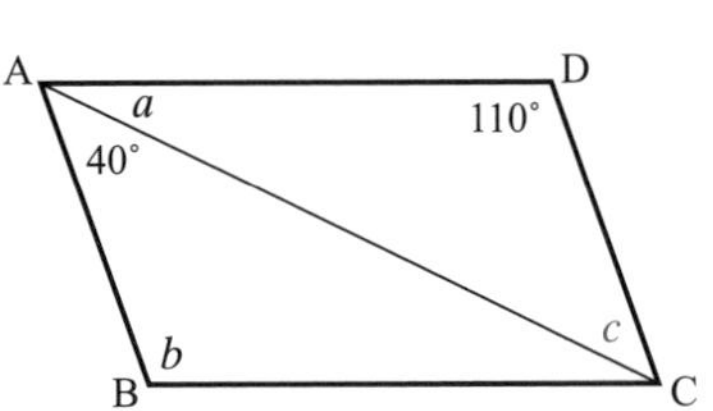

よって、三角形ACDより

$a = 180° - 110° - c$

$= 180° - 110° - 40°$

$= 30°$

だから、　　$a = 30°$ ・・・・・（こたえ）

平行四辺形の問題を考えるときは、必ず平行線での“錯角”“同位角”が関係してきますので、この点も再度確認してください！

では、証明問題の練習ですよ！

問 題

右図の平行四辺形 ABCD において対角線の交点を O とし、OA＝OC、OB＝OD であることを証明してください。

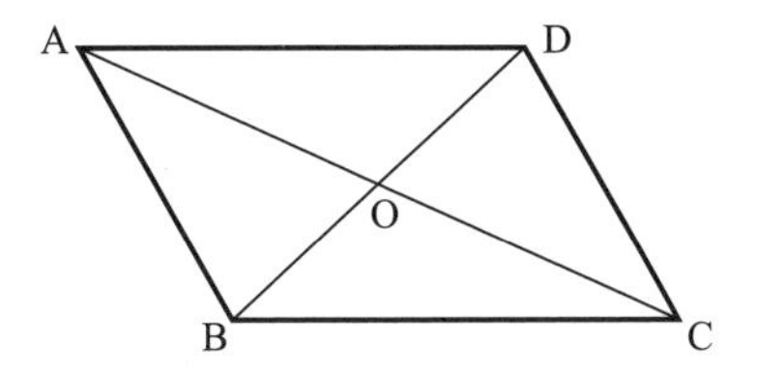

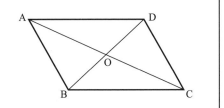

平行四辺形の条件④の証明ですね！

考え方：△ ABO と△ CDO が合同であれば問題解決！

平行線での錯角・同位角などの復習は大丈夫ですか？

＜ 解説・解答 ＞

（別解）
△ OAD ≡ △ OCB の証明でも OK ！

［ 証 明 ］ 頂点の対応に注意！！

△ ABO と△ CDO において

AB ＝ CD（条件より）　　・・・・①

∠ OAB ＝∠ OCD（錯角）　　・・・・②

∠ OBA ＝∠ ODC（錯角）　　・・・・③

よって①②③より

1 辺とその両端の角がそれぞれ等しいので

△ ABO ≡△ CDO

今度こそ！　あれ〜・・？

したがって、（合同な 2 つの三角形の対応する辺は等しいので）

OA ＝ OC、OB ＝ OD

である。

おわり

問題

右図の平行四辺形 ABCD において、AB、CD の中点をそれぞれ E、F とおくと、AF = CE であることを証明してください。

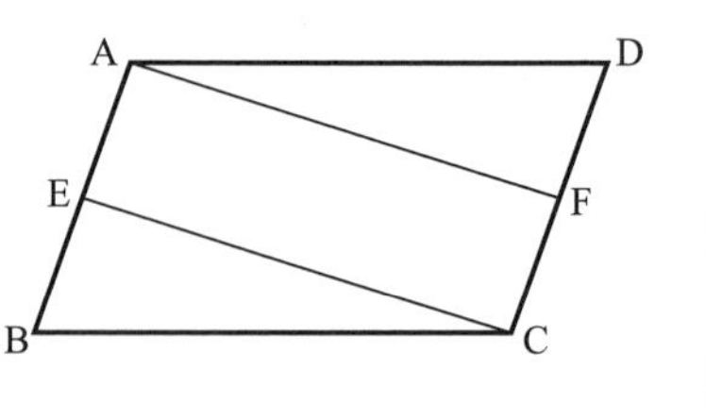

考え方：四角形 AECF が平行四辺形であることが言えれば OK ！

＜解説・解答＞

［証明］

平行四辺形 ABCD より

AE = CF（条件より）・・・・①

AE//CF（条件より）・・・・②

よって、①②より

合同のとき同様、証明はむずかし～ !!

1 組の対辺が平行で、かつ長さが等しいので

四角形 AECF は平行四辺形である。

したがって、

AF = CE

である。

平行四辺形であるための条件（p484）を覚えないとつらいですね！

おわり

問題

右図の平行四辺形 ABCD において、∠ B の二等分線が辺 AD および辺 CD の延長線と交わる点をそれぞれ E、F とおく。

(1) ∠ AEB の大きさは？

(2) ED = FD を証明してください。

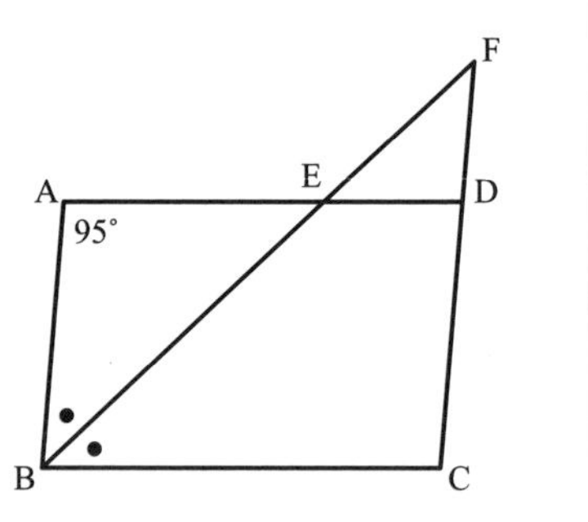

＜解説・解答＞

(1)

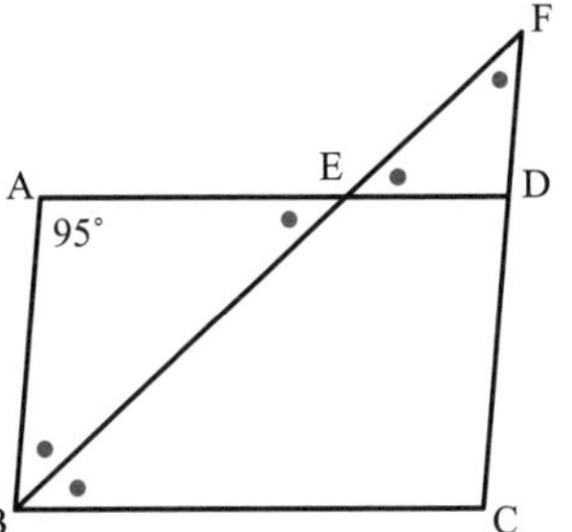

右図の赤い点に注目です。

条件より

∠ABE＝∠CBE　　　　・・・・①

AD//BCより

∠CBE＝∠AEB（錯角）・・・・②

よって、①②より底角が等しいので

△ABEは二等辺三角形である。

よって、赤い点（•）は△ABEを利用し、

180°から∠A＝95°を引いて、2で割った大きさである。

したがって、

∠AEB＝（180°－95°）÷2

＝42.5°

∠AEB＝42.5°　・・・・・（こたえ）

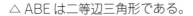

(2)

［証明］

AD//BC、AB//CFより

∠ABF＝∠CBF（条件より）・・・・①

∠CBF＝∠DEF（同位角）　・・・・②

∠ABF＝∠DFE（錯角）　　・・・・③

よって、①②③より、∠DEF＝∠DFEゆえ、

底角が等しいことから△DEFは二等辺三角形である。

したがって、

ED＝FD

おわり

問題

平行四辺形 ABCD において、点 B から辺 AD の中点 M を通って、辺 CD の延長線との交点を E とする。また、点 B から点 D へ線分を引くと四角形 ABDE ができる。この四角形は、いったいどんな四角形だと思いますか？それを示してください。

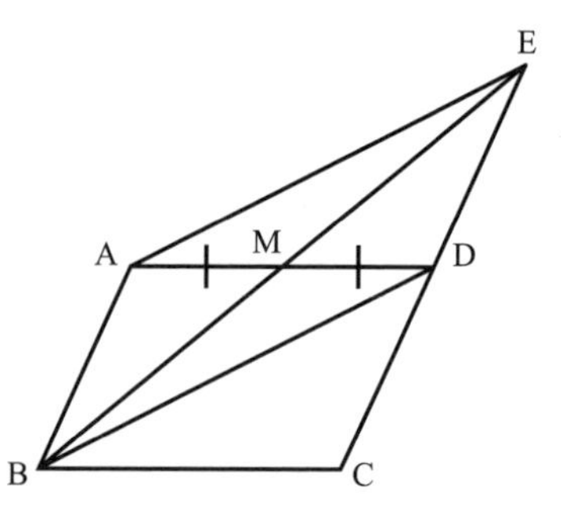

＜解説・解答＞

見た感じ平行四辺形になりそうですよね。では、どうやってそれを証明しましょうか？

［証明］　　ん～・・・　あっ！　見えたぞ！

△ ABM と△ DEM において

AM ＝ DM（条件より）　・・・・①

∠ AMB ＝∠ DME（対頂角）　・・・・②

∠ MAB ＝∠ MDE（錯角）　・・・・③

よって、①②③より

1 辺と両端の角がそれぞれ等しいので

△ ABM ≡△ DEM

したがって、（合同な 2 つの三角形の対応する辺は等しいので）

BM ＝ EM、AM ＝ DM となり、対角線 BE、AD はおのおのの中点で交わることから、四角形 ABDE は平行四辺形となる。

おわり

このくらいで平行四辺形に関しては十分でしょう！　あとは問題集でたくさん練習してくださいね。

さぁ～てと、四角形についてはあとですね・・・“長方形”“ひし形”そして“正方形”について簡単にお話ししておわりにしてしまいましょう。

「めんどうだから手を抜いてると思っているでしょ！
本当にこれで大丈夫ですから！　たぶん？」

② 長方形

定義：4 つの内角が等しい（直角）四角形
性質：対角線の長さが等しい

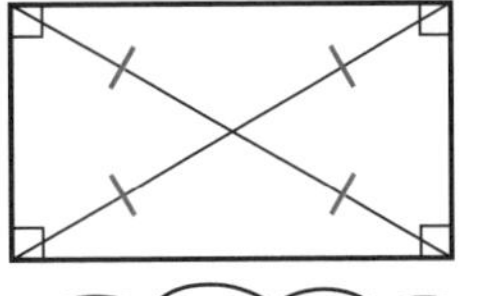

この程度で OK ！

③ ひし形

案外、面積の公式を知らない人がいるんですよ！

面積の公式：（対角線）×（対角線）× $\frac{1}{2}$

定義：4 つの辺の長さが等しい四角形
性質：対角線は垂直に交わる

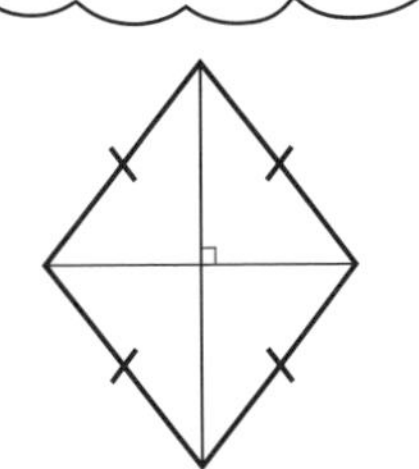

これでいいでしょう！

④ 正方形

定義：4 つの内角、4 つの辺が等しい四角形
性質：対角線の長さが等しく、垂直に交わる

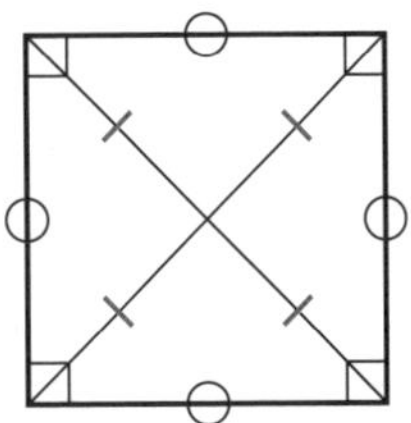

こんなものかな？

なにを今さらこんなことを !!　と思ってるでしょ！
でも、「ひし形と正方形のどこが違うの？」と聞かれたら、答えられました？ 汗ここで気づいてもらいたいのは、長方形・正方形・ひし形はすべて平行四辺形であることです。言い換えれば、平行四辺形の特殊形なんですよ。教科書などでつぎのような図を見たことがある人もいると思います。

長方形とひし形の両方の性質を持っているでしょ！

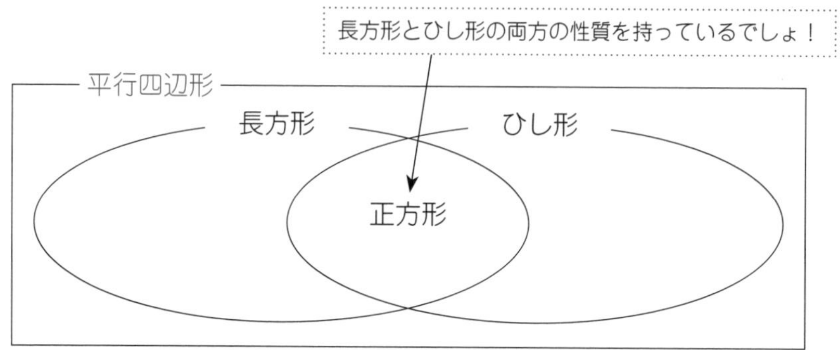

問 題

四角形 ABCD がつぎのような形になるための条件を記号を使って表してみよう!!

(1) 平行四辺形　(2) 正方形　(3) 長方形　(4) ひし形

考え方：(例) PQ//RS こんな感じですよ。「わかるよね?!」たぶん・・・

大変だぞ！　いくつ書けばいいんだ？「全部書くの？」と悩んでいるでしょ。こういう場合は定義を示せばよいんです。定義とは、絶対にこれだけはゆずれないという土台なんですね。その他のことは、あとからわかったことなんですよ。

「言っていることわかるかな??」

< 解説・解答 >

(1) 平行四辺形

定義：2 組の対辺がそれぞれ平行な四角形

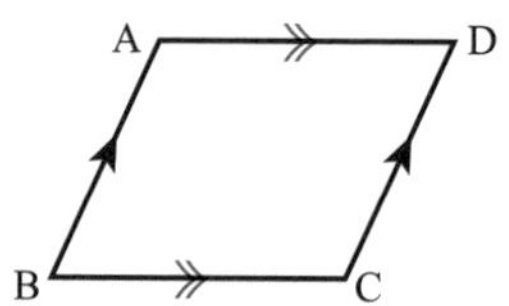

AB//DC　かつ　AD//BC

・・・・・(こたえ)

(2) 正方形

定義：4つの内角、4つの辺がすべて等しい四角形

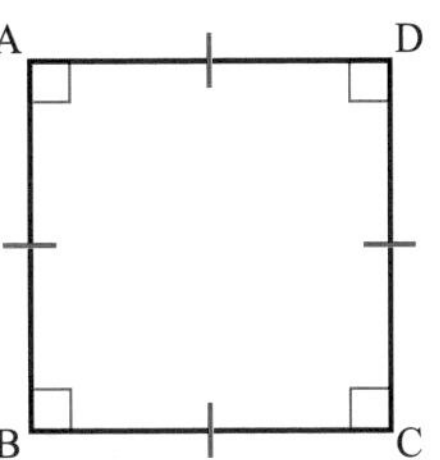

AB = BC = CD = DA

かつ

∠A =∠B =∠C =∠D = 90°

(=∠R とも表します。90°という意味)

・・・・・(こたえ)

(3) 長方形

定義：4つの内角が等しい四角形

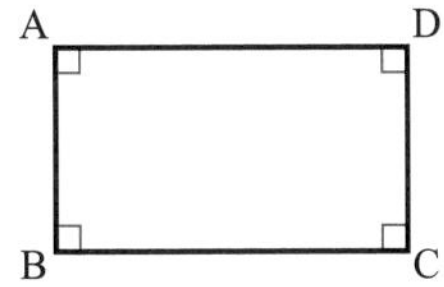

∠A =∠B =∠C =∠D = 90°

(=∠R とも表します。90°という意味)

・・・・・(こたえ)

(4) ひし形

定義：4つの辺の長さが等しい四角形

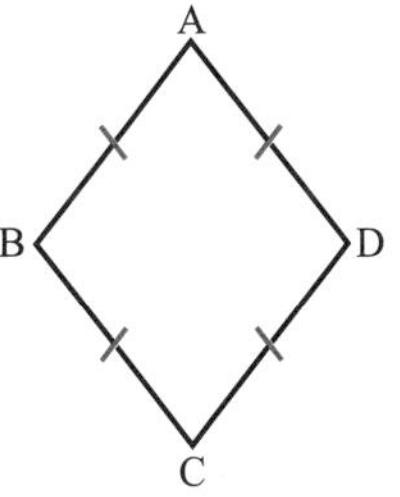

AB = BC = CD = DA

・・・・・(こたえ)

では、最後に言葉の問題“逆”についてお話をして、ここの項目をおわりにしましょう！

逆とは？（言葉の真偽）

合同の項目で“仮定”と“結論”についてお話ししました。覚えていますか？　覚えているわけないでしょ！　「失礼しました。ごもっともです！」

簡単に復習しておきますね。

> **「A ならば B である」という文において、**
> **「A ならば」の A の部分を仮定、「B である」の B の部分を結論と言う。**

記憶のどこかに残っていませんか？

「逆とは？」ある事柄の“仮定”と“結論”を入れ替えたものを言う。

（例）

「女の子にもてるならばルックスが good」

逆：「ルックスが good ならば女の子にもてる」

こんな文が正しいかどうかを判断してナンテ言うのはダメだよ。笑

この例は、ある意味悪い例としてはわかりやすいですが、実際には抽象的（あいまい）なものではなく、もっと具体的な問題で聞かれますので安心してください。

では、逆の問題をやることにしましょう！

え～!!　これだけで問題ヤルノ？!

「大丈夫です！　バッチリです！」

問 題

つぎのことがらの逆を示し、正しいか、誤りかの判断をしてみよう。

（1）2 組の辺がそれぞれ平行ならば、平行四辺形である。

（2）4 の倍数（自然数）ならば、偶数である。

（3）正方形ならばすべての辺の長さは等しい。

（4）（自然数において）偶数どうしならば、和は偶数である。

＜解説・解答＞

（1）

逆：平行四辺形ならば、2組の辺がそれぞれ平行である。

これは当然OK！ですね。平行四辺形の定義ですからね。**正しい**。（こたえ）

（2）

逆：偶数ならば、4の倍数である。

どう思います？　一見正しいように思いますが間違いですね。数学では、たった1つ**反例**を示せば否定できるんです。そこで30はどうでしょう？　4の倍数ではないですね！　ここでは証明せず反例だけでおわりにしておきます。よって、**誤り**。・・・（こたえ）

（3）

逆：すべての辺の長さが等しいならば、正方形である。

これもなんだか正しいような感じがするよね。でも、違うんです。これではひし形になっちゃいますよ。だから、**誤り**。・・・（こたえ）

（4）

逆：和が偶数ならば、偶数どうしである。

今度こそ正しい！　と言いたいんですが、違いますね。奇数どうしの和でも、やはり偶数になります。奇数は $2m-1$、$2n+1$ と表せるので、

$(2n-1)+(2m+1)=2(m+n)$ となり、2の倍数でしょ！

よって、偶数になります。だから、**誤り**。・・・（こたえ）

この問題を考えていると、性格がネジレテしまいそうでキライ！

中学1年

中学2年

中学3年

XVIII　平行線と面積

等積変形（とうせきへんけい）

等積変形という言葉、聞いたことありますか？ 私が中学生の頃は、このように言っていたんですが・・・。

この言葉の意味は、面積が等しいままで形を変えるということ。ここで言う面積とは三角形についてですよ。「でも、どーやって・・・？」そうですよね。意味がわからないですよね！　あのね、この等積変形は平行線の性質を利用して、面積はそのままで三角形の形だけを変えるんです。

右側に2本の平行線をかいてみました。まず基本的なことを確認させてね！

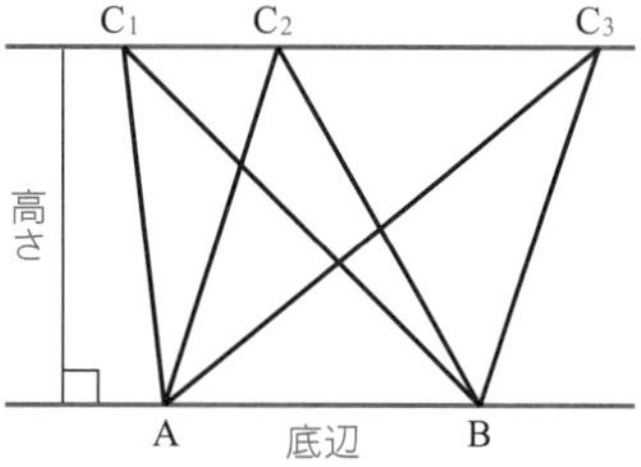

“三角形の面積”の公式は？

（底辺）×（高さ）÷ 2

これでよかったですよね？

では、「右上図の中に三角形が3個ありますよね。$\triangle ABC_1$, $\triangle ABC_2$, $\triangle ABC_3$ の中でどれが一番面積が大きいと思います？」 質問しておいて変ですが、実は全部同じ面積なんですね。　わかっていましたよ！

念のために示しておきます。　「それは失礼しました。」

AB ＝ x、高さ＝ y とおき、$\triangle ABC_1$、$\triangle ABC_2$、$\triangle ABC_3$ の面積をそれぞれ S_1、S_2、S_3 とします。この3つの三角形の底辺はAB、高さは平行線の間の距離ですから、底辺も高さも共通になりますね。

よって、面積は

$$S_1 = x \times y \div 2 = \boxed{\frac{xy}{2}},\ S_2 = x \times y \div 2 = \boxed{\frac{xy}{2}},\ S_3 = x \times y \div 2 = \boxed{\frac{xy}{2}}$$

となり、すべて同じになります。よって、当然つぎのことが言えますね。

底辺･高さが同じであれば、形がまったく違う三角形でも面積は等しい！

ということを常に頭の中に入れておいてください。これが等積変形のエキスなんです。これからの話はすべてこれが基本になっていますからね！

では、さっそく問題を１問やってみましょう。

問 題

右の三角形の周上に点Ｑをとり、底辺をBCとし、△PBCと同じ面積になるような△QBCを作りたい。点Ｑの見つけ方を考えてください！

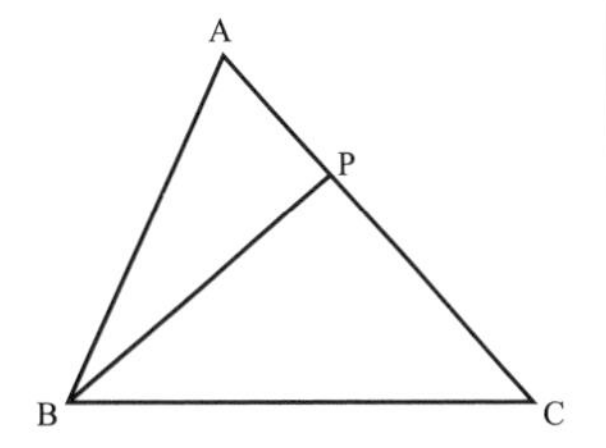

＜ 解説・解答 ＞

どうしましょうか？　底辺（BC）は共通ですから、高さ を同じにすれば面積は同じですよね！　方針は決まったね・・・。

高さとは、点Ｐから底辺BCに垂線を引いた線分の長さですよ。

「気がつきましたか？」 先ほどの説明を見てください。平行線ですね！　平行線だから、点Ｐを通って辺BCに平行な直線を引けば、辺ABとの交点が点Ｑになるんです。図から△ QBCは△ PBCと面積が等しいのがわかるよね。

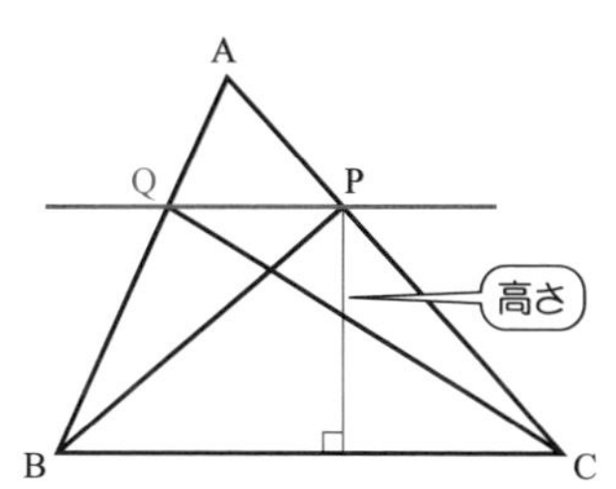

よって、

点Ｐを通って辺BCに平行な直線を引き、辺ABとの交点が点Ｑである。

・・・・（こたえ）

つぎは、高さがそのままで、底辺の長さを変えたときの面積についてのお話です。

しかし、よくいろいろと問題を考えますね！　そんなにイジメテ楽しいですか？

「・・・」

問 題

右図の三角形の面積を半分にしたい。頂点 A からどんな線分を引けばよいでしょうか？

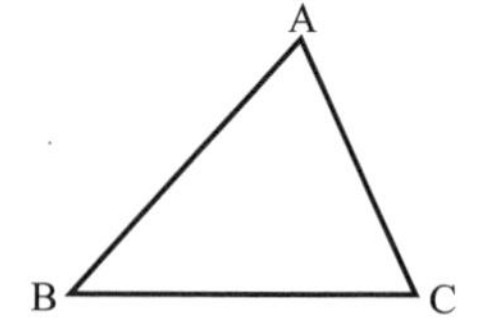

＜解説・解答＞

右図を見てください。赤で頂点 A から適当な線分を底辺に引いてみました。その足を点 D としておきますよ。今 2 つの△ ABD と△ ACD ができました。問題はこの 2 つが同じ面積になるためには、点 D をどこにとるかということを聞いているんですね。

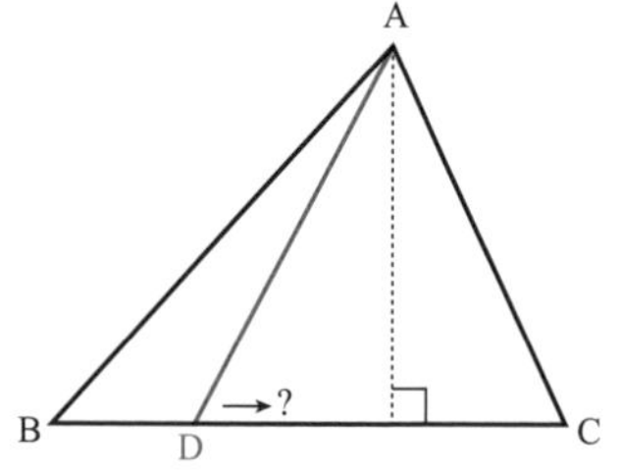

「この 2 つの三角形に共通なものはなんでしょうか？」「高さです！」だから、底辺の長さを半分にすれば、面積はちょうど△ ABC の半分になるんだね。ウンウン！

よって、　　　辺 BC の中点に頂点 A から線分を引く

・・・・・（こたえ）

では、今までの 2 問の知識を使って、つぎの問題を考えてみてください。

問 題

平行四辺形 ABCD の面積が 40 [cm²] のとき、つぎの面積を求めよう。

（1）△ PBC の面積

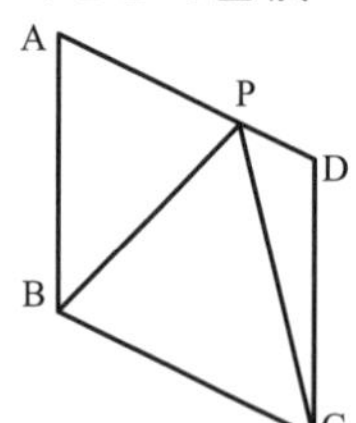

（2）△ ACP の面積

点 P は辺 AD の中点

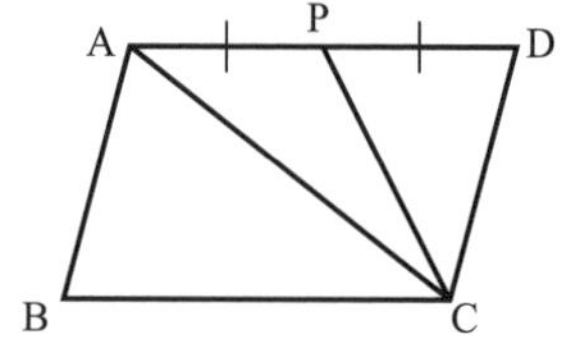

（3）△ APD と△ BPC の面積の和

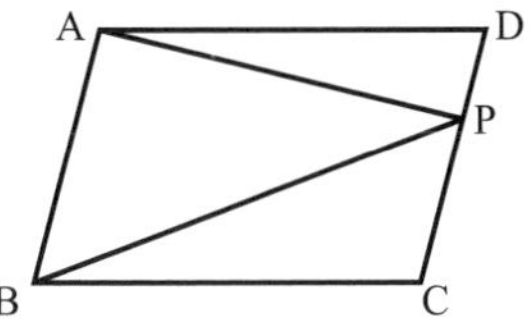

＜解説・解答＞

（1）右図の求めたい赤い三角形と、△ DBC をよく見比べてください。底辺 BC が共通。また、AD//BC より高さも共通ですよね。だから、△ PBC の面積は△ DBC の面積と等しい。
△ DBC の面積は線分 BD（対角線）により、平行四辺形の半分になるので、

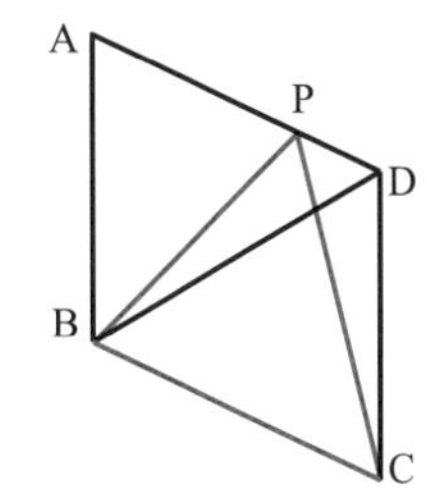

△ PBC ＝ △ DBC ＝ 40 ÷ 2 ＝ 20

よって、　　　△ PBC ＝ 20［cm^2］・・・・・（こたえ）

（2）右図の赤い三角形は線分 AC が対角線であるので、（1）と同じように△ CDA の面積は平行四辺形の半分です。また、点 P は底辺 AD の中点であるから、線分 CP は△ CDA の面積をちょうど半分にしていますね。

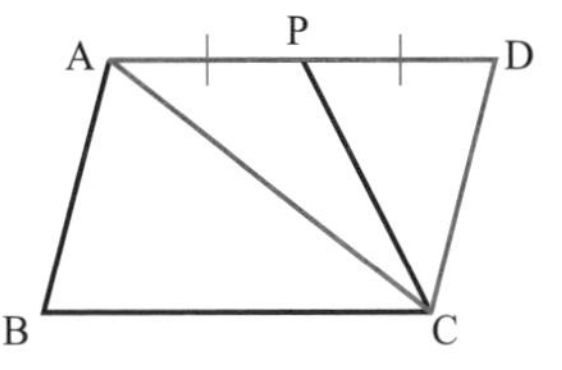

だから、△ ACP の面積は△ CDA の半分になります。

△ CDA ＝ 平行四辺形 ABCD ÷ 2
＝ 40 ÷ 2 ＝ 20

よって、

$$\triangle ACP = \triangle CDA \div 2$$
$$= 20 \div 2$$
$$= 10$$

$\triangle ACP = 10$ [cm^2]

・・・・・（こたえ）

(3) 右図の2つの赤い三角形を見てください。△APDと△BPCはそれぞれ底辺をPD、PCと考えると、高さは共通になりますよね。等積変形を思い出してください。すると△APDと△BPCの面積を求める式は、

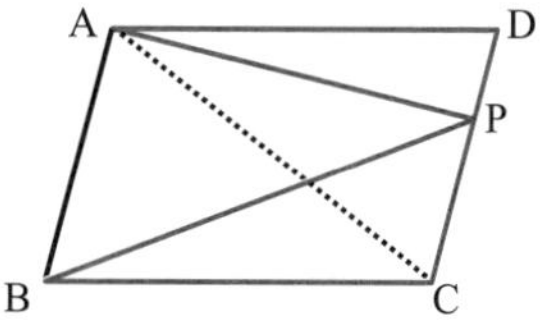

△APD = PD × [高さ] ÷ 2
△BPC = PC × [高さ] ÷ 2

この2つの式の和は

△APD＋△BPC = PD × [高さ] ÷ 2 + PC × [高さ] ÷ 2
= (PD + PC) × [高さ] ÷ 2
= DC × [高さ] ÷ 2
= △ACD　　（平行四辺形の面積の半分）
= 40 ÷ 2
= 20

よって、

△APD + △BPC = 20 [cm^2]

・・・・・（こたえ）

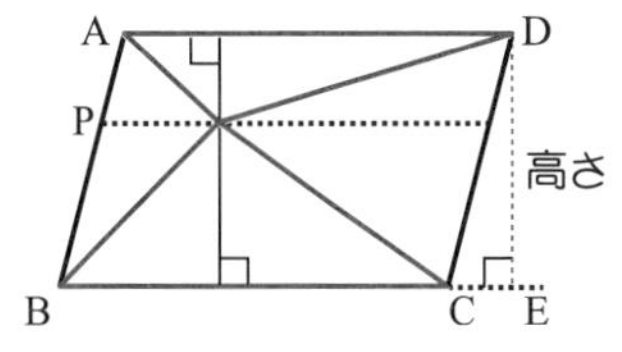

この（3）の問題では、右図のような赤い三角形どうしの和の場合もまったく同じ問題であることに気づいてほしいんです。

点 P が黒い点線上を動いた状態ですよね。黒い点線が AD、BC に平行でなくても、高さは点 P が黒い点線上にいる限り、底辺 AD（または BC）で高さ DE の三角形の面積となり、当然この平行四辺形の面積の半分となります。よって、問題の三角形と変わりませんね。

少し難しいですか？　自分で図をかいて、考えてみてください。この考える時間があなたを成長させる肥料となるんです！

では、最後に少し難しい、でもとても大切な問題をやっておわりにしましょう!!　みなさんは“重心（じゅうしん）”という言葉を聞いたことがありますか？

重心（発展：数学 A）

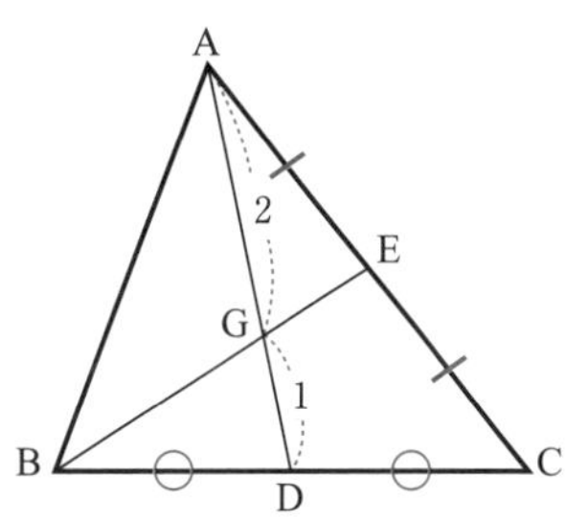

右図を見てもらうと、頂点 A から辺 BC の中点へ線分 AD が引いてありますね。同じように、頂点 B からも辺 AC の中点に線分 BE が引いてあります。この 2 本の交点を G とおくと、この点を“**重心**”と言います。

重心とは簡単に言えば、右の三角形ならば、点 G のところに人差し指の先をあてると、指先 1 本でこの三角形がバランスよく乗っかるというところなんですよ。何となくわかってもらえますか？

ここで一番大切な性質は、「**重心 G は頂点から対辺の中点に引いた線分を、頂点の方から 2：1 に内分する**」ということなんです。内分がわからなければ、点 G はこの線分（AD、BE）を 3 等分して 2 と 1 の大きさに分ける点だと思ってください。

やっぱり、むずかしそうですね・・・

“重心”とは？

頂点から対辺の中点に引いた線分を、

頂点の方から 2：1 に内分する点

（作図方法）

三角形の各頂点から対辺の中点へ線分を引くと、その交点が重心になる。

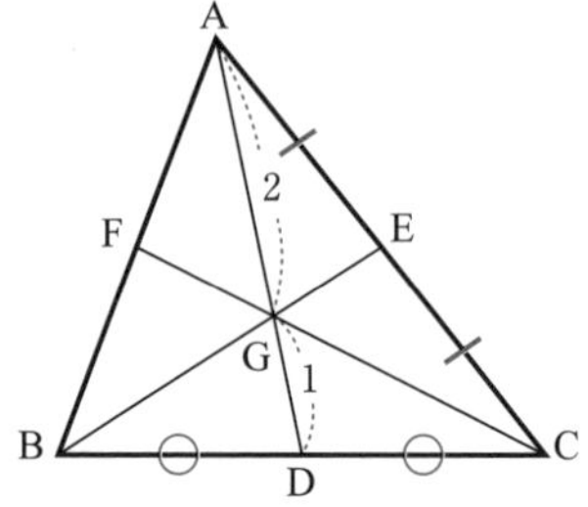

この重心の知識はとっても大切なことですから、シッカリと覚えてくださいよ！

これで準備は完了。では、最後の問題をやってください。

問 題

右図の△ ABC において、△ AGB の面積は△ ABC の面積の何倍ですか？

ただし、点 G は重心です。

この問題は一部中学 3 年の領域に含まれるので、今中学 2 年生の人は無理にやる必要はありません！

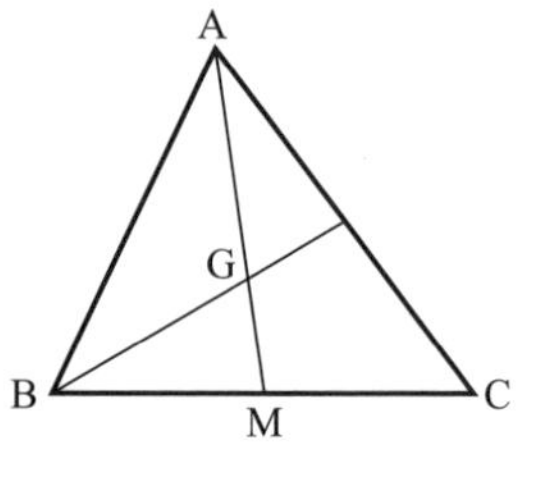

考え方：重心である点 G のはたらきはなんでしたか？

「“2：1”って、一体なんでしたっけ？」

また、このような問題は、主役となる三角形がどの三角形に含まれているか？　その三角形がまた、どの三角形に含まれているのか？ という順番に考えていくとわかりやすいですね。　意味不明～？？？

＜解説・解答＞

では、考え方のように進んでいってみましょうか？

まず、主役となる△ AGB が含まれているのは△ ABM ですね。つぎに三角形△ ABM が含まれているのは△ ABC です。

なるほど！　これで方針は見えてきた気がしませんか？　ぜ〜んぜん・・・

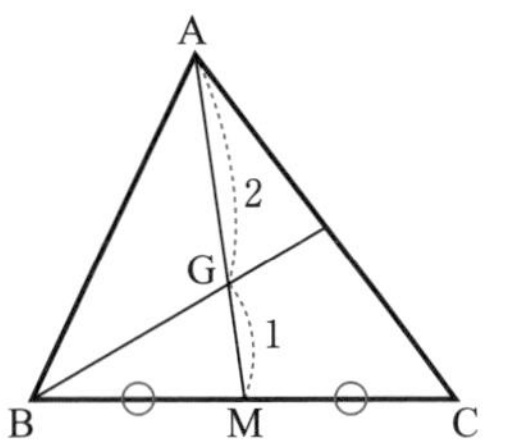

△ ABC → △ ABM → △ AGB

この順で考えていきますよ。いいですか？　では・・・

△ ABM は△ ABC のちょうど半分の大きさであることは点 G が重心であることからわかりますよね？　「あれ〜？　首をかしげていますね・・・」

点 M は辺 BC の中点なんですよ。大丈夫かな？ よって、△ ABC は線分 AM によって、△ ABM と△ ACM の 2 つに分けられました。この両方の三角形に共通な点は、“高さ” とそして、“底辺”（BM ＝ CM）なんですね。

よって、△ ABM の面積は△ ABC の半分の大きさになるわけです。

これを式で表すと、つぎのようになりますよ。

$$\triangle \mathrm{ABM} = \frac{1}{2} \triangle \mathrm{ABC} \quad \cdots\cdots ①$$

つぎに△ AGB は△ ABM に含まれます。右図のようにそこの部分だけを取り出してみました。

みなさんがわかりやすいように頂点を B として、△ BMA を表しました。これから以降の（△・・・）は問題文の三角形に対応して表していますからね。

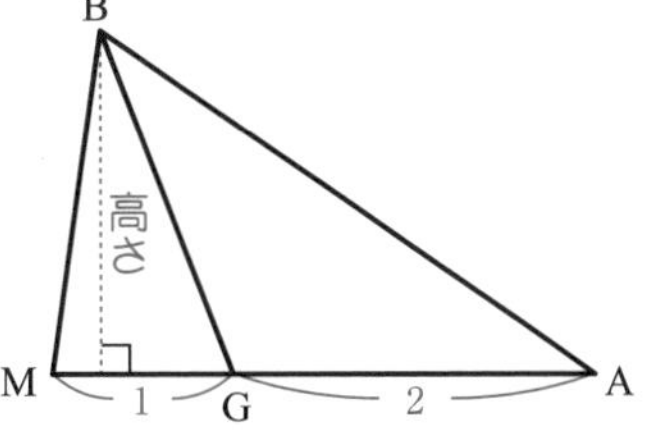

線分 BG により△ BMA は 2 つに分けられ、△ BMG と△ BAG（△ AGB）

ができました。この両方に共通な点は高さですね。でも、底辺 MG と AG は長さが違い、線分 MA を 3 等分したうちの 1 個と 2 個分ですから、高さが共通より △ BMG の面積は△ BMA の 3 分の 1、△ BAG（△ AGB）は△ BMA（△ ABM）の 3 分の 2 の大きさになることがわかります。

よって、目的の△ AGB について式で表すと

$$\triangle \mathrm{AGB} = \frac{2}{3} \triangle \mathrm{ABM} \cdots\cdots ②$$

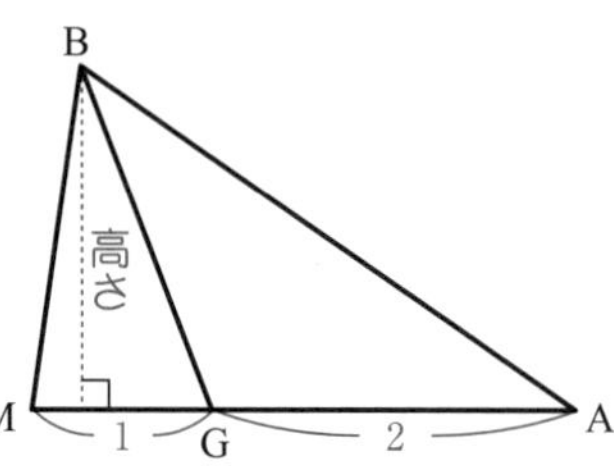

よって、①②より（下に並べてみました）

$$\triangle \mathrm{ABM} = \frac{1}{2} \triangle \mathrm{ABC} \cdots\cdots ①$$

$$\triangle \mathrm{AGB} = \frac{2}{3} \triangle \mathrm{ABM} \cdots\cdots ②$$

①の右辺を②の△ ABM に代入（入れ替える）

$$\triangle \mathrm{AGB} = \frac{2}{3} \times \frac{1}{2} \triangle \mathrm{ABC}$$

$$= \frac{1}{3} \triangle \mathrm{ABC}$$

重要
実は重心 G から三角形の各頂点に線分を引いてできる 3 つの三角形の面積は全部同じなんですよ！
△GAB＝△GBC＝△GCA

したがって、

△ AGB の面積は△ ABC の面積の $\frac{1}{3}$ 倍である。

・・・・・（こたえ）

この線分比と面積の関係は、図形の嫌いな人にはつらいところです。でも、高校数学の三角比およびベクトルでよくこの知識が必要になり、特にセンター試験の三角比の問題では、中学の図形の知識が大変重要になります。よって、中学の数学だからと軽く見ずに、高認受験生はよ〜く勉強してくださいね！　大変だ・・・！

中学２年

第 8 話

確　率

XIX　確率

中学 2 年の数学も、とうとう最後の項目になってしまいました。ここでは確率について少し考えてみましょうか。　えっ！　ほんとに少し??

ここにクジがあり、“10 人中 5 人は当たる”とき、これは「2 人に 1 人は当たる」と言い換えられますよね？！　実はこれが確率なんです。全体のうちどれだけのことがらが起きるのか？ ただそれだけなんですね。

確率は

$$P = \frac{\text{限られた出来事}}{\text{起こりうる全ての出来事}} = \frac{\cancel{5}}{\cancel{10}} = \boxed{\frac{1}{2}}$$

上記のようにして表すんです。[分母：起こりうるすべての場合の数]、[分子：限られた場合の数] を意味し、それを分数で表す。そのとき絶対に忘れてはいけないのが、約分です。

確率は、問題が難しいのではなく、実はこの分母と分子に入る数を求めるのが難しいんですね。この分母と分子に入る数を“場合の数”と言うんです。では最初に、その“場合の数”から始めましょう！

場合の数

何かをヤル時に“～の場合”はどうなりますか？　という感じで、何か条件がつくと考え方が変わってきますよね。

例えば、「1 ～ 10 まで書かれたカードが 10 枚あります。好きなのを 1 枚取るとしたならば、全部で何通りの取り方がありますか？」と聞かれれば、「10 通りですよ！」と、楽に答えられます。でも、「3 の倍数だけを取ってください！」と言われたら、一瞬かたまりますよね！

このように**条件がついたときの数を“場合の数”**と言うんです。

「ピ～ンときませんか？　ここは好きか嫌いかの 2 つに分かれる項目なんです！」

「私は大キライ！」

まずは、この“場合の数”の練習をやることにしましょう！

問 題　AとB、2つのサイコロを振ったときの場合を考えてみよう！
（1）2つのサイコロの目の出方は何通りありますか？
（2）Aの方が目が大きい出方は何通りありますか？
（3）2つのサイコロの目の積が偶数になるのは何通りありますか？
（4）2つのサイコロの目の積が奇数になるのは何通りありますか？
（5）2つのサイコロの目の和が素数になるのは何通りありますか？

＜解説・解答＞

（1）Aの1つの目に対し、Bの目の出方は1～6の6通り。Aは目が全部で6個なので、全部で目の出方は

$$6 \times 6 = 36$$

「何かもんだいあります？」

36通り・・・・（こたえ）

（2）Aの方が大きいんだから

Bの1に対して、A：2, 3, 4, 5, 6　（5通り）
　2に対して、A：3, 4, 5, 6　（4通り）
　3に対して、A：4, 5, 6　（3通り）
　4に対して、A：5, 6　（2通り）
　5に対して、A：6　（1通り）

だから、全部で　$5 + 4 + 3 + 2 + 1 = 15$

ナルホド～・・・

よって、

15通り・・・・・（こたえ）

（3）積が偶数（2の倍数）のときは、必ず片方が偶数です。

つぎのページの表からかぞえてください！　見方はA、Bの2、4、6の列すべてですよ！　赤く色がついているものが、積が偶数になるものです。

B \ A	1	2	3	4	5	6
1	(1, 1)	(1, 2)	(1, 3)	(1, 4)	(1, 5)	(1, 6)
2	(2, 1)	(2, 2)	(2, 3)	(2, 4)	(2, 5)	(2, 6)
3	(3, 1)	(3, 2)	(3, 3)	(3, 4)	(3, 5)	(3, 6)
4	(4, 1)	(4, 2)	(4, 3)	(4, 4)	(4, 5)	(4, 6)
5	(5, 1)	(5, 2)	(5, 3)	(5, 4)	(5, 5)	(5, 6)
6	(6, 1)	(6, 2)	(6, 3)	(6, 4)	(6, 5)	(6, 6)

よって、全部で 27 通り ・・・・・（こたえ）

（4）積が奇数（2 で割れない数）のときは、必ず奇数どうしです。下の表から、A、B の 1、3、5 の列の交わったところすべてですよ！

B \ A	1	2	3	4	5	6
1	(1, 1)	(1, 2)	(1, 3)	(1, 4)	(1, 5)	(1, 6)
2	(2, 1)	(2, 2)	(2, 3)	(2, 4)	(2, 5)	(2, 6)
3	(3, 1)	(3, 2)	(3, 3)	(3, 4)	(3, 5)	(3, 6)
4	(4, 1)	(4, 2)	(4, 3)	(4, 4)	(4, 5)	(4, 6)
5	(5, 1)	(5, 2)	(5, 3)	(5, 4)	(5, 5)	(5, 6)
6	(6, 1)	(6, 2)	(6, 3)	(6, 4)	(6, 5)	(6, 6)

よって、全部で 9 通り ・・・・・（こたえ）　　カンタン　簡単！

（5）素数とは、「1 と自分自身しか約数を持たない自然数」でしたね！
2 つのサイコロの目の和は 2 ～ 12 までのどれかです。よって、この間の素数は「2、3、5、7、11」ですから、（4）の表（下線部）から和がこの 5 つになるのは、全部で 15 通り ・・・・・（こたえ）

問 題　繰り返し選ぶことはしないとき、以下の問いに答えてください。

(1) 1、2、3、4の数字から3つ選んで3ケタの数がいくつできますか？

(2) 1、2、3、4の数字から3つ選んで3ケタの偶数がいくつできますか？

(3) 0、1、2、3の数字から3つ選んで3ケタの数がいくつできますか？

(4) 0、1、2、3の数字から3つ選んで3ケタの奇数がいくつできますか？

(5) 0、1、2、5の数字から3つ選んで3ケタの3の倍数はいくつできますか？

中学1年
中学2年
中学3年

＜解説・解答＞

(1) 1、2、3、4から3つ選んで3ケタの数ですから

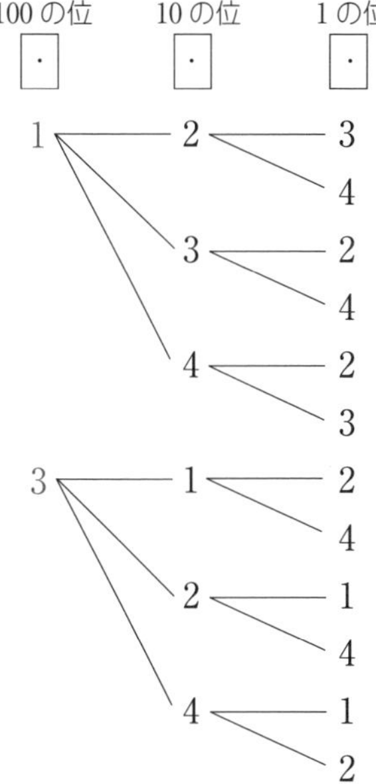

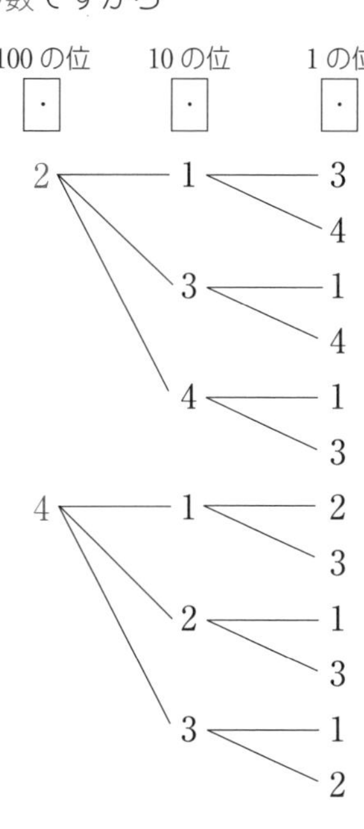

全部で24通りですね。考え方として、最初に100の位の数を決め、順に数字を置いていけば必ずできます。この書き方は“樹形図(じゅけいず)”と言うんです。なんか樹（木）の枝に似ているでしょ？　この考え方はとても大切なんですが、4ケタ・5ケタのように大きな数のときはどうしますか？

ゼッタイ！
やりたくない！

そこで、まず「100の位には何通り数字を選べますか？」
1、2、3、4の[4通り]ですね。では、1を100の位に使ったとします。

「つぎに10の位は何通り選べますか？」

当然2、3、4の[3通り]。それなら2を10の位に使いましょう。

「最後の1の位には何通り選べますか？」

残りは3、4の2つですから、[2通り]。

先ほどの樹形図を見ればわかりやすいと思いますが、100の位の4通りの中の1通りに対して、10の位は3通り。その3通りの中の1通りに対して1の位は2通りあります。よって、式で計算すると

ゆっくり考えて
ごらん！

4 × 3 × 2 ＝ 24（通り）・・・（こたえ）

(2) 1、2、3、4の数字から3つ選んで3ケタの偶数ですね。ここでは計算で求めますよ。まず、**偶数ですから1の位に偶数［2、4］がなければいけませんね。**よって、1の位が2の場合の数を求めて、それを2倍すればいいですよね。1の位が4でもまったく同じ考え方だからね！

[・] [・] [2]　　または　（[・] [・] [4]）

残りは1、3、4の3つですから、100の位には3通り。10の位には2通り数字が入れられます。よって、1の位が2の3ケタの偶数は

3 × 2 ＝ 6（通り）

したがって、[1の位が4の場合]も考え（2倍です！）

6 × 2 ＝ 12

12通り　・・・・・（こたえ）

(3) 0、1、2、3の数字から3つ選んで3ケタの数ですね。これも同じように考えれば簡単です。100の位は1、2、3の3通り。100の位で1を使ったとすると、10の位は0、2、3の3通り。そして1の位は、残りの2つで2通り。よって、式は

100の位には0は入れないんです！
だから4通りではなく3通り。
大丈夫だよね？！

$$3 \times 3 \times 2 = 18$$

18通り ・・・・（こたえ）

(4) 0、1、2、3の数字から3つ選んで3ケタの奇数**ですから1の位が1か3であればOK！**“1の場合”を考えて2倍しておわり！

[・] [・] [1] または（[・] [・] [3]）

残っている数は、0、2、3の3つですよ。100の位には2、3の2通り。そして、10の位には0、2（または3）の2通りですから、式は、

$$2 \times 2 = 4$$

よって、[1の位が3の場合]も同じですから

$$4 \times 2 = 8$$

8通り ・・・・（こたえ）

？？？？・・・

(5) 0、1、2、5の数字から3つ選んで3ケタの3の倍数ですよ。
「数が3で割り切れる（3の倍数）かどうかの見分け方、覚えていますか？」
[“各位の和（たし算）が3で割り切れれば、その数は3で割り切れる”]んでしたよ！　では、この知識を利用して、場合分けしましょう。

①　：　0、1、2の場合　(0 + 1 + 2 = 3)
②　：　0、1、5の場合　(0 + 1 + 5 = 6)

①②の考え方は同じなので、①の場合の数を求め、やはり2倍で解決！！

中学1年
中学2年
中学3年

①の場合

100の位は1、2の2通り。10の位は0、1（または2）の2通り。

そして、1の位は残りの1つだから1通り。よって、式は

$2 \times 2 \times 1 = 4$

②の場合 も同じなので、①の場合を2倍する

$4 \times 2 = 8$

8通り　・・・・（こたえ）

いかがでしたか？　場合の数のイメージができつつありますか？　この“場合の数”がわかれば、確率なんて問題ありません!!「たぶんですが・・・?!」

問 題　A君とB君がじゃんけんをします。

（1）　2人の手の出し方は何通りありますか？

（2）　勝ち負けがつかない（あいこ）場合は何通りありますか？

（3）　A君が勝つ場合は何通りありますか？

< 解説・解答 >

(1)“じゃんけん”には、グー・チョキ・パーの3種類がありますよね。だから、A君もB君も3種類ずつ出せるので、式は

$3 \times 3 = 9$　　「いいですよね？！」ウン！

9通り　・・・（こたえ）

(2)“あいこ”ですから、（グー・グー）（チョキ・チョキ）（パー・パー）の3通り。

3通り　・・・（こたえ）

注）3人のときの（あいこ）には気をつけてね！（グー・チョキ・パー）も考えないといけない。

(3) A君が勝つから、（グー・チョキ）（チョキ・パー）（パー・グー）の3通り。

3通り　・・・（こたえ）

問 題　クジが3本あり、そのうち当たりくじは2本である。
（1）ここから2本引くときの引き方は何通りありますか？
（2）2本引いて1本が当たりくじである場合は何通りですか？

＜解説・解答＞

（1）　これは難しいですね。このような場合は、クジに名前をつけてしまうんです。名前と言っても A_1・A_2・B のようにですよ。

当たりを A_1、A_2 としますね。場合分けをします。

（A_1・A_2）（A_1・B）（A_2・B）

この3通りですね。　あれあれ？！　変な顔してますね？　どうしました？　なるほどぉ～！　あなたはきっと、以下のように考えて

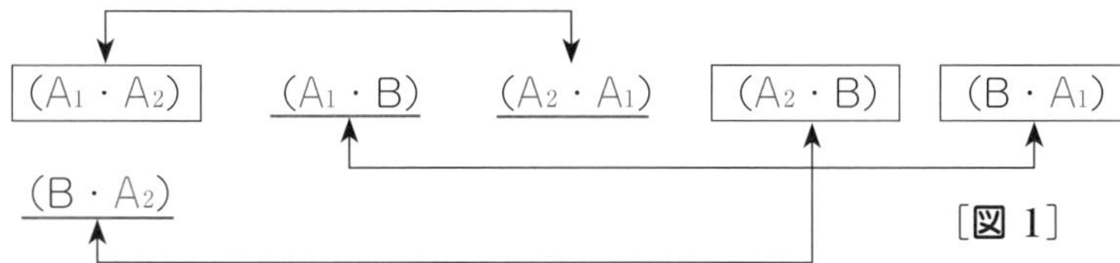

［図 1］

全部で6通りと考えたんでしょ！　でも、矢印どうしは同じですね！

この問題の難しいところは、クジを 引く順番には意味がない ことなんですね。もし、P君とQ君が、P君から順番に交互にクジを引くのであれば、このように6通りになります。しかし、ここでは単に当たりくじとはずれくじの選び方ですから、分ける意味がないんですよ。

よって、　　　　3通り　・・・（こたえ）　　なんなんだ・・・？

（2）　これは、上から考えてつぎの左・右2通りですよね！

（A_1・B）（B・A_1）　／　（A_2・B）（B・A_2）

左・右に2組ずつあるけど、同じ意味ですね！よって、左右から1個ずつの、計2通り！

よって、

2通り　・・・（こたえ）

問題

（1）2枚の硬貨を同時に投げたときの表・裏の出方は何通りですか？

（2）赤玉2個、青玉3個があります。そこから2個取るのには何通りありますか？

＜解説・解答＞

(1)

［表・表］［表・裏］［裏・裏］の3通りと考えたあなた！　残念でした！

大切なことですからよ〜く覚えておいてくださいね。2枚の硬貨とかクジなどは、すべて違うものと考えるんですよ。

よって、1枚赤、1枚黒とすると

［表・表］［表・裏］［裏・表］［裏・裏］・・・・（＊）

の4通りなんですね。

4通り・・・・・（こたえ）

(2)

硬貨・クジなどはすべて違うものと考えると言いましたよね。この赤玉、青玉も考え方は同じなんです。

2個の赤玉が違う？
3個の青玉も違う？
なんで・・・！

赤玉：赤$_1$・赤$_2$
青玉：青$_1$・青$_2$・青$_3$

このように考えるんですよ。

(赤$_1$・赤$_2$)(赤$_1$・青$_1$)(赤$_1$・青$_2$)(赤$_1$・青$_3$)(赤$_2$・青$_1$)
(赤$_2$・青$_2$)(赤$_2$・青$_3$)(青$_1$・青$_2$)(青$_1$・青$_3$)(青$_2$・青$_3$)

これで全部です。・・・・（＊＊）

よって、　10通り・・・・（こたえ）

では、やっと本題の確率へ入っていきますよ！！「Are you ready?」

確率

①確率

難しい言葉を使わずに、簡単に言いますと、「起こりうるすべての出来事のうち、あることがどれだけ起こるのか？」これだけなんですね。

サイコロを振りますね。1が出る確率はと聞かれたら、つぎのように考えればすむことなんです。

（考え方）サイコロの目の出方は、全部で6通り。そのうち1は1通り。

よって、確率は

$$P = \frac{1}{6}$$

「簡単でしょ！」

$$P = \frac{\text{限られた場合の数}}{\text{すべての場合の数}}$$

［確率を P で表すことがあるよ！］

これで確率は求められちゃうんです！！　　へぇ〜・・・！

問題

（1）1、2、3、4の数字から3つ選んで3ケタの数を作ったとき偶数になる確率は？

（2）0、1、2、3の数字から3つ選んで3ケタの数を作ったとき奇数になる確率は？

＜解説・解答＞

（1）確率の求め方は分数の形にすればよかったんですね！

［**分母**：すべての場合の数］［**分子**：限られた場合の数］

［分母］：3ケタの数は全部で24通り（p509）

［分子］：偶数は全部で12通り（p509）

よって、確率は

$$P = \frac{12}{24} = \frac{1}{2}$$

$\frac{1}{2}$ ・・・・・・（こたえ）

(2)

［分母］： 3ケタの数は全部で18通り（p509）

［分子］： 奇数は全部で8通り（p509）

よって、確率は

$$P = \frac{8}{18} = \frac{4}{9}$$

$\frac{4}{9}$ ・・・・・・（こたえ）

どうですか？　少しは感じがつかめてきましたか・・・

> **問 題**　A君とB君がじゃんけんをしました。
>
> （1）A君が勝つ確率は？
>
> （2）2人の勝負がつかない確率は？

< 解説・解答 >

(1)

［分母］： 2人の手の出し方は全部で9通り（p512）

［分子］： A君が勝つ場合の数は全部で3通り（p512）

よって、確率は

$$P = \frac{3}{9} = \frac{1}{3}$$

$\frac{1}{3}$ ・・・・・・（こたえ）

（2）

［分母］：2人の手の出し方は全部で9通り（p512）

［分子］：勝ち負けがつかない（あいこ）場合は全部で3通り（p512）

よって、確率は

最初はグー、ジャンケン・・・
「この最初はグーっていつから？」

$$P = \frac{3}{9} = \frac{1}{3}$$

$\frac{1}{3}$ ・・・・・（こたえ）

> **問 題**　クジが3本あり、そのうち当たりくじは2本である。ここからクジを2本引く場合、
> （1）必ず1本だけ当たっている確率は？
> （2）2本とも当たっている確率は？

＜解説・解答＞

（1）

［分母］：2本引くときの引き方は全部で3通り（p513）

［分子］：1本だけ当たっている場合は全部で2通り（p513）

よって、確率は

$$P = \frac{2}{3}$$

$\frac{2}{3}$ ・・・・・（こたえ）

（2）

［分母］：2本引くときの引き方は全部で3通り（p513）

［分子］：2本とも当たっている場合の数は全部で1通り（p513 図1）

よって、確率は

$$P = \frac{1}{3}$$

$\frac{1}{3}$ ・・・・・（こたえ）

問題　つぎの問いについて考えてみよぉ～！

（1）2 枚の硬貨を同時に投げたときの 1 枚が表、1 枚が裏になる確率は？

（2）少なくとも 1 枚は表の確率は？

< 解説・解答 >

（1）

［分母］：2 枚の硬貨の出方は全部で 4 通り（p514）

［分子］：1 枚が表、1 枚が裏になる出方は全部で 2 通り（p514）

よって、確率は

$$P = \frac{2}{4} = \frac{1}{2}$$

$\frac{1}{2}$ ・・・・（こたえ）

（2）これは大変重要な問題なんですね。何が重要かというと、「少なくとも」この言葉が出てきたら“アレだな !! ”と特に高認の人はピ～ンとこなければいけません。それは余事象（よじしょう）”という考え方なんですよ！

確率がとれる一番大きい数は“1”なんです。**確率が** 1 のときは、そのことが 100％必ず起きることを表しているんです。よって、例えばサイコロを振ってみますよ。数には偶数と奇数しかありませんよね。サイコロを振って出る数は当然、偶数か奇数のどちらかです。ということは、偶数が出る確率と奇数が出る確率をたすと、一体どんな数になると思いますか？

つぎのようになるんです！　確率では、起こりうることがらを“事象（じしょう）”という。

（偶数が出る確率）＋（奇数が出る確率）＝ 1　「これから何が言いたいのか？」

② 余事象（よじしょう）

求めたい確率以外の起こるべきすべてのことがらの確率がわかれば、その確率の和を 1 から引けば、求めたい確率が出てくるんですね。

よって、

求めたい確率
↓
［全体の確率 1］－［わかっている確率］＝［余りの確率］

という式が立つので、余った事象の確率ということから余事象と言うんですね！

では、問題に戻りましょう。“少なくとも”ですから、さっそく余事象を使ってみるね。どのように使うのか、よ～く理解してください！

「**少なくとも 1 枚は表の確率**」だから、**すべて裏の場合**を考えて、その確率を 1 から引けば、「残りの確率は必ず少なくとも 1 枚は表ですよね！」

「わかりますか？」“少なくとも”ということは、表は 1 枚でも 2 枚でもカマワナイということ。だから、2 枚とも裏の場合を全体の確率から引けば、必ず残りは表が 1 枚か 2 枚の確率に決まっています。いかがですか？

理解できましたか？　では、やってみます。

2 枚とも裏の確率

［分母］：2 枚の硬貨の出方は全部で 4 通り（p514）

［分子］：2 枚とも裏の出方は全部で 1 通り（p514：＊）

よって、確率は

$$P = \frac{1}{4}$$

だから、少なくとも 1 枚は表の確率は

$$P = 1 - \frac{1}{4} = \frac{4}{4} - \frac{1}{4}$$
$$= \frac{3}{4}$$

"余事象"ってナンだっけ？

$\frac{3}{4}$ ・・・・・・（こたえ）

この程度の問題ならば余事象など使わずに、（p514：＊）を見れば、少なくとも1枚は表が出る場合の数が3通りだから、確率は

$$P = \frac{3}{4}$$

と出てしまいますが、これから高校数学になるとこの 余事象の考え方 がとても重要になります。ぜひここで理解し、使い方を覚えてください！

問 題　赤玉2個、青玉3個があります。そこから2個取るとき、
（1）赤玉1個、青玉1個の確率は？
（2）少なくとも青玉を1個取る確率は？

< 解説・解答 >

（1）

［分母］：玉の取り方は全部で10通り（p514）

［分子］：赤玉1個、青玉1個の取り方は全部で6通り（p514：＊＊）

よって、確率は

$$P = \frac{6}{10} = \frac{3}{5}$$

$\frac{3}{5}$ ・・・・・・（こたえ）

(2) 出てきましたよ キーワード“**少なくとも**”が!!

最初に求めるのは、まったく青玉を取らない確率ですね。

［分母］：玉の取り方は全部で10通り（p514）

［分子］：まったく青玉を取らないのは全部で1通り（p514：＊＊）

（赤$_1$・赤$_2$）

よって、確率は

$$P = \frac{1}{10}$$

だから、少なくとも青玉を1個取る確率は

$$P = 1 - \frac{1}{10}$$
$$= \frac{10}{10} - \frac{1}{10}$$
$$= \frac{9}{10}$$

$\frac{9}{10}$ ・・・・・・（こたえ）

これで確率の基本は終了です。

では、もう1歩進んだ話をすることにします。

それは、“**確率の和**”・“**確率の積**”についてです。

まず確率の世界で［必ずこれが起こる］、［絶対に起こる］という場合、それは 確率＝1 と表します。いわゆる100%必ず起きるということを確率で示すと1になるんですね！ これは当然なことでして、例えば、サイコロを振り、1～6のどれかの目が出れば勝ちとします。1～6の数字が出る確率は、サイコロの目が1～6の6通り。出したい目も1～6の6通り。

よって、　$P = \frac{6}{6} = 1$

ほら！“1”になったでしょ！　ここで大切なことは、どんなことがらの確率でも、その確率の大きさは必ず1以下であることです。絶対はないから 確率は1より小さい と思っていてくれてかまいません。この1より小さいが重要なんです。あまりに基本的なことですが、小数のかけ算 では、1より小さい数どうしの積は、どんなことをしても絶対に1より大きくなることはない。絶対になれない！ 逆に、1より小さい数をかければ、かけるほど数はどんどん小さくなるんですからね！

いったい、ナニが言いたいの？？「あとでわかるよ！」

では、“確率の積”、“確率の和”の順番で話をすることにします。

③ 確率の積

問題

赤玉3個、青玉5個、黄玉7個が1つの袋に入っています。この中から1個ずつ玉を2個取り出し、取った玉は袋に戻しません。

(1) 最初が赤玉、つぎも赤玉である確率は？

(2) 最初が青玉、つぎが黄玉である確率は？

< 解説・解答 >

(1)

このような問題はよく出てきます。考え方は、1個めの確率を求め、つぎに、2個めの確率を求めるというように、順番にやればよいのです。

・1個めの確率

玉は色に関係なく全部で15個（3 + 5 + 7 = 15）あるから

［分母］： 15個から1個を取る取り方は全部で15通り

［分子］： 赤玉を1個取る取り方は全部で3通り

よって、赤玉を取る確率は

$$P = \frac{3}{15} = \frac{1}{5} \quad \cdots\cdots ①$$

1個減っていますよ！

・2個めの確率

玉は色に関係なく全部で14個（2 + 5 + 7 = 14）あるから

［分母］：14個から1個を取る取り方は全部で14通り

［分子］：赤玉を1個取る取り方は全部で2通り

よって、赤玉を取る確率は

$$P = \frac{2}{14} = \frac{1}{7} \quad \cdots\cdots ②$$

一般的に、確率は、高い・低いで表現されますが、途中、数との関係で話をしているので、大きい・小さいになっています！　ご理解を・・・

ここでですよ、常識的に考えて赤が 2回続けて出る なんて、大変なことですよね！　可能性は低いと誰もが考えるはずです。ということは確率は小さくなりますよね。それゆえ、「①と②の確率の和（たし算）と積（かけ算）では、どちらの値が小さくなりますか？」そうですね！　1より小さい数どうしをかければ、どんどんより小さい数になるのでした。よって、ここでは①と②の積（どんどん小さくなる）を計算するんです。

だから、最初が赤玉、つぎも赤玉である確率は

$$P = \frac{1}{5} \times \frac{1}{7} = \frac{1}{35}$$

$$\frac{1}{35} \quad \cdots\cdots（こたえ）$$

これが **確率の積の法則** なんですよ！　感覚で考えた方がわかりやすいでしょう！　　でも、本当にこれでいいの？「たぶん大丈夫でしょう！笑」

(2)

・1個めの確率

玉は色に関係なく全部で15個（3 + 5 + 7 = 15）あるから

［分母］： 15 個から 1 個を取る取り方は全部で 15 通り

［分子］： 青玉を 1 個取る取り方は全部で 5 通り

よって、青玉を取る確率は

$$P = \frac{5}{15} = \frac{1}{3} \quad \cdot\cdot\cdot\cdot ③$$

・2 個めの確率

玉は色に関係なく全部で 14 個（3 + 4 + 7 = 14）あるから

［分母］： 14 個から 1 個を取る取り方は全部で 14 通り

［分子］： 黄玉を 1 個取る取り方は全部で 7 通り

よって、黄玉を取る確率は

$$P = \frac{7}{14} = \frac{1}{2} \quad \cdot\cdot\cdot\cdot ④$$

だから、これも積の法則［③×④］より、

$$P = \frac{1}{3} \times \frac{1}{2} = \frac{1}{6}$$

$\frac{1}{6}$ ・・・・・（こたえ）

これだけで積の感覚はつかめたと思います。では、つぎへ！

④ 確率の和

問題

赤玉 3 個、青玉 5 個、黄玉 7 個が 1 つの袋に入っています。この中から 1 個ずつ玉を取り出し、取った玉は袋に戻しません。

（1）最初に赤玉または青玉を取る確率は？

（2）最初に青玉または黄玉を取る確率は？

＜解説・解答＞

(1)

ここでのキーワードは “または” です。この “または” の意味は、どちらでもOK！　ということ。この問題で言えば、「1個玉を取ったとき、赤でもいいし、青でも問題ない！」ということなんですよ。すると、とても可能性が高くなった感じがしませんか？　赤玉だけでなく青玉でもいいんだから、赤玉だけというよりは絶対に 確率は高く なりますよね！ そこで、先ほどの積の場合と比較してください。確率が大きくなるというのにもし “かけ算” をしたならば、確率はどうなりますか？　当然、確率は小さくなりますね！ よって、確率を大きくするには和（たし算） しかありません。では、その方向で解いていきましょう！

・赤玉を取る場合の確率

玉は色に関係なく全部で15個（3 + 5 + 7 = 15）あるから

［分母］： 15個から1個を取る取り方は全部で15通り

［分子］： 赤玉を1個取る取り方は全部で3通り

よって、赤玉を取る確率は

$$P = \frac{3}{15} = \frac{1}{5} \quad \cdots\cdots ①$$

・青玉を取る場合の確率

玉は色に関係なく全部で15個（3 + 5 + 7 = 15）あるから

［分母］： 15個から1個を取る取り方は全部で15通り

［分子］： 青玉を1個取る取り方は全部で5通り

よって、青玉を取る確率は

$$P = \frac{5}{15} = \frac{1}{3} \quad \cdots\cdots ②$$

だから、①②で和の法則（どんどん大きくなる）より

$$P = \frac{1}{5} + \frac{1}{3} = \frac{3}{15} + \frac{5}{15} = \frac{8}{15}$$

$\frac{8}{15}$ ・・・・・（こたえ）

(2)

・青玉を取る場合の確率

玉は色に関係なく全部で 15 個（3 + 5 + 7 = 15）あるから

［分母］： 15 個から 1 個を取る取り方は全部で 15 通り

［分子］： 青玉を 1 個取る取り方は全部で 5 通り

よって、青玉を取る確率は

$$P = \frac{5}{15} = \frac{1}{3} \quad \cdots\cdots ③$$

・黄玉を取る場合の確率

玉は色に関係なく全部で 15 個（3 + 5 + 7 = 15）あるから

［分母］： 15 個から 1 個を取る取り方は全部で 15 通り

［分子］： 黄玉を 1 個取る取り方は全部で 7 通り

よって、黄玉を取る確率は

$$P = \frac{7}{15} \quad \cdots\cdots ④$$

だから、③④で和の法則より

$$P = \frac{1}{3} + \frac{7}{15} = \frac{5}{15} + \frac{7}{15} = \frac{12}{15} = \frac{4}{5}$$

$\frac{4}{5}$ ・・・・（こたえ）

このように、確率の問題には和と積の考え方を使わなければいけないときがあります。そのときの判断方法は、

> ＊　あることが続けて起きることは大変なことであるというイメージから、かければかけるほど確率は小さくなるので、［積の法則］だな！
>
> ＊　AまたはBが起こればOK！　という場合は、大変条件が楽になったというイメージをもちませんか？　それゆえ、たし算をすれば確率は徐々に1に近づいていきますよね。ということは起こる可能性が高くなる、よって、［和の法則］だな！

このようにイメージから判断できるんです。そのためには小数の計算の積・和について理解していないと、このイメージが使えないのではじめに確認したんですよ！　　ナルホドねぇ〜・・・

> **卒業試験**　2つのサイコロを振った。以下の問いを考えてください。
> (1) サイコロの目の和が、3の倍数である確率
> (2) サイコロの目の和が、7以上になる確率

＜解説・解答＞

(1)

［分母］：2つのサイコロの目の出方は全部で36通り（p507）

［分子］：サイコロの目の和が3の倍数は全部で12通り（p508：表）

よって、3の倍数（3, 6, 9, 12）である確率は

$$P=\frac{12}{36}=\frac{1}{3}$$

$\frac{1}{3}$・・・・・（こたえ）

(2)

［分母］： 2つのサイコロの目の出方は全部で36通り（p507）

［分子］： サイコロの目の和が7以上は全部で21通り（p508：表）

よって、7以上である確率は

7も含まれるよ！

$$P = \frac{21}{36} = \frac{7}{12}$$

$\frac{7}{12}$ ・・・・・（こたえ）

確率の項目では、“場合の数”“余事象”“和の法則”“積の法則”この4つが出てきました。確率で難しいのははじめにも話しましたが、場合の数の計算なんですよ。確率自体はそれほどでもないんですね。ただ、確率の中で意識して覚えてほしいのが、余事象の発想です。このキーワードは“少なくとも・・・である”これでしたね。注意してください！！

では、これで中学2年の数学は終了で～す！　これをしっかりと、何度もぼろぼろになるまで読んで考え方を理解してくれれば、数学など恐くありません。　だいじょうぶ！　大丈夫！　信じてついてきてくださいね！

お疲れ様でした。

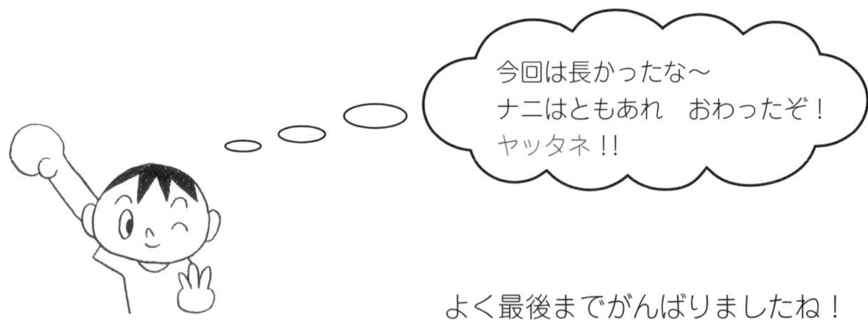

今回は長かったな～
ナニはともあれ　おわったぞ！
ヤッタネ!!

よく最後までがんばりましたね！

「でも、あと最低2～3回は繰り返して
読むこと！　これからが本番です！」

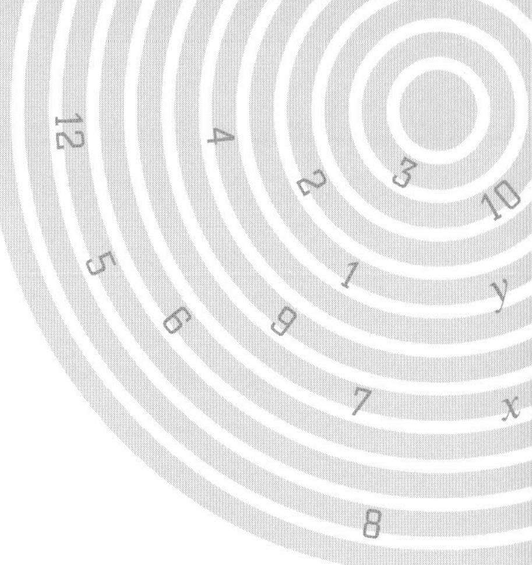

中学２年

第9話

データの活用

「四分位数と箱ひげ図」

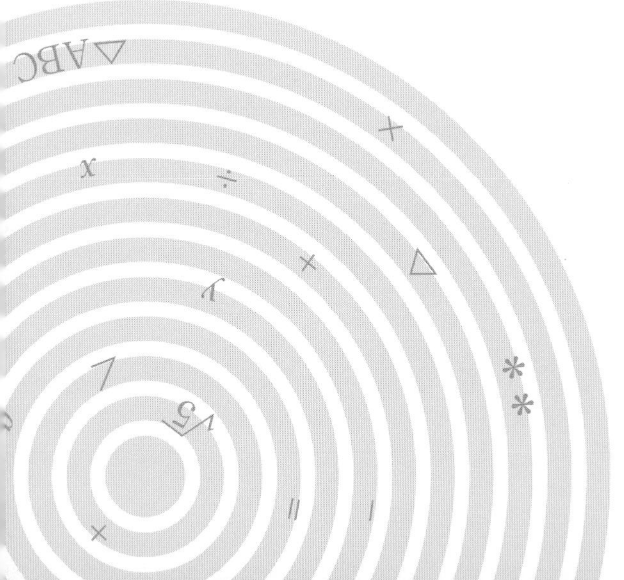

この項目の最初に、少しお話をさせてください。10年以上前から、社会で働く上で統計の知識の重要度が増し、それゆえ、10年前の中学・高校数学の教科書に新たに統計の項目が追加されました。ですが、今の社会の統計への要求はさらに高くなり、2021年度からは、今まで中学で学習した項目の一部が小学6年の算数に、高校1年で学習していた項目が中学2年の数学に移ることになりました。

具体的には、前年度まで中学1年での『資料の扱い方』で学習した「代表値（中央値・最頻値）と散らばり」および「資料の活用（階級）」の項目が小学6年の算数へ、高校1年での「四分位数と箱ひげ図」が中学2年の数学へ。

でも、内容的にさほど難しいことはありません。ここで唯一メンドクサイのが、統計独特の用語の理解でして、それさえわかれば（ある意味）暗記項目と多くの方は思うはずです。でも、これは非常に残念な事で、私自身、数学を教えて30年近くなりますが、統計の学習の重要さに気付いたのが今から2年前のことです（汗）。実は50歳を過ぎてから、ある研究をしたいと社会学系の大学院に進み論文を書くとき、今から説明をする統計の知識が大変役に立ったんです。集めた数値データ（資料）をわかりやすく示すにはデータのグラフ化が一番であり、このとき初めて数学の統計の素養が役に立ったんですね。それまでは、説明をするために仕方なく統計の啓蒙書・専門書を読んでいたので、面白くなくまったく頭に入らずメンドクサイとの印象だけ。でもね、論文を書くとき、改めて統計本を読むと「なるほど～！」と、驚くほど面白くよくわかるのね。

だから、多くの方は、現時点でここでの学習内容の大切さはなかなか理解できないと思いますが、統計は、理系・文系問わず社会に出て必要になります。特に文系の社会学系統に進む方は、論文を読む上で統計の知識は必須です。よって、ここまでの学習でグラフの意味、そして、高校1年までに学ぶ内容で資料全体が読み取れますので、理解に努めてください。

では、だいぶ枕（まくら）が長くなりましたので、早速、本題に入りましょう！

枕でも触れましたが、統計項目では、専門用語が多数出てきて使わないとドンドン忘れてしまうんですよ。だから、本書では算数に移った項目もそのまま残しておきました。よって、もしわからなくなったら、中学1年の第8話『資料の扱い方』を読み直してみてくださいね！

さて、ここで説明する内容を一言で言うと、中学1年（旧課程）で学習した「代表値と散らばり」の知識を利用して、資料（データ）をより具体的にわかりやすくグラフ化して表現する方法です。

では、具体的に架空の資料を利用し、今までの復習を含め丁寧に説明していきますね！

ある知識の習得に関して、本を読むことだけで知識の習得が可能であるか否かを確認したい。そこで、本を読む前と後でどのような結果が出るかを比較した。調査方法は以下の通りである。

【調査方法】21名を対象に10点満点のテストを通じて、読書前・後での知識の習得度を比較した。

・読書前の得点資料（資料を点数の低い順に並べ変えた）

1, 1, 2, 2, 2, 2, 3, 3, 3, 3, 3, 4, 4, 4, 4, 4, 5, 5, 5, 6, 8

・読書後の得点資料（資料を点数の低い順に並べ変えた）

2, 3, 3, 4, 4, 5, 5, 5, 5, 5, 6, 6, 6, 6, 6, 6, 8, 8, 9, 9, 9

さて、上の資料をどのように料理しましょうか？　　う～ん…？？

まずは、現時点までの知識を利用して、「度数分布表」を作り、それを基に「ヒストグラム」をかいてみましょう！

ただね、今回の資料は自然数のかたまりゆえ、「度数分布表」を作るときの“**階級の幅**”は1点で、最初の**階級**は「1以上2未満」とします。よって、チョコっとだけ違和感がありますが、とにかく、今回はこれで作っていきたいと思います。 違和感ですか…？　う〜ん…？

① **資料から「度数分布表」を作る！**

階級（点）	読書前 度数（人）	読書後 度数（人）
0以上　1未満	0	0
1以上　2未満	2	0
2以上　3未満	4	1
3以上　4未満	5	2
4以上　5未満	5	2
5以上　6未満	3	5
6以上　7未満	1	6
7以上　8未満	0	0
8以上　9未満	1	2
9以上10未満	0	3
10以上11未満	0	0

ただただ並んでいる資料を、得点（階級）ごとに人数（度数）を示すことで、どの階級に一番人数が多いのか（最頻値）が一目でわかるようになりました。“読書前”の最頻値は3点と4点で度数は5。“読書後”の最頻値は6点で度数は6。

あとは「う〜ん…」、読書前では3〜4点前後にほとんどの人がいるけど、読書後では5〜6点以上で8割近くの人がいることがわかるぐらいかな？

では、つぎに「度数分布表」から「ヒストグラム」をかくことで視覚的に具体化して、上記の印象が正しいのかを確認してみましょう。

② **「度数分布表」から「ヒストグラム」をかく！**

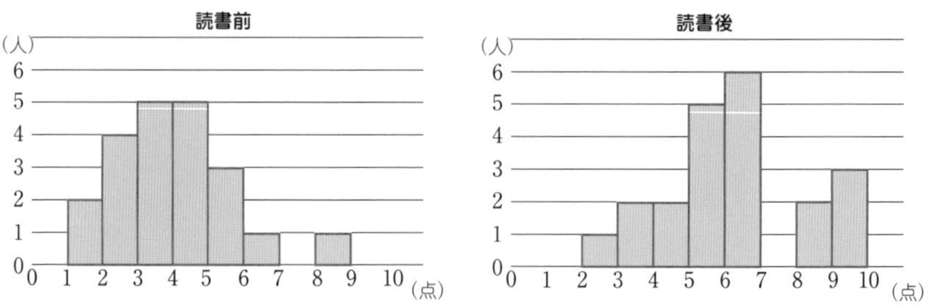

やはりグラフ化することで、先ほどの読書前・後の印象が再度確認でき

た気がします。また、読書前の人数が全体的に５点を境に読書後、右側へ移動したとも言えるかと。ただ、これはあくまでも印象であり、説得力として弱いことは否(いな)めません。そこで現時点での知識から、全体の変化を知るため、読書前・後での「平均値」での比較もしておきましょう。

復習として、「度数分布表」から平均値（近似値）を求めるとき、

平均値＝（資料の総和）÷（資料の個数）
≒｛(各階級値）×（各度数）の和｝÷（資料の個数）

ですが、今回の資料はすべて自然数より、単純にすべての資料を加えることにします。　「覚えていましたか？笑」・・・無言・汗

・読書前の平均値

$$平均値 = \frac{1 \times 2 + 2 \times 4 + 3 \times 5 + 4 \times 5 + 5 \times 3 + 6 + 8}{21}$$
$$= \frac{74}{21}$$
$$= 3.52$$

・読書後の平均値

$$平均値 = \frac{2 + 3 \times 2 + 4 \times 2 + 5 \times 5 + 6 \times 6 + 8 \times 2 + 9 \times 3}{21}$$
$$= \frac{120}{21}$$
$$= 5.71$$

平均値の比較からも、「度数分布表」および「ヒストグラム」からの読み取りは的(まと)を射ていることがわかりました。

しかし、読書前の資料から、１点が２名、２点が４名、５点が３名、６点・８点が各１名であり、平均 3.52 点とは差があり、また、読書後の資料から、２点が１名、３点が２名、８点が２名、９点が３名であり、平均 5.71 点とやはり差がありすぎる。

ここまでで、読書前･後の具体的な変化を「度数分布表」「ヒストグラム」さらに「平均値」だけでは読み取ることは難しいことがわかるかと！？

そこで、読書前・後の変化を詳しく知るため、ここで新たな知識として「**四分位数**（しぶんいすう）」と「**箱ひげ図**（はこひげず）」を学習する訳なんですね！

今までは、平均値が資料の全体像を表していると考えていましたが、平均値は、資料において極端に小さい値、大きい値の影響を受け、正しく資料全体の特徴を表してはいないんです。そこで、両極端の値の影響を受けない資料の代表値として、“**中央値**”が重要になってくるわけ。

先ほど、読書前・後の資料全体から見て各平均値に対し違和感を覚えましたよね！？　「あれ？ それってもしかして私だけ？汗」

その理由は、資料全体の**散らばり**が影響しているんです。21名もいれば、高得点の人から低得点の人まで、広い範囲で得点が散らばるのは当然です。

ただ、最高得点と最低得点を資料全体の特徴として読み取る必要があるかと言えば、それは違いますよね！　ウンウン！

そこで、両極端の数値の影響を受けず、読書前・後の資料の主要な部分の変化に着目して、全体の変化を俯瞰（ふかん）することができるのが、「**四分位数**（しぶんいすう）」を利用した「**箱ひげ図**（はこひげず）」なんですよ！

では、読書前・後の資料から、「四分位数（しぶんいすう）」を求め、「箱ひげ図（はこひげず）」を作りながら、それぞれの意味を説明したいと思います。

ポイントは、「中央値」を利用して資料を4等分する！

・読書前の資料から「四分位数」を求める！

まず、資料全体を四等分するのがポイント！ その理由は、箱ひげ図の説明でわかっていただけるかと！？ そこで、まずは最初に資料の中央値を求め、つぎにその中央値を基準として、その前後の資料の中央値をさらに求めることで、資料全体を四等分する。このとき、資料を小さい順にならべ、3つの中央値を利用し、4つに区切る各中央値を「**四分位数**」と呼ぶんですね！

では、**読書前の資料**を使って一緒に「四分位数」を求めていきますよ。

- **読書前の得点資料**（当然、資料は不規則な状態で並んでいます！）

1, 3, 2, 4, 2, 5, 1, 3, 6, 3, 3, 4, 2, 4, 8, 5, 4, 2, 5, 3, 4

順番①：資料を小さい順に左から並べる。

1, 1, 2, 2, 2, 2, 3, 3, 3, 3, 3, 4, 4, 4, 4, 4, 5, 5, 5, 6, 8

順番②：資料の個数を数え、真ん中の資料【**中央値**】を探す。

個数が 21 個だから、真ん中の数は左（右）から 11 番目

順番③：真ん中の数を○で囲む。（これが最初の中央値となる）

1, 1, 2, 2, 2, 2, 3, 3, 3, 3, ③, 4, 4, 4, 4, 4, 5, 5, 5, 6, 8

↑
中央値

順番④：中央値を基準に左右各 10 個の資料の真ん中【**中央値**】を探す。

ここで問題が。「10 個の偶数個に真ん中の数はない」のね！

そこで、資料が**奇数個**と**偶数個**での中央値の求め方をお見せします。

【資料が奇数（$2n+1$）個の場合】

奇数個のときは、必ず真ん中の数【**中央値**】がひとつに決まる！

n 個　　　　n 個

○ ○ ○ … ○ ○ ○ ● ○ ○ ○ … ○ ○ ○

↑
中央値　左（右）から　$n+1$ 番目

具体的に、下記の 5 個の資料であれば、左（右）から 3 番目が中央値！

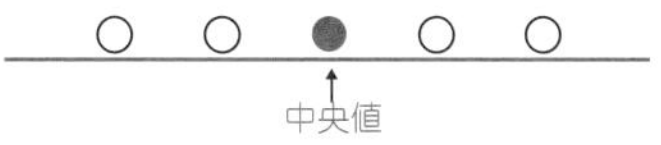

【資料が偶数（$2n$）個の場合】

偶数個のときは、真ん中の数がないので n 番目と $n+1$ 番目の平均値！

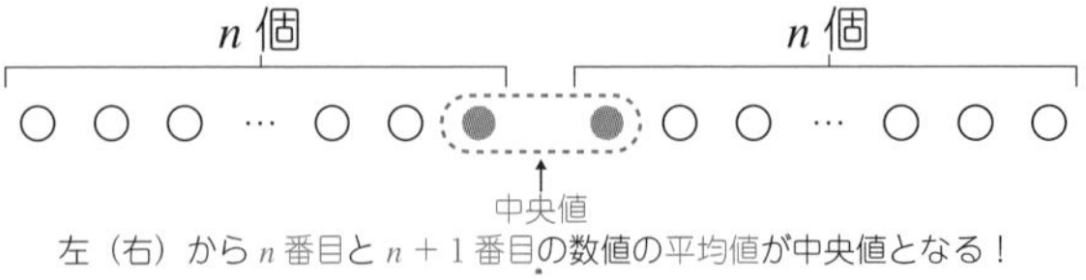

n 個　　　　n 個

○ ○ ○ … ○ ○ ● ● ○ ○ … ○ ○ ○

中央値

左（右）から n 番目と $n+1$ 番目の数値の平均値が中央値となる！

具体的に、下記の 8 個の資料であれば、左（右）から **4 番目と 5 番目の平均値**が中央値！

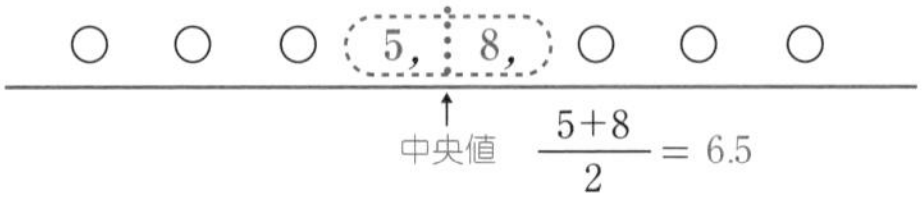

○ ○ ○ 5, 8, ○ ○ ○

中央値　$\frac{5+8}{2}=6.5$

資料が“偶数個”と“奇数個”では、中央値の求め方が違うことがわかっていただけたと思います。では、“左・右”各 10 個の中央値を求める続きね！

左側　　　右側

1, 1, 2, 2, 2, 2, 3, 3, 3, 3, ③, 4, 4, 4, 4, 4, 5, 5, 5, 6, 8

中央値：$\frac{2+2}{2}=2$　　中央値　　中央値：$\frac{4+5}{2}=4.5$

順番⑤：③④で求めた各中央値を基準に資料を四等分する

1, 1, 2, 2, 2, ⋮ 2, 3, 3, 3, 3, ③, 4, 4, 4, 4, 4, ⋮ 5, 5, 5, 6, 8

第 1 四分位数　　第 2 四分位数　　第 3 四分位数

上記は各中央値の部分に ⋮ を入れることで資料は四等分され、各区間に等しく 5 個ずつ入っていますね！ そこで、各中央値を左から順に「**第 1 四分位数**」、「**第 2 四分位数（中央値）**」、「**第 3 四分位数**」と呼びます。

ここまでで「四分位数」の説明はおわりです。そして、順番⑤の結果を利用することで、この項目の主題である「箱ひげ図」がかけるんですね！

・「箱ひげ図」とは何か？

はじめに「箱ひげ図」の全体像および図の意味することを、お話ししておきましょう。まず、「箱ひげ図」をお見せしますね！「変な名前でしょ！？笑」

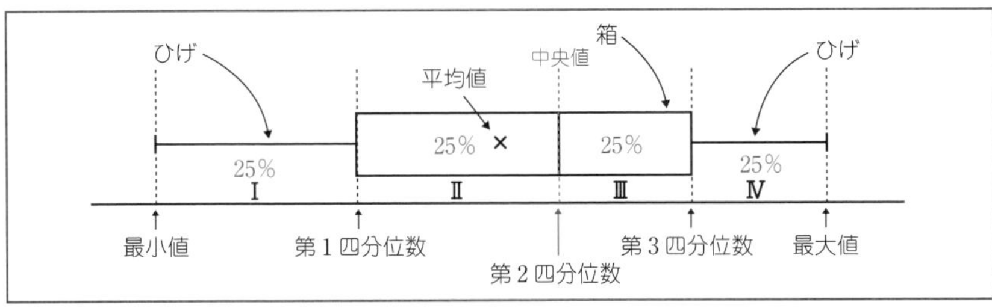

この上図の「箱ひげ図」の「中央値」と「平均値」の位置に注目。まずは、中学1年の「第8話 資料の扱い方 p292 ～ 293」を参照ください。

そこでは、中学1年のお小遣いの「平均値:1705円」と「中央値:950円」が示してあります。この違いは、少数ですが資料の中で突出して高額のお小遣いをもらっていた子が要因で、平均値が上がったのでした。だから、「平均値」より資料の個数の真ん中の値「中央値」前・後が、その**資料全体の特徴**を表していることになるわけなんですね！

よって、上の「箱ひげ図」の「平均値」が「中央値」より小さい理由は、最小値およびⅠの範囲の値の影響が大きいと読み取れる。また、4つの各部分(Ⅰ・Ⅱ・Ⅲ・Ⅳ)に含まれる資料の個数は同じゆえ、中央値前・後（Ⅱ・Ⅲ)を含む箱の部分だけで全体の50%を占める。それゆえ、この資料全体の特徴を**箱の部分**が占めていると考えてよいわけ！　「ここまでは大丈夫？」

そこで、なぜこの「箱ひげ図」を今、学習するのかというと、**ある行為前・後における変化（効果）を比べるのに、**「箱ひげ図」の箱の部分がどのように動いたかを見れば、その変化を視覚的に判断できるからなのね。

今は、このぐらいの説明にしておきます。やはり、具体的にある行為前・後の資料を比較する方が、より理解しやすいからね！

では、順番⑤の結果を利用して「読書前の箱ひげ図」を書いてみます。

・読書前の資料から「箱ひげ図」をかく！

上の「箱ひげ図」を参考に、資料から順番①～⑤の順に各数値を確認し、数直線上に各値をとり、作図してみます。

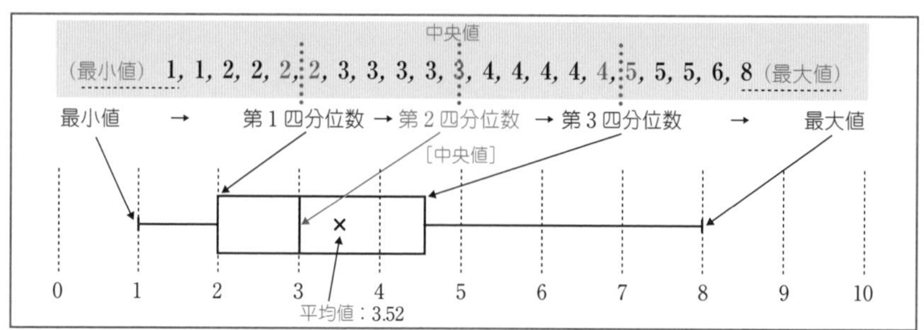

この「箱ひげ図」の読み取りで気を付けないといけないのが、「ひげの長さ」なんです。特に右側の「ひげ」が長いと資料の個数が多いと読み取ってしまうのね！ でも、資料の個数は「四分位数」で4等分しているので、“ひげ”および“箱”が**長い**ときは、それだけ**資料の散らばりが大きく**、**短い**ときは**散らばりが小さい**ことを意味しているわけ。また、「平均値」が「中央値」より大きいのも、図から最大値が資料の中で特異な値であることからと、理由が推察できるのね！ 「いかがですか？ 大丈夫？」

ただ、慣れるまではなかなかこの「箱ひげ図」は読みにくいものです。そこで、算数で学習した「ドットプロット」と「箱ひげ図」を上下で示すことで、資料の個数と「箱ひげ図」の関係を視覚的に表しておきます。

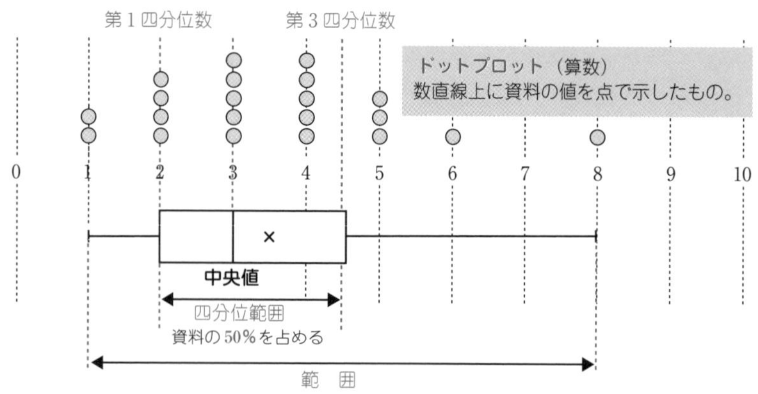

この図の補足説明として、

箱の横の幅を「四分位範囲」と呼び、

四分位範囲 ＝（第３四分位数）－（第１四分位数）

上記のように、「第３と第１の四分位数の差」のことを意味する。

あと、復習になりますが、

範 囲 ＝（最大値）－（最小値）

となります。

そこで再度確認ですが、資料において極端な値があるとその値により「平均値」は影響を受けますが、「中央値」には影響ないので「四分位範囲」もほとんど影響を受けることはありません。

「いかがですか？」以上で、「四分位数」と「箱ひげ図」の説明はおわりです。ただ、今回は資料が奇数個のときで、（たぶん）偶数個のときの「第１四分位数」「第３四分位数」の求め方は悩むと思うんですね！ それゆえ、資料が偶数個に関しては、後ほど例題でお話しします。

では、**読書後の資料**からも「箱ひげ図」を作成し、読書前・後での変化の比較をしましょう。みなさんは、フリーハンド（手がき）でかまいませんから、ササッと全体像をかいてから、この先を読み、確認してみてください。

・読書後の資料から「箱ひげ図」をかく！

最初に、左から小さい順に並べた資料から「四分位数」を読み取ります。

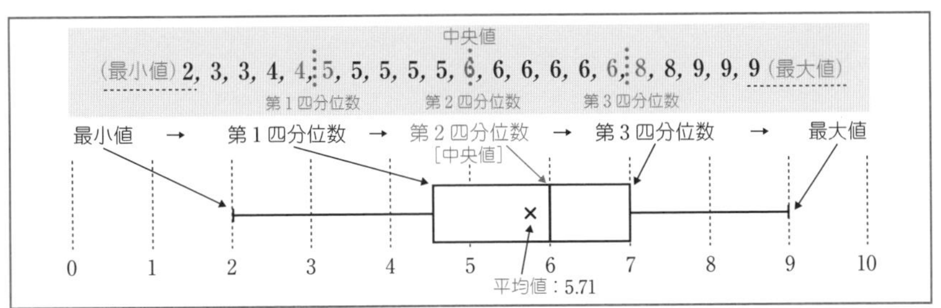

みなさんは、このような「箱ひげ図」がかけましたか？

でも、「箱ひげ図」をかけることが本当の目的ではなく、ある行為の前・後の結果を比較し、変化を読み取れて初めて意味があるんですからね！

では、読書前・後の「箱ひげ図」を上・下に並べてみますよ！

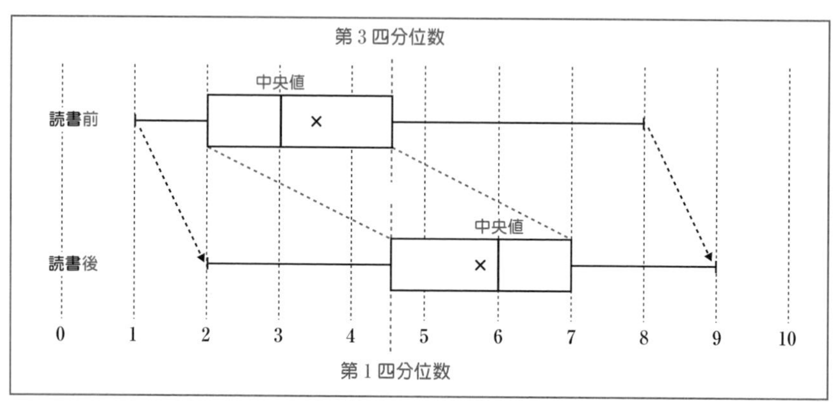

読書前・後での「箱ひげ図」を比較し、特徴を表す「箱」の変化がよりハッキリと視覚化されたと思いませんか？　なるほどね！

まず、最小値と最大値の値が1点上昇。つぎに資料の特徴となる部分である箱に着目し、読書前の第1四分位数が読書後では2.5点増加している。また、中央値も3点から6点へと倍増し、読書が十分意味のあることがこの結果から読み取れる。また、「ひげ」の長さから、読書前・後で左右のひげの散らばり方が逆転していて、さらに「四分位範囲」に変化はないので、全体的に読書により知識の習得度が確実に上がっていると推察できる。

この点は、読書前・後の結果を表す「ヒストグラム」からでは読み取れないでしょ！？ このように、「箱ひげ図」が変化前・後の違いを比較する上で、とても説得力のあるグラフであることが理解していただけたと思います。

最後に、読書前・後の各「ヒストグラム」と「箱ひげ図」を上下に並べて、図1・2で互いの関係性をイメージし読み取っていただき、基本的な説明はおわりにしましょう。

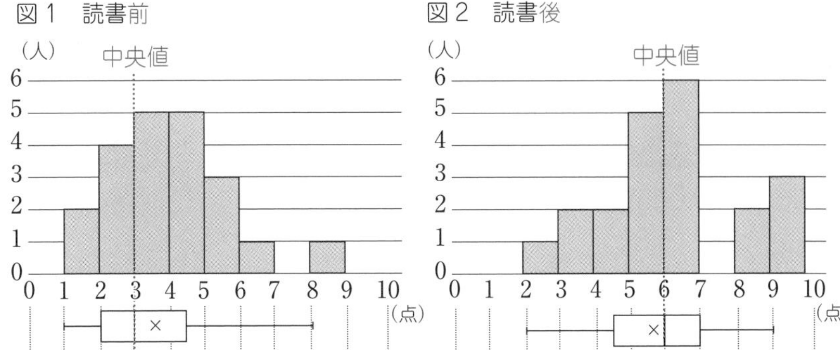

以上で「四分位数」を通じて「箱ひげ図」の全体像がつかめたと思いますが、先ほど「資料が偶数個」の場合、「第 1 四分位数」および「第 3 四分位数」を求めるとき、（たぶん）悩むのではないかとお話ししました。そこで、補足説明として、その点を例題を通じてお話をしたいと思います。

> **例題**　次のデータは、あるフットサル大会に参加した 10 チームに所属している選手の人数を小さい順に並べたものである。
>
> 8, 9, 10, 10, 11, 12, 12, 14, 17, 18（人）
>
> このデータの箱ひげ図を描いてみましょう。
>
> 2017 年 第 1 回 高認試験・改

補：箱の横の長さは決まりますが、“両端のタテ線”の長さは、全体のバランスからみなさんの美的感覚にお任せします。

＜解説・解答＞

まず、小さい順に並べてある 10 個の資料から「四分位数」を求めることにしましょう。

・最初に、中央値（第 2 四分位数）を求める。

偶数（$2n$：2×5）個ゆえ、n（5）番目と $n+1$（$5+1$）番目の平均値

8,　9,　10,　10,　11,　12,　12,　14,　17,　18

だから、　　　　　　中央値は（11 ＋ 12）÷ 2 ＝ 11.5

・つぎに、第 1 と第 3 四分位数を求める。

ここで慣れていないと、中央値を境に左右の資料に対する中央値を数えるとき、それぞれ 11 と 12 を数えるのか数えないのかで悩みませんか？この場合、中央値が 11 と 12 の真ん中なので、それぞれ“11”と“12”を数えます。よって、第 1・第 3 四分位数は以下のようになりますね！

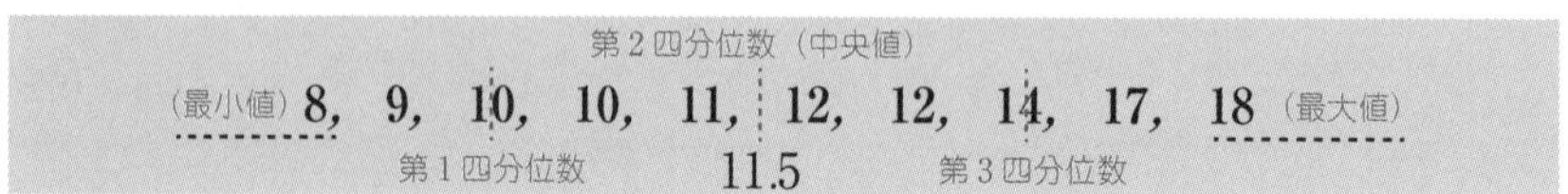

したがって、「箱ひげ図」は以下のようになります。

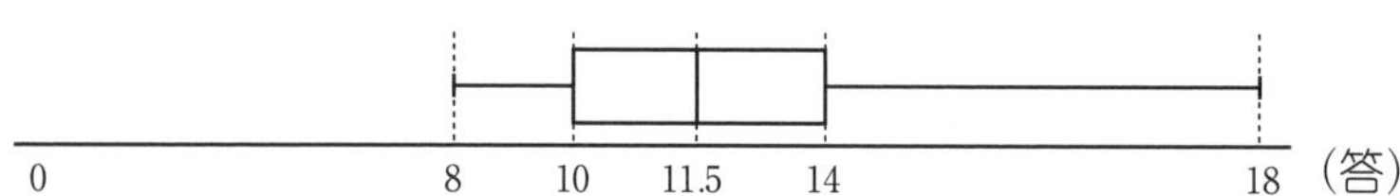

（答）

前問までで、みなさんは「箱ひげ図」をかくまでの流れは理解できたと思います。そこで、あとは資料から今まで学習した用語の理解度および「箱ひげ図」がイメージできるかを、問題を一緒に解きながら確認ね！

問題　次のデータは、ブルーベリーの実の収穫量を 5 本の木で調べたものである。

4,　7,　11,　10,　8　(kg)

このデータについての記述として**誤っているもの**は ア である。
次の①〜④のうちから一つ選べ。　2017 年 第 1 回 高認試験

① 中央値は 8（kg）である。
② 平均値は 8（kg）である。
③ 範囲は 7（kg）である。
④ 第 1 四分位数は 7.5（kg）である。

< 解説・解答 >

まず、最初に資料を左から小さい順に並べてみますね！

第１四分位数　中央値

（最小値） 4,　7,　8,　10,　11 （最大値）…(＊)

範囲

この（＊）からすぐに読み取れるのは**中央値**です。資料が５（奇数）個あるので、中央値は左から３番目だから、　中央値は８（kg）…カ

つぎに（最小値）と（最大値）から**範囲**が求まる。

だから、範囲＝（最大値）—（最小値）＝ 11 − 4 ＝ 7（kg）…キ

また、（＊）より、**第１四分位数**が「4 と 7 との平均値」だから、

第１四分位数＝（4 ＋ 7）÷ 2 ＝ 5.5（kg）…ク

最後に**平均値**を求めると、

平均値＝（4 ＋ 7 ＋ 8 ＋ 10 ＋ 11）÷ 5 ＝ 8（kg）…ケ

よって、カ・キ・ク・ケより、　第１四分位数が間違い、より④（答）

問題　次の表は、マラソン大会の 10km の部に出場した７人の記録を表したものである。

選手	A 君	B 君	C 君	D 君	E 君	F 君	G 君
記録（分）	62	41	53	52	57	50	70

この表のデータについての記述として**誤っているもの**は ［ア］ である。次の①～④のうちから一つ選べ。

① 最小値は 41 である。　② 平均値は 55 である。

③ 中央値は 52 である。　④ 範囲は 29 である。

2015 年 第２回 高認試験

＜解説・解答＞

ここでも最初に、資料を左から小さい順に並べてみましょう。

この（＊）から、資料が 7（奇数）個より、**中央値**は左から 4 番目だから、

中央値は 53（kg）…カ

困った！(汗) もう答えがわかってしまったぞ！　でも、全部求めます。

つぎに**最小値**は、コレは一目でわかりますね！　　　最小値は 41 …キ

また、**範囲**は、（最大値）と（最小値）との差だから、

範囲＝ 70 − 41 ＝ 29 より、範囲は 29 …ク

ここでも最後に**平均値**を求めると、

平均値＝（41 ＋ 50 ＋ 52 ＋ 53 ＋ 57 ＋ 62 ＋ 70）÷ 7 ＝ 55 より、

平均値は 55…ケ

よって、カ・キ・ク・ケより、

中央値が間違いより、③（答）

「いかがですか？」用語の意味さえチャント理解していれば、

「エッ！こんな感じでいいの！？」の気分でしょ！？

「はいはい！　でも、それでいい〜んです！(笑)」

では、つぎは資料から「箱ひげ図」を読み取れるかの確認です！

問題　次のデータは、A 社の 10 店舗におけるハイブリッド車の月間売り上げ台数である。

12, 10, 15, 10, 13, 8, 11, 18, 11, 11（台）

このデータの箱ひげ図として最も適切なものは ［イ］ である。

次の①〜④のうちから一つ選べ。　　　2015 年 第 1 回 高認試験

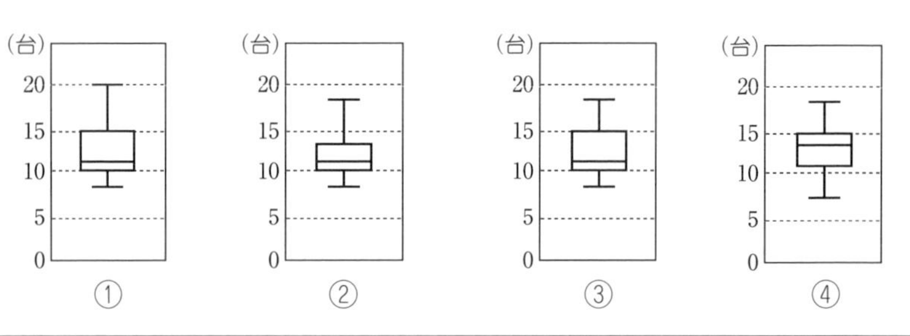

＜解説・解答＞

資料から「箱ひげ図」を選ぶときのポイントは、以下の順に５つの項目（赤字部分）をチェックすれば大丈夫！ ただし、それ以前にまずは資料を小さい順に左から並べておかないとダメですよ！

第１四分位数　　　　　　第３四分位数

（最小値）8, 10, 10, 11, 11, 11, 12, 13, 15, 18（最大値）

中央値：11

順番ア「最小値：8・最大値：18」の位置を確認する。

順番イ「中央値：11」の位置を確認する。

順番ウ「第１四分位数：10・第３四分位数：13」の位置を確認する。

では、早速のこの順番でチェックしていきますよ！

順番ア：まず最大値が 18 より、①は 20 だから**ダメ**！ つぎに最小値は、細かい目盛りが読めないので、判断できない。

順番イ：中央値が 11 より、④は②③より 15 に近いので**ダメ**！
この時点で、候補は②と③だけ。

順番ウ：第１四分位数は 10 で両方同じゆえ、第３四分位数が 13 より、③は 15 だから**ダメ**！

以上より、最も適切な「箱ひげ図」は、②（答）

問題　右の図は、A 社、B 社について、それぞれ従業員 50 人の通勤時間のデータの箱ひげ図である。

2016 年 第２回 高認試験

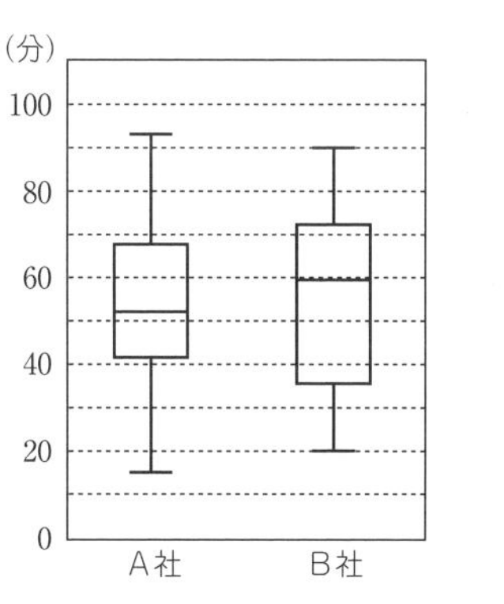

このデータについての記述として

適切でないものは イ である。

次の①～④のうちから一つ選べ。

① A 社には通勤時間が 50 分以上の

人が 25 人以上いる。
② 通勤時間が 70 分以上の人は A 社の方が多い。
③ 通勤時間が 40 分以下の人は B 社の方が多い。
④ A 社、B 社を通じて通勤時間が最も短い人は A 社にいる。

< 解説・解答 >

ここでは、①から順に内容を「箱ひげ図」で確認していきますね！

① A 社には通勤時間が 50 分以上の人が 25 人以上いる。

50 分の目盛りは、A 社の「箱ひげ図」の中央値の下側にある。中央値から最大値までの間に従業員全体の 50%が含まれるので、50 分以上の人は 50%（25 人）以上いることになる。　よって、正しい！

② 通勤時間が 70 分以上の人は A 社の方が多い。

70 分の目盛りは、A 社の「箱ひげ図」の第 3 四分位数の上側にある。

また、第 3 四分位数は最大値から 13 番目であるので、上側のひげ部分には 12 人いる。しかし、B 社の「箱ひげ図」で 70 分の目盛りは、第 3 四分位数の下側にあるので、少なくとも 13 人以上いることになる。

よって、間違い！

③ 通勤時間が 40 分以下の人は B 社の方が多い。

40 分の目盛りは、A 社の「箱ひげ図」の第 1 四分位数の下側にある。

また、第 1 四分位数は最小値から 13 番目であるので、下側のひげ部分には 12 人いる。しかし、B 社の「箱ひげ図」で 40 分の目盛りは、第 1 四分位数の上側にあるので、少なくとも 13 人以上いることになる。

よって、正しい！

④ A 社、B 社を通じて通勤時間が最も短い人は A 社にいる。

通勤時間が最短であることから、A 社･B 社の最小値を比較すればよく、A 社の最小値の方が小さい。　よって、正しい！

以上のことから、適切でないものは、②（答）

ここまでで、問題を通して改めて説明をしてみました。だから、最後は自力で演習問題を解くことで、再度理解度を確認してください。

演習1　次のデータは、ある地点における正午から午後1時までの自動車の通行量を9日間調べたものである。

29,　17,　22,　12,　15,　31,　35,　26,　20（台）

このデータについての説明として、**誤っているもの**は ア である。次の①～④のうちから一つ選べ。

① 最小値は12、最大値は35である。

② 第1四分位数は16、第3四分位数は30である。

③ 中央値は22である。

④ 平均値は22である。

2015年 第1回 高認試験

演習2　次のデータは、ある野球チームのピッチャーとキャッチャーを除いた7人の年間のホームラン数のデータである。

4,　1,　0,　2,　5,　7,　9（本）

第1四分位数と、第3四分位数の組合せで正しいものは イ である。

① 第1四分位数1、　第3四分位数4

② 第1四分位数1、　第3四分位数7

③ 第1四分位数4、　第3四分位数1

④ 第1四分位数7、　第3四分位数1

2014年 第1回 高認試験

演習3　20人の生徒が、10点満点のテストを行った結果を点数の小さい順に並べると次のようになった。

3, 3, 3, 4, 4, 4, 4, 5, 5, 5, 5, 6, 6, 6, 6, 7, 7, 9, 9, 10（点）

このデータの箱ひげ図は イ である。

次の①～④のうちから一つ選べ。

2014年 第2回 高認試験

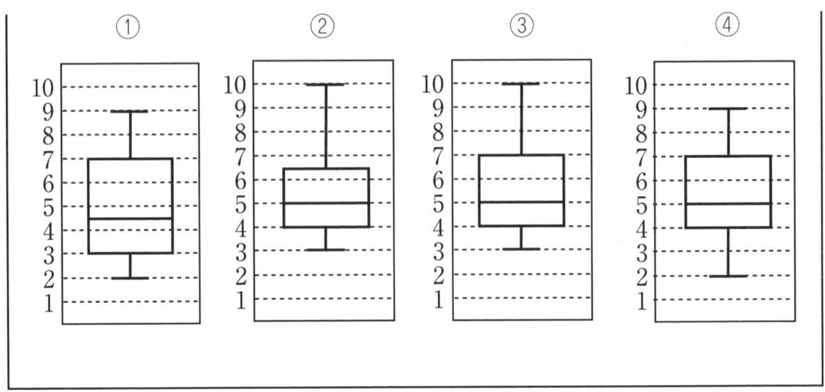

演習 4　ある部活動の部員数を 10 年分調べて、そのデータを男女別に箱ひげ図にまとめた。　　2019 年 第 1 回 高認試験

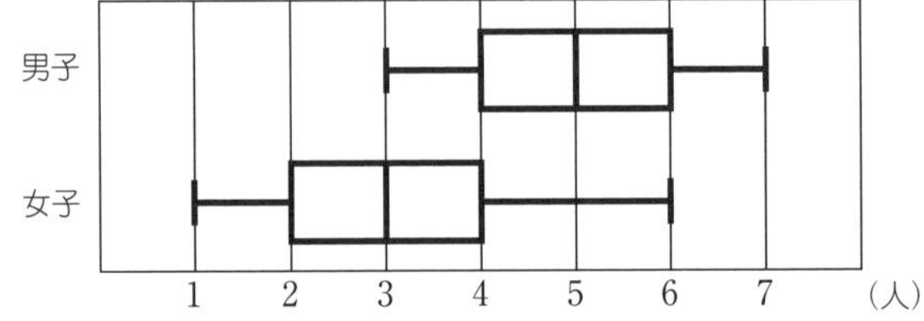

このデータについての記述のうち、箱ひげ図から**読み取れないこと**は イ である。

次の①～④のうちから一つ選べ。

① 男子の第 1 四分位数と女子の第 3 四分位数は等しい。

② 男子は 3 人未満になることがなかった。

③ 男子の平均値と女子の平均値は等しい。

④ データの範囲からみると、男子より女子の方が散らばり具合が大きい。

演習５

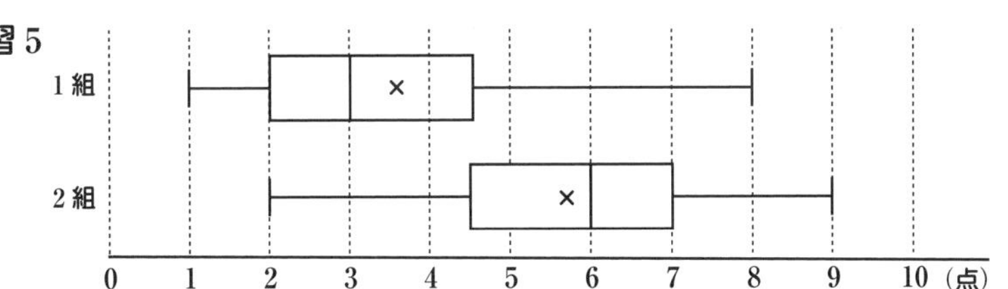

上図は、ある中学校の２年１組・２組の各 21 人に行なった、10 点満点の数学テストの得点から箱ひげ図を作成したものです。

このとき、箱ひげ図から読み取れるものとして①〜④で適切でないものをすべて選択し、理由も教えてください。

①１組・２組を通じて、最も点数が高い人は２組にいる。

②１組の３点以上の人数は、２組の６点以上の人数より多い。

③どちらの組もデータの範囲は７点である。

④どちらの組にも、得点が７点の人が必ずいる。

【演習１〜５の解答】

演習１

資料を小さい順に左から並べ、最小値・最大値・四分位数を求める。

中央値

(最小値) 12, 15, ¦ 17, 20, 22, 26, 29, ¦ 31, 35 (最大値)

第１四分位数 (15+17)÷2＝16　　第３四分位数 (29+31)÷2＝30

準備はできましたので、①から順に内容を確認していきましょう。

① 最小値 12、最大値 35 は、上記の資料より正しい！

② 第１四分位数 16、第３四分位数 30 は、上記の資料より正しい！

③ 中央値 22 は、上記の資料より正しい！

④ 平均値 22 は、計算すると、

(12 ＋ 15 ＋ 17 ＋ 20 ＋ 22 ＋ 26 ＋ 29 ＋ 31 ＋ 35) ÷ 9 ＝ 23 となり、間違い！

よって、誤っているものは、④(答)

演習 2

資料を小さい順に左から並べ、四分位数を求める。

中央値
0 , ①, 2 , 4 , 5 , ⑦, 9
第1四分位数　第3四分位数

上の資料より、**第1四分位数は 1、第3四分位数は 7**。

よって、正しいものは、②（答）

演習 3

資料から最小値・最大値・四分位数を読み取る。

（最小値）3, 3, 3, 4, 4, 4, 4, 5, 5, 5, 5, 6, 6, 6, 6, 7, 7, 9, 9, 10（最大値）
第1四分位数 (4+4)÷2=4　中央値　第3四分位数 (6+7)÷2=6.5

上記の資料から、①〜④の箱ひげ図をチェックします！

まず、最小値 3 と最大値 10 であるものをチェックする。

すると、最小値 2、最大値 9 の①と④はダメ！

つぎに、残った②と③を比較する。

ともに第1四分位数 4 と中央値 5 は満たしているので、第3四分位数 6.5 をチェックする。すると、③の第3四分位数が 7 より、③はダメ！

よって、このデータの箱ひげ図は、②（答）

演習 4

箱ひげ図から、①〜④の内容を確認していきましょう。

① 男子の第1四分位数と女子の第3四分位数の値は共に 4 で等しい。　○

② 男子の最小値が 3。よって、3 人未満（2 人以下）になることはない。　○

③ 男女共、各年次の部員数が不明ゆえ、平均値はわからない。　×

④ 範囲＝（最大値）−（最小値）より、男子の範囲は「7 − 3 ＝ 4」、女子の範囲は「6 − 1 ＝ 5」。よって、女子の方が散らばり具合が大きい。　○

よって、読み取れないことは ③（答）

中学1年
中学2年
中学3年

演習５

箱ひげ図から、①〜④の内容を確認していきましょう。

① 両組の最大値を比べて、最高点９点は２組。　　　　よって、正しい！

② 下図より両組とも中央値は、左から11番目の値。だから、中央値以上の人数はともに残り11人で等しい。　　　　よって、間違い！

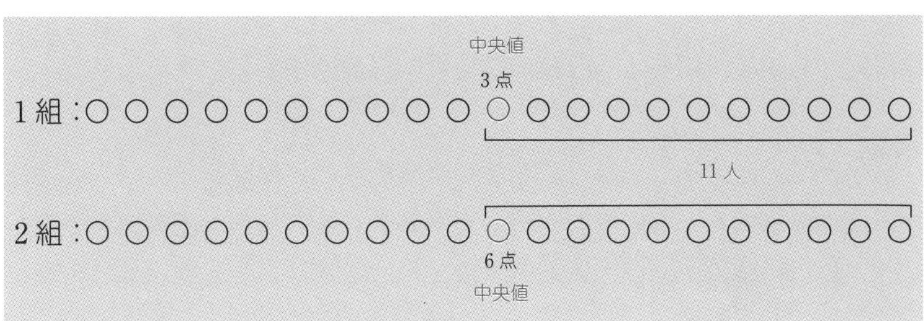

③１組の範囲＝８－１＝７、２組の範囲＝９－２＝７。だから、正しい！

④ １組では７点が後半のひげの部分ゆえ、5, 6, 7点のどれかが含まれていることしか言えない。よって、ひげの部分に７点がない可能性もある。

２組では、７点は第３四分位数の値である。すると、下図のように中央値の右側の資料の中央値が第３四分位数ゆえ、左から16と17番目の平均値となる。

そこで、このとき16番目が６点、17番目が８点の場合、その平均値は７点となり第３四分位数が７点となるが、資料に７点があるとは限らない。

よって、どちらの組にも得点が７点の人が必ずいるとは言えない。

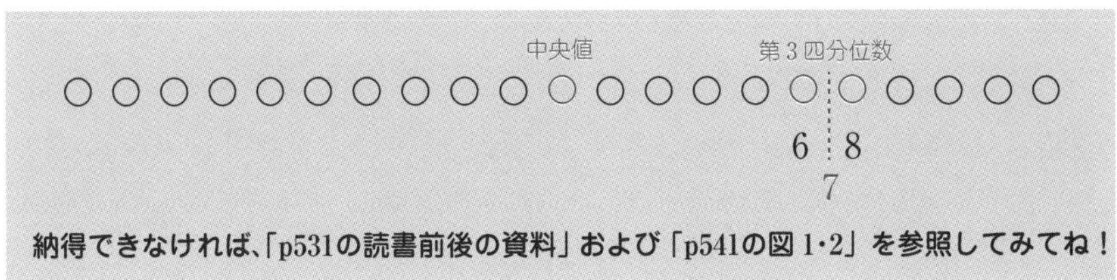

納得できなければ、「p531の読書前後の資料」および「p541の図1·2」を参照してみてね！

したがって、適切でないものは②と④（答）

以上で「四分位数」および「箱ひげ図」の学習はおわりです。

各「問題」および「演習」の右下に書かれている、「高認試験」は「高等学校卒業程度認定試験」の略称です。

2020年度まで「四分位数」「箱ひげ図」は高校数学Ⅰの項目でしたので、現時点では中学生に適当な問題・演習が思いつかず・・・。そこで、この5年間、少年院で高等学校卒業程度認定試験対策の授業をしていたので、難易度から中学生にちょうど良いかと思い、今回引用した次第です。

ちなみに、この高認試験（高等学校卒業程度認定試験：旧大検）に合格すれば高校卒業と同等にみなされ、**大学受験**および複数の**国家資格受験**も可能となり、就職においても高校卒業として認められる傾向にあります。

高認試験の受験科目は、中学卒業者と高校中退者では違いが出ますので、興味のある方はぜひ以下の文部科学省HPでご確認ください。

文科省HP関連部分（https://www.mext.go.jp/a_menu/koutou/shiken/）

ここには過去問題（平成元年第2回目以降、解答だけ）および、受験できる国家資格一覧も提示されています。各教科の**合格点**は「**40点以上**」と言われ、問題も教科書レベル。数学の出題範囲は「数学Ⅰ」ですが、中学数学の基本問題が出来れば、自学自習でも大丈夫！だから、この本で基本をシッカリ学習してください！

中学卒業でいるのと高認資格取得後では、社会で生きる上で目の前の選択肢が比較にならないほど広がります！ 教え子曰（いわ）く「ハローワークで、中卒ではほとんど仕事が選べなかったが、高認資格取得後は驚くほど選択肢が広がりました」と。令和3年4月現在、受験機会は年2回（8·11月）。

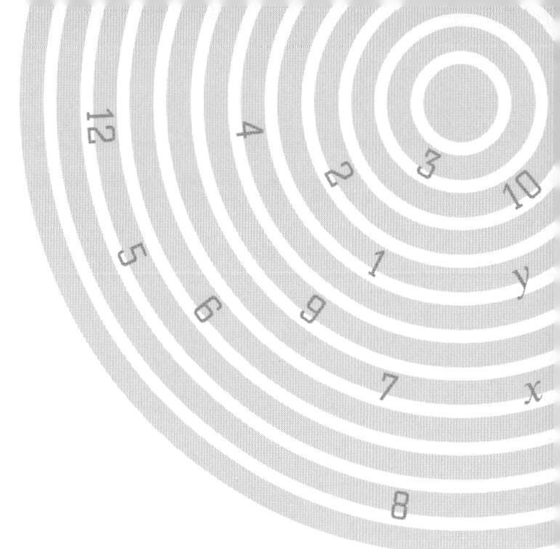

中学3年

第1話

多項式

Ⅰ　多項式の計算

ついに中学３年の数学までたどり着きました。ここからは高校数学への入り口と言っていいほど、高校数学と内容が重なる部分が多いんですね！

また、計算力は数学の基本でして、特に今後は文字中心の計算ですから愚直に丁寧に計算することを心がけてください。

では、ここの項目は問題を通し、一緒に解きながら流れをつかんでいただきたいと思います。

本当に文字ばっかりだなぁ〜・・・汗

（単項式）×（多項式）、（多項式）×（単項式）

問 題　つぎの計算をしてみましょう。

（1）$7x(2x-3y)$　　（2）$-2x(6x+9y)$

（3）$(6x-3y)\times 4y$　　（4）$(5x+y)\times(-8y)$

＜解説・解答＞

（1）$7x(2x-3y)=7x\times 2x+7x\times(-3y)$

$=\underline{14x^2-21xy}$ ・・・・（答え）

（2）$-2x(6x+9y)=(-2x)\times 6x+(-2x)\times 9y$

$=\underline{-12x^2-18xy}$ ・・・・（答え）

（3）$(6x-3y)\times 4y=6x\times 4y+(-3y)\times 4y$

$=\underline{24xy-12y^2}$ ・・・・（答え）

（4）$(5x+y)\times(-8y)=5x\times(-8y)+y\times(-8y)$

$=\underline{-40xy-8y^2}$ ・・・・（答え）

符号の変化にはくれぐれも気をつけてくださいね！では、つぎへ！

（多項式）×（多項式）

＊２項どうしの積

問 題　つぎの計算をしてみましょう。

（1）$(x-3)(y+5)$　　　　（2）$(a+b)(c-d)$

＜解説・解答＞　これも分配法則の繰り返しです。

多項式どうしの積の計算の場合、問題文では“計算”ではなく“展開”という言葉で指示されることがあります。

（1）$(x-3)(y+5)$

$= x\times y + x\times 5 + (-3)\times y + (-3)\times 5$

$= \underline{xy + 5x - 3y - 15}$　・・・・（答え）

注）つぎの問題で触れるんですが、どんな時も計算結果が多項式のときは、必ず“同類項”のチェックをしてくださいね！

（2）$(a+b)(c-d)$

$= a\times c + a\times(-d) + b\times c + b\times(-d)$

$= \underline{ac - ad + bc - bd}$　・・・・（答え）

ここまでは単に分配法則にしたがって式をバラバラにするだけでした。でも、つぎからは少しだけ注意を払わないといけません！

問 題　つぎの式を展開してみましょう。

（1）$(x-y)(2x+y)$　　　　（2）$(a+2b)(2a-b)$

＜解説・解答＞　展開してから注意が必要！⇒ **同類項の確認！**

（1）$(x-y)(2x+y)$

$= x\times 2x + x\times y + (-y)\times 2x + (-y)\times y$

$= 2x^2 + xy - 2xy - y^2$　←下線部で同類項の計算が必要！

$= \underline{2x^2 - xy - y^2}$　・・・・（答え）

なるほどね！汗

(2) $(a+2b)(2a-b)$

$= a\times 2a + a\times(-b) + 2b\times 2a + 2b\times(-b)$

$= 2a^2 \underline{-ab+4ab} -2b^2$　←下線部で同類項の計算が必要！

$= \underline{2a^2+3ab-2b^2}$ ・・・・（答え）

この2項どうしの積は、つぎの項目『**式の展開**』で詳しくお話しします。

＊2項と3項の積

問 題　つぎの式を展開してみましょう。

(1) $(x-1)(x+y+5)$　(2) $(a+b)(2a-b-1)$

(3) $(2a+b-1)(a-2b)$　(4) $(x-y+2)(3x-2y)$

＜解説・解答＞　分配は前からでも後ろからでもお好きにどうぞ！

ここからは暗算で展開し、同類項のチェックをします。

(1) $(x-1)(x+y+5)$

$= x^2+xy\underline{+5x-x}-y-5$　←同類項の計算

$= \underline{x^2+xy+4x-y-5}$ ・・・・（答え）

(2) $(a+b)(2a-b-1)$

$= 2a^2\underline{-ab}-a\underline{+2ab}-b^2-b$　←同類項の計算

$= \underline{2a^2+ab-b^2-a-b}$ ・・・・（答え）

通常、次数の高い順に項を並べるので、“$-a$”と“$-b^2$”を入れ替えました。今後も！

(3) $(2a+b-1)(a-2b)$

$= 2a^2\underline{-4ab+ab}-2b^2-a+2b$　←同類項の計算

$= \underline{2a^2-3ab-2b^2-a+2b}$ ・・・・（答え）

(3)の場合、分配は後ろの（カッコ）から前へのかけ算が楽かな!? みなさんにお任せします！

(4) ここでは後ろの（カッコ）から前へ分配してみますね！

$(x - y + 2)(3x - 2y)$

$= 3x^2 - 3xy + 6x - 2xy + 2y^2 - 4y$　←同類項の計算

$= 3x^2 - 5xy + 2y^2 + 6x - 4y$　・・・・（答え）

（多項式）÷（単項式）

割り算（除法）と聞くと難しい感じがしますが、実は今までと同じ計算！

問 題　つぎの計算をしてみましょう。

(1) $(9x^2 - 6x) \div 3x$　　(2) $(4x^2 - 12x) \div \frac{2}{3}x$

(3) $(x^2y - 6xy) \div (-xy)$　　(4) $(3x^2y - 15xy^2) \div \frac{9}{2}xy$

＜解説・解答＞　暗算で割り算ができそうもないとき、逆数の積に直す！

(1) $(9x^2 - 6x) \div 3x = 3x - 2$　・・・（答え）　←暗算で「係数どうし」、「文字どうし」の順に割り算するだけ！

(2) $(4x^2 - 12x) \div \frac{2}{3}x = (4x^2 - 12x) \times \frac{3}{2x}$

中１で注意した、文字は分子に乗せてから逆数の積！

$= \overset{2}{\cancel{4}}\cancel{x^2} \times \frac{3}{\cancel{2x}} - \overset{6}{\cancel{12}}\cancel{x} \times \frac{3}{\cancel{2x}}$　$(= 2x \times 3 - 6 \times 3)$

$= 6x - 18$　・・・・（答え）

(3) $(x^2y - 6xy) \div (-xy) = -x + 6$　・・・・（答え）

(4) $(3x^2y - 15xy^2) \div \frac{9}{2}xy = (3x^2y - 15xy^2) \times \frac{2}{9xy}$

$= \frac{\cancel{3}\cancel{x^2}\cancel{y} \times 2}{{}_{3}\cancel{9}\cancel{x}\cancel{y}} - \frac{{}^{5}\cancel{15}\cancel{x}\cancel{y^2} \times 2}{{}_{3}\cancel{9}\cancel{x}\cancel{y}}$

$= \frac{2x}{3} - \frac{10y}{3}$　・・・・（答え）

念のために！　以下の形も ok！

・$\frac{2}{3}x - \frac{10}{3}y$　・$\frac{2x - 10y}{3}$（答え）

以上で計算方法の説明はおわりです。あとは問題集で愚直に練習してね！

Ⅱ　式の展開

乗法の展開公式

① $(a+b)^2 = a^2 + 2ab + b^2$

$(a-b)^2 = a^2 - 2ab + b^2$

② $(x+a)(x+b) = x^2 + (a+b)x + ab$

③ $(a+b)(a-b) = a^2 - b^2$

上記の展開の公式は九·九のように言えるようにならないといけません。

展開公式の解説

多項式どうしの分配法則を毎回やるのはしんどいので、公式として覚えてしまおうというのがここの目的！ 試しに（左辺）をていねいに展開してみるよ！

①

$$(a+b)^2 = (a+b)(a+b)$$

2乗は自分自身を2回かけること！

$$= a^2 + ab + ba + b^2$$

$$= a^2 + 2ab + b^2$$

積は交換法則が成立：$ab = ba$
同類項の計算

$(a-b)^2$ は自分でやってみて！

②

$$(x+a)(x+b) = x^2 + bx + ax + ab$$

$$= x^2 + (a+b)x + ab$$

a、b は数字と考えてよいので前にくる！ ax、bx は同類項なので係数どうしのたし算

③

$$(a+b)(a-b) = a^2 - ab + ba - b^2$$

$$= a^2 - b^2$$

ここは0になるよ！

この③の公式は一番シンプルで覚えやすいでしょ！ でもね、この③がこれから先、特に高校数学ではよ～く使いますので、この形はしっかりと頭の中に焼きつけてください！

ジュッ！　アチィー!!

＜練習＞　いくつか［展開公式］を使った展開をやっておくね！

“公式”利用の展開！	“分配法則”でていねいに展開！
(1) $(x+3)^2 = x^2+2\times3\times x+3^2$ $= \boxed{x^2+6x+9}$	$(x+3)(x+3)$ $= x^2+3x+3x+9$ $= x^2+6x+9$
(2) $(a-5)^2 = a^2-2\times5\times a+5^2$ $= \boxed{a^2-10a+25}$	$(a-5)(a-5)$ $= a^2-5a-5a+25$ $= a^2-10a+25$
(3) $(x-3)(x+1) = x^2+(-3+1)x+(-3)\times1$ $= \boxed{x^2-2x-3}$	$(x-3)(x+1)$ $= x^2+x-3x-3$ $= x^2-2x-3$
(4) $(a+8)(a-8) = a^2-8^2$ $= \boxed{a^2-64}$	$(a+8)(a-8)$ $= a^2-8a+8a-64$ $= a^2-64$

「どうかな？」どのように公式を使うかわかってもらえました？

上の左側の展開を今回はわかりやすいようにと、2行使って展開しています。でも、実際はすぐに四角枠の答えを出せるようにしてくださいね。そのためにはひたすら練習しかありません。見たらすぐに考えるよりも先に展開した式が口から出るようになるまで、繰り返し繰り返し言い続けてください。方法としては、エンピツは持たずに問題を見て、スラスラと口で言えるようになるまで“練習”あるのみ！

「わかったのかなぁ?! お返事は？」　　ふぁ～い！

問題　つぎの式を“展開”してみよう！

(1) $(a-2)^2=$　　(2) $(x+5)^2=$

(3) $(a-3b)^2=$　　(4) $(a-3)(a+5)=$

(5) $(x-7)(x+10)=$　　(6) $(x-2y)(x-5y)=$

(7) $(a-1)(a+1)=$　　(8) $(x-6y)(x+6y)=$

<解答>

(1) $(a-2)^2=a^2-4a+4$

(2) $(x+5)^2=x^2+10x+25$

(3) $(a-3b)^2=a^2-6ab+9b^2$

(4) $(a-3)(a+5)=a^2+2a-15$

(5) $(x-7)(x+10)=x^2+3x-70$

(6) $(x-2y)(x-5y)=x^2-7xy+10y^2$

(7) $(a-1)(a+1)=a^2-1$

(8) $(x-6y)(x+6y)=x^2-36y^2$

「いかがですか？」上記のように一発で右辺の展開式ができれば卒業！あとはひたすら問題集を使って練習・練習。がんばれぇ～！

では、今度は“応用編”へと進むことにしましょう！!

少しくらい休みはないの？

応用編

問題　つぎの式を展開してください！

形が違うぞ・・・?!

(1) $(x+2y-4)^2=$

(2) $(x-y+3)(x-y+4)=$

(3) $(x-y+3)(x+y-3)=$

（1）$(x+2y-4)^2=$

自信がついた気分のときに、この問題はキツイかな？！ この場合は、どれでもよいから**2項を選んでそれをほかの1文字で置き換える**んです。ここでは［$x+2y$］をPとおいてみようか！

（与式）$=(P-4)^2$

直接矢印の方向で計算してOK！

$=P^2-2\times4\times P+4^2$

$=P^2-8P+16$

実はこの展開は公式があるんです。しかし、今は置き換えの練習ですから、最後に教えます。（p563参照）

ここで、Pをもとの式に戻す。

$=(x+2y)^2-8(x+2y)+16$　　天の声！

$=x^2+2\times x\times2y+(2y)^2-8x-16y+16$

$=x^2+4xy+4y^2-8x-16y+16$ ・・・・（答え）

（2）$(x-y+3)(x-y+4)=$　・・・・・・・（＊）

3項の多項式の積です。しかし、覚えた公式は2項どうしの積でした。考え方としては、**カッコの中で同じ2項をさがしそれを別の文字で置き換える**んですね！

ここでは［$x-y$］が両方のカッコの中にありますから、これを別の1文字で置き換えてみるよ。

$x-y=A$とおくと、（＊）の式は

（与式）$=(A+3)(A+4)$

$=A^2+(3+4)A+3\times4$

$=A^2+7A+12$

「どこ見てるの？
うしろだよ！」

ここでAをもとに戻す。

$=(x-y)^2+7(x-y)+12$

$=x^2-2xy+y^2+7x-7y+12$ ・・・・・（答え）

この(1)(2)が一般的な置き換えの考え方です。そして、特に**(2)の応用形**がよ～く出題されるんだなぁ！ 実はこれを解くにはコツがあるんですよ！

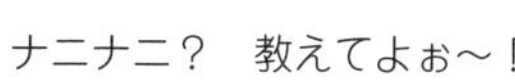

(3) $(x-y+3)(x+y-3)=$　　　　((2) の応用)

「置き換える2つの項が見つかりますか？」適当な項が見つからないよねぇ〜？　　さぁ〜て、困ったぞ?! どうしよぉ〜・・・!

[考え方]

まず、「符号が同じ項を2つさがすんだった！」1個は見つかるよね？「xだ！」ピンポ〜ン！　しかし、ほかの2個どうしは符号が逆になっているから置き換えには使えない・・・　う〜ん！困ったぞ・・・

そこで、x 以外の使えそうもない2つの項どうしをよ〜く見てみると、さっきも言ったように**符号が逆**なんだよね？　　アッ！ そうか！

$$(x\underline{-y+3})(x\underline{+y-3})=$$

「これって、符号を無視すれば同じだ！」だから、「どちらか一方の符号を逆にすれば、まったく同じ2項どうしができちゃうかも?!」

少しわかりにくいよね？　では、具体的に説明するよ！

$-y+3$ ・・・・・①

$y-3$ ・・・・・②

この2式は、符号が"逆"だけど、符号を無視すると、yと3は同じものだよね？ このように**符号を無視した値が同じことを"絶対値"が等しい**と言うんでした。 大丈夫!?　　バッチリです！

そこで、「上の①と②の"符号"を同じにしなくちゃ?!」

ポイント　"符号"が"逆"ならマイナスでくくる！

では、「どうやって符号を"逆"にするか？」

実は「簡単なんだ！」**どちらか一方を「マイナス」でくくれば解決！**

では、①を"マイナス"でくくってみるよ！

$$-y+3=-(y-3)$$

(右辺) のカッコの中を②の式と比べてみて？「同じになっているでしょ?!」このように**今の符号の"逆の符号の式"が必要なときは、**

“マイナスでくくる” **ことが大切な知識なんですね！** この方法は、今後（特に高校数学）よぉ～く使いますので十分に理解しておいてください。

では、さっそくこの方法を使って、先ほどの式を展開！

$$(x-y+3)(x+y-3)=\{x-(y-3)\}\{x+(y-3)\}$$

ここで $y-3=A$ とおくと、

$$\begin{aligned}(x-y+3)(x+y-3)&=(x-A)(x+A)\\&=x^2-A^2\\&=x^2-(y-3)^2\\&=x^2-(y^2-6y+9)\\&=x^2-y^2+6y-9\quad\cdots\cdots(\text{答え})\end{aligned}$$

カッコが大切！

以上で“多項式の計算”の解説はおわりだよ！

この展開の問題で一番難しいのはやはり、最後にやった“(3) のマイナスでくくり、符号を一致させる” かなぁ？

「難しかったですかぁ・・・？」　　・・・無言

とにかく、たくさん問題を解くことで、展開が九・九の感覚になるまで努力してくださいね！

あと残りは、展開公式を利用した“証明問題”と“計算”だけだね！

「アレェ～？　その顔はどうしたの？」

約束どおり、最後に［$(a+b+c)^2$］の展開公式を示しておきます。

展開公式　（矢印の順にかけ算）

$$(a+b+c)^2=a^2+b^2+c^2+2ab+2bc+2ca\quad(1)$$

$$=a^2+b^2+c^2+2(ab+bc+ca)\quad(2)$$

a → b → c

(1)、(2) のどちらかを覚えれば問題なし！

証明問題

この項目は中２の“**整数の証明**”をよぉ〜く復習してから読むとよりわかりやすいと思います。では、問題！

> **問 題**
>
> 奇数の平方（２乗）は奇数であることを証明してみよう！

［証 明］

奇数を $2n+1$ とおくと（n は整数）

$$(2n+1)^2 = 4n^2+4n+1$$

$$= \underline{2(2n^2+2n)}+1$$

$4n^2+4n$ を２でくくることで $4n^2+4n=2(2n^2+2n)$ は偶数であることがわかる！

$(2n^2+2n)$ は整数より、偶数に１を加えているので奇数。

よって、奇数の平方（２乗）は奇数となる。

おわり

思い出しましたか？ この項目は中２でも言いましたが、中学生ではなかなか理解しづらいところかもしれませんね！

もう１問やってみようか？　　むずかしいよぉ〜！　涙

> **問 題**（４の倍数：「４で割り切れることの証明」とも同じ意味だよ！）
>
> 連続した３つの偶数の一番大きい数の平方から、残りの２つの数の積を引いたときの値が**４の倍数**になることを証明してみよう。

［証 明］

連続する３つの偶数を

一番大きい数：p147 参照。カッコをはずした形。

$$2n-2、\quad 2n、\quad 2n+2 \quad（n \text{ は整数}）$$

とおく。

$$(2n+2)^2 - 2n\times(2n-2) = 4n^2+8n+4-4n^2+4n$$

一番大きい数　残りの２つの数の積

$$= 12n+4$$

$$= 4(3n+1)$$

$(3n+1)$ は整数なので $4(3n+1)$ は4の倍数である。
よって、
連続した3つの偶数の一番大きい数の平方から、残りの2つの数の積を引いたときの値は4の倍数になる。

おわり

どうですか？ やはり難しいですか？ 証明問題はこの2題ぐらいでやめておきます！ つぎの“因数分解”でも証明問題をやりますからね！
お楽しみに！　　ハ～イ！って楽しみじゃないよぉ～・・・！　ぶぅ～！
では、最後は展開公式を利用した“整数の計算”の問題ねぇ！

問 題　“展開公式”を利用し、つぎの整数計算をしてください！
(1) $99^2 =$　　(2) $104 \times 96 =$
(3) $102 \times 105 =$　　(4) $103^2 =$

＜解説・解答＞

(1) $(a-b)^2 = a^2 - 2ab + b^2$ の利用！

$$99^2 = (100-1)^2$$
$$= 100^2 - 2 \times 100 \times 1 + 1^2$$
$$= 10000 - 200 + 1$$
$$= 9801 \cdots\cdots \text{(答え)}$$

(2) $(a+b)(a-b) = a^2 - b^2$ の利用！

$$104 \times 96 = (100+4)(100-4)$$
$$= 100^2 - 4^2$$
$$= 10000 - 16$$
$$= 9984 \cdots\cdots \text{(答え)}$$

(3) $(x+a)(x+b)=x^2+(a+b)x+ab$ の利用！

$$
\begin{aligned}
102 \times 105 &= (100+2)(100+5) \\
&= 100^2 + (2+5) \times 100 + 2 \times 5 \\
&= 10000 + 700 + 10 \\
&= \underline{10710 \quad \cdots\cdot\text{（答え）}}
\end{aligned}
$$

(4) $(a+b)^2=a^2+2ab+b^2$ の利用！

$$
\begin{aligned}
103^2 &= (100+3)^2 \\
&= 100^2 + 2 \times 100 \times 3 + 3^2 \\
&= 10000 + 600 + 9 \\
&= \underline{10609 \cdots\cdot\text{（答え）}}
\end{aligned}
$$

さぁ～て、このへんで展開のお話はおわりにしましょう！

つぎは“因数分解”という、今後、数学をやっていく上でズ～ッとつきまとう大切な項目！　でも、心配は不要！　最初に覚えた4つの**“乗法の展開公式”を九・九のように言えさえすれば、**今度はその“逆”をやるだけだからね！

お疲れさまぁ～！

確 認！　覚えたかなぁ～?!

＊乗法の展開公式

① $(a+b)^2=a^2+2ab+b^2$

　$(a-b)^2=a^2-2ab+b^2$

② $(x+a)(x+b)=x^2+(a+b)x+ab$

③ $(a+b)(a-b)=a^2-b^2$

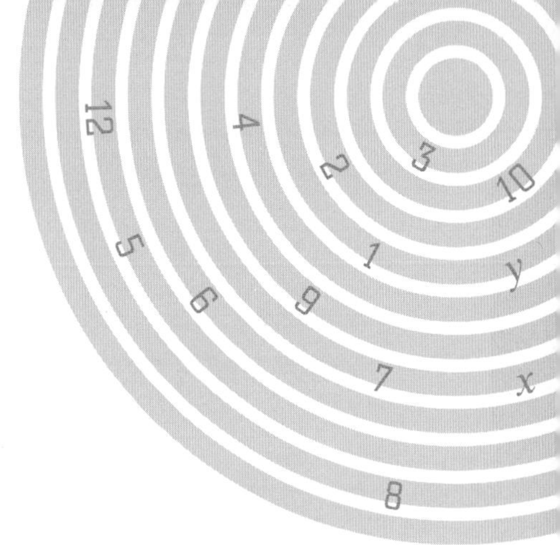

中学3年

第2話

因数分解

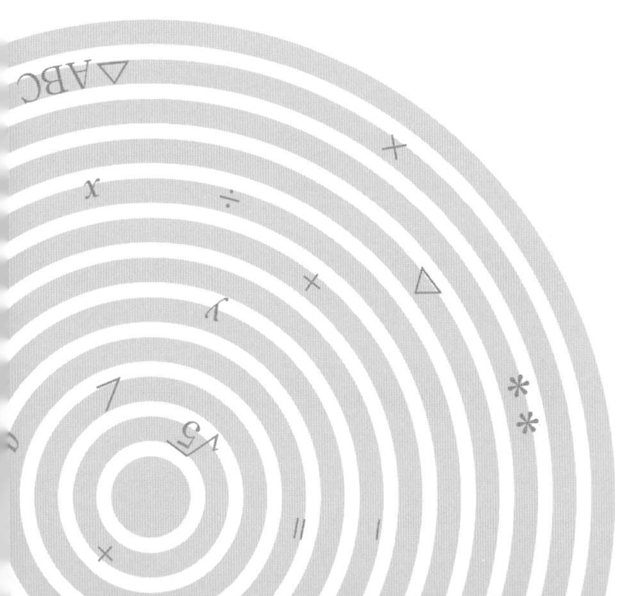

Ⅲ　因数分解

つぎつぎと新しい言葉が出てきますよねぇ！ **“因数分解(いんすうぶんかい)”** も初めて耳にする言葉かなぁ？ 因数分解を一言で言うなら、“たし算”“引き算”を“かけ算”の形に変形すること！ もう少していねいに説明した方がいいよね！

それでは、まず、「**因数分解の“因数”とはなんだかわかる？**」

因数とは？

数字・文字などをかけ算に直したとき、その部品１個１個を因数と言う！

例１）12 は以下のようなかけ算で表せるよね?!

$$12 = 3 \times 4$$
$$= 2 \times 6$$
$$= 1 \times 12$$

因数 ： ３・４・２・６・１・１２

これ１個１個が因数ナンダヨ！

例２）$3xy$ はどのようなかけ算で表せるかな？

$3xy = 3 \times xy,\ 3x \times y,\ 3y \times x,\ 3xy \times 1$

積の形の ［ 3 ］［ xy ］、［ $3x$ ］［ y ］、［ $3y$ ］［ x ］、［ $3xy$ ］［ 1 ］

これ１個ずつが因数なんだね！

因数の意味がわかったところで、あらためて、「因数分解とは？」

「**“たし算”“引き算”を“かけ算”に直すこと！**」

そこで、“因数分解をする方法”には大きく分けて以下の５通りあるんだなぁ！

エッ！　・・・無言

① **共通因数でくくる**
② **乗法の展開公式の逆**
③ たすき掛け　［高校数学］
④ 因数定理　　［高校数学］
⑤ その他（平方完成や次数に着目などの工夫！）［高校数学］

この時点でみんなは「もぉ〜イヤ！」という気分だよね？　でも、

大丈夫！　中学では①と②だけで十分なんですよ！　　ホッ！・・・(笑顔)

まず、因数分解の基本は、“**共通因数でくくる！**”という作業です。そこで、このまたまた新しい“**共通因数**(きょうつういんすう)”という言葉についてお話をします。

共通因数でくくる

問題　つぎの式で各項の“因数”と“共通因数”はなんですか？

＊［因数分解］も示しておくね！

(1) $4x + 2y - 6$

(2) $3x + 9xy$

＜解説・解答＞　ここでは共通因数から“1”は省きました！

(1) $4x + 2y - 6$

[項]	[各項の因数]	［くくる共通因数］
・$4x$	2、4、x、$2x$、$4x$	
・$2y$	2、y、$2y$	2
・-6	2、3、6、-2、-3、-6	

［因数分解した形］共通因数でくくる！

＊ $4x + 2y - 6 = 2(2x + y - 3)$

ナルホド～！

(2) $3x + 9xy$

[項]	[各項の因数]	［くくる共通因数］
・$3x$	3、x、$3x$	
・$9xy$	3、$3x$、$3y$、$3xy$、x、y 9、$9x$、$9y$、$9xy$、xy	$3x$

［因数分解した形］共通因数でくくる！

＊ $3x + 9xy = 3x(1 + 3y)$

今、各項の因数をすべて書きました。たくさんありますよね！ でも［共通因数］は１つだよ。この２題で**共通因数**（各項が共通に持っている因数）という言葉を理解できたでしょうか?!　　了解だぶぅ～！　笑では、簡単に［共通因数の見つけ方！］をまとめてみます。

> ＊ 各項の“数字”の部分から［共通の約数（公約数）］
> ＊ 各項の“文字”の部分から［個数が同じ共通な文字］
> をさがせばよいだけ !!

「どうかな？」だいぶていねいにと言うか（？）くどいと言うか（？）、こんな解説で因数分解の基本（**共通因数**）のお話をしてみました！

では、初めての因数分解ですよ！ さっそく問題で確認してみましょう！

> **問 題**　つぎの式を因数分解してください！（ヒント：共通因数でくくる！）
> （1）$2a + 6 =$　　（2）$3x^2 - 9x =$
> （3）$12x - 6y + 18 =$　　（4）$2ab - 4ab^2 + a^2b^2 =$

＜ **解説・解答** ＞

（1）$2a + 6 = 2 \times a + 2 \times 3$　　［共通因数：2］
$= \underline{2\,(a + 3)}$　・・・・（答え）

（2）$3x^2 - 9x = \underline{3x\,(x - 3)}$　　［共通因数：$3x$］
・・・・（答え）

（3）$12x - 6y + 18 = \underline{6\,(2x - y + 3)}$　　［共通因数：6］
・・・・（答え）

（4）$2ab - 4ab^2 + a^2b^2 = \underline{ab\,(2 - 4b + ab)}$　　［共通因数：ab］
・・・・（答え）

上の 4 問で **“共通因数でくくる！”** という感覚がつかめましたか？ “カッコは 1 つのモノ” と中 1 から言い続けているから、共通因数とカッコの積（かけ算）になっているでしょ?! この形に直すことを因数分解するというんです。でもねぇ、つぎのような形は “因数分解” とは言わないよ！　ナニ?!

勘違いな因数分解！

問 題　つぎの因数分解の間違いを、正しく直してください！

［誤：1］ $4a+12=2(2a+6)$

［誤：2］ $-2x-6y-4=2(-x-3y-2)$

＜ 解説・解答 ＞

因数分解の注意点は、“共通因数”がまだカッコの中に“残って”いないか？!

［誤：1］ $4a+12=2(2a+6)$

カッコの中にまだ“共通因数：2”が残っているのに気づいたかな？

よって、“正解”は、

$4a+12=2\times2(a+3)$

$=\underline{4(a+3)}$　・・・・（答え）

［誤：2］ $-2x-6y-4=2(-x-3y-2)$

カッコの中に残っている共通因数は（－1）だよ！

よって、“正解”は、　　これは少しイジワルな問題でしたね！

$-2x-6y-4=2\times(-1)(x+3y+2)$

$=\underline{-2(x+3y+2)}$　・・・・（答え）

この間違いの“注意点”を今後も意識してもらえれば、因数分解の基本はクリアーかなぁ～？!　では、応用問題に挑戦!!　えっ～・・・・！

応用問題

問 題　つぎの式を因数分解できるかなぁ～？

(1) $3(x+1)-a(x+1)=$

(2) $(x-1)^2+2(x-1)=$

ポイント！　いつも言っているように、“カッコは１つのモノ”だよ！

＜解説・解答＞

(1) $3(x+1)-a(x+1)=$

“カッコは1つのモノ” と考えるんでした！

だから、$(x+1)$ が共通因数なんだね！

よって、

$$3\underline{(x+1)}-a\underline{(x+1)}=\underline{(x+1)(3-a)}$$

・・・・・・（答え）

(2) $(x-1)^2+2(x-1)=$

“カッコは1つのモノ” だから、“共通因数” は $(x-1)$！

$$\underline{(x-1)}^2+2\underline{(x-1)}=\underline{(x-1)}\{(x-1)+2\}$$

$$=(x-1)(x-1+2)$$

$$=\underline{(x-1)(x+1)}$$

・・・・・・（答え）

これが “共通因数でくくる！” 因数分解の形です。因数分解はまず各項の共通因数をさがすことから始めます。**カッコも1つのモノ**だから、共通因数の候補になるということをしっかりと覚えておいてくださいね！

では、つぎに本番の「展開公式」の “逆” による因数分解に入ります。ここからが本番ですよ！ 自信のない人は、今一度、展開公式の確認をしてくださいね。九・九ぐらいに自然と口から公式が出るぐらいになっていますか？ とにかく、これで因数分解の「共通因数でくくる」は終了！

少し休んでから大変な “乗法の展開公式の逆” を勉強しましょう！

共通因数だけでもイッパイいっぱいなのに・・・

乗法の展開公式なんて覚えてないよぉ～・・・・！

乗法の展開公式の逆パターン

乗法の展開公式には３種類ありました！

[1]　$(a+b)^2=a^2+2ab+b^2$

　　$(a-b)^2=a^2-2ab+b^2$

[2]　$(x+a)(x+b)=x^2+(a+b)x+ab$

[3]　$(a+b)(a-b)=a^2-b^2$

（展開）
左辺 ＝ 右辺
（因数分解）

この図から“展開”と“因数分解”の関係がわかるでしょ？

“因数分解”は「（右辺）から（左辺）へ！」と展開に対して“逆方向”になるんです。では、始めますよ！

①　$(a \pm b)^2$

$(a \pm b)^2$ この形を **完全平方完成**（かんぜんへいほうかんせい）の形と言います。平方とは２乗のこと。

$a^2+2ab+b^2=(a+b)^2$ ± ここにおまけの数字がない形だよ！

“因数分解”は“展開公式”の逆をするのですが、このパターンのポイントは？

ポイント　①　頭とお尻の項の符号は必ずプラス（＋）
②　頭とお尻の項が（ある数、文字）の２乗の形
③　頭とお尻の項の積（かけ算）の２倍が真ん中の項

a^2 ± $2ab$ ＋ b^2
頭（＋）　真ん中　お尻（＋）

ポイントの３つを満たしていれば、$(a \pm b)^2$ の形に因数分解できる！

①②まで満たしていれば90％は $(a \pm b)^2$ に直せるよ！

問 題　つぎの式を因数分解してください！

（1）$x^2+6x+9=$　　（2）$x^2+4x+4=$

（3）$x^2-14x+49=$　　（4）$x^2-10x+25=$

＜解説・解答＞

これから因数分解をするときは、必ずこの問題のような3項の因数分解が中心になってきます。そこで、お願いしたいのですが、必ずつぎの①②の順番でチェックすることを守ってください！

①“共通因数”はないか？

②“頭とお尻両方プラス”という前提で、ある数の2乗になっていないか？

これをチェックすることで因数分解の方向性が見えてきます！

（1）$x^2+6x+9=$（頭）^{2}＋2×（頭）×（お尻）＋（お尻）^{2}

①　“共通因数”はない！

②　頭とお尻“両方プラス”で頭は［x］の2乗、お尻は［3］の2乗だ！

この時点で90％“完全平方完成”（頭＋お尻）^{2}の因数分解だ！　ヨシ！

③　頭［x］とお尻［3］の積の2倍したモノ［$6x$］が“真ん中の項”の“符号をはずしたモノと同じだ！　OK！　ヤッタネ！

よって、　符号の一致！

$x^2+6x+9=$ $(x+3)^2$ ・・・・（答え）

注）カッコの中の“符号”は“真ん中の項の符号”と一致だよ!!

だいぶ詳しく解説しました。残りの問題はポイントだけね！

（2）$x^2+4x+4=$ $(x+2)^2$ ・・・・（答え）

①　共通因数”はない！

②　頭とお尻“両方プラス”で頭は［x］の2乗、お尻は［2］の2乗だ！

③　頭［x］とお尻［2］の積を2倍したモノ［$4x$］が“真ん中の項”

符号の一致！

（3）$x^2 - 14x + 49 = (x - 7)^2$　・・・・（答え）

①“共通因数”はない！
②　頭とお尻“両方プラス”で頭は［x］の２乗、お尻は［７］の２乗だ！
③　頭［x］とお尻［７］の積の２倍したモノ［$14x$］が“真ん中の項”

（4）$x^2 - 10x + 25 = (x - 5)^2$　・・・・（答え）

①“共通因数”はない！
②　頭とお尻“両方プラス”で頭は［x］の２乗、お尻は［５］の２乗だ！
③　頭［x］とお尻［５］も積を２倍したモノ［$10x$］が“真ん中の項”

以上で［1］の$(a \pm b)^2$の形の因数分解は説明はおわりだよ！
では、慣れたところで一見“アレッ！”と思う感じの問題ね！

ナンデソンナニイジメルノ？
イジケテヤル！

問題　つぎの式を因数分解できるかな？

（1）$4x^2 + 12xy + 9y^2 =$　　（2）$9x^2 - 24xy + 16y^2 =$
（3）$a^2x^2 + 2abx + b^2 =$　　（4）$3x^2 - 18x + 27 =$

＜解説・解答＞

考え方はまったく同じですよ。言われたことを守るだけ！

（1）$4x^2 + 12xy + 9y^2 =$

①“共通因数”はない！
②　頭とお尻“両方プラス”で頭は［$2x$］の２乗、お尻は［$3y$］の２乗だ！
③　頭［$2x$］とお尻［$3y$］の積を２倍したモノ［$12xy$］が“真ん中の項”

$$4x^2 + 12xy + 9y^2 = (2x + 3y)^2 \quad \cdots\cdots（答え）$$

一見難しそうだけど、言われたとおりにやれば簡単にできるでしょ！

ハイ！

(2) $9x^2 - 24xy + 16y^2 =$

① “共通因数” はない！
② “両方プラス” で頭は［$3x$］の２乗、お尻は［$4y$］の２乗だ！
③　頭［$3x$］とお尻［$4y$］の積の２倍が［$24xy$］“真ん中の項”

$$9x^2 - 24xy + 16y^2 = \underline{(3x - 4y)^2 \ \cdots\cdots\ (答え)}$$

(3) $a^2x^2 + 2abx + b^2 =$

① “共通因数” はない！
② “両方プラス” で頭は［ax］の２乗、お尻は［b］の２乗だ！
③　頭［ax］とお尻［b］の積の２倍が［$2abx$］“真ん中の項”

$$a^2x^2 + 2abx + b^2 = \underline{(ax + b)^2 \ \cdots\cdots\ (答え)}$$

(4) $3x^2 - 18x + 27 =$

① “共通因数” は「あれぇ〜！ あるじゃん！ 驚」：３
ナンダヨォ〜！　すぐに “3” でくくらなくちゃ！　ナルホド！

$$3x^2 - 18x + 27 = 3(x^2 - 6x + 9)$$

「えっと！ つぎは “カッコの中のチェック” だったはず?!」
（カッコの中は、）
② “両方プラス” で頭は［x］の２乗、お尻は［3］の２乗だ！
③　頭［x］とお尻［3］の積の２倍が［$6x$］“真ん中の項”　ヨシ！

$$3x^2 - 18x + 27 = 3(x^2 - 6x + 9)$$
$$= \underline{3(x - 3)^2 \ \cdots\cdots\ (答え)}$$

「どうかなぁ？」言われたとおりにやれば、さほど難しくはないよね？

② $(x+a)(x+b)$

これは展開の公式の面倒なヤツでした！ では、「ポイントは？」

実は①の解説と関連してこの因数分解は考えなくてはダメなんだな！だってね、テストやこれから問題を解くときに、目の前の式がどのパターンの因数分解か誰も教えてくれないでしょ？　　ウン・・・汗

そこで、3項の式 $\boxed{x^2+px+q}$ の形の“因数分解”を見たら、必ずつぎの順番で“チェック”をしてくださいね！

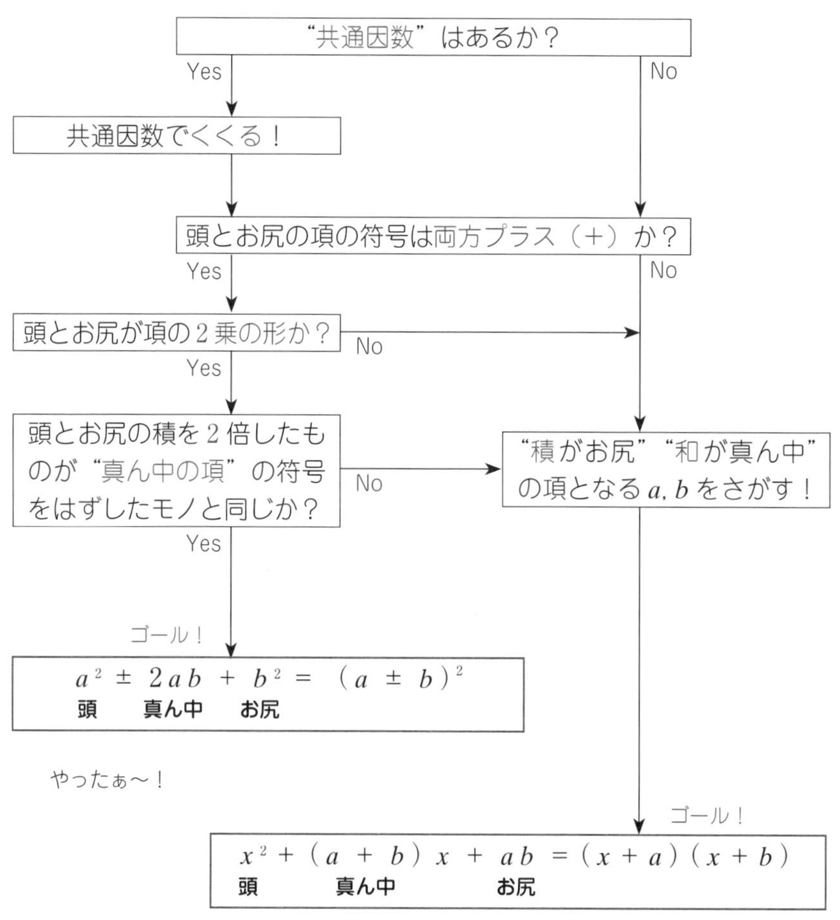

前ページの図を見て、難しいと感じた人もいるかもしれないですね？でも、実はこの流れ作業をみんなは知らず知らずのうちに、頭の中で行なうことになるんです。とにかく、まずは1問、この流れにそって因数分解してみましょう！　ハァ〜イ・・・　「我慢してガンバッテ！」

> **問 題**　つぎの式を“因数分解”してください！
>
> $x^2 + 5x + 4 =$

＜解説・解答＞

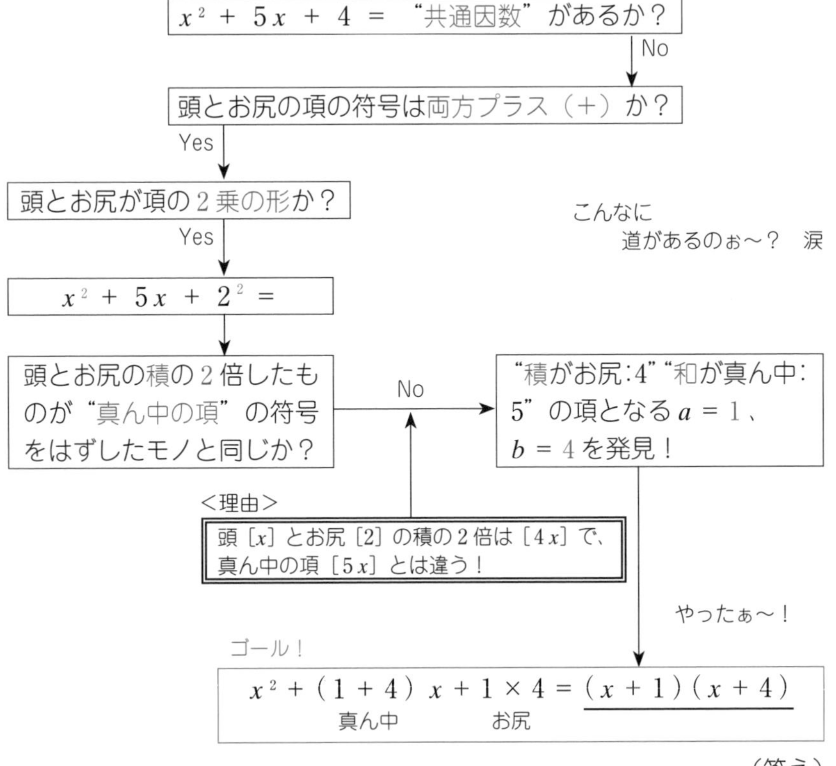

$x^2 + 5x + 4 =$ “共通因数”があるか？
No
頭とお尻の項の符号は両方プラス（＋）か？
Yes
頭とお尻が項の2乗の形か？
Yes
$x^2 + 5x + 2^2 =$
頭とお尻の積の2倍したものが“真ん中の項”の符号をはずしたモノと同じか？
No
“積がお尻:4”“和が真ん中:5”の項となる $a = 1$、$b = 4$ を発見！
＜理由＞
頭［x］とお尻［2］の積の2倍は［$4x$］で、真ん中の項［$5x$］とは違う！
こんなに道があるのぉ〜？　涙
やったぁ〜！
ゴール！
$x^2 + (1 + 4)x + 1 \times 4 = (x + 1)(x + 4)$
真ん中
お尻

・・・・（答え）

「どうですか？　できそうな気がするでしょ？」　イイエ！

慣れるまでは、「カンタンでしょ?!」と言われても困るよね！　ウン
そこで少し変わった方法をクイズ感覚で練習してみましょうか？

問 題　つぎの条件を満たす値を考えてください。
［例］和：3、積：2
（考え方）：和　$1 + 2 = 3$、積　$1 \times 2 = 2$
よって、　“1”と“2”・・・・（答え）　わかったかなぁ？

（1）和：8　積：12　（2）和：9　積：－22
（3）和：－2　積：－15　（4）和：5　積：6
（5）和：－7　積：6　（6）和：1　積：－42

＜解説・解答＞

これに関しては、九・九を駆使してひたすら頭の中で計算するだけ！とにかく、これはやっただけ結果としてあとで表れるからね！

（答え）
（1）“2”と“6”　（2）“11”と“－2”　（3）“－5”と“3”
（4）“2”と“3”　（5）“－1”と“－6”　（6）“－6”と“7”

では、ウォーミングアップはこれぐらいにして、本格的な因数分解へと進みますか？

問 題　つぎの式を“因数分解”してみよう！
（1）$x^2 + 7x + 12 =$　（2）$x^2 + 5x + 4 =$
（3）$x^2 - 3x - 28 =$　（4）$x^2 - 6x + 8 =$
（5）$x^2 + 7x + 10 =$　（6）$x^2 + 2x - 48 =$
（7）$x^2 - 9x + 20 =$　（8）$x^2 + x - 56 =$
（9）$x^2 - 2x - 24 =$　（10）$x^2 - 3x + 2 =$

ゆっくり遊び感覚で解いてみてくださいね！

「ゲーム感覚だよ！　ゲーム感覚!!」

＜解説・解答＞

はじめの（1）だけは、ていねいに解説するからね！ でも、それ以外は答えだけになるけど怒らないで・・・！　　ケチ。

（1）$x^2+7x+12=$

“真ん中の項 7”：（和）［3 ＋ 4］、“お尻の項12”：（積）［3 × 4］

したがって、

$x^2+7x+12=\underline{(x+3)(x+4)}$ ・・・（答え）

「わかった?!」では、

（2）$x^2+5x+4=(x+1)(x+4)$

（3）$x^2-3x-28=(x-7)(x+4)$

（4）$x^2-6x+8=(x-2)(x-4)$

（5）$x^2+7x+10=(x+2)(x+5)$

（6）$x^2+2x-48=(x-6)(x+8)$

（7）$x^2-9x+20=(x-5)(x-4)$

（8）$x^2+x-56=(x-7)(x+8)$

（9）$x^2-2x-24=(x-6)(x+4)$

（10）$x^2-3x+2=(x-1)(x-2)$

まぁ〜、あとは“クイズ感覚”でひたすら練習あるのみだね！

では、この形の因数分解の簡単な応用問題もやっておこうか?!

エッ〜！本当に〜？

わかったよ！ それじゃ〜ねぇ〜、

あと3問（すべてヒントつき！）だけね！

まったくぅ〜・・・ オニっ！

問 題　つぎの式を因数分解できるかなぁ？

（1）　$5x^2-20x+15=$　　（共通因数はナニ？）

（2）　$-x^2-8x-15=$　　（最高次数の係数がマイナス？）

（3）　$x^2+12xy-45y^2=$　　（右側の文字を消して考える！）

エッ!?

＜解説・解答＞

（1）$5x^2-20x+15=$

因数分解と言えば、まず第１に“共通因数”のチェック！

この共通因数は簡単に気づくでしょ？“5”だよ?!　「いいかなぁ？」

では、“5”で式全体を“くくる”よ！　　必ずカッコの中をチェック！

$$5x^2-20x+15=5(x^2-4x+3)$$

$$=\underline{5(x-1)(x-3)}$$

・・・・（答え）

「“大仏さま”のように固まっちゃいましたね！　大丈夫かぁ～??」

（2）$-x^2-8x-15=$

これは見た感じ変な気分だよね？　気持ち悪く感じません？

エッ！　別に・・・

あのね！　細かいことは言わないつもりでしたが、やはり、ヒトツだけ。基本中の基本なんだけど、**因数分解をするときは必ず“最高次数の係数はプラス！”にしなくてはダメ！** だから、まずは、一番先頭がマイナスの場合は“これはヤバイゾ！”と、すぐに「**“先頭をプラス”にしなければ！**」と思うようになってくださいね！　　ふ～ん・・・

では、問題に戻りますよ！　今の注意をふまえながら、まず、先頭がマイナスという点をなんとかしなければ？　と考え、とにかく全体をマイナス（－）でくくってみようか？　「ホラ！見えたでしょ?!」

$$-x^2-8x-15=-(x^2+8x+15)$$

$$=\underline{-(x+3)(x+5)}$$　・・・・（答え）

(3) $x^2 + 12xy - 45y^2 =$

「アレ？ 問題が間違っているんじゃないの？」と思った人もいるかもしれません。だって、“文字”が“2つ”もあるからね！

そこで、今後のために、文字が2つある場合の“裏技？”を教えておきます！　そんなのがあるんだぁ〜?! 聞いたことないんだけど・・・

この式の文字を見てみると、(x^2、x) と (y、y^2) の2組あるよね?! そんなときは、どちらか一方の文字を消して**因数分解し、あとから、“消した文字”を文字のついていない方の項につければおわりなんだ！**

「わかる・・・?」　ゼ〜ンゼンわかりません！

$x^2 + 12xy - 45y^2 =$

では、ここでは“y”を消してしまいましょう！ すると、

$x^2 + 12x - 45 = (x - 3)(x + 15)$

和：12　積：− 45 だから、“ − 3”と“15”だよね！

ほんとうにやっちゃったよ！
文字が消えている?!

あとは、消した“y”をそれぞれのカッコの中の右側（数字）につければおわりナンダヨ！　驚き！　よって、

$x^2 + 12xy - 45y^2 = \underline{(x - 3y)(x + 15y)}$

・・・・（答え）

では、もうヒトツだけ応用問題をやりましょうよ！ ネェッ!?

今度は置き換えの因数分解だよ！この“置き換え”は式の展開でやりましたよ！　でも、「覚えているかなぁ？」　ハ〜イ・・・?!

問 題　つぎの式を“因数分解”してみよう！

(1)　$(x + y)^2 + 4(x + y) + 3 =$

(2)　$(x + 2y)^2 - 7(x + 2y) - 18 =$

＜解説・解答＞

(1) 式全体を見て“置き換え”が“ピ～ン”とくるようになれば一人前！当然、$(x+y)$ を置き換えましょうね！

　では、因数分解するよ！

$A=(x+y)$ とおくと、

$$
\begin{aligned}
(x+y)^2+4(x+y)+3 &= A^2+4A+3\\
&=(A+1)(A+3)\\
&=\underline{(x+y+1)(x+y+3)}
\end{aligned}
$$

・・・・（答え）

(2) 同様に“置き換え”で解決だね！

　では、またまた因数分解開始！

簡単！　カンタン！

$A=(x+2y)$ とおくと、

$$
\begin{aligned}
&(x+2y)^2-7(x+2y)-18\\
&=A^2-7A-18\\
&=(A-9)(A+2)\\
&=\underline{(x+2y-9)(x+2y+2)}
\end{aligned}
$$

・・・・（答え）

　この２種類の応用問題のやり方さえマスターすれば、まず、因数分解に関しては、少なくとも中学数学における因数分解は問題ないからね！

　そして、中学数学の因数分解の95％は必ず［x^2］の係数は１！　もし、1でないときは、［x^2］の係数で式全体をくくれるから心配ご無用！

　では、少し休んでから最後の因数分解のパターン③をやって、この項目をおわりにしてしまいましょう！

「ヨカッタネ！　ヨカッタね！」ウン！

「でも例外はあるからね！」

えっ！

中学1年

中学2年

中学3年

③ $(a+b)(a-b)$

とうとう最後のパターンになりました！

$(a+b)(a-b)$ の形は［和と差の積］と言うんでしたね？

$$a^2-b^2=(a+b)(a-b)$$

この展開公式は一番簡単に覚えられた公式だったはず?!

実は、この形は因数分解よりも、展開の方でよく利用されるんです。高校数学になるとちょくちょく顔を出すようになり、また、中学でもつぎの項目である“平方根”の応用でも利用しますからね。

では、あとひとガンバリ！　　わかっているけど、イヤ！

今度は 2 項の式 a^2-b^2 の因数分解も流れでチェックをするよ！

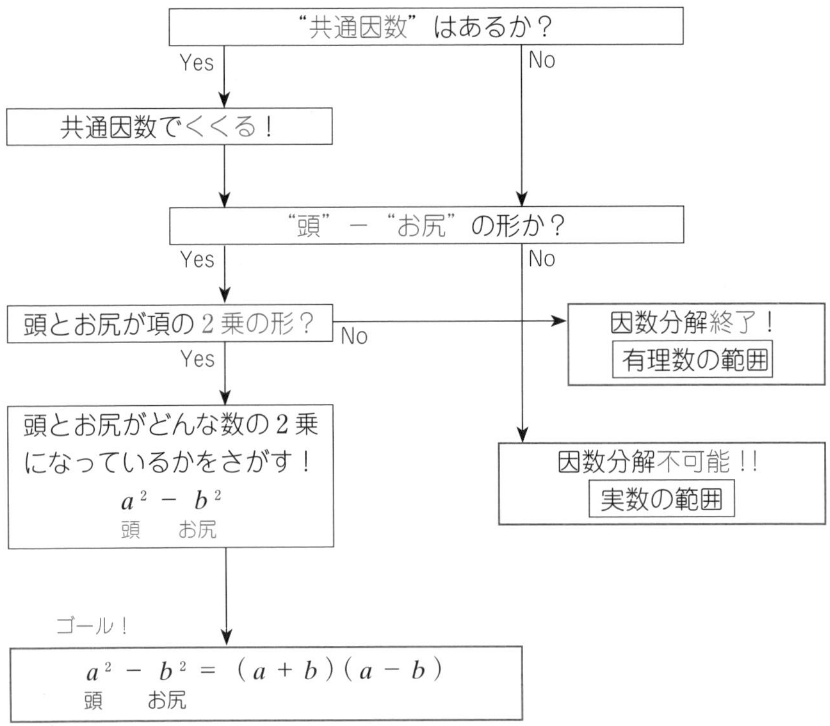

では、上の流れにそって因数分解を試してみるよ！

問 題　つぎの式を因数分解してみよう！

（1）$3a^2-15=$　　　　（2）$x^2-25=$

＜解説・解答＞

（1）$3a^2-15=$

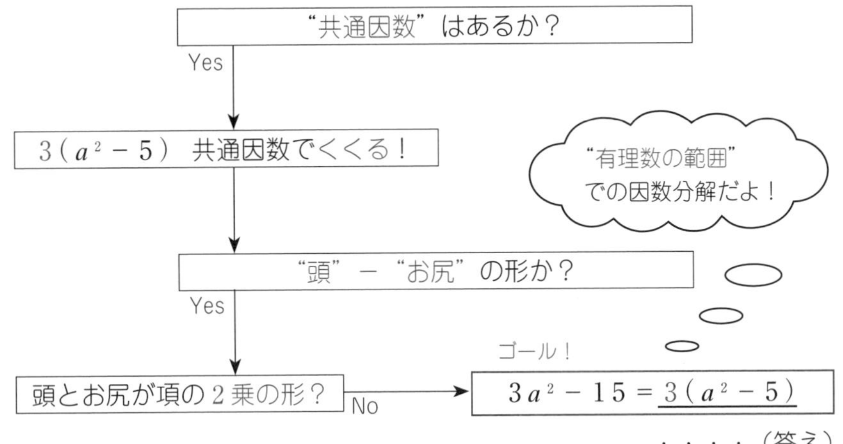

“共通因数”はあるか？
Yes
3（a^2-5）共通因数でくくる！
“有理数の範囲”
での因数分解だよ！
“頭”－“お尻”の形か？
Yes
頭とお尻が項の２乗の形？
No
ゴール！
$3a^2-15=\underline{3(a^2-5)}$

・・・・・（答え）

（2）$x^2-25=$

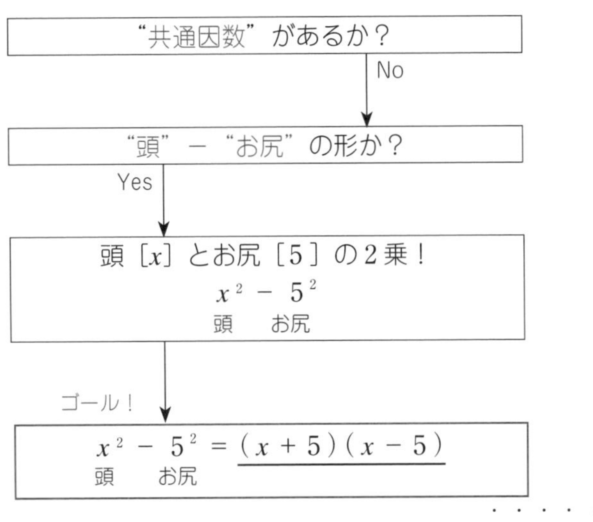

“共通因数”があるか？
No
“頭”－“お尻”の形か？
Yes
頭［x］とお尻［5］の２乗！
x^2-5^2
頭　お尻
ゴール！
$x^2-5^2=\underline{(x+5)(x-5)}$
頭　お尻

・・・・・（答え）

因数分解に関して、まだ不安な人は、流れにそって何度も解説を読んでくださいね！ では、このパターンの問題を少しやってみましょう！

問 題　つぎの式を因数分解してください！

(1) $x^2 - 49 =$　　(2) $x^2 - 36 =$

(3) $1 - x^2 =$　　(4) $4x^2 - 9 =$

(5) $25x^2 - y^2 =$　　(6) $x^2 - \frac{4}{9} =$

＜解説・解答＞

(1) $x^2 - 49 = x^2 - 7^2$

$= \underline{(x + 7)(x - 7)}$　・・・（答え）

(2) $x^2 - 36 = x^2 - 6^2$

$= \underline{(x + 6)(x - 6)}$　・・・（答え）

(3) $1 - x^2 = 1^2 - x^2$

$= \underline{(1 + x)(1 - x)}$　・・・（答え）

(4) $4x^2 - 9 = (2x)^2 - 3^2$

$= \underline{(2x + 3)(2x - 3)}$　・・・（答え）

(5) $25x^2 - y^2 = (5x)^2 - y^2$

$= \underline{(5x + y)(5x - y)}$　・・・（答え）

(6) $x^2 - \frac{4}{9} = x^2 - \left(\frac{2}{3}\right)^2$

$= \underline{\left(x + \frac{2}{3}\right)\left(x - \frac{2}{3}\right)}$　・・・（答え）

以上で因数分解の基本形はすべておわり。あとはいろいろな出題形式に慣れるしかないかなぁ?! そこで、今度は、間違えやすく、また因数分解の形が見えにくいモノを練習してみたいと思います。

問 題　つぎの式を因数分解してみよう！

（1）　$x^3 - 2x^2 + x =$

（2）　$x^3 + 5x^2 - 14x =$

（3）　$8x - 2x^3 =$

（4）　$(x - 3)^2 + 6(3 - x) + 5 =$

（5）　$x^4 - 4x^2 =$

（6）　$x^4 - 1 =$

＜解説・解答＞

因数分解は **“とことんトン”** やらなければいけません!!　　ナンダ?

カッコの中に共通因数があれば積の形になっていても外に出し、その共通因数でくくらなければいけません。また、共通因数が多項式のときは、置き換えをしなくてはいけないよ。　　・・・無言！

(1) 共通因数“x”があるので、まず“x”でくくる！

$$(\text{与式}) = x(x^2 - 2x + 1)$$

$$= x(x - 1)^2 \quad \cdots\cdots（答え）$$

x でくくったあとは、カッコの中が「完全平方完成の形」ですね！

(2) これも共通因数“x”があるので、それでくくります。

$$x^3 + 5x^2 - 14x = x(x^2 + 5x - 14)$$

$$= x(x + 7)(x - 2) \quad \cdots（答え）$$

(3) 降べきの順（次数の高い順）の逆に並んでいるので、ちょっと変に感じますが、とにかく共通因数を見つけよう！ ここでは共通因数が“$2x$”だね！ 見つけ方としては、①係数（数字）、②文字の順に1つずつさがしていくんだよ！ ナルホド！ ナルホド！

2xでくくった後は、“和と差の積の形”だよ！

$$8x - 2x^3 = 2x(4 - x^2)$$

$$= \underline{2x(2 + x)(2 - x)}$$

・・・・（答え）

(4) これは難しいですよ！“共通因数”をさがしても見つからず、しかも展開公式の“逆”でも因数分解できないよね！ でも、大丈夫！ こんなときはさっさと、自分で“置き換えたい部分”を作れば問題解決！ そこで、符号の変化（調節）で作れないかと考えると、$(3 - x)$ の項をマイナス(−)でくくれば

$$3 - x = -(x - 3)$$

となるでしょ！ ヤッタネ！

$$（与式）= (x - 3)^2 - 6(x - 3) + 5$$

つぎに、“カッコ”を文字で置き換えるんでしたね！

そこで $(x - 3)$ を何か1文字で置き換えます。

$$A = x - 3$$

とおくと、

$$（与式）= A^2 - 6A + 5$$

$$= (A - 1)(A - 5)$$

ここまでくればもうわかるよね?! もとに戻すだけだよ！

$$= (x - 3 - 1)(x - 3 - 5)$$

$$= \underline{(x - 4)(x - 8)}$$ ・・・・・（答え）

（5）共通因数は“x^2”だよ！　　「大丈夫かな？」

$$x^4 - 4x^2 = x^2(x^2 - 4)$$

$$= x^2(x+2)(x-2) \quad \cdots\cdots（答え）$$

（6）これは共通因数がないんですよね！　ウ～ン・・・！困ったぞ！

因数分解を教えていてわかったんだけど、みんながあつかいづらい数が実は“1”なんだね！　特に高校数学の三角関数で実感するよ！

$$x^4 - 1 = (x^2)^2 - 1^2$$

$$= (x^2+1)(x^2-1)$$

$$= (x^2+1)(x+1)(x-1) \quad \cdots\cdots（答え）$$

［$a^2 - b^2$］の“和と差の積の形”の因数分解なんだよ！　わかる？

以上で因数分解のお話はおわり！

では、おまけのおまけとして、因数分解を利用して整数の計算をカンタンにできる方法を試してみましょうよ！ 楽しみでしょ?!

ぜ～んぜん！　ふぅ～・・・！

問 題　つぎの計算を因数分解を利用してカンタンにやってみよう！

（1）$99^2 - 1 =$　　　　（2）$98 \times 102 =$

< 解説・解答 >

（1）$99^2 - 1 = (99+1)(99-1)$

$$= 100 \times 98$$

$$= 9800 \quad \cdots\cdots（答え）$$

（2）$98 \times 102 = (100-2)(100+2)$

$$= 100^2 - 2^2$$

$$= 10000 - 4$$

$$= 9996 \quad \cdots\cdots（答え）$$

これで“因数分解”の項目はおわりにしましょうぉ～！

お疲れ様・・・

つぎは、根号（ルート）という新しい記号（？）が出てきます。
“平方根”だよ！　どうする？　話している私の方も徐々に気が重くなります・・・汗。ということで、とにかく、“因数分解”は終了です！

“因数分解”のポイントをカンタンにまとめておくね！

＊因数分解をやるときの方針（流れ）

ⅰ）因数分解をやるとき一番最初に考えることは、まず「共通因数がないだろうか？」この1点だけです。

ⅱ）共通因数が見えず、展開の公式の逆でも因数分解ができないときは、符号の変換（調節）で共通因数を作りだす。

ⅲ）共通因数がなく、また、マイナス（－）でくくっても置き換えの項が作れない場合、中学数学では必ず“展開公式”の逆の方向で、因数分解ができる。

この3点をつねに意識してくださいね！
それと因数分解と言われたら

「因数分解は、とことんトンやる！」

これを合言葉にやるぞぉ～！！

ナンデコンナコトヤルノ？

「たのしくないですかぁ～??」

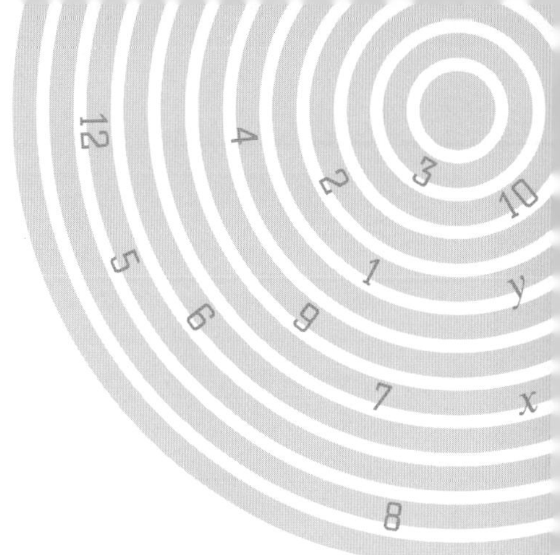

中学3年

第3話

平方根

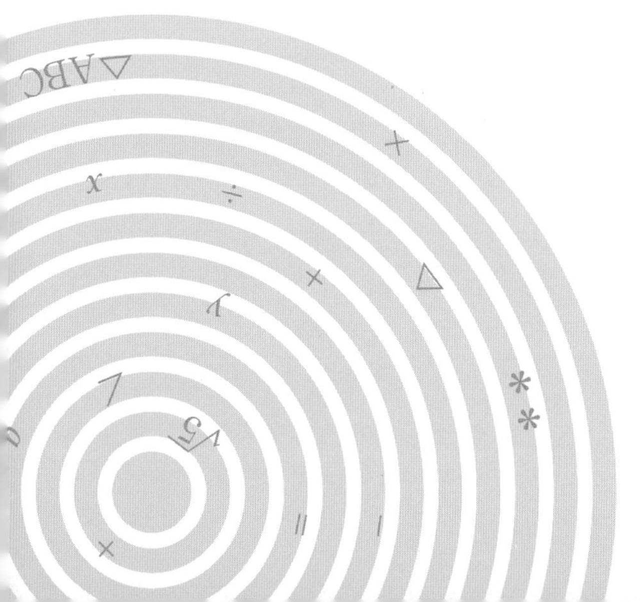

Ⅳ　平方根

さぁ〜て、今度は“**平方根**（へいほうこん）”だよ！「**聞いたことある？ 平方根ってナニ??**」まったく、つぎからつぎへとよくわけのわからない言葉が出てきて嫌になるよねぇ〜！　まぁ〜、ゆっくりやりましょうよ！

アノネ、“平方”とは2乗（自分自身を2回かけ算すること）を意味するのね。“根”とはそのもとになるモノと考えてください。よって、“**平方根**”とは2乗した数のもと（根）になるモノを言うんだね。少しわかりにくいかなぁ〜？ では具体的にお話しします。

下の枠の中で、左辺の三角の中にどのような数が入るかなぁ？

平方根とは？

$\triangle \times \triangle = 4$ ・・・・・・・①

[2乗して4になるモト（根）の数：4の平方根]

$\triangle^2 = 4$ ・・・・・・・②

①の△に入る数はわかりましたか？ この2つの三角はまったく同じモノです。たぶん、1個はわかったでしょ?!「ハイ！ あなた！どうかな？」「えっ〜と、2ですか?!」　そうだね！

$$2 \times 2 = 4$$

となり、“2”を2乗すると“4”になるね。「でも、他にはないかな？どう思う？」

“4”はプラス（＋）だよ！　同じモノをかけて“＋4”になる数はプラスどうしだけでなく、マイナスどうしでも符号はプラスになるよね。だから、三角の中にはマイナス2（－2）が入っても“＋4”になるのではないのかなぁ〜・・・?!　　　ナルホド！

答えは　±2（プラスマイナス2）「納得してもらえますか？」

“4”の場合は“2”の2乗とすぐにわかるよね！ だから“プラス”と“マイナス”の両方があるので2の前に ± をつければよいけど、しかし、すぐにわからない場合、例えば、　　う～ん・・・

「2乗して“7”になる数はなんですか？」

と聞かれたらどうします？「そんな数あるわけないから聞く人なんていないよ！」なぁ～んて考えないでくださいね。

まず、“7”の符号はプラスなのでプラスどうし、マイナスどうしでも符号はやはりプラス。よって、符号の問題はない！

そこで、数直線上で考えてみるよ！　　**［矢印→は、2乗したときの値］**

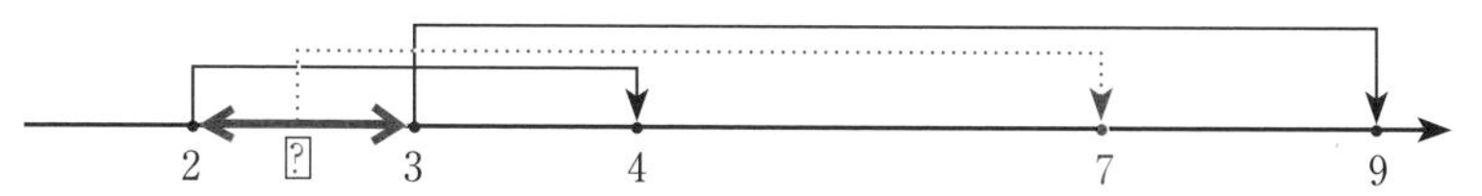

“2”の2乗は“4”、“3”の2乗は“9” だから、きっと、**“2”と“3”の間に2乗すると“7”** になるような求めたい ? が存在しそうな予感？！ そこでこのあいまいな数（無理数と呼ぶ）をいかにもわかったように表現する方法があるんだなぁ～！ さぁ～、また新しい数学独特の言葉ですよ！ ジャ～ン！ それは **“根号（こんごう）”（ルート）** という新しい記号（？）！ これを使うんですね！ 前置きがだいぶ長くなりましたが、やっとここからが本題です。　　あいかわらず前置きが長いなぁ・・・

では、まず「2乗して“7”になる数を x とおく！」これを“式”で表現すると下の赤枠の中のようになります。

$x^2 = 7$　　これはあとで勉強する“2次方程式の範囲”になりますが・・・ゴメンネ！

よって、

$x = \pm\sqrt{7}$ ←「プラス・マイナス・ルート7」と読みます！

このようにある数（x）を2乗（平方：2回かけ算）して7になる数を 7の平方根 と呼びます。そして、7の外側についている $\pm\sqrt{}$ この記号を

“根号（ルート）”と言って、これを数につけることでその数の“平方根”が表現できるんですね。便利でしょ！ すると、この $\boxed{\pm\sqrt{\ }}$ をつければ“その数の平方根”を表すんだから、これでいくと“4”や“9”の平方根などは、ルート（根号）を“使った表現”と“使わない表現”の2種類が存在し混乱してしまいますよね？ そこで、ルート（$\sqrt{\ }$ 根号）を使うときは、必ずつぎの約束事を守るという条件つきなんです！

（条 件）

$\pm\sqrt{\ }$ の中に $\triangle^2$ があれば $\triangle$ になって $\sqrt{\ }$（ルート）の中から飛び出す。

$$\pm\sqrt{\triangle^2} = \pm\triangle$$

読み方は、ルートのつぎに数字を言えばよいんです。この場合ならば
「プラス・マイナス・ルート三角の2乗はプラス・マイナス三角」と読みます。

このように $\sqrt{\ }$ の中に $\triangle^2$ となる数があれば必ず $\sqrt{\ }$ の中から出すんだよ！視覚的なイメージを目に焼きつけたところで、練習してみようか？

問 題 つぎの各問いについて考えてみましょう。

（1）9の平方根はなんですか？

（2）16の平方根はなんですか？

< 解説・解答 >

（1）9の平方根ですから、まず9にルートをつけて前側に±を付けるんでしたね。

9の平方根 ——→ $\pm\sqrt{9}$（プラス・マイナスルート9と読む）

しかし、$9 = 3^2$ より

$$\pm\sqrt{9} = \pm\sqrt{3^2}$$

（3が飛び出る）

$$= \pm 3 \quad \cdots\cdots（答え）$$

三角の部分 △ が3だね！

なるほどぉ〜！

(2) 16の平方根ですから、まず16をルートの中に入れます。そして、ルートの前側に±をつければよいのでした。

16の平方根は、

$\pm\sqrt{16} = \pm\sqrt{4^2}$

(4が飛び出る)　$= \pm 4$ ・・・・・(答え)

「いかがでしょうか？」平方根と言われたらその数字に±$\sqrt{\ }$（プラス・マイナス・ルート）をかぶせて、**ルートの中に三角の2乗になる三角があれば、その三角をルートの中から出す**。この流れをしっかり身につけてください!!

ここまでで平方根の入り口の説明はすみました。ぼんやりとでもわかってもらえたかなぁ～？　少し不安ですが、では、つぎの数の平方根はどうなると思う・・・??

問 題　27の平方根はなんですか？

＜解説・解答＞

ここまでの説明を理解している人はつぎのような解答をします。

27の平方根は、

$\pm\sqrt{27}$ ・・・・・(答え：？)　エッ！　違うの？

ここで、もう一度流れをチェックするよ。プラス・マイナス・ルートはついていますね！ けど、「ルートの中に△の2乗となる三角があるか確認しているかなぁ?!」でも、この“三角の見つけ方”はたぶん、知らないよね？　方法は「素因数分解」なんですが・・・?!

では、ここで「素数」について復習しようかぁ！　ナンデ・・・？

これは中1の数学で勉強しているはずですが、とっても大切なことなので、何度でも説明をしておきます。

素因数分解

「すべての正の整数（自然数）は、素数の積で表現できる！」

このことを知識としてしっかりと知っておいてくださいね！ ところでこの中で出てくる「素数」とはいったい何でしたっけ？

・素数とは？　　えっと！ う～ん・・・

「1と自分自身しか約数を持たない自然数」

では、具体的にどのような数なんでしょうね？ この説明のとき私は必ず、つぎのような質問を生徒にするんだなぁ～！

質問：「素数を小さいモノから順に5個言ってください！」

（生徒A）

「3、5、7、9、11」

（生徒B）

「1、3、5、7、9」

このへんで、「約数の数は2個だよ！」とヒントを与えます。すると

（生徒C）

「1、2、3、5、7」

と“2”が入ってきます。　　どれかなぁ～？

このようなモノが生徒の代表的な答えですね。そこで、なぜこのように考えたかを聞いてみると、以下のような返事が・・・

生徒A：「3、5、7と考えているうちに、これは奇数の集まりなんだと思ってしまった」

生徒B：「奇数のような気がしたので1も入ると思った」

生徒C：「約数が2個だと言われたので2も入ると思った」

毎回この時点で、もう一度“素数”について説明します。

“素数”とは“1”と“自分自身”しか約数（2 個）を持たない自然数。

そこで、“1”の約数は 1 以外にないので 1 個。よって、「1 は素数ではない！」と話します。実は数学で **1 は素数ではないと“定義”** されています。どうも生徒は「素数とは割り切れない数」と習ったらしく、「割り切れない数イコール“奇数”」と考え“2”は“偶数”だからダメ！ また、“9”は奇数で割り切れないから素数と考えていたようなんだね。しかし、素数に関しては「偶数」だの「奇数」だの「割り切れる数」など一切関係なく、ただ“約数”（その数を割り切れる数）が“1”と“自分自身”の 2 個だけの数が“素数”なんです。したがって、この素数で割り切れる限り“ある数”を割っていけば、素数がある数の“約数”になっている（わかるかな？ ）。だから、逆にその約数（素数）をすべてかけ算すればもとの数に戻るよね?! よって、**すべての自然数は“素数”のかけ算で表せるんです！**

このような説明では、まだピィ～ンときませんか？　　意味不明・・・

では、

“素因数分解の方法” を具体的に示しますね！

「あっ！ そうだね。ゴメン！ ゴメン！ 念のために先ほどの質問の正解を書いておくよ！」

「素数を小さいモノから順に 5 個言ってください！」でしたね？!

“2、3、5、7、11”・・・（こたえ）

（素数の続き：13、17、19、23・・・）

問 題　180 を素因数分解してみよう！

＜ 解説・解答 ＞

180 を素因数分解するわけですが、やり方に特徴があります。必ずマネをしてください。つぎのページ右上のように素数で割り算をしていくんだけど、“割り算”のときは商の値を“割られる数”の上に書いていたよね。でも、この場合は、“割られる数”の下に商の値を書いていくんだなぁ～！

変なのぉ？

特に注意しなくてはいけないのは、素数の一番小さい数から割り算をしていき、その1つの素数で割り切れなくなったところで、つぎの素数を使ってまた割り算をしていくこと。そして、最後に商が素数になったとき素因数分解は終了。しかし、とことんやって、商が1になるところまでやってもかまいませんよ！

$$
\begin{array}{r|r}
2 & 180 \\ \hline
2 & 90 \\ \hline
3 & 45 \\ \hline
3 & 15 \\ \hline
5 & 5 \\ \hline
 & 1
\end{array}
$$

右上の表示から“ナニ”がわかるかというと、“180”は“2”が“2個”、“3”が“2個”、“5”が“1個”の部品（**因数**）の積でできているということ。だから、“180”は以下の積（かけ算）で表すことができるんだね！

$$180 = 2 \times 2 \times 3 \times 3 \times 5$$
$$= \underline{2^2 \times 3^2 \times 5 \quad \cdots\cdots（答え）}$$

なるほどねぇ～!!

このように180を“素数の積（かけ算）”で表すことができました。
では、少しだけ素数をあつかった問題などをやってみようかなぁ？

問 題　つぎの数を素因数分解してください！
（1）64　　　（2）756

＜解説・解答＞

（1）

$$
\begin{array}{r|r}
2 & 64 \\ \hline
2 & 32 \\ \hline
2 & 16 \\ \hline
2 & 8 \\ \hline
2 & 4 \\ \hline
2 & 2 \\ \hline
 & 1
\end{array}
$$

よって、

$$\underline{64 = 2^6 \quad \cdots（答え）}$$

（2）

$$
\begin{array}{r|r}
2 & 756 \\ \hline
2 & 378 \\ \hline
3 & 189 \\ \hline
3 & 63 \\ \hline
3 & 21 \\ \hline
7 & 7 \\ \hline
 & 1
\end{array}
$$

$$\underline{756 = 2^2 \times 3^3 \times 7 \quad \cdot\cdot（答え）}$$

問 題　つぎの数はどんな数の平方（2 乗）ですか？
（1）441　　　　（2）2025

＜解説・解答＞　素因数分解の典型的な問題

（1）

3) 441
3) 147
7) 49
7) 7
1

右の計算より、

$441 = (3 \times 7) \times (3 \times 7)$
$= 21^2$

よって、

21 の平方　・・・（答え）

（2）

3) 2025
3) 675
3) 225
3) 75
5) 25
5) 5
1

右の計算より、

$2025 = (3 \times 3 \times 5) \times (3 \times 3 \times 5)$
$= 45^2$

よって、

45 の平方　・・・（答え）

問 題　24 に自然数 a をかけたら、ある数の平方になった。このような a のうち、最も小さい数はなんですか？

＜解説・解答＞

2) 24
2) 12
2) 6
3) 3
1

$24 \times a = 2^2 \times 2 \times 3 \times a$

平方には 2 と 3 が 1 個ずつ足りないので、6（$= 2 \times 3$）をかけることで、$2^2 \times 2^2 \times 3^2 = 12^2$ となる。

よって、　$a = 6$　・・・（答え）

> **問 題**　1260 を整数 a で割ったら、ある数の平方になった。この整数 a で最も小さいものはなんですか？

＜ 解説・解答 ＞

とにかく、1260 がどんな部品（素数）でできているか？　これを調べないとね！

では、素因数分解をしてみようか！

平方はしつこいようだけど 2 乗だよ。右の素因数分解を見ると、赤で示した“5”“7”は 1 個ずつしかないから、これが消えれば残りの“2”“3”は 2 個ずつだから、2 乗の形になるよね？!　よって、“5”“7”を消すために“5”と“7”で割れば解決！

```
2 ) 1260
2 )  630
3 )  315
3 )  105
5 )   35
7 )    7
       1
```

だから、最も小さい数は“5 × 7 ＝ 35”

したがって、

$a = 35$　・・・・・（答え）

これぐらいで素因数分解の話はおわりにして問題なし！　でもね、ついでだから、小学校 6 年で勉強した“最小公倍数”（L.C.M）“最大公約数”（G.C.M）の話も、ここで一度はお話ししておきたいと思います。だから、もう少しつき合ってね！　まったく気まぐれなんだから！　ぶぅ〜!!

最小公倍数・最大公約数

> **問 題**　つぎの各組の数の最小公倍数・最大公約数を求めてみよう！
> （1）12，36　　　　（2）24，28，42

＜ 解説・解答 ＞

最小公倍数：2 つ以上の数の倍数の中で一番小さい同じ数：公倍数

最大公約数：2 つ以上の数の約数の中で一番大きい同じ数：公約数

この問題は、2 通りの方法で解答してみますね！

（1）
[i]

はじめに、素因数分解をして部品（素数）のチェック！

$12 = 2 \times 2 \times 3$　・・・・・・①

$36 = 2 \times 2 \times 3 \times 3$　・・・・・・②

まずは、“最小公倍数”から求めるよ！

“12”と“36”の倍数のうち一番小さい同じ倍数だから、①②で“お互い足りないものをおぎなってあげればよい”ことはわかるかな？

$12\ [36] = 2 \times 2 \times 3\ [\times 3]$　・・・・・・①

$36 = 2 \times 2 \times 3 \times 3$　・・・・・・・・・・・・②

2つの数を比較すればわかると思うけど、①②はそれぞれ“2”が2個ずつあるから問題なし！ しかし、①の方が“3”が1個足りないよね?! よって、①に“3”を1個かけてあげれば、2つの数の部品（因数）が一致するでしょ！

よって、

“36”が最小公倍数となるんだね！・・・・（答え）

つぎは“最大公約数”だよ！

$12 = 2 \times 2 \times 3$　・・・・・・①

$36 = 2 \times 2 \times 3 \times 3$　・・・・・・②

また、①②を見てみようね！“公約数”とは①②の両方の数を割れる数のことだよ！ ということは、“最大公約数”には2つの数が持つ部品のうち、共通のモノを“同じ数”だけ持っていればよいわけだよね？!

そう考えると、

“12”は“2”が2個、“3”が1個
“36”は“2”が2個、“3”が2個
→ [共通部分]
“2”が2個
“3”が1個

よって、最大公約数は

$2 \times 2 \times 3 = 12$

“12”が最大公約数となるんだね！・・・・（答え）

つぎはスッゴク簡単な“最小公倍数”“最大公約数”の見つけ方だよ！

[ii]

ナニナニ・・・？

知ってる人もいると思うけど、やってみるよ！

下の点線の枠の中を見てください！

「あれぇ～？ 2つ一緒に素因数分解だ？」

よいですか？「ナンデェ？」ではなく、「こんな簡単でいいの？」と考えてくださいね!!

心配だなぁ～！

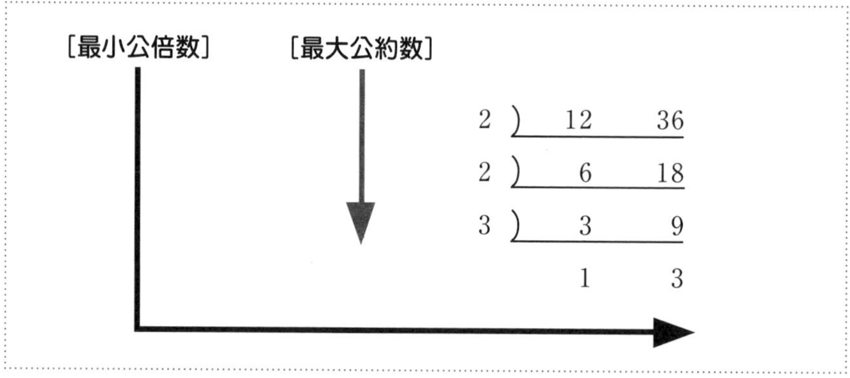

では、以下の［言葉］と枠の中の［黒・赤の矢印］を合わせて覚えてね！

[最小公倍数]：最小（さいしょう）なのに イッパイ かける！

（式で意味を表すよ！）

$2 \times 2 \times 3 \times 1 \times 3 = 36$・・・（答え）

[最大公約数]：最大（さいだい）なのに チョットしか かけない！

（式で意味を表すよ！）

$2 \times 2 \times 3 = 12$・・・（答え）

どうですか？［i］［ii］の2通りありますが、気づいたかなぁ？　実はどちらも素因数分解をしているので、考え方は同じなんです。ただ、一般的には［ii］の方法で最小公倍数・最大公約数を求めることが多いですね！

では、(2) は [ii] の方法で解くからね！　いいかなぁ・・・？

(2) では、3つ並べて一度に素因数分解をしていくよ！ ただ、3つの数がすべて素数の値になるまで計算しないとダメだよ！　少し考えながら見てくださいね！

ナニ？ ナニ？

[最大公約数]

「最大（さいだい）なのにチョットしかかけない！」

注意！　公約数だけは、3つの数全部が割れなければいけないから、下の計算で、はじめの2（1個）しか使えないからね！

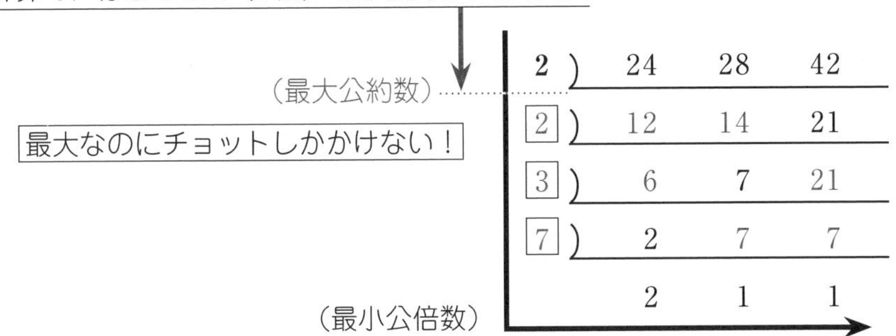

[最小公倍数]

「最小（さいしょう）なのにイッパイかける！」

$2 \times 2 \times 3 \times 7 \times 2 \times 1 \times 1 = 168$

注意！　公倍数は、3つの数においてお互いに足りないものをおぎないあって、全部同じ部品（素数）の積で表せた数だから、上の計算で2つの数だけしか割れなかった“2”・“3”・“7”も計算しないといけないんだね！

「ムズカシイよね！　ゴメン！」

よって、

最大公約数 ： 2

最小公倍数 ： 168　・・・・（答え）

「おわりです！」

平方根へもどる　（続き：p595 からだよ！）

ただいまぁ～！　では、また「平方根」に戻るよ！　9 ページ戻って、p595 の「27 の平方根？」をもう一度考えてみます。

問 題　再び質問です！　27 の平方根はなんだと思う？

＜解説・解答＞

27 の平方根は、

$$\pm\sqrt{27}$$ ・・・・・（誤：答え）

これは前回の誤った解答でしたが、先ほど勉強した知識から考えるとこれで答えとしてはいけないことが理解できますよね。ルートの中に三角が存在していないかの確認が必要でした。確認の仕方は「素因数分解」してみて、"27" がどのような素数でできているのかを調べれば OK ！

では、先ほど示した方法で 27 を「素因数分解」してみるよ！

$$27 = 3 \times 3 \times 3$$
$$= 3^2 \times 3$$

3	) 27
3	) 9
3	) 3
	1

よって、"3" がルートの外に飛び出すんだったね！　そして、"3" が 1 個ルートの中に残る！

$$\sqrt{27} = \sqrt{3^2 \times 3}$$ （3 が 1 個残る）

$$= 3\sqrt{3}$$ （3 が飛び出す）

では、（正しい）答えを出してみるね！　今後、「27 の平方根は？」と言われたならば、必ずつぎのように計算してください！

完ぺき！

$$\pm\sqrt{27} = \pm\sqrt{3^2 \times 3}$$
$$= \underline{\pm 3\sqrt{3}}$$ ・・・・・（答え）

わかった？「“平方根”は？」と聞かれたならば ±√ をつけ、「出すモノは出す！」しっかりと頭の中にインプット！

さぁ〜て、ここまでくるとそろそろみなさんも「**分数のときはどうなるの？**」なぁ〜んて気になっているんじゃない？　「ハイハイ！」

そうくると思いましたよ！　心配ご無用！　分数の場合も同じなんです！

分子は分子、分母は分母とそれぞれ三角に入る数があれば、おのおのをルートの外に出してあげればいいんだね！　「わかるかなぁ？」

「あっ！　忘れてた！」「ゴメン！　ごめん・・・」

ここで１つ確認しておかなければいけないことがありました！

アノネ！ ルートの中は必ず“正の数”である。０も含む！

「エッ！　わからないの？」う〜ん？　では、

問題だよ！「−９の平方根はなんですか？」

カンタン！　簡単！　エット！　う〜んっと・・・・

$$\pm\sqrt{-9} = \pm(-3)\ ???$$

アレェ〜？　なんかおかしいよ？　だって、２乗したら全部プラスになるよねぇ〜！　そうか?!　あるわけないね！　そんな数！

そこで、もう一度確認するよ！

“平方根”は絶対にルートの中は正の数（プラス：０も含む）になる！

実はあるんです！
「エッ？」

$i^2 = -1$

虚数と言って高校２年で登場するよ！

では、そろそろ “分数での出すモノは出す！” の例を示しておくね！

いいかい?!　よ〜く見て、マネをするんですよ！　マネをね！

は〜い！

問 題　つぎの数を $a\sqrt{b}$ の形にしてください！

(1) $\sqrt{\dfrac{8}{27}} =$　　(2) $\sqrt{\dfrac{9}{5}} =$　　(3) $\sqrt{\dfrac{7}{64}} =$

＜解説・解答＞

(1) アレレェ～？ 両方出ちゃったよ！ 「こういうのもあり！」

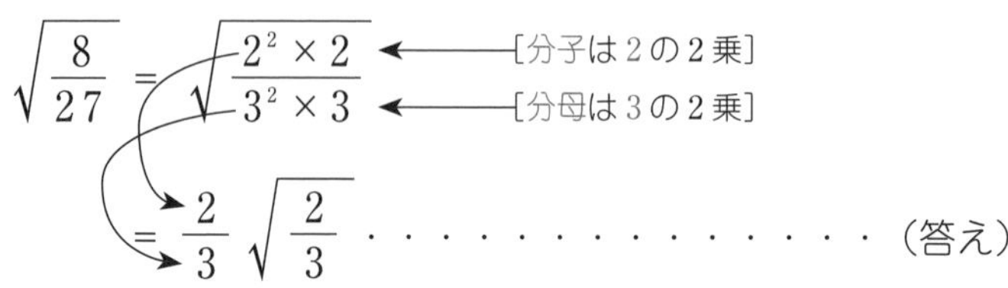

$$\sqrt{\frac{8}{27}} = \sqrt{\frac{2^2 \times 2}{3^2 \times 3}} = \frac{2}{3}\sqrt{\frac{2}{3}} \quad \cdots\cdots\cdots\cdots\cdots\cdots \text{（答え）}$$

(2)

ナルホド！
“分子”だけが飛び出るのか？！

へぇ～！

$$\sqrt{\frac{9}{5}} = \sqrt{\frac{3^2}{5}}$$

[分子だけが 3 の 2 乗]

$a\sqrt{b}$ の形でしょ！

$$= \frac{3}{\sqrt{5}} \qquad \left(= 3\sqrt{\frac{1}{5}} \right) \quad \cdots\cdots \text{（答え）}$$

(3)

へぇ～！
“分母”だけでもかまわないんだ？！

$$\sqrt{\frac{7}{64}} = \sqrt{\frac{7}{8^2}}$$

[分母だけが 8 の 2 乗]

$$= \frac{\sqrt{7}}{8} \qquad \left(= \frac{1}{8}\sqrt{7} \right) \quad \cdots\cdots \text{（答え）}$$

「どうですか？」「分子は分子」「分母は分母」と別々に三角に入る数をさがせばよいわけだね！ では、つぎの場合はどうかな？

問題 つぎのルートの中から出せる数を出してみてね！

(1) $\sqrt{\frac{8}{9}} =$ (2) $\sqrt{\frac{4}{27}} =$ (3) $\sqrt{\frac{16}{25}} =$

＜解説・解答＞

（1）

$$\sqrt{\frac{8}{9}} = \sqrt{\frac{2 \times 2 \times 2}{3 \times 3}}$$ ［分母・分子を素因数分解］

$$= \sqrt{\frac{2^2 \times 2}{3^2}}$$ ［分子は2の2乗］［分母は3の2乗］

$$= \frac{2\sqrt{2}}{3}$$ ・・・・・・（答え）

（2）

$$\sqrt{\frac{4}{27}} = \sqrt{\frac{2 \times 2}{3 \times 3 \times 3}}$$ ［分母・分子を素因数分解］

$$= \sqrt{\frac{2^2}{3^2 \times 3}}$$ ［分子は2の2乗］［分母は3の2乗］

$$= \frac{2}{3\sqrt{3}}$$ ・・・・・・（答え）

（3）

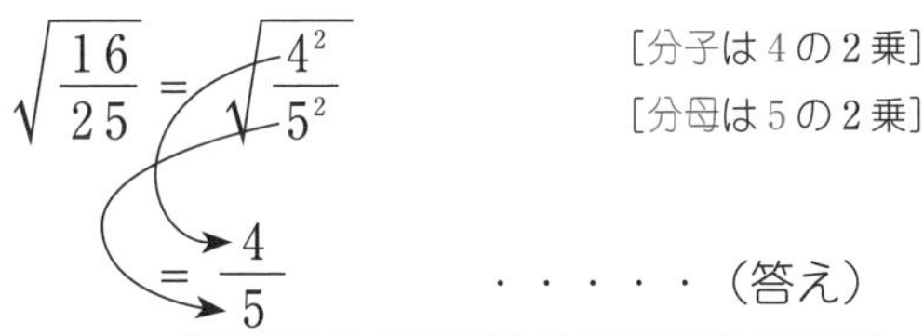

$$\sqrt{\frac{16}{25}} = \sqrt{\frac{4^2}{5^2}}$$ ［分子は4の2乗］［分母は5の2乗］

$$= \frac{4}{5}$$ ・・・・・・（答え）

“分数”だろうと「出すモノは出す！」を心がけてくださいね！

では、平方根の基本的知識を確かめるために、つぎの文章の間違いを指摘し、正しく直してみよぉ～！

「できるかなぁ～?!」

問題　下線部に“間違い”があれば直してみてね?!

（1）　9の平方根は<u>3</u>である。

（2）　8の平方は<u>16</u>である。

（3）　-25の平方根は<u>-5</u>である。

（4）　$\sqrt{64}$　は<u>± 8</u>である。

（5）　$\sqrt{(-3)^2}$ は<u>-3</u>である。

どれもみな違っているようだけど、ン～・・・?!
注意しないと危険！

＜解説・解答＞

（1）

「9の平方根の意味は何でしたっけ？」「ある数を2乗して9になる数」という意味でしたね！ 9の符号はプラスです！ ということは、同じものをかけてプラスになるのですから、プラス（+）どうし、マイナス（−）どうしの2つがありますよ。よって、「～の平方根は？」と言われたならば、必ず プラス・マイナス（±） をつけなければいけませんね！ したがって、「9の平方根は？」の答えは、

誤：3 ――――→ 正：± 3　・・・・（答え）

（2）

平方とは2乗（2倍ではないですよ！）ですから、「8の平方は？」の答えは［$8 \times 8 = 64$］だから、

誤：16 ――――→ 正：64　・・・・（答え）

（3）

これは p605 をもう一度読んでもらえればわかると思います。ポイントはたった1つ！ 2乗してマイナスになる数はないんですね！

よって、この間違いを直すのであれば、

誤：-5である ――――→ 正：ない　・・・・（答え）

この問題はズルイ！！「ごめんなさい・・・」

(4)

「$\sqrt{64}$ の意味することは何か？」 これは64の平方根のプラスの値を意味するんだよ！ 覚えていますか？ 「エッ！ 忘れたって？！ 涙・・・」

「64の平方根は？」と聞かれたら、つぎのように考えるんでした！

まず、プラス・マイナス（±）をつけてルートの中に64を入れる。

$$\pm\sqrt{64} \longrightarrow (+\sqrt{64},\ -\sqrt{64})$$

そこで、この問題は「64の平方根のプラスの値はナニ？」と、問題を言い換えられるでしょ？　だから、このプラスの値は$\sqrt{64}$なので、

$$\sqrt{64} = 8$$

よって、

誤：± 8 ⟶ 正：8　・・・・（答え）

(5)

$$\sqrt{(-3)^2}$$

これを見て「アッ！三角があるから、“-3”が飛び出すぞ！」と思っても仕方ないよね。 でもね、“ルートの中”は必ず“プラス”でなければいけなかったね！ よって、まず、つぎのような計算をしてから考えなければいけないよ！

$$\sqrt{(-3)^2} = \sqrt{9} = \sqrt{3^2} = 3$$

よって、

誤：-3 ⟶ 正：3　・・・・（答え）

しっかりと（1）～（5）までの意味をよ～く理解してくださいね！！

基本的な知識はこれで十分！ あとは何度も解説を読んで、自信がつくまで問題集などで多くの問題を解いてください！

ここまではルートの［外に出す］ことばかりやりましたが、今度は逆にルートの外の数を［中に入れて］みるよ！

エ～！ 出すだけでいいんじゃないの・・・

ルートの外の数を中に入れる方法

今まではルートの中の三角に入る数をさがしその数を外に出しました。今度はその“逆”で、外の数を中に入れます。逆にするんだから、**“外の数を 2 乗”**して中に入れるだけだよ !!

（例）　$2\sqrt{3}=\sqrt{2^2\times3}$

［外の数を 2 乗してルートの中に入れる］

$=\sqrt{4\times3}$

$=\sqrt{12}$　・・・・・（答え）

この説明は 1 問でよいと思いますので、あとは 3 題ほど問題を解いてみてください。

問 題　ルートの外の数を中に入れてみよう！

（1）　$3\sqrt{5}=$

（2）　$6\sqrt{2}=$

（3）　$\dfrac{2}{3}\sqrt{6}=$

マイッタナァ～！

＜解説・解答＞

（1）ルートの中、2 乗の三角に入る数字がルートの外に出るんでしたから、逆の場合は、“外の数を 2 乗して”三角の中に入れればよいだけ！

よって、

$3\sqrt{5}=\sqrt{3^2\times5}$

［外の数を 2 乗してルートの中に入れる］

$=\sqrt{9\times5}$

$=\sqrt{45}$　・・・・・（答え）

(2) 同様に外の数を２乗してルートの中に入れればいいんだよ。念のために、中に入れても、外に出しても計算はすべて**かけ算**ですから間違えないように!!

カンタン！ かんたん！
でも・・・う〜ん?!

$$6\sqrt{2} = \sqrt{6^2 \times 2}$$

$$= \sqrt{36 \times 2}$$

$$= \sqrt{72}$$ ・・・・・（答え）

(3) 分数だからといって怖がらないでね！ 今まで通りに分数も２乗してルートの中に入れれば OK ！

「ルート」の中であろうと、外であろうと、**分数計算**は必ず**約分**を忘れないこと!!

$$\frac{2}{3}\sqrt{6} = \sqrt{\left(\frac{2}{3}\right)^2 \times 6}$$

［2 乗してルートの中に入れる！］

$$= \sqrt{\frac{4}{\cancel{9}_{3}} \times \cancel{6}^{2}}$$

$$= \sqrt{\frac{8}{3}}$$ ・・・・・（答え）

ここまでで数字をルートの中に「**入**れたり・**出**したり」する考え方は理解できましたか？　通常、ルートの中に入れることはあまりないけど、当然のようにできなくてはいけないからね！

あのね、私の気持ちとしては、そろそろルートの計算にいきたいんだけど、まだあと４つ勉強しなくてはいけないことが・・・！

「まいるよね！ マッタク!!」

でも、がんばるぞぉ〜・・・！

分母の有理化

ルートは“無理数”（わからない数）だよね！ だから“ルート”という“わからない数（分母）”で“ある数（分子）”を割るなんてナニか変でしょ？“割る”とは何等分しなさいという意味でもあるから、“分母”は“はっきりとした数”であってほしいと思うよね?! よって、分母の“ルート”をはずす必要があるんです！

ルートがはずれればその数は“無理数”ではなくなるから、その数は当然“有理数”に変化する。だから、この**“無理数”を“有理数”に直すことを“有理化”と呼ぶんだね！** ウンウン・・・

今一度ここで平方根（ルート）の性質を確認しておくよ！
前に「27の平方根はナニ？」という問題がありました！ そこで、まず平方根と言われれば、“プラス”・“マイナス”・“ルート”をつけます。

だから、「27の平方根？」と言われれば、

$\pm\sqrt{27}$ ← このように考えるんだったよね！

よって、当然

$$(\pm\sqrt{27}) \times (\pm\sqrt{27}) = 27$$

このように、同じ平方根（ルート）どうしをかけると平方根がはずれ、“無理数”が“有理数”に変化します。そこで、

同じ数どうしの平方根（ルート）をかけるとルートがはずれる！

この上の枠のことをしっかりと確認しておきましょう！

「本当にわかってるのかなぁ～？」

では、“有理化”の解説に入るよ！ いつものように問題を通して解説していきますね。2題ほど分母の有理化をやってみようか！

問 題　つぎの数の分母を“有理化”してみよう！

（1）$\dfrac{1}{\sqrt{6}} =$　　　　（2）$\dfrac{6}{\sqrt{8}} =$

＜解説・解答＞

（1）

$$\frac{1}{\sqrt{6}} = \frac{1 \times \sqrt{6}}{\sqrt{6} \times \sqrt{6}}$$

［分母と分子に$\sqrt{6}$をかける］

［分母にルートがついていないので有理数。
よって、有理化終了！！］

$$= \frac{\sqrt{6}}{6}$$

・・・・・・（答え）

（2）

$$\frac{6}{\sqrt{8}} = \frac{6 \times \sqrt{8}}{\sqrt{8} \times \sqrt{8}}$$

［分母と分子に$\sqrt{8}$をかける］

$$= \frac{\overset{3}{\cancel{6}} \times \sqrt{8}}{\underset{4}{\cancel{8}}}$$

［約分だよ！］

$$= \frac{3\sqrt{8}}{4}$$

・・・・・・・（＊）まだ途中！

どうかな？“有理化”のイメージがつかめたかな？ 分母と分子に有理化したい“平方根をかけて”あげればよいんだね！ でも（＊）の形は有理化はすんでいますが、計算としてはまだ途中なんだよ？! この時点では、「分母が無理数でなくなった」というだけで、解答としてこの形ではバツ！

「なぜだかわかるかなぁ？」

“ルート”といえば“出すモノは出す”でしたよね！！

あっ、そうだった！

$$= \frac{3\sqrt{8}}{4} \quad \cdots\cdots (*)$$

つい忘れちゃう！ 涙

$$= \frac{3 \times \sqrt{2^2 \times 2}}{4}$$

[2 が三角の中に入るから
2 がルートの外に飛び出すね]

$$= \frac{3 \times \overset{1}{\cancel{2}}\sqrt{2}}{\underset{2}{\cancel{4}}}$$

[約分だよ！：矢印のように書き直す]

これで、「有理化終了！」。でもこの方法は少し面倒に感じませんか？
実はそれには原因があるんですね！　なんだろぉ～・・・？

「出すモノは出す！」を守っているかなぁ～?!

「ルートの問題は、最初にルートを見たら“出せる数”は“出して”から考える！」この1点だけをしっかりチェックしてから、やっとつぎの作業に移るんだよ。では、今一度 (2) を注意にしたがってやってみるね！

(2) スッゴクよい方法！

$$\frac{6}{\sqrt{8}} = \frac{6}{\sqrt{2^2 \times 2}}$$

[素因数分解をし、出すモノは出す]

$$= \frac{\overset{3}{\cancel{6}}}{\underset{1}{\cancel{2}} \times \sqrt{2}}$$

[約分だよ！]

$$= \frac{3}{\sqrt{2}}$$

[分母が無理数：有理化！]

$$= \frac{3 \times \sqrt{2}}{\sqrt{2} \times \sqrt{2}}$$

[分母・分子に $\sqrt{2}$ をかける！]

$$= \frac{3\sqrt{2}}{2}$$

[分母のルートがはずれた後、
必ず約分のチェック!!]

・・・・・（答え）

どうかなぁ？「ただ順番が変わっただけじゃないか！」なぁ～んて思っているでしょ？ でもね「それが違うんだなぁ～！」まず、“約分し忘れることが減る”。それに、ルートの中を小さい数であつかえるようになる。特にこの“ルートの中を小さい数で計算できる”ということが重要なんだ！ この点は計算の項目（p635）で実感できると思うよ。

問題　分母を“有理化”してみよう！

（1）$\dfrac{5}{\sqrt{3}}=$　　（2）$\dfrac{2}{\sqrt{12}}=$　　（3）$\dfrac{7}{2\sqrt{5}}=$

＜解説・解答＞

（1）

$$\frac{5}{\sqrt{3}}=\frac{5\times\sqrt{3}}{\sqrt{3}\times\sqrt{3}}$$

ルンルンルンルン！　快調・・・！

$$=\frac{5\sqrt{3}}{3}$$ ・・・・・・（答え）

（2）

$$\frac{2}{\sqrt{12}}=\frac{2}{\sqrt{2\times2\times3}}$$ ［分母のルートの中を素因数分解］

$$=\frac{2}{\sqrt{2^2\times3}}$$ ［分母の2が2乗なので2が飛び出す］

慣れてくればイッキにここから始めていいからね！

$$=\frac{\cancel{2}^{1}}{\cancel{2}_{1}\sqrt{3}}$$ ［2で約分だよ！］

$$=\frac{1\times\sqrt{3}}{\sqrt{3}\times\sqrt{3}}$$ ［平方根をはずすために有理化。分母と分子に$\sqrt{3}$をかける！］

$$=\frac{\sqrt{3}}{3}$$ ・・・・・・（答え）

ここの解説では、ていねいに解答を示してあります。よって、慣れてくればつぎのような流れで答えてかまいません！

慣れてくればこのように・・・

ふぅ～ん！
こんなに短くしていいんだぁ！

$$\frac{2}{\sqrt{12}} = \frac{\cancel{2}^{1}}{\cancel{2}_{1}\sqrt{3}} \quad \left[= \frac{1}{\sqrt{3}} \right]$$

$$= \frac{\sqrt{3}}{3} \qquad \cdots\cdots \text{(答え)}$$

慣れてくれば上のようにいっきに有理化してかまいません！

では、(3) まではていねいに示しておきますね！

(3)

$$\frac{7}{2\sqrt{5}} = \frac{7 \times \sqrt{5}}{2 \times \sqrt{5} \times \sqrt{5}}$$

[$\sqrt{5}$ を有理化するだけなので
分母・分子にルート 5 をかける]

$$= \frac{7\sqrt{5}}{2 \times 5}$$

$$= \frac{7\sqrt{5}}{10} \qquad \cdots\cdots \text{(答え)}$$

これで、分母の有理化についての基本的なことの解説はおわりです。

<おまけ>

もっと勉強したい人のために、中学生の範囲を越える（？）かもしれませんが、出題されても解けなくてはいけない有理化問題。

おまけなんだから、やらなくてもいいんでしょ？!!

「私はお休みさせていただきますよ！」

応用問題　分母を“有理化”をしてみよう！

（1）　$\dfrac{2}{1-\sqrt{2}}$　　　　（2）　$\dfrac{5}{\sqrt{7}+2}$

＜ **解説・解答** ＞

「さあ～、どうしますか？」先ほどまでは［分母・分子］に“分母”と同じ“無理数”をかけて分母の数を有理化するのでしたね。今回も同じようにやれば良いと思うでしょ・・・？？　　エッ？ 違うんですか？！

でも、そんなに簡単ならば、先ほど説明していますよね！ ヒントとしては、3種類の展開の公式がありました。それの1つを使うんですよ！“ピ～ン”ときたかなぁ～？「だめかなぁ～？ 悲しいなぁ～・・・！では仕方ない！」この公式ですよ！ ［和と差の積！］

$$(a-b)(a+b)=a^2-b^2$$

まだダメですか？　　「オイ！ オイ！ まいるなぁ～・・・！」

では、解説をよ～く読んでくださいね！

＜ **解説・解答** ＞

（1）　今まで勉強した方法で試しに有理化をしてみるよ・・・ うん！うん！

（i）一番よくやる間違い !!

$$\frac{2}{1-\sqrt{2}}=\frac{2\times\sqrt{2}}{1-\sqrt{2}\times\sqrt{2}}$$

$\sqrt{2}$ の方だけにかけているが、分母全体にかけなくてはいけません

$$=\frac{2\sqrt{2}}{1-2}$$

$$=\frac{2\sqrt{2}}{-1}$$

$=-2\sqrt{2}$　・・・？？？　　あれぇ～、まちがっちゃったの？

（ii）2番めによくやる間違い!!

$$\frac{2}{1-\sqrt{2}} = \frac{\sqrt{2} \times 2}{\sqrt{2}\,(1-\sqrt{2}\,)}$$

$$= \frac{2\sqrt{2}}{\sqrt{2}-2} \quad \cdot\cdot\cdot\cdot\ ???$$

しっかり分母全体にかけていますね！でもねぇ～・・・

いかがですか？ 分母の右側のルートははずれましたが、左側に新しいルートが出てきちゃいましたね！（ねぇ～！ もう一度同じことをしようなんて考えてはいないよね？）「何回かやっていればいつかはなくなるかなぁ～??」なんて考えていたりして？ まあ、やりたい方はどうぞ続けてみてください！笑　「有理化ができたら知らせてくださいね。待っていますよ～！」

では、我々は、別の方法で有理化に挑むことにしましょう!!

“ヒント”のところで、展開の公式［和と差の積］を利用すると言いました。このような場合は［和と差の積］でしか有理化できないんです！

＊正しい“有理化”だよ！

分母と“符号の逆”のものを分母・分子にかける！ここではプラス（＋）にしたもの！

$$\frac{2}{1-\sqrt{2}} = \frac{2 \times (1+\sqrt{2}\,)}{(1-\sqrt{2}\,)(1+\sqrt{2}\,)}$$

$$= \frac{2 \times (1+\sqrt{2}\,)}{1^2 - (\sqrt{2}\,)^2}$$

$$= \frac{2+2\sqrt{2}}{1-2}$$

ちゃんと両方が2乗になりルートがはずれますね!!

$$= \frac{2+2\sqrt{2}}{-1}$$

$$= \underline{-2-2\sqrt{2}} \quad \cdot\cdot\cdot\cdot\ （答え）$$

疲れた！　ふぅ～・・・

「どうかなぁ～？」 きれいに“分母”が“有理化”されたでしょ!!

もう１題やってみましょうよ！ ねぇ！

分母と分子に符号の逆なものをかける
ここではマイナス（－）にしたもの!!

(2)

$$\frac{5}{\sqrt{7}+2} = \frac{5\times(\sqrt{7}-2)}{(\sqrt{7}+2)(\sqrt{7}-2)}$$

$$= \frac{5\times(\sqrt{7}-2)}{(\sqrt{7})^2-2^2}$$

分子にはルート（無理数）が
残っていてかまいませんよ！

$$= \frac{5\sqrt{7}-10}{7-4}$$

分子は［無理数－有理数］の形ですが、問題はありません！
［有理数＋無理数］にすると先頭がマイナス（－）になり、気持ち悪いのでやめました！

むずかしいよぉ～！
疲れちゃった！

$$= \frac{5\sqrt{7}-10}{3} \quad \cdots\cdots（答え）$$

「展開公式で一番簡単な $(a+b)(a-b)=a^2-b^2$ これが高校数学になると特に大切になる！」と言ったのを覚えていますか？　このような有理化がたくさん出てきますので、自信のない人はしっかりと復習するんだよ!!

計算に入る前にまだ平方根の基本的知識をあと３項目ほど説明します。計算方法は同類項の計算、いわゆる中学１年の数学の範囲ですので心配はいりません。よって、先に基本事項をシッカリ身につけてしまうことにしましょう！

数学はひたすら基本の積み重ねの学問。基本が入っていないとつらくなります。中学１･２年のところを読めば基本から復習及び勉強になりますから、何度も何度も読んで勉強してくださいねぇ！

注）１～15までの平方（２乗）の数は必ず覚えておきましょう!!

１～10までの平方は大丈夫でしょうから、11～15までの平方だけを書いておきます。

$11^2=121$、　$12^2=144$、　$13^2=169$、　$14^2=196$、
$15^2=225$

中学1年　中学2年　中学3年

近似値（きんじち）

平方根は無理数と言いましたよね！ 小数点以下が永遠に続く数だと！ しかし、おおざっぱでかまわないから、いくつかに関しては**近似値（だいたいの値）**を覚えておかなければいけないんだね！ つぎの平方根の近似値は覚えるようにしましょう！

・$\sqrt{2}$ ＝ 1．4 1 4 2 1 3 5 6・・・・・・
ヒト ヨ ヒトヨ ニ ヒトミ ゴ ロ

・$\sqrt{3}$ ＝ 1．7 3 2 0 5 0 8・・・・・
ヒト ナ ミ ニ オ ゴ レ ヤ

・$\sqrt{5}$ ＝ 2．2 3 6 0 6 7 9・・・・・
フ ジサンロクオーム ナ ク

上の3つはこのような文章として昔から覚えられてきました。実際にはほとんど問題に書かれているのですが、まあ、小数第2位ぐらいまでは覚えておいた方が何かと便利ですね！ よく化学で“周期表”とか“イオン化傾向”などもこのように文章で覚えたりしますよね！ 中でも面白いのに、「ふっくらブラジャー私もアタック！」(p633 参照) なんていうのがあるんだよ！　　えっ?!

「知ってるかなぁ？ 面白いでしょ?!」笑

では、さっそく近似値の代表的問題を使って解説しますよ。

問 題　$\sqrt{2}=1.414$、$\sqrt{3}=1.732$ を利用してつぎの平方根の“近似値”を小数第2位まで求めてね！

(1) $\sqrt{200}$　　　　(2) $\sqrt{0.03}$

ポイント

小数点を基準にし、小数第2位と3位または4位と5位、そして下2桁と3桁または4桁と5桁の間に線を入れてみる。　ふ～ん・・・なぜ??

中学1年 中学2年 中学3年

＜解説・解答＞

(1) $\sqrt{2\vdots00}$ 下２桁と３桁の間

$= \sqrt{2 \times \underline{100}}$　［平方根の中を（▲× 100）の形に直す］

$= \sqrt{2 \times 10^2}$

$= 10\sqrt{2}$

$= 10 \times 1.414$

$= \underline{14.14}$　・・・・（答え）

(2) $\sqrt{0.03\vdots}$ 小数第２位と３位の間

$= \sqrt{\frac{3}{\underline{100}}}$　［平方根の中を（▲÷ 100）の形に直す］

$= \sqrt{\frac{3}{10^2}}$

$= \frac{\sqrt{3}}{10}$　　わかるよねぇ？！

$= 1.732 \div 10$

$= \underline{0.1732}$　・・・・（答え）

この２題の解法を見て気づいたかと思いますが、かけ算・割り算を利用して平方根の中から 10 を出しています。これがこの近似値の問題を解く上でのポイントなんだ！　ウン！ウン・・・　ナルホドね！

当然、平方根の中を（▲× 10000）または（▲÷ 10000）の形に直し、平方根の外に［100］を出すということもありますからね！

ポイント　偶数個の０の数に着目！

［100］［100⋮00］［100⋮00⋮00］など

問題　つぎの“近似値”を小数第2位まで求めてください。
($\sqrt{2} = 1.41$　　$\sqrt{3} = 1.73$)

(1) $\sqrt{0.02}$　　(2) $\sqrt{0.0018}$

(3) $\sqrt{2700}$　　(4) $\sqrt{0.08}$

＜解説・解答＞

(1) $\sqrt{0.02} = \sqrt{\dfrac{2}{100}}$　［÷100で10が出る！］

$= \sqrt{\dfrac{2}{10^2}}$

$= \dfrac{\sqrt{2}}{10}$

$= \sqrt{2} \div 10$

$= 1.41 \div 10$

$= 0.14\not{1}$　・・・・（答え）

エィッ！

(2) $\sqrt{0.0018} = \sqrt{\dfrac{18}{10000}}$　［÷10000で100が出る！］

$= \sqrt{\dfrac{3^2 \times 2}{100^2}}$

$= \dfrac{3\sqrt{2}}{100}$

$= 3 \times 1.41 \div 100$

$= 0.04\not{2}\not{3}$　・・・・（答え）

(3) $\sqrt{27\vdots00} = \sqrt{27 \times 100}$

$= \sqrt{27 \times 10^2}$

$= 10\sqrt{27}$

$= 10\sqrt{3^2 \times 3}$

$= 10 \times 3 \times \sqrt{3}$

$= 10 \times 3 \times 1.73$

$= \underline{51.9}$　・・・・（答え）

ほんとかなぁ～？

天の声！

赤い線を入れる場所、見えてきたぞぉ！

(4) $\sqrt{0.08\vdots} = \sqrt{\frac{8}{100}}$

$= \sqrt{\frac{2^2 \times 2}{10^2}}$

$= \frac{2\sqrt{2}}{10}$

$= 2 \times 1.41 \div 10$

$= \underline{0.282}$　・・・・（答え）

ここで約分したくなりますが、
あとの計算を考えると $2 \times \sqrt{2}$
の結果を 10 で割る方がラク！
よって、約分はしませんよ !!

「いかがでしょうか？」それほど考え方に難しいところはありませんよね？!

さぁ～！　では、つぎの項目の勉強ですよぉ～。　　大変だね !!

ファイト !!

言う方は簡単だよね！　でも、やる方は本当に大変なんだから！ 涙

「気持ちはわかるけど、私も泣きながら勉強しました！」 かずお

平方根の大小関係

ここでは平方根の大小関係を調べる方法です。平方根の数は“無理数”だからハッキリとした値がわからないよね？ でも、それをどうにかして大小関係を比較するんですが、「ナニか良い考えが浮かびます・・・？」

いいえ！

では、具体的に問題を見てみましょうか？！

問題 各組の数の“大小関係”を不等号で表してみよう！

（1）　$2,\ \sqrt{2},\ \sqrt{3}$　　　わかるわけないじゃん！

（2）　$-2,\ -1,\ -\sqrt{3}$

< 解説・解答 >

ルートがついている数は無理数なのでハッキリとした値が出せません。だから、考え方としては、その“ルートをはずしてしまえば”よいと思いませんか？ そこで、どうやってそのルートをはずすかが問題。「どうします？」そうですよね！“2乗すればルートがはずれる”んでしたね！でも、ルートのついているものだけ“2乗”したらほかの数との関係がくずれてしまうでしょ？ そこで、**“すべての数を2乗”**してから大小関係を比べればよいわけなんだな！ ただ、注意する点があるよ！ それは後ほど（2）で考えてみることにしましょう。

ん～？！ 何だっけ？

（1）

$2,\ \sqrt{2},\ \sqrt{3}$ ――（2乗する！）→ $4,\ 2,\ 3$

正の数だから“2乗の数の大小関係”は“無理数の大小関係”に等しい！
そこで、2乗した数を小さい順に並べ、その数を最初の数に戻す！

→ $2 < 3 < 4$ ――（戻す）→ $\sqrt{2} < \sqrt{3} < 2$ ・・・（答え）

どうかな？“2乗”することにより、大小関係がハッキリしたよね!!

> **ポイント**　すべてがプラスの場合
> 2乗した数の大小関係は、最初の数の大小関係と一致！！

そうだ、よく見かける解法も示しておくね！ みなさんはなぜか出さずに、逆にすべての数をルートの中に入れて“大小関係”を調べようとするよね・・・?! でも、必ずルートから出して大小関係を調べるんだよ！

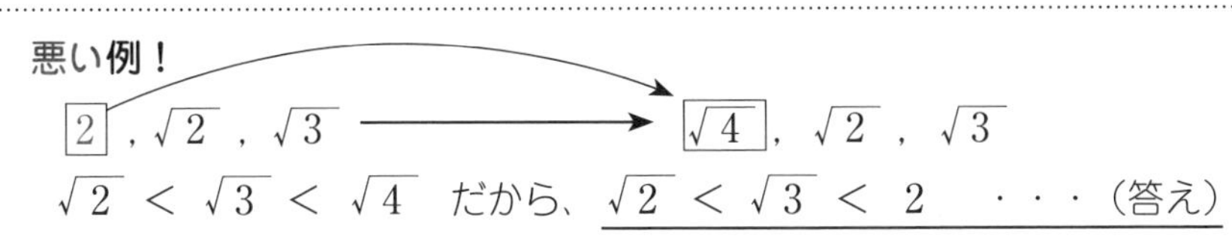

悪い例！
$\boxed{2}$, $\sqrt{2}$, $\sqrt{3}$ → $\boxed{\sqrt{4}}$, $\sqrt{2}$, $\sqrt{3}$
$\sqrt{2} < \sqrt{3} < \sqrt{4}$ だから、$\sqrt{2} < \sqrt{3} < 2$ ・・・（答え）

(2)

$$-2,\ -1,\ -\sqrt{3} \longrightarrow 4,\ 1,\ 3$$

（2乗する！）

「注意が必要な問題だぞぉ～！」考え方の通り2乗してルートをはずしました！ しかし、今回は少し考える必要があるよ。はじめの比べる数の符号が問題！ 全部“マイナス”だから、2乗すると“符号”が変化してプラスになっちゃうからね！　　「大丈夫かなぁ～・・・」

“考え方”として、0からのキョリが遠い方がマイナスの場合は小さくなる。このことを考えて、“マイナス”の数の場合は“2乗した数を大きい順に並べ”、その順番にはじめの数に戻すと、それが知りたい大小関係の“小さい順に並べた”ものと“一致”するんだね！　「わかる・・・?」

よって、

（2乗する！）

$$-2,\ -1,\ -\sqrt{3} \longrightarrow 4,\ 1,\ 3$$

$$4 > 3 > 1 \longrightarrow -2 < -\sqrt{3} < -1$$

［はじめの数に戻すと不等号の向きが変わる！］　・・・・・（答え）

（2乗の数の大きい順） ＝ **（問題の数の小さい順）**

「ツライよね！」詳しくはp627で話をしてあるからよ～く読んでください！「ガンバ！」

整数にはさまれた平方根

さてさて、今度は平方根が"ある整数"にはさまれているとき、それを満たす平方根の問題についての話をしましょう！ つぎの問題を見てください。

問題

$3 < \sqrt{a} < 4$ を満たす a の"整数値"をすべて求めてみよう！

< 解説・解答 >

大小関係の比較は絶対に"ルートをはずして"考えるのが基本 !!

あと、不等号なので、実は1つだけ注意することがあります！ でも高校数学の範囲になるので、細かいことはここでは書きません。今ここではすべてがプラスの値だから、全部を2乗しても最初の数の大小関係が変化することはないんだね！　ホッ！ 安心しました・・・

では、ルートをはずして問題を解いていきましょ～!!

$$3 < \sqrt{a} < 4 \xrightarrow{\text{［すべてを2乗する！］}} 9 < a < 16$$

これで a の範囲がわかりました。あとはこの不等式を満たす a の整数値をさがせばバッチリ！ でも、1つだけ注意が必要だよ？! 「気づいてますか？」

"不等号に等号が付いているかどうか？"です！ 今回は付いていませんから両側の値［9, 16］は含まれませんよ！

ハ～イ！ 言われるまで気づかなかったです！　「よかった！」

よって、

$a = 10, 11, 12, 13, 14, 15$ ・・・・（答え）

このように、"整数"ではさまれた"平方根"の中の文字がとることができる値の求め方は、"符号"と"不等号（≦または<）"にさえ気をつければ、あとはすべてを2乗することで簡単に求まります。

とにかく、このような問題は必ず平方根（ルート）をはずして考えること！ 決して平方根（ルート）の中に入れてはダメ！ しつこいなぁ～！まったく!!

やはりここで、少しだけでも“不等号”について説明しておきます。

“符号”と“不等号”の関係について！

・［両辺が“プラス”の場合！］

$2 < 5$　［両辺を２乗！］

$2^2 < 5^2$

$4 < 25$　［不等号に矛盾はありません！］

・［両辺が“マイナス”の場合！］

$-5 < -2$　［両辺を２乗！］

$(-5)^2 < (-2)^2$

$25 < 4$　（大小関係に矛盾！）

なぜ“マイナス”では矛盾が起きるのだろう。マイナスの大小関係は“数直線”上で考えるとわかりやすいかなぁ？!

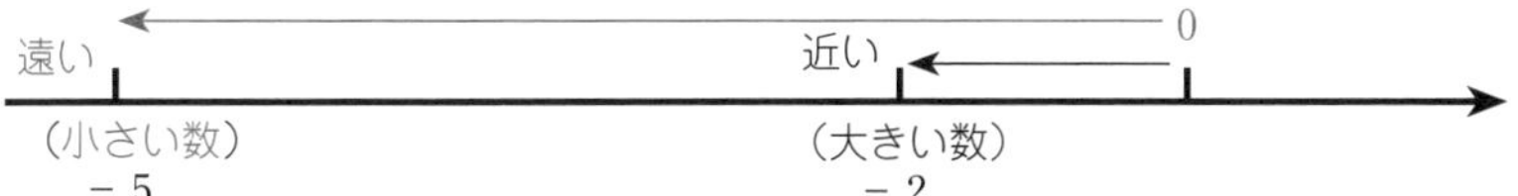

マイナスの場合、数の大小関係は０から左へ行けば行くほど数は小さくなります。言い方を換えれば、マイナスの場合は０から遠くにある数の方が小さい数ですね！ よって、２乗すると“マイナス”はすべて“プラス”になり、すると絶対値（方向性を無視し、０からどれだけ離れているか）が大きいものどうし（マイナスの場合小さい数）を“２乗”すれば、０からより遠く（右側：プラスの方向）に離れていきます。よって、［マイナスの小さい数（遠い）］の方が、［マイナスの大きい数（近い）］よりも２乗すると０からより遠く（右側）へ行くので､大小関係が“逆転”します！

それゆえ不等号の向きも“逆”にならなければいけないんだね！

チョコットわかりづらいかなぁ？ ごめんね！ でも、何度か読んでもらえればわかるはず？　　　ふぅ〜・・・　ため息！

約分、補足で平方根の数を“整数”に直す

確認ですが、($\sqrt{\ }\times\sqrt{\ }$) 以外にも、ルートの中が“ある数の２乗”になっていれば、その数がルートの中から飛び出すことができ、整数（ルートが消える！）になれるんでしたよね?!

ハイ！ 大丈夫！

（例）

$$\sqrt{9} = \sqrt{3^2} = 3$$

このようにルートがはずれ、整数になりましたね?! では、これをしっかり確認して、以下の問題を一緒に解いてみることにしましょう！

問 題　つぎの問いを考えてくださいね！　　ナニナニ・・・

(1) $\sqrt{24a}$ が整数になるような a の値のうち、最小の正の整数を求めよう。

(2) $\sqrt{\frac{8}{3}x}$ が整数となるような x の値のうち、最小の自然数を求めよう。

(3) $\sqrt{\frac{1260}{a}}$ が整数になるための最小の整数 a を求めよう。

ポイント！　平方根を見たら必ず 素因数分解 して、“累乗の形”に書き直してみる。

その累乗の数が２乗であれば、ルートの外へ出せるんでしたね?!

< 解説・解答 >

(1)
$$\begin{aligned}\sqrt{24a} &= \sqrt{2^2 \times \underline{2 \times 3 \times a}} && \text{[2と3が1個ずつ足りない！]}\\ &= \sqrt{2^2 \times 6 \times a} && \text{[6を出すために}6^2\text{の形を作りたい！]}\\ &= \sqrt{2^2 \times 6 \times 6}\\ &= \sqrt{2^2 \times 6^2}\\ &= 2 \times 6\\ &= 12 \quad \text{[整数：ヤッタネ！]}\end{aligned}$$

このように、ルートの中を“素因数分解”し、“足りないもの”をさがせばいいんです！　今回は 2が1個 と 3が1個 足りないので、aに6（2 × 3）を代入すれば解決！

よって、

$$a = 6 \quad \cdots\cdots（答え）$$

いかがですか？　簡単でしょ!!

どうやって消そうかなぁ～？

(2) $\sqrt{\dfrac{8}{3}x} = \sqrt{\dfrac{2^2 \times 2 \times x}{3}}$ ［分子の2が1個残り、分母の3がジャマ！］

$= \sqrt{\dfrac{2^2 \times 2 \times 2 \times 3}{3}}$ ［x に“2 × 3 = 6”を代入！］

$= \sqrt{\dfrac{2^2 \times 2^2 \times \cancel{3}^{1}}{\cancel{3}_{1}}}$ ［約分で“3”が消せるね！］

$= 2 \times 2$

$= 4$

整数にするためまずは“分母”をなくさなくてはいけませんね。そこで“分母”を払うために3を1個、あと“分子”の2が1個足りなかったので2を1個、xに代入したいよね?!　だから、xが6（2 × 3）であればよいわけです！

よって、

$$x = 6 \quad \cdots\cdots（答え）$$

(3) $\sqrt{\dfrac{1260}{a}} = \sqrt{\dfrac{2^2 \times 3^2 \times 5 \times 7}{a}}$ ［分子の“5”と“7”がジャマ！］

$= \sqrt{\dfrac{2^2 \times 3^2 \times \cancel{5 \times 7}}{\cancel{5 \times 7}}}$ ［分母に“5 × 7”をおくことで約分により“5”と“7”を消す！］

$= 2 \times 3$

$= 6$

ここでの考え方としては、［分母の数］で［分子のじゃまな数］を“約分”を利用して消してしまうというものなんです。そこで分子の5と7を消すために“分母”の“a”に35（5×7）を代入すればよいわけ！

ナットク！

よって、

$$a = 35 \quad \cdots\cdots（答え）$$

さぁ～、これで平方根の性質に関する基本事項はすべてです。しかし、おまけとして“無理数”と“有理数”の違いを確認する問題を説明して、少し休もうか？! あとひとがんばりだよ！　　ハァ～イ！

有理数とは？（循環小数）

中学1年のはじめの方で解説しましたが、ここでもう一度確認しとくね。

有理数：分数で表せる数！

平方根のところで、“ルート”のついた数は“無理数”と言いました。例えば$\sqrt{2}$のように、この値は小数点以下が永遠に続き、求めることはできません。また、円周率なども求めることはできず無理数だね！ ご存知のようにこの円周率などは、スーパーコンピューターの演算能力を調べる値としても使われているとのこと！　　へぇ～、知らなかった!!

π（パイ）：3.14159・・・・・

このように、小数点以下が決まらない値を無理数と考えてくださいね！

それでは、つぎの数は「無理数ですか？」それとも「有理数ですか？」と質問されたら、あなたはどちらと答えます・・・？

無理数に決まってるじゃん！

問題　つぎの値が有理数、無理数のどちらであるかを示してください！

0.12121212・・・・

小数点以下永遠に“1”と“2”が続きます。それなら求めることはできないので無理数と思うよね！? しかし、実はこれは有理数なんですよ！

えっ〜、うっそぉ〜?!

仕方ないなぁ〜！では、私が有理数であることを示してあげましょう！

「エッヘン！」

＜解説・解答＞

［証明］はじめに

$x = 0.12121212\cdots\cdots$ ——— ①

とおく。つぎに小数点以下“ある数字”が繰り返されているので、繰り返されている１組を小数点の前に出す。ここでは“1”と“2”が繰り返されているので、両辺100倍し“1”と“2”を前に出す。

$100x = 12.121212\cdots\cdots$ ——— ②

小数点以下の数がきれいに消える！

そして、② − ① より、

$$\begin{array}{rrl} & 100x = & 12.\,121212\cdots\cdots \\ -) & x = & 0.\,12121212\cdots\cdots \\ \hline & 99x = & 12 \end{array}$$

$$x = \frac{12}{99} = \frac{4}{33}$$

あれっ・・・???

「スゴイだろぉ〜!!」

よって、分数で表せたので、有理数である。

おわり

「どうですか？」以前に、“示しなさい！”と言われたら、これは「“証明”するんだよ！」と言ったのを覚えているかなぁ？ よって、証明の形で解説してみました！

問題の数字を見て気づいたと思いますが、小数点以下同じ数が繰り返されていて、同じ数が“循環”しているでしょ？ このような数は“循環小数”と言い、また必ず“分数”で表せるので、“有理数”に含まれます!!

では、もう1問解いてみましょうか・・・

> **問 題** つぎの数を“分数”で表してみようよ！ ネェッ？
>
> (1) 0.77777・・・・
>
> (2) 2.343434・・・・

＜解説・解答＞

(1) $x = 0.77777\cdots\cdots$ ――― ① とおく

この数は小数点以下“7”が繰り返されていますから、両辺を10倍 して“7”を1個小数点の前に出すよ！

$$10x = 7.77777\cdots\cdots \text{―――②}$$

つぎに ② − ① をやると、

$$\begin{array}{rl} 10x &= 7.\cancel{77777}\cdots\cdots \\ -)\quad x &= 0.\cancel{77777}\cdots\cdots \\ \hline 9x &= 7 \end{array}$$

$$x = \frac{7}{9}$$

アレマァ〜・・・！すごい！

$\frac{7}{9}$ ・・・・（答え）

「いかがですか？」やり方が見えてきたでしょ？！

> **ここで一言！** ② で ① から小数点以下の数（ここでは7）を1組小数点の前に出したから、② − ① の計算で、小数点以下の数が②の方が①より1組“7”が少ないので、「小数点以下の部分の引き算ができないのでは？」と心配する人が、たま〜にいます。（何を隠そう実は私でしたが・・・笑！）でも心配はいりませんよ!!
>
> 小数点以下は無限ですから終わりがなく、よって、1組ぐらい前に出したからといって足りなくなることはないんですね。心配性な方がときどきいますので注意しておきました。

「たぶん私だけかなぁ〜？ でも、本当にそうなのかなぁ〜・・・？」

(2)　$x = 2.343434\cdots\cdots$ ———①とおく

この数は小数点以下“3”と“4”が繰り返されているので、両辺を100倍して“3”と“4”を1組だけ小数点の前に出すよ！

$100x = 234.343434\cdots\cdots$ ———②

つぎに ② − ① をやると、

$$
\begin{array}{rrl}
 & 100x = & 234.\cancel{343434\cdots\cdots} \\
-) & x = & 2.\cancel{343434\cdots\cdots} \\
\hline
 & 99x = & 232
\end{array}
$$

$$x = \frac{232}{99}$$

またまたスゴイ！　感動！

$\frac{232}{99}$　・・・・（答え）

このようにして循環小数は分数に直せるんです。高校3年で数Ⅲを勉強すれば“無限級数”という項目で別のやり方を使って循環小数を分数に直すこともできます。それは高校3年になったときのお楽しみに！　ついでですから循環小数の表し方も勉強しておきましょうよ！

循環小数の表し方

$0.3333\cdots\cdots = 0.\dot{3}$

上の右辺のように小数点以下で“繰り返される先頭の数の上に黒い点(•)を打っておけば、その数が繰り返される”ということを示すんです。

では、循環小数を簡単な形で表す練習をして休憩としましょう！

［**息抜きね！**］ p620の「ふっくらブラジャー私もアタック！」気になっているでしょ?!
<化学の周期表：ハロゲン元素の覚え方！>

F　Cl　Br　I　At　　他にイオン化傾向、炎色反応、同素体 etc・・・あるよ！
ふっ　くら　ブラジャー　私も　アタック！

問題　つぎの循環小数を簡単な形で表してください！

（1）　0.55555・・・・

（2）　1.232323・・・・

（3）　3.234523452345・・・・　　数字が足りるかなぁ〜？

＜ 解説・解答 ＞

（1）繰り返される先頭の数の上に点を打てばよいのだから

$0.5555\cdots\cdots = 0.\dot{5}$　・・・・・・（答え）

（2）考え方は同じだよ。しかし、ここでは“2”と“3”が繰り返されるので両方の頭の上に点を打てばOK!!　　ナルホド〜・・・！

$1.2323\cdots\cdots = 1.\dot{2}\dot{3}$　・・・・・・（答え）

（3）これは面倒ですねぇ〜？　　いいやぁ！　全部に点を打っちゃおっと！　できた！

$3.2345234523\cdots\cdots = 3.\dot{2}\dot{3}\dot{4}\dot{5}$

このように点を打った人がほとんどでしょ？笑　しかしこれでは、小数点以下10個の数が繰り返されていたとしたら、10個の数の頭に点を打たなくてはいけなくなり大変ですよね！　また、見た感じも変でしょ？　そこで、この場合は繰り返される数の“始め”と“終わり”の“数の頭”に“点”を打てばいいんだよ！　そうすればその2点ではさまれた間の数が繰り返されるということを意味するんです！　したがって、（3）の答えは以下のようになります！

$3.2345234523\cdots\cdots = 3.\dot{2}34\dot{5}$　・・・・・・（答え）

これでやっと基本がおわりました。残りは平方根の計算だけだからね！

えっ！　まだあるのぉ〜・・・・！

V　平方根の四則計算

和（たし算）と差（引き算）

平方根のたし算（和）・引き算（差）は、中学1年で勉強した同類項の計算と同じです。「リンゴはリンゴ、バナナはバナナだよ！」なぁ～んだ！ カンタン！ カンタン！

平方根でいう同類項は、“出すものは出す”の基本を守って、それでもルート（根号）の中に入っている数字が同じものどうしを言います。いくつか示すよ !!

問題　つぎの数の中から同類項のものを選んでください。

（ア）$\sqrt{8}$　（イ）$\sqrt{3}$　（ウ）$3\sqrt{6}$　（エ）$\sqrt{27}$　（オ）$3\sqrt{2}$
（カ）$\sqrt{12}$　（キ）$\sqrt{32}$　（ク）$-7\sqrt{2}$

＜解説・解答＞

見てすぐわかるものもありますね？（オ）と（ク）だよ。それ以外はないのかというと、あるんだなぁ！ とにかくみなさんは、基本を守って「出すものは出す！」をしましょうね。さがすのはそれから！

「では、出しますよぉ～！」

（ア）$\sqrt{8} = \sqrt{2^2 \times 2} = 2\sqrt{2}$

（イ）$\sqrt{3}$

（ウ）$3\sqrt{6}$

（エ）$\sqrt{27} = \sqrt{3^2 \times 3} = 3\sqrt{3}$

（オ）$3\sqrt{2}$

（カ）$\sqrt{12} = \sqrt{2^2 \times 3} = 2\sqrt{3}$

（キ）$\sqrt{32} = \sqrt{4^2 \times 2}$
$= 4\sqrt{2}$

（ク）$-7\sqrt{2}$

このように（ア）～（ク）まで、出せるものはすべて“ルート”の中から出してみました。ホラ！とってもわかりやすくなったでしょ?!

では、同類項どうし

$\sqrt{2}$ ：（ア）、（オ）、（キ）、（ク）

$\sqrt{3}$ ：（イ）、（エ）、（カ）　・・・・・（答え）

このように“同類項”が見てすぐにわからない場合が多いので、「出すものは出す！」この基本をしっかり守るんだよ！　では、この「出すものは出す！」のフレーズを実感してもらうために1題ネ！

例題　つぎの計算をしてください。　なんだこりゃ～？　意味不明!!

$\sqrt{8}-\sqrt{27}+5\sqrt{2}-\sqrt{3}=$

＜解説・解答＞

練習なしに突然やる問題ではないよね！　まぁ～、見ていてください！「出すものは出す！」の意味がきっとわかるはず?!

でも、「マッタク何すればよいかわからないよね？」そこで、とにかくあのフレーズ「出すものは出す！」　しつこいなぁ～！

$$\sqrt{8}-\sqrt{27}+5\sqrt{2}-\sqrt{3}=\sqrt{2^2\times 2}-\sqrt{3^2\times 3}+5\sqrt{2}-\sqrt{3}$$

$$=2\sqrt{2}-3\sqrt{3}+5\sqrt{2}-\sqrt{3}$$

$$=\underline{7\sqrt{2}-4\sqrt{3}}\quad\cdots\cdots（答え）$$

ほらぁ！　出すものを出せば、簡単に 同類項 が見えるでしょ！　では、はじめは簡単なもので平方根の同類項に慣れましょう！　ほっ！ヨカッタ！

問題　“同類項”に気をつけてつぎの計算をしてみよう！

（1）$3\sqrt{5}-5\sqrt{5}=$　（2）$-2\sqrt{2}-4\sqrt{2}=$

（3）$8\sqrt{7}-9\sqrt{3}-3\sqrt{7}+5\sqrt{3}=$

ポイント

“リンゴはリンゴ！　バナナはバナナ！”だよぉ～・・・「大丈夫かなぁ？」

＜解説・解答＞

（1）$3\sqrt{5}-5\sqrt{5}=\underline{-2\sqrt{5}}\cdots\cdots$（答え）

（同類項が$\sqrt{5}$だけなので $3-5=-2$ の計算だけとなる！）

（2）$-2\sqrt{2}-4\sqrt{2}=\underline{-6\sqrt{2}}$ ・・・・・・（答え）

［－２🍎－４🍎＝－６🍎］「リンゴはリンゴ！」

“同類項”が平方根でも見えてきたかなぁ？

（3）$8\sqrt{7}-9\sqrt{3}-3\sqrt{7}+5\sqrt{3}=\underline{5\sqrt{7}-4\sqrt{3}}$ ・・・・（答え）

（同類項だよ！）

どうですか？ 平方根における“同類項”が見えるようになった気がしませんか？ ルートの中が同じモノは同類項！ ただそれだけなんだね！

それでは、本番ね！「出すものは出す！」のパターンに挑戦！

問 題　つぎの計算をしてみようよ！　　ふぅ〜・・・

（1）$\sqrt{3}-\dfrac{2\sqrt{3}}{3}+\sqrt{18}=$　　（2）$\sqrt{20}-5+\sqrt{45}=$

（3）$\sqrt{32}-\sqrt{28}-3\sqrt{8}+5\sqrt{7}=$

＜解説・解答＞

（1）$\sqrt{3}-\dfrac{2\sqrt{3}}{3}+\sqrt{18}=\sqrt{3}-\dfrac{2\sqrt{3}}{3}+\sqrt{9\times 2}$

$=\sqrt{3}-\dfrac{2\sqrt{3}}{3}+\sqrt{3^2\times 2}$

$=\dfrac{\sqrt{3}}{1}-\dfrac{2\sqrt{3}}{3}+3\sqrt{2}$

$=\dfrac{3\sqrt{3}}{3}-\dfrac{2\sqrt{3}}{3}+3\sqrt{2}$

$=\dfrac{3\sqrt{3}-2\sqrt{3}}{3}+3\sqrt{2}$

$=\underline{\dfrac{\sqrt{3}}{3}+3\sqrt{2}}$ ・・・・・（答え）

慣れてくればこの矢印の流れで、途中を飛ばして計算してもいいからね！

みなさんは「計算しなさい！」と言われると、もっとスッキリした答えになると思い、$\boxed{\sqrt{18} = 3\sqrt{2}}$ が取り残された気がして、どこかで計算を間違えているのではと心配になりませんか？ でも、まったく問題はないからね！

「自信を持ってガンバ！」

(2) $\sqrt{20} - 5 + \sqrt{45} = \sqrt{4 \times 5} - 5 + \sqrt{9 \times 5}$

$= \sqrt{2^2 \times 5} - 5 + \sqrt{3^2 \times 5}$

$= 2\sqrt{5} - 5 + 3\sqrt{5}$

$= 5\sqrt{5} - 5$ ・・・・（答え）

慣れてくればこの矢印の流れで、途中を飛ばして計算してもOK！

(3) $\sqrt{32} - \sqrt{28} - 3\sqrt{8} + 5\sqrt{7}$

$= \sqrt{16 \times 2} - \sqrt{4 \times 7} - 3\sqrt{4 \times 2} + 5\sqrt{7}$

$= \sqrt{4^2 \times 2} - \sqrt{2^2 \times 7} - 3\sqrt{2^2 \times 2} + 5\sqrt{7}$

$= 4\sqrt{2} - 2\sqrt{7} - 3 \times 2\sqrt{2} + 5\sqrt{7}$

$= 4\sqrt{2} - 6\sqrt{2} - 2\sqrt{7} + 5\sqrt{7}$

$= -2\sqrt{2} + 3\sqrt{7}$ ・・・・（答え）

アッチもコッチもルートばかりで嫌になるよぉ～!!

「どうかなぁ？」“ルート”の中から“素因数分解”で“出すものは出す”をして、ルートの中が同じ者どうし（同類項）を計算すればいいんだよ。ここでの注意点は、しつこいようですが、ルートの中から“出すものは出して”、“同類項”の計算！！

まったく～・・・、しつこいんだから！
「だって、大切なんだもん！」

積（かけ算）と商（割り算）

かけ算・割り算に関しては、ルートの中の数どうしをかけたり、割ったりしてかまわないからね！

積（かけ算）：$\sqrt{a} \times \sqrt{b} = \sqrt{ab}$ （$\sqrt{2} \times \sqrt{3} = \sqrt{2 \times 3} = \sqrt{6}$）

このように、"ルートの中"の数を"かけ算"して OK！ でも、だからといって、なんでもかんでもルートの中どうしの数をかけてしまうと、泣きたくなることが多いからね！ ここでもやはり"出すものは出す"の基本を守らなくてはダメ！ 下の計算をやってごらん！

<とっても悪い例>

$$
\begin{aligned}
\sqrt{63} \times \sqrt{28} &= \sqrt{63 \times 28} \\
&= \sqrt{1764} \quad \text{エッ？} \\
&= \sqrt{2^2 \times 3^2 \times 7^2} \\
&= 2 \times 3 \times 7 \\
&= 42
\end{aligned}
$$

素因数分解

$$
\begin{array}{r|r}
2 & 1764 \\
2 & 882 \\
3 & 441 \\
3 & 147 \\
7 & 49 \\
7 & 7 \\
 & 1
\end{array}
$$

ルートどうしのかけ算は、ルートの中どうしの計算なので、[63 × 28] をしてみました。「どうですか？」ルートの中が"1764"という大きな数になっちゃったよ。つぎはルートの中から出せる数がないかを調べなくてはいけなかったね？ そこで、"1764"を素因数分解してみると、

$$1764 = 2^2 \times 3^2 \times 7^2$$

となり、"2""3""7"がルートの外に出られるんだね！

よって、

$$\sqrt{63} \times \sqrt{28} = 2 \times 3 \times 7 = 42$$

となりました。

「ねぇ〜、大変だったでしょ？」当然です！ こんな計算ばかりしていた

ら時間がいくらあっても足りないもんねぇ！ しかし、これには理由があるんだよ。「何か忘れていないですか？」“**基本的約束事**”を守らなかったでしょ？「ちがうかなぁ？」もう何回言ったかわかりませんが、「**出すものは出す！**」これさえやっておけば、実はスッゴク簡単に感じることができたはず?! では、基本を守って計算してみるよ！

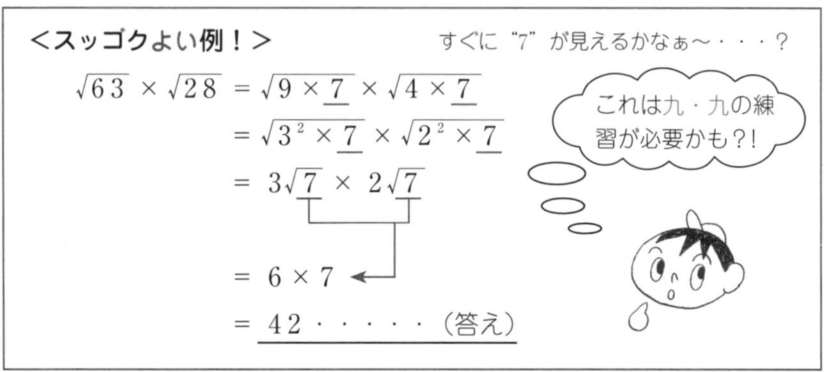

＜スッゴクよい例！＞
すぐに“7”が見えるかなぁ〜・・・？
$\sqrt{63} \times \sqrt{28} = \sqrt{9 \times \underline{7}} \times \sqrt{4 \times \underline{7}}$
$= \sqrt{3^2 \times \underline{7}} \times \sqrt{2^2 \times \underline{7}}$
$= 3\sqrt{\underline{7}} \times 2\sqrt{\underline{7}}$
$= 6 \times 7$
$= \underline{42}$ ・・・・・（答え）
これは九・九の練習が必要かも?!

このように「出すものは出す！」をシッカリやれば、計算が大変ラクになることがわかってもらえたかと思います。

必ず基本は守るんだよ !!　　ハ〜イ！「いつも返事だけはいいんだから！」

問 題　つぎの計算をしてください。

(1) $\sqrt{3} \times \sqrt{6} =$　　(2) $\sqrt{5} \times \sqrt{11} =$

(3) $\sqrt{15} \times 2\sqrt{5} =$　　(4) $\sqrt{21} \times \sqrt{35} =$

＜解説・解答＞

積の場合、ルートの中に“同じ数”があれば、計算せずにすぐに飛び出す！

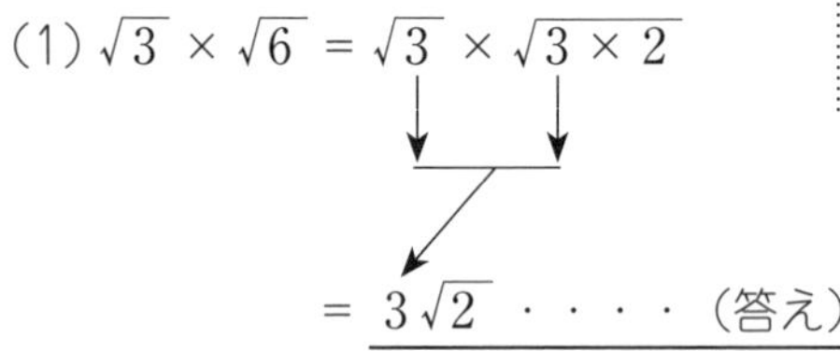

(2) $\sqrt{5} \times \sqrt{11} = \sqrt{5 \times 11}$

$= \sqrt{55}$ ・・・・（答え）

(3) $\sqrt{15} \times 2\sqrt{5} = \sqrt{3 \times 5} \times 2\sqrt{5}$

$= 2 \times 5\sqrt{3}$

$= 10\sqrt{3}$ ・・・・（答え）

「ア～、そうか？！」
と、見れば共通の数字がスグにわかるんだけどなぁ～・・
みなさんの声

(4) $\sqrt{21} \times \sqrt{35} = \sqrt{3 \times 7} \times \sqrt{7 \times 5}$

$= 7 \times \sqrt{3 \times 5}$

$= 7\sqrt{15}$ ・・・・（答え）

やってみてわかったと思うけど、ルートの中の数をすぐにかけ算せず、まずは“素因数分解”するか、それぞれが“共通な因数”を持つのであれば、その“因数を使った積にルートの中を変形”し、「出すものは出す！」をしてしまうことが大切なんだね！

「お～い！　日本語通じていますかぁ～・・・・??!」

え～っと、今度は“割り算”なんだけど、これに関しても必ず“かけ算”に直してから計算しますので、考え方はまったく同じ！ ただ、割り算の計算で１つだけ解説しておくことがあったんだ！

なんですかぁ～・・・？　恐いなぁ～！

商（割り算）：$\sqrt{a} \div \sqrt{b} = \sqrt{\dfrac{a}{b}}$ $\left(\sqrt{5} \div \sqrt{2} = \sqrt{\dfrac{5}{2}} \right)$

割り算を見たら上記のようにスグに直してかまいませんよ！ 念のためにつぎのページでは、ていねいにかけ算に直した途中の式も示しておくね！

商（割り算）

$$\sqrt{a} \div \sqrt{b} = \sqrt{a} \div \frac{\sqrt{b}}{1}$$

［逆数になる］

$$= \sqrt{a} \times \frac{1}{\sqrt{b}}$$

$$= \frac{\sqrt{a}}{\sqrt{b}} \quad \cdots\cdots ①$$

$$= \sqrt{\frac{a}{b}} \quad \cdots\cdots ②$$

“ポイント”は、①から②への書き換えができることです。この点だけを確認して、計算問題に入りましょう。

問 題　つぎの計算をしてください！

(1) $\sqrt{2} \div \sqrt{3} =$　　(2) $\sqrt{3} \div \sqrt{5} =$

(3) $\sqrt{21} \div \sqrt{7} =$　　(4) $\sqrt{6} \div \sqrt{18} =$

＜解説・解答＞

(1) $\sqrt{2} \div \sqrt{3} = \sqrt{2} \times \frac{1}{\sqrt{3}}$　［商を積に直す：逆数］

$= \frac{\sqrt{2}}{\sqrt{3}}$　［ここで答えとはせず、有理化をしてね！］

$= \frac{\sqrt{2} \times \sqrt{3}}{\sqrt{3} \times \sqrt{3}}$　［分母の有理化！］

$= \frac{\sqrt{6}}{3}$　・・・・（答え）

（2）$\sqrt{3} \div \sqrt{5} = \dfrac{\sqrt{3}}{\sqrt{5}}$ ［逆数にしないで、すぐに分数へ！］

$= \dfrac{\sqrt{3} \times \sqrt{5}}{\sqrt{5} \times \sqrt{5}}$ ［分母の有理化］

$= \dfrac{\sqrt{15}}{5}$ ・・・・（答え）

（3）$\sqrt{21} \div \sqrt{7} = \sqrt{\dfrac{21}{7}}$ ［今度はいっきに１つのルートの中へ！］

$= \sqrt{3}$ ・・・・（答え）

分数といえばルートの中でも必ず約分のチェック！

（4）$\sqrt{6} \div \sqrt{18} = \sqrt{\dfrac{6}{18}}$

“1” が出るのが案外見えないんだよねぇ～！

$= \dfrac{1}{\sqrt{3}}$ $\left[= \sqrt{\dfrac{1^2}{3}} \right]$

$= \dfrac{1 \times \sqrt{3}}{\sqrt{3} \times \sqrt{3}}$ ［分母の有理化！］

$= \dfrac{\sqrt{3}}{3}$ ・・・・・（答え）

「どうかなぁ？」 ルートの積も商もそれほど難しくはないでしょ？
慣れてくれば、序々に式を少しだけ省略していいからね！ でも少しだけだよ！

では、つぎは、“展開公式” を利用した計算練習です！

「展開公式覚えているかなぁ～？」 エッ・・・？

問題　つぎの計算をしてください！　ムズカシソウダナァ～・・・(嫌い！)

(1) $(\sqrt{2}+1)^2=$　　(2) $(\sqrt{3}-\sqrt{6})^2=$

(3) $(\sqrt{5}+2)(\sqrt{5}-3)=$　　(4) $(\sqrt{7}-\sqrt{2})(\sqrt{7}+\sqrt{2})=$

(5) $\sqrt{3}(\sqrt{12}-\sqrt{3})=$　　(6) $(\sqrt{2}+3)(2\sqrt{2}-\sqrt{5})=$

(1) ～ (4) は"展開公式"。(5)、(6) は"分配法則"。

(答え)は、一般的に「有理数」+「無理数」の順に表示！

＜解説・解答＞

(1) $(\sqrt{2}+1)^2=(\sqrt{2})^2+2\times\sqrt{2}\times1+1^2$

$=2+2\sqrt{2}+1$　　$(a+b)^2=a^2+2ab+b^2$

$=\underline{3+2\sqrt{2}}$　・・・・(答え)

(2) $(\sqrt{3}-\sqrt{6})^2=(\sqrt{3})^2-2\times\sqrt{3}\times\sqrt{6}+(\sqrt{6})^2$

$=3-2\sqrt{18}+6$　　$(a-b)^2=a^2-2ab+b^2$

$=9-2\sqrt{9\times2}$

$=9-2\times\sqrt{3^2\times2}$

$=9-2\times3\sqrt{2}$

$=\underline{9-6\sqrt{2}}$　・・・・(答え)

出すものは出す！

(3) $(\sqrt{5}+2)(\sqrt{5}-3)=(\sqrt{5})^2+(2-3)\sqrt{5}+2\times(-3)$

$=5-\sqrt{5}-6$

$(x+a)(x+b)=x^2+(a+b)x+ab$

$=\underline{-1-\sqrt{5}}$　・・・・・(答え)

(4) $(\sqrt{7}-\sqrt{2})(\sqrt{7}+\sqrt{2}) = (\sqrt{7})^2-(\sqrt{2})^2$

$= 7-2$　　$(a+b)(a-b)=a^2-b^2$

$= \underline{5}$　・・・・・（答え）

(5) $\sqrt{3}\,(\sqrt{12}-\sqrt{3}) = \sqrt{3}\times\sqrt{12}-\sqrt{3}\times\sqrt{3}$

$= \sqrt{3}\times 2\times\sqrt{3}-\sqrt{3}\times\sqrt{3}$

$= 2\times 3-3$

$= 6-3$

$= \underline{3}$　・・・・（答え）

ここでは強いて12を4×3として2を出さなくても3×12＝36となり、6の2乗だから6がすぐに出ます。でも、今は出すものは出すの練習なので！

(6) $(\sqrt{2}+3)(2\sqrt{2}-\sqrt{5})$　［公式は使えないから“分配”だよ！］

$= \sqrt{2}\times 2\sqrt{2}+\sqrt{2}\times(-\sqrt{5})+3\times 2\sqrt{2}+3\times(-\sqrt{5})$

$= 2\times 2-\sqrt{10}+6\sqrt{2}-3\sqrt{5}$

$= \underline{4+6\sqrt{2}-3\sqrt{5}-\sqrt{10}}$　・・・・（答え）

（$\sqrt{2}$、$\sqrt{5}$、$\sqrt{10}$ の順番は気にしなくていいよ！）

これで計算練習の基本的なことはすべて終了！　最後に計算の“確認問題”をしておわりにしましょう！

確認問題　つぎの計算をしてください！

(1) $\sqrt{2}\times\sqrt{3}\div\sqrt{\dfrac{27}{2}} =$

(2) $\dfrac{\sqrt{12}}{2}+\sqrt{\dfrac{9}{3}}-2\sqrt{27} =$

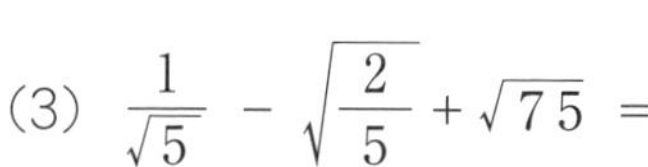

(3) $\dfrac{1}{\sqrt{5}}-\sqrt{\dfrac{2}{5}}+\sqrt{75} =$

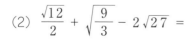

(4) $\dfrac{\sqrt{18} - \sqrt{32}}{\sqrt{6}} =$

(5) $(\sqrt{3} - \sqrt{2} + 1)^2 =$

＜ 解説・解答 ＞

(1) $\sqrt{2} \times \sqrt{3} \div \sqrt{\dfrac{27}{2}} = \sqrt{2} \times \sqrt{3} \div \dfrac{\sqrt{27}}{\sqrt{2}}$

［積に直し逆数！］

$= \sqrt{2} \times \sqrt{3} \times \dfrac{\sqrt{2}}{\sqrt{27}}$

$= \sqrt{2} \times \sqrt{3} \times \dfrac{\sqrt{2}}{3\sqrt{3}}$

$= \dfrac{2}{3}$ ・・・・・（答え）

アドバイスとして、積・商が混ざっている場合はすぐにルートどうしを計算するのではなく"商"を"積"に直し、それから出せるものは出して、全体をゆっくりと見渡すんだよ。そうすれば、必ず"約分"とか"ルートがはずれる"などが見えてきますからね！ とにかく、各項をきれいな（簡単な）形にしてから計算すれば、平方根の計算はそれほど難しいものではありません！

（ルートの中を約分！）

(2) $\dfrac{\sqrt{12}}{2} + \sqrt{\dfrac{9}{3}} - 2\sqrt{27} = \dfrac{2\sqrt{3}}{2} + \sqrt{3} - 2 \times 3 \times \sqrt{3}$

$= \sqrt{3} + \sqrt{3} - 6\sqrt{3}$

$= -4\sqrt{3}$ ・・・・・（答え）

"出すものは出す""約分" この2点だけをやれば簡単な計算問題ですね！

(3) $\dfrac{1}{\sqrt{5}} - \sqrt{\dfrac{2}{5}} + \sqrt{75} = \dfrac{1 \times \sqrt{5}}{\sqrt{5} \times \sqrt{5}} - \dfrac{\sqrt{2} \times \sqrt{5}}{\sqrt{5} \times \sqrt{5}} + \sqrt{5^2 \times 3}$

［分母の有理化］

$= \dfrac{\sqrt{5}}{5} - \dfrac{\sqrt{10}}{5} + 5\sqrt{3}$　・・・・（＊）

通分しないでも OK！

通分

$5\sqrt{3} = \dfrac{5\sqrt{3}}{1} = \dfrac{5 \times 5\sqrt{3}}{1 \times 5} = \dfrac{25\sqrt{3}}{5}$

$= \dfrac{\sqrt{5} - \sqrt{10} + 25\sqrt{3}}{5}$　・・・・・（答え）

（＊）を答えとしても OK !!

この計算は"答え"がスッキリせずに変な感じがしますよね？ $\sqrt{5}$ と $\sqrt{10}$ が、慣れないうちは計算ができるような気がして $\boxed{\sqrt{10} = 2\sqrt{5}}$ としてしまい強引に計算する人がいるんです。だから、答えが今までのような見やすい形ばかりではないという意味もこめてやってもらいました。

「"計算ミス"した！」と途中で投げ出した人はいませんか？

(4) $\dfrac{\sqrt{18} - \sqrt{32}}{\sqrt{6}} = \dfrac{3\sqrt{2} - 4\sqrt{2}}{\sqrt{6}}$　［分子：出すものは出す！］

$= \dfrac{-\sqrt{2}}{\sqrt{6}}$

$= -\sqrt{\dfrac{\cancel{2}^{1}}{\cancel{6}_{3}}}$　［分数は必ず約分！］

やけに長いなぁ〜・・・・！

$= -\sqrt{\dfrac{1}{3}}$

$= -\dfrac{1}{\sqrt{3}}$

$= -\dfrac{1 \times \sqrt{3}}{\sqrt{3} \times \sqrt{3}}$　［分母の有理化！］

$= -\dfrac{\sqrt{3}}{3}$　・・・・・（答え）

(5) この問題は“展開の応用”として練習したはずですが覚えていますか？
適当な 2 項を 1 文字で置き換えればよかったんだけど・・・

ここでは $(\sqrt{3}-\sqrt{2})=A$ とおくよ　　あっ！ 思い出した！

$$
\begin{aligned}
(\sqrt{3}-\sqrt{2}+1)^2 &= (A+1)^2 \\
&= A^2+2A+1 \\
&= (\sqrt{3}-\sqrt{2})^2+2(\sqrt{3}-\sqrt{2})+1 \\
&= 3-2\sqrt{6}+2+2\sqrt{3}-2\sqrt{2}+1 \\
&= \underline{6-2\sqrt{2}+2\sqrt{3}-2\sqrt{6}}
\end{aligned}
$$

ここで A をもとにもどします！

ホイホイ！っと

・・・・・・（答え）

これで平方根の計算練習はおわりにします。いつも言うことですが、あとは自分で積極的に計算練習をするんですよ。ひたすら練習あるのみ！

あ～ぁ・・・

では、最後に総まとめとして、代表的な問題を解説しておわりにしますね！

やったぁ～・・・！ コレでおわりだぞぉ～！

＊総合問題

最重要問題 1　つぎの値を求めよう！　高校数学でも頻出！

(1)　$a=\sqrt{2}-1$ のとき、a^2+2a+1 の値は？

(2)　$x=\sqrt{5}-\sqrt{2}$，　$y=\sqrt{5}+\sqrt{2}$ のとき、x^2-y^2 の値は？

(3)　$x=2+\sqrt{3}$，　$y=2-\sqrt{3}$ のとき、x^2+y^2+xy の値は？

＜解説・解答＞

(1) この問題を見て、“カンタン！ カンタン！”と与式に a の値をすぐに代入してはダメ！ この問題に限らず、2 次式以上に数値を“代入”する場合は、必ず「**その式が“因数分解”できないか？**」と、疑ってみる！
これがポイントなんだなぁ～！ わかるかい？　　意味不明・・・！

$$
\begin{aligned}
a^2 + 2a + 1 &= (a + 1)^2 \\
&= (\sqrt{2} - 1 + 1)^2 \\
&= (\sqrt{2})^2 \\
&= 2 \quad \cdots\cdots \text{（答え）}
\end{aligned}
$$

「因数分解できたかなぁ？」

「どうかな？」“因数分解”してからの代入計算は、とっても楽でしょ？!

ハイ！

(2) これもそうですね！ まずは“因数分解”できるかを確認！ おやおや、やっぱりできるではないか！ これは“和と差の積”というパターンだね！

$$
x^2 - y^2 = (x + y)(x - y) \quad \cdots\cdots \quad (*)
$$

ほらぁ～！ これで、直接２乗の“展開の公式”を使うよりも、計算が楽になったと気づくかな？ 「えっ！まだわからないって?! マイッタナァ～!!」

では、続きを・・・・

（＊）からわかるように、x と y の“和”と“差”を求めて、それの“積”で計算できちゃうんだね！ では、やってみますよ！ う～ん・・・

$$
\begin{aligned}
x + y &= (\sqrt{5} - \sqrt{2}) + (\sqrt{5} + \sqrt{2}) \\
&= \sqrt{5} - \sqrt{2} + \sqrt{5} + \sqrt{2} \\
&= 2\sqrt{5} \quad \cdots\cdots\cdots \text{①} \\
x - y &= (\sqrt{5} - \sqrt{2}) - (\sqrt{5} + \sqrt{2}) \\
&= \sqrt{5} - \sqrt{2} - \sqrt{5} - \sqrt{2} \\
&= -2\sqrt{2} \quad \cdots\cdots\cdots \text{②}
\end{aligned}
$$

「よ～く、見てね！」

だから、①②（＊）より

$$
\begin{aligned}
x^2 - y^2 &= 2\sqrt{5} \times (-2\sqrt{2}) \\
&= -4\sqrt{10} \quad \cdots\cdots \text{（答え）}
\end{aligned}
$$

「ネェ！“因数分解”してから“代入”すると計算が簡単でしょ！」でも、

因数分解をしっかり練習していない人には難しいかなぁ？ では、(3) だけど、これがチョット“テクニック”が必要！ この計算方法は高校数学ではよくやる解法です！ でも、中学では強引に代入した方がいいかもしれないかなぁ？!

どうしよぉ〜・・・??

(3) この形の式には“対称式（たいしょうしき）”という名がついています！“対称式”とは、(左辺) の式の中に出てくる**“文字”を入れ替えても、式の意味が変わらない式のこと。**

［$x \to y$、$y \to x$ にしても、$x^2 + y^2 + xy = y^2 + x^2 + yx$］

「ねぇ！ 変わらないでしょ！」対称式であれば必ず「**その式の中で使われている 2 つの“文字”の“和”と“積”で表現できる！**」ここがポイント！

ナルホドね！

① $x^2 + y^2 + xy = (x+y)^2 - xy$
和　積

② $x^2 + y^2 - xy = (x+y)^2 - 3xy$
和　積

難しいだろうけど、これを使えば計算がとっても楽になると思わない？!

① $(x+y)^2 - xy = x^2 + 2xy + y^2 - xy$
$= x^2 + y^2 + xy$　一致したでしょ！

② $(x+y)^2 - 3xy = x^2 + 2xy + y^2 - 3xy$
$= x^2 + y^2 - xy$　一致したでしょ！

上の赤枠の①②の（右辺）をそれぞれを展開したら、（左辺）になったでしょ？! この変形の仕方は必ず覚えておかないといけない形ゆえ、文句なしに覚えること！　「大変だけどがんばれぇ〜!!」

では、理解したつもりになって解いてしまいましょうか？!

$$x^2 + y^2 + xy = (x + y)^2 - xy \quad \cdots\cdots\cdots (**)$$

では、さっそく（＊＊）を使ってみますよ！

$$\text{和}：x + y = (2 + \sqrt{3}) + (2 - \sqrt{3})$$
$$= 2 + \sqrt{3} + 2 - \sqrt{3}$$
$$= 4 \quad \cdots\cdots\cdots\cdots\cdots\cdots ①$$

$$\text{積}：xy = (2 + \sqrt{3})(2 - \sqrt{3})$$
$$= 4 - 3$$
$$= 1 \quad \cdots\cdots\cdots\cdots\cdots\cdots ②$$

よって、（＊＊）①②より

$$x^2 + y^2 + xy = 4^2 - 1$$
$$= 16 - 1$$
$$= 15 \quad \cdots\cdots\cdots（答え）$$

どんどん難しくなってくる！

キライ！

この3題を通して感じてもらいたいのは、今まで勉強したことが、今後問題を解く上で必ずつながっているということなんです！ これから先、数学は解ければいいという段階から、“今までの知識をどのように使うか？！”に変わっていきます。そうでないと、どんどん問題が難しく感じてしまいますからネ！

最重要問題2　つぎの値を求めよう！

(1) $\sqrt{6}$ の小数部分を x とすると、$x^2 + x + 1$ の値は？

(2) $5 + \sqrt{10}$ の整数部分を x、小数部分を y とすると、$x + y^2$ の値は？

＜解説・解答＞

この問題はよぉ～く出題されますよ！ 大学入試でも出ますね！ この問題のポイントはたった1つ！ 平方根（無理数）に含まれる “整数部分” の数

を見つけること！ これだけなんです。「あれぇ？ まだわからないかな？」

だって、無理数は必ず“整数部分”と“小数部分”からできているよね！だから、平方根（無理数）から“整数部分”を引いてあげれば、知りたい“小数部分”しか残らないでしょ？! では、その**“整数部分”をどうやって見つけるか？**ここが問題なんだよね！「さぁ〜、どうやればいいと思う？」そんなに難しく考える必要はないよ。さがし方はカンタン！ **「2乗してルートの中を超えない一番大きい整数」**これを見つければおわり。たったこれだけなんだよ！ では、いくつか具体的にやってみようか〜！

ポイント！

2乗してルートの中を超えない一番大きい整数！

・$\sqrt{2}$、$\sqrt{3}$ **について** ［整数部分は、1］

$\sqrt{2}$と$\sqrt{3}$をそれぞれ“2乗”すると、“2”と“3”ですよね！ そこで、$1^2=1$、$2^2=4$でしょ！ “2”の2乗は4だから、$\sqrt{2}$，$\sqrt{3}$の2乗より大きくなるので、$\sqrt{2}$，$\sqrt{3}$は必ず“1”と“2”の間にある数。だから、整数部分は“1”としか考えられない！

・$\sqrt{5}$ **について** ［整数部分は、2］

$\sqrt{5}$を2乗すると“5”でしょ？ そこで、$1^2=1$、 $2^2=4$だから、まだ“1”“2”は$\sqrt{5}$より小さい！ そこで、“3”ですが、$3^2=9$となり、“3”は2乗すると“5”を超えてしまいますよね？ よって、$\sqrt{5}$は必ず“2”と“3”の間にある数。だから、整数部分は“2”としか考えられない！ ［p592 参照］ ナットク！なっとく！

この説明で理解できたかなぁ？ では、そろそろ問題に入るからね！

(1)

$\sqrt{6}$ の“小数部分”を x とするんですね。さっきの考え方を利用すれば、$2^2=4$、$3^2=9$、だから、$\sqrt{6}$ の整数部分は、“2”となるよね？!

よって、$\sqrt{6}$ の“小数部分 x”は、

$x=\sqrt{6}-2$　・・・・①　　[小数部分]＝[無理数]－[整数部分]

と表せます。　どうですか？ カンタンでしょ？!　あとはこの①を問題の与式に代入するだけですね！　では、やりますよ・・・

$$x^2+x+1=(\sqrt{6}-2)^2+(\sqrt{6}-2)+1$$

$$=6-4\sqrt{6}+4+\sqrt{6}-2+1$$

$$=\underline{9-3\sqrt{6}}\quad\cdots\cdots\text{（答え）}$$

(2)

ここでは $\sqrt{10}$ の“整数部分”を見つければいいんだよね？!　さっきと同じやり方で考えれば、整数部分は“3”だから、$\boxed{5+\sqrt{10}}$ の“整数部分”は $[x=5+3]$ よって、$\boxed{x=8}$　・・・・①　だよね！

つぎに“小数部分”ですが、これは $\sqrt{10}$ **の小数部分だよ？**

「むずかしいかなぁ・・・？」

$\sqrt{10}$ の“整数部分”が“3”なので、小数部分は $\boxed{\sqrt{10}-(\text{整数部分})}$ で表すことができるよね？!　だから、

$\boxed{y=\sqrt{10}-3}$　・・・・②　　小数部分！

よって、（与式）に①②を代入して、

$$x+y^2=8+(\sqrt{10}-3)^2$$

$$=8+10-6\sqrt{10}+9$$

$$=\underline{27-6\sqrt{10}}\quad\cdots\cdots\text{（答え）}$$

最重要問題 3　つぎの不等式を満たす整数 x をすべて求めてくださいね！

$$\sqrt{100} < x < \sqrt{210}$$

＜解説・解答＞

さぁ～、この問題と似たのを前に解説した記憶があるけど、覚えていますか？ x が無理数にハサマレテいるよね?! このようにわからない数（無理数）をあつかうときは、まずは“ルートをはずす”ことを考えるんでしたよ！　「覚えてる?」　　エッ！　ドキッ!!

では、始めるよ！

これは不等式ですが、両側がプラスなので 2 乗しても大小関係に変化なし！それゆえ、安心して 2 乗しルートをはずすことにしましょうか！　ヨォ～シ！

$$\sqrt{100} < x < \sqrt{210}$$

$$100 < x^2 < 210 \quad \cdots\cdots\cdots (*)$$

これで大変見やすくなったね！　あとは 2 乗して **100 と 210 の間の数をさがすだけ！**「大丈夫だよね？ すぐにわかるはず！」だって、平方根の最初の方で「11 ～ 15 までの 2 乗の値を覚えるように！」と言ったでしょ?! 覚えていない人は今すぐここで覚えましょう！（　）の中が 2 乗の値です！

11（121），12（144），13（169），14（196），15（225）

よって、（＊）を満たす x の値は、

11，12，13，14　・・・・（答え）

どんどん難しくなる！

注）

中学数学の“不等式”は何も気にすることなく上記のようにあつかえますが、高校数学での“不等式”はマイナスの数をあつかうとき、“不等号”の“向き”が変化し怖いんです！ 高校数学では神経質になってくださいね！

最重要問題 4　つぎの問いを考えてみよう！　　ムズカシスギル！ 涙

(1) $\sqrt{12-n}$ が整数になるような n（正の整数）をすべて求めよう！

(2) $\sqrt{32-4x}$ が整数になるような x（正の整数）をすべて求めよう！

＜解説・解答＞

この問題もよ～く出るよ！ 一見なんだか大変難しく感じるよね！ でも、この問題は簡単！ "1～10" までの2乗が言えれば、ハイ！ オシマイ！ なんですね！笑　では、さっさとやってこの項目をおわりにしましょう！

賛成～！！

「あれぇ？やけに元気がいいねぇ～！」

(1) この問題を見てすぐにわかるのは、12より小さい数である数の2乗で表せるものをさがせばいいということだよね?!

$1^2=1$, $2^2=4$, $3^2=9$ でしょ！ しかし、$4^2=16$ は、12を超えてしまうから "4" はダメ！ ゆえに、"ルート" の中が "1" "4" "9" になるような n を求めればよいわけだね！ ⟶ $12-n=1,\ 4,\ 9$

よって、求めたい n（正の整数：自然数だよ！）は、

3, 8, 11　・・・・・（答え：??）

n は、
・$12-11=1$
・$12-\ \ 8=4$
・$12-\ \ 3=9$

「アレ？ チョット待ってよ！ ナニか足りない気がするんだけどなぁ～？」
「求めたい **n は "自然数"** だけど、問題の $\sqrt{12-n}$ **は "整数"** だよね?!」
「ということはだよ、"整数" だからルートの中が "0" になってもいいんでしょ?!」

「さぁ～すがぁ～！」ということで、"0" もOK！ それゆえ "12" も n に含まれるね！

よって、本当の答えは、

3, 8, 11, 12　・・・・・（答え）

(2) この問題も考え方は同じだよ！ ただ、少しだけルートの中を変形してからね！ 出すものは出す！ $\sqrt{}$ の中を4で“くくって”みるよ！

$$\sqrt{32-4x}=\sqrt{4(8-x)}$$
$$=2\sqrt{8-x}$$

平方根のポイント「出すものは出す！」をしたなら、あとは2乗して“8より小さい数”をさがせばよいわけだね！ だって、“整数”なんだから、ルートの中が“ナニかの2乗”にならないとルートが消えないからね？!

よって、ルートの中が“1”“4”になるようなxを求めればおしまい！

ほんとう〜かなぁ？

「ほらぁ、ほらぁ！ また忘れてるよ！ 整数になればいいんだから、ルートの中が“0”でもよかったんでしょ！」　ありゃ〜、そうだった！

よって、求めるx（正の整数：自然数だよ！）は、

$$8-x=0,\ 1,\ 4$$

xは、
- $8-8=0$
- $8-7=1$
- $8-4=4$

にならないとダメだよね！ いいかなぁ？

だから、

$$x=4,\ 7,\ 8$$

したがって、

4, 7, 8・・・・・（答え）

どんどん、理解しづらい内容になってきた！
本当に、バンザイ！ 降参の気分です！

「でも、大丈夫だよ！大丈夫!!」

中学３年

第４話

２次方程式

VI　2次方程式

“乗法の展開公式”“因数分解”そして“平方根”と勉強してきましたが、それはすべてこれからやる“2次方程式”のためだったんだね！

この2次方程式を解くには、特に“因数分解”と“平方根”の知識が大変重要になってくるんだなぁ～！ だから、不安になったらすぐに前の項目に戻って確認してくださいね！ では、始めるよ！

2次方程式を解く［解法1］

まずはつぎの2つの方程式を見比べてください！

問題　よ～く見比べて、以下の方程式の違いを理解してね！

［1次方程式］
（1）$2x + 4 = 6$

［2次方程式］
（2）$x^2 + 4x = -3$

“方程式を解く”の意味を簡単に言うと、（1）（2）の x に適当な数字を入れて、（左辺）＝（右辺）になるような数を求めることでした！

（1）では次数が1次の方程式だから1次方程式と呼び、（2）では2次だから2次方程式と呼ぶ！

では、復習のつもりで1次方程式から解いてみますよ！

（1）定数項は右辺、文字は左辺

$$2x + 4 = 6$$
$$2x = 6 - 4$$
$$= 2$$
$$x = 2 \div 2$$
$$= 1$$

簡単！カンタン！

（2）試しに2次も解いてみちゃおっかな？

$$x^2 + 4x = -3$$

アレェ～？（1）のように x が1個だけにならないよぉ～・・・！
（1）ならば最初の式を見ただけで“1”を入れれば6になるとわかるけど、（2）はただ見ただけではわからないよぉ～！ 難しい、涙！

上の（1）（2）の解法を見ればわかると思うけど、“2次方程式”と

“1次方程式”では解き方が違うことに気づいたでしょ・・・?!

では、そろそろ2次方程式の解き方の話を始めるよ！

まず“2次方程式の解き方”には“5種類”の方法があります。

① “平方根”　の利用！　［方程式の形］ $x^2 = a$
② “平方完成”の利用！　［方程式の形］ $(x \pm a)^2 - b = 0$
③ “因数分解”の利用！　［方程式の形］ $(x \pm a)(x \pm b) = 0$
④ “2次方程式の解の公式”の利用！
⑤ “因数定理”の利用！（高校）

「エッ！こんなにあるの…？無理！！」たぶん､こんな気分ですよね！？

でも、2次方程式の解法の主役は③。ただ、②④が少し面倒かも…。

実は、指導要領の改訂にともない、高校数学でやっていた④「2次方程式の解の公式」が復活したんです。私は②「平方完成の利用」で十分だと思うんですが…。ちなみに、前回の指導要領で削除された理由はなんと、偉い方の「私の妻は、2次方程式もろくにできないけれど65歳になる今日まで全然不自由しなかった！」の発言がきっかけだとか・・・。では始めましょう。

① “平方根”の利用

平方根のはじめの説明（p592）で、2次方程式を使ってしまったのを覚えているかなぁ？

「**7の平方根はなんですか？**」と聞かれたら、まず、2乗して7になる数を“x”とおくと、つぎのように式で表せるんでしたね！

$$x^2 = 7 \qquad \cdots\cdots (*)$$

よって、

$$x = \pm\sqrt{7} \qquad \cdots\cdots (\mathrm{A})$$

（*）が「7の平方根はなんですか？」を式で表したんだけど、実はこれが“2次方程式”なんだね！ だって、（左辺）の次数が2次でしょ！ そして、それを解いたものが(A)で、これがこの2次方程式の解となるんだ！“ア〜レ？”ということは、2次方程式では解が“2個”なのぉ？!「ハイ！そうなんです！“解の個数”は1次方程式は1個、2次方程式は2個、3次方程式は3個と、「“次数の数”と“解の個数”は同じなんだね！」では、少し強引だけど問題を使ってていねいにお話しします。

問題 つぎの方程式を解くから見ててね！　　問題を解くのは誰？笑 (1) $x^2 = 9$　　(2) $x^2 = 8$ (3) $3x^2 = 18$　　(4) $x^2 - 16 = 0$

< 解説・解答 >

（1）をカミクダキますと、「$x^2 = 9$」の意味は「xを2乗（xを2回かける）して9になるxはなんですか？」言い換えれば、「9の平方根はなんですか？」だよ！　　わかってるよぉ〜だぁ！

だから、「(答え）は±3」でも、今は方程式の形式で解かなくてはいけないから、今後は以下のように表記してくださいね！

では、以下の（1）〜（4）の解法を真似するんだよ！　　ハイ！ハイ！

(1) $x^2 = 9$

$\underline{x = \pm 3}$

・・・（答え）

(2) $x^2 = 8$

$x = \pm\sqrt{8}$

$\underline{= \pm 2\sqrt{2}}$ ・・・（答え）

(3) $3x^2 = 18$

$x^2 = 18 \div 3$

$= 6$

$\underline{x = \pm\sqrt{6}}$ ・・・（答え）

(4) $x^2 - 16 = 0$

$x^2 = 16$

$\underline{x = \pm 4}$

・・・（答え）

「どうかな？ 方程式を解いている気がしないかな?!」私が思うに、ほとんど平方根を求めている感覚でしょ！　　　ウン！ウン！

もう少しこの解法を練習してみましょう！

> **問 題**　つぎの2次方程式を解いてください。
>
> (1)　$(x-2)^2=16$　　　(2)　$(x+3)^2=7$
>
> (3)　$(x+5)^2-4=0$　　　(4)　$(x-1)^2+3=11$

＜解説・解答＞

「オイオイ、形が違うだろ～！」なんて思ってるんでしょ？!

しかし、中学1年からズ～ット「“カッコ”（　）は1つのもの！」と言い続けているよね！（1）だけていねいに解説しますね。

(1)　　　　［解説］

$(x-2)^2=16$ ←― カッコは1つのものだから

$X^2=16$ ←― $(x-2)=X$ とおく！

$X=\pm 4$ ←― 平方根だから±がつくよ！

$x-2=\pm 4$ ←― ここで X をもとに戻す！

$x=2\pm 4$ ←― ＝［2－4］［2＋4］だから

$\underline{x=-2,\ 6}$ ←― 左のように答えが2個出る！

・・・・・（答え）

カッコを1つのものとすれば、考え方は $x^2=a$ の形と同じでしょ！

では、(2)～(4)は解説なしで解いていきますからね！

(2)　$x+3=X$ とおくと、

$(x+3)^2=7$

$X^2=7$

$X=\pm\sqrt{7}$

$x+3=\pm\sqrt{7}$

$\underline{x=-3\pm\sqrt{7}}$

・・・・（答え）

(3)　$x+5=X$ とおくと、

$(x+5)^2-4=0$

$(x+5)^2=4$

$X^2=4$

$X=\pm 2$

$x+5=\pm 2$

$x=-5\pm 2$

$\underline{x=-7,\ -3}$

・・・・（答え）

(4)　$x-1=X$ とおくと、

$(x-1)^2+3=11$　　　　**[おまけの解説]**

$(x-1)^2=11-3$ ←―― $+3$ を移項！

$X^2=8$ ←―― $x-1=X$ と置き換え！

$X=\pm\sqrt{8}$ ←――“平方根”だから± だね！

$x-1=\pm 2\sqrt{2}$ ←―― X を［$x-1$］に戻す！

$x=1\pm 2\sqrt{2}$　・・・・（答え）

これぐらいで、$x^2=a$ の形の解法はいいかなぁ？!

では、つぎの解法に進みますよ！

②“平方完成”の利用

“平方”とは“2乗”のことだから、“**平方完成**(へいほうかんせい)”とは、ある式を“2乗の形（カッコ）^{2} に変形する”ことなんだね！ そこで、つぎの穴埋めをしてみませんか？

> ・$x^2+8x+\boxed{ア}=(x+\boxed{イ})^2$
>
> 最初に［イ］に入る数を考えてみるよ。［イ］は（左辺）の“x”の係数“8”から、［$8\div2=4$］の計算で［イ：4］と求まる。
>
> ・$x^2+8x+\boxed{ア}=(x+\boxed{4})^2$・・・・・（i）
>
> そこで（i）の式の $\boxed{ア}$ を（右辺）に移項してみますよ。
>
> ・$x^2+8x=(x+\boxed{4})^2-\boxed{ア}$・・・・・（ii）
>
> ここで $\boxed{ア}$ に入る数を求めたいけど、これは当然（i）より［イ］の値の2乗の数［ア：$4^2=16$］が入りますよね。
>
> では、もう一度（ii）の式を見てください。
>
> ・$x^2+8x=(x+\boxed{4})^2-\boxed{16}$　・・・・・（ii）

あのね、平方完成とは、この（ii）の（左辺）を（右辺）のように、$\boxed{カッコの2乗\ (x\pm\square)^2\pm\triangle}$ の形にすることを言うんです。よって、式を“平方完成”するとき、“x”の1次の項までで $(x\pm\square)^2$ の中は決

まるんだね。だから、[$x^2+8x+b=$] を“平方完成”したいときは、

$$x^2+8x+b=(x+4)^2-4^2+b$$

と、定数項“b”は最後まで関係なく、“x”の係数を、“2”で割った $\left(\frac{1}{2}\text{をカケタ}\right)$ 数をカッコの中に入れ、入れた数の2乗を引くことで平方完成は終了なんです。では、具体的に“平方完成”に挑戦！

“平方完成”とは？“(カッコ)^2 の形を含んだ式に変形する”こと！

問 題　つぎの式を“平方完成”してみよう。

(1) x^2-6x+5　　　(2) x^2+5x-1

＜解説・解答＞

(1) x^2-6x+5

注）①〜③は平方完成を作るための途中の説明ゆえ、実際は④からが答案になるからね！

① (右辺) に (　)^2 を書き、カッコの中、左側に x を入れる！ ⟶ $x^2-6x+5=(x\quad)^2$

② “x”の係数－6 に $\frac{1}{2}$ を“カケタ値”“－3”をカッコの中、右側に入れる！ ⟶ $x^2-6x+5=(x-3)^2$

③ ②で $\frac{1}{2}$ をカケタ値：－3 の2乗“9”を引く！ ⟶ $x^2-6x+5=(x-3)^2-9$

---

④ (左辺) の“定数項：＋5”を一番右側につけておく！ ⟶ $x^2-6x+5=(x-3)^2-9+5$

⑤ 最後に“$-9+5=-4$”を計算し、カッコの右側を“－4”にして、これで“平方完成”終了！ ⟶ $x^2-6x+5=(x-3)^2-4$

(2) x^2+5x-1

注）①〜③は平方完成を作るための途中の説明ゆえ、実際は④からが答案になるからね！

① （右辺）に（　）^{2} を書き、カッコの中、左側に x を入れる！ $\longrightarrow x^2+5x-1=(x\quad)^2$

② "x"の係数5に$\dfrac{1}{2}$をかけた値 $\dfrac{5}{2}$ をカッコの中、右側に入れる！ $\longrightarrow x^2+5x-1=\left(x+\dfrac{5}{2}\right)^2$

③ ②で $\dfrac{1}{2}$ をかけた値：$\dfrac{5}{2}$ の2乗 $\dfrac{25}{4}$を引く！ $\longrightarrow x^2+5x-1=\left(x+\dfrac{5}{2}\right)^2-\dfrac{25}{4}$

---

④ （左辺）の定数項 "-1" を一番右側につけておく！ $\longrightarrow x^2+5x-1=\left(x+\dfrac{5}{2}\right)^2-\dfrac{25}{4}-1$

⑤ 最後に$-\dfrac{25}{4}-1=-\dfrac{29}{4}$を計算し、カッコの右側を$-\dfrac{29}{4}$にして、これで"平方完成"終了！ $\longrightarrow x^2+5x-1=\left(x+\dfrac{5}{2}\right)^2-\dfrac{29}{4}$

「どうかなぁ〜？ 平方完成のやり方は理解できた？！」

教科書とは少し違うけど、意味は同じだからね！ 教科書とよ〜く見比べて自分に合った方を使ってください！

「しかし、これが一番だと思う！」

問題　つぎの2次方程式を［平方完成］を利用して解いてみよ～か？

（1）$x^2-6x+5=0$　　（2）$x^2+5x-1=0$

＜解説・解答＞

方程式を解く場合、定数項は最初に（右辺）へ移項！

（1）

$x^2-6x+5=0$　［定数項（＋5）を右辺へ移項！］

平方完成

$x^2-6x=-5$

$(x-3)^2-(-3)^2=-5$　［定数項$-(-3)^2=-9$を右辺へ移項！］

-6に$\frac{1}{2}$をかけた

$(x-3)^2=-5+9$

$(x-3)^2=4$

$x-3=\pm 2$

$x=3\pm 2$　［3－2］と［3＋2］の計算！

$x=1,\ 5$・・・（答え）

（2）

$x^2+5x-1=0$　［定数項（－1）を右辺へ移項！］

平方完成

$x^2+5x=1$

$\left(x+\frac{5}{2}\right)^2-\left(\frac{5}{2}\right)^2=1$　［定数項$-\left(\frac{5}{2}\right)^2=-\frac{25}{4}$を右辺へ移項！］

5に$\frac{1}{2}$をかけた

$\left(x+\frac{5}{2}\right)^2=1+\frac{25}{4}$　$\left[1+\frac{25}{4}=\frac{4}{4}+\frac{25}{4}=\boxed{\frac{29}{4}}\right]$

$\left(x+\frac{5}{2}\right)^2=\frac{29}{4}$

$x+\frac{5}{2}=\pm\frac{\sqrt{29}}{2}$

$x=-\frac{5}{2}\pm\frac{\sqrt{29}}{2}$

・・・（答え）

この形の方が good ！

$x=\frac{-5\pm\sqrt{29}}{2}$

「どうですか？」これが［平方完成］を利用した解法です！　でも、これはあまり使いません。ただ、最後であつかう⑤［解の公式の利用］で、この平方完成が必要になるからよ～く練習すること！

では、つぎの［“因数分解”の利用！］にいきましょう！

③“因数分解”の利用

展開公式を利用した因数分解は3種類ありました！

（i）$a^2 \pm 2ab + b^2 = (a \pm b)^2$

（ii）$x^2 + (a + b)x + ab = (x + a)(x + b)$

（iii）$a^2 - b^2 = (a + b)(a - b)$

では、順番にやっていきましょう！　各2問ずつね！

問題　（i）のパターン　つぎの2次方程式を解いてください！

（1）$x^2 + 12x + 36 = 0$　　（2）$x^2 - 10x + 25 = 0$

< 解説・解答 >

（i）$a^2 \pm 2ab + b^2 = (a \pm b)^2$

（1）　$x^2 + 12x + 36 = 0$

$(x + 6)^2 = 0$ ←［（左辺）が0になる x はナニ？］

$x = -6$・・・・（答え）

（2）　$x^2 - 10x + 25 = 0$

$(x - 5)^2 = 0$ ←［（左辺）が0になる x はナニ？］

$x = 5$・・・・（答え）

ここで「アレ？」と疑問に感じた人がいるかな？ **2次方程式の解の個数は2個！　のはずだよね?!**　でも、（1）（2）は“1個”だよ?!　変だよね？

「しかし、別に問題はないよ！」　　ナンデ？なんで？

実はこのように［完全平方完成］になった場合の解を［重解（じゅうかい）］と言うんです！ 解が重なっているという意味なんだねぇ！

では、（1）を使ってお話ししておきます。

$x^2 + 12x + 36 = 0$

$(x + 6)^2 = 0$ ←［2乗だから自分自身を2回かける！］

$(x + 6)(x + 6) = 0$ ←［かけて“0”だから、片方が“0”だね！］

$\boxed{x = -6, -6}$ ←［同じ数（－6）を2個書く必要はないね！］

$x = -6$ ←［解が1個に見えるけど、実は2個なんだね！］

問 題 （ii）のパターン　つぎの2次方程式を解いてください！

（1）$x^2 + 7x + 6 = 0$　　（2）$x^2 - 3x - 18 = 0$

＜解説・解答＞

$\boxed{(\text{ii})\ x^2 + (a + b)x + ab = (x + a)(x + b)}$

（1）

$x^2 + 7x + 6 = 0$　［たして“7”、かけて“6”になる数はナニ？］

$(x + 1)(x + 6) = 0$　［**かけて“0”だから、片方が“0”だよね?!**］

$\underline{x = -1,\ -6}$ ・・・・（答え）

（2）

$x^2 - 3x - 18 = 0$　［たして“－3”、かけて“－18”になる数はナニ？］

$(x - 6)(x + 3) = 0$　［**かけて“0”だから、片方が“0”だよね?!**］

$\underline{x = 6,\ -3}$ ・・・・（答え）

今度は解が2個チャントあるよね！ 例えば、（1）の方程式を見て、“x”にどんな数を入れれば“0ゼロ”になるかなんて、すぐにわかるかな？ でも［因数分解］をすれば、“かけて(×)”“0”だから、片方が“0”であれば必ずかければ“0”になるよね?! カンタンでしょ？ だから、

“2次方程式の基本は因数分解” なんだね！

ここまでで、“2次方程式”の基本は、「“因数分解”が正しくできるか？」がポイントになることがわかったでしょ？!！　　ハ〜イ！

> **問題（iii）のパターン**　つぎの2次方程式を解いてください！
> （1）$x^2 - 49 = 0$　　　（2）$x^2 - 1 = 0$

＜解説・解答＞

（iii）$a^2 - b^2 = (a + b)(a - b)$

（1）

$x^2 - 49 = 0$　［“2項”の“2乗”の“引き算”だよ！］

$(x + 7)(x - 7) = 0$　［かけて“0”だから、片方が“0”だね！］

$x = -7,\ 7$　・・・・（答え）［±7でもOK！］

（2）

$x^2 - 1 = 0$　［“2項”の“2乗”の“引き算”だよ！］

$(x + 1)(x - 1) = 0$　［かけて“0”だから、片方が“0”だね！］

$x = -1,\ 1$　・・・・（答え）［±1でもOK！］

以上で“中学数学”でやる2次方程式の解法Iはおわりだよぉ〜！

2次方程式といっても、実はすべて「“因数分解”ができるか？」がポイントだと理解してくれたと思います。もし、この項目がツライ人は因数分解をもう一度復習してくださいね！

えっと、これだけでは練習の問題量が少ないですよね？! でも、話さなければいけないことがたくさんあるので、今は許してください。

ほっ・・・ヨカッタァ！

＊総合問題

問題

x の2次方程式 $x^2 + ax - 6 = 0$ の解の1つが2であるとき、a の値および、もう1つの解を求めてみよう！

＜解説・解答＞

「あれぇ～？ a の値がわからないなら、因数分解ができないよ！ だから、もう1つの解なんかわかるわけナイジャン！」なぁ～んて言っているアナタ！「解の1つが2だと書いてあるでしょ?!」 ということは？

この問題は x の方程式だから、$x = 2$ なんだね！ よって、これを方程式の x に代入し、a の値を求めればなんとかなりそうでしょ？ では、やってみるよ！ まずは方針どおり $x = 2$ を代入。

$$\underline{x}^2 + a\underline{x} - 6 = 0 \leftarrow \boxed{x\text{に“2”を代入！}}$$
$$2^2 + 2a - 6 = 0$$
$$4 + 2a - 6 = 0$$
$$2a = 2$$
$$a = 1 \quad \cdots\cdots（答え）$$

「ほら！ a の値がわかったじゃない！」あとはこの a の値“1”を問題の式に代入し“因数分解”だね?!

$$x^2 + x - 6 = 0$$
$$(x + 3)(x - 2) = 0$$
$$x = -3 \quad [問題に提示：2] \quad \cdots\cdots（答え）$$

“2次方程式を解く”問題は、中学の範囲ではこれ以上お話しすることはないんです。ただ、あとね、（カッコ）のついた形の“2次方程式を解く”問題があるんだなぁ～！ それは、“置き換え！”の問題なんだけどね!?

ドンナノダッタッケ・・・??

では、この“置き換え”＋（おまけ）の問題でおわりにしましょう！

> **問 題**　つぎの２次方程式を解いてください！
>
> (1) $(x-1)^2-2(x-1)+1=0$
>
> (2) $(5x-1)^2+(5x-1)-2=0$
>
> (3) $\frac{1}{2}x^2-2x-6=0$

＜解説・解答＞

(1)(2) は置き換え！、(3) は“分母を払う！”だよ！

(1)　$(x-1)^2-2(x-1)+1=0$

“カッコ：$(x-1)$”の中が同じだからコレを t とおくよ！

$x-1=t$ ・・・①とおく。

$t^2-2t+1=0$　（この方が見た感じカンタンでしょ！？）

$(t-1)^2=0$

だから、

$t=1$　（ここで答えにしちゃダメだよ！）

よって、①より

$$x-1=1$$
$$x=1+1$$
$$=2$$

<u>$x=2$ ・・・・（答え）</u>

(2)　$(5x-1)^2+(5x-1)-2=0$

“カッコ：$(5x-1)$”の中が同じだからコレを t とおくよ！

$5x-1=t$ ・・・①とおく。

$$t^2+t-2=0$$
$$(t+2)(t-1)=0$$
$$t=-2,\ 1$$

よって、①より

$t=-2$ のとき、

$$5x-1=-2$$
$$5x=-2+1$$
$$=-1$$
$$x=-\frac{1}{5}$$

$t=1$ のとき、

$$5x-1=1$$
$$5x=1+1$$
$$=2$$
$$x=\frac{2}{5}$$

よって、

$x=-\dfrac{1}{5},\ \dfrac{2}{5}$　・・・・（答え）

(3) $\frac{1}{2}x^2-2x-6=0$　　（おまけの問題）

「あれぇ～？ これにはカッコがないぞ!?」アノネ、中学数学でやる“因数分解”は、ほとんど x^2［2次］の“係数”が“1”になるようになっています。　ヘェ～、ソウナンダ・・・?!

そこで、問題を見たとき、これは方程式だから両辺がある。だから、“両辺”に“同じ数”を“かけて”も問題なし！　ナルホド！

では、両辺を“2倍”して分母を払うよ。

$$2\times\left(\frac{1}{2}x^2-2x-6\right)=2\times0$$
$$x^2-4x-12=0$$

見たことある形だ！ ニコニコ！

$$(x-6)(x+2)=0$$

だから、

$x=6,\ -2$　・・・・（答え）

「ホラ！ できたでしょ！」このように少しだけ見た感じ「アレッ?!」と驚かさないと、みんなできてしまうからね！ 笑

では、あとヒトツ、形を変えた問題をやってみようか・・・！

エッ・・・!?

問 題　つぎのxについての2次方程式が解を1つしか持たない場合、aの値および解を求めてください！

$$x^2 - ax + 16 = 0$$

＜解説・解答＞

「2次方程式には必ず解が“2個”あるんだよ！」と言いました。でも、形の上ではヒトツしかない場合があると言ったのも覚えているかなぁ？

「あれアレ～？　覚えてないのぉ・・・涙」

では、つぎの場合はどうでしたか？

（例）$(x-3)^2=0$ を解きなさい！　　ハイハイ！ 思い出しました！

「ナニ今ごろこんな問題をやらせるんだよ！」と言いたいよね？

“カッコ”の中が“0”になる“x”の値を求めればよいから、

$x=3$　・・・・（答え）

「ホラ！」2次方程式なのに解がヒトツでしょ！

ということは、この問題は“完全平方完成：$(x-a)^2=0$”の形に直せれば、問題の要求を満たすことになるよね！ では、方針が決まった。まずは（左辺）の平方完成だぁ～！

$$x^2 - ax + 16 = 0 \quad \cdots (*)$$

$$\left(x-\frac{a}{2}\right)^2-\left(\frac{a}{2}\right)^2=-16$$

$$\left(x-\frac{a}{2}\right)^2=\frac{a^2}{4}-16 \quad \cdots (**)$$

ここで少し考えてください。方針は $(x-a)^2=0$ の形でしたよ！

「そうかぁ～！（＊＊）が右辺＝0になればいいんだ!?」正解です！

では、（＊＊）の（右辺）＝0 とすると、

$$\frac{a^2}{4}-16=0$$

一言：一般的には判別式Dを使って解く問題ですが、高校1年の数学の範囲ゆえ・・・、ツライ！

$$\frac{a^2}{4} = 16$$
$$a^2 = 64$$
$$a = \pm 8$$

よって、

・$a = 8$ を（＊＊）に代入、

$$(x - 4)^2 = 0$$
$$x = 4$$

・$a = -8$ を（＊＊）に代入、

$$(x + 4)^2 = 0$$
$$x = -4$$

よって、

$(a = -8,\ x = -4)(a = 8,\ x = 4)$　・・・・（答え）

> **問 題**　x についての2次方程式 $x^2 + Ax + B = 0$ の解が $x = -3,\ 2$ のとき、A、B の値を求めよう！

＜解説・解答＞

今回は2次方程式の解が“$x = -3,\ 2$”とわかっているから、今までと逆のパターンだね！ 慣れていないと“ピ～ン！”とこないだろうけど、x^2 の“係数”が“1”であることから、この求めたい2次方程式はつぎのように表せるよ！

「理解できているかなぁ??」

$$(x + 3)(x - 2) = 0$$

よって、あとはこの（左辺）を展開すればおわり。

$$(x + 3)(x - 2) = 0$$
$$x^2 + x - 6 = 0$$

> **（別解）**
> $x = -3,\ 2$ を2次方程式に代入し、
> $9 - 3A + B = 0$・・・①
> $4 + 2A + B = 0$・・・②
> ①②の連立方程式として、A、B を求めてもいいよ！

したがって、$x^2 + Ax + B = 0$ と係数比較すると

$A = 1$、$B = -6$　・・・・（答え）

では、このくらいで基本は終了とし、今後は2次方程式の応用問題（文章問題）に入るとしましょうか？　　ヤダナァ～・・・

2次方程式の応用

今までは方程式を解く話をしてきました。そこで、今度は、文章を読んで条件を読み取り"2次方程式を作る"お話です！ みなさんが一番キライな項目ですよねぇ・・・！

今度はナニ・・・？

まずは"整数"の問題から。

①整数に関する問題

問題

大小2つの数がある。その差は2。また、この2つの数の積は、2つの数の和の3倍より1小さい。この2つの数を求めてみよう！

<解説・解答>

2つの数を求めるんだから、とにかくこの2つの数を文字で表してみようか？ では、大きい数を"x"、小さい数を"y"とおいて、問題文を考えてみるよ！

[大きい数]：x　[小さい数]：y とおく。

条件1　差（引き算）が2：$x - y = 2$　・・・・・①

条件2　積（かけ算）は　和（たし算）の3倍より"1"小さい

$(x + y) \times 3 = xy + 1$　・・・・・②

$[(x + y) \times 3 - 1 = xy]$ でもOK！

どうですか？上の①②の2つの式が作れましたか？

わかりやすいように、作った2つの式を並べてみるね！

$$\begin{cases} x - y = 2 & \cdots\cdots① \\ (x + y) \times 3 = xy + 1 & \cdots\cdots② \end{cases}$$

さぁ〜て、なんとか式は作れた！ でも、これを解かないといけないんだよねぇ〜・・・。

なんだか難しそう！?

あのね、数学の計算には鉄則があるのね！ 今後はつぎの鉄則を心がけて“計算”や“方程式を解く”んだよ！

鉄則　文字の計算・方程式を解く心得
・文字減らし！
・次数を下げる！

ここでは、鉄則の［文字減らし］を利用！　「解法をよ〜く見てね！」

［大きい数］：x　［小さい数］：y とおく。

$$\begin{cases} x - y = 2 & \cdots\cdots ① \\ (x + y) \times 3 = xy + 1 & \cdots\cdots ② \end{cases}$$

①より

$y = x - 2$　……③

③を②に代入し、“y”を消す！　［文字減らし！］

$$(x + x - 2) \times 3 = x(x - 2) + 1$$
$$(2x - 2) \times 3 = x(x - 2) + 1$$
$$6x - 6 = x^2 - 2x + 1$$
$$x^2 - 2x + 1 - (6x - 6) = 0$$

（左辺）と（右辺）をひっくり返して、その（右辺）を（左辺）へ移項！

$$x^2 - 2x + 1 - 6x + 6 = 0$$
$$x^2 - 8x + 7 = 0$$
$$(x - 1)(x - 7) = 0$$
$$x = 1,\ 7$$

③より、

$x = 1$ のとき、$y = 1 - 2 = -1$

$x = 7$ のとき、$y = 7 - 2 = 5$

よって、求める2つの数は

［−1，1］［5，7］……（答え）

注）
x、y は勝手に使った文字だから
・$x = 1$、$y = -1$
・$x = 7$、$y = 5$
と答えてはバツだからね！

中学1年　中学2年　中学3年

問 題

連続する3つの整数で、真ん中の数の平方は、大きい数の平方から小さい数の平方を引いた値より5大きい。連続する3数を求めてください。

< 解説・解答 >

“連続する3つの整数”の表し方は中1でお話ししましたよ？ つぎのように表すんだね！ ［中1参照］

$$x-1,\quad x,\quad x+1 \quad \cdots\cdots(*)$$

（真ん中の数）

あと、“平方”の意味は（2乗）だからね！ では、問題を解くよ！

連続する3つの整数を

$$x-1,\quad x,\quad x+1 \quad \cdots\cdots(*)$$

とおく。

$$x^2=(x+1)^2-(x-1)^2+5$$ 他の2つの平方の差

$$x^2=x^2+2x+1-(x^2-2x+1)+5$$

$$x^2=x^2+2x+1-x^2+2x-1+5$$

$$=4x+5$$

$$x^2-4x-5=0$$

$$(x+1)(x-5)=0$$

$$x=-1,\ 5$$

（重要）カッコをはずさずに展開！

2次方程式は［左辺＝0］

大切なこと！
求めた値が問題の条件を満たしているかを必ず確認してくださいね！
例えば「整数条件」

だから、（＊）より

$x=-1$ のとき、$-2,\ -1,\ 0$ ・・・①

$x=5$ のとき、$4,\ 5,\ 6$ ・・・②

よって、

求める3つの整数は、

［－2，－1，0］［4，5，6］ ・・・・（答え）

なかなか難しいよねぇ？ では、あと、1問やっておわりにするね！

問 題

大小２つの整数があり、その和は 13、積が 36 である。このような２つの整数はナニかな？

＜解説・解答＞

［大きい数］：x　［小さい数］：y とおく。

和が 13 ：$x + y = 13$ ・・・・・①

積が 36 ：$xy = 36$ ・・・・・・②

参考：高校数学では、解と係数の関係でスグ解決！

みなさんもすぐに上のような２つの式が書けたかな？

では、解くよ！ これも、鉄則どおり“文字減らし！”

［大きい数］：x　［小さい数］：y とおく。

$$\begin{cases} x + y = 13 & \cdots\cdots ① \\ xy = 36 & \cdots\cdots ② \end{cases}$$

①より

$y = 13 - x$ ・・・・・③

③を②に代入

$$x(13 - x) = 36$$

$$13x - x^2 = 36$$

$$-x^2 + 13x - 36 = 0$$

$$x^2 - 13x + 36 = 0$$

$$(x - 4)(x - 9) = 0$$

$$x = 4,\ 9$$

x^2 の係数は必ず［プラス：＋］でなければいけない！　だから両辺に［マイナス：−］をかけてプラスにしたよ！

③より

$x = 4$ のとき、$y = 13 - 4 = 9$

$x = 9$ のとき、$y = 13 - 9 = 4$

x、y は勝手に使った文字だから $x > y$ より、$x = 9$、$y = 4$ と答えたらバツだからね！

よって、求める２つの整数は

<u>４と９　・・・・（答え）</u>

②面積・体積に関する問題

今度は面積を中心によく出題されるパターンの問題を 4 題ほどやってみるよ！

は〜い・・・！

問題

面積が 42［cm^2］の台形があり、上底は下底より 2［cm］短く、高さは下底と同じである。このときの高さを求めてください。

< 解説・解答 >

「あれあれぇ〜？ 困った顔している人が・・・笑」

［台形の面積］を覚えていないんでしょ?!

「マッタク！ モォ〜・・・！ 仕方ないなぁ〜！」

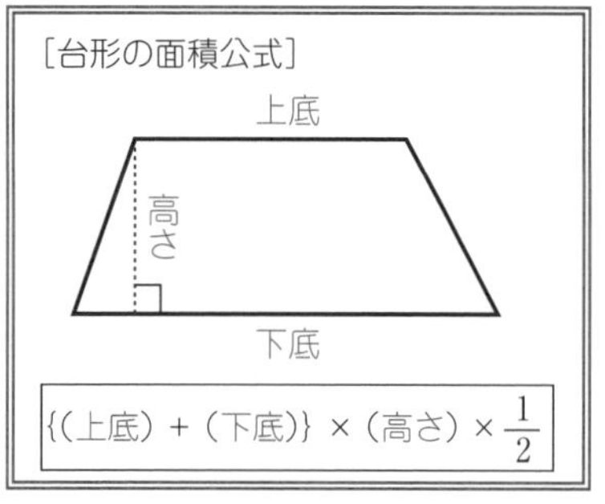

右の赤枠を見てね！ 必ず覚えるんだよ！ 右図を見ながら、よく問題文を読んでください。

ナルホドネェ〜！「上底は 下底 より 2［cm］短い」この“より”がポイントだなぁ?!　「気づきました〜?!」

中 2 の文章問題でも話しましたが、“〜より”とあればその前の“〜”が基準になるんでしたね?! だから、ここでは“下底”が基準なんだ！ よって、“下底”を文字で表せばなんとかなりそうだぞ！ では、解いてみるよ！

下底を［x］とおくと、上底は［$x-2$］、高さは［x］と表せる。よって、求めたい台形の面積が 42［cm^2］であることから、面積の公式に代入すると、

$$\{x+(x-2)\}\times x\times\frac{1}{2}=42$$

このようになる！ あとはこれを解けばいいんだね！　エッ・・・！

見た感じは難しそうだけど、実は今まで注意されてきた基本を守って解けば簡単！　　ほんとうかなぁ〜・・・？

$\{x+(x-2)\}\times x\times\frac{1}{2}=42$　［スグに2倍して分母を払うはダメ］

$(2x-2)\times x\times\frac{1}{2}=42$　［左辺のカッコを計算し2でくくる］

$\cancel{2}_1(x-1)\times x\times\frac{1}{\cancel{2}_1}=42$

$(x-1)\times x=42$

$x^2-x-42=0$

$(x-7)(x+6)=0$

$x=7$　［xは長さだから正より、-6は不適！］

よって、（下底）＝（高さ）より

高さ：7［cm］・・・・（答え）

問題

縦が6［m］、横が9［m］の長方形がある。今、横をある長さだけ短くし、横を短くした分の長さにさらに3［m］加えた分だけ縦を伸ばしたら、面積が11［m^2］大きくなった。このとき、横をどれだけ短くしたのかを求めてみよう。

＜解説・解答＞

問題文が長くてヤダネェ〜！

とにかく自分なりに図をかくことが大切！ 数学は図・グラフがかければ7割はできたも同然!!　　ホントウカナァ〜？

右の赤い四角形が問題のヤツ！

まずは、“ある長さ”の“ある”が問題文に出てきたら、これを［x］とおくのがポイントなんだね！ では、この［x］を使って右図にわかる値を書き込むよ。

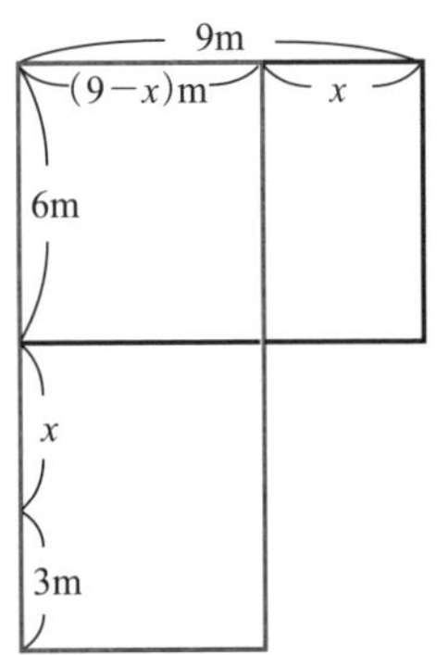

“ホラ！”これで問題を解く方向性がはっきりしたでしょ?! 赤い四角形を見れば、［縦：$6+x+3$］［横：$9-x$］とすぐにわかるから、あとは簡単だよね？ では、一気に解いてしまうよ！

はじめの四角形の面積：$9 \times 6 = 54$ ［m^2］

かき換えた面積ははじめのより $11\mathrm{m}^2$ 大きいので、

かき換えた四角形の面積：$54 + 11 = 65$ ［m^2］・・・・・①

つぎに、“ある長さ：x”とおくと、

かき換えた四角形：［縦：$x+9$］［横：$9-x$］

と表せるね！だから、

かき換えた四角形の面積：$(x+9)(9-x)$　　・・・・・②

となる。

よって、①②より

$(x+9)(9-x)=65$　　［左辺に着目！入れ替えだよ！］

$(9+x)(9-x)=65$　　［和と差の積の形だね！］

$81-x^2=65$

$-x^2+81-65=0$

$-x^2+16=0$　　［両辺にマイナスをかける！］

$x^2-16=0$

$(x-4)(x+4)=0$　←　“平方根”でも解けるけど、“因数分解”で解く癖をつけてね！“2次不等式”で困るので！

$x=4$　（xは長さだから正より、-4は不適！）

したがって、

4［m］短くした　・・・・・（答え）

あと1問、面積の問題をやりますよ！

これは必ずと言ってよいぐらいにやらされる問題です。

ずっとそんな問題ばかりな
気がするけどぉ・・・

問題

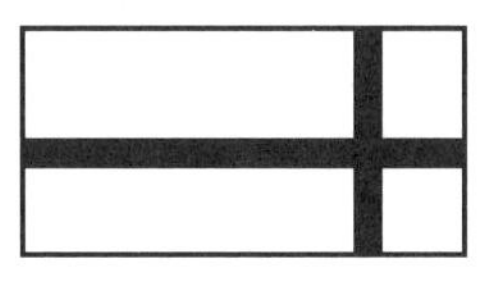

縦 15［m］、横 20［m］の長方形の土地がある。ここに縦横に平行で幅が一定の道を作りたい。ただし、道以外の土地の面積を 204［m²］にしたい。このとき、道幅を何［m］にすればよいでしょうか。

＜解説・解答＞

問題の図を見て、4ヵ所白い部分があるでしょ？ 絶対にやってはいけないのは、この4ヵ所の面積を別々に求めようとすること！ でも、そんな人はいないよね？! 笑　　「エッ！ いたの・・・」

この問題はとても有名だからあまり出されない気もするけど、でもね、公立高校の入試でタマ〜二出題されるからね！ バカにしてはいけません！

ポイントは「道を両側にズラす」これだけ！

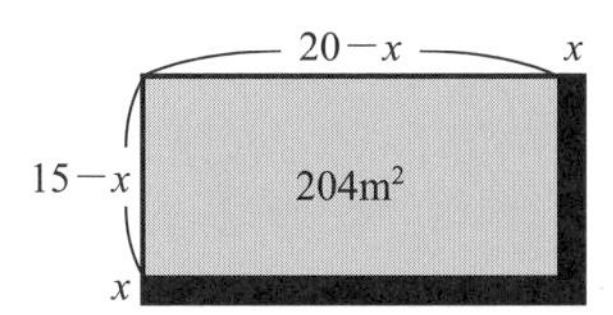

ズラした図を右に示しておくよ！ ここで、道幅を“x”とおくと、右図のように、“赤い部分の面積”が 204［m²］になるように考えればよいでしょ?!

道をそれぞれの両端にズラし、道幅を x［m］とおくと、4ヵ所の面積を上図のように1つの（縦：$15-x$［m］)、（横：$20-x$［m］）の長方形と考えることができます！ では、解答を書いてみるよ！

道幅を x［m］とおくと、道以外の部分の面積は、縦：$15-x$［m］横：$20-x$［m］の長方形となる。よって、この面積が 204［m²］から求める式は、　［$0<x<15$：xの範囲に注意！］

$$(15-x)(20-x)=204$$
$$300-35x+x^2=204$$
$$x^2-35x+300-204=0$$

$$x^2 - 35x + 96 = 0$$

$$(x - 32)(x - 3) = 0$$

$$x = 3,\ 32$$

慣れというか、素因数分解で解決！

ここで、x のとれる範囲は、$0 < x < 15$ より

今後、数学では文字を使ったら範囲の設定に注意！

$x = 3$

したがって、

3［m］の道幅にすればよい　・・・・・（答え）

では、最後は体積についての問題にしようかなぁ～！

問 題

右図のように、高さ 15［cm］、半径 3［cm］の円すいがある。

今、この円すいの体積と同じで高さ 3［cm］の円柱を作りたい。

円柱の底面の半径を求めてください。

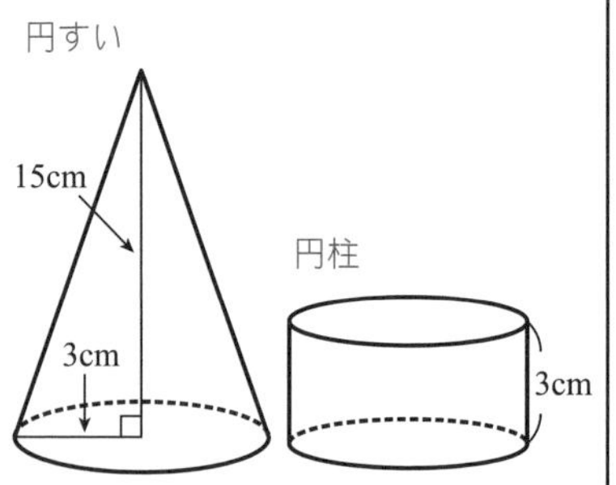

＜解説・解答＞

たぶん、みなさんの中には

①円の面積　②円周の長さ　③円柱の体積　④円すいの体積

この4つの公式が頭に入っていない人が案外いるよね？!　「アタリでしょ！」

［公式のまとめ！］

S：面積、L：円周、V：体積、π：円周率、r：半径、h：高さ

① $S = \pi r^2$　（円の面積）＝（半径）×（半径）×（円周率）

② $L = 2\pi r$　（円周）＝（直径）×（円周率）

③ $V = \pi r^2 h$　（円柱の体積）＝（底面積）×（高さ）

④ $V = \dfrac{1}{3}\pi r^2 h$　（円すいの体積）＝（底面積）×（高さ）× $\dfrac{1}{3}$

公式の確認はすみました。では、さっそく解いていきましょう！

$$[\text{円すいの体積}] = 3 \times \cancel{3} \times \pi \times 15 \times \frac{1}{\cancel{3}}$$

$$= 45\pi \quad \cdots\cdots\cdots ①$$

つぎに、円柱の底面（円だよ！）の半径を“x（$x>0$）”とおくと、
円柱の体積は、

$$[\text{円柱の体積}] = x \times x \times \pi \times 3$$

$$= 3\pi x^2 \quad \cdots\cdots\cdots ②$$

よって、［円すいの体積］＝［円柱の体積］から、①②より、

$$\cancel{3\pi} x^2 = \cancelto{15}{45\pi} \qquad [\text{両辺}3\pi\text{で割る！}]$$

$$x^2 = 15$$

$$x = \pm\sqrt{15}$$

しかし、ここでxは長さゆえ正（プラス）の値！
だから、

$$x = \sqrt{15}$$

したがって、求める円柱の底面の半径は、

$\sqrt{15}$［cm］・・・・（答え）

図形の基本は以上でだいたいおわりでいいんですが、図形の応用問題で、もう１つやらなくてはいけない項目があるんです！
それは１次関数のグラフを利用した面積の問題！
では、最後に１問だけグラフに関した問題をやってみようね！

いやだぁ〜・・・！

中学1年
中学2年
中学3年

問 題

第1象限にある直線 l：$2x + y = 6$ 上に点Pをとり、点Pから x 軸、y 軸に垂線を引き、それぞれの足をA、Bとおく。長方形OAPBの面積が4になるような点Pの座標を求めてみよう！

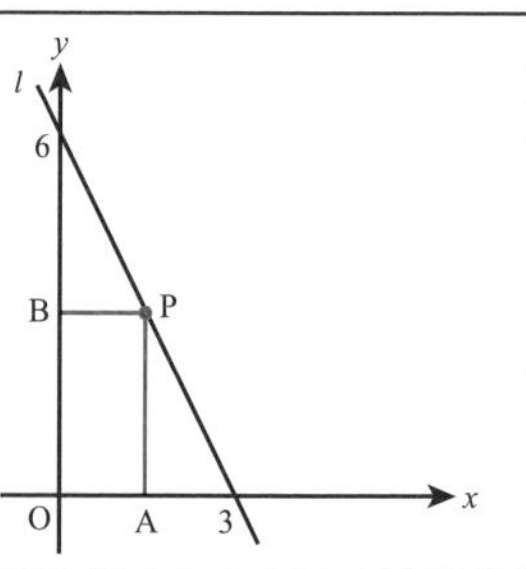

＜解説・解答＞

この問題のポイントは点Pをどのようにおくかなんだね！ 点Pは直線 l 上にあることから、点Pの x 座標を "a" とおくと、y 座標は "$-2a+6$" と表せるので、点P（a, $-2a+6$）となります。

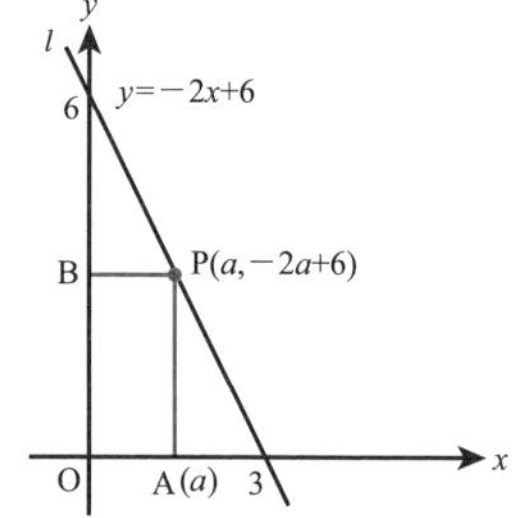

ここで、チョコット考えてね！ この点Pの x 座標 "a" はいったい何を表しているか？ 実はこの "a" は長方形OAPBの横OAの長さなんだね！ ということは、点Pの y 座標 "$-2a+6$" は当然、縦OBの長さになるよね。ナルホド！ これで長方形の面積は求まるわけだ！ では、解いてしまいましょう〜。 ヤッタネ！

長方形OAPBの面積が4であるから、

$$a(-2a+6) = 4$$

$$-2a^2 + 6a - 4 = 0 \quad [-2で両辺を割る！]$$

$$a^2 - 3a + 2 = 0$$

$$(a-1)(a-2) = 0$$

$$a = 1,\ 2 \quad \cdots\cdots ①$$

お〜い！ チョット待った!! あのね、今後高校数学へと進んでいくことを考え、少し細かい点まで注意しておきますね！

これから問題を解いていく上で必ず文字を使わないといけないのね。そのときは必ずその**“文字がとれる値の範囲”**に注意してください！

質 問「今回の点Ｐの x 座標“a”はどんな値でもとれますか？」

［$a=7$］または［$a=20$］という値を“a”がとれるのかな？
もう一度グラフをよ〜く見てね！ 長方形を作るには、点Ａは３以上の値はとれないよね?! もし、点Ａが３になったら点Ａと点Ｐが一致してしまいますよ。よって、“a”のとれる値の範囲は自然と決まってくるんですね。　　「わかるかなぁ・・・？」

今後文字を使うときは必ず、その文字がとれる値の範囲を確認し、前半部分に示しておくこと！では、ていねいに解答してみるよ。

点Ｐ（a，$-2a+6$）とおくと、$0<a<3$ ・・・・・（＊）
これより、長方形 OAPB の面積が４であるから、

$$a(-2a+6)=4$$
$$-2a^2+6a-4=0$$
$$a^2-3a+2=0$$
$$(a-1)(a-2)=0$$
$$a=1,\ 2 \quad \cdots\cdots ①$$

ここで、①の a の値は（＊）を満たしているので、両方とも答えになる。

したがって、
点Ｐの座標（a，$-2a+6$）より、求める点Ｐの座標は、
（１，４）（２，２）・・・・・（答え）

２次方程式の応用はこれぐらいにしておきます。実は、つぎでやる２次関数で、２次関数のグラフを利用して２次方程式を解く問題をたくさんやります。よって、この項目ではこの程度の問題しか応用は出てきません！

中学1年
中学2年
中学3年

2次方程式を解く［解法2］

④ “解の公式”の利用

コレは一度は、中学教科書から消えましたが、また復活です！ どうしましょうかぁ？ まずは公式を覚えてしまいましょうか！

(i) 解の公式［Ⅰ］

ポイント！

2次方程式の一般式

$$ax^2+bx+c=0 \quad (a \neq 0)$$

において、解の公式［Ⅰ］

$$x=\frac{-b\pm\sqrt{b^2-4ac}}{2a} \quad \cdots\cdots (*)$$

この 解の公式 は、2次方程式の一般式を平方完成して導き出します。コレは一番最後に導いておくので、それまでに平方完成を復習しておいてくださいね。とにかく、今は（＊）をお経のように何度も言って覚えてください！

では、覚えたという前提で話を続けていくよ・・・

まず大事なことは、2次方程式の一般式と問題の2次方程式を比較し a、b、c の各値が正しく読み取れるか？　エッ！? ムズカシイのか？

問題　2次方程式を“解の公式”を利用して解いてください。

(1) $x^2+3x-3=0$　(2) $-2x^2-12x+4=0$

(3) $0.1x^2-x+0.5=0$　(4) $\frac{1}{2}x^2+2x=1$

< 解説・解答 >

2次方程式の一般式：$ax^2+bx+c=0$　だよ！

a、b、c がシッカリと読み取れるかなぁ？

“解の公式［Ⅰ］”もう一度ここに書いておくからね！

$$x = \frac{-b \pm \sqrt{b^2 - 4ac}}{2a}$$

（1）$x^2 + 3x - 3 = 0$

$a = 1$、$b = 3$、$c = -3$ だよ！ では、解の公式に代入！

$$x = \frac{-3 \pm \sqrt{3^2 - 4 \times 1 \times (-3)}}{2 \times 1}$$

$$= \frac{-3 \pm \sqrt{9 + 12}}{2}$$

$$= \frac{-3 \pm \sqrt{21}}{2} \quad \cdots\cdots（答え）$$

（2）$-2x^2 - 12x + 4 = 0$ ・・・・・①

［$a = -2$、$b = -12$、$c = 4$ だねぇ！ では、“解の公式”に代入！］

なぁ〜んて思ったでしょ？ それはダメ！

「中学数学ではこのようなイヤラシイ問題は出ないと思うんですが・・・」

アノネ、2次方程式の基本で x^2 の係数の符号は必ず（＋）にする！ コレを忘れないでくださいよ！ だから、まずは①の両辺に（－）をかけて x^2 の係数の符号を（＋）にする！　「いいかなぁ〜・・・？」

では、①の両辺に（－1）をかけるよ！

$$2x^2 + 12x - 4 = 0$$

「さぁ〜て、つぎはどうしますか？」みなさんはコレですぐ公式へと進みますか？ 今後のこともあるから言っておくね！ 方程式では、各項の係数および定数項が公約数を持つ場合は、その公約数で割り、各項の値を小さくする!! ここでは、“2”が公約数だね！ では、答案を書くよ！

$-2x^2-12x+4=0$　［両辺を“-2”で割る！］

$x^2+6x-2=0$

［$a=1$、$b=6$、$c=-2$ より、“解の公式”に代入！］

$$x=\frac{-6\pm\sqrt{6^2-4\times1\times(-2)}}{2\times1}$$

$$=\frac{-6\pm\sqrt{36+8}}{2}$$

$$=\frac{-6\pm\sqrt{44}}{2}$$　［出すものは出す！］

$$=\frac{-\cancel{6}^{3}\pm\cancel{2}^{1}\sqrt{11}}{\cancel{2}_{1}}$$　［約分に注意！］

$=-3\pm\sqrt{11}$　・・・・（答え）

（3）

$0.1x^2-x+0.5=0$

今度もナニかアリソウナ予感がするでしょ?! 小数でスッキリシナイモンネ! たぶんその予想は当たりです！笑　両辺を 10 倍して小数点を消すよ！

では、

$0.1x^2-x+0.5=0$　［両辺を“10 倍”する！］

$x^2-10x+5=0$

［$a=1$、$b=-10$、$c=5$ より、“解の公式”に代入！］

＜$b=-10$ の代入に注意！＞

$$x=\frac{-(-10)\pm\sqrt{(-10)^2-4\times1\times5}}{2\times1}$$

$$=\frac{10\pm\sqrt{80}}{2}$$

$$= \frac{10 \pm \sqrt{16 \times 5}}{2}$$　［出すものは出す！］

$$= \frac{\cancel{10}^{5} \pm \cancel{4}^{2}\sqrt{5}}{\cancel{2}_{1}}$$　［約分に注意！］

$$= \underline{5 \pm 2\sqrt{5}}$$　・・・・（答え）

（4）

$$\frac{1}{2}x^2 + 2x = 1$$

この形は見覚えがあるでしょ？！［p670（3）参照］

では、

$$\frac{1}{2}x^2 + 2x = 1$$　［両辺“2”倍して分母を払う！］

$$x^2 + 4x = 2$$

$$x^2 + 4x - 2 = 0$$

［$a = 1$、$b = 4$、$c = -2$ より、“解の公式”に代入！］

$$x = \frac{-4 \pm \sqrt{4^2 - 4 \times 1 \times (-2)}}{2 \times 1}$$

$$= \frac{-4 \pm \sqrt{24}}{2}$$　［出すものは出す！］

$$= \frac{-\cancel{4}^{2} \pm \cancel{2}^{1}\sqrt{6}}{\cancel{2}_{1}}$$　［約分に注意！］

$$= \underline{-2 \pm \sqrt{6}}$$　・・・・（答え）

これで解の公式の使い方もなんとなく理解できたのでは・・・。そこで、少しだけ変形したもう１つの“解の公式［Ⅱ］”をお話ししておきますね！

（ii）解の公式［Ⅱ］

2次方程式の一般式で、［$b = 2b'$ のときについて！］

$ax^2 + 2b'x + c = 0$　のとき、

$$x = \frac{-2b' \pm \sqrt{(2b')^2 - 4ac}}{2a}$$

$$= \frac{-2b' \pm \sqrt{4b'^2 - 4ac}}{2a} = \left[\frac{-2b' \pm \sqrt{4(b'^2 - ac)}}{2a}\right]$$

$$= \frac{-\overset{1}{\cancel{2}}b' \pm \overset{1}{\cancel{2}}\sqrt{b'^2 - ac}}{\underset{1}{\cancel{2}}a}$$ ［約分！］

$$= \frac{-b' \pm \sqrt{b'^2 - ac}}{a}$$

ここで“解の公式［Ⅱ］”を示しておくよ！

2次方程式：$ax^2 + 2b'x + c = 0$　において、

解の公式［Ⅱ］：$x = \dfrac{-b' \pm \sqrt{b'^2 - ac}}{a}$

これは、“x”の係数が“2の倍数”のときに使うと大変便利なものです！

解の公式自体覚えるのが大変なのに、この2つの公式を使い分けることなんてもっとツライよね！ 高校生では理系の生徒（？）ぐらいしか上の公式を使わないのも事実・・・。でも、せっかくだから練習しようね！

問題　つぎの2次方程式を解いてみよう！

$x^2 + 16x + 4 = 0$

＜解説・解答＞

「$x^2 + 2 \times 8x + 4 = 0$」と、頭の中で書き換えないとねぇ！

［$a = 1$、$b' = 8$、$c = 4$ より、“解の公式［Ⅱ］”に代入！］

公式［Ⅱ］

$$x = \frac{-b' \pm \sqrt{b'^2 - ac}}{a}$$

$$= \frac{-8 \pm \sqrt{8^2 - 1 \times 4}}{1}$$

$$= -8 \pm \sqrt{60}$$

$$= -8 \pm 2\sqrt{15}$$

・・・・（答え）

公式［Ⅰ］

$$x = \frac{-b \pm \sqrt{b^2 - 4ac}}{2a}$$

$$= \frac{-16 \pm \sqrt{16^2 - 4 \times 1 \times 4}}{2 \times 1}$$

$$= \frac{-16 \pm \sqrt{240}}{2}$$

$$= \frac{-\overset{8}{\cancel{16}} \pm \overset{2}{\cancel{4}}\sqrt{15}}{\underset{1}{\cancel{2}}}$$

［約分！］

$$= -8 \pm 2\sqrt{15}$$

・・・（答え）

比較してもらいたいので、［Ⅰ］［Ⅱ］を並べてみました！　途中式の数はあまり変わりませんが、途中計算の労力は比較にならないものがありますね！

よって、

$$ax^2 + 2b'x + c = 0$$

このように **“x”の係数が“偶数”** のときは、できるだけ解の公式［Ⅱ］を使えるよう心がけてください！

では、最後に解の公式［Ⅰ］を導いておきますね！

$$ax^2 + bx + c = 0 \quad \cdots\cdots (*)$$

これは、平方完成を利用して“x”の値を求めていきます！

ぜひ、みなさんもどこまで導くことができるか、挑戦してください！

(iii) 解の公式を導く

$$ax^2 + bx + c = 0$$ ［定数項：c を右辺へ！］

$$ax^2 + bx = -c$$

$$a\left(x^2 + \frac{b}{a}x\right) = -c$$ ［a でくくり x^2 の係数を"1"にする！］

$$a\left\{\left(x + \frac{b}{2a}\right)^2 - \left(\frac{b}{2a}\right)^2\right\} = -c$$

$$a\left(x + \frac{b}{2a}\right)^2 - a\left(\frac{b}{2a}\right)^2 = -c$$

$$a\left(x + \frac{b}{2a}\right)^2 = a\left(\frac{b}{2a}\right)^2 - c$$

$$= a \times \frac{b^2}{4a^2} - c$$

$$= \frac{b^2}{4a} - c \qquad c = \boxed{\frac{4ac}{4a}}$$

$$= \frac{b^2 - 4ac}{4a}$$

$$\left(x + \frac{b}{2a}\right)^2 = \frac{b^2 - 4ac}{4a} \times \frac{1}{a}$$

$$= \frac{b^2 - 4ac}{4a^2}$$

$$x + \frac{b}{2a} = \pm\sqrt{\frac{b^2 - 4ac}{4a^2}}$$

$$= \pm\frac{\sqrt{b^2 - 4ac}}{2a}$$ ［分母だけ飛び出す！］

$$x = -\frac{b}{2a} \pm \frac{\sqrt{b^2 - 4ac}}{2a}$$ ［左辺から移項！］

$$= \frac{-b \pm \sqrt{b^2 - 4ac}}{2a}$$

「ほらぁ！ 解の公式が導けたでしょ！」
コレぐらい軽くできるようになるまで練習してくださいね！

●2次方程式：$ax^2 + bx + c = 0$　において、

解の公式［Ⅰ］

$$x = \frac{-b \pm \sqrt{b^2 - 4ac}}{2a}$$

●2次方程式：$ax^2 + 2b'x + c = 0$　において、

解の公式［Ⅱ］

$$x = \frac{-b' \pm \sqrt{b'^2 - ac}}{a}$$

では、これで2次方程式に関してはおわりにしましょう！

最後にもう1題なんて言わないよねぇ・・・？

「本当におわりだよ！」笑

ひとりごと・・・

“愚直”という言葉、ご存知ですか？ **正直すぎて気のきかないこと。馬鹿正直。** こんな意味ですね。なんだか、あまり良いイメージはないかもしれませんが、私は好きな言葉です。勉強でもこの愚直の姿勢が大切だと思うんですよ。

もし、今あなたがセンター試験まであと1ヶ月という受験生で、“化学”の勉強に悩んでいたら、これから話すことは励みになるかも！ 笑

忘れもしない、一浪の年の12月24日午後5時。私は1ヶ月前に行なわれたセンター直前模試の結果を取りに、クリスマスイブで華やぐ池袋へ。封を開け、結果にその場で呆然(ぼうぜん)の私！ **ナント“化学”の偏差値38！** センター試験まで、1ヶ月を切っているこの時期に。サーット血の気が引いた感覚を今でも覚えています。

焦りばかりが押し寄せ、とにかく勉強しなければと東武の書店へ。しかし、どの本を見てもむずかしく思えて「どぉ～しよぉ～！」という状況！ そんなとき、ふと手にした本が“問題・解説”のシンプルな作り。こんな精神状態の私にも読んでいてわかる！ 表紙を見ると単なる**“教科書ガイド”**。みなさんならバカにして見向きもしないかも？! でも、私は読んでいてよく理解できるので、そのガイドと20ページほどの薄くて小さなポイント集を購入。それからひたすら2週間、この2冊だけをやり、最後には3時間でそのガイド1冊の問題をすべて解けるようになりました。あとは、薄いポイント集を暗記！ そして、本番へ！ さぁ～て、どうだったと思います？ 自己採点ですが、なんと**100点満点！** あれだけ苦手であった化学が、**基本をシッカリと固めた**だけで、スッゴク簡単に感じられるようになったんですよ！

受験生の多くは、大手予備校などの有名先生の「・・・の化学」とかを買い、あいまいな知識なのに受験生は皆コレを使うからと、**気分だけで勉強をしている**のでは・・・？ でも、なにより基本が大切！ 一見遠回りのようでもコツコツと馬鹿正直にやるのが一番の早道ではないかと思うようになったわけです。いわゆる**“愚直”の生き方ですね！** みなさんもご一緒にいかがですか？ 笑

中学３年

第 5 話

2 次関数

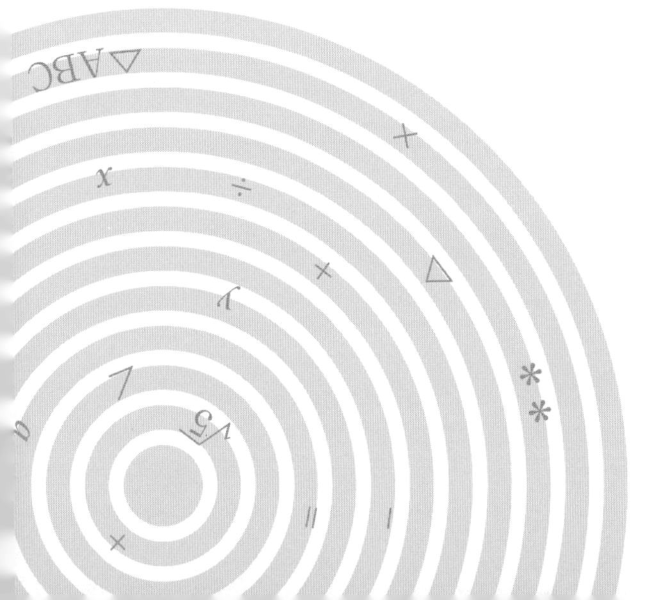

Ⅶ 2次関数

オ～イ！ とうとう2次関数だぞぉ～！ 中3数学で一番大切な項目！ ここではグラフをかけるようになることがポイントです！

あのね、もし“1次関数”が苦手な人、特にグラフに自信がない人は必ず“1次関数”のグラフを確認してから“2次関数”の勉強を始めてくださいね！

では、始めましょうかぁ？ まずは、“関数と比例の関係”から！

関数と比例

簡単に比例の復習をするよ！

復習問題

yはxに比例し$x=3$のとき、$y=6$である。yをxの式で表してみよう。

< 解説・解答 >

中1で何度となく言いました！「yがxに比例」とあればとにかく、［$y=ax$］とおくんでした。そこで、問題はyをxで表すんだから［比例定数：a］を求めれば良いわけだね！

$y=ax$ の“x”と“y”に $x=3$、$y=6$ を代入

$3a=6$

$a=2$ ［比例定数：a］

よって、　$y=2x$ ・・・・・（答え）

では、つぎの問題も同じようにやってみよぉ～！

問題

yはx^2に比例し $x=3$ のとき、$y=6$ である。

(1) yをxの式で表してみよう。

(2) $x=6$ のとき、yの値は？

(3) $y=16$ のとき、xの値は？

＜解説・解答＞

復習問題との違いはたった１ヵ所！“x”が“x^2”に変わっただけだよ！

だから、「y が x^2 に比例」とあれば［$y = ax^2$］とおくんだね。

（1）$x = 3$、$y = 6$ を $\boxed{y = ax^2}$ に代入！

$$3^2a = 6$$

$$9a = 6$$

$$a = \frac{6}{9}$$

$$= \frac{2}{3}$$

よって、

$$y = \frac{2}{3}x^2 \quad \cdots\cdots \text{（答え）}$$

（2）

y と x の関係が（1）でわかったから、あとは簡単！

$x = 6$ のときの、y の値だから、$x = 6$ を関係式に代入だね！

「エット！　関係式は、$y = \frac{2}{3}x^2$ だから、$x = 6$ を代入だ！」

$$y = \frac{2}{3} \times 6^2$$

$$= \frac{2}{\cancel{3}} \times \cancel{36}^{12}$$

$$= 2 \times 12$$

$$= 24$$

快調・カイチョウ・・・！

よって、

$$y = 24 \quad \cdots\cdots \text{（答え）}$$

(3)

今度は逆だね！　y の値を代入して、x の値を求めれば OK ！　でも、今回 x は 2 乗だから“平方根”になる場合も考えないとね！

$\boxed{y = \frac{2}{3}x^2}$ に $y = 16$ を代入するよ！

$$\frac{2}{3}x^2 = 16$$

$$x^2 = 16 \times \frac{3}{2}$$ ［x^2 の係数の逆数をかける！］

$$x^2 = 8 \times 3$$

$$= 24$$

$$x = \pm\sqrt{24}$$

$$= \pm 2\sqrt{6}$$

よって、

$\underline{x = \pm 2\sqrt{6}}$ ・・・・・（答え）

どうですか？ 比例の復習がしっかりできていないとナニがなんだかわからないはず！ ツライ人は中 1 の項目を復習してくださいね。

では、あと 1 問だけ比例の問題をやって、メインとなる 2 次関数のグラフへと進みましょう！

問 題

秒速 x［m］で走る車が急ブレーキをかけて止まるまでの距離を y［m］とし、y は x の 2 乗に比例する。今、秒速 6［m］で走っているときの止まるまでの距離が 18［m］とする。

（1）y を x の式で表してみよう。

（2）止まるまでの距離が 32［m］のときの秒速は？

< 解説・解答 >

クルマがブレーキを踏んで止まるまでの距離を“制動距離”と言うからね！ テストで“制動距離”と出ても“アレェ〜、ナニ？”なんて悩まないでくださいよ！ では、さっさとすませてしまいましょうか？

（1）

まずは、「y は x の２乗に比例する」と問題文にあるから、y と x の関係はつぎのように表すことができるね？!

$$y = ax^2 \quad \cdots\cdots (*)$$

秒速 x［m］で、止まるまでの距離を y［m］、

そして、秒速６［m］で、止まるまでの距離が 18［m］だから、

（＊）より、

$$a \times 6^2 = 18$$

$$a \times 36 = 18$$

$$a = \frac{18}{36}$$

$$= \frac{1}{2}$$

よって、

$$\underline{y = \frac{1}{2}x^2 \quad \cdots\cdots\cdots (答え)}$$

安全運転して〜ます！

（2）

止まるまでの距離が 32［m］だから、“$y = 32$”だね！

よって、（1）で求めた関係式に“$y = 32$”を代入し、“x”を求めればおわり！　では、代入するよ。

$$\frac{1}{2}x^2 = 32$$

$$x^2 = 32 \times 2$$

$$= 64$$

$$x = \pm 8$$

「アレェ〜・・・？　２つも出てきたぞ?!」２つ出てくるのは問題ないけど、しかし、今回 x は“速さ”だからマイナスはないんだよ！

アッ、ソウカ！ ナルホドネェ！

<u>秒速 8［m］・・・・・（答え）</u>

比例に関係した２次関数の問題はこのぐらいでいいでしょう！ 今回は“速さと止まる距離”の関係の問題でしたが、他には“物が落下する時間と速さ”の関係の問題もよく出ます。しかし、落下も考え方はまったく同じだから心配しないでいいよ！

では、“２次関数”の入り口はこれぐらいにして、さっそくメインである“２次関数とグラフ”の解説に入りましょ～！ ドキドキ・・・

２次関数とグラフ

あのね、中学数学で“**２次関数**”と言われたら、すぐに

$$y = ax^2$$

とおくこと！ これだけは守ってくださいね！

では、この関係式に関して表を作ってみるよ！

問題

$y = x^2$ において、つぎの表を完成してください。

x	-3	-2	-1	0	1	2	3
y		4		0			

< 解説・解答 >

単純に、x の値を“$y = x^2$”の式に代入するだけだからね！

x	-3	-2	-1	0	1	2	3
y	9	4	1	0	1	4	9

赤で直接暗算で答えを書き込んでしまったけど、いいよね？！

エッ？! よくわからないよぉ～・・・

では、$\boxed{x = -3}$ の場合

$$y = (-3)^2$$
$$= 9$$

$\boxed{x = 2}$ の場合

$$y = 2^2$$
$$= 4$$

２つだけやってみたけど、これで大丈夫だよね？! ハイ！

なぜ、こんなことをしてもらったのかというと、“表 x、y の段の0の両側”を見てほしいんだなぁ～！

x	－3	－2	－1	0	1	2	3
y	9	4	1	0	1	4	9

［左右対称］

$(x, y) = (-3, 9)(-2, 4)(-1, 1)(0, 0)$
$(3, 9)\quad(2, 4)\quad(1, 1)$

上の表の“x”“y”の値を“座標”と考えて、右図のように座標平面上に点を打ち、その点を結ぶとこのような曲線のグラフになります。

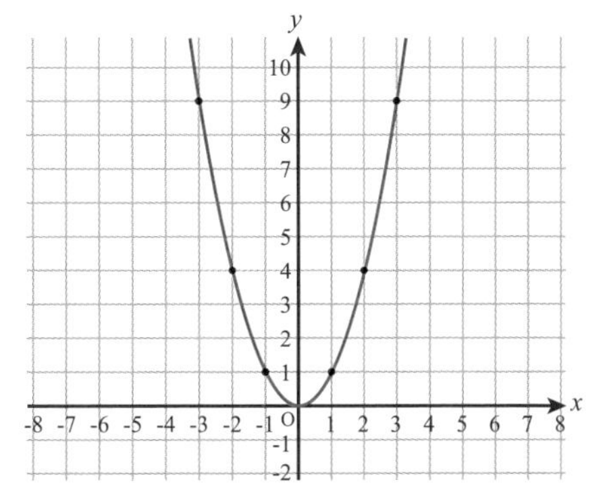

この曲線のことを“**放物線**”と呼びます。この放物線を見て、まず気づいてほしいことは、こ**の放物線が y 軸に関して“対称”**ということ！ それは上の表と共通だね。 このことが今後グラフの問題を解く上で、とっても大切なことになります。

では、2次関数のグラフの形がなんとなくわかってきたところで、今からこのグラフについて詳しくお話しします。

まずは、2次関数を表す“x”と“y”の関係式を今一度思い出してください！

$$y = ax^2$$

大きいなぁ～！

この関係式が今後ズ～ッとみんなを悩ませ続けるんだなぁ～！

この式の中でグラフにとって一番大切なポイントは “a”の値 なんだね！　だから、これからは常にこの“a”に注意すること！

①グラフのポイント（A）

＜タヌキ（顔）さん＞

$0 < a < 1$

＜キツネ（顔）さん＞

$1 < a$

“語数(カタスウ)” 独特の表現！ 笑

はじめに、今後基本となる2次関数のグラフの概形のお話からね！

$$y = ax^2 \quad \cdots\cdots (*)$$

$a = 1$ のグラフを基準にして上図のようにこれより開きが

・**広いのは “タヌキさん”**

・**狭いのは “キツネさん”**

になります！笑

では、a の符号および**1より大きいか小さいか**に注意をして、2次関数（＊）のグラフの特徴をぜひつかんでください!!

（i）$a > 0$ のとき

・グラフは “下” に凸(トツ)（下にトンガッテル！）

・a が “1” より大きいとき、キツネ顔

・a が “1” より小さいとき、タヌキ顔

・頂点は原点（0，0）

① $y = x^2$ ［$1x^2$］（基準）

② $y = 3x^2$（キツネさん）

③ $y = \frac{1}{8}x^2$（タヌキさん）

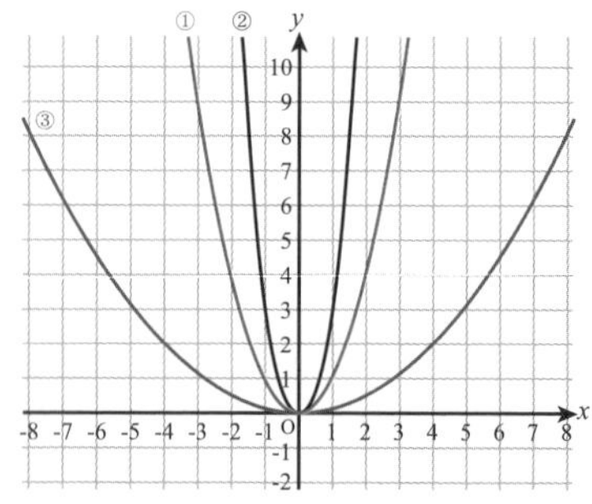

（ⅱ）$a < 0$ のとき

・グラフは“上”に凸（上にトンガッテル！）

・a が“1”より大きいとき、キツネ顔

・a が“1”より小さいとき、タヌキ顔

・頂点は原点（0，0）

① $y = -x^2$ $[-1x^2]$（基準）

② $y = -3x^2$（キツネさん）

③ $y = -\frac{1}{8}x^2$（タヌキさん）

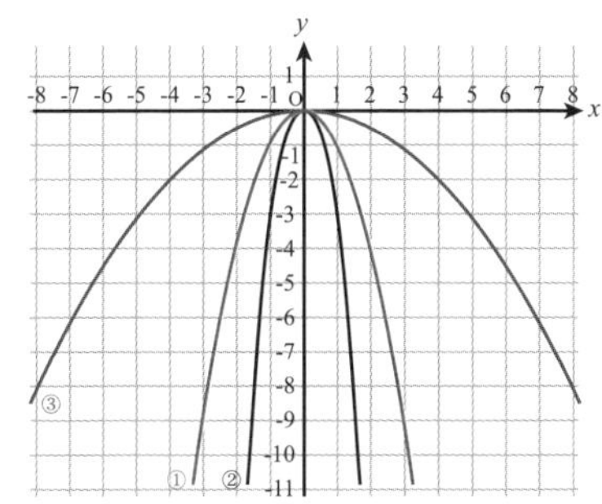

注）ここで“1”より大きい・小さいはみんながわかりやすいように、マイナスの符号をはずした数（絶対値）のことだからね！

「なるほどねぇ～！　でも、どうやったらこのように丸く曲線がかけるんだろぉ～？」と思っているでしょ？!

「その気持ちわかるよ、わかる！」

「特に点と点の間はどのように線を引けばよいのかわからないよね？」まずは、絶対にヤッテはいけないグラフと正しいグラフを並べてかいてみるからよ～く比較してみてよ！　どこか変でしょ？

$(x, y) = (-3, 9)(-2, 4)(-1, 1)(0, 0)$

・$y = x^2$　$(3, 9)(2, 4)(1, 1)$

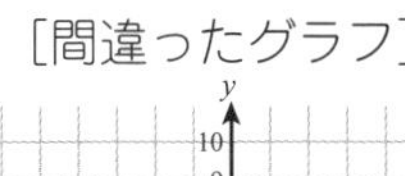

［間違ったグラフ］

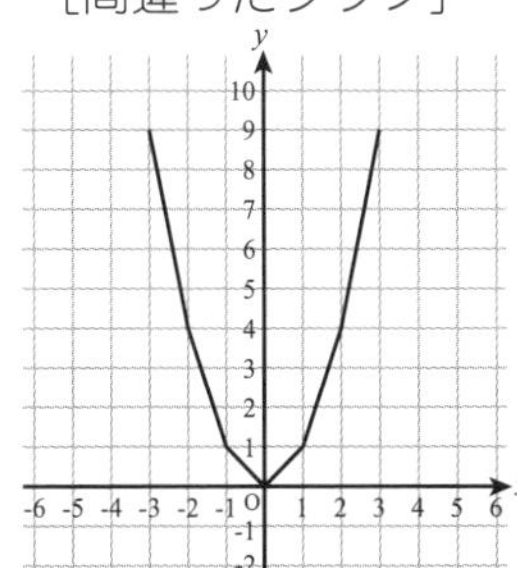

［正しいグラフ］

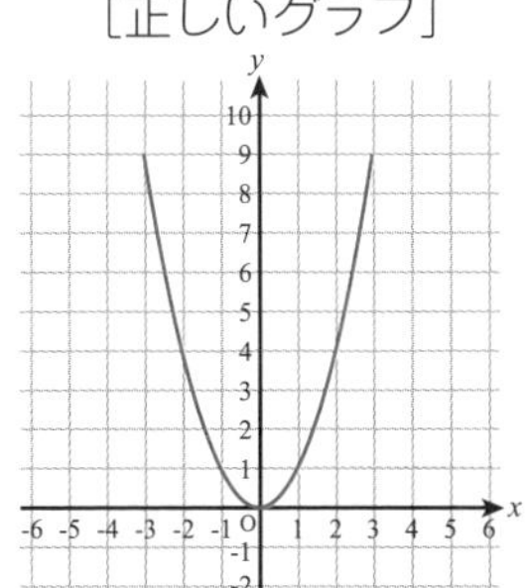

どうかなぁ？「“間違ったグラフ”はなんだか“カクカク”とした感じがしない？」各座標の“点と点を直線”で結んでいるから、点を打った7ヵ所の座標のところで全部“トンガッテ”いるんだね！

では、どうすればよいのか？　ハッハッハッ・・・笑　それは簡単だよ！あのね、“テキトウ”に点と点を丸く曲線になるようつないでかけばいいんです。また、途中の点と点の間もテキトウなんだぁ！笑

「えっ〜・・・！」なんて言わないでね！　それならばコツを伝授しましょうか？　あのね、息を止めて「丸くなれ！　まるくなれ！」と一筆書きをすればイインダヨ！　あとは練習あるのみ！

グラフのかき方と特徴はこの程度にして、ではもう少しグラフに関して細かい点を説明するからね！

②グラフのポイント（B）

(1) 2次関数のグラフを“放物線（ほうぶつせん）”と呼ぶ！

(2) 2次関数のグラフは“y軸に関して対称！”

(3) y軸はグラフの“対称軸”である！

(4) 2次関数のグラフの先っぽを“頂点”と呼ぶ！

［必ず頂点は“原点”だよ！］

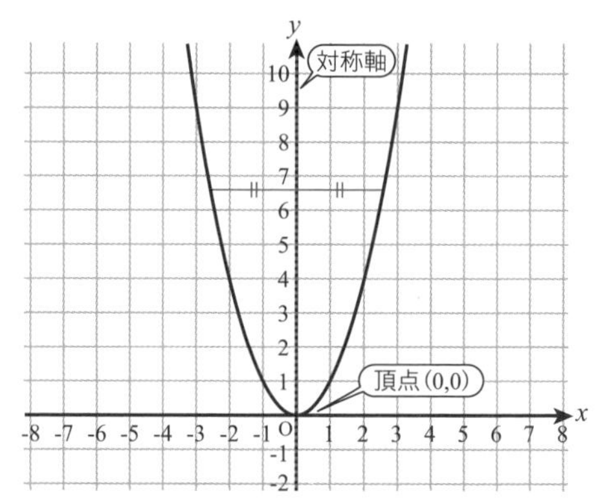

この（1）〜（4）までの知識は大切な点だからシッカリと覚えてください。

さてさて、そろそろグラフの説明の最終段階になるよ！　今度はグラフから特徴を読み取り、理解しなくてはいけません。難しく感じるかもしれないけど、でも、グラフを指でナゾレバ解決！　えっ？

③グラフのポイント（C）

$y = ax^2\ [a > 0]$

① $x < 0$：負の範囲

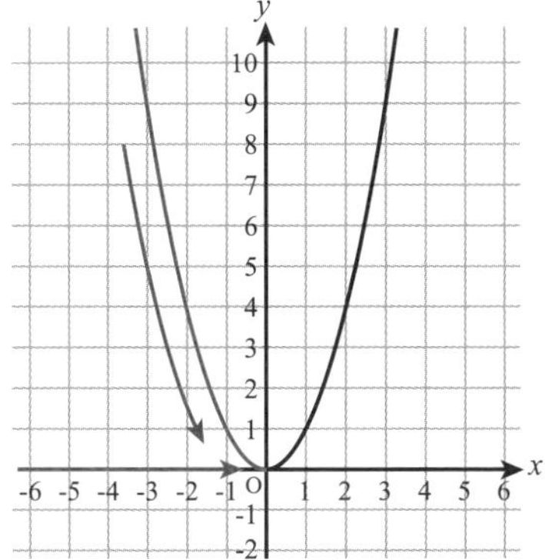

xの値が“マイナス”の数（左）から“0”に近づくと、yの値はどんどん小さくなり0に近づく！
［結論］
$x < 0$ では、
xが増加するとyは減少する！

② $x > 0$：正の範囲

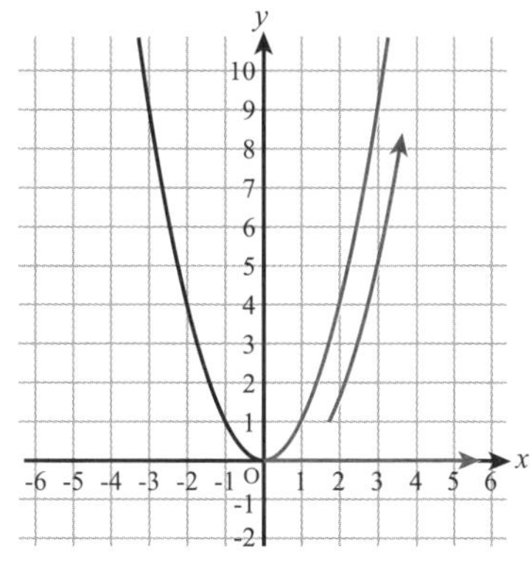

xの値が“0”から“プラス”の方向（右）へ遠ざかると、yの値はどんどん大きくなる！
［結論］
$x > 0$ では、
xが増加するとyも増加する！

これで２次関数のグラフに関する大切なポイントは全部だよ！

グラフのポイント（A）（B）（C）のこの３点は必ず覚えてくださいね！

それでは、今までの知識を確認するために問題をいくつかやってみるぞ！ よ〜く考えて、問題の特徴を理解してください！

問 題

右の図はyがxの２乗に比例する関数のグラフである。①②のグラフの式を求めてください。

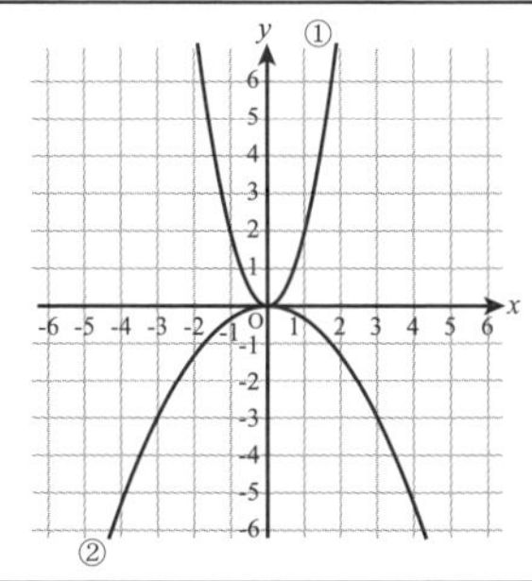

< 解説・解答 >

①②はyがxの２乗に比例する関数のグラフより、yとxの関係式は

$y = ax^2$ ・・・・・（＊）

と書けるよね？! ということは、あとは①②それぞれのaの値を求めればよいわけだ！ しかし、aを求めるには、①②それぞれの「ある“x”における“y”の値」がわからないといけないね。では、「どうすればよいか？」そこで、みなさんは「グラフからその“x”“y”の値を読み取らなければいけません！」よし！ 方針は決まった！

①について！

グラフから座標（x，y）＝（１，２）が読み取れるね？! あとは、この値を（＊）に代入し“a”の値を求めれば問題解決！

$2 = a \times 1^2$

$a = 2$

したがって、①のグラフの式は（＊）より、

$y = 2x^2$ ・・・・・（答え）

②について！

グラフから座標（x，y）＝（３，－３）が読み取れるかな？! あとは、この値を（＊）に代入し“a”の値を求めればおわり。

$-3 = a \times 3^2$

$9a = -3$

$a = -\frac{3}{9}$

$= -\frac{1}{3}$

「ムズカシイデスカ？」

したがって、②のグラフの式は（＊）より、

$y = -\frac{1}{3}x^2$ ・・・・・（答え）

確認問題

(1) つぎの関数のグラフを①②③④から選んでください。

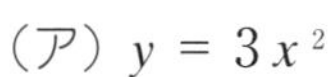

(ア) $y=3x^2$　　(イ) $y=-\dfrac{2}{3}x^2$

(ウ) $y=-2x^2$　　(エ) $y=\dfrac{1}{4}x^2$

(2) つぎの点を通るグラフはどれかな？

点Ａ $(3,\ -6)$　　点Ｂ $(4,\ 4)$

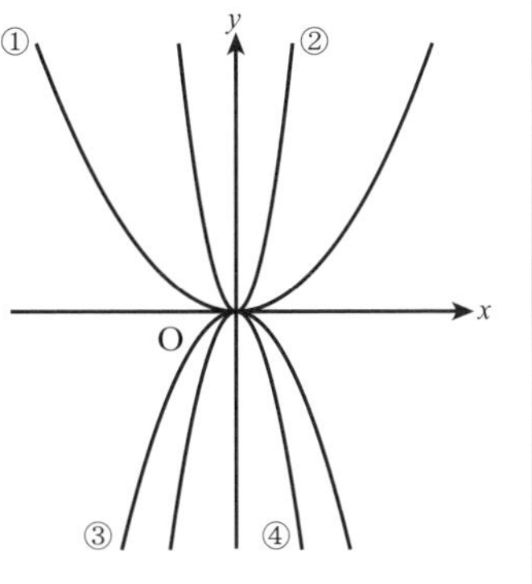

＜解説・解答＞

さぁ～、今まで覚えた知識をフルに使って解いてください！

(1)

まずチェックすることは、上に凸か下に凸かだよね？

場合分けするよ！

[$a>0$：正] 下に凸 (ア)(エ)：①　②　・・・・・・(i)

[$a<0$：負] 上に凸 (ウ)(イ)：③　④　・・・・・・(ii)

「ホラ！」だいぶ解答に近づいてきたよね！

では、(i)(ii)についてそれぞれ考えていきます。

(i)

(ア)：$a=3$ より、だいぶキツネさんだね！　　だから②

(エ)：$a=\dfrac{1}{4}$ より、だいぶタヌキさんだね！　　だから①

(ii)

(イ)：$a=-\dfrac{2}{3}$ より、少しタヌキさんだね！　　だから③

(ウ)：$a=-2$ より、だいぶキツネさんだね！　　だから④

よって、

(ア)②　(イ)③　(ウ)④　(エ)①　・・・(答え)

(2) 点A、Bを通るグラフをさがすなんて簡単だよね?! だって、各点の"x座標"を(ア)〜(エ)に代入し、"yの値"が代入した各点の"y座標"と一致しているものを選べばいいんだから!

点A(3, −6)

(ア)$y = 3x^2$　　$y = 3 \times 3^2 = 27$(ダメ!)

(イ)$y = -\frac{2}{3}x^2$　　$y = -\frac{2}{3} \times 3^2 = -6$(ヤッタネ!)

よって、

点Aは(イ)上にあるので③・・・(答え)

点B(4, 4)

(ア)$y = 3x^2$　　$y = 3 \times 4^2 = 48$(ダメ!)

(イ)$y = -\frac{2}{3}x^2$　　$y = -\frac{2}{3} \times 4^2 = -\frac{32}{3}$(ダメ!)

(ウ)$y = -2x^2$　　$y = -2 \times 4^2 = -32$(ダメ!)

(エ)$y = \frac{1}{4}x^2$　　$y = \frac{1}{4} \times 4^2 = 4$(ヤッタネ!)

よって、

点Bは(エ)上にあるので①・・・(答え)

実は全部に代入しなくても、与えられた座標からグラフの候補は2個に絞れちゃうんだね! 気づいたかなぁ? わからない人はp715(5)の解説を参照して、今後は真似してください。

グラフをかいてみよう!

問題 つぎの関数のグラフをかいてください!

(1) $y = x^2$　　(2) $y = 3x^2$

(3) $y = -3x^2$　　(4) $y = \frac{1}{2}x^2$

(5) $y = -x^2$　　(6) $y = -\frac{1}{4}x^2$

シッカリと自分でグラフをかいてみてね！

(1)

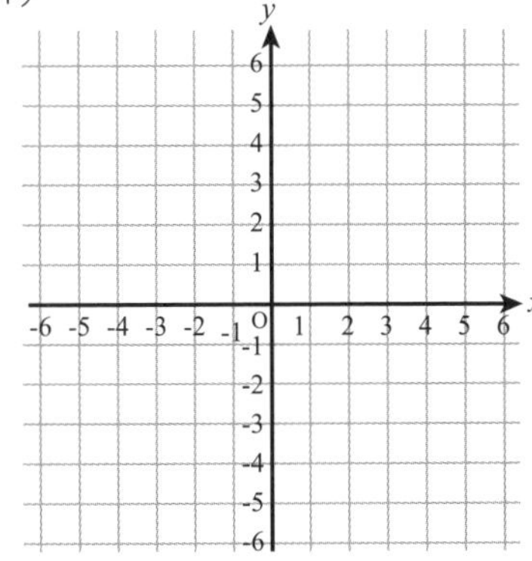

(2)

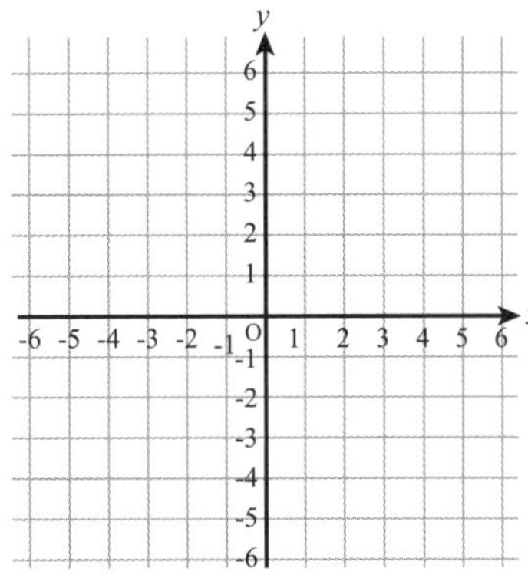

(3)

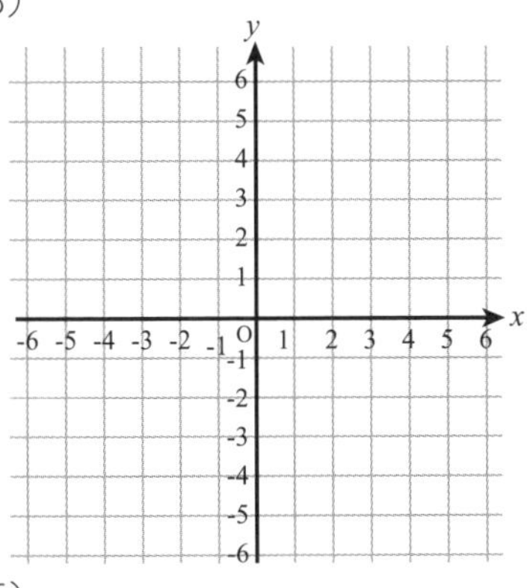

(4)

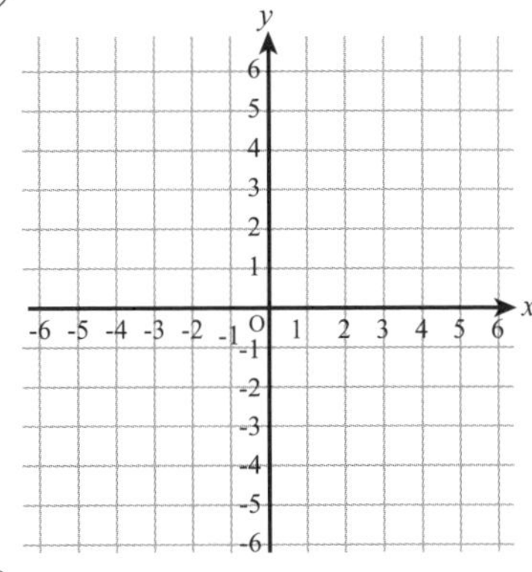

(5)

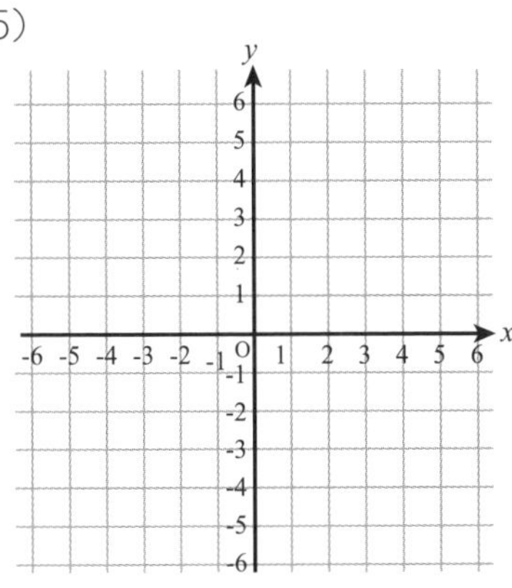

(6)

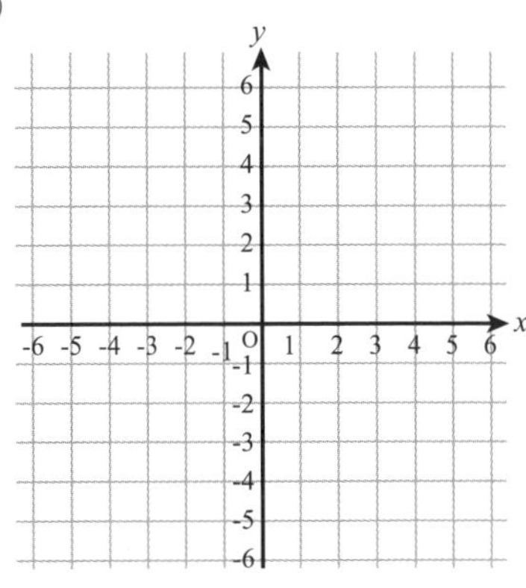

グラフの解答！

(1)

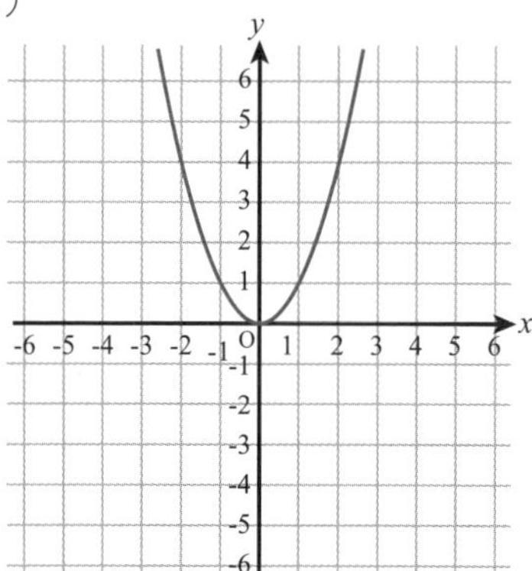

(2)

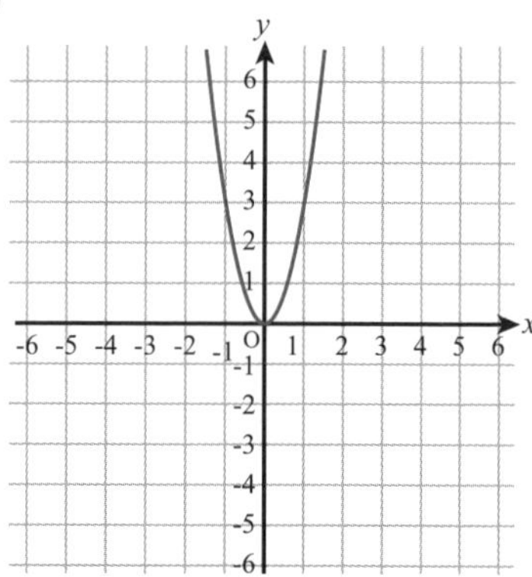

(3)

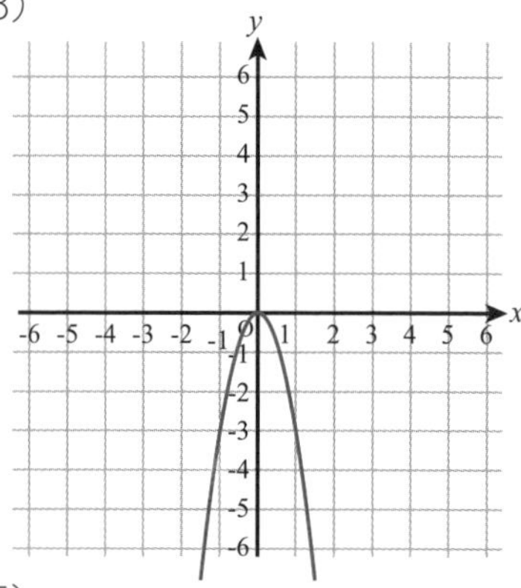

(4)

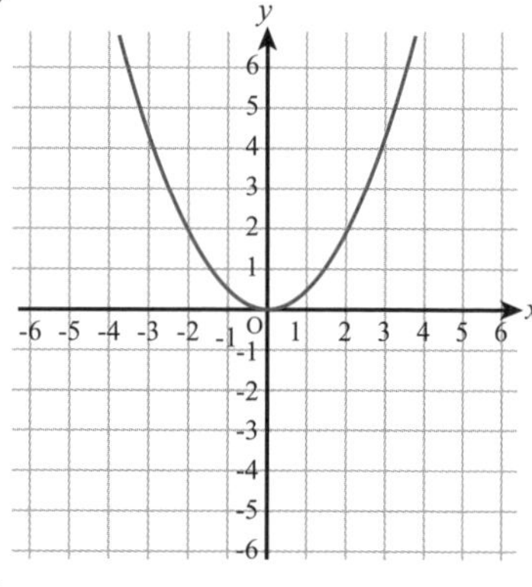

(5)

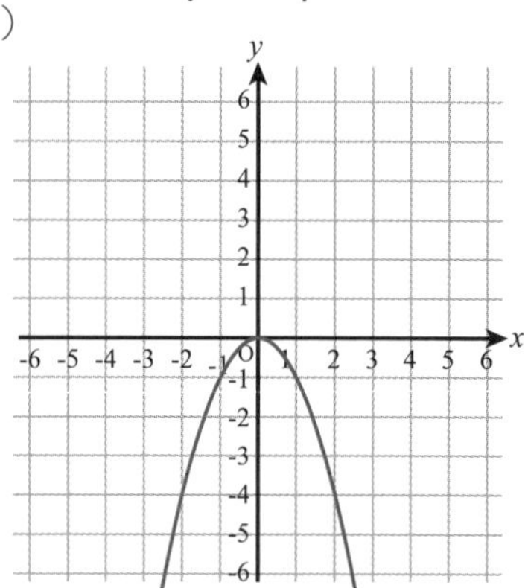

(6)

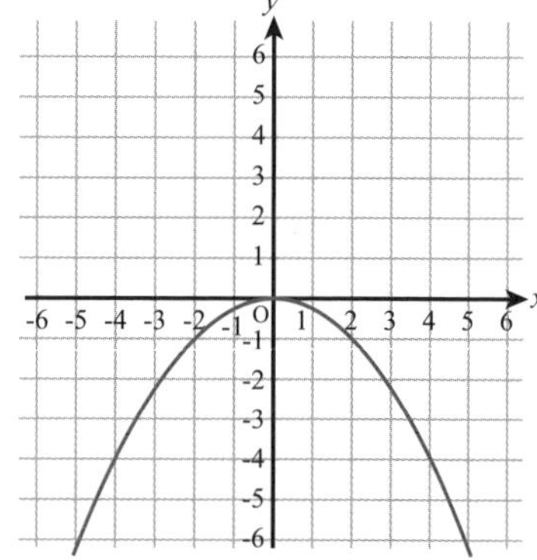

「どうですか？」みなさんは丸く曲線のようにグラフがかけましたか？
「カクカクのグラフにはなっていないかなぁ～？」
エ～ット、せっかくグラフをかいてもらったから、ついでにもうヒトツ勉強しちゃいましょうか！
では、自分でかいたグラフか解答のグラフでもいいから、もう一度チョコット見てください。

グラフを読む

グラフの形が“タヌキさん”“キツネさん”になっていると思うけど、
「それがマッタク逆になっているグラフはないですか？」
少しわかりにくいかなぁ？

「ならば、右のような位置関係になっているグラフはないですか？」
一応ここで話をしておきますね。右のグラフを見て気づくと思うけどこの2つのグラフは“x軸”に関して“対称”になっているでしょ?!

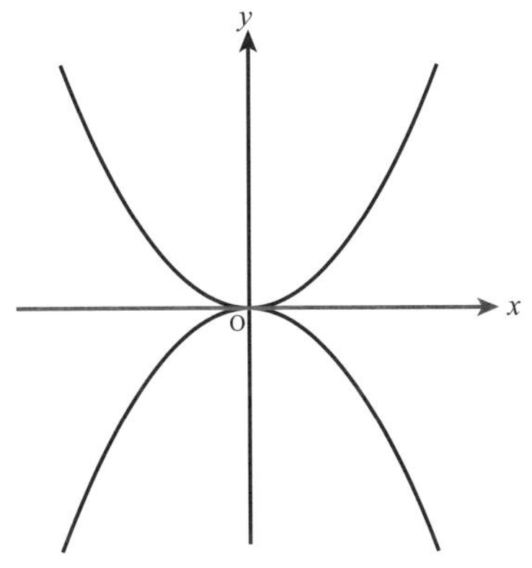

そこで、このように“x軸対称”になる2つのグラフの式の特徴を自分で見つけ出してほしいんだ！
わかったら、つぎのページの問題をやってみよぅ～！

> 参考：“軸対称とは？”
> この赤い軸を折れ線として、その線で折り曲げ、2つのグラフが重なればこのグラフはその折れ線（軸）に対して対称なグラフとなる。コレを軸対称と言います。

問 題　つぎの関数のグラフで x 軸対称のものを選んでください。

(1) $y = x^2$　　(2) $y = 3x^2$

(3) $y = -3x^2$　　(4) $y = \frac{1}{2}x^2$

(5) $y = -x^2$　　(6) $y = -\frac{1}{4}x^2$

< 解説・解答 >

p710を見てもらえればスグニわかるよね！　答えから言いますと、(1) と (5) (2) と (3)。この x 軸対称の特徴は、***a* の符号が反対**どうしになっている。

よって、今後“x 軸対称”と言われたら、a の符号が逆（絶対値が等しい）なものを選べばいいんだね！

念のためにグラフの式をたてに並べてみるよ。

$$\begin{cases} (1)\ y = x^2 \\ (5)\ y = -x^2 \end{cases} \qquad \begin{cases} (2)\ y = 3x^2 \\ (3)\ y = -3x^2 \end{cases}$$

(1) と (5)　　(2) と (3)・・・・（答え）

各上下を比較してもらえればわかるでしょ！　±（プラス・マイナス）の符号が逆だよね。これでグラフの知識は十分！

では、グラフの知識を確認するチェックテストですよ。

確認問題

つぎの関数について、以下の各問いに記号で答えてください。

(ア) $y = 1.5x^2$　　(イ) $y = -2x^2$

(ウ) $y = -\frac{3}{2}x^2$　　(エ) $y = \frac{2}{3}x^2$

(1) グラフが上に開いているのはどれですか？

(2) グラフが下に開いているのはどれですか？

(3) x が負の範囲（$x < 0$）で、x の値が増加すると、y の値も増加するのはどれですか？

(4) x が正の範囲（$x > 0$）で、x の値が増加すると、y の値も増加するのはどれですか？

(5) つぎの点はどのグラフ上に存在しますか？

① 点（2，－6）　　② 点（3，6）

＜解説・解答＞　ここではグラフをかかずに知識だけで解くよ！

(1)「グラフが“**上に開いている**”とは何か？」

これは“**下に凸**”を言い換えてるんだね！

ヨシ！　これで方針は決まりました。下に凸とは、“x^2 の係数”が“正の値”だったよ！　ということは、

(ア)、(エ)・・・・・（答え）

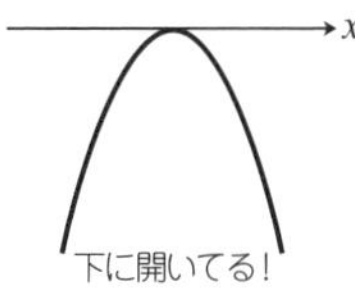

(2)「グラフが“**下に開いている**”とは何か？」

今度は“**上に凸**”を言い換えてるんだね！

上に凸とは、“x^2 の係数”が“負の値”でしたよ！　ということは、

(イ)、(ウ)・・・・・（答え）

(3)　はじめに「ここではグラフはかかないで解くよ！」なんて言いましたが、やはりこの問題は簡単なグラフの形をかいてそこから判断することにしましょう！　では、問題を確認してみるよ！

私たちが知っているグラフは（A）（B）の2種類です。

(A)　　(B)

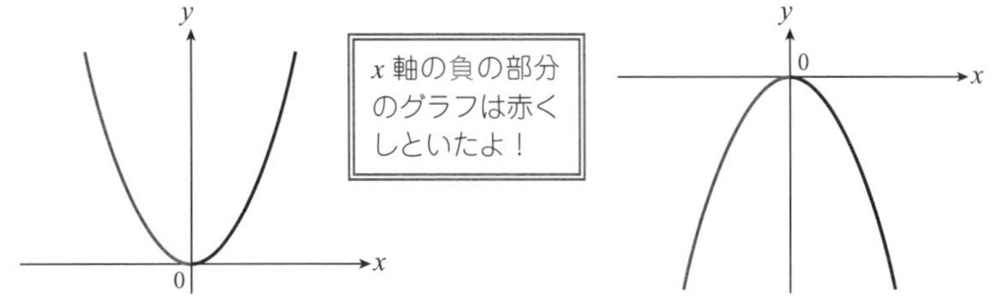

そこでグラフ（A）（B）をもう少し詳しく下にかいてみたので、それを使って考えてみましょう?!

xが“負の範囲（$x<0$）”は、x軸上の“赤い矢印”の部分。そして、グラフの“黒い矢印”はxの増加にともなうyの変化の部分！ では、よ〜く見てね！

（A）について！

$x<0$

xの値が**増加**すると、

yの値は“**減少！**”

$x>0$

xの値が**増加**すると、

yの値は“**増加！**”

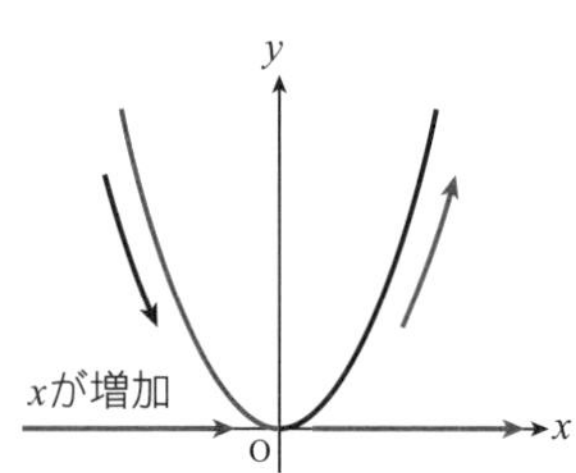

（B）について！

$x<0$

xの値が**増加**すると、

yの値は“**増加！**”

$x>0$

xの値が**増加**すると、

yの値は“**減少！**”

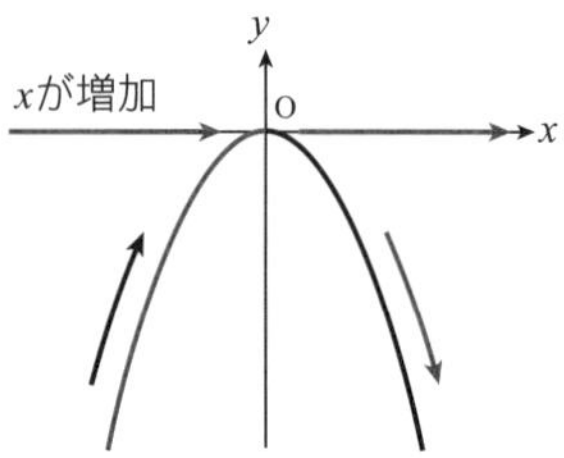

このグラフから考えれば（3）（4）の答えを選ぶのは簡単ですね！

「xが負の範囲（$x<0$）で“xの値が増加”すると、“yの値も増加”」のグラフは（B）の形だね！ したがって、

<u>（イ）、（ウ）・・・・・（答え）</u>

(4)　xが正の範囲（$x > 0$）で、“xの値が増加”すると“yの値も増加”するグラフは（A）の形だよね！ したがって、

（ア）、（エ）・・・・・・（答え）

(5)「与えられた点がどのグラフ上にあるか？」の問題だから、この場合、4つの関数のxに“x座標を代入”し、計算したyの値がその代入した点の“y座標と一致”していればよかったんですね！

ただ、4つも関数の式があるので、少しだけ予想を立てて、代入する式をしぼり込んでみましょう。

まず、①はy座標がマイナスだよね？ これより、この点は（イ）（ウ）のどちらかである！「だって、xは2乗だから、必ずプラスの値になる。それでも、yの値がマイナスということは、最初からx^2に（－）マイナスが付いていないといけないですよね！」だから、（イ）（ウ）としぼれる。あとは、見て暗算でわかるよね？（ウ）②も同様に考えると、こんどはx，y座標が両方プラスだから、②の点は（ア）（エ）のどちらかだね？（エ）

では、やってみますよ。

①（2，－6）

$$y = -\frac{3}{2}x^2$$
$$= -\frac{3}{2} \times 2^2$$
$$= -\frac{3}{2} \times 4$$
$$= -3 \times 2$$
$$= -6$$

よって、

①は（ウ）・・・・（答え）

②（3，6）

$$y = \frac{2}{3}x^2$$
$$= \frac{2}{3} \times 3^2$$
$$= \frac{2}{3} \times 9$$
$$= 2 \times 3$$
$$= 6$$

よって、

②は（エ）・・・・（答え）

“変域”つきグラフのかき方

グラフのかき方には慣れてきたと思うけど、今度は“ x の変域”が与えられている場合のグラフのかき方についてお話しします。

言葉で説明するより、グラフをかきながらの方が簡単だから、つぎの問題をよ～く読んでくださいね！

問 題

関数 $y = x^2$ において、x の変域が $-1 \leqq x \leqq 3$ のグラフをかいてください！

＜解説・解答＞

アノネ、べつに x の変域がついたからといって難しくはないんです。つぎの順番にかきさえすれば簡単！　カンタン！笑

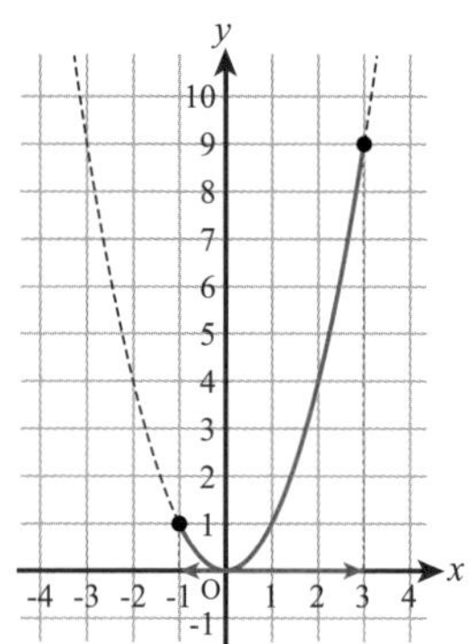

＊かき方の順番！

① $y = x^2$ のグラフを点線でかく！

② x の変域 $-1 \leqq x \leqq 3$ の部分だけを濃く曲線にする！

おわり

ネェ！　カンタンでしょ！

アラマァ～・・・カンタン！

余談：チョコット、高校数学の勉強！
x の変域：定義域(ていぎいき)
y の変域：値域(ちいき)
と言います！

注）
グラフをかくときは絶対に“色”を使ってはダメだよ！ここではわかりやすくするために赤を使っているだけだからね！

では、3個ぐらい“変域のグラフ”をかいてみようか！

エッ？！そんなにかくのぉ・・・

問題　つぎの変域におけるグラフをかいてみよう！

（1）関数 $y = \frac{1}{2}x^2$ において、x の変域が $2 \leqq x \leqq 4$

（2）関数 $y = -x^2$ において、x の変域が $-3 \leqq x \leqq 1$

（3）関数 $y = 1.5x^2$ において、x の変域が $-2 \leqq x \leqq 0$

＜解説・解答＞

（1）、（2）、（3）のそれぞれの関数のグラフを点線でかいて、“x の変域”の部分だけを実線で丸くかけばおわり！

（1）

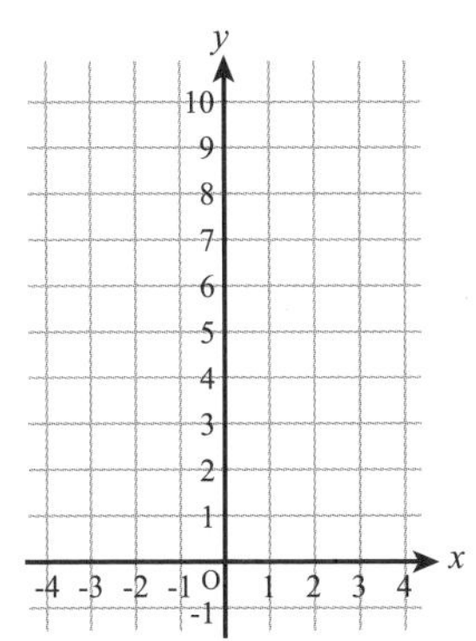

（2）

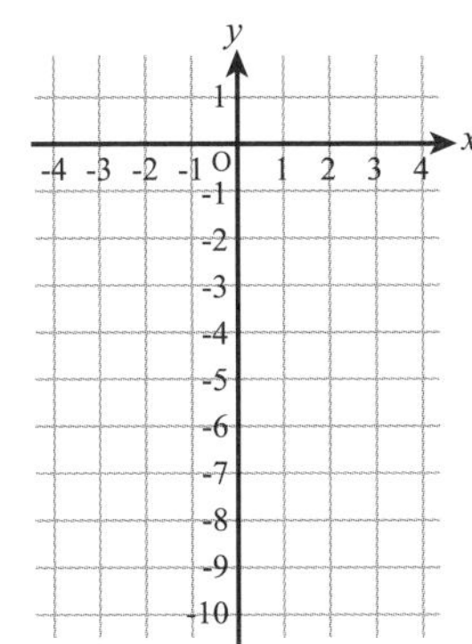

（3）　ヒント！「1.5を分数で表すと？」

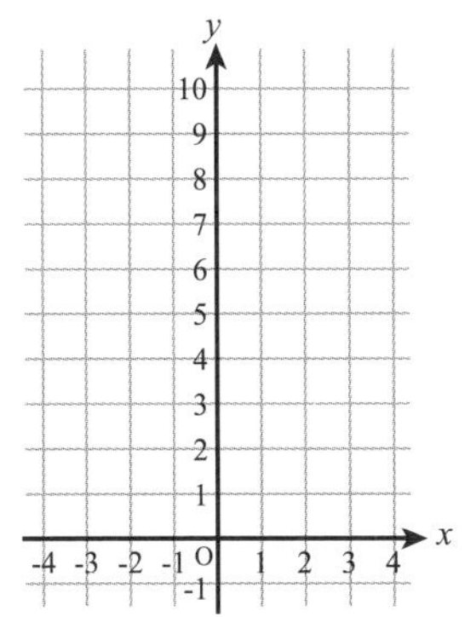

グラフはかけばかくほど上手になるから、ここに自分でもかいてみてくださいね！ 答えはつぎのページだよ。

グラフの解答！

(1)

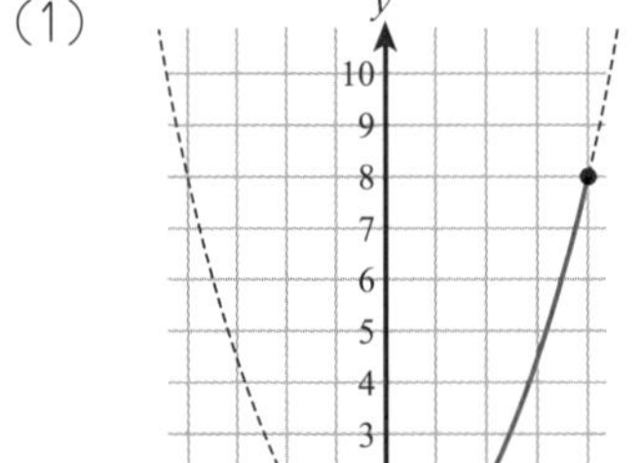

(2)

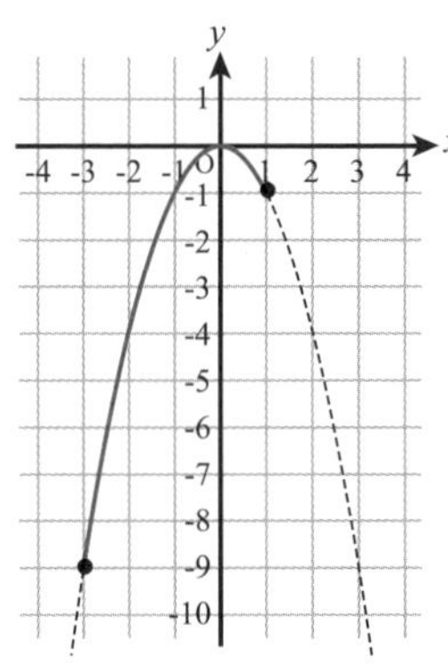

(3)

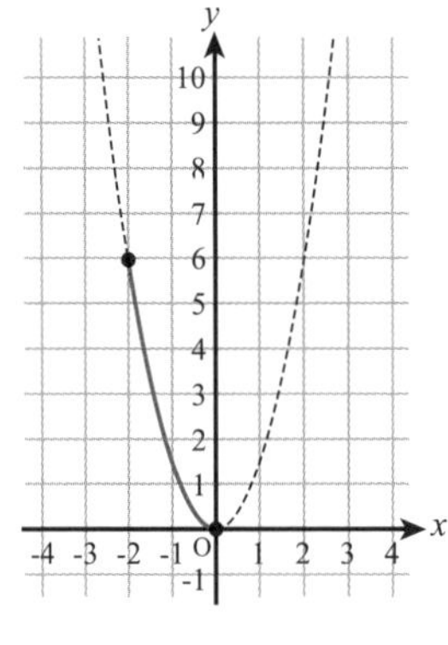

練習用！

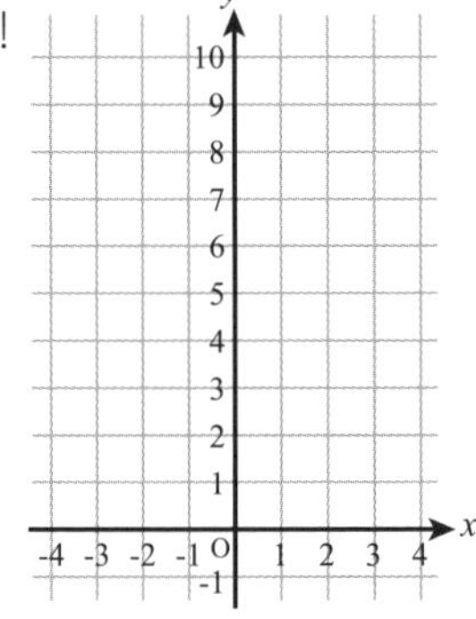

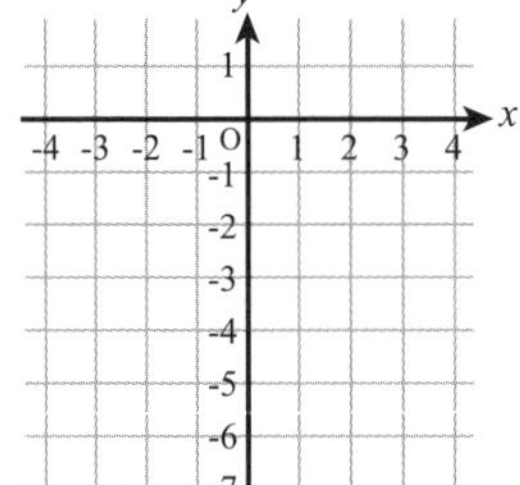

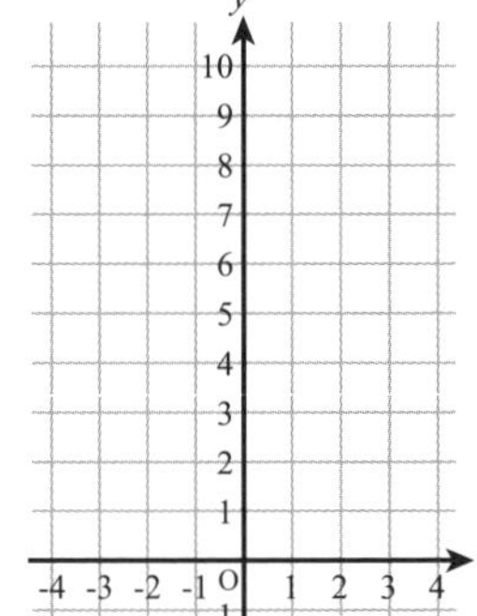

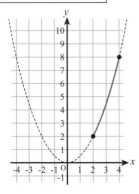

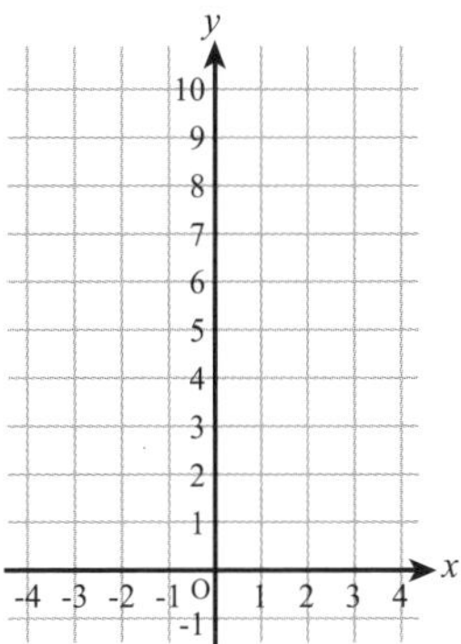
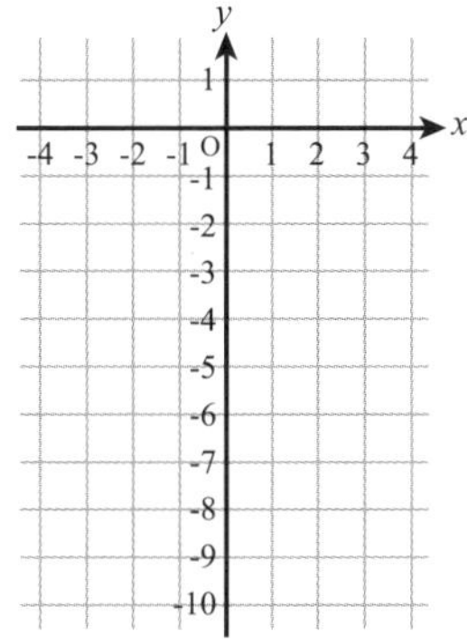
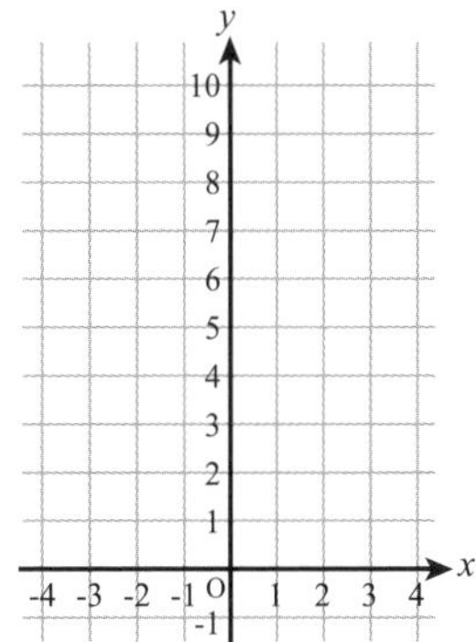
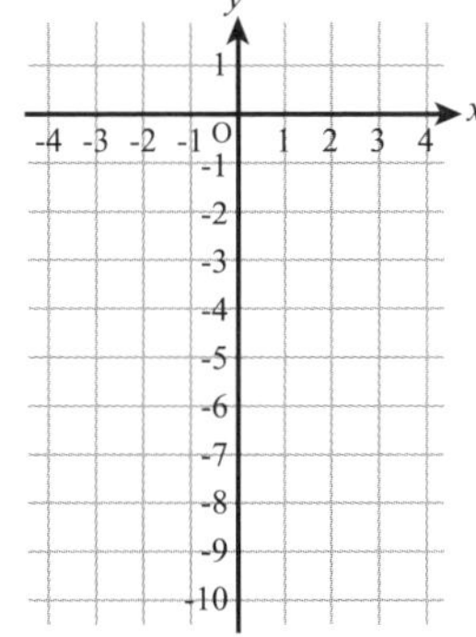
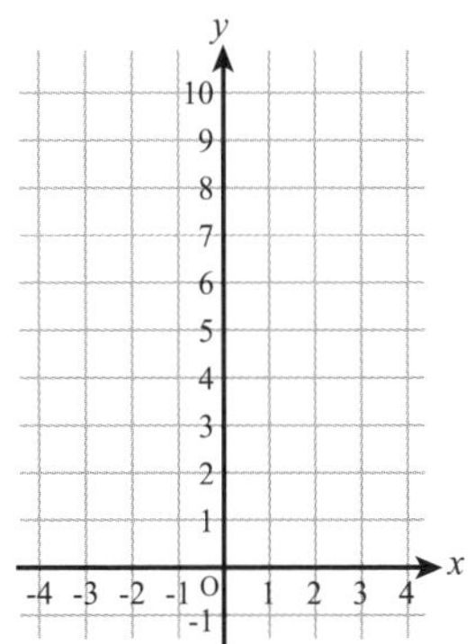
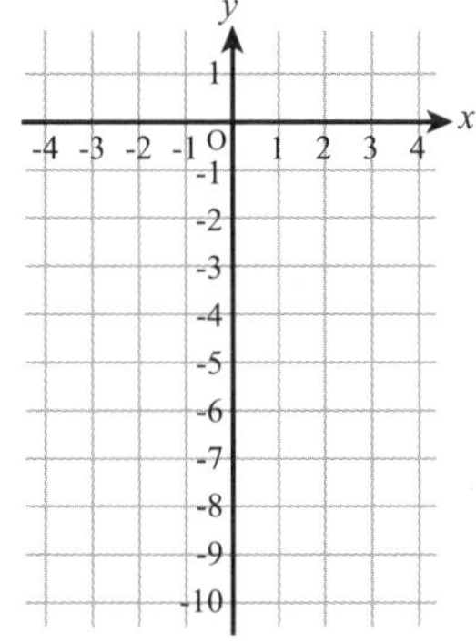

“変域”について

関数：$y = ax^2$ は、“x の値”が決まれば“y の値”が決まるんだったよね！ よって、x がある範囲の値であれば、それによって“y がとれる値の範囲”も決まる！「わかる？」 よって、変域の問題は2次関数では特に“グラフ”をかいてそこから読み取ることが大切なんです。

でも、「**なぜ“グラフ”をかく必要があるの？**」と感じている人もいるよね？ では、問題を使って実感してみましょうか！

問 題

関数 $y = x^2$ について、x の変域が $-2 \leqq x \leqq 1$ のとき、y の変域を求めてみよう！

＜解説・解答＞

何人かの人は中2でやった1次関数を思い出して表を書いたんではないかなぁ？　　どんな表だっけ？

x	-2 ⟷ 1
y	4 ⟷ 1

「思い出した？」これでやると答えはつぎのようになります。

よって、

$1 \leqq y \leqq 4$ ・・・・・（答え？？）

「一見正しいような気が？」でも間違っているんです！

エッ！ ナンデダヨォ～・・・涙

ヨシ！ それならば、上の問題で x の変域をつぎのようにして、同じように“表”を書いて考えてみようか？！

補足問題「x の変域：$-1 \leqq x \leqq 1$ のときの y の変域は？」

$y = x^2$ について　［表］

x	-1 ⟷ 1
y	1 ⟷ 1

「アレアレェ～？」なんか変でしょ？ 表から今までのように“yの変域”を不等号を使って表すとつぎのようになるよ！

$1 \leqq y \leqq 1$　・・・・・（答えジャナイヨ！：誤）

「ナニかオカシイヨネェ～?!」でもね、理由は“グラフ”をかけば簡単にわかるのです！

関数：$y = x^2$ で“xの変域：$-1 \leqq x \leqq 1$”のグラフをかくよ！

これを見てもわからない人は赤い部分をエンピツでなぞってみてよ！

“左上からサガッテ0を通り右上にアガッテいくでしょ?!”

ここで思い出してほしいんだけど、中2の1次関数のグラフのところで「グラフはあるxにおけるyの値を点で打ち、それがつながってグラフ（曲線）になっている」と言ったよね？

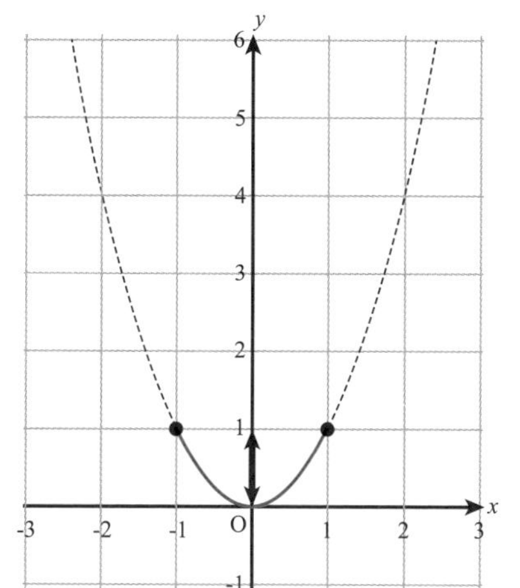

覚えてるかなぁ？

ということは、今エンピツでなぞってもらった部分もyの値だから、それをy軸上で確認すると右上の図の黒い太矢印の部分になるよね?!　よって、その部分を不等式で表すとつぎのようになります。

$0 \leqq y \leqq 1$　・・・・・（答え）

「ほらね！ グラフからだとyの変域が簡単に読み取れるでしょ！」

では、もう一度さっきの問題もグラフをかいて、そこから“yの変域”を読み取ってみましょう！

ソウダッタノカ・・・納得です！

<さっきの問題ね！>

関数 $y = x^2$ について、x の変域が $-2 \leqq x \leqq 1$ のとき、y の変域を求めてみよう！

< 解説・解答：再び >

では、x の変域：$-2 \leqq x \leqq 1$ のグラフをかいてみます。

グラフから“x の変域”における“y の変域”を見ればすぐにわかるでしょ！ y 軸上の太い“黒い部分”ですね！

よって、求める“y の変域”は、

$0 \leqq y \leqq 4$ ・・・・（答え）

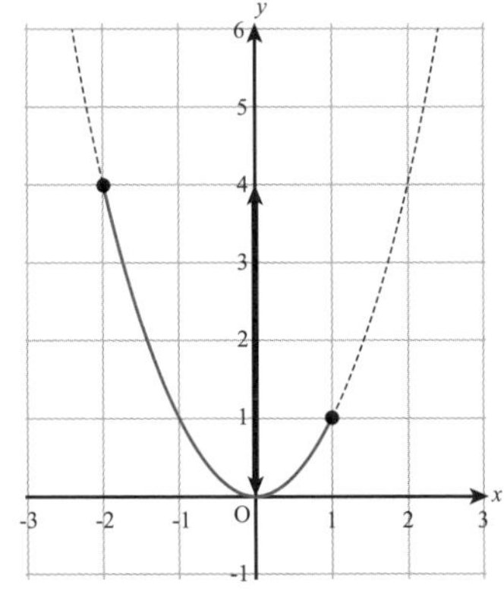

「どうかなぁ？ これでグラフの大切さがわかってもらえましたか？」でもね、たった1つの点に気づけば、実はわざわざ“グラフ”をかかなくてもわかるんだよ！

“変域”のポイント！

“x の変域”に“0”が「入っているか？」「いないか？」

① “0”が変域の間に入っている場合！

＊ $a > 0$ ：[最小値：0] $0 \leqq y \leqq$?

＊ $a < 0$ ：[最大値：0] ? $\leqq y \leqq 0$

② “0”が変域の間に入っていない場合！

必ず下の“表”が使える！

x	
y	

では、“ポイント”を利用して変域の問題を解いてみましょう！

> **問 題**　つぎの関数について、“yの変域”を求めてください！
> (1) 関数 $y = 2x^2$、xの変域が $-3 \leqq x \leqq 2$ のとき。
> (2) 関数 $y = -\frac{1}{2}x^2$、xの変域が $-4 \leqq x \leqq -1$ のとき。
> (3) 関数 $y = 3x^2$、xの変域が $1 \leqq x \leqq 3$ のとき。

＜解説・解答＞

変域の問題を見たら、まずは「“xの変域”に“0”があるか？」のチェックでしたね！

(1)　xの変域：$-3 \leqq x \leqq 2$ に“0”が含まれている！ よって、

$a > 0$ より $\boxed{0 \leqq y \leqq ?}$ となる！

“$\boxed{?}$”の値がわかりますか？」

右のグラフを見て考えてごらん！“x”に“-3”か“2”を代入し、“大きい方の値”が“$\boxed{?}$”に入るんだね！

念のために“グラフ”もかいておくよ！

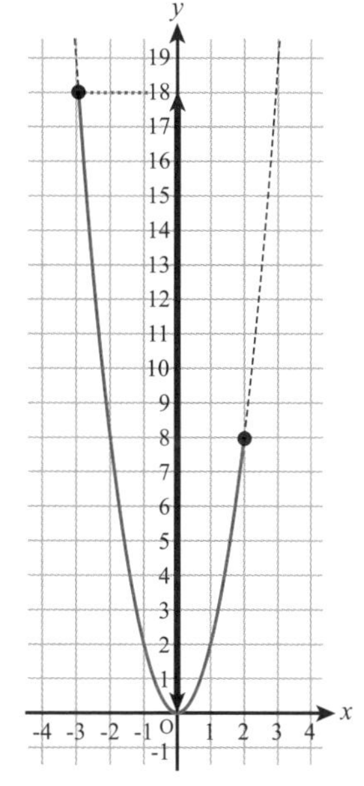

だから、当然 $x = -3$ を代入した値、$y = 18$ が“？”の値です。

グラフからも18が読み取れるでしょ？

よって、

$0 \leqq y \leqq 18$　・・・・・（答え）

グラフをかかなくても、変域の問題は解ける気がしてくるでしょ？

まだ無理だと思う・・・！「大丈夫だよ！」

中学1年　中学2年　中学3年

(2)

関数 $y=-\dfrac{1}{2}x^2$、x の変域［$-4 \leqq x \leqq -1$］に今度は“0”が含まれていないよね！ということは、あの“表”が使える。

ヨシヨシ！！

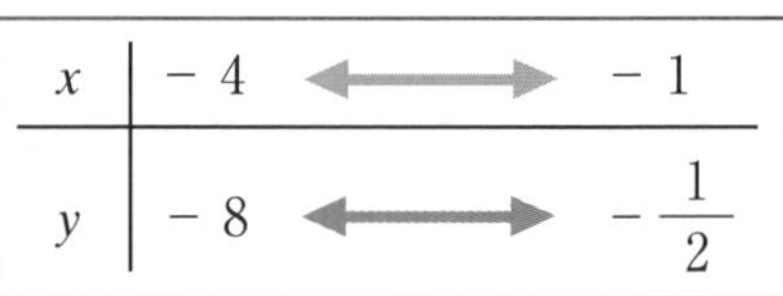

x	-4	⟷	-1
y	-8	⟷	$-\dfrac{1}{2}$

・$x=-4$ のとき

$$y=-\frac{1}{2}\times(-4)^2$$

$$=-8$$

・$x=-1$ のとき

$$y=-\frac{1}{2}\times(-1)^2$$

$$=-\frac{1}{2}$$

よって、

$$-8 \leqq y \leqq -\frac{1}{2}$$

・・・・・・（答え）

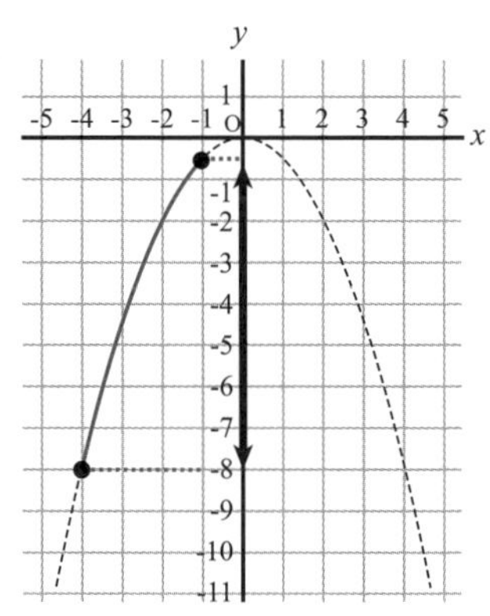

(3)

関数 $y=3x^2$、x の変域［$1 \leqq x \leqq 3$］に今度も“0”が含まれていないよね！ということは、またまたあの“表”が使える。

・$x=1$ のとき

$$y=3\times1^2$$

$$=3$$

・$x=3$ のとき

$$y=3\times3^2$$

$$=27$$

では、“表”をかきます。

x	1	⟷	3
y	3	⟷	27

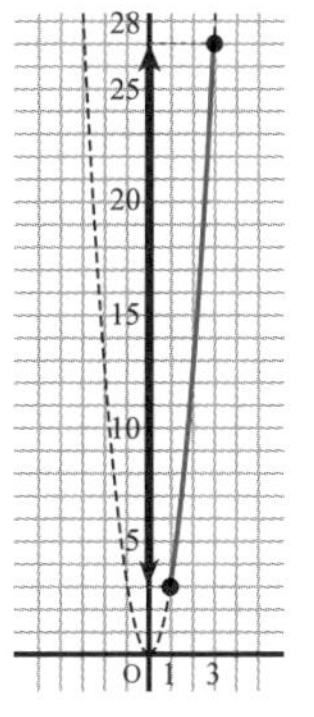

よって、

$3 \leqq y \leqq 27$

・・・・・（答え）

どうかなぁ？ グラフを使わないで解くと言ったけど、今はまだみなさんは初心者だからグラフもかいておきました！　ありがとうございます！

“変域”の問題は今までので十分なんだけど、より理解度を高めるために、今度は逆の方向、いわゆる“変域”がわかっているとき、その変域を満たす関数［$y = ax^2$］を求める問題です。

問 題

（1）関数 $y = ax^2$ において、x の変域が $-2 \leqq x \leqq 1$ のとき、y の変域は $0 \leqq y \leqq 2$ でした。a の値を求めてください。

（2）関数 $y = ax^2$ において、x の変域が $-1 \leqq x \leqq 3$ のとき、y の変域は $-18 \leqq y \leqq 0$ でした。a の値を求めてください。

< 解説・解答 >

「さっきまで“変域”の問題はわかったような気になってたけど、この問題を見たら、なんだか自信がなくなってきちゃったぁ・・・？」

みなさんはこんな気分ではないかな？ 汗

でも、大丈夫！

つぎの点に気がつけばカンタンだよ！（1）ですぐにわかることは、

x の変域に“0”が含まれているから、y の変域の 0 でない方の値“2”は、必ず x の変域のどちらかの値における y の値になる！

(1)

ここで“グラフ”を思い出してみてください！この x の変域［$-2 \leqq x \leqq 1$］において、y の変域は［$0 \leqq y \leqq 2$］とプラスの範囲だから、グラフの概形は**下に凸**。また、頂点は原点（0，0）より、

“$x = -2$”と“$x = 1$”で“0”から遠い方の“$x = -2$”のとき、“$y = 2$”となる。

よって、

$y = ax^2$ ・・・（＊）において、

$x = -2$ のとき、$y = 2$。これで解けるよね？

では、x，y を（＊）代入して“a”の値を求めるよ。

$$a \times (-2)^2 = 2$$

$$4a = 2$$

$$a = \frac{2}{4}$$

$$= \frac{1}{2}$$

$a > 0$ のとき、x の値が頂点から離れれば離れるほど y の値は**大きく**なる！

したがって、

$a = \dfrac{1}{2}$ ・・・・・・（答え）

(2)

x の変域［$-1 \leqq x \leqq 3$］において、y の変域は［$-18 \leqq y \leqq 0$］とマイナスの範囲だから、グラフの概形は**上に凸**。また、頂点は原点（0，0）より、

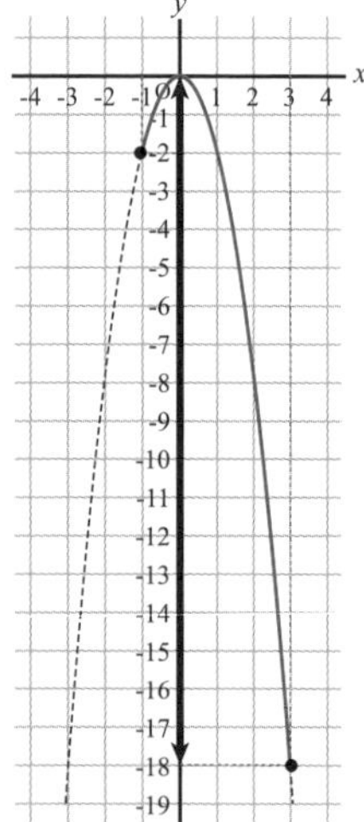

“$x=-1$”と“$x=3$”で“0”から遠い方の “$x=3$” のとき、“$y=-18$”となります。

$a<0$のとき、xの値が頂点から離れれば離れるほどyの値は**小さく**なる！

よって、

$y=ax^2$ ・・・（＊）において、

$x=3$ のとき、$y=-18$。

今回もこれであとは（＊）に代入して“a”の値を求めるよ。

$$a\times 3^2=-18$$
$$9a=-18$$
$$a=-2$$

したがって、

$a=-2$ ・・・・・（答え）

変域の問題はこれでひとまずおわりにします。もう少しやりたいところなんだけど、まだまだ先は長いからね・・・　ふぅ〜・・・（ため息）

変化の割合

“変化の割合”という言葉、どこかで聞いた覚えあるよね？

中２の１次関数のところでやったんだけど・・・・

「覚えてないかぁ〜・・・・！」

「変化の割合とは？」

“x”が１増加したときの“yの変化量”

$$\text{“変化の割合”}=\frac{y\text{の変化量}}{x\text{の増加量}}$$

２次関数でも１次関数でも“変化の割合”の求め方は同じだよ！

やはりここでも言うけど、いつもの“表”を書けばカンタンに求められるんだったよね？！　う〜ん・・・

仕方ないなぁ〜・・・・！　では、“１次関数”と“２次関数”を比較しながら“変化の割合”を求めてみるよ。

問 題 x の値が1（変化前）から3（変化後）まで増加するとき、つぎの関数における“変化の割合”を求めてください。

（1）$y=2x+1$　　（2）$y=x^2$

＜解説・解答＞

$$\text{変化の割合}=\frac{y_{\text{変化後}}-y_{\text{変化前}}}{x_{\text{変化後}}-x_{\text{変化前}}}$$

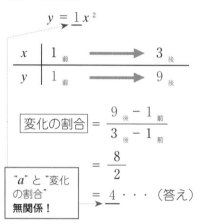

（1）**1次関数**

$y=\underline{2}x+1$

x	$1_{前}$ → $3_{後}$
y	$3_{前}$ → $7_{後}$

変化の割合 $=\dfrac{7_{後}-3_{前}}{3_{後}-1_{前}}$

$=\dfrac{4}{2}$

$=\underline{2}$ ・・・（答え）

“a”と“変化の割合”**一致！**

（2）**2次関数**

$y=\underline{1}x^2$

x	$1_{前}$ → $3_{後}$
y	$1_{前}$ → $9_{後}$

変化の割合 $=\dfrac{9_{後}-1_{前}}{3_{後}-1_{前}}$

$=\dfrac{8}{2}$

$=\underline{4}$ ・・・（答え）

“a”と“変化の割合”**無関係！**

「思い出した？」変化の割合は1次関数も2次関数も求め方は同じ！ただね、1つだけ注意しなくてはいけない点があります！　エッ?!

・1次関数

$y=ax+b$

a：変化の割合（傾き）

重要！

＊変化の割合：一定！

・2次関数

$y=ax^2$

a：“タヌキ”or“キツネ”を決める！

“上”or“下”に凸を決める！

＊変化の割合：変化する！

アノネ、しつこいようだけど同じ“a”でも２次関数の一般式である $y = ax^2$ の**“a”は変化の割合ではない**からね !!
では、問題をやってみるよ。

問題

（1）関数 $y = ax^2$ において、x の値が 2 から 5 まで増加するときの“変化の割合”は 14 である。a の値を求めてください。

（2）関数 $y = ax^2$ において、x の値が -3 から -1 まで増加するときの“変化の割合”は 2 である。a の値を求めてみよう。

（3）関数 $y = ax^2$ において、x の値が 1 から 3 まで増加するとき、y の増加量が -8 である。a の値はナニかな。

＜解説・解答＞

（1）

x	$2_{前}$ → $5_{後}$
y	$4a_{前}$ → $25a_{後}$

$$\boxed{変化の割合} = \frac{25a_{後} - 4a_{前}}{5_{後} - 2_{前}} = \frac{21a}{3} = 7a$$

だから、

$$7a = 14$$
$$a = 2$$

よって、

$a = 2$ ・・・（答え）

（2）

x	$-3_{前}$ → $-1_{後}$
y	$9a_{前}$ → $a_{後}$

$$\boxed{変化の割合} = \frac{a_{後} - 9a_{前}}{-1_{後} - (-3)_{前}} = \frac{-8a}{2} = -4a$$

だから、

$$-4a = 2$$
$$a = -\frac{2}{4} = -\frac{1}{2}$$

よって、

$a = -\frac{1}{2}$（答え）

(3)

この問題は少しだけヒネッテいる気もするけど、やはり“表”をかけば解決ですね！

xの値が1から3まで増加するとき、**yの増加量は－8**だから、yの“変化後”から、“変化前”の値を引けばyの増加量が求まるよね？!

x	1 前 → 3 後
y	a 前 → $9a$ 後

では、表からyの増加量を求める式を作るよ。

$$9a - a = -8$$

［yの増加量］＝［変化後］－［変化前］

$$8a = -8$$

$$a = -1$$

よって、

$a = -1$ ・・・・（答え）

では、あと2問“変化の割合”をやるよ！ ふぅ～・・・

問 題

（1）関数 $y = ax^2$ と $y = -x + 1$ において、xの値が2から4まで増加するときの変化の割合が等しいとき、aの値はナニかな。

（2）関数 $y = 2x^2$ において、xの値が $p - 1$ から pまで増加するときの変化の割合は6である。このときのpの値はなんだろう。

＜解説・解答＞

(1)

気づいていると思うけど、1次関数：$y = -x + 1$ と変化の割合が等しいということから、**変化の割合は“－1”**だよ！ アッ！ ソウダネ！

「表で“1次関数”から“変化の割合”を求めようと思った人がいるでしょ?!」

だから、あとは $y = ax^2$ における変化の割合をaを使って表し、aの方程式を立てれば解決ですね！ では、“表”をかいてみましょう！

x	2 前	→	4 後
y	$4a$ 前	→	$16a$ 後

$$\boxed{\text{変化の割合}} = \frac{16a_{\text{後}} - 4a_{\text{前}}}{4_{\text{後}} - 2_{\text{前}}}$$

$$= \frac{12a}{2}$$

$$= 6a$$

だから、変化の割合が“－1”より

$$6a = -1$$

$$a = -\frac{1}{6}$$

よって、

$$a = -\frac{1}{6} \quad \cdots \text{（答え）}$$

(2)

関数 $y = 2x^2$ において、x の値が $p-1$ から p まで増加すると“変化の割合”が6。別に文字が出てきたからといって恐れることはありません！ いつものように“表”をかけばなんとかなるからね！

$$\boxed{\text{変化の割合}} = \frac{2p^2_{\text{後}} - 2(p-1)^2_{\text{前}}}{p_{\text{後}} - (p-1)_{\text{前}}}$$

$$= \frac{2p^2 - 2(p^2 - 2p + 1)}{p - p + 1}$$

［分母＝1］

$$= 2p^2 - 2p^2 + 4p - 2$$

$$= 4p - 2$$

だから、変化の割合が“6”より

x	$p-1$ 前	→	p 後
y	$2(p-1)^2$ 前	→	$2p^2$ 後

$$4p - 2 = 6$$

$$4p = 6 + 2$$

$$= 8$$

$$p = 2$$

よって、

$$p = 2 \quad \cdots \text{（答え）}$$

疲れちゃった

放物線と直線

いいですか！ ここからが本番ですよ！ 2次関数（放物線）と1次関数（直線）の融合問題は頻出。“交点の座標”・“三角形の面積”など、今後高校数学でもあつかう問題が中心。何度も何度もここでやる問題を繰り返し、繰り返しやるんだよ！

まずは、本題に入る前にシッカリと準備をしましょうね！　ハイッ！

準備問題1　つぎの連立方程式を解いてみよう。　なんだコレェ？

(1)
$$\begin{cases} y = x^2 \\ y = x + 2 \end{cases}$$

(2)
$$\begin{cases} y = 2x^2 \\ y = 6x - 4 \end{cases}$$

(3)
$$\begin{cases} y = \frac{1}{3}x^2 \\ y = -x + 6 \end{cases}$$

(4)
$$\begin{cases} y = -x^2 \\ x = -2 \end{cases}$$

(5)
$$\begin{cases} y = 3x^2 \\ y = 12 \end{cases}$$

(6)
$$\begin{cases} y = \frac{1}{2}x^2 \\ y = 2x \end{cases}$$

< 解説・解答 >

「なんで連立方程式なの？」と思っている人もいるんじゃないかな？ でも1組の“2次方程式”と“1次方程式”を同時に満たす x、y を求めるゆえ、やはり“連立方程式を解く”と言うんです！ しかし、まだ、ピ～ンとこないよね！ それ以前に「ナゼ？　こんなことをやらせるのか？」と思っているんでしょ？ アノネ、実はこの問題は**放物線と直線の交点の座標を求める練習**なんです！

とにかく1題解いてみるから、よ～く見ていてくださいね！

（1）

$$\begin{cases} y = x^2 & \cdots\cdots ① \\ y = x + 2 & \cdots\cdots ② \end{cases}$$

中２の連立方程式を思い出すんだよ！　今回は代入法。

①を②の y に代入し、x の２次方程式を作る。

$$x^2 = x + 2$$
$$x^2 - x - 2 = 0$$
$$(x - 2)(x + 1) = 0$$
$$x = -1,\ 2$$

ここで②より、

・$x = -1$ のとき、
$y = -1 + 2$
$= 1$

・$x = 2$ のとき、
$y = 2 + 2$
$= 4$

よって、

$(x,\ y) = (-1,\ 1)(2,\ 4)$　・・・・（答え）

では、この求めた座標を具体的にグラフの中で確認してみるね！

・$y = x^2$（黒：放物線）

・$y = x + 2$（赤：直線）

この２つの交点の座標をよ～く見てね！

$(x,\ y) = (-1,\ 1)(2,\ 4)$

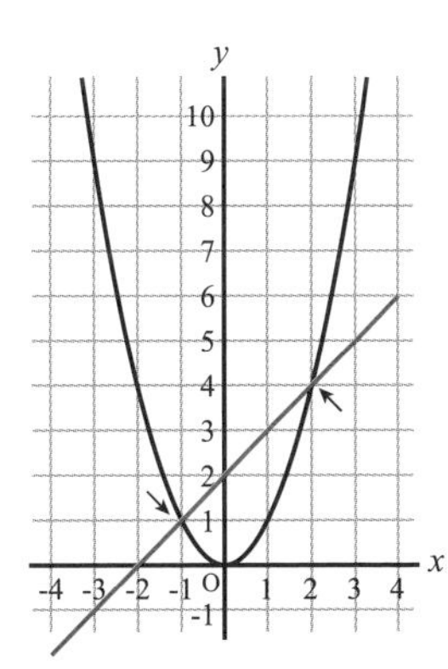

一致しているでしょ？!

だから、この連立方程式ができるようになれば、放物線と直線の交点を求めることが、今後簡単に感じるようにナルハズ！

がんばろうね！

ハ～イ！　「返事がいいねぇ～！笑」

(2)

$$\begin{cases} y = 2x^2 & \cdots\cdots ① \\ y = 6x - 4 & \cdots\cdots ② \end{cases}$$

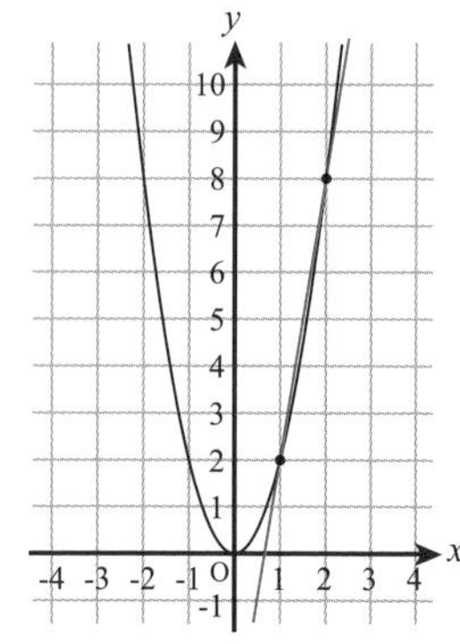

これも①を②に代入して、

やはり２次方程式だね！

$$2x^2 = 6x - 4$$

$$2x^2 - 6x + 4 = 0$$ ［両辺を２で割る］

$$x^2 - 3x + 2 = 0$$

$$(x - 1)(x - 2) = 0$$

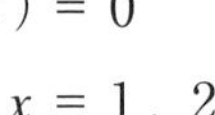

$$x = 1,\ 2$$

ここで②より、

・$x = 1$ のとき、

$$y = 6 \times 1 - 4$$
$$= 2$$

・$x = 2$ のとき、

$$y = 6 \times 2 - 4$$
$$= 12 - 4$$
$$= 8$$

よって、

$(x,\ y) = (1,\ 2)(2,\ 8)$　・・・・（答え）

(3)

$$\begin{cases} y = \dfrac{1}{3}x^2 & \cdots\cdots ① \\ y = -x + 6 & \cdots\cdots ② \end{cases}$$

２問解いたからもう、いいよね？！ ①を②に代入！

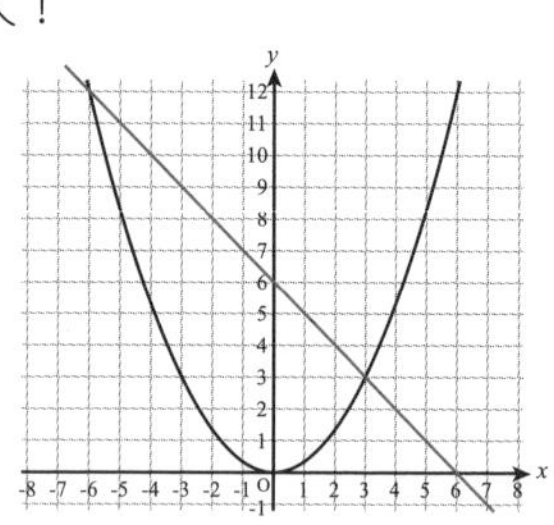

$$\frac{1}{3}x^2 = -x + 6$$ ［両辺３倍］

$$x^2 = -3x + 18$$

$$x^2 + 3x - 18 = 0$$

$$(x + 6)(x - 3) = 0$$

$$x = -6,\ 3$$

ここで②より、

・$x=-6$ のとき、

$y=-(-6)+6$

$=6+6$

$=12$

・$x=3$ のとき、

$y=-3+6$

$=3$

よって、

$(x, y)=(-6, 12)(3, 3)$ ・・・・（答え）

(4)

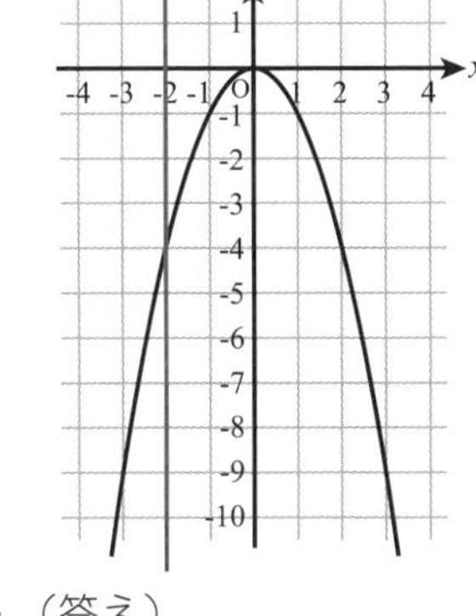

$$\begin{cases} y=-x^2 & \cdots\cdots ① \\ x=-2 & \cdots\cdots ② \end{cases}$$

アレェ～？　今度は少し違う！

これは②を①に代入なんだね！

$y=-(-2)^2$

$y=-4$

よって、

$(x, y)=(-2, -4)$ ・・・・（答え）

ねぇ～、ねぇ～？　座標１個しかないよ・・・！「グラフを見てね!!」ナルホド！

(5)

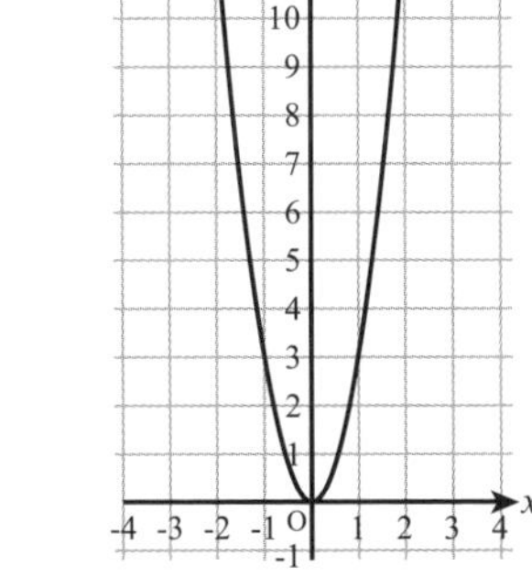

$$\begin{cases} y=3x^2 & \cdots\cdots ① \\ y=12 & \cdots\cdots ② \end{cases}$$

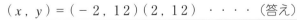

またまた変な感じだなぁ～。

これは、①を②に代入ですね！

$3x^2=12$

$x^2=4$

$x=\pm 2$

よって、

$(x, y)=(-2, 12)(2, 12)$ ・・・・（答え）

(6)

$$\begin{cases} y = \dfrac{1}{2}x^2 & \cdots\cdots ① \\ y = 2x & \cdots\cdots ② \end{cases}$$

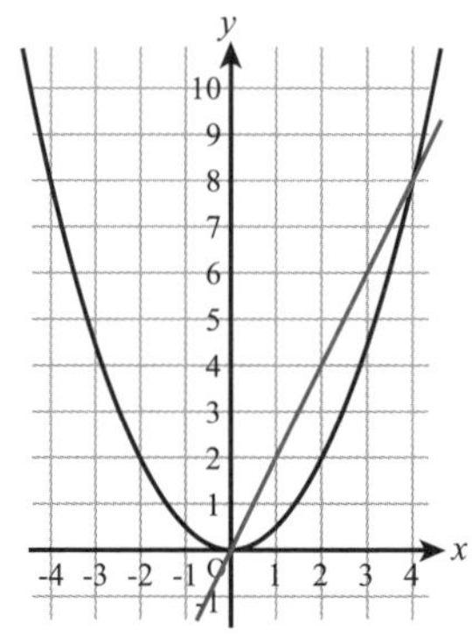

これは（1）～（3）と同じ！

①を②に代入。

$$\frac{1}{2}x^2 = 2x \qquad \text{［両辺2倍］}$$

$$x^2 = 4x$$

$$x^2 - 4x = 0$$

$$x(x-4) = 0$$

$$x = 0,\ 4$$

だから、②より、

・$x = 0$ のとき、

$$y = 2 \times 0$$
$$= 0$$

・$x = 4$ のとき、

$$y = 2 \times 4$$
$$= 8$$

よって、

$(x,\ y) = (0,\ 0)(4,\ 8)$ ・・・・（答え）

さぁ～て、つぎの準備はナニかな？

準備問題 2

（1） ①の直線の方程式を求めてください。

（2） ②の直線の方程式を求めてください。

（3） 2次関数（放物線）の方程式を求めてください。

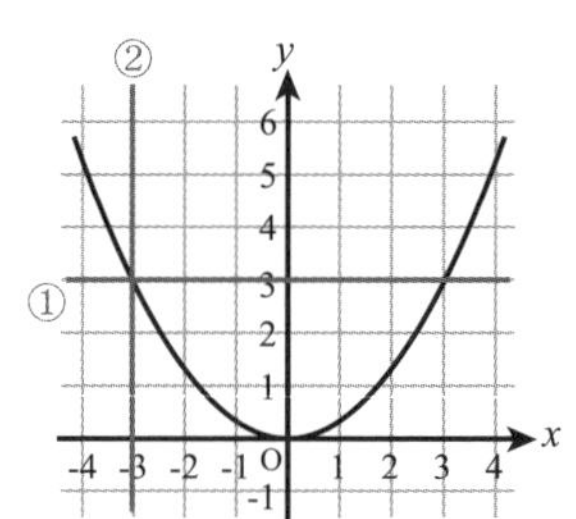

＜解説・解答＞

（1）

①の線上のいくつかの点の座標をかいてみよう！

$(x, y) = (-2, 3)(-1, 3)(0, 3)(1, 3)$

4つほど座標をかいてみたけど、「あることに気づくよね?!」赤くしておいたけど、x 座標がどんな値になっても常に y 座標は“3”ですよ！

なるほど～！　よって、①の直線の方程式は、

$y = 3$　・・・・（答え）

（2）

今度も②の線上のいくつかの点の座標をかいてみよう！

$(x, y) = (-3, -1)(-3, 0)(-3, 1)(-3, 2)$

また、4個ほど座標をかいてみたけど、今度は y 座標がどんな値になっても常に x 座標は“-3”！　ウンウン！　よって、②の直線の方程式は、

$x = -3$　・・・・（答え）

（3）

中学数学の2次関数は必ず $\boxed{y = ax^2}$ と表せるんでした！ よって、この“x、y の関係式”の“a”の値を求めればよいわけだけど、では「ナニがわかっていないと求まらないんだろうか？」そうだね！「x、y の値だよ」それを代入することで“a”が求まる。当然その“x、y の値”は“グラフから読み取る”んだね！ ここでは点（3，3）を代入。

$$a \times 3^2 = 3$$
$$9a = 3$$
$$a = \frac{3}{9}$$
$$= \frac{1}{3}$$

これはできたぞぉ～！

よって、

$y = \dfrac{1}{3}x^2$　・・・・（答え）

準備問題 3

関数 $y = 2x^2$ 上の点Pの x 座標を a とすると、点Pの座標をどのように表せますか？

＜解説・解答＞

x 座標が a だから、$x = a$ を $y = 2x^2$ に代入！

$y = 2a^2$

よって、点 P の座標は

$(a, 2a^2)$ ・・・・（答え）

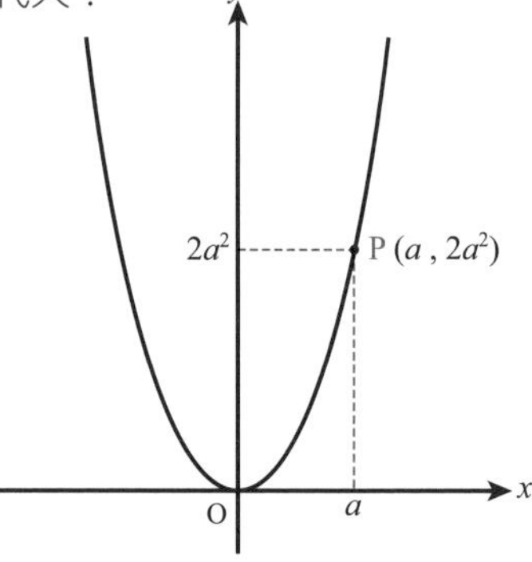

アノネ！　この問題は教える立場から言わせてもらうと、「どこが難しいの？」と！　でも、みなさんにはつらいんだよね！

本当ならば中2の1次関数の復習もしたいところだけど、きりがないので問題の中で解きながら復習をしていくことにします。

問 題（直線 AB、AC は、それぞれ x 軸、y 軸に平行）

右の図のように、関数 $y = ax^2$（$a > 0$）上の点 A、B、$y = -x^2$ 上の点 C において

(1) 点 A、B の座標を a を使って表してください。

(2) AC の長さが 6 のとき、a の値を求めてください。

（3）～（5）は（2）の結果を利用。

(3) AB の長さはどうなりますか。

(4) 直線 AB、AC の方程式を求めてください。

(5) 直線 BC の方程式を求めてください。

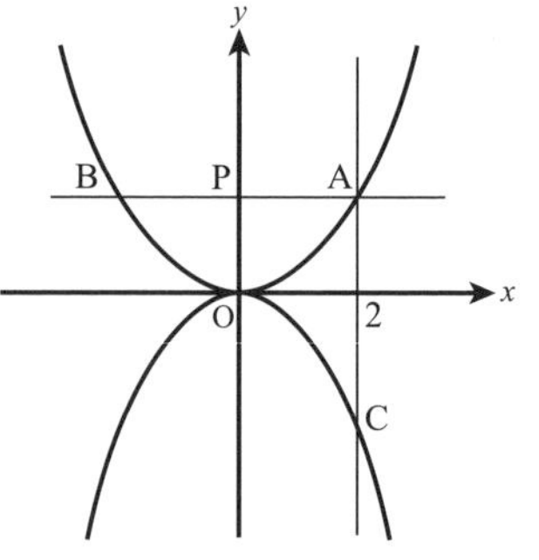

＜解説・解答＞

突然難しくなった気がしているでしょ？　　うんうん！

私もむかしはまったくできなかったなぁ〜。たぶん、文字を数字のようにあつかうからだと思うんです！

とにかく、これは慣れるしか解決策はないかな。

同じ問題でよいから、何度も繰り返し復習してください。　よしっ

では、やるよ !!

(1)

ここでは、2 点 A、B を求めるんだけど、まずはじめに確認しておくことがあるよ！ それは、“点 A と B の位置関係”だね！ この 2 点は「図から放物線 $y = ax^2$ 上の 2 点で、かつ、y 軸対称！」ということは、それぞれの“y 座標は等しく、x 座標の符号が逆”（絶対値が等しい）ということに気づいたかなぁ？

グラフから、点 A の x 座標が 2 であり、かつ、点 A は $y = ax^2$ 上の点だから“$x = 2$”を代入すれば、y 座標の値が求まるよね？!

では、代入。

$$y = ax^2 \quad \cdots\cdots ①$$

①に“$x = 2$”を代入。

$$y = a \times 2^2$$

$$= 4a$$

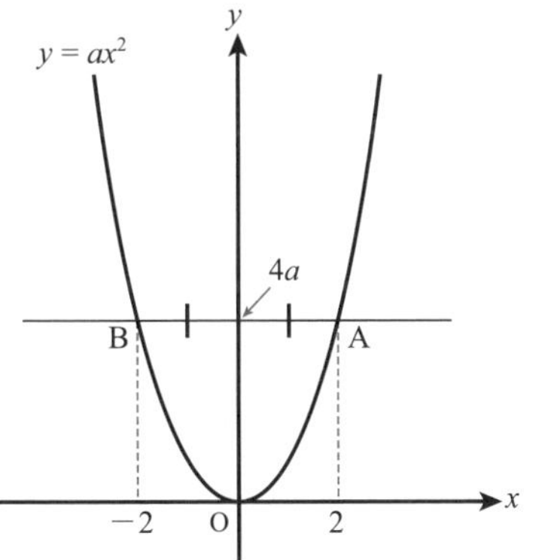

右のグラフからもわかるように、点 A、B の y 座標は同じだね！

よって、

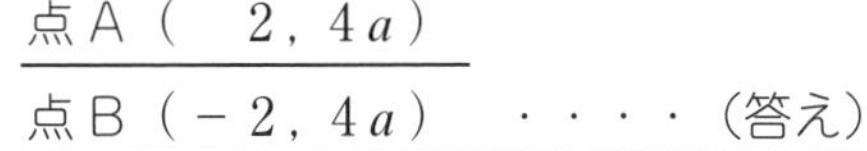

点 A（　2，$4a$）

点 B（-2，$4a$）　・・・・（答え）

(2)

点AとCを見比べると、両方ともx座標は同じことに気づくよね！だから、点A、Cが乗っているグラフの式はわかっているんだから、それを利用してこの2点の座標をまずは求めてしまいましょう！

では、

点Aの座標（2，$4a$）［(1)の結果より］・・・・①

点Cの座標の求め方

x座標である"2"を、$y = -x^2$に代入！

$y = -2^2$

$= -4$

よって、

点Cの座標（2，-4）・・・・・・・②

さぁ〜て、もう一度よ〜く図を見てみると、線分ACはy軸に平行だから、線分ACの長さの求め方は、"**大きいy座標**"から"**小さいy座標**"を引けばいいんだったね？！だから、

AC ＝（大きいy座標）－（小さいy座標）

$= 4a - (-4)$

$= 4a + 4$

これが"6"になるときなんだから、

$4a + 4 = 6$

$4a = 6 - 4$

$= 2$

$a = \dfrac{2}{4}$

$= \dfrac{1}{2}$

よって、

$a = \dfrac{1}{2}$ ・・・・（答え）

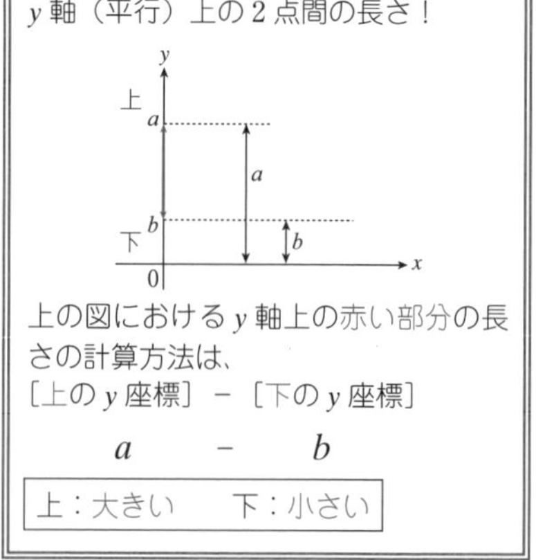

中学1年 中学2年 中学3年

（3）

また図をよ～く見てくださいね！ 線分 AB は今度は x 軸に平行だから、線分 AB の長さの求め方は、**“大きい x 座標”** から **“小さい x 座標”** を引けばいいんだったね？!

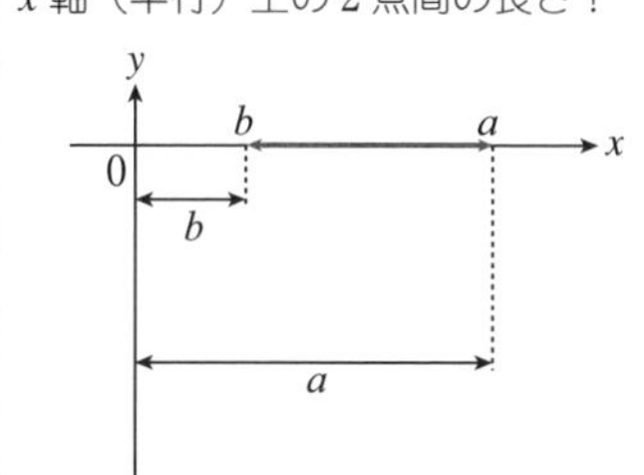

上の図における x 軸上の赤い部分の長さの計算方法は、
［右の x 座標］－［左の x 座標］

a － b

右：大きい　左：小さい

だから、

点 A（2，4a）、点 B（－2，4a）

AB＝（大きい x 座標）－（小さい x 座標）

　＝　2　－　（－2）

　＝　2　＋　2

　＝　4

よって、

AB ＝ 4　・・・・（答え）

（4）

この「**x、y 軸に平行な直線の方程式を求める！**」は多くの人が苦手なんですよね。わからない人はこの直線 AB、直線 AC 上の点の座標を３つほどかいてみればわかるよ！

$y = \frac{1}{2}x^2$ だからね！　（2）の条件においてだよ！

直線 AB 上の座標（右枠）を見てください。

x の値が変わろうと、常に“y”座標は“2”

点 A	（2，2）
点 B	（－2，2）
点 P	（0，2）
他の点	（x，2）

よって、

y ＝ 2　・・・・（答え）

同様に、直線 AC 上の座標（右枠）を見てください。

y の値が変わろうと、常に“x”座標は“2”

点 A	（2，2）
点 C	（2，－4）
他の点	（2，y）

よって、

x ＝ 2　・・・・（答え）

(5)

直線の方程式を求める問題には3通りありました。今回の場合は2点の座標から直線の方程式を求めるパターンです。

よって、連立方程式の利用だよ！

点B（-2，2）、点C（2，-4）

では、「直線の方程式といえば、まずはナンテ書くんだっけ？」

「エット、$y = ax + b$ ・・・（＊）だったかなぁ〜・・・？」

ヨシヨシ！ あとはその式に2点の座標を代入し a、b の値を求めればいいんでしたね？！ では、代入！

点B（-2，2）

$$-2a + b = 2 \quad \cdots\cdots ①$$

点C（2，-4）

$$2a + b = -4 \quad \cdots\cdots ②$$

②－①（加減法）

$$\begin{array}{rl} & 2a + b = -4 \\ -) & -2a + b = 2 \\ \hline & 4a \quad\quad = -6 \end{array}$$

$$a = -\frac{6}{4}$$

$$= -\frac{3}{2} \quad \cdots\cdots ③$$

連立方程式はバッチリ！
ヨシヨシ！

①より

$$b = 2 + 2a$$

$$= 2 + \cancel{2} \times \left(-\frac{3}{\cancel{2}}\right)$$

$$= 2 - 3$$

$$= -1 \quad \cdots\cdots ④$$

よって、（＊）③④から

$$\underline{y = -\frac{3}{2}x - 1} \quad \cdots\cdots（答え）$$

中学1年 中学2年 中学3年

三角形の面積の求め方

さてさて！「何問か放物線の問題を解いてみましたが感想は？」やはり、1次関数の基本ができていないと、難しく感じるでしょ？ ツライ人はしっかりと1次関数を復習してくださいね！ では、基本的な問題はこれぐらいにして、さっそく2次関数独特の問題に入っていきましょう！

ここでは、xy平面上にできる**三角形の面積**を求める問題のお話です。パターンは4通り！ では順番に1個ずつ解説していくよ。

① 1辺が x 軸に平行な場合

問題

右のグラフにおいて、△ABCの面積を求めてみよう！

曲線：$y = \dfrac{1}{3}x^2$

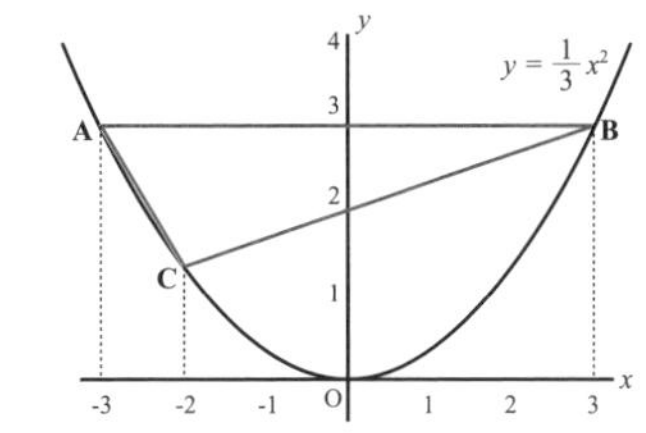

＜解説・解答＞

この△ABCを見て、どこが**底辺**でどこが**高さ**か読み取れるかな？ まずは、底辺をABとするのはいいよね。すると高さは点Cから線分ABへ垂線を下ろした長さだね！　　「ここまではよいですか？」

では、解いていくよ！ 底辺ABはグラフからすぐに“6”とわかるよね。でも、問題は高さをどのように求めるかだね！　ゥ～ン　図をよ～く見ると、底辺ABは原点から“3”のところにあるから、点Cのy座標をこの“3”から引けば、残りの部分が高さになるね！　ヨシ！　方針は決まった！

それでは、点Cのy座標を求めようではないか！　でもどうする・・・？

点Cは放物線上の点だよ！ だから、放物線の式に点Cのx座標を代入すれば、知りたいy座標が求まるんではないのかなぁ？

ナルホド !!!

よ～し、これで解けそうですね！ ではでは、この放物線の式は何だっけかなぁ？

「エ～ット！ $y = \frac{1}{3}x^2$ だから、この x に“-2”を代入します！」

$$y = \frac{1}{3} \times (-2)^2$$
$$= \frac{1}{3} \times 4$$
$$= \frac{4}{3}$$

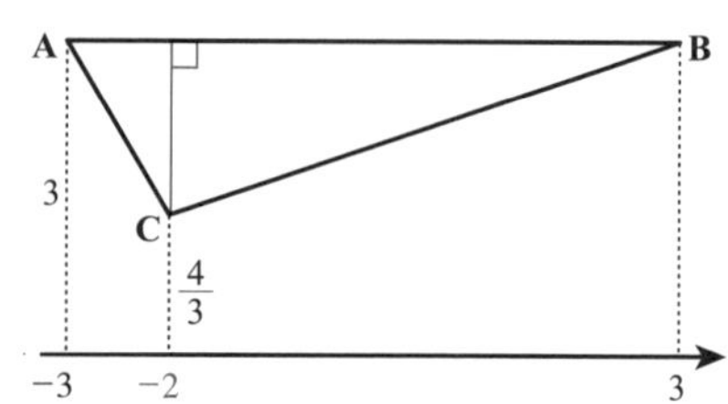

もう一度右図で確認してね！ 三角形だけを取り出してみました。高さを赤い線で表したよ。図からわかるように高さを求めるためには、

［赤：高さ］＝［点Aの y 座標：3］－［点Cの y 座標：$\frac{4}{3}$］

だから、

［高さ］ $= 3 - \frac{4}{3}$
$= \frac{9}{3} - \frac{4}{3}$
$= \frac{5}{3}$

［底辺：AB］ $= 3 - (-3)$
$= 3 + 3$
$= 6$

これより、△ABCの面積は、

△ABC＝［底辺AB：6］×［高さ：$\frac{5}{3}$］× $\frac{1}{2}$
$= 6 \times \frac{5}{3} \times \frac{1}{2}$
$= 5$

よって、

求める三角形の面積は、5 ・・・・（答え）

注）ときどきみなさんは面積だからと、つい答えに［cm²］と勝手に単位をつけてしまうんだなぁ～！ しかし、問題に1目盛り1［cm］と書いていない場合はつけたらバツだからね！

② 1 辺が y 軸に平行な場合

問題

右のグラフにおいて、△ ABC の面積を求めてみよう！

曲線：$y = x^2$

補：線分 AC は、y 軸に平行

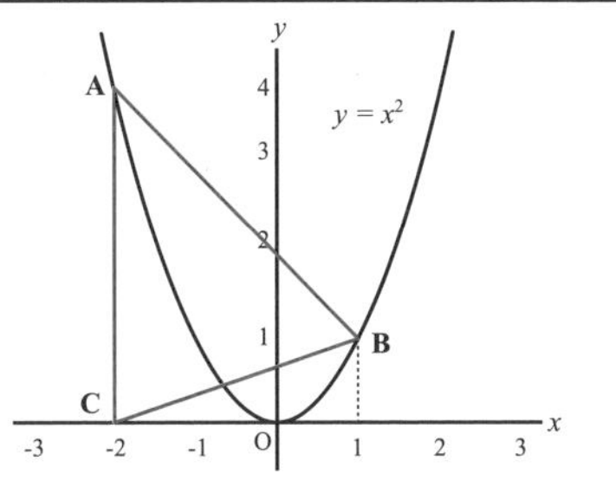

＜解説・解答＞

今度はこの△ ABC を見て、どこが“底辺”で“高さ”はどこか読み取れるかなぁ？

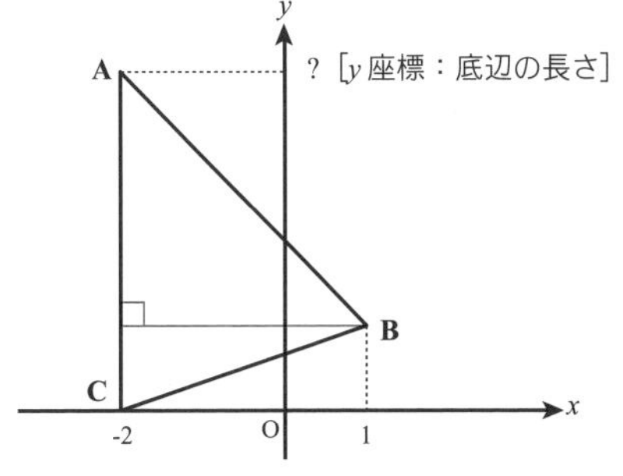

右図を見てね。当然“底辺”は AC、“高さ”は点 B から AC に垂線を引いた長さだね。しかし、今回は“底辺”となる点 A の y 座標がわからない！

でも、点 A は放物線上の点だから今回も放物線の式に点 A の x 座標を代入し、“底辺 AC”の長さとなる y 座標を求めれば解決！

まずはカンタンにわかる“高さ：赤”からね！

［高さ：B から AC への垂線］＝ 3［$1 - (-2) = 1 + 2 = 3$］

つぎは［底辺：AC］の長さだよ。

放物線の式：$y = x^2$

これに点 A の x 座標“－ 2”を代入！

$$y = (-2)^2$$
$$= 4$$

これで、［底辺：AC］の長さが“4”とわかりました。

これで△ ABC の面積が求まるね。

$\triangle$ ABC = ［底辺 AC：4］×［高さ：3］× $\frac{1}{2}$

$= 4 \times 3 \times \frac{1}{2}$

$= 6$

よって、

求める三角形の面積は、6 ・・・・（答え）

③原点が頂点になっている場合

問題

右図のグラフにおいて、

△ OAB の面積を求めてみよう。

曲線：$y = \frac{1}{2}x^2$

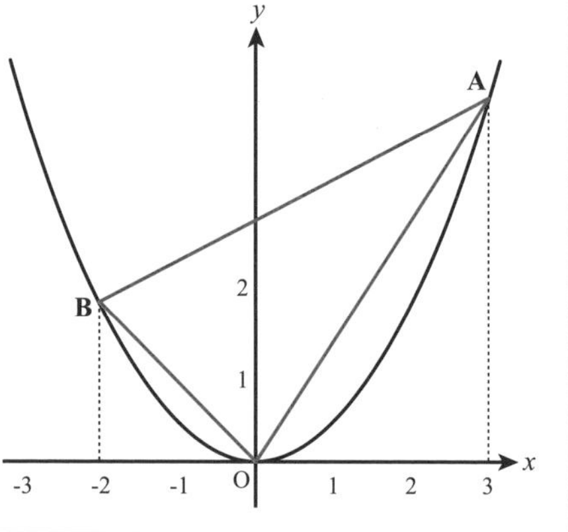

＜解説・解答＞

これは難しいかなぁ？ 一見どこを底辺にしてよいかわからないよね！私もむかしはわからなかったなぁ～！笑 実はこの場合は求めたい三角形を 2 つに分けるんだね。わかりやすく図で説明するよ。

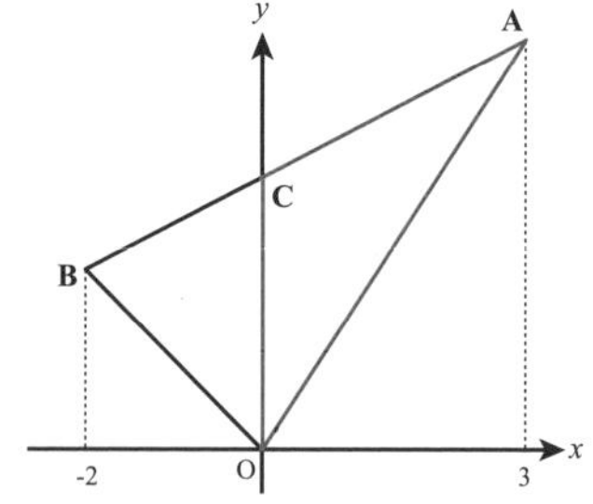

右図を見ればわかると思うけど線分 AB と y 軸との交点を C とおくと、△ OAB は△ OAC と△ OBC の 2 つに分けられるよね？ すると、**それぞれの三角形の底辺を線分 OC とすれば**、“高さ”は点 A、B の x 座

標の符号をはずした値［絶対値］になるでしょ！

では、解いてみるからよ～く見ててね！

（ｉ）△ OAC について

［高さ：点 A の x 座標］＝ 3　　よく見えまーす！

［底辺：線分 OC］＝？

（ii）△ OBC について

［高さ：点 B の x 座標の絶対値］＝ 2

［底辺：線分 OC］＝？

あとは、点 C の y 座標だけど、これは直線 AB の切片だよね？

そこで、直線 AB をどのように求めるか？ そこが問題だね！

私が思うに、

「これは 2 点 A、B の座標を求め、直線の方程式［$y = ax + b$］に代入し、連立方程式で a、b を求めればいいのではないかなぁ ?!」

では、方針が立ったのでヤッチャウゾ！

点 A、B は放物線 $y = \frac{1}{2}x^2$ 上の点だから、それぞれの点の x 座標を代入して y 座標を求めれば、2 点の座標がわかる。

点 A：x 座標“3”だから

$$y = \frac{1}{2} \times 3^2 = \frac{1}{2} \times 9 = \frac{9}{2}$$

よって、

点 A $\left(3,\ \frac{9}{2}\right)$

点 B：x 座標“－ 2”だから

$$y = \frac{1}{2} \times (-2)^2 = \frac{1}{\cancel{2}_{1}} \times \cancel{4}^{2} = 2$$

よって、

点 B $(-2,\ 2)$

これで、やっと 2 点の座標がわかりました！　　疲れた・・・！

これで点Cのy座標を求める材料は全部そろったね！ では、直線ABの方程式を求めるよ。

点A$\left(3, \frac{9}{2}\right)$ 点B（-2，2）、直線の方程式：$y = ax + b$ ・・・（＊）
より、

点A： $3a + b = \frac{9}{2}$ ・・・・①

点B： $-2a + b = 2$ ・・・・②

①－②（加減法）

$$\begin{array}{rl} 3a + b &= \frac{9}{2} \\ -)\ -2a + b &= 2 \\ \hline 5a &= \frac{9}{2} - \frac{4}{2} = \frac{5}{2} \end{array}$$

$$a = \frac{5}{2} \times \frac{1}{5}$$

$$= \frac{1}{2} \quad \cdots\cdots ③$$

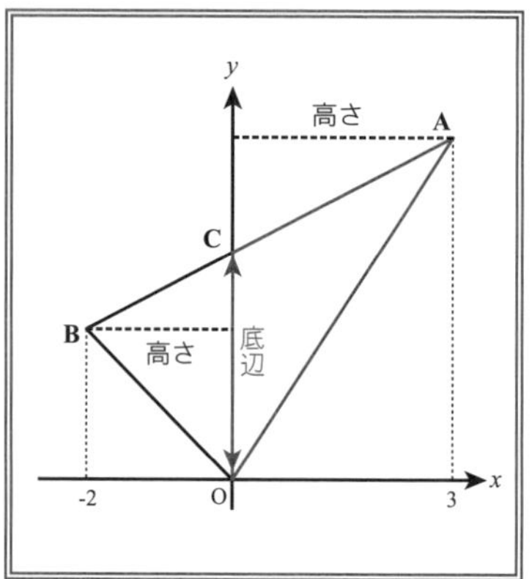

つぎに、②のaに③の値を代入

$$-2 \times \frac{1}{2} + b = 2$$

$$-1 + b = 2$$

$$b = 2 + 1$$

$$= 3 \quad \cdots\cdots ④$$

よって、（＊）③④より直線の方程式は

$$y = \frac{1}{2}x + 3$$

やっと、これで底辺［切片：3］の長さがわかりましたね！

では、最終段階の面積を求めるよ。

$\triangle$ OAC = (底辺) × (高さ) × $\frac{1}{2}$

$= 3 \times 3 \times \frac{1}{2}$

$= \frac{9}{2}$

$\triangle$ OBC = (底辺) × (高さ) × $\frac{1}{2}$

$= 3 \times 2 \times \frac{1}{2}$

$= 3$

だから、

$\triangle$ OAB = $\triangle$ OAC + $\triangle$ OBC

$= \frac{9}{2} + 3$　$[3 = \frac{6}{2}]$

$= \frac{15}{2}$　・・・・（答え）

以上の3パターンの面積の求め方、シッカリと身につけてくださいね！ では、あと2問ほど練習してみましょうか！

エッ〜・・・?!

問題

放物線 $y = ax^2$ と直線 $y = -\frac{1}{2}x + 3$

との交点A、Bのそれぞれの x 座標が－3、2である。右図を見て以下の問いを考えてみましょう。

（1）点A、Bの座標を求めてください。

（2）a の値を求めてみましょう。

（3）$\triangle$ OABの面積は、$\triangle$ OBCの面積の何倍ですか？

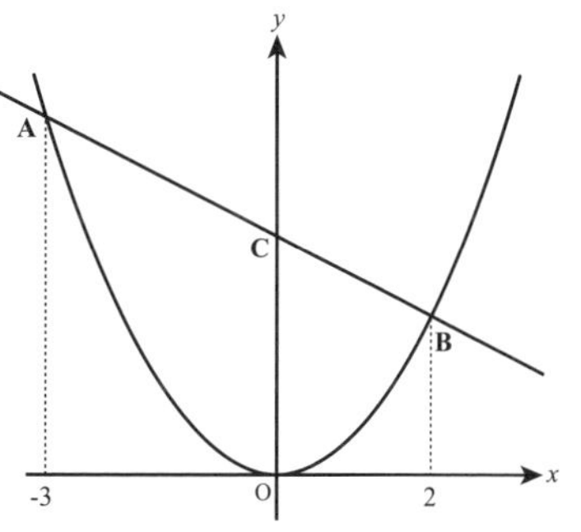

< 解説・解答 >

（1）

とにかく2点A、Bの座標を求めてみようよ！

「求め方はそろそろ大丈夫だよね?!」

中学1年
中学2年
中学3年

2点A、Bは直線：$y = -\frac{1}{2}x + 3$ 上の点だから代入だね！

点A（-3，？）
$x = -3$ だから
$$y = -\frac{1}{2} \times (-3) + 3$$
$$= \frac{3}{2} + \frac{6}{2}$$
$$= \frac{9}{2}$$
点A（-3，$\frac{9}{2}$）

点B（2，？）
$x = 2$ だから
$$y = -\frac{1}{2} \times 2 + 3$$
$$= -1 + 3$$
$$= 2$$
点B（2，2）

よって、

点A（-3，$\frac{9}{2}$）点B（2，2）・・・・（答え）

(2)

さぁ〜て、つぎは放物線の“a”の値を求めるんだけど、2点A、Bはこの放物線上の点であるからどちらかの座標を代入すればよいことはわかるよね。でも、「イッタイどっちを代入すればよいんだろうか？」

「そんなふうに悩んでいる人はいないかなぁ？」笑

答えは「どっちを代入してもOK！」だって、どちらも放物線上の点だからね！ でも、計算が簡単な方を使うこと！ ここでは点Bだよ。

ヨシヨシ！　これで問題解決！

放物線：$y = ax^2$ だから、これに点Bの座標を代入。

点B（2，2）だから、

$$a \times 2^2 = 2$$
$$4a = 2$$
$$a = \frac{\cancel{2}^{1}}{\cancel{4}_{2}}$$
$$= \frac{1}{2}$$

よって、$a = \frac{1}{2}$　・・・・（答え）

(3)

「△ OAB は△ OBC の何倍か？」

方針は２つあるよ！ たぶんみなさんは△ OAB、△ OBC の面積を、底辺 OC として求めたでしょ?! 実はそれぞれの三角形の面積を求めなくても、たった１ヵ所に着目すれば一発でできるんだけど、気がつくかなぁ〜？

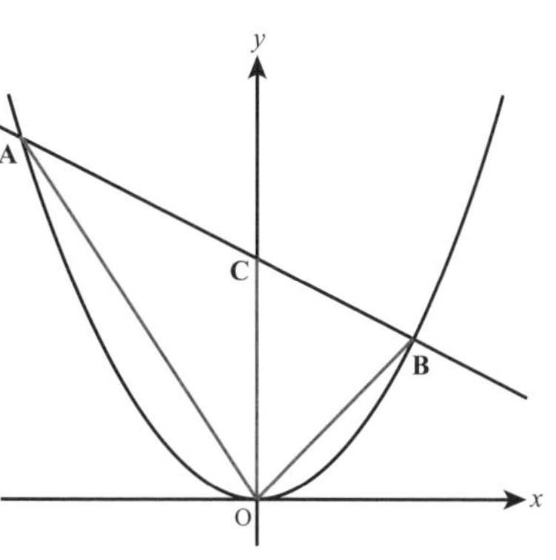

ここでのポイントは、“底辺が共通（同じ長さ）”ならば、面積はそれぞれの **“高さに比例する！”** ということなんだ！　「わかりますか？」

「“高さに比例する！” とは、ナニか？」なんだけど・・・

これは簡単なことで、“高さ” が “2 倍” になれば “面積” も “2 倍”、“高さ” が “半分” になれば “面積” も “半分” になるという関係を言うんだよ !!　ウン！ウン・・・！

そこで、右の図を見てください！

△ OAB の面積の求め方は、

△ OAB ＝△ OAC ＋△ OBC

となるよね！ そのとき、それぞれの三角形の底辺を OC とおくことはいいよね?!

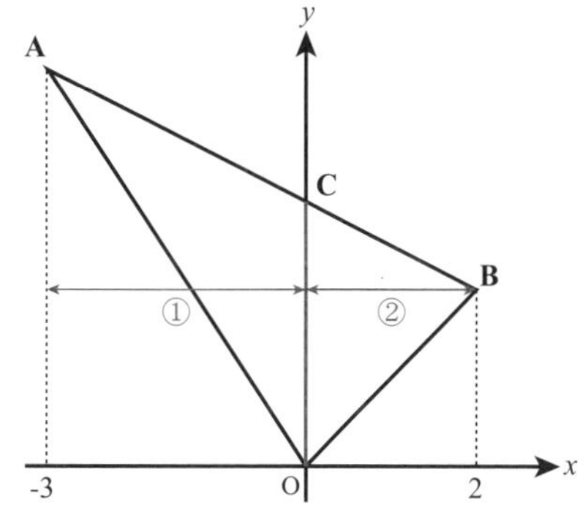

すると、右図の△ OAB は “底辺：OC”、“高さ：①＋②” の三角形の面積と等しいことがわかるかなぁ?!「エッ！ わからないだって・・・?!」

では、計算してみるよ！

△ OAB ＝ △ OAC ＋ △ OBC

$$= \left(\mathrm{OC} \times ① \times \frac{1}{2} \right) + \left(\mathrm{OC} \times ② \times \frac{1}{2} \right)$$

「ここで“チョコット”考えてみようか？」　ナニ？ナニ・・・？

ここで“共通因数”をさがしてみると、

| “OC”と“$\frac{1}{2}$” |

だよね?! だから

$\triangle$ OAB = $\triangle$ OAC + $\triangle$ OBC

= (OC × ① × $\frac{1}{2}$) + (OC × ② × $\frac{1}{2}$)

= $\frac{1}{2}$ OC （① + ②） ・・・・・ (＊)

（＊）から、つぎのことが言えるよ。

$\triangle$ OBC :[底辺 OC、高さ②の三角形]

$\triangle$ OAB :[底辺 OC、高さ (①+②) の三角形]

から、問題

「**面積に関して**$\triangle$ OAB は$\triangle$ OBC の何倍か？」

は、この 2 つの三角形の底辺を OC ［共通（同じ)］としたとき、

「**“高さ”に関して**$\triangle$ OAB は$\triangle$ OBC の何倍か？」

と書き直せるでしょ?!　　　ナルホド！　なるほど・・・!!!

では続けるよ・・・。

$\triangle$ OBC の高さ：“②= 2”

$\triangle$ OAB の高さ：“①+②= 5”

よって、

「$\triangle$ OAB は$\triangle$ OBC の何倍か？」

（①+ ②） ÷ ②

= （3 + 2） ÷ 2

= 5 ÷ 2

= $\frac{5}{2}$

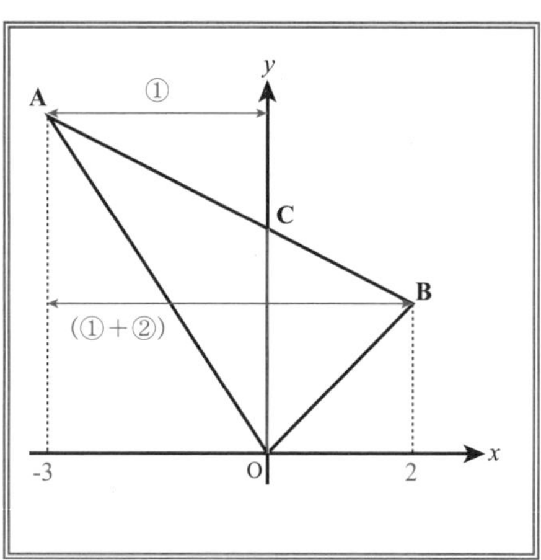

したがって、

$\triangle$ OAB は$\triangle$ OBC の$\frac{5}{2}$倍 ・・・・（答え）

中学1年 中学2年 中学3年

④原点を通り面積の等しい三角形

問題

$y=\dfrac{1}{2}x^2$ 上の2点、点A（－2，2）、点B（4，8）および原点Oからできる△OABと面積が等しい△PABを作りたい。ただし、点Pは放物線OB上にあるとする。このときの点Pの座標を求めてください。

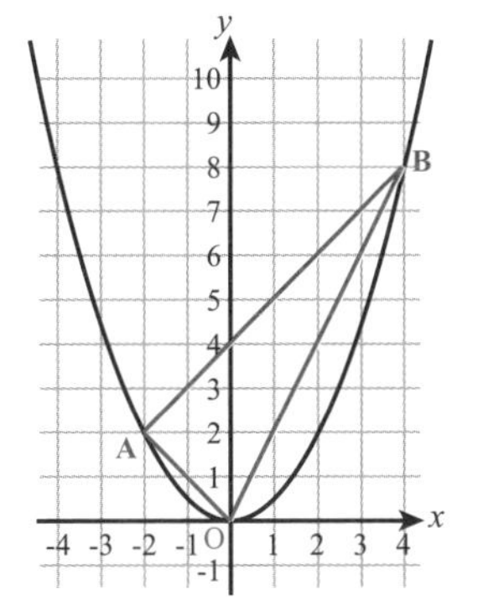

＜解説・解答＞

これもよ～く見る問題です！ これは“等積変形！”の利用だよ！

なんだっけ???

右枠の中の図を見て、なぁ～んだ！あれかぁ～！と見覚えがあるでしょ?!

底辺BCにおいて平行線上の点A_1、A_2、A_3によってできる三角形は、底辺BCが共通でかつ、2直線は平行ゆえ

△A_1BC＝△A_2BC＝△A_3BC

はすべて高さが同じ。

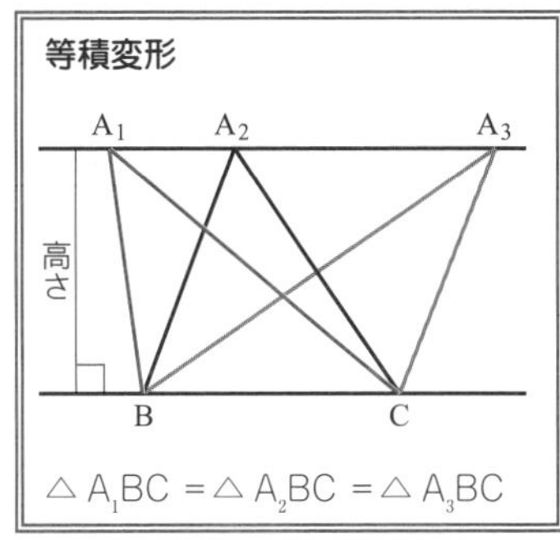

よって“面積は等しい”　う～ん・・・！　ナルホド！なるほど！

思い出したかなぁ？ だから、この平行線を“斜め”にすれば、問題と同じ形になることに気づくかがポイントなんだね！！

わかってるよぉ～だ！

右の図を見てください！

“赤い直線”があるでしょ？

「これをどのように引くか？」

この赤い線と放物線の交点（矢印！）が求めたい点Pになるんだよ！

△ABPは△ABOと“底辺AB”が共通！ということは、高さが等しければいいんだから、

ジャ〜ン！

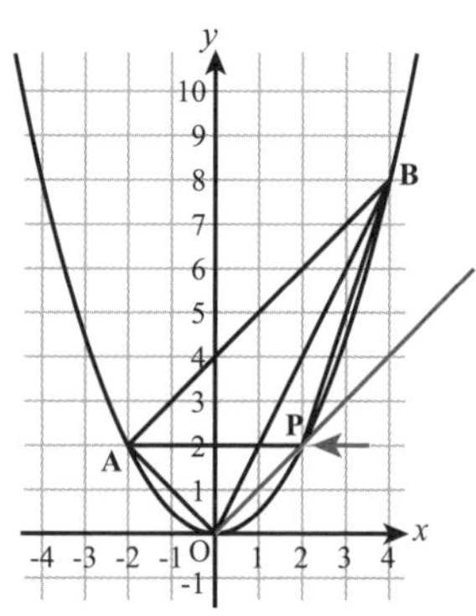

“赤い線”は底辺ABと

“平行!!”

に引く！

これがポイントなんだね！　　ウンウン！

よって、線分ABの傾きは“1”だから、原点を通り“傾き1”の赤い直線を引けばOK！　すると、この直線と曲線との交点が求めたい点Pとなるんだ！　　「どうかなぁ〜？　わかった??!」ハイ!!

では、やるよ。

まず、赤い直線は原点を通り、この直線の方程式は傾き1だから、

$y = x$　　・・・・①

だね！　あとは、$y = \frac{1}{2}x^2$ と $y = x$ を連立させて、点Pの座標を求めればよいわけだ！ さてさて、ここからは“2次方程式を解く”！

$$\begin{cases} y = x & \cdots\cdots ① \\ y = \dfrac{1}{2}x^2 & \cdots\cdots ② \end{cases}$$

分数が入っている！　大キライ！

さあどうしましょう。練習しましたよね？　　ウ〜ン・・・

まずは、“x”だけの式にしなければいけないことはわかるよね？！

$$\frac{1}{2}x^2 = x$$

これで2次方程式の形になりました。

「こうなるとやることは・・・だね?!」

「わかりますか??」

そう！ (左辺) = 0 にするんです！ 「思い出したかなぁ？」

では、続けるよ。「あっ、ゴメン！ 先に分母を払うのがいいね！」

$$\frac{1}{2}x^2 = x \quad \text{［両辺2倍して分母を払う！］}$$

$$x^2 = 2x \quad \text{［移項：(左辺) = 0］}$$

$$x^2 - 2x = 0$$

$$x(x-2) = 0$$

$$x = 0,\ 2$$

ヨシヨシ！ 解けたぞ！ でも2個出てきたけど・・・?!

では、座標として表して見てみましょう！

①より

$x = 0$ ： $y = 0$ 　　座標O（0，0）

$x = 2$ ： $y = 2$ 　　座標P（2，2）

ほらね！ 座標にしてみるとわかりやすいでしょ！ 問題解決だね!!

よって、

点P（2，2）・・・・・（答え）

徐々に数学を解いているような感じになってきましたか？ ここは高校数学の入り口だから、すこし難しいよね・・・

では、あと1問やっておわりだよ！

数学なんて嫌いだぁ～！

でも面白いかも？

⑤辺の上を動く点と面積

問題

長方形 ABCD（AB = 6 [cm]、AD = 3 [cm]）がある。点 A から 2 点 P、Q がそれぞれ秒速 2 [cm]、秒速 1 [cm] でスタートし、点 P は点 B、C と移動して点 D まで動き、点 Q は点 D に着いた時点で止まるとする。

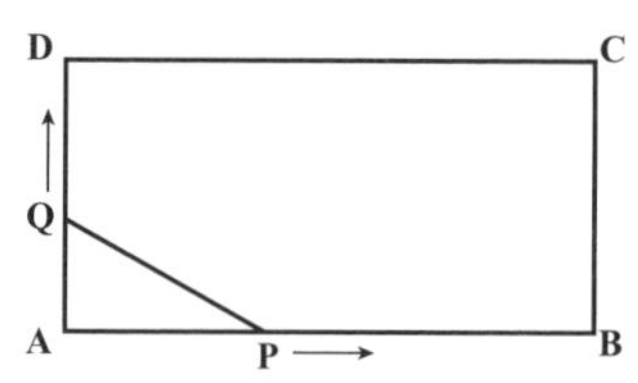

この 2 点 P、Q が同時にスタートしたとき x 秒後にできる△ APQ の面積を y [cm^2] とする。

（1）つぎの場合について、

y を x の式で表してください。

① $0 \leqq x \leqq 3$

② $3 \leqq x \leqq 4.5$

③ $4.5 \leqq x \leqq 7.5$

（2）（1）のグラフをかいてみよう。

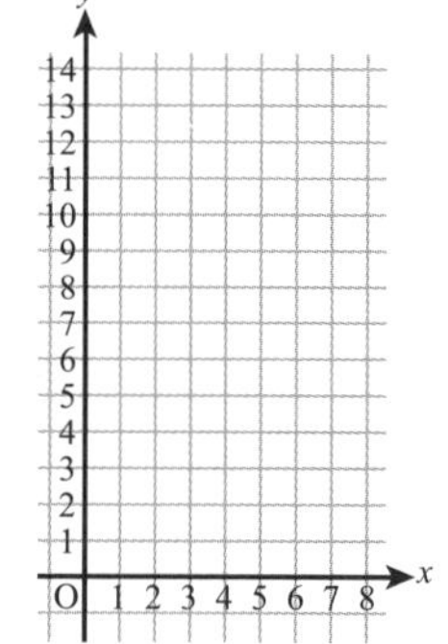

< 解説・解答 >

辺上を点が動いてできる三角形の面積の問題はよく出題されるんです。この問題は時間により［底辺］と［高さ］が変化するから多少めんどうなんです！ でも、今回は時間の変化が場合分けされているので、よ～く考えればできるからがんばれぇ～！　　　　は～い !!

（1）

まずは、時間の場合分けをしてくれているので、それに合わせて問題を図で表してみようか？!

① $0 \leqq x \leqq 3$

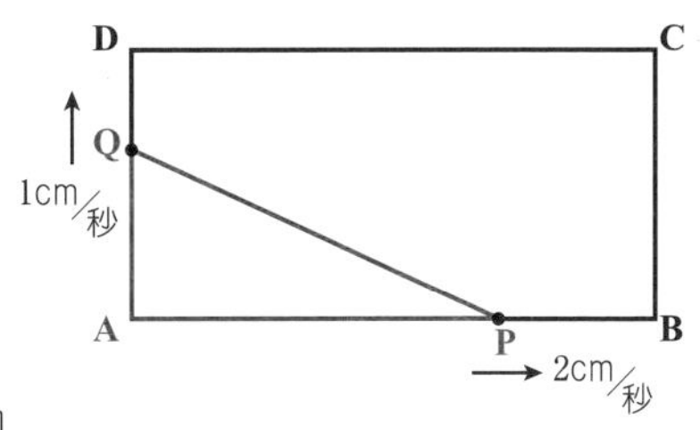

この不等式は、0秒から3秒までを表しています。

△APQの面積は右図より、
[底辺：AQ]、[高さ：AP] だから、
AQ ＝ x [$1 \times x$]、AP ＝ $2x$ [$2 \times x$]
だよね！　ゆえに、面積 y は、

$$[\triangle \text{APQ の面積}] = [\text{底辺：AQ}] \times [\text{高さ：AP}] \times \frac{1}{2}$$

$$y = x \times \cancel{2}_1 x \times \frac{1}{\cancel{2}_1}$$

$$= x^2$$

よって、　$\underline{y = x^2}$ ・・・・（答え）

② $3 \leqq x \leqq 4.5$

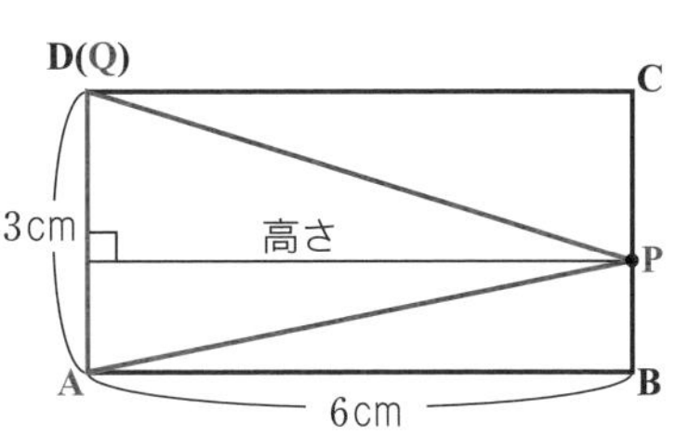

この不等式は、3秒から4.5秒までを表しています。

△APQの面積は右図より、
[底辺（一定）：AQ]、[高さ：AB]
だから、AQ ＝ 3、AB ＝ 6

ゆえに、面積 y は、

$$[\triangle \text{APQ の面積}] = [\text{底辺：AQ}] \times [\text{高さ：AB}] \times \frac{1}{2}$$

$$y = 3 \times 6 \times \frac{1}{2}$$

$$= 9$$

よって、

$\underline{y = 9}$ ・・・・（答え）

ここまでの説明でだいぶわかってきたでしょ？ でもね、③は案外悩むんだよ！ [高さ：QP] の表し方が難しいんだな！

③ $4.5 \leqq x \leqq 7.5$

この不等式は、4.5 秒から 7.5 秒までを表します。

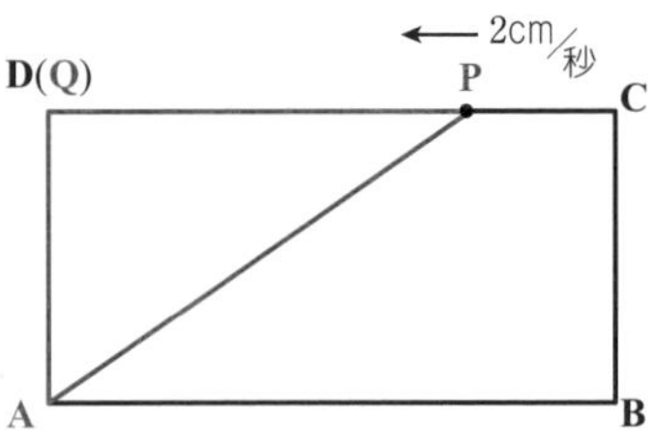

△ APQ の面積は右図より、

[底辺：AQ]、[高さ：QP] だね！

だから、

AQ = 3、QP = $15 - 2x$ [QP = (AD：B 経由) − (AP：B 経由)]

面積 y は

[△ APQ の面積：y] = [底辺：AQ] × [高さ：QP] × $\frac{1}{2}$

$$y = 3 \times (15 - 2x) \times \frac{1}{2}$$
$$= -3x + \frac{45}{2}$$

ここがムズカシイよね！

よって、

$$y = -3x + \frac{45}{2}$$ ・・・・（答え）

(2)

①②③のグラフは右図のようになる。

① $0 \leqq x \leqq 3$

$$y = x^2$$

② $3 \leqq x \leqq 4.5$

$$y = 9$$

③ $4.5 \leqq x \leqq 7.5$

$$y = -3x + \frac{45}{2}$$

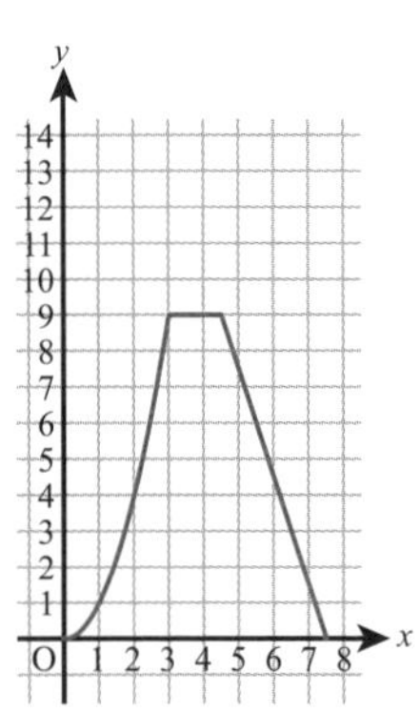

[アドバイス！]

③の部分のグラフは、②の点（$4.5, 9$）から x 軸上の 7.5 に線を引けばおわりだよ！

そうか・・・！（ニコニコ！）

中学3年

第6話

相似

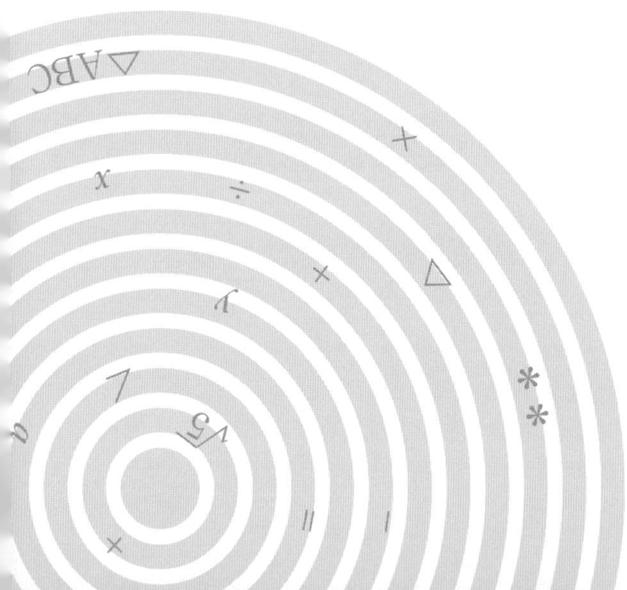

Ⅷ “相似”とは？

“相似な図形”と“相似比”

合同な図形と聞けばイメージできると思いますが、相似な図形と言われても同様にイメージできますか？　では、五角形を使ってお話ししますね。

図1

この3つの五角形は相似です！

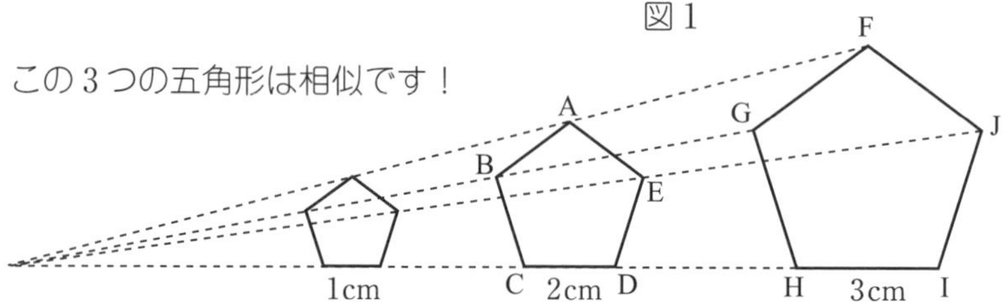

そこで、相似な図形の性質について、つぎのことが言えるんですよ！

> **相似な図形の性質**
>
> ・相似な図形では、対応する線分の長さの比はすべて等しい。
>
> ・相似な図形では、対応する角の大きさはそれぞれ等しい。

上の性質から、相似とは大きさが違うだけで対応する角はすべて等しく、また、対応する辺どうしの割合は一定なんですね。そこで対応する辺どうしの割合のことは **“相似比”** と言います。

すると、「相似比はどのように求めるのか？」気になりますよね！ベツニ！

> **相似比：** 対応する辺（線分）の長さの比を相似比と言う。

そこで、（図1）において、

「五角形 ABCDE ∽ 五角形 FGHIJ の相似比は？」

と問われたら、“2：3”・・・・（答え）

または、**「五角形 ABCDE の五角形 FGHIJ に対する相似比は？」**

と問われたら、比の値を利用して“$\frac{2}{3}$”と答えることもできます。

では、問題を通して理解度を確認しておきましょう。

問 題　つぎの２つの四角形（等脚台形）が相似であるとき、各問いについて考えてみましょう。

（1）四角形 ABCD と四角形 EFGH の相似比を求めてください。

（2）辺 EF の長さを求めてください。

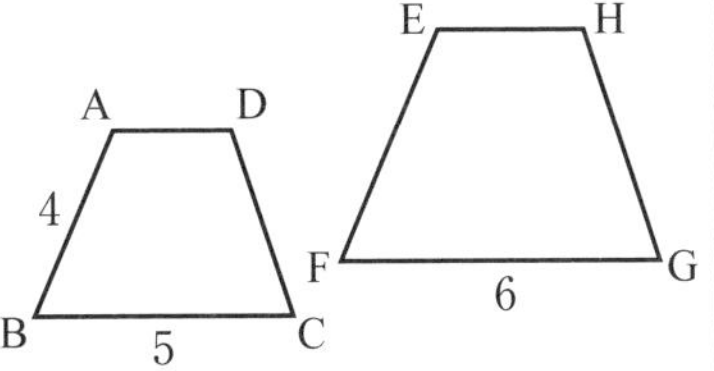

＜解説・解答＞

（1）相似比は「対応する辺の比」より、

BC：FG ＝ 5：6

よって、　相似比は、<u>5：6・・・・（答え）</u>

（2）対応する辺の比は全て相似比と同じゆえ、対応する辺の長さと相似比から **“比例式”** を立てればいいんですね！

そこで、EF ＝ x とおくと、AB：EF ＝ BC：FG より

$4 : x = 5 : 6$ ・・・（＊）

ここで、比例式の性質も確認しておきましょうか！

$a : b = c : d$ において、「（外項）の積は（内項）の積に等しい」より

$$a \times d = b \times c$$

よって、（＊）の比例式を解くと、

$5x = 4 \times 6$　　$x = \dfrac{24}{5}$

したがって、

<u>EF ＝ $\dfrac{24}{5}$・・（答え）</u>

（別解） 比の値が等しいより、

$\dfrac{4}{x} = \dfrac{5}{6}$（両辺逆数ととる→）$\dfrac{x}{4} = \dfrac{6}{5}$

（たすき掛けにかけて）

$\dfrac{4}{x} \times \dfrac{5}{6}$ → $5x = 4 \times 6$

$x = \dfrac{24}{5}$

$x = \dfrac{6}{5} \times 4$

$= \dfrac{24}{5}$

では、これ以降は、相似でメインとなる三角形の相似に関して話を進めていきたいと思います！

三角形の相似条件

相似とは、「ある形をそのままの形状で“拡大・縮小”したもの！」なかなか言葉だけではピ～ンとこないよね？! では、下の2つの図を見てください！

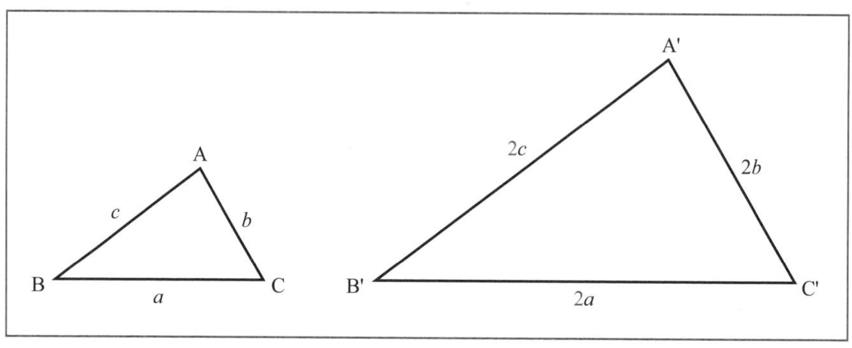

この2つの三角形が“**相似**”なんです！　ふ～ん・・・

△ABCの角度はそのままで、辺の長さをすべて2倍（拡大）にしたのが△A′B′C′です！ 当然、逆に△A′B′C′から見れば各辺を$\frac{1}{2}$倍（縮小）したものが△ABCとなります。はじめに話をしたように、形状はそのままで“大きく”したり、“小さく”したりした図形どうしの関係を相似ということが、なんとなく理解できたかなぁ～・・・？

今回の“相似”の項目も中学2年の“合同”みたいに、形が似ていて大きさが違うから「ハイ！ これは相似だよ！」なぁ～んていうことはできなくて、ちゃんと証明をしなくてはいけません！

まったくメンドクサイヨネ！　ブゥ～・・・！

そこで、今回も“合同”と同様に、まずはこの2つの図形が相似であるというための、“**相似条件**”を覚えなくてはどうしようもないんだね！

よって、はじめにそこのとこから説明することにしようかなぁ!!

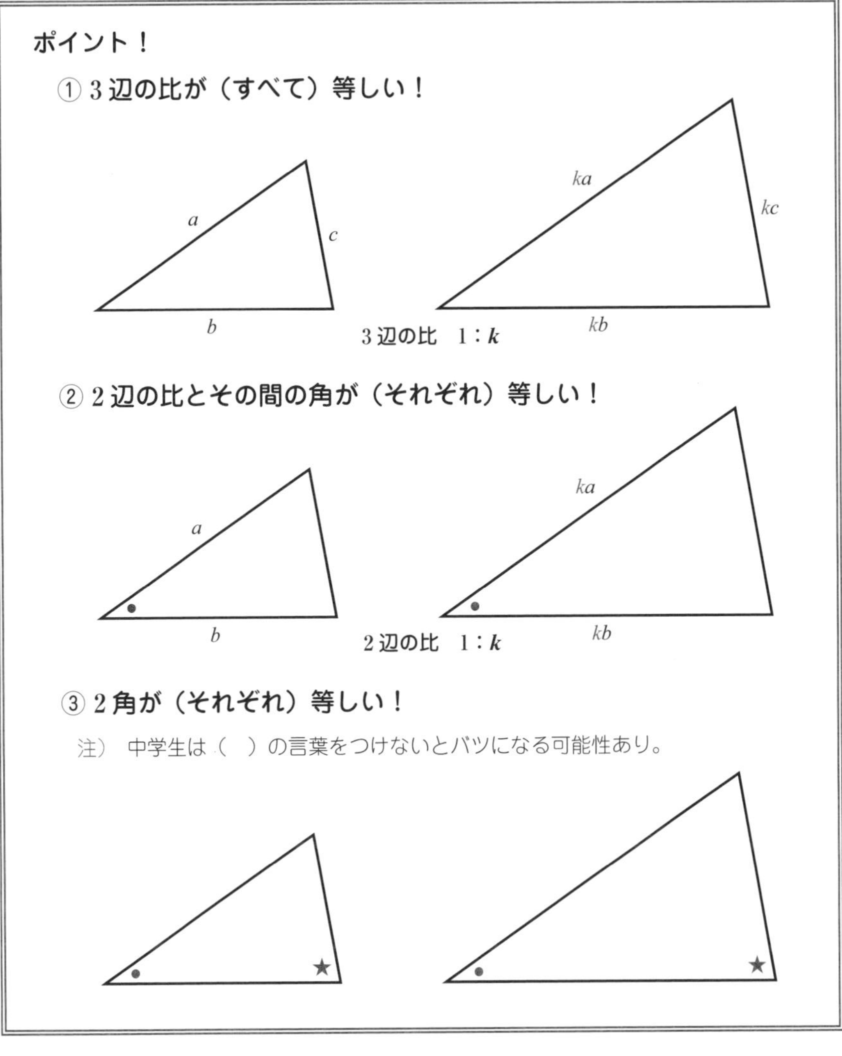

ポイント！
① 3 辺の比が（すべて）等しい！
a
c
b
ka
kc
kb
3 辺の比　1：k
② 2 辺の比とその間の角が（それぞれ）等しい！
a
b
ka
kb
2 辺の比　1：k
③ 2 角が（それぞれ）等しい！
注）　中学生は（　）の言葉をつけないとバツになる可能性あり。

この 3 つの条件を見ると、“合同条件”に似ている気がするでしょ？
しっかりとこの 3 つの“相似条件”も覚えてくださいね！

まずは慣れるためにも相似条件の読み取り練習をしましょうか?!

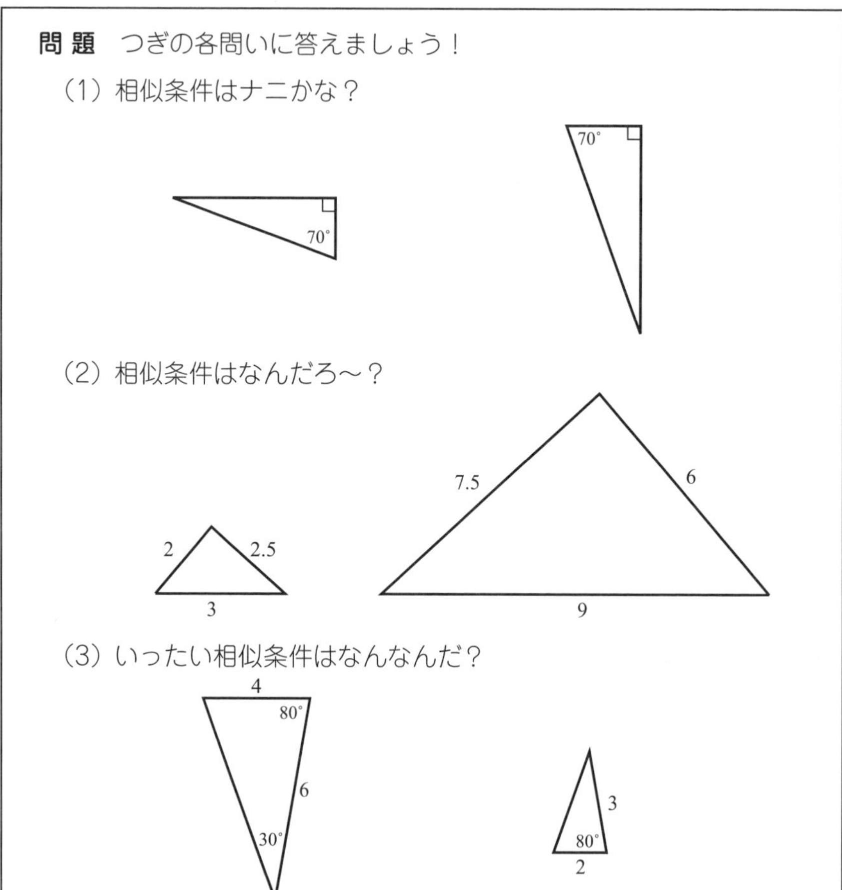

問題　つぎの各問いに答えましょう！
（1）相似条件はナニかな？
70°
70°
（2）相似条件はなんだろ〜？
2
2.5
3
7.5
6
9
（3）いったい相似条件はなんなんだ？
4
80°
6
30°
3
80°
2

< 解説・解答 >

図形のキライな人はコレはいったいなんなんだよぉ〜！　と怒りたくなるよね！　「その気持ちよ〜くわかるなぁ〜！」笑　　　でも、やろうね！

（1）「2角がそれぞれ等しい」・・・・（答え）

「エッ！　ナンデだよぉ〜？」なんて言わないでよ！　よく出るパターンなんだ！　気づかなかった人はここで覚えてね！　**70°** という数での条件

は1つだけど、もう1つ記号で条件が表示されているでしょ？ ∟ この左の図で“かど”についている赤で示した印はこの“かど”が90°を表しているんでしたね！ 他にも90°を表す印があったのを覚えているかな？「垂直：⊥」だよ！ この赤で示した印も覚えておいてね！

ということで、70° と 90° の2角が等しくなるから、この2つの三角形は相似です。　ナルホドネェ～・・・

(2)「3辺の比がすべて等しい」・・・・・（答え）

これはわかりやすかったでしょ?! 見ると3辺の長さしか条件が書いていないからね！笑　あとは、対応する辺の長さをさがして、どっちがどっちの“何倍”になっているかを考えればいいんだね！ すると、この場合は小さい三角形の各辺の“3倍”が大きい三角形の各辺の長さになっているでしょ?! 比でいうと、「1：3」。

だから、各辺の3倍がもう一方の対応する辺の長さになっているのでこの2つの三角形は相似です。　ウンウン！

(3)「2辺の比とその間の角がそれぞれ等しい」・・・・・（答え）

ちょこっとイタズラしておきました！笑　大きい方の三角形には角度が2つ（30°、80°）書いてあるよね。ときどきこのように一方だけに2ヶ所角度が書かれているものがあるから気をつけてね！ でも、この条件は見てすぐにわかったよね？ 80°をはさんでいる両辺の長さに関して、小さい方が大きい方の長さの半分だからね！（大きい方から見れば、小さい方の2倍）よって、80°をはさむ対応する両辺の比が同じなのでこの2つの三角形は相似です。

なんだか“合同”と似ているような気がするでしょ？ でもね、実は相似の方がウ～ンと面倒なんだよ！

相似の証明

相似条件がなんとなくわかったところで、さっそく証明の勉強に入ってしまいましょう！

あっ！ その前に相似を表す記号を話さないと。ゴメンネ！

2つの△ABCと△PQRが相似としましょう！ そのときはつぎのように表します。

△ABC ∽ △PQR ［相似：∽］ 変な形だねぇ〜・・・

では、証明の書き方ですが、“合同”のときとほとんど同じ。忘れた人は中2の合同の項目を軽く読んでから始めてね。

まず忘れていると思うので最初に言っておきますが、証明で大切なことはたった1点！「**比較する2つの三角形の頂点の対応に注意！**」コレだけ！ 対応が間違っていると、ちゃんと書いてあるようでも“バツ”になるからね！ くれぐれも気をつけてください。 ハイ！

では、さっそく問題にチャレンジしてみましょう。

問題

右の図の中から相似であろう三角形を見つけて、それが相似であることを証明してください。

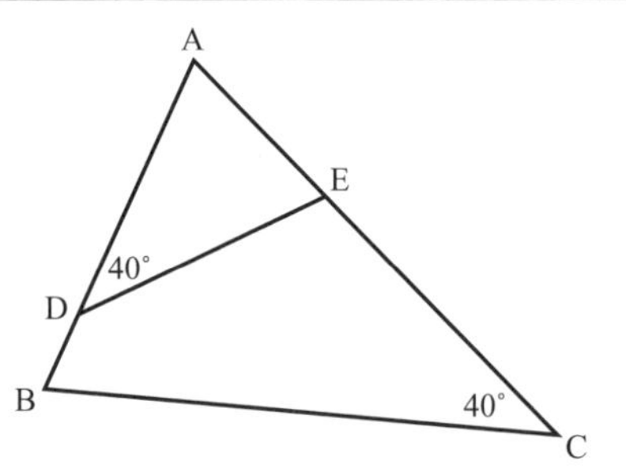

＜解説・解答＞

「アレェ〜？ さっきと違って、条件が見えないぞぉ〜？」と思うでしょ？ それで当然！ でも、相似であろう（？）2つの三角形は想像つくよね？ ちなみに“相似”条件は「**2組の角が等しい！**」だよ！

ウ〜ン・・・

一言　コレ以降は **“証明”** を **（証）** の一字で表示します。この方が一般的なので！

（証）	［注意！］
	最初に“証”を書く！
△ABCと△AEDにおいて	△ABC ⟷ △AED（対応）
∠ACB＝∠ADE＝40°　・・・①	頂点の対応に注意！・・・①
∠BAC＝∠EAD（共通）・・・②	∠Aは共通　・・・・②
よって、①②より	と書く先生もいます！
2組の角がそれぞれ等しいので	“それぞれ”を書かないと“バツ”
△ABC∽△AED	にされる可能性あり！（中学生は）
おわり	最後に“おわり”を書く！

どうですか？　読んでいて「ナルホドォ～！ 合同のときと同じだ！」と感じてもらえたかな？ 念のために、左側の証明を書くときの“注意点”を行を合わせて右側に書いておきました！ 中2のときに言ったように、自分で書かなければ、証明は書けるようになりません。つらいですが、がんばりましょうね！ では、証明問題をあと2題ほどやってみようか！

問題

つぎの図において相似の三角形をさがし、証明してみよう！

（1）

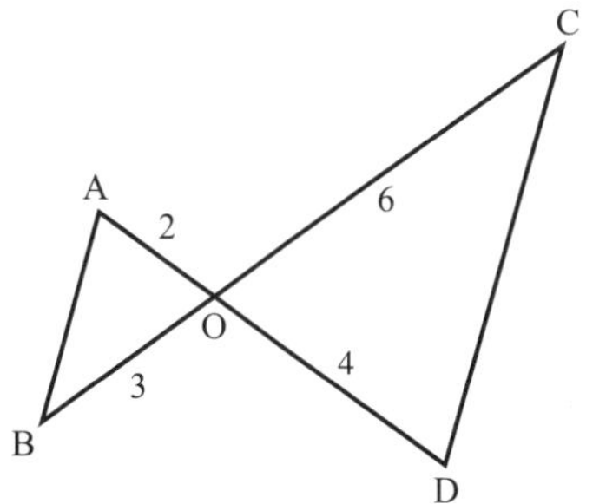

（2）第7話終了後にやってね！

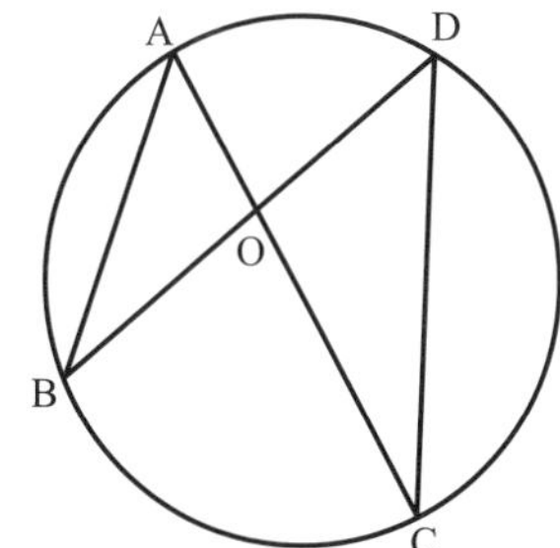

＜解説・解答＞

(1) この2つの相似条件はすぐに見えたかなぁ？

「2辺の比とその間の角が等しい」だよ！

では、証明を書いてみましょうか！

(証)

△OAB と△ODC において、

∠AOB ＝ ∠DOC（対頂角）　・・・・・①

OA ： OD ＝ OB ： OC ＝ 1 ： 2　・・・・・②

よって、①②より

2組の辺の比とその間の角がそれぞれ等しいので、

△OAB ∽△ODC

おわり

(2) 円ですね！ 旧過程の方は久々の出会いゆえ、基本的な知識が遠くかなたへ飛んでいってしまっているかもね?!　ポイントは**円周角**！

では、以下の証明を読んで思い出してね・・・　　ハ~イ！

(証：1)

△OAB と△ODC において、

∠AOB ＝∠DOC（対頂角）・・①

∠OAB ＝∠ODC（円周角）・・②

よって、①②より

2角が（それぞれ）等しいので

△OAB ∽△ODC

おわり

(証：2)

△OAB と△ODC において、

∠OAB ＝∠ODC（円周角）・・①

∠OBA ＝∠OCD（円周角）・・②

よって、①②より

2角が（それぞれ）等しいので

△OAB ∽△ODC

おわり

2通りの証明を書きました。どちらでも問題はありませんからね！

三角形と比

やっと相似の基本は全ておわりましたので、そろそろ相似と比の関係のお話をしますね！

問題

下図の中の２つの三角形は相似の関係にあります。

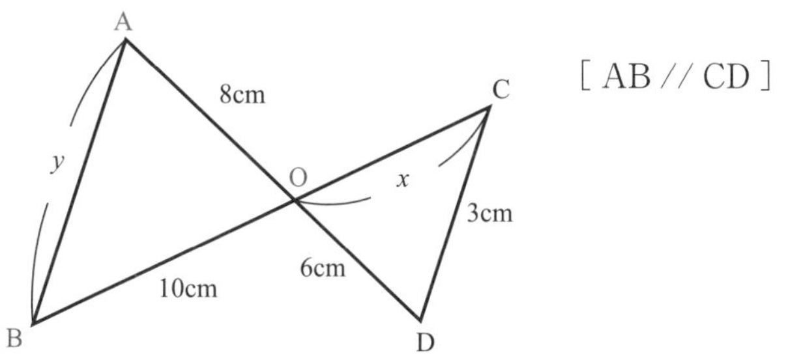

では、x、y の長さはそれぞれ何［cm］ですか？

＜解説・解答＞

△OAB と△ODC は相似だから、対応する各辺の比は等しいよね？!
そこで、つぎのように２通りに比の式が書けるよ。

なんだって・・・??!　涙

（i）対応する辺を意識した式

$$OA : OD = OB : OC$$
$$8 : 6 = 10 : x$$
$$8x = 6 \times 10$$
$$x = \frac{60}{8}$$
$$= \underline{\frac{15}{2}\ [\mathrm{cm}]}$$

・・・・（答え）

（ii）三角形どうしを意識した式

$$OA : OB = OD : OC$$
$$8 : 10 = 6 : x$$
$$8x = 10 \times 6$$
$$x = \frac{60}{8}$$
$$= \underline{7.5\ [\mathrm{cm}]}$$

・・・・（答え）

「どうかなぁ〜？」対応する辺を意識しながら、（ｉ）or（ｉｉ）の比の式は書けそうですかぁ？　　　　「ちなみに私は（ｉ）の方が好きです！」

では、同じようにして y を求めてみるよ！

「アノォ〜、チョットォ・・・？」

　　　ナニナニ？　どこか変かなぁ〜・・・？

「答えが①では分数で、②では小数なんだけどどっちが答え？」

　　　あ〜！　ごめん！　ゴメン！　どっちでもいいんだよ！

「えっ・・・??」

　問題を見て判断すればいいんだ！　つぎの練習問題の解説で話すね。

y を（ｉ）のパターンで求めるよ。

$$OA : OD = AB : DC$$

$$8 : 6 = y : 3$$

$$6y = 3 \times 8$$

$$y = \frac{24}{6}$$

$$= 4 \text{ [cm]}$$ ・・・・（答え）

では、今度はみなさんがやるんだよ！

問題　つぎの x、y の値を求めてみよう！

（1）［BC//DE］　　　　（2）［AB//DE］

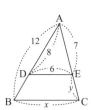

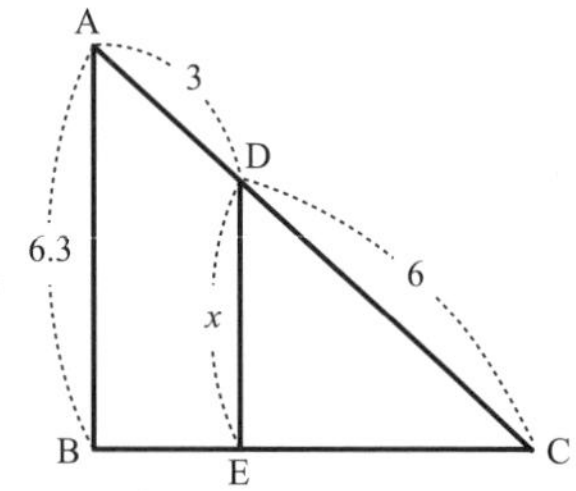

＜解説・解答＞

（1）まず、相似な三角形を見つけないとね！

△ABC ∽ △ADE だよ！［条件：2角がそれぞれ等しい！］

x を求めるよ！

$$AB : AD = BC : DE$$
$$12 : 8 = x : 6$$
$$8x = 12 \times 6$$
$$x = \frac{72}{8}$$
$$= 9$$

y を求めるよ！

$$AB : AD = AC : AE$$
$$12 : 8 = (7 + y) : 7$$
$$8 \times (7 + y) = 12 \times 7$$
$$56 + 8y = 84$$
$$8y = 84 - 56$$
$$= 28$$
$$y = \frac{28}{8}$$
$$= 3.5$$

よって、

$x = 9$、　$y = 3.5$　・・・・・（答え）

（2）ここでも、とにかく相似の三角形を探すよ！

△CAB ∽ △CDE だね?!　［条件：2角がそれぞれ等しい！］

$CA : CD = AB : DE$ より

$$9 : 6 = 6.3 : x$$
$$9x = 6 \times 6.3$$
$$x = 37.8 \div 9$$
$$= 4.2$$

よって、

$x = 4.2$　・・・・（答え）

ほとんどの場合、**少数第1位までで割り切れる**ようになっています。よって、辺の長さゆえ、一般的には小数で表す方がいいね！ただ、ときどき、**割り切れない場合もあるので、そのときは分数**でいいよ！

中学1年　中学2年　中学3年

平行線と比

「どうかなぁ？」 ここまでは練習のために相似の三角形を探し出し、対応する辺を比の関係式で表してもらうのが目的でした。

では、つぎにもう少しラクに比を使って長さが求められるお話をすることにします !!

はじめに、平行線と比の関係をまとめておくよ！

△ ABC において

(1) DE// BC のとき、

① AD : AB ＝ AE : AC ＝ DE : BC

② AD : DB ＝ AE : EC

（②は下の (3) と同じだよ！）

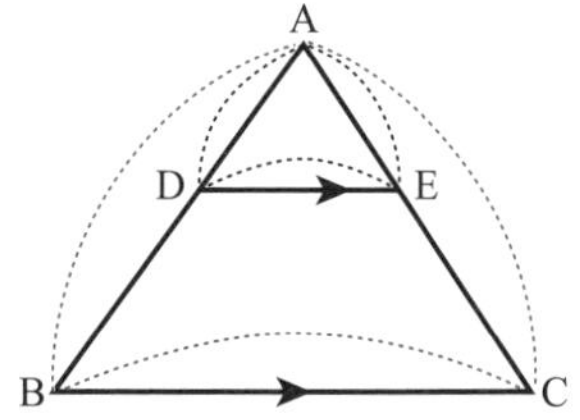

(2)

③ AD : AB ＝ AE : AC ならば DE//BC

④ AD : DB ＝ AE : EC ならば DE//BC

平行線において

(3) 直線 l、m、n が　l // m // n のとき、

⑤ AB : BC ＝ DE : EF

雪だるまの形！笑

（1）の②も“雪だるま”の形だね！

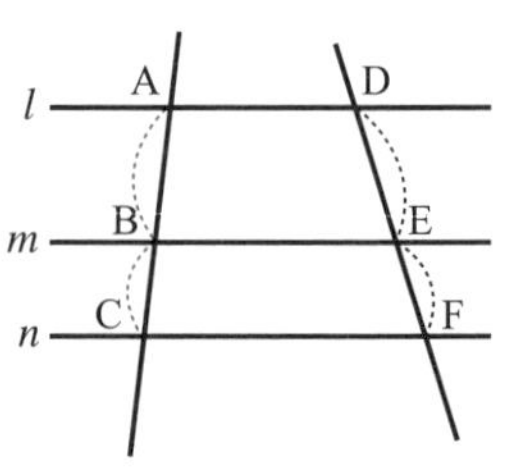

この赤い枠の中の関係をしっかりと覚えてください。これからはこれを利用して問題を解いていくんだからね！

では、さっそくだけど赤い枠の中の“平行線と比”の関係を使ってみましょうか？

下の図において、$l//m//n$ とするとき、x の値を求めてください。

(1)

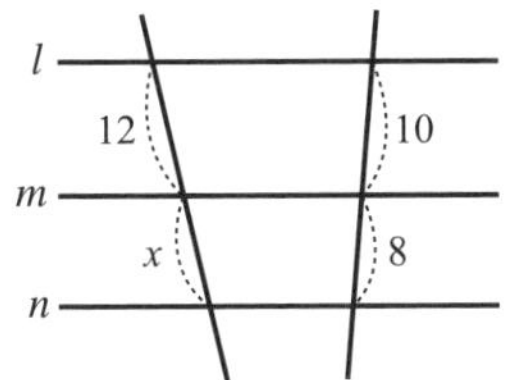

(2)

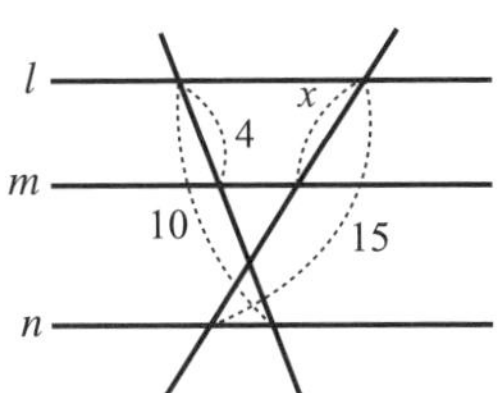

＜解説・解答＞

(1) 簡単！ カンタン！

えっと、これは“雪だるま”だね！

$$x : 12 = 8 : 10$$

$$10x = 8 \times 12$$

$$x = 96 \times \frac{1}{10}$$

$$= \underline{9.6} \quad \cdot\cdot\cdot\cdot \text{（答え）}$$

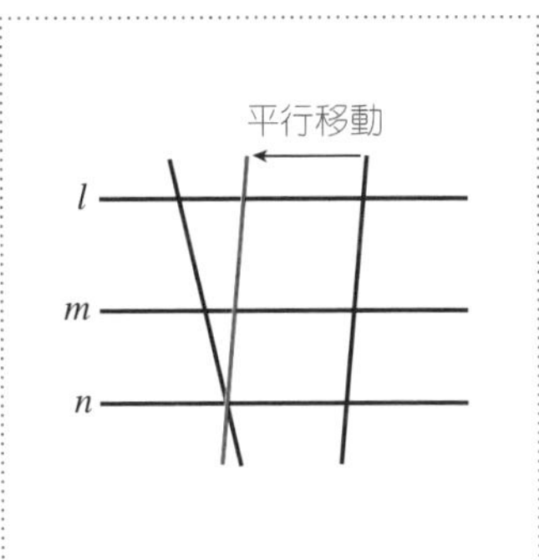

右図の枠のように赤い線へ平行移動して考えれば理解しやすいかなぁ？ よって、どちらかの線を平行移動することで、三角形と比の関係と同様に考えられることをこの問題で理解してもらえればうれしいんだけど・・・。だから、今後は平行移動させないで、直接、比の関係式を作ってくれてかまわないからね！ そうなんだぁ～！

(2) これも平行移動してみるとわかりやすいかなぁ？

右図のように平行移動して考えようね！

よって、

$$4:6 = x:(15-x)$$
$$6x = 4(15-x)$$
$$= 60-4x$$
$$6x+4x = 60$$
$$10x = 60$$
$$x = 6$$ ・・・・（答え）

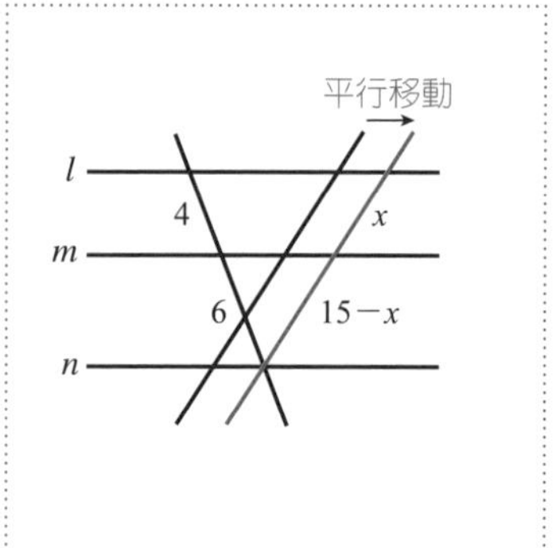

どうですか？ このような、比を使って辺の長さを求める問題は、相似の問題とリンクさせればいくらでもできてしまうので、ここで、よく見る形の問題をいくつかやることにしましょう！

問 題

右図において、つぎの問いを考えてください。

（1）BE：DE を求めてね！

（2）BF、EF の長さは？

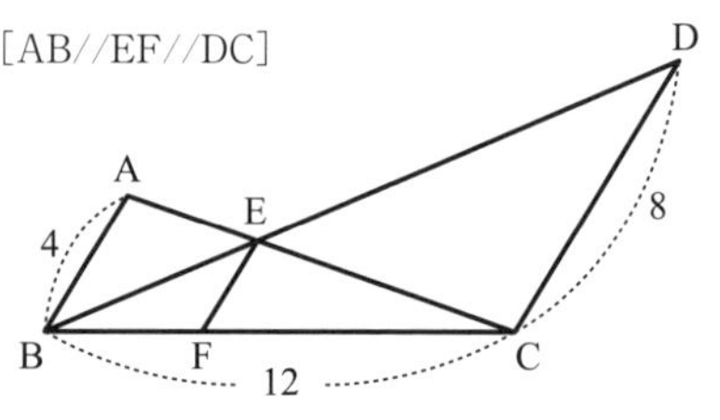

＜ 解説・解答 ＞

（1）この BE：DE を求めるには、2 つの“相似”な三角形を見つけ出すことがポイントだね！　　「言っていること、わかるかなぁ？」

△ EAB ∽△ ECD（相似条件：2 角が等しいだよ！）大丈夫かなぁ？

これがわかれば、あとは対応する辺をさがし、比で表せばおわり！

う〜ん・・・

△EAB ∽ △ECD より、　　　　　　　　「疲れたでしょ！」 ウン！

$$BE : DE = AB : CD$$
$$= 4 : 8$$
$$= \underline{1 : 2}\quad \cdots\cdots \text{（答え）}$$

(2) ここでも2つの“相似”な三角形を見つけないとね?!

「見つかったかなぁ？」 では、言っちゃうぞ！

△BEF ∽ △BDC（相似条件：2角が等しいだよ！）

どうかなぁ～？ これから先の方針は見えますか？

仕方ない！ 私がやってしまいましょう！笑

△BEF ∽ △BDC より、

BF ＝ x とおくと、

$$BF : BC = BE : BD \text{ であるから、}$$
$$x : 12 = 1 : 3\ [=1+2]$$
$$3x = 12$$
$$x = 4$$

［AB//EF//DC］

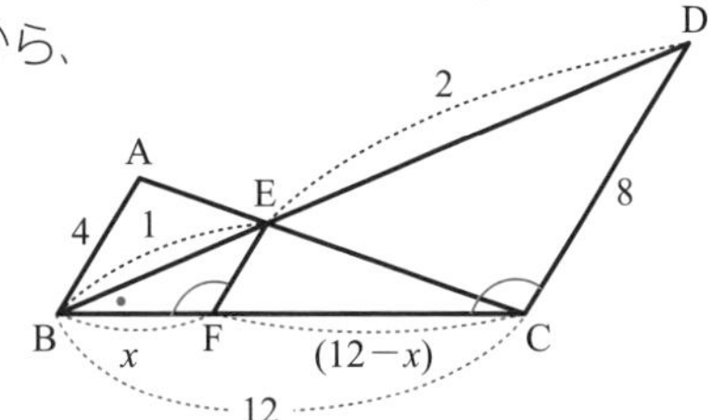

よって、

$$\underline{BF = 4 \cdots\cdots \text{（答え）}}$$

「雪だるまでも解けるよ！」

同様に、EF ＝ y とおくと、

$$EF : DC = BE : BD \text{ であるから、}$$
$$y : 8 = 1 : 3\ [=1+2]$$
$$3y = 8$$
$$y = \frac{8}{3}$$

［AB//EF//DC］

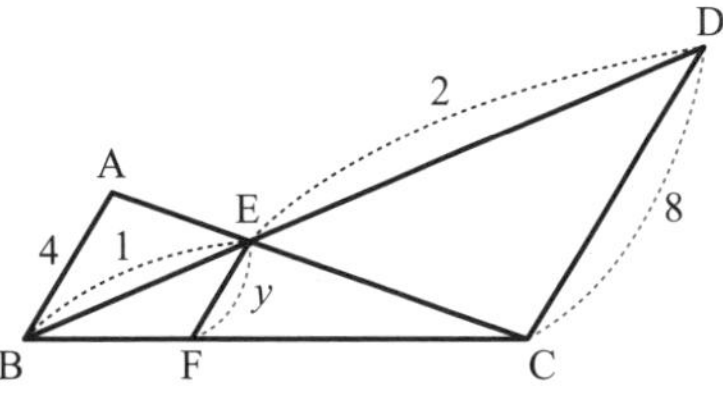

よって、

$$\underline{EF = \frac{8}{3} \quad \cdots\cdots \text{（答え）}}$$

問 題

右図の平行四辺形 ABCD において、辺 AD を 2：1 に分ける点を E、BE の延長線と CD の延長線の交点を F とする。また、線分 BE と線分 AC の交点を G としたとき、以下の問いについて答えてください。

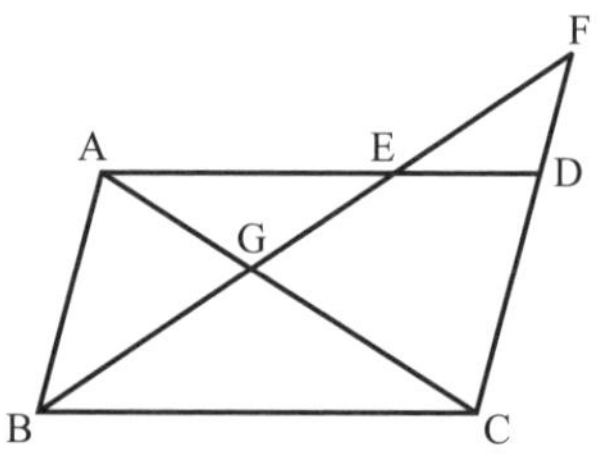

（1）AE：BC、ED：BC を求めてください。

（2）FD：FC を求めてみよう。

（3）BF ＝ 24 cm のとき、EF の長さを求められるかな？

< 解説・解答 >

この問題は、四角形 ABCD が平行四辺形ということから、AD//BC がポイントになるんだね。わかっているかなぁ？

（1）四角形 ABCD が平行四辺形から AD ＝ BC で、条件から AE：ED ＝ 2：1。また、△ GAE ∽△ GCB（条件：2 角が等しい）より、

AE：BC ＝ 2：3 ・・・・（答え）

大丈夫かなぁ？ 点 E は辺 AD（＝ BC）を 3 等分したうちの 2 個と 1 個に分けた点だから、ED を 1 と考えれば、BC は 3 の大きさと考えられるよね！？

つぎは、ED：BC だけど、これは△ FED ∽△ FBC（条件：2 角が等しい）より、

ED：BC ＝ 1：3 ・・・・（答え）

相似を利用しなくても、ED を 1 と考えれば BC は 3 の大きさと考えられるからね！

（2）

△ FED ∽△ FBC が見えれば簡単だね！？ だから、（1）の結果より

FD：FC ＝ ED：BC ＝ 1：3 ・・・・（答え）

(3)

(2) の FD：FC ＝ 1：3 より、

FD：DC ＝ 1：2　・・・・・①

また、ED (AD) // BC より、(雪だるまだよ！)

FE：EB ＝ FD：DC だから、①より、

FE：EB ＝ 1：2

となる。これより、EF は BF を 3 等分したうちの 1 個だよね？ だから、

①②③は比を表すよ！
[ED//BC]

$$\begin{aligned} EF &= BF \div 3 \\ &= 24 \div 3 \\ &= 8 \end{aligned}$$

よって、

EF ＝ 8　・・・・（答え）

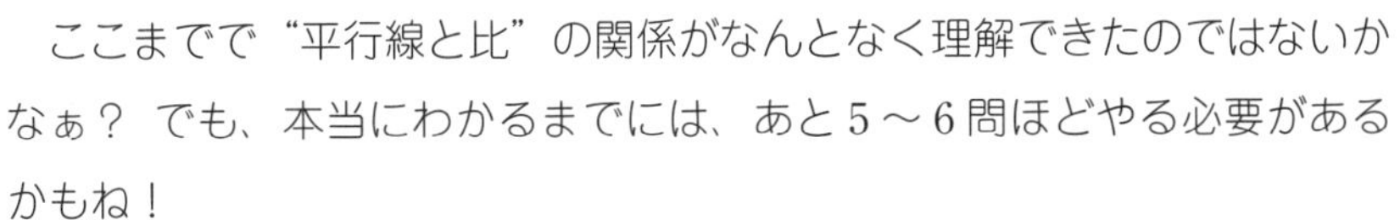

ここまでで“平行線と比”の関係がなんとなく理解できたのではないかなぁ？ でも、本当にわかるまでには、あと 5 ～ 6 問ほどやる必要があるかもね！

練習はみなさんにまかせるとして、つぎの話に移りたいんだけど？

今度は、三角形における“角の 2 等分線と辺の比”に関するお話です。これは、とっても大切というか、高校数学でよ～く出題される問題。

大学の入試でも、センター試験でもよく見るからね！

コレって中学の数学ではないのぉ？

角の二等分線と辺の比

右図のように、∠Aの二等分線を引き、辺BCとの交点をDとおくと、

AB ： AC ＝ BD ： CD

特に高校数学（センター試験）では頻出！

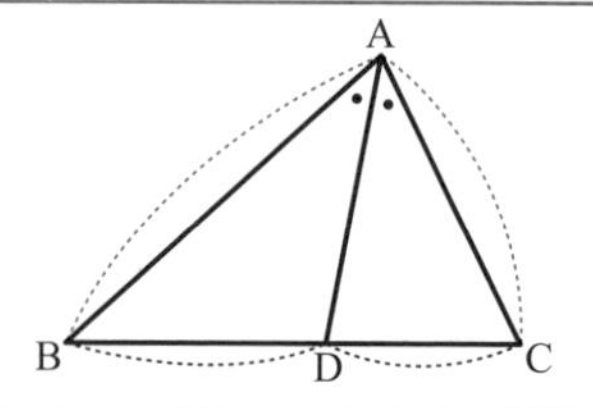

なんだか、見ただけではピ〜ンとこないよね！? まずはナゼこのようになるのか証明しておくね！

（証）

△ABCにおいて、BAの延長線と点Cから辺ADに平行な線を引いたときの交点をEとおく。

AD // ECより、

BA ： AE ＝ BD ： DC・・・・・①

また、△ACEにおいて、

∠DAC ＝ ∠ACE（錯角）・・・・②

∠BAD ＝ ∠AEC（同位角）・・・③

∠BAD ＝ ∠DAC（条件）・・・・④

よって、②、③、④より

∠ACE ＝ ∠AEC

から、底角が等しいので、

△ACEは二等辺三角形である。

だから、

AE ＝ AC・・・・⑤

ゆえに、①、⑤より

AB ： AC ＝ BD ： CD

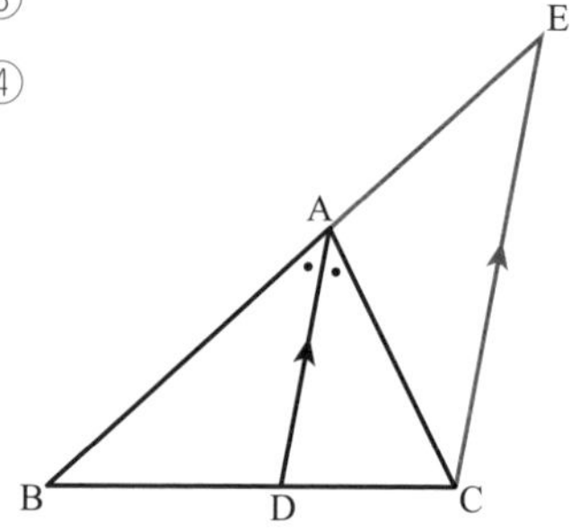

ム・ズ・イ・・・・・！

おわり

証明の書き方には、人により多少の違いはありますが、論理的に間違っていなければ問題はないからね！

では、納得できたならば、つぎはこれを使えるようにしないと話にならないのでさっそく問題をやってみようか？　ドキドキ！

問題

△ABCにおいて、∠Aの2等分線と辺BCとの交点をDとおき、AB ＝ 6、BC ＝ 10、CA ＝ 9のとき、

（1）BD：CDはどうなるかな？

（2）BDの長さは？

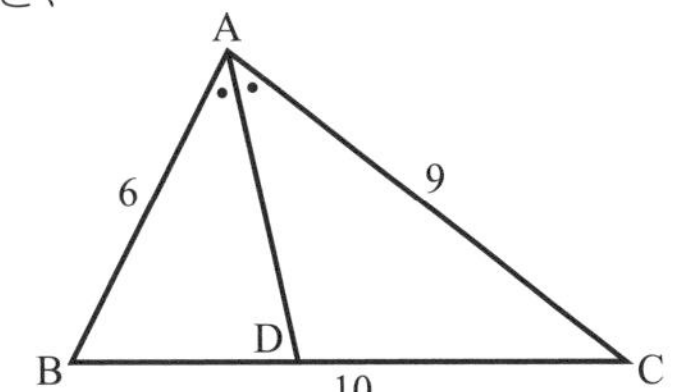

＜解説・解答＞

（1）線分ADが∠Aの2等分線ゆえ、

AB ： AC ＝ BD ： CD より、

BD ： CD ＝ 6 ： 9

＝ 2 ： 3

よって、

BD ： CD ＝ 2 ： 3 ・・・・（答え）

（2）BD ： CD ＝ 2 ： 3 より、

BDは辺BCを5（2＋3）等分したうちの2個分なんだね！

だから、

$$10 \times \frac{2}{5} = 4$$

よって、

BD ＝ 4 ・・・・（答え）

この問題はセンター試験などで本当によ～く出題されるんですよ！

では、今度は“中点連結定理”だよ！　これもマタマタ大変重要な項目なんだ。勉強することがたくさんで大変だね！

エッ？！まだイジメルノ・・・涙

中学1年　中学2年　中学3年

中点連結定理

中点連結定理

△ABCにおいて、2辺AB、ACの中点をD、Eとすると、以下の関係が成り立つ！

$DE \parallel BC$

$DE = \frac{1}{2} BC$

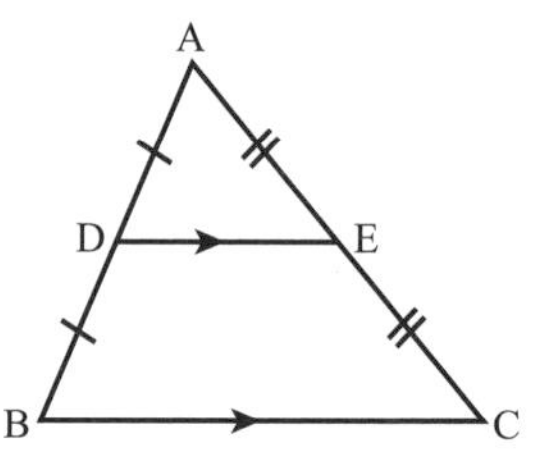

（証）

△ADEと△ABCにおいて、

$\angle DAE = \angle BAC$（共通）　・・・・①

$AD : AB = AE : AC = 1 : 2$（条件）・・・・②

①、②より、

2辺の比とその間の角がそれぞれ等しいので、

$\triangle ADE \backsim \triangle ABC$ ・・・・③

よって、$\angle ADE = \angle ABC$ かつ $\angle AED = \angle ACB$ より、同位角が等しいことから

$DE \parallel BC$ ・・・・・（＊）

また、②より、$AD : AB = DE : BC = 1 : 2$ ゆえ、

$$DE : BC = 1 : 2$$

$$2DE = BC$$

$$DE = \frac{1}{2} BC$$ ・・・・（＊＊）

したがって、△ABCにおいて、2辺AB、ACの中点をD、Eとすると（＊）（＊＊）より、

$DE \parallel BC$　かつ　$DE = \frac{1}{2} BC$

おわり

「どうかなぁ？」証明は書けましたか？　中2の合同の証明のところでも言いましたが、なかなか証明は気持ちよく書けるものではないよ！　ただ、一言注意をしておきますが、中学では学校の先生によってこだわりがあり、ちょっとした点で減点になることがあるから、気をつけてくださいね！

さぁ〜て、問題を解くことで理解度をチェックしましょうか？

問題

右図のように、△ABCにおいて、AB、BCの中点をそれぞれD、E。また辺BCをC側に伸ばし、ECと等しい長さの点をF（EC ＝ CF）とする。また、2点D、Fを結んだとき辺ACとの交点をGとおく。AC ＝ 10とするとき、つぎの問いについて考えてみてください。

（1）DEの長さを求めてみよう。

（2）AGの長さを求めてみよう。

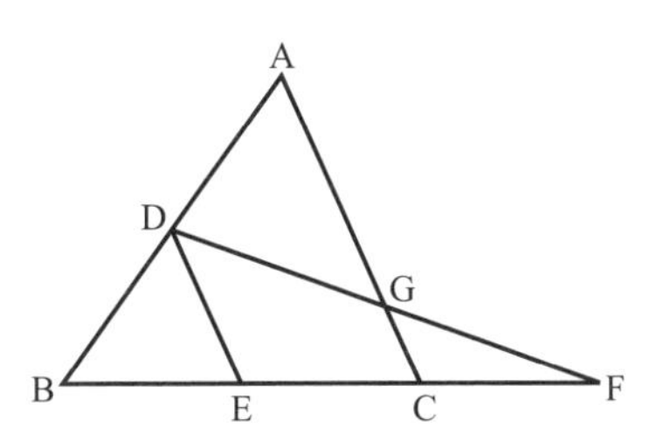

< 解説・解答 >

（1）

△BACにおいて、2点D、Eが辺BA、BCの中点より、“中点連結定理”を利用し、$DE = \frac{1}{2}AC$ より、

$$DE = \frac{1}{2} \times 10 = 5$$

アレェ〜　あっさり解けちゃった！

よって、

$\underline{DE = 5}$ ・・・・・（答え）

(2)

これは少し難しいかなぁ？ 問題はAGの長さを聞いてきているので、

$\boxed{AG = AC - GC}$ をすればと思うよね？ よって、今度は△FDEと△FGCに着目だよ！

“中点連結定理”より

$$
\begin{aligned}
GC &= \frac{1}{2}DE \\
&= \frac{1}{2} \times 5 \\
&= 2.5
\end{aligned}
$$

だから、

$$
\begin{aligned}
AG &= 10 - 2.5 \\
&= 7.5
\end{aligned}
$$

ガンバラネバ！

よって、

$\underline{AG = 7.5}$ ・・・・・（答え）

やってみるとそれほど難しく感じないでしょ？ では、もう少しやってみるよ！

ムズカシ～・・・！

問 題

右図において、四角形ABCDの各辺の中点をP、Q、R、Sとおくと、四角形PQRSが平行四辺形であることを証明してみよう！

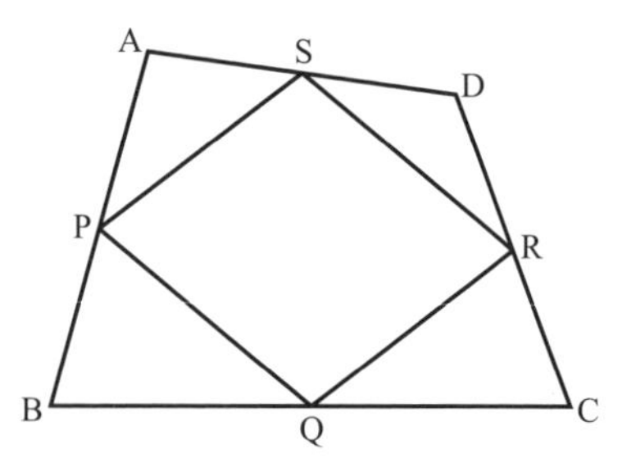

＜解説・解答＞

問題を見て、いったいナンダコレ？！ と思うよね？ 見た感じは何となく平行四辺形には見えるんだけど！ この問題を証明するのに“中点連結定理”を使うのはわかるかな？ でも、それよりも大切なことは“平行四辺形”の定理を覚えているか。「大丈夫？ 忘れている人は“中2”を復習してね！」

ここでは、**「1組の辺の長さが等しく平行であれば平行四辺形である！」**の利用だよ！ できれば、自分でやるだけやってから下を見てね。

［ヒント！］2点A、CまたはB、Dに補助線を引いてみよう！

（証）

△ABDにおいて、2点P、Sは2辺AB、ADの中点であるから、“中点連結定理”より

$PS \,/\!/\, BD$、$PS = \dfrac{1}{2}BD$ ・・・・・①

また、

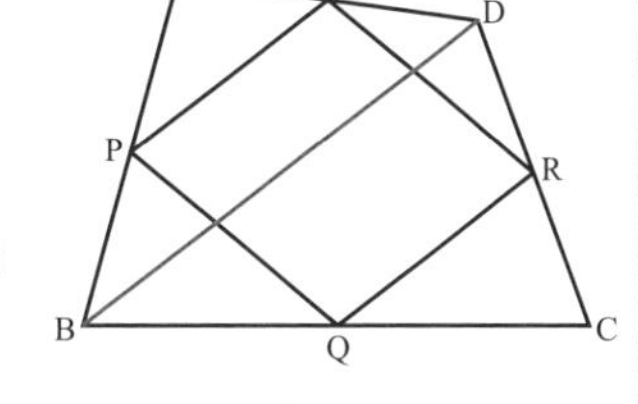

△CBDにおいて、2点Q、Rは2辺CB、CDの中点であるから、（中点連結定理より）

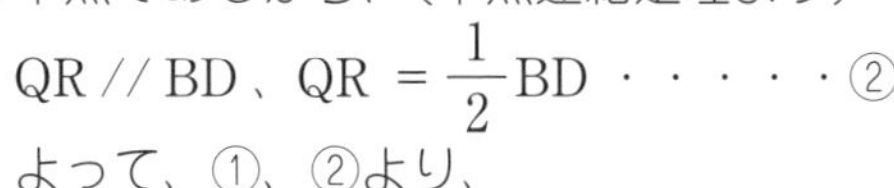

$QR \,/\!/\, BD$、$QR = \dfrac{1}{2}BD$ ・・・・・②

よって、①、②より、

$PS \,/\!/\, QR$　かつ、$PS = QR$

であるから

1組の辺の長さが等しく平行なので、

四角形PQRSは平行四辺形である。

おわり

いつも証明の話のときに言うけど「本当にいつか自分がこのように証明が書けるのか？ と不安になるよね？」しかし、練習すれば絶対に書けるようになるからね！ では、みなさんは2点A、Cに補助線を引いて、上のように証明が書けるか練習してみてね！　うん！

問 題

右図の四角形 ABCD において、辺 AD、BC、AC の中点をそれぞれ点 P、Q、R とおく。AB = CD 、∠BAC = 60°、∠ACD = 24° であるとき、つぎの問いについて、考えてください。

（1）△ RPQ はどのような三角形ですか？

（2）∠ RPQ の角度を求めてください。

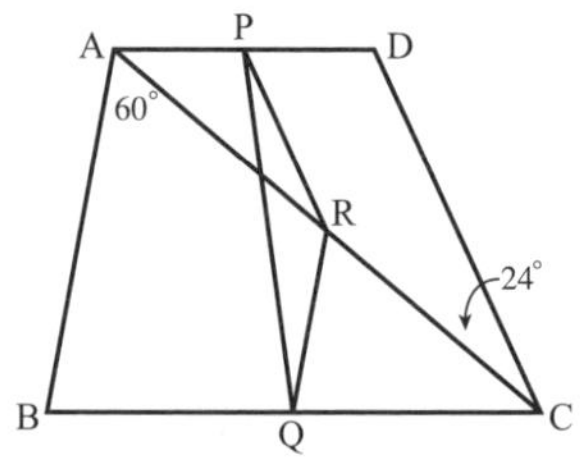

＜ 解説・解答 ＞

（1）いったいどんな三角形になると思う？ 見た感じは“二等辺三角形”に見えるのは私だけかなぁ・・・ では、やってみるね！

（証）

△ ACD において、2 点 P、R は辺 AD、AC の中点ゆえ“中点連結定理”より、 $PR \parallel DC$ かつ $PR = \frac{1}{2}DC$ ・・・・・①

同様に、△ CAB において、2 点 R、Q は辺 CA、CB の中点ゆえ“中点連結定理”より、

$$RQ \parallel AB \text{ かつ } RQ = \frac{1}{2}AB \quad \cdots\cdots ②$$

よって、①、② および AB = CD より

$$PR = RQ$$

となり、△ RPQ において「二辺の長さが等しい」ので

△ RPQ は二等辺三角形である。

おわり

これは、「ナゼ？ 二等辺三角形になるのか！」という理由も示す必要があるから“証明”の問題ではないけれど、証明の形で解答しました。

「ムズカシイヨネ！」

(2)

（1）で△ RPQ は二等辺三角形とわかったので、求めたい∠ RPQ は底角の1つ。よって、方針としては∠ PRQ の角度を求めて、

$(180° - \angle PRQ) \times \frac{1}{2}$ の計算で終了だね！

難しいよぉ～だ！

△ ACD において、

PR // DC から∠ ARP ＝ ∠ ACD（同位角）より、

∠ ARP ＝ 24°　　・・・・・①

△ CAB において、

RQ // AB から∠ CRQ ＝∠ CAB（同位角）より、

∠ CRQ ＝ 60°

だから、

∠ ARQ ＝ 180° − ∠ CRQ
＝ 180° − 60°
＝ 120°　・・・・・②

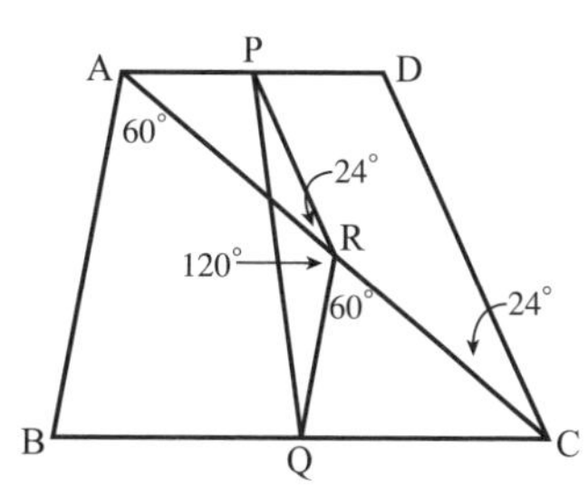

①②より、∠ PRQ の角度は

∠ PRQ ＝∠ ARP ＋∠ ARQ
＝ 24° ＋ 120°
＝ 144°

よって、

$\angle RPQ = (180° - 144°) \times \frac{1}{2}$
＝ 18°

∠ RPQ ＝ 18°　・・・・・（答え）

いつまで続くの・・・

相似な図形の計量

①相似な図形の面積

ここまでで“相似”および“相似における辺の比”については理解して頂けたと期待しています・・・。　　うんうん！でも、たぶんね！？笑

そこで、今度は“相似の図形どうしの面積”に関して、**「相似比と面積比」**についてお話ししますね！

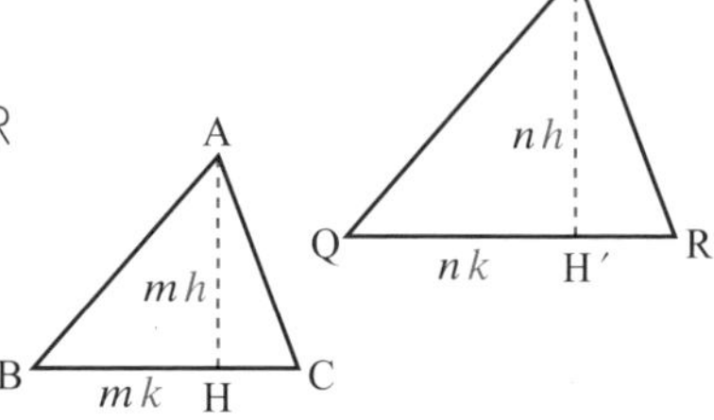

まず、右図において△ABC∽△PQRで、相似比を“$m:n$”としましょう。すると、△ABCと△PQRにおける底辺と高さをそれぞれ

「BC＝mk、AH＝mh」また、「QR＝nk、PH′＝nh」・・・（＊）

と表せますよね！？　ここまでは大丈夫・・・？　　まぁ〜・・・汗

では、△ABCの面積をS_1、△PQRの面積をS_2とし、（＊）よりそれぞれの面積を求めてみますよ！

$$S_1 = mk \times mh \times \frac{1}{2} = \frac{1}{2}khm^2 \qquad S_2 = nk \times nh \times \frac{1}{2} = \frac{1}{2}khn^2$$

これより、面積比を求めると

$$S_1 : S_2 = \frac{1}{2}khm^2 : \frac{1}{2}khn^2$$

> 補：念のために！
> 4 ： 2 ＝ 2 ： 1
> 左辺を2で割ったのね！
> ここも文字を数字の感覚で、共通な赤い部分で割って簡単な比で表しただけ！

よって、**「$S_1 : S_2 = m^2 : n^2$」**となります。

以上のことから、「相似比と面積比」に関してつぎのことが言えます！

> **相似な図形の“相似比”と“面積比”の関係**
>
> 相似な2つの図形において、
>
> **相似比**が“$m:n$”ならば、**面積比**は“$m^2 : n^2$”
>
> となる。

中学1年 中学2年 中学3年

では、つぎの問題を一緒に解いてみましょう！

> **問 題**　△ABC∽△PQRで相似比が2：3である。△ABCの面積が8［cm²］であるとき、△PQRの面積を求めてください。

＜ 解説・解答 ＞

「面積比は相似比の２乗」ゆえ、△PQRの面積を x とし、比例式をたてると、

$$8 : x = 2^2 : 3^2$$
$$8 : x = 4 : 9$$
$$4x = 72 \leftarrow (4x = 8 \times 9)$$
$$x = 18$$

「内項の積は外項の積に等しい」より、
a（外項）：b（内項）＝ c（内項）：d（外項）
$bc = ad$

よって、　△PQRの面積は18［cm²］・・・・（答え）

> **問 題**　右図において、各問いを考えてみましょう。［DE // BC］
> （1）辺BCの長さを求めてください。
> （2）△ADEの面積が14［cm²］のとき、△ABCの面積を求めてください。
> （3）四角形DBCEの面積を求めてください。

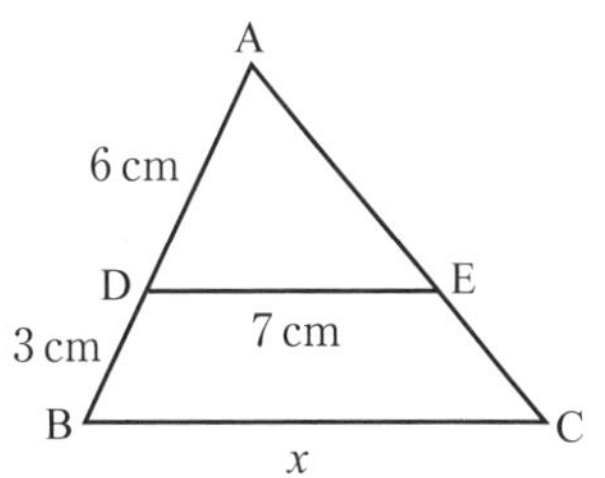

＜ 解説・解答 ＞

△ABC∽△ADE（相似条件：２組の角がそれぞれ等しい）より、

相似比は、AB：AD＝3：2（＝9：6より）

（1）$x : 7 = 3 : 2$　$2x = 21$　$x = 10.5$　BCは10.5［cm］・・（答え）

（2）「面積比は相似比の２乗」より、△ABCの面積を S とおくと

$S : 14 = 3^2 : 2^2$　$S : 14 = 9 : 4$　$4S = 14 \times 9$　$S = 31.5$

△ABCの面積は31.5［cm²］・・（答え）

（3）「四角形DBCE＝（△ABCの面積）－（△ADEの面積）」より、

$31.5 - 14 = 17.5$　四角形DBCEの面積は17.5［cm²］・・（答え）

②相似な立体の表面積と体積

さて、今度は立体における相似比と**“表面積比”**および**“体積比”**に関するお話です。

まずは“立体の相似”において、つぎのことが言えます。

> ⅰ：対応する辺の長さの比は、すべて等しい。
> ⅱ：対応する面は、それぞれ相似である。
> ⅲ：対応する角の大きさは、それぞれ等しい。

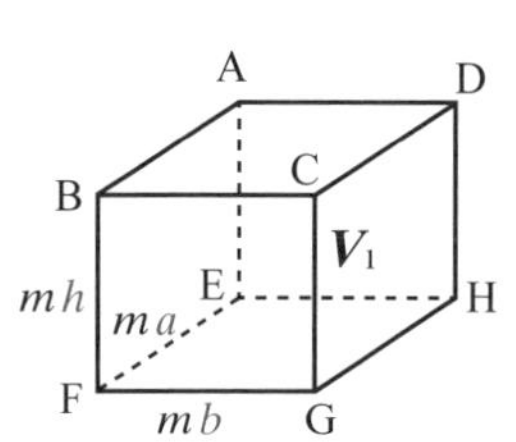

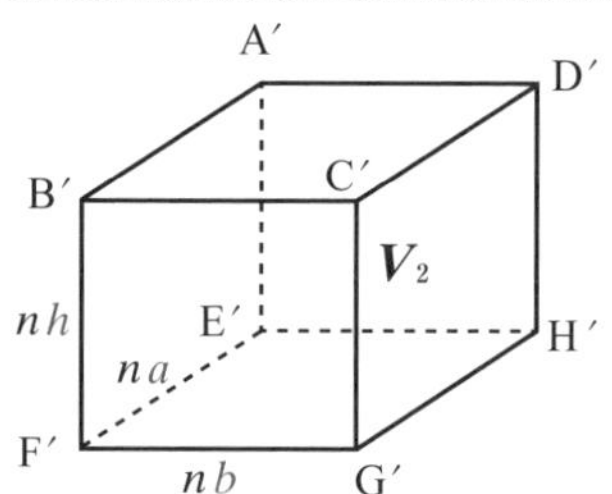

そこで、ⅱより、立体の相似比が $m:n$ のとき、

対応する面の面積比は $m^2:n^2$ …（＊）

よって、（＊）より、**表面積の比**は当然、$\boldsymbol{m^2:n^2}$ なるでしょ！

また、相似比が $m:n$ より、「$EF=ma$、$FG=mb$、$BF=mh$」、「$E'F'=na$、$F'G'=nb$、$B'F'=nh$」と表せるゆえ、
左側の体積 V_1、右側の体積 V_2 とすると、

$V_1=ma\times mb\times mh=abhm^3$、　$V_2=na\times nb\times nh=abhn^3$

これより、$V_1:V_2=abhm^3:abhn^3=m^3:n^3$。

よって、**体積比**は、$\boldsymbol{m^3:n^3}$ になる。

> **相似な立体図形の“相似比”と“表面積比”および“体積比”の関係**
> 相似な2つの立体図形において、相似比が“$m:n$”ならば
> **表面積比**は“$\boldsymbol{m^2:n^2}$”、　**体積比**は“$\boldsymbol{m^3:n^3}$”

問 題　図の２つの回転体は相似の関係にあります。つぎの各問いについて考えてみましょう。

（1）立体の名称および、底面の面積比を教えてください。

（2）展開図における弧の長さの比を求めてください。

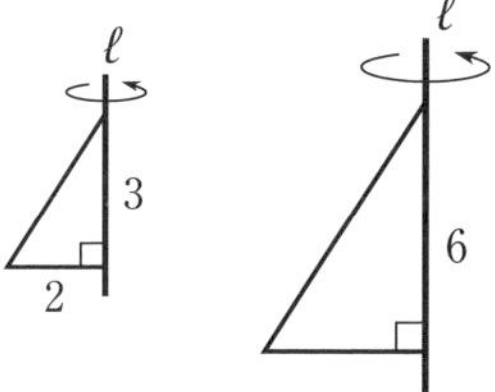

（3）体積比を求め、小さい方の体積が 4π のとき、大きい方の体積も求めてください。

＜解説・解答＞　相似な立体：対応する線分の比が相似比となる。

（1）名称は**円すい**。この２つの円すいは相似ゆえ、高さより相似比を求めると、相似比は $3:6=\mathbf{1:2}$。よって、面積比は相似比の２乗より、

$1^2:2^2=1:4$　　底面の面積比は $1:4$・・(答え)

（2）弧の長さは底面の円周の長さと一致。

よって、長さの比は相似比と同じゆえ、弧の長さの比は $1:2$・・(答え)

（3）体積比は相似比の３乗ゆえ、　体積比は $1^3:2^3=1:8$・・(答え)

また、大きい方の体積を x とおき、比例式を立てると、

$4\pi:x=1:8$　$x=4\pi\times8$　$x=32\pi$　体積は 32π・・(答え)

問 題　つぎの２つの球について、各問いについて考えてみましょう。

（1）表面積を求め、表面積比を求めてください。

（2）体積を求め、体積比を求めてください。

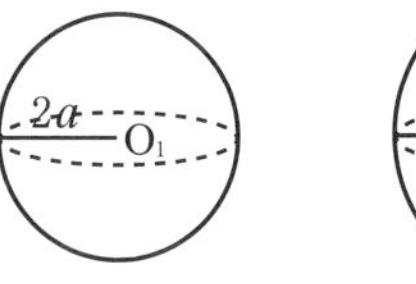

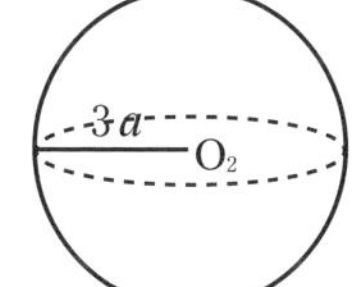

＜解説・解答＞ 半径の比より、相似比は $2:3$。**相似比との関係を意識！**

（1）球 O_1、O_2 の表面積はそれぞれ、$S_1=4\pi(2a)^2=16\pi a^2$、

$S_2=4\pi(3a)^2=36\pi a^2$ より、$16\pi a^2:36\pi a^2=4:9$

したがって、　表面積比は、$4:9\ (=2^2:3^2)$・・(答え)

（2）$V_1=\dfrac{4}{3}\pi(2a)^3=\dfrac{32}{3}\pi a^3$、$V_2=\dfrac{4}{3}\pi(3a)^3=36\pi a^3$ より、$\dfrac{32}{3}\pi a^3:36\pi a^3=8:27$

したがって、　体積比は、$8:27\ (=2^3:3^3)$・・(答え)

＊総合問題

問題　４点 A、B、C、D は円周上の点とする。x の値を求めてみよう。

（1）

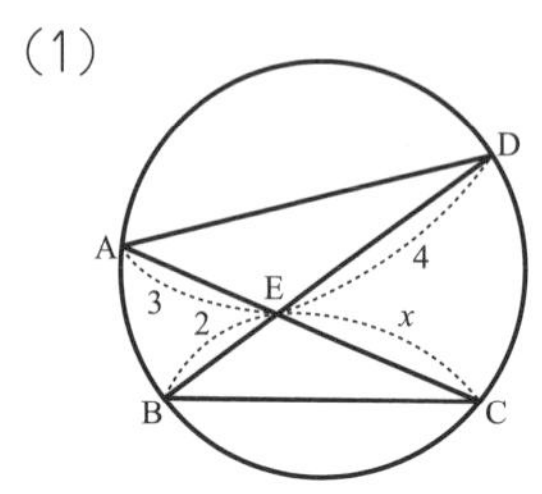

（2）

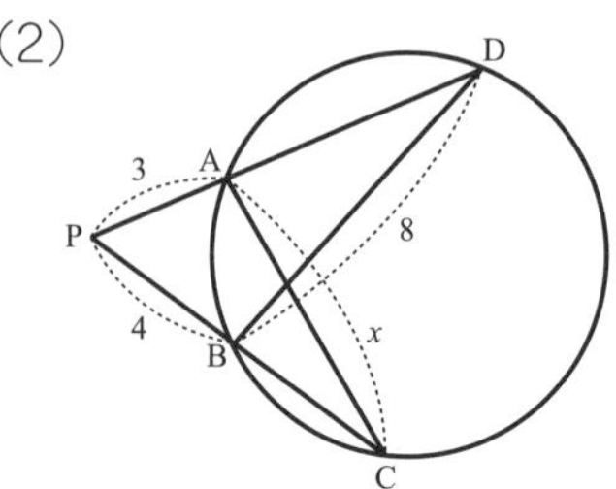

＜解説・解答＞

円の性質は覚えていますか？ 円は大学入試でもよ〜く出題されるんです！ 円については中２でやった内容が全部だからね！ しっかり、復習するんだよ。

では、復習しながら x の値を求めてみようか？

（1）

見てすぐに「これは比を使って求めるんだな？!」と思うよね。そうなると、つぎに相似の三角形をさがして、比の関係式を作らないと。

当然、△ EAD ∽△ EBC となるけど、では、条件まで言えるかな？

「証明もしておくね！　やさしいかずおです！」

（解）

△ EAD ∽△ EBC より、

$$EA : EB = ED : EC$$

$$3 : 2 = 4 : x$$

$$3x = 8$$

$$x = \frac{8}{3}$$ ・・・（答え）

（証）△ EAD と△ EBC において、

$\angle ADE = \angle BCE$（円周角）・・・①

$\angle DAE = \angle CBE$（円周角）・・・②

よって、①、②より［対頂角の利用でもいいよ］

２角がそれぞれ等しいので

△ EAD ∽△ EBC

おわり

（2）

なんか円からデッパッテいて嫌な感じの問題だね！ これも相似な三角形が見つかれば簡単！

（解）

△PAC∽△PBDより、

PA：PB ＝ AC：BD

3：4 ＝ x：8

$4x$ ＝ 24

x ＝ 6・・・（答え）

（証）△PACと△PBDにおいて、

∠PCA＝∠PDB（円周角）・・・・①

∠APC＝∠BPD（共通）　・・・・②

よって、①、②より

2角がそれぞれ等しいので

△PAC∽△PBD

おわり

どうですか？　相似のイメージはつかめたかなぁ？ 難しいよね！ でも、図形における“相似”と“合同”の証明は、自分で何度も手を動かして証明の練習をしないと身につかないから、つらくてもがんばって練習してくださいね！

では、この項目最後の問題として、“2次関数と相似の融合問題”を1題やっておわりとしましょうか！　　エッ・・・?!　まだやるのぉ〜・・・・

問 題

・$y = \dfrac{1}{2}x^2$　・・・・①

・$y = x + 4$　・・・・②

右図における①、②について考えてみよう！

（1）AC：CBはどうなるかな？

（2）線分AB上に点Pをとって、△OAPの面積が△OPBの面積の2倍になるように点Pの座標を求めてね。

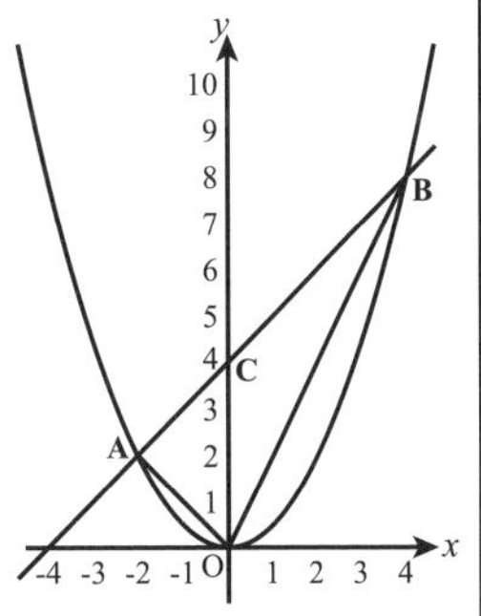

＜解説・解答＞

(1)

2次関数の問題と思ったら、さっそく“比”を求めるんだね・・・

考え方としては、線分 AC と CB の長さがわかれば問題はないんですが、この2点間の距離の求め方は、つぎでお話しする“三平方の定理”でやる内容！

そこで、ここではやはり相似の知識で答えるしかないわけだ!! ぅ~ん・・・

とにかく、①と②の交点 A、B を求めてみようか・・・

①②より、(最初に両辺を2倍して分母を払う！)

$$\frac{1}{2}x^2 = x + 4$$

$$x^2 = 2x + 8$$

$$x^2 - 2x - 8 = 0$$

$$(x - 4)(x + 2) = 0$$

$$x = -2,\ 4$$

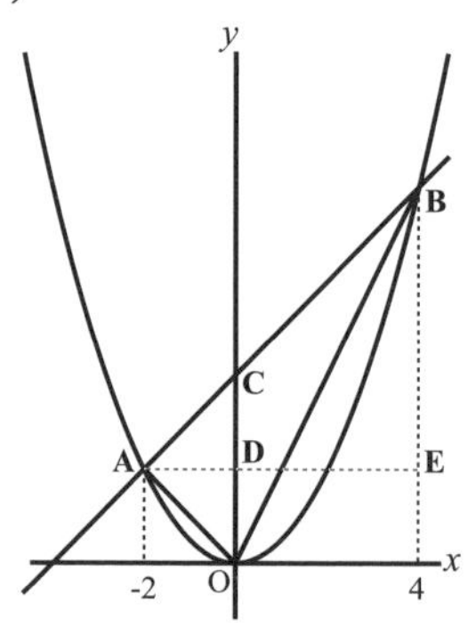

だから、②：$y = x + 4$ より

点 A (−2, 2)　点 B (4, 8)

右図の座標平面に座標を書き込んだけど、ナニか見えてこないかなぁ？では、点 A を通って x 軸に平行な補助線（赤）を引いてみるよ。すると、図から“CD//BE”より、“平行線と比”の関係が見えてくるでしょ?!

では、右下に部分図を切り取ってみたよ！「ほらぁ！思い出したでしょ・・・?!」

AC : CB ＝ AD : DE だね！（雪だるまダヨ！笑）

よって、

AC : CB ＝ 2 : 4

　　　　＝ 1 : 2 ・・・・（答え）

[雪だるまの形！]

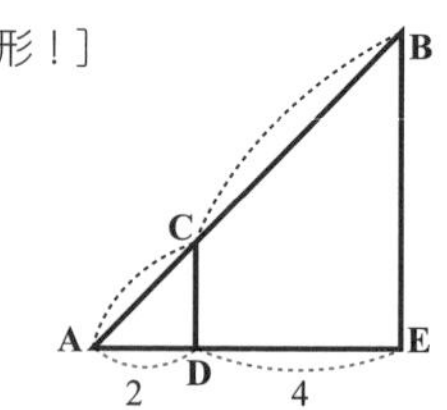

(2)

この問題は△OABで底辺をABとしたとき、△OAPと△OPBの高さが等しいことに気づくかがポイントだよ！ ナナメになっているから見にくいかな～？

そこで、右に切り取って（図1)、底辺を下にして書き直してみましょう。

ただね、わかりやすくなった反面、高さ・底辺の長さがわからないことが判明。　意味ナイジャン！ 涙

「ウ～ン・・・？」

では最初のグラフ（図2）に戻ってみるよ！

ナルホド！ △OABの面積を求める方法は、y 軸上OC“4”を底辺（共通）とし、△OACと△OBCの2つに分ければ簡単に求められるんだったよね！

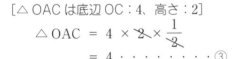

図1

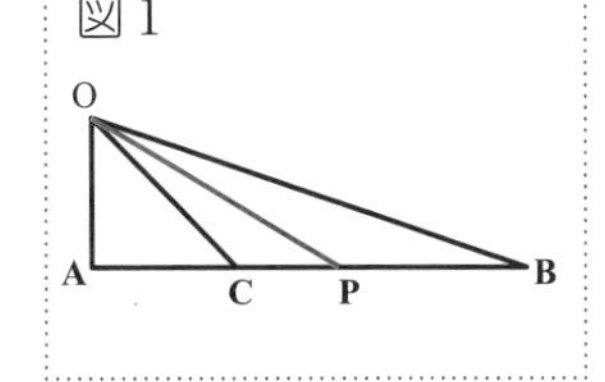

では、△OABの面積を求めちゃおうよ。

［△OACは底辺OC：4、高さ：2］

$$\triangle OAC = 4 \times \cancel{2} \times \frac{1}{\cancel{2}}$$

$$= 4 \cdots\cdots\cdots\cdots ③$$

［△OBCは底辺OC：4、高さ：4］

$$\triangle OBC = 4 \times \cancel{4}_{2} \times \frac{1}{\cancel{2}_{1}}$$

$$= 8 \cdots\cdots\cdots\cdots ④$$

よって、③④より

$$\triangle OAB = \triangle OAC + \triangle OBC$$

$$= 4 + 8$$

$$= 12$$

図2

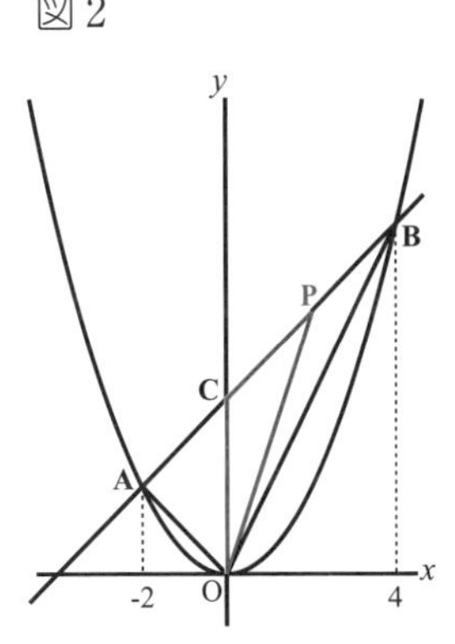

「これでわかったね！」△OABの面積が“12”だよ。だから、図1から△OAPが△OPBの2倍の面積ならば、<u>△OAPは△OABを3等分したうちの2個分の面積“8”</u>にならないといけないよね！ よって、

△ OAP ＝△ OAC ＋△ OCP より、③から△ OAC の面積が“4”だから、
△ OCP の面積も 4 であればいいんだね！ では、図 3 を見てね！ △ OCP の面積が 4 になるためには、底辺を OC ＝ 4 とすることで、高さ［h］は、

$$OC \times h \times \frac{1}{2} = 4$$
$$4 \times h \times \frac{1}{2} = 4$$
$$2 \times h = 4$$
$$h = 4 \div 2$$
$$= 2$$

図 3

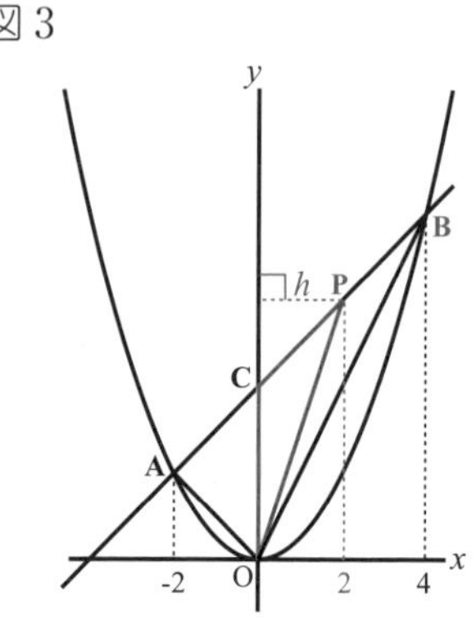

「さぁ～て、ここで、みんなは気づいているかな・・・？」
実はね、この高さは点 P の x 座標を表しているんです！

「わかっていたかなぁ～？」

よって、点 P の x 座標が 2 とわかったので、②に代入し y 座標が求まるね。

$y = x + 4$ ・・・・②
$x = 2$ より、
$y = 2 + 4$
$= 6$

したがって、

点 P（2，6）・・・・・（答え）

さぁ～て、これで「相似」はおわりだよ！
あと残り 3 項目！　やっとゴールが見えてきましたよ！

私にはまったく何も見えません・・・。ふぅ～！（ため息）

中学3年

第7話

円の性質

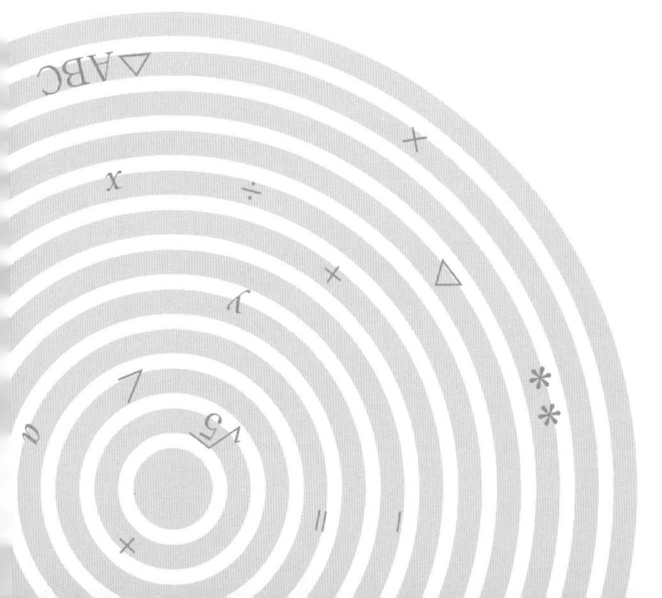

IX　円周角

さぁ〜て、案外多くの方が苦手なはず（？）の円がひさびさの登場です！円と言えば「おうぎ形の面積」や「中心角の大きさ」を求めるなど、多くの方が中1でツライ思いをしたのではないでしょうか！?　　うんうん…涙

でも、今回、ここでお話しする内容は「円周上における角と中心角の関係」についてです。指導要領改訂にあたり、以前は触れられていた「円と三角形、四角形の関係」などが高校数学に移行しました。が、大切な知識ゆえここでは削除せずにおきました。では、早速はじめましょう！

円周角の定理

弧（こ）：円周上の一部分

円周角：弧 AB から周上の1点へ引いてできる2本の線分の間の角

中心角：中心から半径を2本引いたときにできる間の角

弦（げん）：円周上の2点を結んだ線分（赤い線分はすべて弦です）

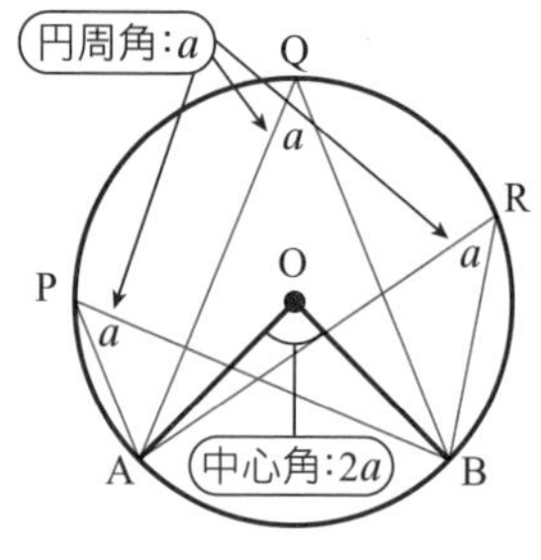

上の言葉はよく出てきますので、確認しておきました。

・円周角の定理　（右上の図をよ〜く見て確認してください！）

1つの弧に対する円周角の大きさは一定で、かつ、その円周角はその弧に対する中心角の半分である。

（i）$\angle APB = \angle AQB = \angle ARB$　　**（円周角の大きさは一定）**

（ii）$\angle APB = \angle AQB = \angle ARB = \frac{1}{2}\angle AOB$

（円周角は中心角の半分）

定理で特に大切な（ⅱ）は証明しておくね！

弧 BC の円周角 $\angle BPC = \frac{1}{2}\angle BOC$ の証明

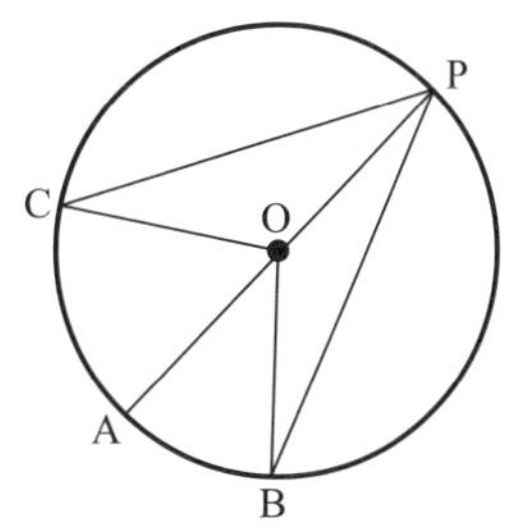

（証）

△ OBP と△ OCP において

△ OBP は OB ＝ OP より二等辺三角形

よって、$\angle OBP = \angle OPB$ ・・・・①

また、外角である∠ AOB は①より

$\angle AOB = 2\angle OPB$ ・・・・・・・・②

同様に、△ OCP も O P ＝ O C より、二等辺三角形

よって、$\angle OCP = \angle OPC$ ・・・・③

外角である∠ AOC は③より

$\angle AOC = 2\angle OPC$ ・・・・・・・・④

したがって、②④より

$$\angle AOB + \angle AOC = 2\angle OPB + 2\angle OPC$$

$$\angle BOC = 2(\angle OPB + \angle OPC)$$

$$= 2\angle BPC$$

ゆえに、$\angle BPC = \frac{1}{2}\angle BOC$　となる。

おわり

では、問題に入っちゃいましょうね・・・

問 題　つぎの∠ a を求めてください。

（1）

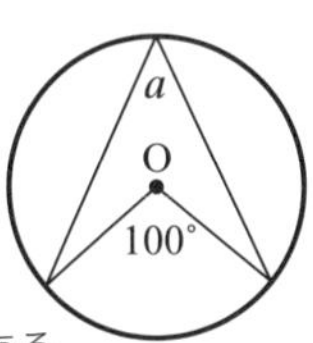

点 O は中心である。

（2）

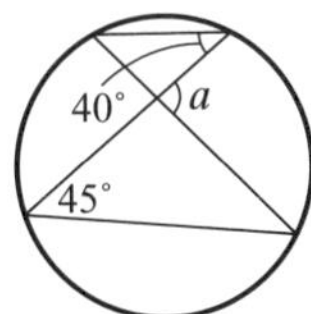

< 解説・解答 >

（1）円周角は中心角の半分より

$$a = 100^\circ \div 2$$
$$= 50^\circ$$

・・・角ばかりで、
チンプンカンプンです。

よって、

$\angle a = 50^\circ$ ・・・・・（答え）

（2）頂点 A と B は円周角が等しい。外角の性質により、a は頂点 A と C の和になる。だから、

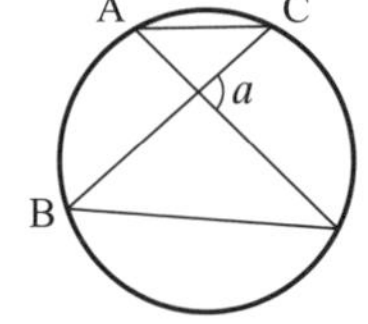

$$a = 45^\circ + 40^\circ$$
$$= 85^\circ$$

上の図に自分で情報を書き込む！

よって、

$\angle a = 85^\circ$ ・・・・・（答え）

問 題　つぎの∠a を求めてください。　点 O は中心である。

（1）

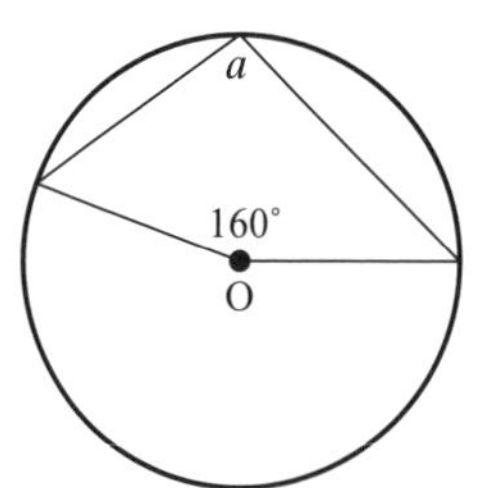

（2）

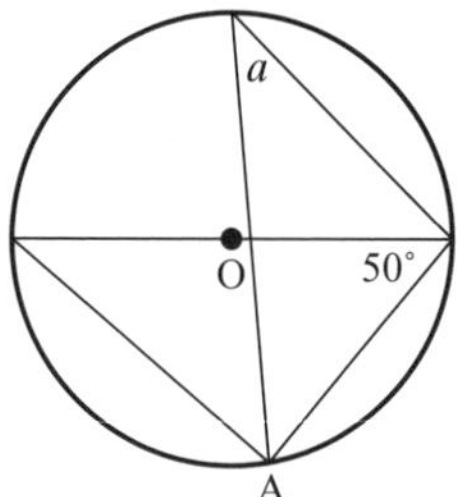

見た感じ少し難しそうでしょ！　大切なことが含まれている問題です。

＜解説・解答＞

（1）a に対する**中心角**は 160°ではなく
反対側の 200°だよ！　だから

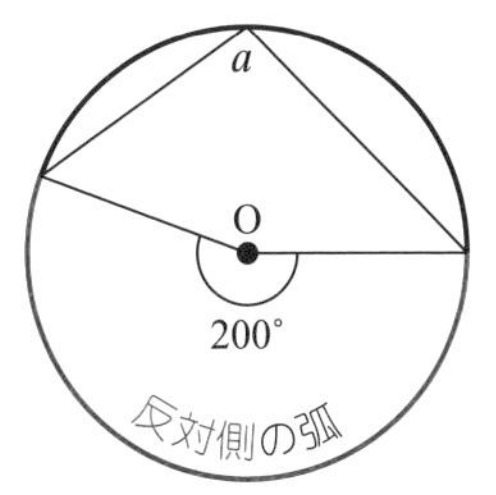

$$a = 200° \div 2$$
$$= 100°$$

よって、

$$\angle a = 100° \quad \cdots\cdots（答え）$$

（2）頂点 A の中心角は 180°だから円周角は 90°。また、頂点 P、Q は円周角の関係より角度は等しい。

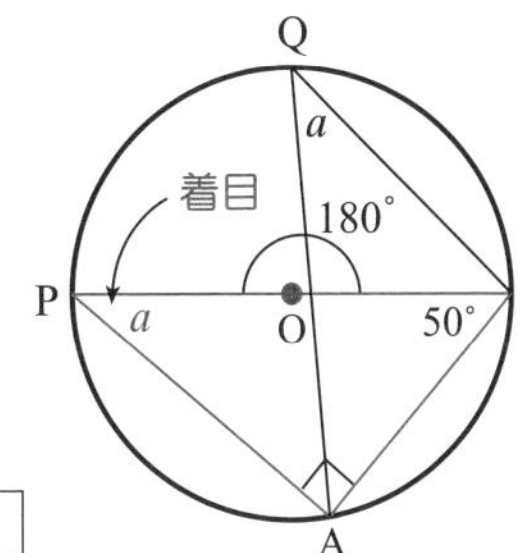

$$a = 180° - 90° - 50°$$
$$= 40°$$

赤い三角形の内角の和より

よって、

$$\angle a = 40° \quad \cdots\cdots（答え）$$

円に内接する四角形（発展：数学 A）

定理

（ⅰ）対角の和は 180°

$$a + c = b + d = 180°$$

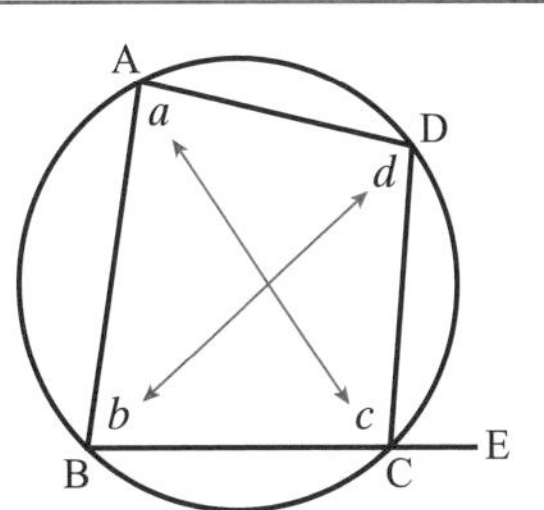

（ii）外角はとなり合う内角の対角に等しい。

$\angle A = \angle DCE$

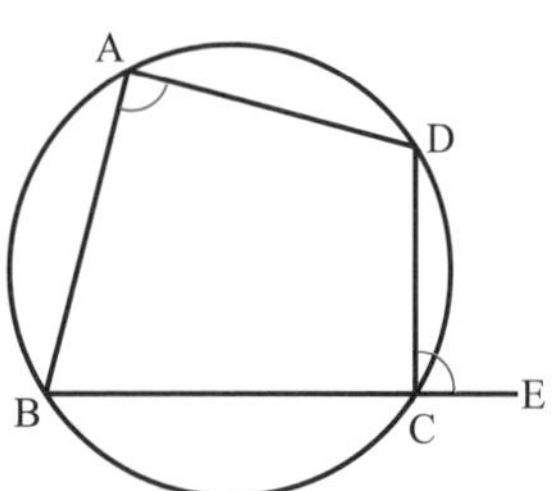

問題　$\angle a$ を求めよう！　点Oは中心だよ。

（1）

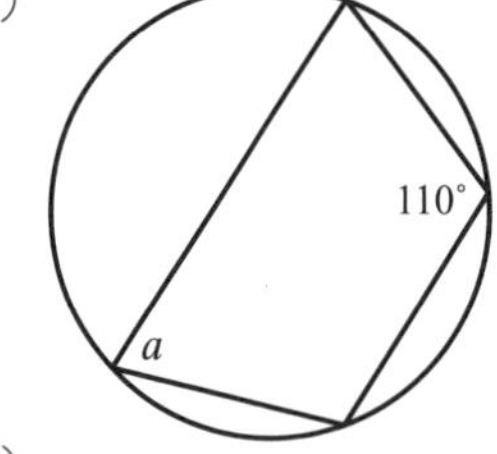

（2）

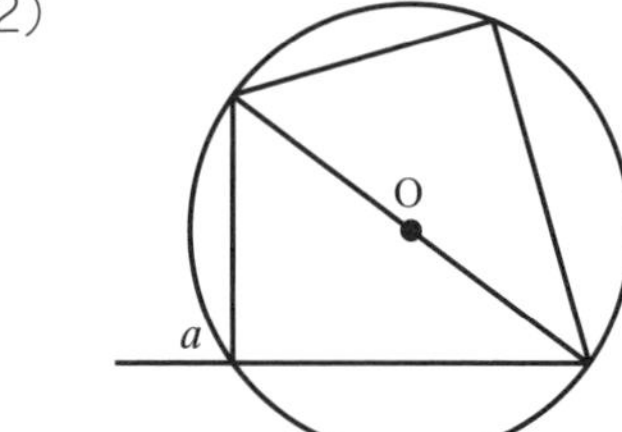

（3）

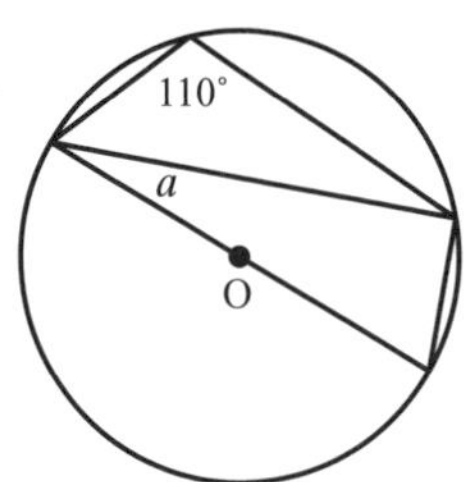

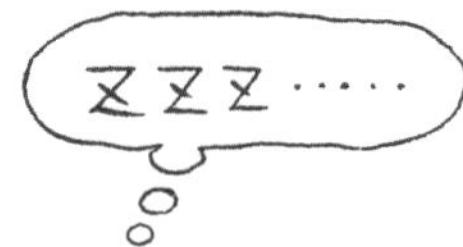

やけにさびしい感じの問題ですね・・・
変な気分！　すこし寝ます。

＜解説・解答＞

（1）円に内接している四角形の対角の和は180°より、

$$a = 180° - 110°$$
$$= 70°$$

よって、

$\angle a = 70°$　・・・・・（答え）

(2)（定理ⅱで一発解決!!）

頂点Ａに対する中心角は180°
だから、中心角より頂点Ａは90°
したがって、外角はとなり合う内角
の対角に等しいことから、

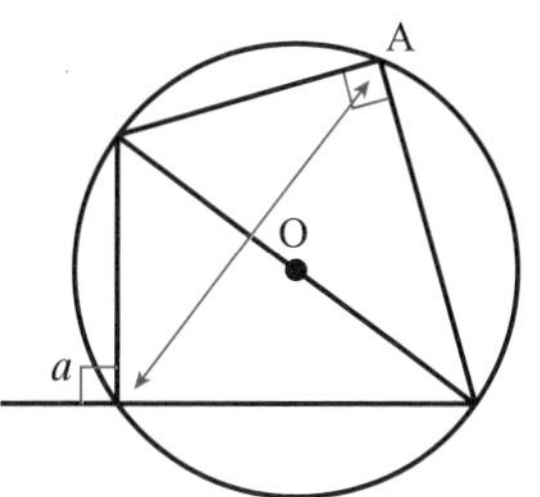

$\angle a = 90°$ ・・・・・（答え）

(3) 円に内接している四角形より、

$\angle A + \angle C = 180°$

よって、頂点Ｃは

70°［180°－110°］

また、BC が直径より $\angle BDC = 90°$

したがって、

$a = 180° - 90° - 70°$
$= 20°$

よって、

$\angle a = 20°$ ・・・・・（答え）

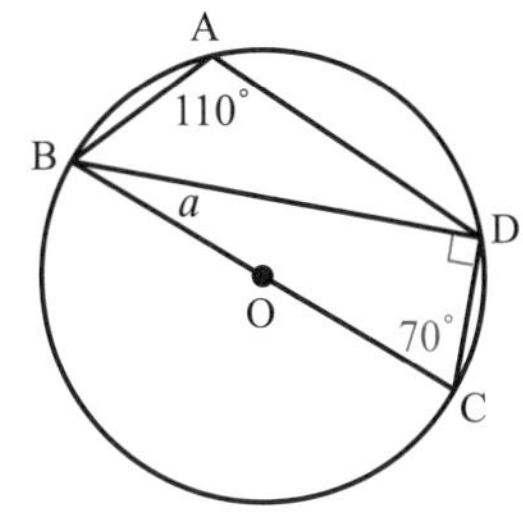

当然ながら、円に内接する四角形の定理の**逆**も成立しますからね。

四角形が円に内接する条件

（ⅰ）対角の和は180°。

（ⅱ）外角はとなり合う内角の対角に等しい。

（ⅰ）または（ⅱ）が成り立つならば、その四角形は円に内接する。

ここまでは大丈夫ですか？　あと少しですからね！　ファイト！

中学1年
中学2年
中学3年

円に内接する三角形（発展：数学A）

接弦定理（せつげんていり）

接線 AT とその接点を通る弦 AQ の作る∠QAT は、その間にはさまれた弧 AQ に対する円周角∠APQ に等しい。

$$\angle \mathrm{QAT} = \angle \mathrm{APQ}$$

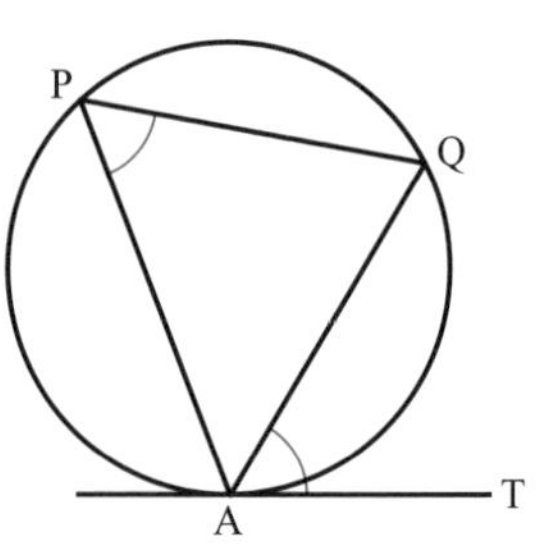

問題　$\angle a$ を求めてね！　点Oは中心です。

（1）

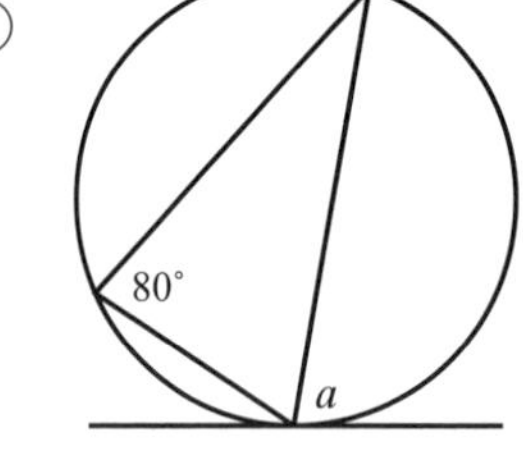

（2）

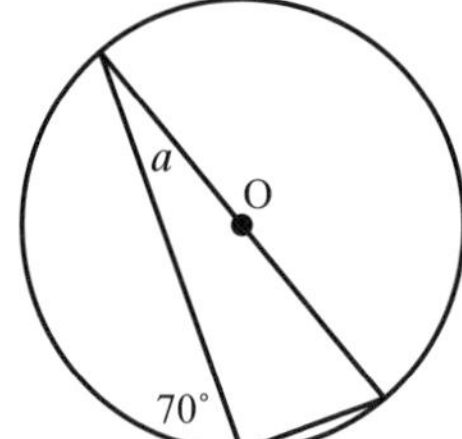

（3）

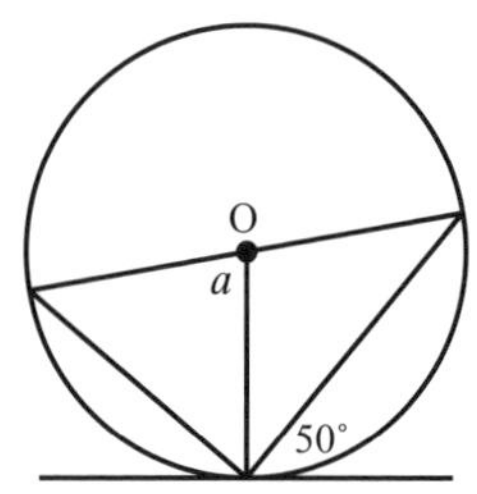

＜ 解説・解答 ＞

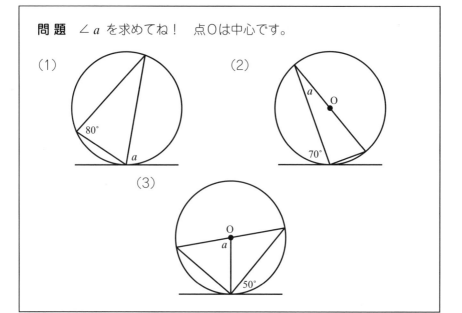

（1）これは見てすぐにわかりますね。接弦定理より

$$\angle a = 80° \quad \cdots\cdots （答え）$$

（2）線分 PQ は直径ゆえ、円周角である

頂点 A は 90°。

また、接弦定理より

$\angle AQP = 70°$

だから、

$a = 180° - 90° - 70°$

$= 20°$

よって、

$\angle a = 20°$ ・・・・・（答え）

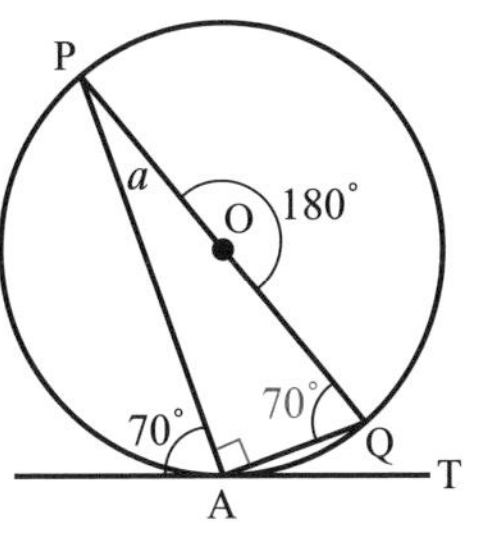

（3）線分 PQ は直径より、円周角である

∠PAQ は 90°。

また、接弦定理より

$\angle APQ = 50°$ ・・・・・（＊）

これより、△PQA を利用し

$\angle PQA = 180° - 90° - 50°$

$= 40°$

したがって、中心角と円周角の関係から

$a = 40° \times 2$

$= 80°$

よって、

$\angle a = 80°$ ・・・・・（答え）

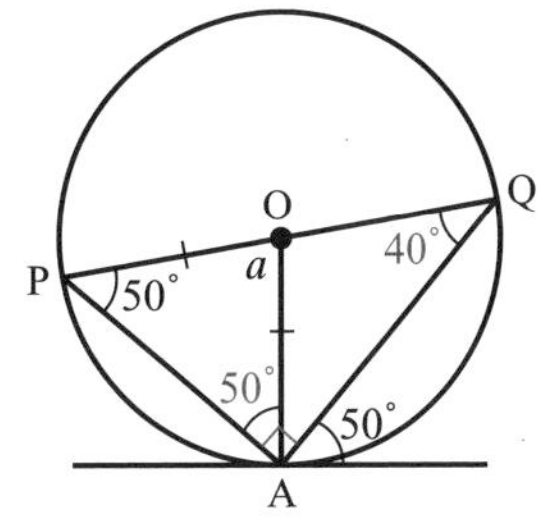

（別解）

△OPA（OP = OA）は二等辺三角形より、（＊）から

$\angle OPA = \angle OAP = 50°$

よって

$\angle a = 180° - 50° \times 2$

$= 80°$

あと残りは 2 項目です。“外接円”と“内接円”に関して！

さぁ～！　あとひとがんばりですよ・・・

きっと、あとふたつ・みっつあるんでしょ！　だまされないもんね！

X　円と接線（発展：数学A）

円外の点Pから円に接線を引くと下図のように必ず2本引けます。

ポイント

（i）PA ⊥ OA、PB ⊥ OB

（ii）PA ＝ PB

この2点が大切で、（i）を使って（ii）の

“接線の長さは等しい”はよく証明させられますよ！

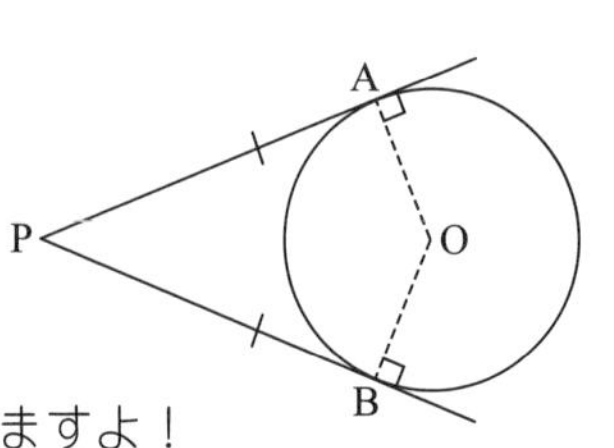

では、（ii）の証明をしておきますね！

2点OPに補助線を引く

（証）

△OAPと△OBPにおいて

OA ＝ OB（半径）　・・・・・①

OPは共通　　・・・・・・・・・②

∠OAP ＝ ∠OBP ＝ 90°　・・・③

①②③より

直角三角形であるから、斜辺と他の1辺がそれぞれ等しいので

△OAP ≡ △OBP

よって、

PA ＝ PB

おわり

接線の話をすると、どうしてもあと二つお話をしなければいけなくなるんです。　まいっちゃいますよね〜！　まったくモ〜・・・　嫌いだー！

それは、円に外接する“四角形”と“三角形”についてです。

三角形の方は内接・外接の両方を一緒に説明したいので、まず、四角形の方から始めましょうか！

① 円に外接する四角形

ポイント

円Ｏに外接する四角形をABCDとすると

$$AB + CD = AD + BC$$

となります。

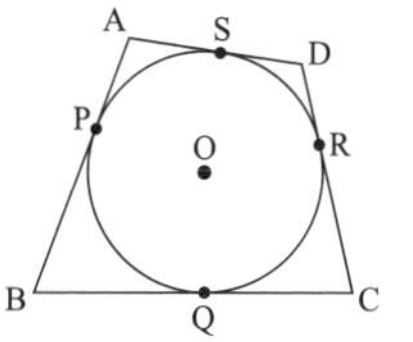

これも証明しておきましょうか！

（証）

四角形の４辺は、円Ｏ外の頂点Ａ、Ｂ、Ｃ、Ｄからの接線に対応する。

また、４点Ｐ、Ｑ、Ｒ、Ｓは、それぞれ接点を表す。

円外の１点から引ける２本の接線の長さは等しいので、

$AP = AS = a$、$BP = BQ = b$、$CQ = CR = c$、$DR = DS = d$

とおくと、

$$\begin{aligned}(\text{左辺}) &= AB + CD \\ &= (AP + BP) + (CR + DR) \\ &= (a + b) + (c + d) \\ &= a + b + c + d \quad \cdots\cdots ①\end{aligned}$$

また、

$$\begin{aligned}(\text{右辺}) &= AD + BC \\ &= (AS + DS) + (BQ + CQ) \\ &= (a + d) + (b + c) \\ &= a + b + c + d \quad \cdots\cdots ②\end{aligned}$$

よって、①②より

（左辺）＝（右辺）

したがって、

$$AB + CD = AD + BC$$

おわり

これで残るは三角形に関してですよ！　「疲れたね！　でも、がんばろぉ～！」

② 外接円（がいせつえん）

三角形 ABC の 3 頂点を通る円を**外接円**と言います。

この円の中心を外心と言い、各辺の垂直二等分線の交点がこの円の中心、いわゆる**外心**となります。

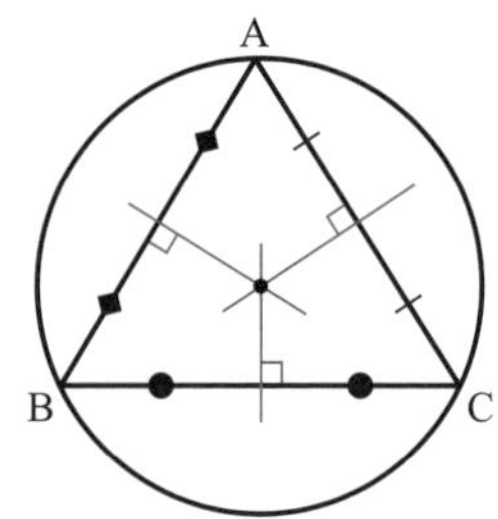

ポイント

外接円の場合は、三角形の 3 辺を辺とは見ずに、円の弦と考える！

ここではとにかく作図ができるようにしてくださいね！

こんがらがってきたぞ！

③ 内接円（ないせつえん）

三角形 ABC の内側で 3 辺と接している円を**内接円**と言います。

この円の中心を内心と言い、各頂点の角の二等分線の交点がこの円の中心、いわゆる**内心**となります。

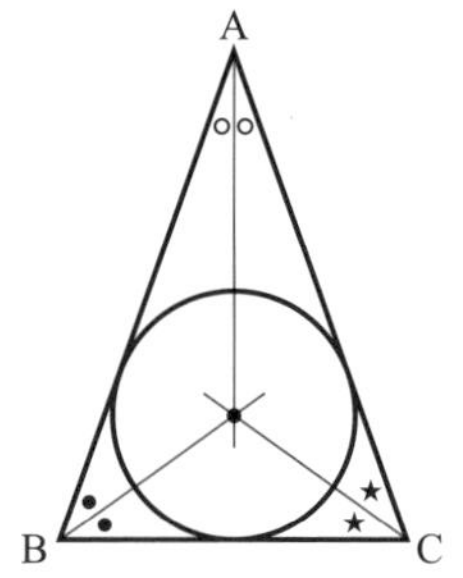

ポイント

内接円の場合は、三角形の 3 辺を辺とは見ずに、円の接線と考える！

これが最後です。内接円の問題を 1 題やっておわりにしましょう!!

④内接円を含む三角形の面積

問題

∠C = 90° の直角三角形 ABC がある。AP = 6 [cm]、PC = 3 [cm]、BQ = 9 [cm] のとき、内接円の半径はいくらになると思いますか？

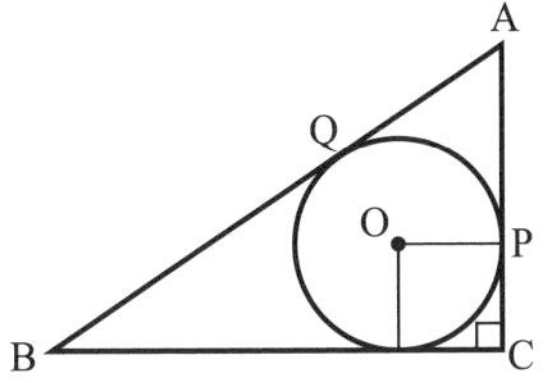

＜解説・解答＞

この問題は大変重要でして、内接円の問題はこのような感じで必ず半径を求めさせるんですよ。必ずこの流れをマスターすること !!

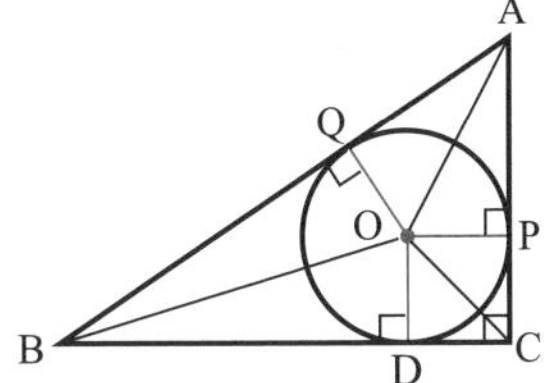

ポイント

① 円外の1点からは2本の接線が引け、その2本は長さが等しい。

② 接点と円の中心を結ぶと、必ず接線と半径は垂直に交わる。

③ 内接円の半径は、3辺を底辺とする3つの三角形の高さになる。

では、方針を示しましょうか・・・

△ABCは直角三角形ですから、AC、BCの長さがわかれば面積は簡単に求まりますね。これを利用して、ポイント①から3辺の長さを求め、②③を活用し、半径を高さとし、“面積の方程式”を立てればおわりです。

△ ABC =△ OAB +△ OBC +△ OCA　**の利用！**・・・（＊）

条件より AB = AQ + BQ = 6 + 9 = 15・・ⓘ（AQ = AP = 6）

BC = BD + CD = 9 + 3 = 12・・ⓘⓘ（BD = BQ、CD = PC）

$$CA = CP + AP = 3 + 6 = 9 \quad \cdots\cdots \text{ⅲ}$$

だから、ⅱⅲ より △ABC の面積は

$$\triangle ABC = 12 \times 9 \div 2 = 54 \quad \cdots\cdots \text{ⅳ}$$

そして、(*) と ⅰⅱⅲⅳ より

$$\triangle ABC = AB \times (\text{半径}) \times \frac{1}{2} + BC \times (\text{半径}) \times \frac{1}{2} + CA \times (\text{半径}) \times \frac{1}{2}$$

これで式としては間違いはないんですが、長くてイヤですね！　そこでつぎの形で公式となっているんです！

［これから先は自分で考えるんですよ！　ヒントは共通なものに着目する！］

内接円を含む三角形の面積の公式

$$\triangle ABC = (AB + BC + CA) \times (\text{半径}) \times \frac{1}{2}$$

では、これを使って解いてしまいましょう!!　　う〜ん、なるほどね〜！

公式とⅳより、半径を r とすると

$$(15 + 12 + 9) \times r \times \frac{1}{2} = 54$$

$$18r = 54$$

$$r = 3$$

よって、

求める内接円の半径は、3［cm］　・・・・・（こたえ）

ここまでで円に関する重要な知識のお話はすべて終了です。

後半でお話しした「円に内接する四角形」以降は数学Ａに移行しましたが、数学Ⅰの「三角比」の項目で重要な知識なんです。そこで、高校の授業で数学Ⅰと数学Ａの進度に差が出るとみなさんが困ると思い、削除しておりません。よって、その点は承知しておいてください！

中学3年

第*8*話

三平方の定理

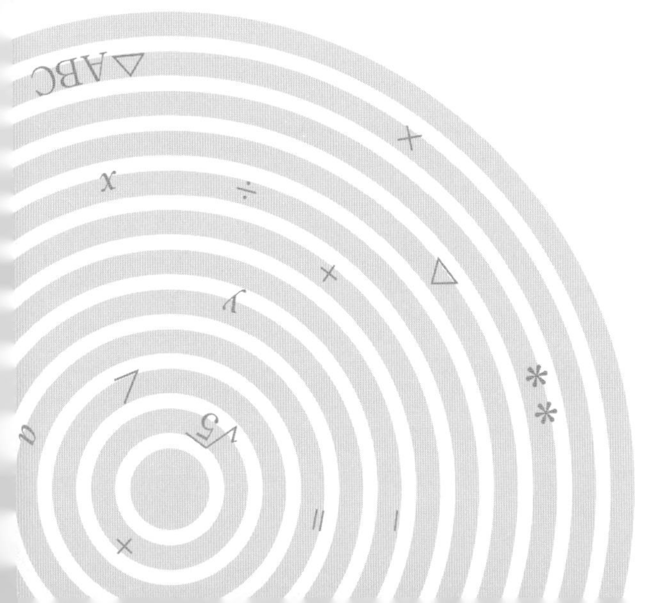

XI　三平方の定理

これは直角三角形に関してのお話だよ！　まずは、とにかく“**三平方の定理**”とは何か？　を示しておくね！

三平方の定理

右図のように△ ABC が直角三角形［∠ C ＝ 90°］であるならば、

$$c^2 = a^2 + b^2$$

が言える！

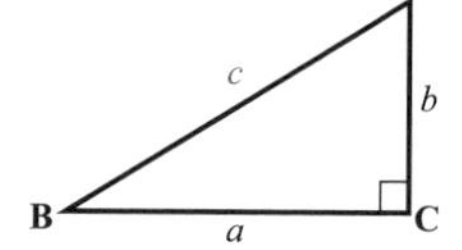

だから、逆に

△ ABC で、AB ＝ c 、BC ＝ a 、CA ＝ b において、

$$c^2 = a^2 + b^2$$

であれば、∠ C ＝ 90° にもなる！　　ふ～ん・・・「感想はそれだけ？」

「へぇ～・・・？ そうなんだ！」っていう感じですよね。

この証明には何通りかあるんだけどぉ・・・。う～ん！　やはり、示しておかないといけないかな？　では、ちょっとめんどくさい証明は問題集に必ずあるので、ここでは簡単な方をやっておくね！　ではやるよ！

よっこらしょ！

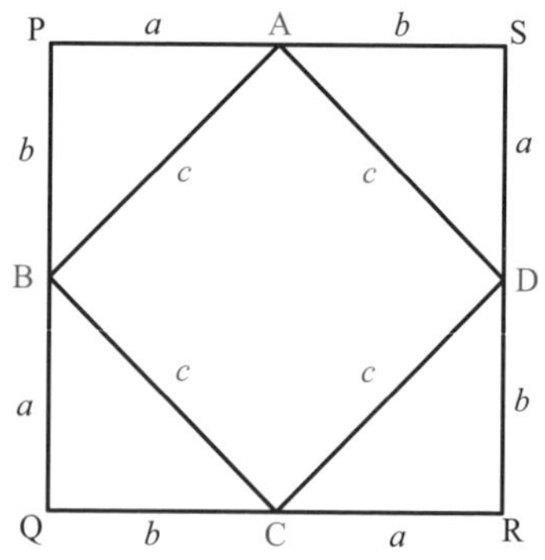

右図を見てください。

正方形 ABCD の 1 辺の長さ“c”を斜辺とする直角三角形を 4 個をつけ加えてみました！

そして、図のように P、Q、R、S、および、直角をはさむ 2 辺を“a”“b”とおく。

では、証明の開始！

（証）

正方形 ABCD の面積は、１辺の長さが c ゆえ、

$$c \times c = c^2 \cdots\cdots ①$$

また、図より△ APB、△ BQC、△ CRD、△ DSA の面積はすべて同じであるから、

$$\triangle APB + \triangle BQC + \triangle CRD + \triangle DSA = \frac{1}{2}ab \times 4$$
$$= 2ab \cdots\cdots ②$$

つぎに、正方形 PQRS の面積は、１辺の長さが（$a+b$）ゆえ、

$$(a+b)^2 = a^2 + 2ab + b^2 \cdots\cdots ③$$

ここで図から、

正方形 ABCD ＝ 正方形 PQRS −（△ APB ＋△ BQC ＋△ CRD ＋△ DSA）

となるので、①②③より、

$$c^2 = (a^2 + 2ab + b^2) - 2ab$$
$$= a^2 + b^2$$

よって、図の中の１つの直角三角形 APB から、
$\angle P = 90°$ の対辺 c（斜辺）、および、∠ P をはさむ２辺 a、b において

$$c^2 = a^2 + b^2$$

が成り立つ。

おわり

どうかなぁ？ 納得できたでしょ！？ ウン！ たぶんね・・・では、練習だ!!

問 題　つぎの直角三角形、四角形での x の値を求めてください。

(1)

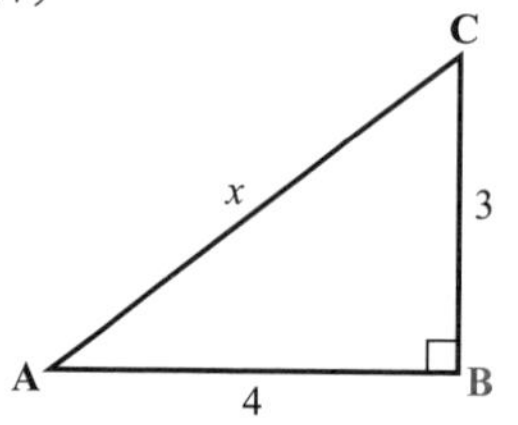

(2)

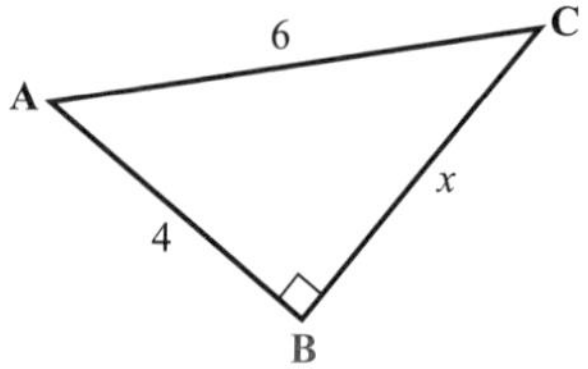

(3)

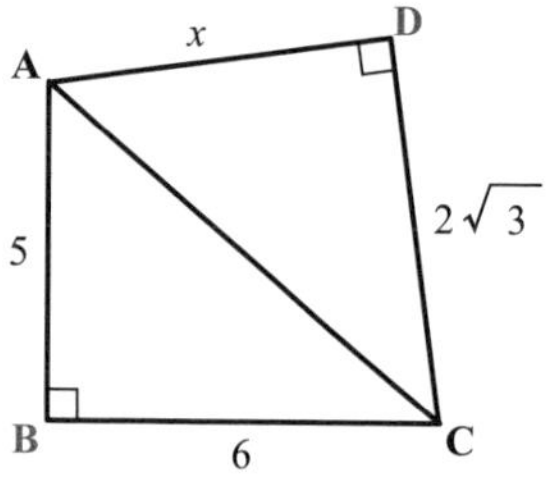

＊三平方の定理

$$c^2 = a^2 + b^2$$

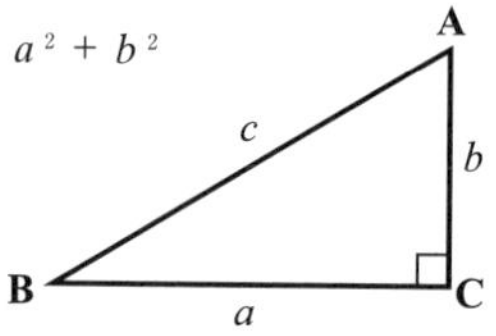

< 解説・解答 >

(1)(2)はコテコテの、いかにも“三平方の定理だぞ！”という問題だよね！確認ね！ 斜辺は、90°の向かいの辺（対辺）だからね！ 大丈夫かな？

(1) $x > 0$ [長さだからだよ！]

$$
\begin{aligned}
AC^2 &= AB^2 + BC^2 \\
x^2 &= 4^2 + 3^2 \\
&= 16 + 9 \\
x &= \sqrt{25} \\
&= \underline{5}
\end{aligned}
$$

・・・・（答え）

(2) $x > 0$

$$
\begin{aligned}
AC^2 &= AB^2 + BC^2 \\
6^2 &= 4^2 + x^2 \\
36 &= 16 + x^2 \\
x^2 &= 36 - 16 \\
&= 20 \\
x &= \sqrt{20} \\
&= \underline{2\sqrt{5}}
\end{aligned}
$$

・・・・（答え）

(3)

これは直角三角形が2個合体しているだけ！ だから、△ABCから三平方の定理で辺ACを求めて、つぎに△ACDに対する斜辺も辺ACなので、再び三平方の定理を使えば問題解決!! カンタン！ 簡単！ でしょ？

△ABCにおいて、

$$AC^2 = AB^2 + BC^2$$
$$= 5^2 + 6^2$$
$$= 25 + 36$$
$$= 61 \quad \cdots\cdot ①$$

つぎに、△ACDより、$(x > 0)$

$$AC^2 = AD^2 + DC^2$$
$$61 = x^2 + (2\sqrt{3})^2$$
$$= x^2 + 12$$
$$x^2 = 61 - 12$$
$$= 49$$
$$\underline{x = 7 \quad \cdots\cdot (答え)}$$

直角三角形とわかれば、［斜辺の2乗は他の2辺の2乗の和に等しい！］という三平方の定理（ピタゴラスの定理）を使えば「ハイ！ おしまい！」だね！

ただ、(2)(3)のように平方根の形が今後たくさん出てくるから、平方根が嫌い（苦手）な人は今のうちにシッカリ復習しておくんだぞ！　ハァ～イ。

さて、三平方の定理が使えるようになったところで、もう一度確認の意味も含めて、今度は三角形の3辺の長さを見て、その三角形がどんな三角形か判断するクイズみたいな問題を・・・。

"クイズ"って言ったの・・・？
ほんとに～?!

問 題　つぎの条件の三角形は、どのような三角形になりますか？

（1）　AB $=\sqrt{2}$　　BC $=1$　　CA $=1$

（2）　AB $=2$　　BC $=\sqrt{3}$　　CA $=1$

（3）　AB $=5$　　BC $=4$　　CA $=3$

＜解説・解答＞

実はこの問題の（1）（2）は大変重要なんだ！ 高校数学にも関係してくる内容だからね！

えっ?! そ、そんなぁ～・・・

このように3辺の長さから三角形の形をたずねられる問題は、高1の“三角比”という項目でよく出されるぐらいかなぁ？

なぁ～んだ！ まだまだ先だね！

ここでは“三平方の定理”のお話だから、考え方は簡単で、「各辺を2乗して、どれか2つの和が残りの辺の2乗した値と同じであるか？」を調べれば問題解決！ では、やるよ！

ハイハイ！ ふぅ～・・・ため息

（1）

AB $=\sqrt{2}$、BC $=1$、CA $=1$

$AB^2 = 2$、$BC^2 = 1$、$CA^2 = 1$ ［各2乗］

$$AB^2 = BC^2 + CA^2$$

より、

$\angle C = 90^\circ$ かつ、BC $=1$、CA $=1$

から

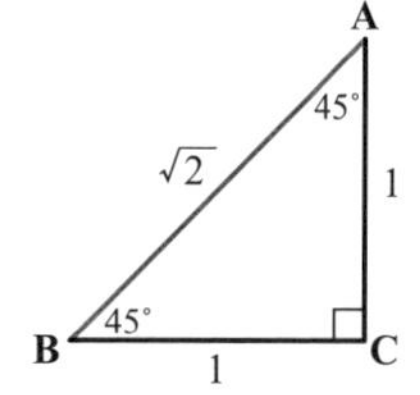

直角で二等辺三角形だから、ここで角度に関して考えてみると、残りの2つの角度は当然45°になるよね！ そこで、この三角形の3辺の比、

$1:1:\sqrt{2}$

は覚えておいてね！

△ABCは $\angle C = 90^\circ$ となる直角二等辺三角形

・・・・・（答え）

(2)

$AB = 2$、$BC = \sqrt{3}$、$CA = 1$

$AB^2 = 4$、$BC^2 = 3$、$CA^2 = 1$ ［各２乗］

$$AB^2 = BC^2 + CA^2$$

より、

$\angle C = 90°$

から、

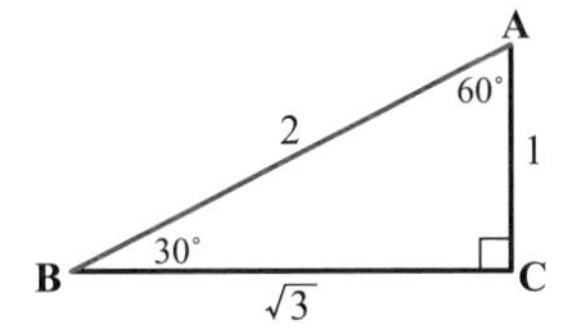

ただの直角三角形に見えるでしょ？ 実は違うの!! この３辺の直角三角形の残りの２つの角度は 30°、60° なんだ！ そこでこの三角形の３辺の比、

$1 : 2 : \sqrt{3}$

は覚えておいてね！

$\triangle ABC$ は $\angle C = 90°$ となる直角三角形

・・・・・・（答え）

(3)

$AB = 5$、$BC = 4$、$CA = 3$

$AB^2 = 25$、$BC^2 = 16$、$CA^2 = 9$ ［各２乗］

$$AB^2 = BC^2 + CA^2$$

より、

$\angle C = 90°$

から、

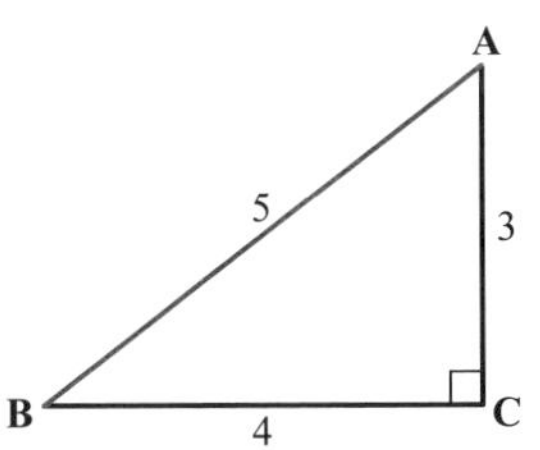

この直角三角形は直角以外の残りの角度はわからないんです！ ただ、この３辺の比は、

$3 : 4 : 5$

この比の三角形は直角三角形であると覚えておいてね！

$\triangle ABC$ は $\angle C = 90°$ となる直角三角形

・・・・・・（答え）

中学1年
中学2年
中学3年

“辺の比”と“角度”の関係

あのね、“三平方の定理”も大変重要なんだけど、実はそれよりも直角三角形における“辺の比”と“角度”の関係の方がこれからはより大切になってくるんだ！ 特にここの話は高校数学へ片足を突っ込んでいるとも言えるんだね。よって、しっかり話を聞くんだよ！　　は～い！

前の問題の解説で、辺の比について覚えておくんだよ！ と枠内に書いてあったでしょ？　その話を今からちゃ～んとまとめるからね！

三角定規だよぉ～!!　　突然、ナニ言ってるの？？？

みんなは三角定規を知っているよね！ コレがこれから先、高校数学を勉強する上でもポイントになるんだ！　　へぇ～・・・！

あのね、これからお話しする直角三角形は、3辺の比が決まると、その3つの内角の大きさが自然と決まるんだ。そして、そこには2つの直角三角形が関係していて、それはみんながよく知っている、2つで1組の三角定規なんだね！ 1個ずつ話をしていくよ。ではまずは、30°、60°、90°から！

① $1:2:\sqrt{3}$

（i）

右のような三角定規があるよね！ この三角形の3辺の比は

$$1 : 2 : \sqrt{3}$$

この比ならば必ず右図のようにそれぞれの内角の角度が、30°、60°、90° と決まる。

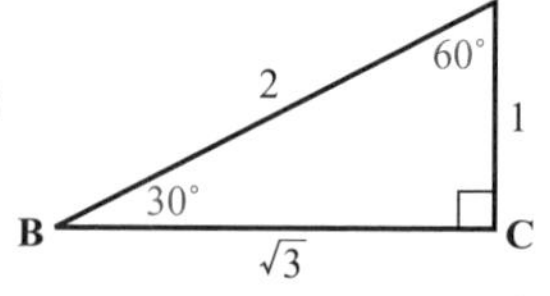

ほんの一言！

この比を使えば、AC（＝1）を基準とし、BCはACの$\sqrt{3}$倍、ABはACの2倍である！

（例）① AC ＝ 2のとき、BC ＝ $2 \times \sqrt{3} = 2\sqrt{3}$、AB ＝ $2 \times 2 = 4$

② AB ＝ 6のとき、AC ＝ $6 \div 2 = 3$、BC ＝ $3 \times \sqrt{3} = 3\sqrt{3}$

では、さっそく問題を使ってのお話です！　　最初から問題なの・・・？ 涙

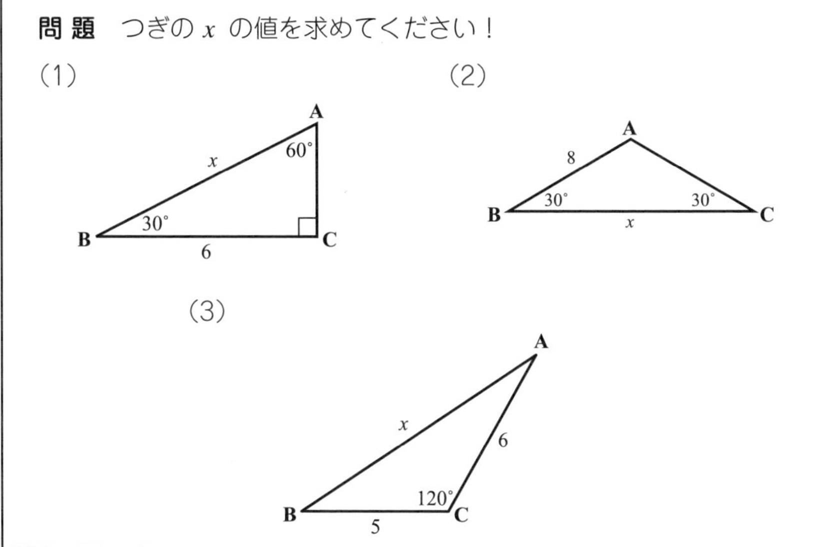

＜ 解説・解答 ＞

あのね、この３パターンさえ押さえておけばバッチリ !!　だってね、あとは考え方が同じなんだから！　本当かなぁ〜？？？　「あっ！ また疑っている！」

(1)

ほ〜ら、出ましたよ！ 30°、60°、90° の直角三角形。$1 : 2 : \sqrt{3}$ の三角形だね！ 右図を見て！ ホラ、あとは比例式を作ればおわりだよ！

$$x : \underline{2} = 6 : \underline{\sqrt{3}}$$

$$\sqrt{3}x = 2 \times 6$$

$$x = \frac{12}{\sqrt{3}}$$

［有理化！］

$$= \frac{12\sqrt{3}}{3}$$

$$= 4\sqrt{3}$$ ・・・・・（答え）

A
60°
2(x)
1
30°
B
C
√3(6)

どうかな？ 上の比例式はわかる？ 対応する辺どうしの比だからね！

(2)

図からこの三角形が二等辺三角形であるのはわかるよね?!

底角が 30° だ。ナルホドォ〜！　　でも、どこに 60°、90° があるの？

そうだよね！ そこで補助線を引くんだけど・・・

では、右図を見て。

$$\angle A = 180^\circ - 30^\circ \times 2 = 120^\circ$$

頂点 A から辺 BC へ垂線を引き、
交点を D とおくよ。

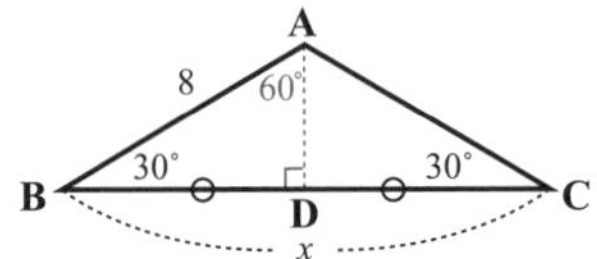

「ホラ！」わかるよね?!

$1 : 2 : \sqrt{3}$ の三角形登場！

・AB ： AD ＝ 2 ： 1 より、

$$2AD = AB$$

$$AD = \frac{1}{2}AB \cdots\cdots ①$$

・BD ： AD ＝ $\sqrt{3}$ ： 1 より、

$$BD = \sqrt{3}\,AD \cdots\cdots ②$$

二等辺三角形の性質
頂点の角の二等分線は、対辺の垂直二等分線になる。コレを利用して補助線 AD を引いたんだ！

だから、

①より

$$AD = \frac{1}{2} \times 8 \quad [AB = 8]$$

$$= 4 \cdots\cdots ③$$

また、②③より

$$BD = \sqrt{3} \times 4 \quad [AD = 4]$$

$$= 4\sqrt{3}$$

よって、

$$x = 2 \times BD \quad [BC = x]$$

$$= 2 \times 4\sqrt{3}$$

$$= 8\sqrt{3} \cdots\cdots \text{（答え）}$$

(3)

これはどうも簡単には求められそうもない気がするでしょ?!

うーん・・・?

例えば、∠Cの二等分線を引いて60°を作っても、その補助線が対辺ABに垂直になるかなぁ〜?

困ったぁ・・・・　どうしようぉ〜?

「あれぇ〜?!　ﾁｮｯﾄ待って！∠C = 120°だよね?!」ということはだよ、

$$180° - 120° = 60°$$

では、右の図を見てね！

辺BCの延長線と頂点Aからの垂線の足を点Dとおくと、△ACDは直角三角形だよね。それも、30°、60°、90°の直角三角形だよ！

なるほど！ナルホドネェ〜！ヤッタネ！

図の補助線でできた△ACDに着目だよ。

すると、30°、60°、90°の直角三角形だから、各辺の比は $1 : 2 : \sqrt{3}$。

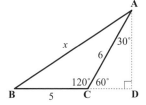

よって、

・$AC : CD = 2 : 1$

$6 : CD = 2 : 1$

$2CD = 6$

$CD = 3$

・$CD : AD = 1 : \sqrt{3}$

$3 : AD = 1 : \sqrt{3}$

$AD = 3\sqrt{3}$

だから、

$$BD = BC + CD$$
$$= 5 + 3$$
$$= 8$$

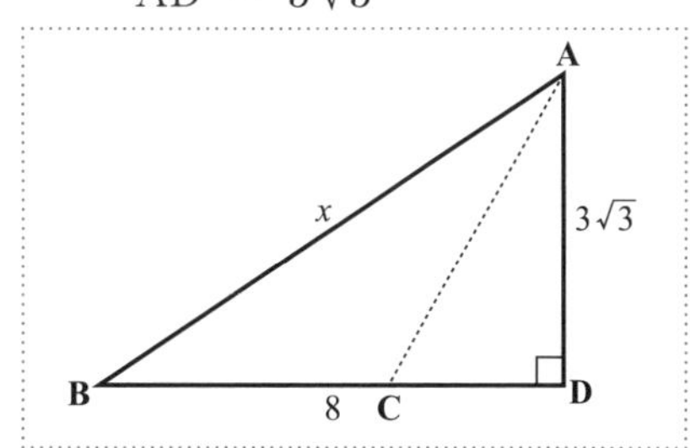

あとは、△ABDで三平方の定理を利用し、(前ページの右下図を見てね！)

$$AB^2 = BD^2 + AD^2$$

より、

$$x^2 = 8^2 + \left(3\sqrt{3}\right)^2$$
$$= 64 + 27$$
$$= 91$$
$$x = \sqrt{91} \quad (x > 0) \cdots\cdots (\text{答え})$$

この3問を解いてなんとなく理解できたかなぁ？ ある決まった角度の直角三角形であると、辺の比が決まっているんだね！ それゆえ、比の式を作って、わからない部分の長さが求められるんだ。では、もう1つの三角定規の三角形についても考えてみましょうか？？　ハァ〜、キツイ・・・

② $1:1:\sqrt{2}$

(ii) 右のような三角定規もあるよね！

この三角形の3辺の比は

$$1:1:\sqrt{2}$$

この比ならば必ず右図のようにそれぞれの内角の角度が、**45°**、**45°**、**90°** と決まる。

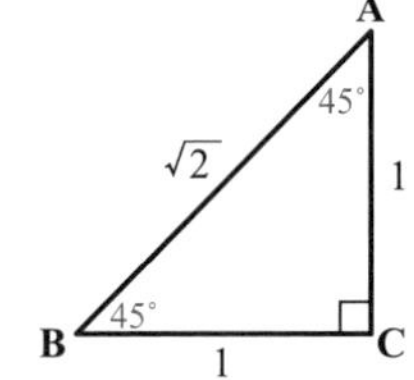

ほんの一言！

この比を使えば、AC、BC (= 1) が基準になりABはAC、BCの$\sqrt{2}$倍である！

(例) ① AC = 2のとき、BC = 2、AB = $2 \times \sqrt{2} = 2\sqrt{2}$

② AB = $\sqrt{6}$のとき、AC = BC = $\sqrt{6} \div \sqrt{2} = \sqrt{3}$

問題　つぎの x、y の値を求めてください！

（1）

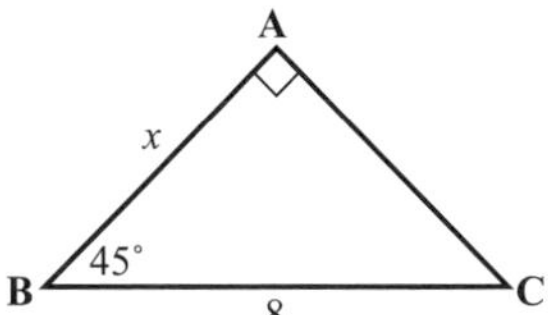

（2）

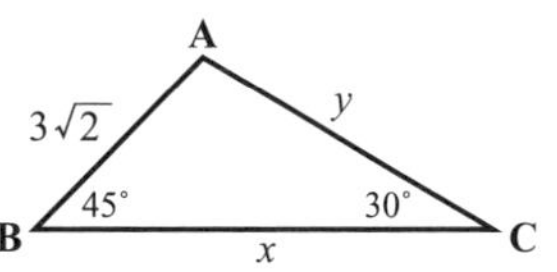

＜解説・解答＞

今度は直角二等辺三角形です！ この三角形の３辺の比は何でしたっけ？

$\boxed{1:1:\sqrt{2}}$ ですね！ちゃんと覚えておいてよ！ ハァ〜イ・・・覚えられない！

あとは、比の関係を考えればさっきと同じだからね !!

（1）

直角二等辺三角形の３辺の比は右下図のようになっています。問題の図はわざとひっくりかえしてあるから見にくいだけ。

右の図と問題の図とを比較して比の式を作るとつぎのようになるよね？

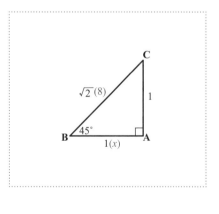

角度と辺の比の関係から、

$$x : 1 = 8 : \sqrt{2}$$

$$\sqrt{2}x = 8$$

$$x = \frac{8}{\sqrt{2}}$$ ［有理化！］

$$= \frac{8\sqrt{2}}{2} \quad (\text{約分}: 8 \to 4,\ 2 \to 1)$$

$$= 4\sqrt{2}$$ ・・・・（答え）

だんだんわかってきたでしょ？! 「エッ？ まだ全然わからないって？ ショック！」

(2)

これは1本補助線を引くことで解決だね！右図を見てください。頂点Aから底辺BCへ垂線を引くよ！ ほら、見えてきたでしょ？垂線を引いた足をDとおく。すると、△ABDと△ACDの2つができますよね。

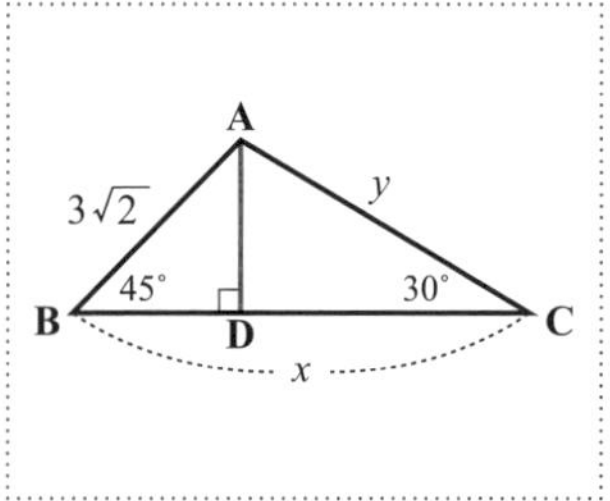

だから、求めたい辺BCは、BC ＝ BD ＋ CDより求めればいいんだね！

では、BDから求めましょうか？

△ABDは直角二等辺三角形だから、3辺の比は$1:1:\sqrt{2}$より、

右図から、$AB = \sqrt{2}\,BD$ だね？!

だから、$BD = AB \div \sqrt{2}$ より

$$BD = AB \div \sqrt{2}$$
$$= 3\sqrt{2} \div \sqrt{2}$$
$$= 3 \quad \cdots\cdots①$$

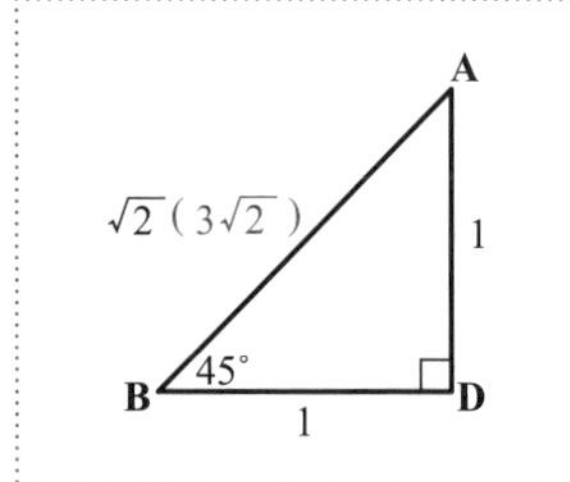

また、△ACDは3辺の比が$1:2:\sqrt{3}$の直角三角形だから

①より、$AD = BD = 3$

右の図から、$CD = \sqrt{3}\,AD$ より

$$CD = \sqrt{3}\,AD$$
$$= \sqrt{3} \times 3$$
$$= 3\sqrt{3} \quad \cdots\cdots②$$

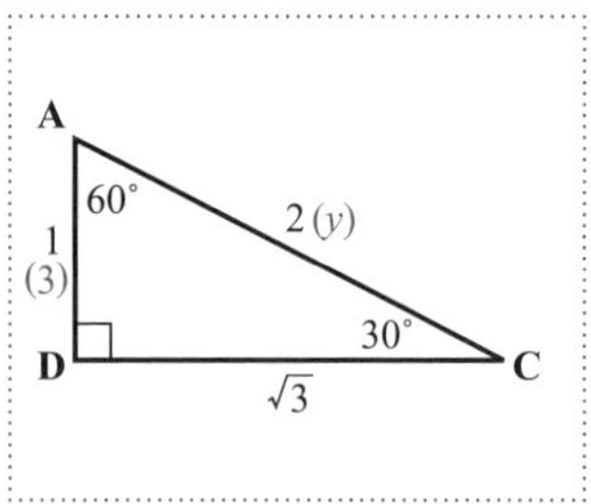

よって、①②より

$$BC = BD + CD$$
$$= 3 + 3\sqrt{3}$$

また、

$$AC = 2\,AD \quad [\,AD = 3\,]$$
$$= 6$$

したがって、

$x = 3 + 3\sqrt{3}$ ［または、$3(1+\sqrt{3})$］、$y = 6$ ・・・・（答え）

面積を求める

今度は、“二等辺三角形”と“正三角形”の面積を求める話ね！
まずは、“二等辺三角形の面積”から。

① 二等辺三角形の面積

問題

AB = AC = 6［cm］、 BC = 4［cm］の二等辺三角形において、△ABCの面積を求めてください。

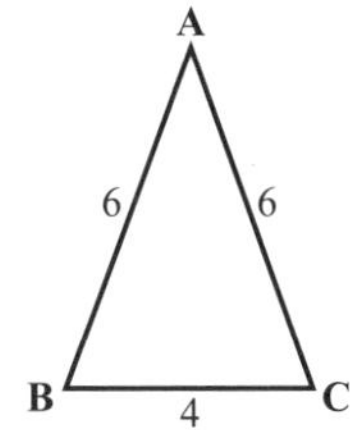

＜解説・解答＞

この問題をやる目的は、二等辺三角形の性質をしっかりと覚えているか？　コレを確認したいからなんです！

「**二等辺三角形において、頂点の角の二等分線は底辺を垂直に二等分する！**」

「覚えているかな？!」では、右図を見ながら解説を読んでね！

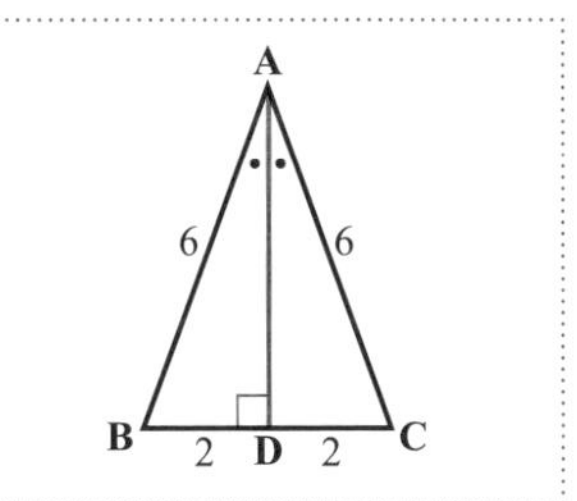

頂点Aの角の二等分線を補助線として引き、底辺BCとの交点をDとおくと、△ABDは直角三角形だよね？!　すると“三平方の定理”ですね？

底辺をBCとすれば、ADの長さ（高さ）がわかれば、△ABCの面積は求まるでしょ？!

$$\triangle \text{ABC} = \text{BC}（底辺）\times \text{AD}（高さ）\times \frac{1}{2}$$

では、ADの長さを三平方の定理を利用して求めてみよう！

$AD^2 + BD^2 = AB^2$ ［三平方の定理］より、

$$
\begin{aligned}
AD^2 + 2^2 &= 6^2 \\
AD^2 + 4 &= 36 \\
AD^2 &= 36 - 4 \\
&= 32 \\
AD &= \sqrt{32} \quad (AD > 0) \\
&= 4\sqrt{2}
\end{aligned}
$$

ピラミッドも三平方の定理を使ったのかな？

よって、

$$
\begin{aligned}
\triangle ABC &= BC(\text{底辺}) \times AD(\text{高さ}) \times \frac{1}{2} \\
&= 4 \times 4\sqrt{2} \times \frac{1}{2} \\
&= 8\sqrt{2}
\end{aligned}
$$

だから、

△ABCの面積：$8\sqrt{2}$ ［cm^2］・・・・・（答え）

思ったより簡単でしょ？！　では、つぎは正三角形ね！　　ため息・・・

②正三角形の面積

問題

AB＝4［cm］の正三角形において、
△ABCの面積を求めてみよう。

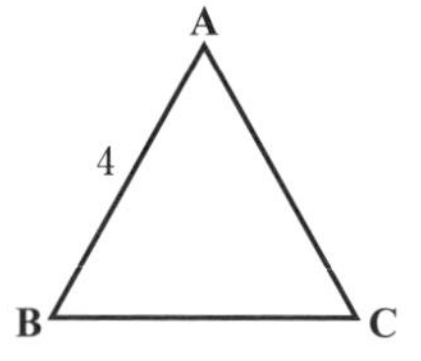

なんだか同じような問題に感じるのは私だけかなぁ～・・・？

正三角形はね、平面・空間図形でもよ～く出題されるんです！ コイツは二等辺三角形の仲間であり、また、正四面体（正三角形４面）の形でも現れ、重心の知識を要求してきます。なんて憎たらしいんだろうか・・・。

＜ 解説・解答 ＞

> **ポイント**　正三角形と言われたならば
> （a）３辺の長さが等しい。
> （b）内角はすべて 60°。
> （c）角の二等分線は対辺を垂直に２等分する。
> 　［30°、60°、90° の直角三角形ができる！］

この３点は必ず頭に浮かぶようにしておくんだよ。特に今後の問題を考えるとき、上の（c）がポイントになるからね！　　そうなんだ？！

では、始めますよ！

右図を見てわかるように、まず、∠Ａの二等分線を引き、辺ＢＣとの交点をＤとし、△ＡＢＤに着目。これって、（c）で書いた 30°、60°、90° の直角三角形だよね？！

するとアノ“比”

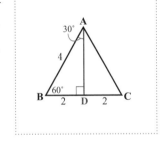

$$\underline{\underline{1 : 2 : \sqrt{3}}}$$

を思い出すんだよ！　　はぁ～い！

あとは簡単だよね？“比”を利用すれば高さ（AD）は求まる！

$$AD = \sqrt{3}\,BD\ (BD = 2)$$
$$= 2\sqrt{3}$$

> BD = 1 とすると、比の関係から
> 　$AD = \sqrt{3}\,BD$
> なんだね！　大丈夫かな？！

よって、

$$\triangle ABC = [BC：底辺]\ 4 \times [AD：高さ]\ \cancel{2}\sqrt{3} \times \frac{1}{\cancel{2}}$$
$$= 4 \times \sqrt{3}$$
$$= \underline{4\sqrt{3}\ [cm^2]}\ ・・・・（答え）$$

どうでしたかぁ～？ ２つ面積の問題をお話ししましたよ！ しっかりと何度も読んで、考え方を理解してくださいね！ では、つぎは円のお話！！ えっ～？涙

円と三平方の定理

円は特に！ 今後数学を勉強していく上で大切になってくるんだ！ だから、円について不安な人は、円について復習しておくんですよ!! では、三平方の定理に関してはすべてお話ししてあるから、さっそく問題に入りますよ！

問題　つぎの x の値を求めてみよう！

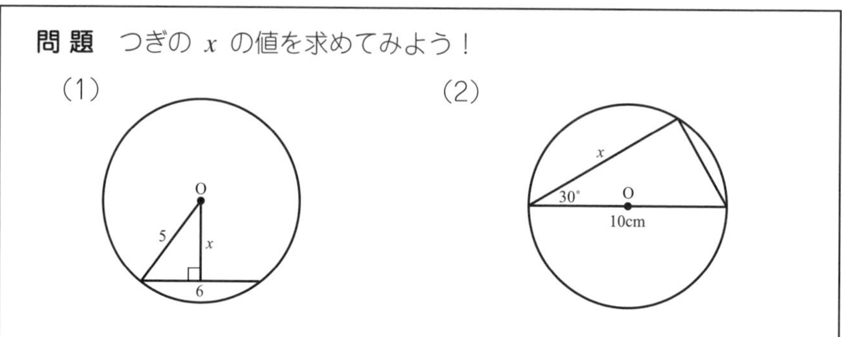

＜ **解説・解答** ＞

円で大切なことはいくつかありますが、ここでは**円周角**の知識ですよ！

ヤバイ！忘れてる・・・！

ポイント！

①円の中心は弦(げん)の垂直二等分線上に存在

②中心角＝ 2 ×円周角

(1)

もしかして、また辺の比から求めると思っていないかな？ 残念でした！これは、ポイント①と"三平方の定理"だけで解けるんだ！　そうなんだ?

右図で中心から弦に下ろした垂線は"弦を垂直に 2 等分"しているから、三平方の定理を利用して、

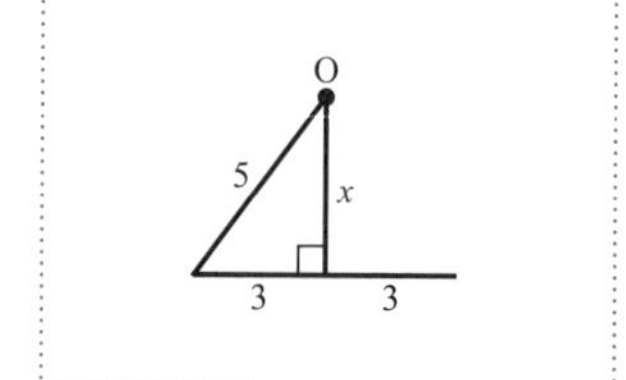

$5^2 = x^2 + 3^2$

$x^2 = 25 - 9$

$= 16$　　　($x > 0$ より)

$x = 4$　・・・・（答え）

（2）

今度は「円周角と中心角の関係を覚えているか？」が問われているよ!!

ポイント！

円周角は中心角の $\frac{1}{2}$ の大きさ！

直径だから、中心角は180°

よって、

（円周角）＝ 180° ÷ 2 ＝ 90°（直角）

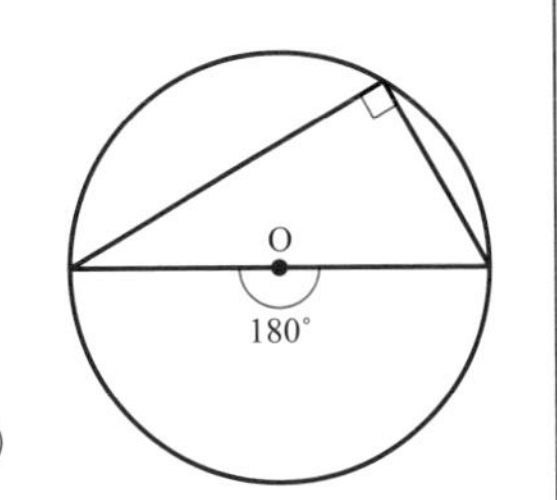

右図を見ればわかってくれると思うけど、30°、60°、90° の直角三角形だから、辺の比が、

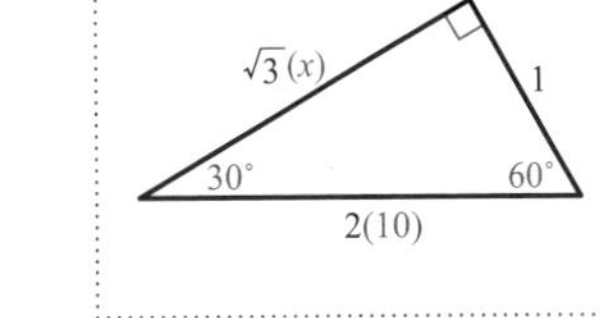

$1 : 2 : \sqrt{3}$

だから、比例式を立てると

$x : \sqrt{3} = 10 : 2$（← $x : 10 = \sqrt{3} : 2$ でもOK！）

$2x = 10\sqrt{3}$

$x = 10\sqrt{3} \div 2$

$= 5\sqrt{3}$・・・・（まだこれは答えではないよ！）

よって、　（2）は［cm］と単位がついているので答えの書き方には注意！

$x = 5\sqrt{3}$ [cm]・・・・（答え）

「どうですか？」何問かやってわかってもらえたと思うんだけど、これからは今までの知識を総動員しないと問題が解けないんだね！“三平方の定理”および“直角三角形の辺の比と角度”の関係だけで解けると思いきや、実は円の知識もないとどうしようもなくなるんですねぇ～・・・

では、あと２問やるよ。笑　　鬼！　オニ！　・・・涙

問 題　つぎの x の値を求めてみよう？

（1）

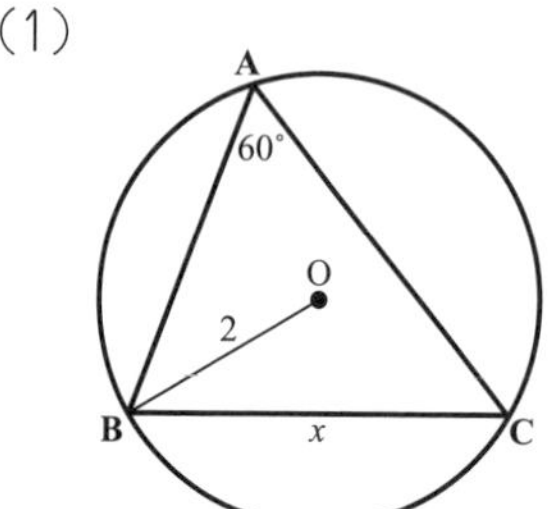

（2）

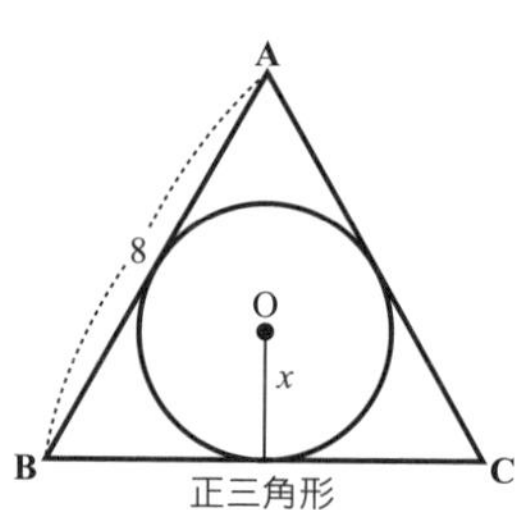

＜解説・解答＞

（1）

右図のように赤い補助線を引くとわかるかなぁ？

円周角と中心角の関係から、

$\angle BOC = 120°$　　$60° \times 2 = 120°$

となり、また、O を頂点とすると、

OB ＝ OC（半径）より、

△OBC は二等辺三角形となる。すると、

$\angle OBC = 30°$

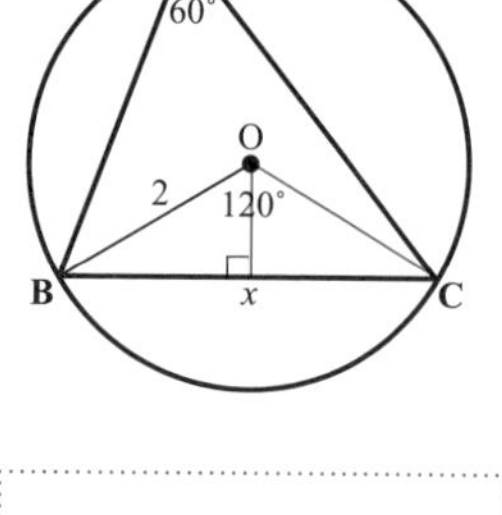

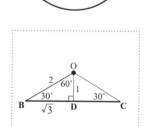

よって、△OBC に右下図のような補助線を引き辺 BC との交点（足）を D とおくと、△OBD は「30°、60°、90° の直角三角形」だね。

だから、OD（＝1：三辺の比より）を基準にすると、

$OB = 2\,OD$　・・・・①

$BD = \sqrt{3}\,OD$　・・・・②

よって、

①より、$2\,OD = 2$

$OD = 1$

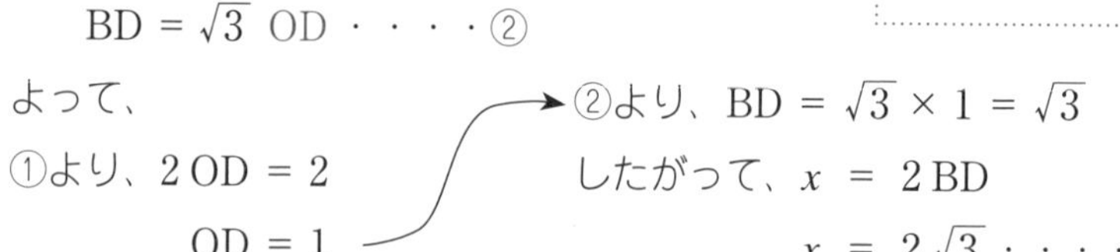

②より、$BD = \sqrt{3} \times 1 = \sqrt{3}$

したがって、$x = 2\,BD$

$x = 2\sqrt{3}$　・・・・（答え）

(2)

右図の２点 O、B に補助線を引く。

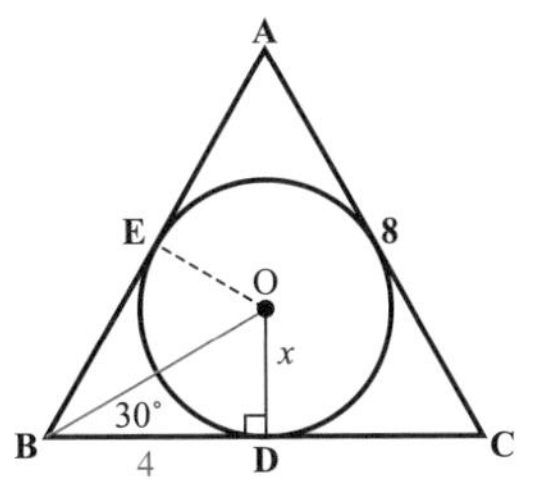

△ ABC は正三角形ゆえ、内角はすべて

60° だから、∠ OBD ＝ 30°

よって、「30°、60°、90° の直角三角形」

OD（＝1：三辺の比より）を基準にすると、

$\sqrt{3}$ OD ＝ BD ・・・・（＊）

だから、OD ＝ x 、BD ＝ 4 より

$\sqrt{3}\,x = 4$

$x = \dfrac{4}{\sqrt{3}}$ ［有理化！］

$= \dfrac{4\sqrt{3}}{3}$ ・・・・（答え）

> 注）線分 OB が∠ B の二等分線になるのはよいかな？ 上図において
> △ OBD ≡△ OBE
> 直角三角形の合同条件（斜辺と他の１辺が等しい！ 他の１辺は半径だよ！）
> だから、∠ OBD ＝∠ OBE
> よって、線分 OB は∠ B の二等分線となり、
> ∠ OBD ＝ 30°

このぐらいで円に関しての問題はおわりにしましょう！ では、つぎね！

エッ?! まだやるの・・・

空間図形と三平方の定理

問題

右図の直方体に関してつぎの問いに答えてください。

(1) 線分 EG の長さを求めてみよう。

(2) 対角線 AG の長さを求めてみよう。

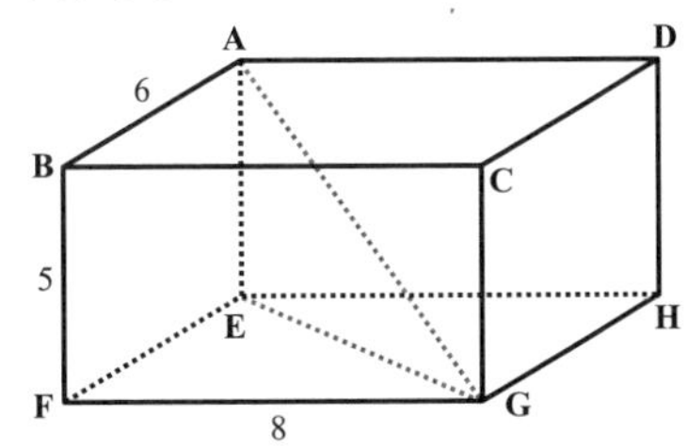

< 解説・解答 >

(1)

△EFGに着目！ この三角形を取り出してみるよ！

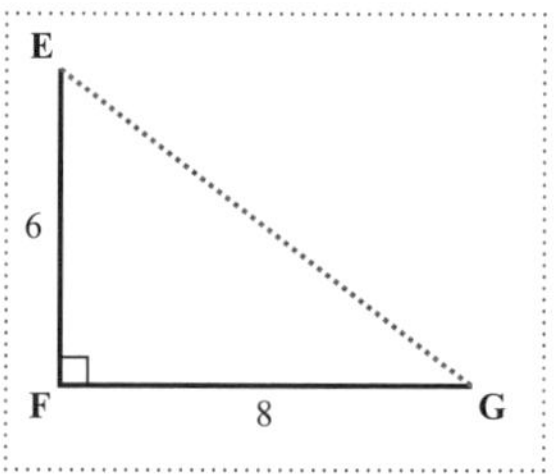

右図を見てもらえるとすぐにわかると思うけど、線分EGは直角三角形EFGの斜辺になるよね？

では、“三平方の定理”より

$$\begin{aligned} EG^2 &= EF^2 + FG^2 \\ &= 6^2 + 8^2 \\ &= 36 + 64 \\ &= 100 \end{aligned}$$

［長さゆえ：EG＞0］

$EG = 10$ ・・・・・（答え）

(2)

アノネ！ ふつうはこの（2）の問題「対角線AGを求めよ！」が直接聞かれてくるんだ。イジワルだよね!! でも、（1）で線分EGを求めたからわかりやすいはず?! では、また必要な部分の図だけを切り取ってみるよ。

「ほらねぇ！ カンタンでしょ？」

ではでは、またまた“三平方の定理”より

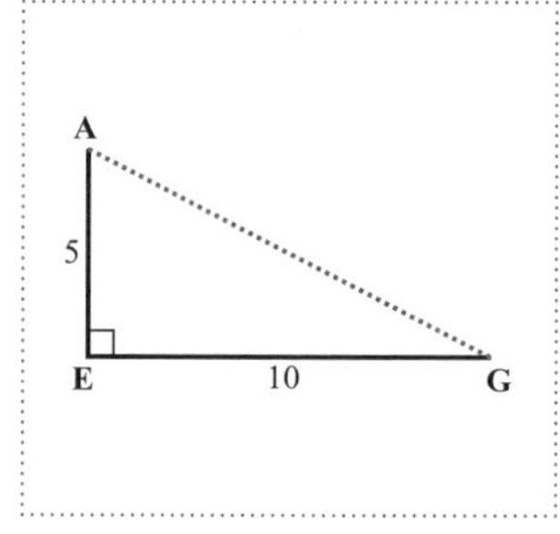

$$\begin{aligned} AG^2 &= AE^2 + EG^2 \\ &= 5^2 + 10^2 \\ &= 25 + 100 \\ &= 125 \end{aligned}$$

$AG = \sqrt{125}$ ［長さゆえ：AG＞0］

$= \sqrt{25 \times 5} = \sqrt{5^2 \times 5}$

$= 5\sqrt{5}$ ・・・・・（答え）

問 題（超重要な応用！）

1 辺が 4 [cm]の立方体がある。以下の問いについて考えてみよう！

（1）辺 AB、BC の中点を I、J とする。△ FIJ の面積を求めてください。

（2）三角すい FBIJ の体積を求めてください。

（3）点 B から△ FIJ に垂線を下ろしその交点（足）を L とする。
　線分 BL の長さを求めてください。

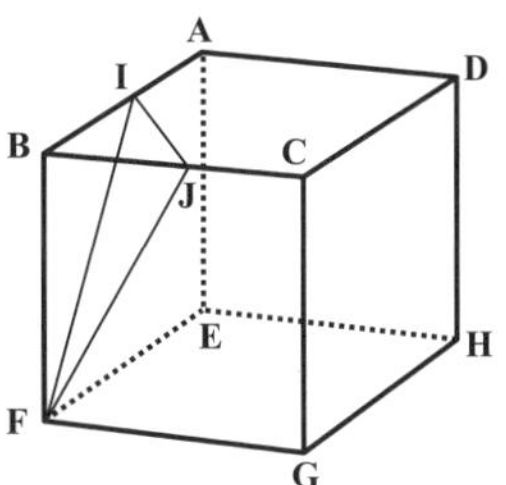

＜解説・解答＞

みなさんは問題文を見ただけで、長いから“難しい”メンドウ！ と思ってしまうんだろうね?!「わかるなぁ〜・・・　その気持ち！」ポイントは、必要な部分だけを切り取って見やすくする！

（1）

「言われたように切り取ってみたけどぉ・・・？」

問題の図から△ FIB と△ FJB は合同だから、FI ＝ FJ となり、右図の△ FIJ は“二等辺三角形”だから、ぅ〜ん・・・　点 F から底辺 IJ に垂線を引けば、底辺を垂直に 2 等分するよね?!　その足を K とおくよ。

すると辺 FI、IJ の長さがわかれば、面積なんて簡単ジャン！

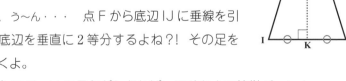

ナンデ・・・？

あのね！ 辺 FI、IJ がわかれば“三平方の定理”で辺 FK が求まるよね?!

では、条件から、IB ＝ 2、BF ＝ 4 より（下の図を見てね！）

・△ FIB から辺 FI を求める。

$$FI^2 = IB^2 + BF^2$$
$$= 2^2 + 4^2$$
$$= 20$$
$$FI = \sqrt{20}$$ ［長さゆえ：FI＞0］
$$= 2\sqrt{5} \cdots\cdots ①$$

・△ BIJ から辺 IJ を求める。

$$IJ^2 = IB^2 + BJ^2$$
$$= 2^2 + 2^2$$
$$= 8$$
$$IJ = \sqrt{8}$$ ［長さゆえ：IJ＞0］
$$= 2\sqrt{2} \cdots\cdots ②$$

つぎに、②より IK の長さを求めるよ。

$$IK = \frac{1}{2} IJ$$
$$= \frac{1}{2} \times 2\sqrt{2}$$
$$= \sqrt{2} \cdots\cdots ③$$

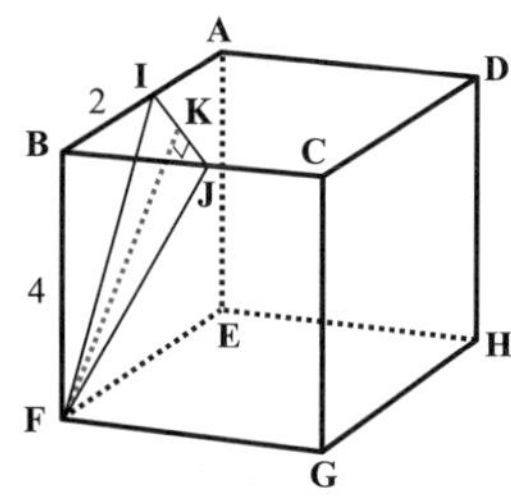

①③より、△ FIJ の高さ FK を求めると、

$$FI^2 = IK^2 + FK^2$$
$$FK^2 = FI^2 - IK^2$$
$$= (\sqrt{20})^2 - (\sqrt{2})^2$$

1 題解くのにこんなにたくさん式がいるんだ・・・

$$= 20 - 2$$
$$= 18$$
$$FK = \sqrt{18}$$ ［長さゆえ：FK＞0］
$$= 3\sqrt{2} \cdots\cdots ④$$

よって、②④より求める面積は

$$\triangle FIJ = [IJ：底辺] \times [FK：高さ] \times \frac{1}{2}$$
$$= \cancel{2}^{1}\sqrt{2} \times 3\sqrt{2} \times \frac{1}{\cancel{2}_{1}}$$
$$= 6$$

△ FIJ ＝ 6［cm^2］・・・（答え）

(2)

右に今から求める三角すいを切り取ったよ。ここで心配なのは“～すい”の体積の公式を覚えているかだね？　　う～ん・・・！

図の右下に公式を書いておいたから、見て思い出してくださいね！

図から、底面が直角三角形なのはわかるから、底面積はカンタンに求められる。あと、高さも 4 [cm] とわかっているから、大丈夫だね?!

では、求めるよ。

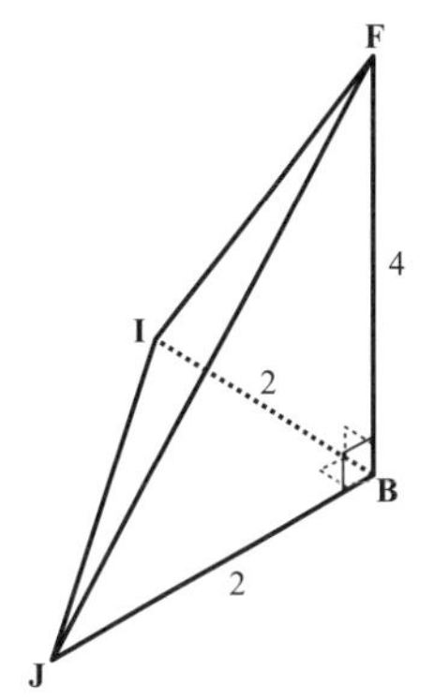

$$[体積] = [底面積] \times [高さ] \times \frac{1}{3}$$
$$= (2 \times 2 \times \frac{1}{2}) \times (4) \times \frac{1}{3}$$
$$= \frac{8}{3}$$

$\frac{8}{3}$ [cm^3]・・・・・（答え）

～すい（錐）の体積

$[体積] = [底面積] \times [高さ] \times \frac{1}{3}$

「ふぅ～・・・！」なんとかここまでは危なげなくきましたね！ でも、ここからが一番の難所なんだなぁ～・・・

(3)

みなさんは､問題の線分 BL を図の中にかき込むことができるかなぁ～？ 線分 BL は右図のようになるよ！ すると、△ FIJ を底面積と考え、線分 BL を高さとすれば、(2) の体積を利用して

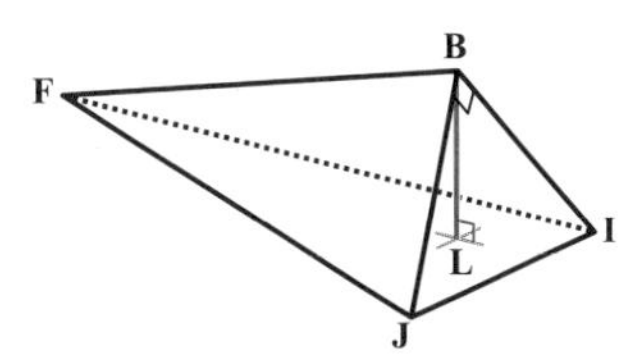

$\triangle FIJ \times BL \times \frac{1}{3} = \frac{8}{3}$ [(2)の体積]

となるでしょ？

ナルホドネェ～、感動！

では、さきほどの式に数値を代入してBLを求めてみようか？

$$\triangle FIJ \times BL \times \frac{1}{3} = \frac{8}{3}$$

だから、(1)(2)の結果を利用して、

$$6 \times BL \times \frac{1}{3} = \frac{8}{3}$$

両辺を3倍［分母を払う！］

$$6 \times BL = 8$$

$$BL = \frac{8}{6}$$

$$= \frac{4}{3}$$

$$\underline{BL = \frac{4}{3}[cm]}$$ ・・・・・（答え）

やっと、おわりましたね！

「難しかったかなぁ？」

この問題は、はじめから解答を見てしまうと難しく感じないと思うけど、でもね、初めて見て、一人で解くと大変難しい問題なんです・・・！

では、せっかく三角すいの問題を解いたんだから、もう1問三角すいの有名な難問を解いてみようかぁ？ これは知らないと解けない問題ゆえ、<解説・解答>をはじめから読んでかまわないからね！

ひょい！　ヒョイ！　ヒョイ！　と・・・

「ナニしてるのぉ・・・？」

問 題（超重要な応用）

1 辺が 6[cm] の正四面体 OABC において、点 O から底面に下ろした垂線の足を点 D とおく。以下の問いに答えてください。

（1）線分 OD の長さを求めよう！

（2）正四面体 OABC の体積を求めよう！

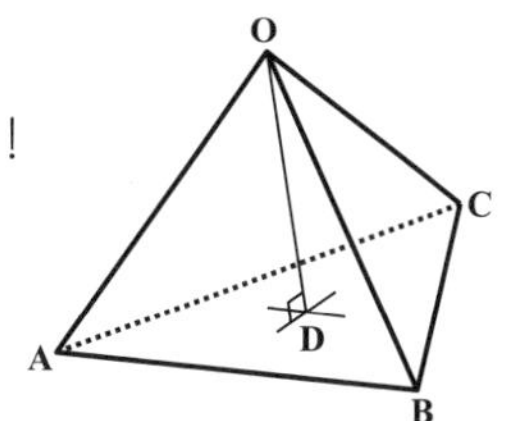

＜解説・解答＞

まず「“正四面体”がどんな形かわかるかなぁ～？」

問題に図があるから「わかるよ！」と言うかもしれないけど、この 4 面全部が“正三角形”なんだよ！ **この正三角形がポイントなんだな！** なんで・・・？

線分 OD の長さを求めるには“**正四面体の性質**”と“**重心**”の知識がないとできないんだ！ これは高校数学でもよく出題！ そこで、この本は基本問題が中心なんだけど、やはりやることにしました。だから、すぐに解けなくても OK ！

シッカリ読んで理解してね！はじめに、ポイントを 2 点説明しとくよ。

ポイント！

①正四面体の頂点から底面に垂線を下ろしたその足は底面の“重心”となる！

②重心は“2：1”に内分する点である。　ナニ・・・？

［三角形の重心：作図の仕方！］

頂点から対辺の中点に線を引き、

その交点が重心！

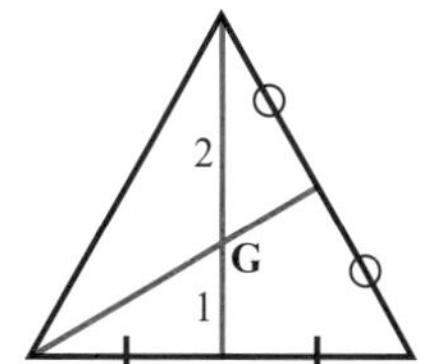

重心は頂点から対辺の中点に引いた線分を**頂点側から 2：1 に内分する点！**

このポイントを読んで、点Dが重心になるということが“ピィ～ン”ときたかなぁ～？ 難しいよね！　「はじめからできなくてもいいんだよ！」

(1)

まずは、底面の頂点Cから底辺ABの中点Mに補助線を引くよ（図1)。すると、点Dは線分CMを“2：1”に内分する点になるでしょ！

だから、△ODCは直角三角形なので辺CDの長さを求め、“三平方の定理”を利用して、線分ODを求めればよいわけだね！ 「わかるかなぁ～？」

まずは、線分CMの長さを求めるよ。

図2に底面を切り取りました。すると、気づいたかなぁ？△CAMは$1:2:\sqrt{3}$の直角三角形だよ！

辺CMは辺AMの$\sqrt{3}$倍だから、

$CM = 3\sqrt{3}$　$[AM \times \sqrt{3}]$・・・・①

そこで、点Dは重心ゆえ辺CMを2：1に内分するから、線分CDの長さは、

$$\begin{aligned} CD &= CM \times \frac{2}{3} \\ &= 3\sqrt{3} \times \frac{2}{3} \\ &= 2\sqrt{3} \cdots\cdots ② \end{aligned}$$

これで、線分ODの長さを求める準備は終了。

図3を見れば“三平方の定理”だね！

$$\begin{aligned} OC^2 &= OD^2 + CD^2 \\ 6^2 &= OD^2 + (2\sqrt{3})^2 \\ OD^2 &= 6^2 - (2\sqrt{3})^2 \\ &= 36 - 12 \end{aligned}$$

$$\begin{aligned} OD^2 &= 24 \\ OD &= \sqrt{24} \quad [長さゆえ：OD > 0] \\ &= 2\sqrt{6} \end{aligned}$$

$OD = 2\sqrt{6}$ [cm]・・・・（答え）

図1

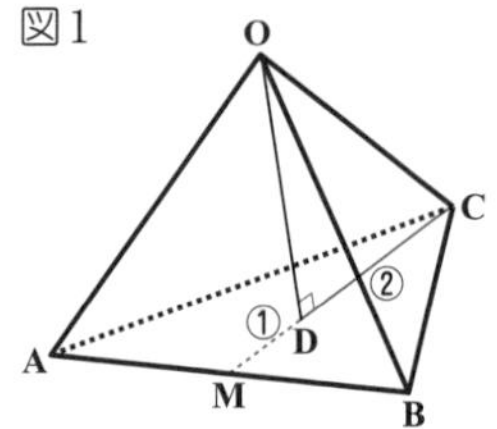

図2

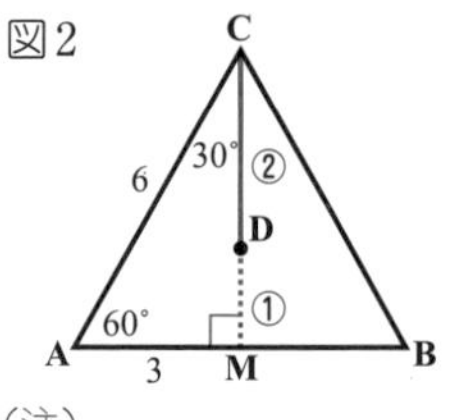

（注）
正三角形はCA = CBより、二等辺三角形の仲間だから、頂点Cより底辺ABの中点に引いた線分CMは垂直に交わるんだったね！

図3

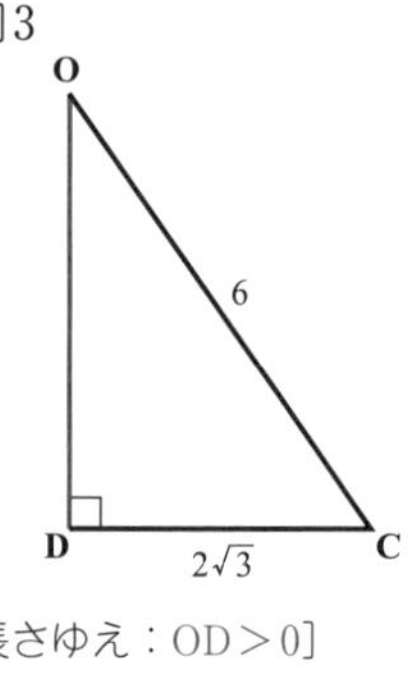

（2）

三角すいの体積だから、図1を見てもらえればわかるように（1）で高さがわかったから、あとは底面積△ABCの面積を求めればよいわけだね？!
では、①より（図2参照）

$\triangle ABC$ ＝［AB：底辺］×［CM：高さ］× $\frac{1}{2}$

＝ $\cancel{6}^{3} \times 3\sqrt{3} \times \frac{1}{\cancel{2}_{1}}$

＝ $9\sqrt{3}$

お～い！

よって（図1参照）、　　　　「ナンデすかぁ？」

体積＝［底面積：△ABC］×［高さ：OD］× $\frac{1}{3}$

＝ $\cancel{9}^{3}\sqrt{3} \times 2\sqrt{6} \times \frac{1}{\cancel{3}_{1}}$

＝ $6\sqrt{18}$　［$\sqrt{18} = 3\sqrt{2}$］

＝ $18\sqrt{2}$

正四面体OABCの体積：$18\sqrt{2}$［cm^3］・・・・（答え）

やっとおわりました！ 疲れたでしょ？ 話をしている私も疲れたからね！
では、今度はよく見る“円すい”について、2パターンの問題についてお話ししておくよ！

いったいいつおわるのぉ～・・・

問題　つぎの円すいの“高さ”と“体積”を求めてみよう！

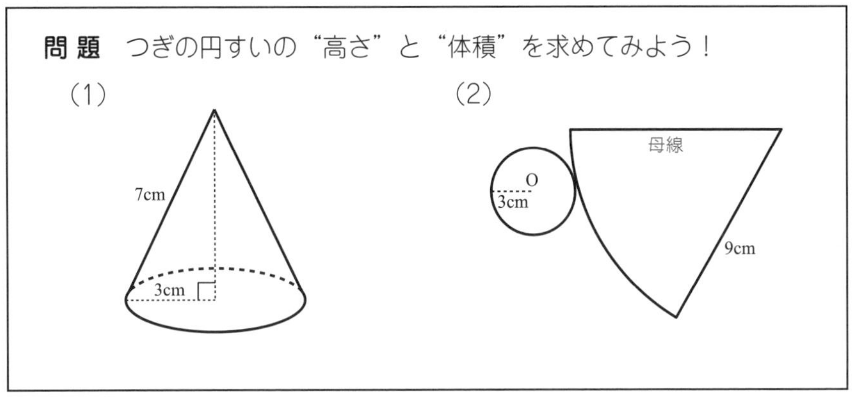

< **解説・解答** >

（1）

そろそろ問題の図を見れば、方針は立つよね？
“三平方の定理”で、まずは“高さ”を求めるよ。

$$x^2 + 3^2 = 7^2$$
$$x^2 = 7^2 - 3^2$$
$$= 49 - 9$$
$$= 40$$
$$x = \sqrt{40}\ [x > 0]$$
$$= 2\sqrt{10}$$

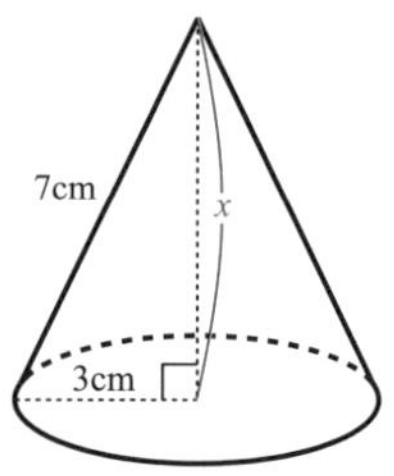

よって、

<u>高さ：$2\sqrt{10}$［cm］　・・・・・（答え）</u>

そろそろ［〜すい］の体積の公式は覚えましたか？!

$$[体積] = [底面積] \times [高さ] \times \frac{1}{3}$$
$$= (3 \times \cancel{3}^{1} \times \pi) \times 2\sqrt{10} \times \frac{1}{\cancel{3}_{1}}$$
$$= 6\sqrt{10}\pi$$

よって、

<u>体積：$6\sqrt{10}\pi$［cm^3］・・・・（答え）</u>　カンタン！かんたん！笑

（2）

今度は円すいが展開図で登場だね！ しかし、これも（1）とまったく同じ問題だよ。母線（ぼせん）の位置が読み取れればカンタンです。

えっ？！ 母線ってナニ・・・？

右に展開図を組み立てた図を示しておきました。

では、さっさとおわらせてしまいましょう！　“母線”は図を見てね！

（1）と同じように“高さ”を x（>0）とおく。

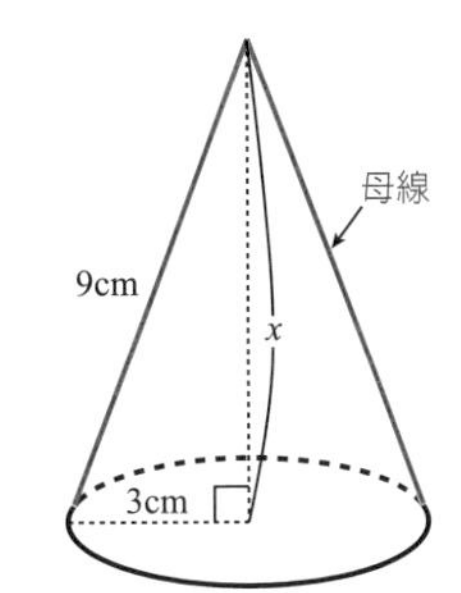

$$x^2+3^2=9^2$$
$$x^2=9^2-3^2$$
$$=81-9$$
$$=72$$
$$x=\sqrt{72}\ (=\sqrt{6^2\times 2} : x>0)$$
$$=6\sqrt{2}$$

よって、

高さ：$6\sqrt{2}$ ［cm］・・・・・（答え）

つぎは体積だね！　「ドンドンやっちゃうからねぇ・・・」

$$［体積］=［底面積］\times［高さ］\times\frac{1}{3}$$
$$=(3\times\cancel{3}^{1}\times\pi)\times 6\sqrt{2}\times\frac{1}{\cancel{3}_{1}}$$
$$=18\sqrt{2}\,\pi$$

よって、

体積：$18\sqrt{2}\,\pi$［cm^3］・・・・・（答え）

では、最後のパターンです！“回転体”の問題ね！

これも２題やってみるからね！

ヤダナァ～・・・・・！　図形はキライ！

問 題　つぎの図形において、直線 l を軸にして１回転させてできる図形の体積を求めてみよう。

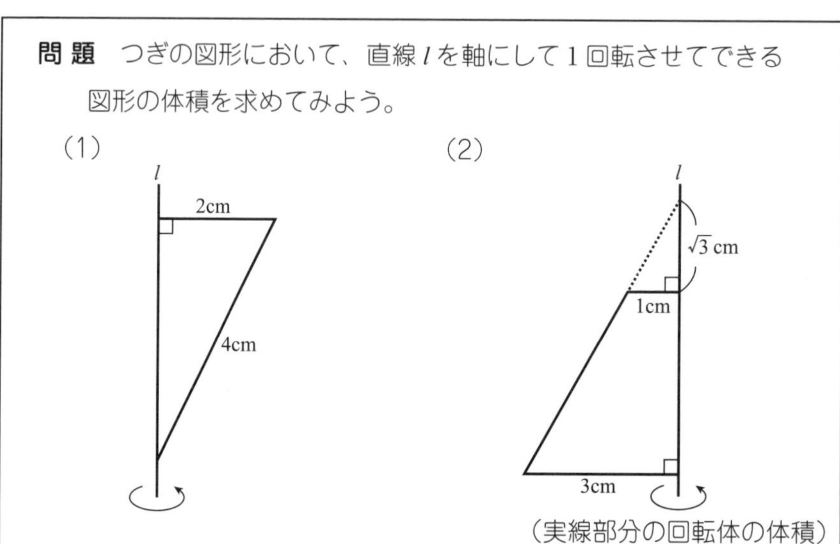

＜ 解説・解答 ＞

（1）

クルクル回すと底面が半径２［cm］の円すいができるよね？ 念のために右下に図を示しておきました。まずは、高さを求めて、“〜すい”の体積の公式だね！

“高さ”を x（＞０）とおく。

$$x^2 + 2^2 = 4^2$$
$$x^2 = 4^2 - 2^2$$
$$= 16 - 4$$
$$= 12$$
$$x = \sqrt{12}$$
$$= 2\sqrt{3}$$

注）問題の回転体の図形は底面が上にある円すいですが、見やすくするために、実際の図をひっくり返しておきました！

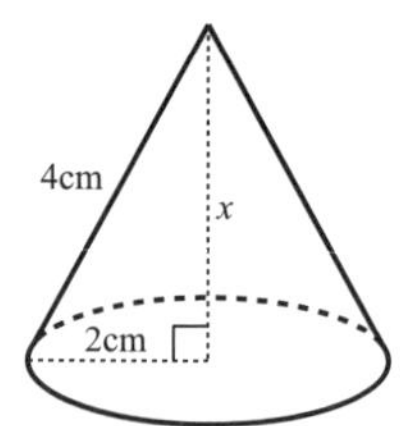

だから、

高さ：$2\sqrt{3}$［cm］

よって、求めたい体積は、

$$[\text{体積}] = [\text{底面積}] \times [\text{高さ}] \times \frac{1}{3}$$

$$= (2 \times 2 \times \pi) \times 2\sqrt{3} \times \frac{1}{3}$$

$$= \frac{8}{3}\sqrt{3}\,\pi \qquad \boxed{\frac{8\sqrt{3}}{3}\pi,\ \frac{8\sqrt{3}\,\pi}{3}}$$

これでもOK！

正解だよ！

よって、

体積：$\frac{8}{3}\sqrt{3}\,\pi$［cm^3］・・・・・（答え）

(2)

これは案外難しいかも？ 台形がクルクル回るから、円すいの頭のトンガリがないよね？ お立ち台みたいな感じかなぁ～？

やはり、右に図を示さなくてはだめだよね？

見てもらえればわかると思うけど、

［大きい円すい］－［上の小さな円すい］

この計算をすれば求まるよね？!

「なるほどねぇ！ あれぇ～、でもぉ・・・？」

ナニか言いたいことがあるのかなぁ・・・？!

「だって・・・」

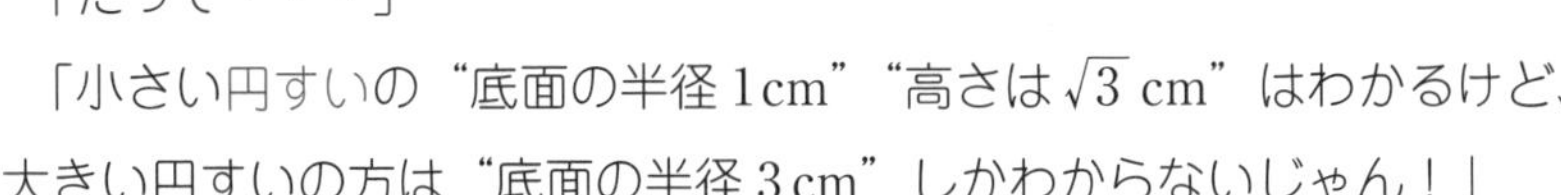

「小さい円すいの“底面の半径 1cm”“高さは $\sqrt{3}$ cm”はわかるけど、大きい円すいの方は“底面の半径 3cm”しかわからないじゃん！」

言われてみればそうだねぇ～・・・

でもね、ちゃ～んとヒントが与えられているんだよ！

それをしっかりと自分で見つけてもらいたいんだなぁ～・・・

ムリ！・・・

小さい円すいの半径1に対して高さは $\sqrt{3}$。しかも、直角三角形だよ！ナニか思い出さないかなぁ？ 右下図を見てください。断面の左側だけを切り取ってみたよ。

「ホラ！ **$1:2:\sqrt{3}$ の直角三角形だね**！」

△ADEが3辺の比の関係から、$\angle ADE = 60°$

よって、辺DE//辺BCより、

$\angle ABC = \angle ADE = 60°$ （同位角）

また、$\angle ACB = 90°$ より

△ABCは30°、60°、90°の直角三角形となる。よって、**3辺の比と角度の関係**から

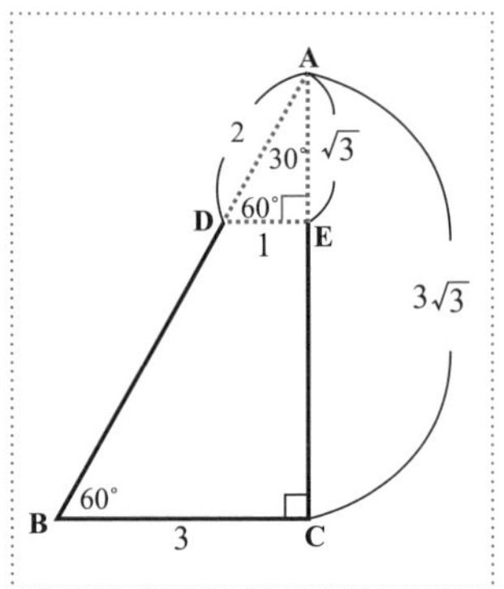

$$BC : AC = 1 : \sqrt{3} \quad より$$
$$3 : AC = 1 : \sqrt{3}$$
$$AC = 3\sqrt{3}$$

ほら！これで大きい円すいの高さも求まったぞ！これで求められるね?!

[大きい円すいの体積]：$(3 \times 3 \times \pi) \times \overset{1}{\cancel{3}}\sqrt{3} \times \dfrac{1}{\underset{1}{\cancel{3}}} = 9\sqrt{3}\,\pi$

[小さい円すいの体積]：$(1 \times 1 \times \pi) \times \sqrt{3} \times \dfrac{1}{3} = \dfrac{\sqrt{3}}{3}\pi$

これより、求める体積は

[大きい円すい] － [上の小さな円すい] $= 9\sqrt{3}\,\pi - \dfrac{\sqrt{3}}{3}\pi$

$$= \frac{27\sqrt{3}}{3}\pi - \frac{\sqrt{3}}{3}\pi$$

$$= \frac{26\sqrt{3}}{3}\pi$$

よって、求めたい体積は

$\dfrac{26\sqrt{3}}{3}\pi$ [cm^3]・・・・・（答え）

2点間の距離

座標平面上における2点間の距離を“三平方の定理”を利用することで求められるんだよ！ この2点間の距離を求める式は“公式”となっているけど、ここでは図を使ってお話ししますね！

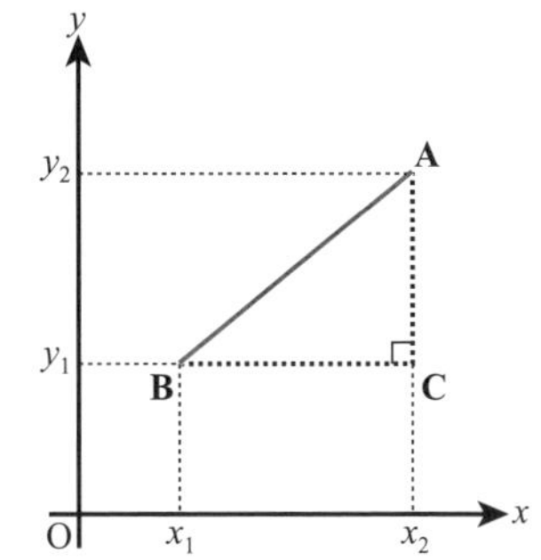

右図において、点A、Bの座標を

点A（x_2, y_2）　点B（x_1, y_1）

とおくよ。

見てわかるように、△ABCは直角三角形で、2点AB間は斜辺に対応するよね？!

だから、“三平方の定理”が利用できる。

$AB^2 = BC^2 + AC^2$ ・・・・（＊）

では、線分BC、ACの長さなんだけど、

- **x 軸上の長さならば、右から左を引く！**
- **y 軸上の長さならば、上から下を引く！**

前にも言いましたよね！

よって、

$BC = x_2 - x_1$

$AC = y_2 - y_1$

これを（＊）に代入するよ！

$AB^2 = BC^2 + AC^2$

$AB^2 = (x_2 - x_1)^2 + (y_2 - y_1)^2$

だから、2点間の距離を求める式は、

公式

$$AB = \sqrt{(x_2 - x_1)^2 + (y_2 - y_1)^2}$$ （長さゆえ：正）

と表せるんだね！

「わかった気もするけど、文字ばかりでの説明だからビミョ～！ かなぁ？」

ヨシ！ では、具体的に問題をやってみよ～！　まだおわらないの・・・？

問 題　つぎの２点間の距離を求めてみよう！

（1）Ａ（1，3）、Ｂ（5，1）　（2）Ａ（－3，－5）、Ｂ（2，－1）

＜**解説・解答**＞

はじめに一言！ 公式では座標平面上の右の点の座標から左の点の座標を引いていますが、実際に計算するときはどっちから引いても問題ないからね !!
だって、ルートの中の計算で“２乗”してしまうから必ずプラスになり問題ありません！ 言っている意味わかるよね？! ウンウン！ナルホドネェ～・・・

ここでは点Ｂから点Ａの座標を引くことにします！

（1）

Ａ（1，3）、Ｂ（5，1）

$$\begin{aligned} AB &= \sqrt{(5-1)^2+(1-3)^2} \\ &= \sqrt{4^2+(-2)^2} \\ &= \sqrt{16+4} \\ &= \sqrt{20} \\ &= 2\sqrt{5} \end{aligned}$$

$AB = 2\sqrt{5}$　・・・（答え）

（2）

Ａ（－3，－5）、Ｂ（2，－1）

$$\begin{aligned} AB &= \sqrt{\{2-(-3)\}^2+\{(-1-(-5)\}^2} \\ &= \sqrt{(2+3)^2+(-1+5)^2} \\ &= \sqrt{5^2+4^2} \\ &= \sqrt{25+16} \\ &= \sqrt{41} \end{aligned}$$

$AB = \sqrt{41}$　・・・（答え）

以上で“三平方の定理”に関してのお話はおわりだよ！ やったね！ みなさんも疲れたでしょ・・・？　お疲れ様でした！

あのねぇ・・・、おわりにしてもいいんだけど、できればもうひとつだけ話がしたいんだなぁ～・・・・！

いつもこのパターンなんだからぁ・・・！

立体における最短距離

① 円柱

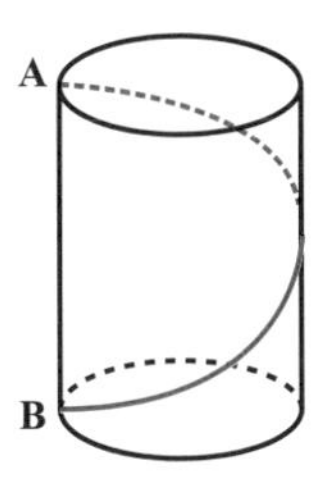

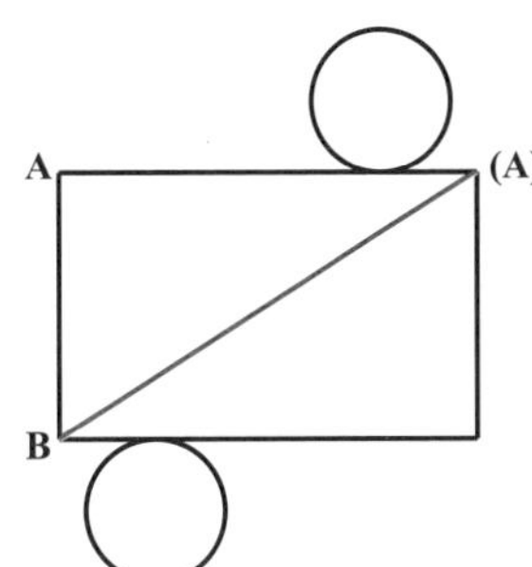

② 円すい

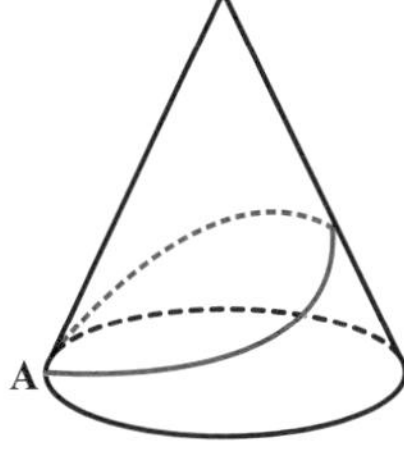

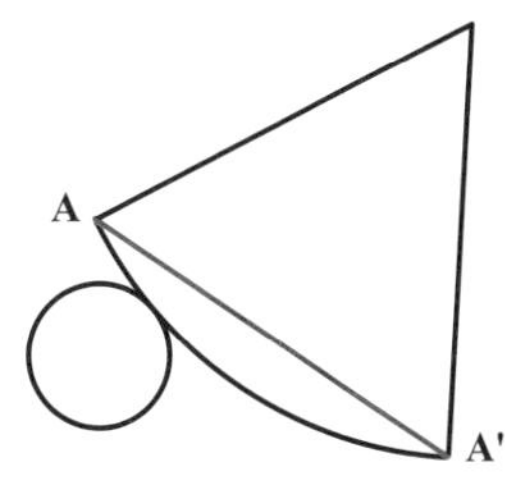

③ 四角柱

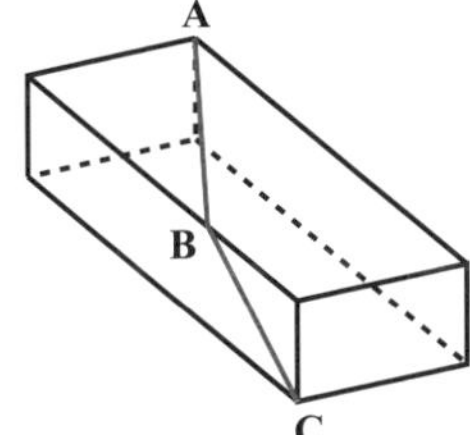

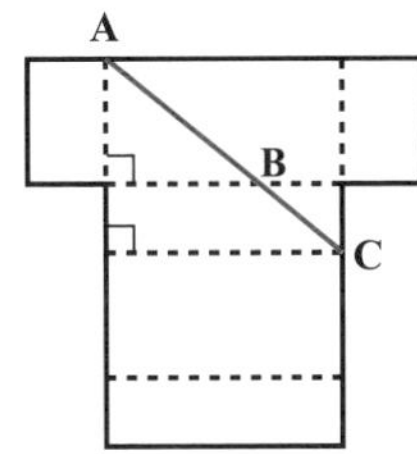

④ 三角柱

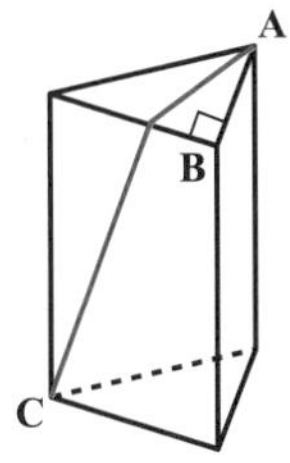

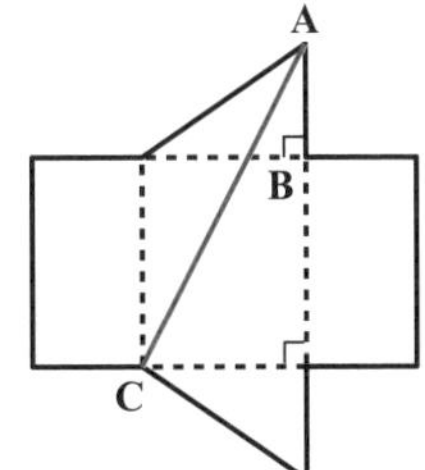

最短距離の問題は、前のページで示したように展開図をかくことでほとんど問題は解決なんだね！　では、せっかくだから１問だけやってみようか！

いつもこうやって問題をやらされるんだよねぇ・・・！

問 題

1辺が4［cm］の立方体がある。右図において AIG がもっとも短くなるように辺 BD 上に点 I をとったとする。

（1）AIG の長さを求めてみよう。

（2）AI の長さを求めてみよう。

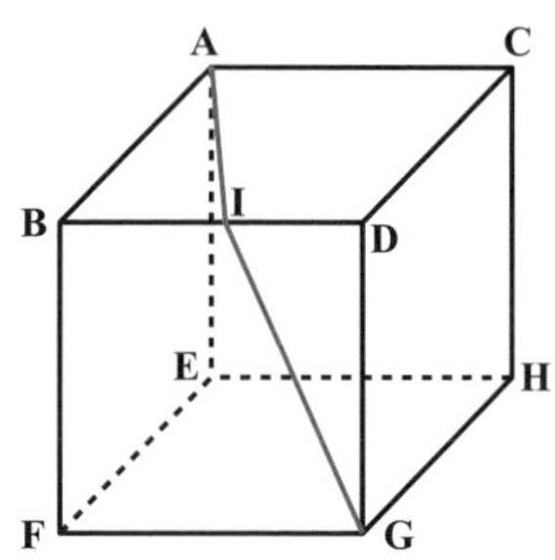

＜ 解説・解答 ＞

最短距離と言われたならば、第1に必要な部分の展開図をかき、最短距離をその展開図にかきこむことが大切！　　ハイハイ !!（ぶぅ～・・・！）

(1)

右図を見ればわかるよね?!　△ AFG に着目！

△ AFG は直角三角形より［AG ＞ 0］

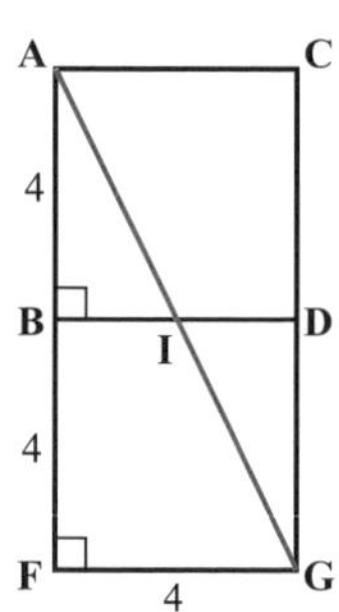

［AIG］$AG^2 = AF^2 + FG^2$

$= 8^2 + 4^2$

$= 64 + 16$

$= 80$

$AG = \sqrt{80}$　$(= \sqrt{4^2 \times 5})$

$= 4\sqrt{5}$

よって、

最短（AIG）＝ $4\sqrt{5}$［cm］・・・・・（答え）

(2)

これは相似しかないよね！

△ ABI ∽△ AFG（条件：２角がそれぞれ等しい）

これより、

$$\mathrm{AB} : \mathrm{AF} = \mathrm{AI} : \mathrm{AG}$$
$$4 : 8 = \mathrm{AI} : 4\sqrt{5}$$
$$8\mathrm{AI} = 4 \times 4\sqrt{5}$$
$$\mathrm{AI} = \overset{2}{\cancel{16}}\sqrt{5} \times \frac{1}{\underset{1}{\cancel{8}}}$$
$$= 2\sqrt{5}$$

よって、

$\mathrm{AI} = 2\sqrt{5}$ [cm]・・・・・（答え）

さぁ～、これで旧課程の範囲はおわりです。が、新課程の方のため、ふんぱつしてもう一問ね！　　なんなんだよ～！マッタク！　私は旧人です！ぶ然

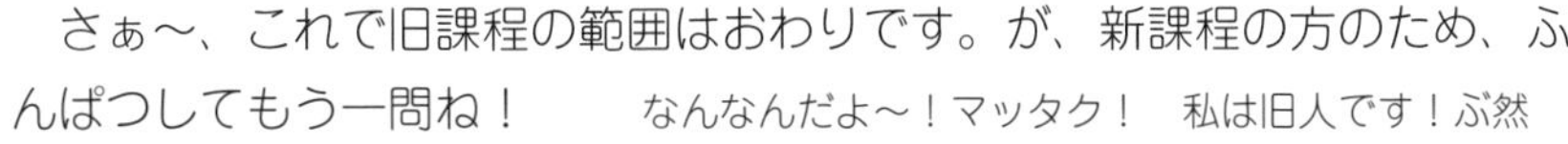

あのね、新（課程）人の方は、球に関しても考えないといけないんです。今度こそつぎの球の問題をやって、図形に関してはおわりになりますから、あと、ひと頑張り！ヨロシク！汗　　あとひと頑張りね・・・

問題　半径 R の球Oがあります。
そこで、平面Pで平面と中心O の距離が d となるよう、右図のように切り取りました。
このときできた切り口は、中心Oから平面Pに下ろした垂線の足Hを中心とする円になります。
そこで、この円の面積 S を求めてください。

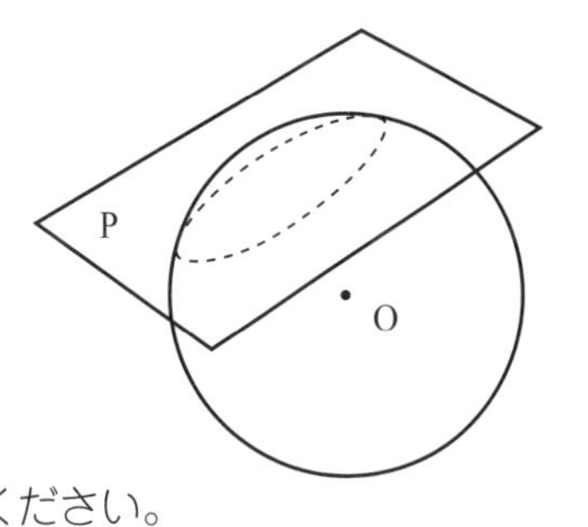

＜解説・解答＞　今回、問題の図には必要最小限の情報しか書き込んでありません。自ら問題文より情報を書き込み、よ～く考えてからページをめくってください。

「いかがですか？」もし、できなくても自ら図をかき、読み取った情報を書き込み、最低15分は考えてから解説を読んでもらえることを期待しています。

では、解説しながら解答を書いてみますよ！

まず、右図のように情報を書き込めましたか？

できれば、一歩進んで必要な部分だけを切り取った下の図がかければさらに良いですね！

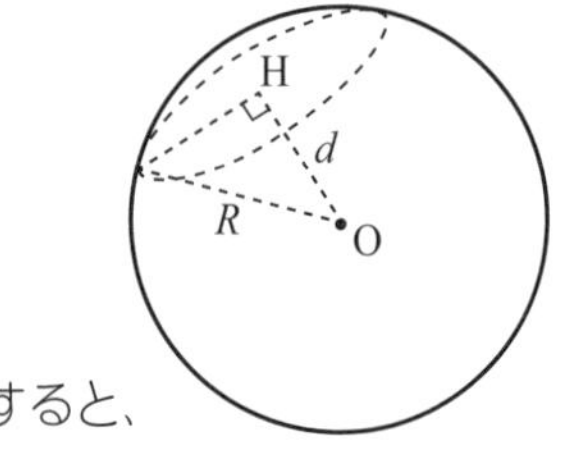

すると、右下図より、切り口の円の半径を r とすると、r は直角三角形OAHの辺AHの長さとなります。

そこで、球の半径が R よりOA ＝ R、また、平面Pと点Oの距離が d よりOH ＝ d。

よって、三平方の定理より、切り口の円の半径 r は

$$r^2 = R^2 - d^2$$

$r > 0$ より、$r = \sqrt{R^2 - d^2}$

となる。

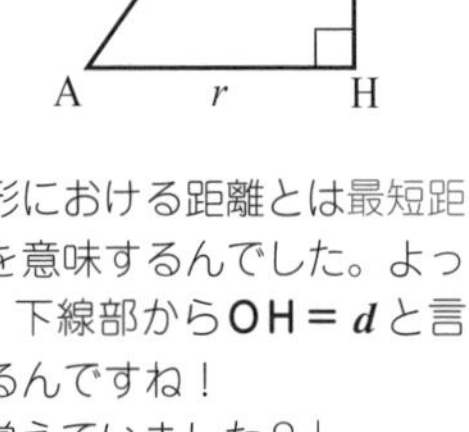

図形における距離とは最短距離を意味するんでした。よって、下線部から**OH＝*d***と言えるんですね！
「覚えていました？」
当然！Ｖサイン！

したがって、切り口の面積 S は

$$\begin{aligned} S &= \pi r^2 \\ &= \pi \times (\sqrt{R^2 - d^2})^2 \\ &= \pi(R^2 - d^2) \end{aligned}$$

ゆえに、　$S = \pi(R^2 - d^2)$ ・・（答え）

ちなみに、中1の復習として球の表面積と体積もすぐに求められます？これは私がやっておきますね！　エッ！？　どっちがどっちだっけか…？？？汗

この球の表面積：$4\pi R^2$、　球の体積：$\frac{4}{3}\pi R^3$

となります。公式があいまいな方は、この時点ですぐに確認！

・・・無言・汗

中学3年

第*9*話

標本調査

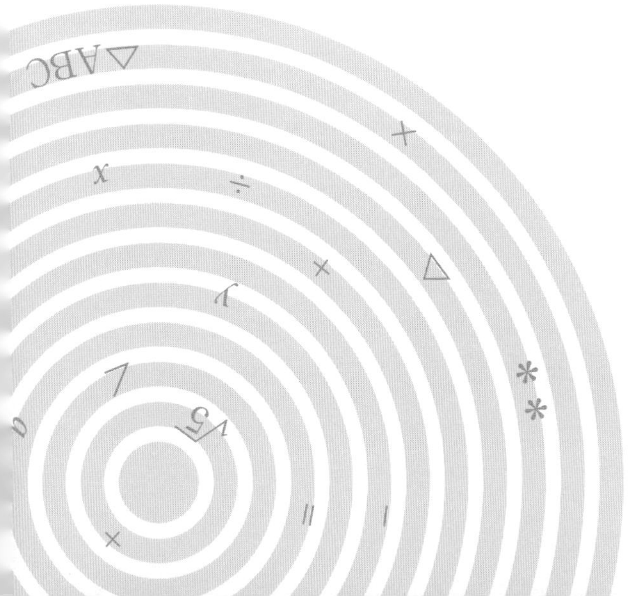

XII　標本調査

ここでは､ある集団が持つ特徴なり傾向を調べる方法である**“全数調査”**と**“標本調査”**の２通りのやり方についてお話ししたいと思います。

全数調査

全数調査とは字のごとく、集団すべての人、物について調べるんです。例としては、**国勢調査・健康診断・入学試験・クラスの出欠席**などは、ひとりずつ確認しないと意味がないでしょ！

でも、身体検査におけるある年齢層の身長、体重、または、商品の不良品の混入の数に関しては、どうでしょう？　やはり、全員（全部）調べないといけないでしょうか？　　う～ん、全部は無理なんじゃないのかな～…！?

標本調査

そこで、全体から一部分を取り出して、その一部分から全体の特徴を調べるという**標本調査**という方法があるんですよ！

例としては、**テレビの視聴率・不良品の割合・世論調査・身体検査**などがあります。

この例からもわかるように、常識的に考えても全部を確認できそうにないでしょ!? 日本の人口約1億人にひとりずつ「あなたは昨晩どんな番組を見ましたか？」なんて聞けないもんね！また、アイスの不良品検査をするとして、全部味見していたら売る商品が一つもないことになるでしょ！笑

そこで､全体（**母集団**）から調査のためにサンプル（**標本**）を一部取り出し、標本の性質（特徴）を見いだすことで母集団の性質を推測するんです。

ただ、このとき問題になるのが「母集団からどうやってかたよりなく標本を選び出すか？（**標本の抽出**）」の方法なんです。だって、一般的調査として標本対象が全員女性だけ・子供だけとしたら、意味がないでしょ！よって、重要になるのが**無作為に抽出する**行為なんです。　無作為とは？汗

では、どのようにすれば無作為（**偶然によって決めること**）に選べるかを考

えてみましょう。

方法としては、母集団の人や物すべてに番号をふり、**番号の付いたカードを作りよく混ぜて適当に選ぶ**、または、**乱数表やサイコロ（乱数さい）**、**くじ引き**、もしくは今なら**ＰＣの専用ソフト**で番号を無作為に選んで標本を抽出するなどが考えられます。

でも、まぁ〜、私たちのレベルでは番号が付いたカードや玉を箱の中に入れ、適当に１枚（個）ずつ取り出すのが一番ですかね！　原始的だなぁ〜笑

あと、例えばある会社の社員100人の身長がでたらめに１番から100番まで通し番号を付けて表になっていたらば、カードではなく、４の倍数、５の倍数、素数など無作為に10個標本を選び、各平均を求め（**標本平均**）、そして、その**標本平均の平均**を母集団全体の平均として考えることもできます（当然、標本の数を増やすことでくるいは小さくなる）。ちなみに、母集団から取り出す標本の個数を**標本の大きさ**と呼びます。

では、ここまでのことを問題形式で確認してみましょう。

問 題　つぎの調査は、全数調査、標本調査のどちらと考えますか？
（1）犬を飼っている世帯数の調査　（2）今年の果実の生産量の調査
（3）新聞社が行なう政党支持率調査（4）ある学校の体力測定

＜解説・解答＞　常識的に考えてもらえれば判断がつくかと…

（1）標本調査　（2）標本調査　（3）標本調査　（4）全数調査

問 題　つぎの調査において、母集団と標本の大きさを考えてください。
（1）１日に生産される部品1000個から30個を選び出して品質調査をした。
（2）Ａ新聞社がＸ市の有権者52000人から3000人を選び出し、市長選挙に関する世論調査をした。

＜解説・解答＞

（1）母集団：1000　標本：30　（2）母集団：52000　標本：3000

母集団と比率による推測

ここでは、標本調査の結果から、母集団における特徴（傾向）を推測してみたいと思います。では、問題を通して 2 パターンお話ししますね！

問 題　ある工場で 1 日に生産される 1 万個の部品から、200 個無作為に取り出し品質検査したところ、5 個の不良品が見つかった。このとき、全体としては何個の不良品があると推測できるでしょうか？

＜解説・解答＞

無作為に 200 個取り出し、そこに 5 個の不良品が見つかったということから、標本における不良品の比率は（$5 \div 200 =$）0.025 となります。
よって、母集団 1 万個における不良品は、

$10000 \times 0.025 = 250$　　したがって、不良品は 250 個（答え）

問 題　袋の中に白と黒の碁石が全部で 300 個入っている。これをよくかきまぜ、10 個取り出し白石の個数を数えそのつど戻すという行為を 5 回行なったところ、結果は 2 個、4 個、 4 個、3 個、5 個であった。このことから、白石の個数は何個と推測できるでしょうか？

＜解説・解答＞

各回の白石が出る比率を求め、その 5 回の比率の平均が母集団に対する白石の比率と考えればいいと思いません？　　ナルホドネ！

よって、五回の比率の平均は、$\left(\frac{2}{10}+\frac{4}{10}+\frac{4}{10}+\frac{3}{10}+\frac{5}{10}\right)\times\frac{1}{5}=\frac{18}{10}\times\frac{1}{5}=\frac{9}{25}$

ゆえに、$300 \times \frac{9}{25} = 108$　　したがって、白石は 108 個・・（答え）

ふぅ？!　以上で中学数学のお話はおわりです。
たぶん、みなさんも「おわった？!」の最高の気分だと思います。
「はい！よく頑張りましたね！」これだけの厚い本ですから、最後まで

一語一句シッカリと読み通すことは本当に「凄い！」ことです。

ただ、私の希望としてはぜひ、最低３回は復習していただきたいと･･･。

回数にこだわるわけではなく、不安な項目があれば何度も何度も繰り返し読み、当然、手も動かし式を写しながら理解することを心がけてください。

復習時には、本をバラバラに小冊子にして使うのも良いかもしれませんね！

そして、この本がボロボロになったということは、（ある意味）絶対の基礎学力が身についたに他なりません。よって、自信を持って高校数学へと進んでください！

これでみなさんは、中学数学を卒業しました。

「おめでとうございます！」

明日からは、高校数学（数学Ⅰ）ですよ！　　「大丈夫！大丈夫！」

では、

最後までこの本を信じてくださった方に、心より感謝するとともに

「最後まで本当によく頑張りました！　パチパチパチ・・・」

と限りない拍手を送ります。

さくいん

著者紹介

髙橋 一雄（たかはし・かずお）

1961年、東京都生まれ。
1994年、東京学芸大学自然環境科学専攻、生命科学専修卒業。
2020年、立教大学大学院修士課程修了。
塾や予備校で数学を教えてきた。2010年頃から各地の少年院でも非行をした子どもたちに授業をして基礎学力を向上させている。
本書の他、『語りかける高校数学 数Ⅰ編』『語りかける高校数学 数Ⅱ編』（ベレ出版）、『かずお式中学数学ノート（全14巻）』（朝日学生新聞社）など、学び直すための書籍を20冊以上書いている。

◉── カバーデザイン　いずもり・よう／三枝未央
◉── DTP・本文図版　ハッシィ／あおく企画
◉── 本文イラスト　いずもり・よう

語り（かた）かける中学数学（ちゅうがくすうがく）［3訂版（さんていばん）］

2021年 5月 25日　初版発行

著者	髙橋 一雄（たかはし かずお）
発行者	内田 真介
発行・発売	ベレ出版 〒162-0832 東京都新宿区岩戸町12 レベッカビル TEL.03-5225-4790 FAX.03-5225-4795 ホームページ　https://www.beret.co.jp/
印刷	三松堂株式会社
製本	根本製本株式会社

落丁本・乱丁本は小社編集部あてにお送りください。送料小社負担にてお取り替えします。
本書の無断複写は著作権法上での例外を除き禁じられています。購入者以外の第三者による本書のいかなる電子複製も一切認められておりません。

©Kazuo Takahashi 2021. Printed in Japan

ISBN 978-4-86064-658-5 C0041　　編集担当　坂東一郎